Second Edition

Introduction to

Particle Technology

분체공학

Martin Rhodes

김진환·심철호 공역

WILEY

도서출판 동화기술

Introduction to Particle Technology

SECOND EDITION

Martin Rhodes
Monash University, Australia

기고자소개

Karen P. Hapgood 박사는 호주의 Queensland 대학에서 화학공학 학사와 박사학위를 받았다. 그녀의 박사학위는 입자제조 공정에 관한 것으로 그녀는 이 분야와 분체공학 관련 분야에서 연구를 계속하고 있다. Karen은 미국의 Merck사에서 5년간 근무하였으며 정제와 캡슐 제조 공정의 설계와 고장 점검수리 및 규모 확대에 관한 업무를 담당하였다. Karen은 현재 호주의 Monash 대학 화학공학과에서 원로 강사로 일하고 있다.

George Vincent Franks는 MIT에서 재료공학 학사를 취득하고(1985) California 대학 Santa Barbara에서 재료공학 박사학위를 받았다(1997). George는 Norton사와 세라믹 공정장치 회사의 공정개발 기술자로 세라믹 가공 산업에서 7년간 일하였다. 그의 산업체 일은 주로 세라믹 녹색체의 그물모양 성형과 비산화물 세라믹 소성에 집중하였다. 그는 호주의 Melbourne 대학과 Newcastle 대학에서 연구와 강의 경력을 가지고 있다. George는 현재 Melbourne 대학 화학 및 생체분자 공학과에서 부교수로 일하고 있으며 최근에 설립된 호주 광물과학연구소에서도 일하고 있다. 그의 연구 분야는 무기물 가공, 특히 응집, 첨단 세라믹 분체 가공, 콜로이드와 표면 화학, 이온 특이성 효과, 알루미나 표면 및 현탁 유변학 등이다.

Jennifer Sinclair Curtis는 Purdue 대학에서 화학공학 학사 학위를 그리고 Princeton 대학에서 화학공학 박사 학위를 받았다. Jennifer는 입자흐름 현상을 예측하기 위한 수치적 모델의 개발과 확인에서 국제적으로 인정된 연구 프로그램을 가지고 있다. Jennifer는 대통령이 수여하는 NSF의 젊은 연구가상, 호주 공학회로부터 탁월한 해외강사상과 여성 공학자에게 수여하는 ASEE의 Sharon Keillor상을 받았다. 그녀는 현재 AIChE Journal, Powder Technology, 및 Journal of Pharmaceutical Development and Technology의 편집 자문위원회에서 봉사하고 있다. Jennifer는 또한 화학공학 단체를 위한 비영리 컴퓨터 원조기구의 평의원으로 그리고 국립 공학교육원의 공학 위원회에서 근무하였다. Jennifer는 현재 Florida 대학 화학공학과의 교수로 학과장을 역임하고 있다.

Martin Rhodes는 영국의 Bradford 대학교에서 화학공학 학사와 분체공학 박사학위를 취득하고 화학 및 연소공학 분야에서 산업체 경험을 쌓았으며 Bradford와 Monash 대학교에서 수년간 교수 경력을 가지고 있다. 그는 기체 유동화와 분체공학의 여러 방면에 관한 연구에 관심을 가지고 있으며 이미 학술지와 국제회의 초록집에 수많은 관련된 출판물을 가지고 있다. Martin은 Powder Technology와 KONA의 편집위원이자 Advanced Powder

Technology의 자문위원이다. Martin은 분체공학 교육에 강열한 흥미를 가지고 있으며 여러 권의 책과 실험실에서 실증할 수 있도록 CDROM을 출간하였고 영국과 호주에서 산업체를 위한 계속 교육과정을 지도하여 왔다. 그는 Australasian 분체공학회의 공동 창설자이다. Martin은 호주의 Monash 대학교 화학공학과에서 강좌를 맞고 있으며 현재에는 학과장이기도 하다.

2판 서문

"Introduction to Particle Technology"의 초판이 발행된 지 10년이 되었다. 그 동안 전 세계에서 많은 동료들이 이 교재의 개선점에 관하여 언급해 주었으며, 이 조언들을 고려하여 2판을 준비하여 왔다. 더불어 분체공학 주제의 범위를 확장하였으며 이러한 노력으로 슬러리 수송과 콜로이드 및 미세입자에 관한 내용을 새로운 장으로 추가할 수 있게 해준 공동저자인 Jennifer Sinclair Curtis와 George Franks에게 감사드린다. 크기확대와 입자제조에 관한 내용을 바로잡아준 Karen Hapgood에게도 감사드린다. 그리고 미세분체의 보건영향을 추가하여 유익한 영향과 해로운 영향을 모두 다루었다. 또 제 16장의 사례연구를 기고해준 Peter Wypych, Lyn Bates, Derek Geldart, Peter Arnold, John Sanderson 및 Seng Lim 등의 동료들에게도 은혜를 입었다.

Martin Rhodes
2007년 12월, Balnarring에서

초판 서문

분체공학

분체공학(particle technology)은 입자와 분체의 취급 및 가공처리에 관련된 과학과 기술을 언급하기 위하여 사용되는 용어이다. 분체공학은 또한 powder technology, particle science 및 powder science로 기술하기도 한다. 분체(powders)와 입자(particles)는 일반적으로 벌크 고체, 입상 고체 및 과립 고체를 말한다. 오늘날 분체공학은 고체입자 뿐만 아니라 액적, 유탁액 및 기포에 관한 연구를 포함한다. 이 책에서는 고체 입자만을 다루겠으며, 입자와 분체 및 입상고체는 서로 구별하지 않고 사용한다.

분체공학이란 학문분야는 이제 에어로졸의 생성과 버킷 승강기의 설계, 결정화와 공기수송, 슬러리 여과와 사일로 설계 등과 같이 다양한 주제를 포함한다. 분체공학에 관한 지식은 석유로부터 휘발유를 생산하는 접촉 분해 반응기를 설계하는 석유산업에서도 이용될 수 있으며 피의자와 범죄 현장을 연결하는 법의학에서도 사용될 수 있다. 분체공학에 무지하면 생산 손실, 조잡한 제품의 품질, 건강 위험, 먼지 폭발 또는 저장 사일로의 붕괴 등을 초래할 수 있다.

목적

이 교재의 목적은 입자와 분체의 가공과 취급에 관한 지식을 필요로 하는 학문분야에서 학위과정을 공부하는 학생들에게 분체공학의 주제를 소개하는 것이다. 일차적인 대상 독자는 화학공학을 전공하는 학생들이지만, 포함된 자료는 기계공학, 토목공학, 응용화학, 약학, 금속 및 광산 공학을 포함한 다른 학문분야를 연구하는 학생들에게도 분체공학에 관한 기초과정을 배양할 수 있을 것이다.

분체공학의 수많은 핵심 주제들을 공부하여 관련된 기초과학을 습득하고 가능하면 어디에서나 이것을 실제 산업에 연결시킬 수 있도록 하였다. 각 주제에 포함된 내용은 철저하게 파헤치기보다 오히려 예시적으로 다루려고 의도하였으며, 화학공학자들에게 분체공학에 관한 단위조작 교재로 쓸 의도는 없다. 산업적 실제와 취급 및 가공처리 장치에 관하여 좀 더 알고 싶은 독자들은 분체공학에 관한 여러 가지 핸드북을 참고하기 바란다.

포함된 주제들은 분체공학 내에서 폭 넓은 분야를 다루기 위하여 선택하였다: 특성분석(입도분석), 가공처리(유동층, 입자제조), 입자생성(입자제조, 분쇄), 유체-입자 분리(여과, 침강, 기체 사이클론), 안전(먼지폭발), 수송(공기수송과 배출관). 미세 입자나 먼지의 보건 위험은 다루지 않았다. 이것은 결코 이 주제가 다른 주제보다 덜 중요하다는 것을 시사하는 것은 아니다. 그것은 지면 부족 때문에 또 먼지와 관련된 보건 위험은 최근 산업위생이나 직업위생에 관한 많은 교재에서 충분하게 다루고 있기 때문에 생략하였다. 그러나 학생들은 화학적으로 불활성 먼지나 "nuisance dust" 까지도 주된 보건 위험이 될 수 있다는 것을 알아야 한다. 제품이 $10\,\mu m$ 이하의 입자를 상당부분 포함하고 있거나 취급 및 가공처리 도중에 공기 속에 떠도는 물질이 존재할 가능성이 있는 곳에서는 특히 위험하다. 미세 분체의 보건 위험에 대한 공학적 해결은 가능한 한 모든 곳에서 전략적으로 접근해야 한다. 즉, 응집에 의해 먼지 생성을 줄이고 물질의 봉쇄 장치를 설계하여 작업자에게 노출을 최소화하는 것을 목표로 삼아야 한다.

수록한 주제들은 분체의 거동이 흔히 액체와 기체의 거동과 어떻게 아주 다른가를 입증한다. 입상 고체의 거동은 직관이 유체와의 경험에 근거할 때 놀랍고 자주 직관에 어긋날 수 있다. 다음에 이러한 거동의 예를 들어보자.

강철 구를 모래가 든 용기의 바닥에 놓고 용기를 수직면으로 진동하면, 강철구가 표면 위로 올라온다.

모래층 표면에 정지해 있는 강철 구는 공기를 위쪽으로 모래 속을 통과시켜 유동화하면 빠르게 가라앉는다.

입도가 다른 두 가지의 자유흐름 분체 혼합물을 흔들어 섞으면 혼합물의 품질이 향상되기보다 오히려 편석현상이 일어난다.

공학자와 과학자들은 그 특성을 쉽게 측정하여, 표로 만들고 계산도 할 수 있는 액체와 기체를 다루는데 익숙해져 있다. 1기압에서 순수한 벤젠의 비점은 80.1℃에서 유지된다는 것을 안전하게 신뢰할 수 있다. 20℃에서 물의 점도는 0.001 Pa·s로 확실하게 예측할 수 있다. 100℃에서 구리의 열전도도는 377 W/mK이다. 입상 고체에서는 상황이 아주 다르다. 예를 들면, 중탄산나트륨 분말의 흐름 특성은 입도분포, 입자모양 및 표면특성 뿐만 아니라 대기의 습도와 분체의 압착상태에 의존한다. 이들 변수는 특성을 나타내기가 쉽지 않고 따라서 흐름 특성에 미치는 영향을 자신 있게 예측하기가 어렵다.

입상고체의 경우에는 거의 항상 표로 만들어진 데이터에 의지하기 보다는 오히려 문제의 실제 분체에 적합한 측정을 수행해야 한다. 수행할 측정은 일반적으로 입도나 모양 및 밀도와 같은 기본적인 특성이 아니라 오히려 전단응력이나 벌크밀도와 같은 벌크특성의 측정이다. 비록 현재의 상황은 이렇지만 그리 머지않은 미래에, 입상계의 모사를 위하여 정교한 컴퓨터 모델에 의지할 수 있을 것이다. 입상고체 거동의 수학적 모델링은 전 세계적으로 빠르게 발전하고 있는 연구 분야이며, 계산 능력이 증가하고 더 우수한 시각화 소프트웨어가 나옴에 따라 곧 기본적인 입자특성을 벌크분체의 거동에 직접 연결할 수 있게 될 것이다. 기본원리로부터 분체 내에 기체와 액체의 존재 영향을 예측하고 화학반응을 구체화하는 것까지도 가능하게 될 것이다.

분체공학은 가능성이 풍부한 연구 분야이다. 많은 현상들을 아직도 설명하지 못하고 있으며 설계 과정은 기본적인 지식보다 오히려 과거의 경험에 지나치게 의존하고 있다. 이러한 상황은 전 세계의 광범위한 과학과 공학 학문 분야의 연구가들에게 흥분된 도전을 제공한다. 많은 연구그룹이 초등학교에서부터 진지한 연구가에 이르는 수준까지 흥미 있고 유익한 웹사이트를 가지고 있다. 학생들은 용기를 내어 이 사이트들을 방문하여 분체공학에 관한 더 많은 것을 발견할 수 있기 바란다. Monash 대학교에서 우리 자신의 웹사이트는 http://www.eng.monash.edu.au/chemeng/에서 화학공학과 웹페이지를 통해서 접속할 수 있다.

Martin Rhodes

1998년 5월, Mount Eliza에서

서론

입상물질, 분체 또는 벌크고체는 공정산업의 모든 분야, 예를 들면 식품 가공, 의약, 생명공학, 석유, 화학, 무기물 가공, 금속, 세제, 발전, 페인트, 플라스틱 및 화장품 산업에서 널리 이용되고 있다. 이들 산업은 화학공학자, 화학자, 생물학자, 물리학자, 약학자, 광물공학자, 식품공학자, 금속학자, 재료 과학자/공학자, 환경 과학자/공학자, 기계공학자, 연소공학자 및 토목공학자와 같이 수많은 다른 유형의 전문 과학자 및 공학자들과 관련이 있다. 세계 경제에서 분체공학의 중요성을 암시하는 수치들이 있다: DuPont사를 보면, 회사의 업무가 화학제품, 농업, 의약품, 페인트, 염료, 세라믹스를 다루며, 이 회사 제품의 약 3분의 2가 입상고체(분체, 결정고체, 과립, 얇은 조각, 분산 또는 반죽)를 포함한다; 전 세계에서 생산되는 모든 전기의 약 1%가 입도를 줄이는데 사용된다; 미국 경제에서 입상제품의 영향력은 1조 US$로 추산된다.

입자와 분체를 포함한 가공처리 단계에 관하여 몇 가지 예를 들면 입자 생성공정(결정화, 침전, 입자제조, 분무건조, 정제화, 압출 및 미분쇄 등), 수송공정(기력 및 수력 수송, 기계적 이송 및 나선식 공급 등)과 혼합, 건조 및 피복 공정을 들 수 있다. 더구나, 입상물질과 관련된 공정은 보증된 저장설비를 필요로 하고 만족하게 처리해야 하는 보건과 안전 문제를 야기한다. 이와 같이 광범위한 산업에서 이들 수많은 공정들을 설계하고 운전하기 위해서는 분체와 입자의 거동에 관한 지식이 있어야 한다. 이 거동은 직관이 액체와 기체에 관한 지식에 기초할 때는 자주 직관에 어긋난다. 예를 들면, 두 액체를 혼합시키는 교반, 요동 또는 진동과 같은 작용은 입도가 다른 자유 흐름 분체 혼합물에서는 입도 편석을 일으킬 가능성이 더 많다. 분체 500톤을 보관하고 있는 저장 호퍼를 만약 정확하게 설계하지 않으면 출구 밸브를 열었을 때 1 kg도 배출하지 못할 수 있다. 강철 구를 모래가 들어있는 용기의 바닥에 놓고 용기를 수직평면으로 진동하면 강철 구가 표면으로 올라온다. 모래가 유동화되도록 공기를 위쪽으로 모래 속을 통과시키면 이 강철 구는 재빠르게 바닥으로 다시 가라앉는다.

공학자와 과학자는 그 특성을 쉽게 측정하거나 도표화할 수 있을 뿐만 아니라 계산도 할 수 있는 기체와 액체를 다루는데 익숙해 있다. 대기압에서 순수한 벤젠의 비점은 80.1℃를 유지한다고 안전하게 가정할 수 있다. 구리의 열전도도는 100℃에서 377 W/m·K라는 것을 언제나 신뢰할 수 있다. 20℃에서 물의 점도는 0.001 Pa·s로 확신을 가지고 예측할 수 있다. 그러나 입상고체에서는 상황이 아주 다르다. 예를 들면, 중탄산나트륨 분체의 흐름 특성은 입도분포 뿐만 아니라 입자모양과 표면특성, 주변 대기의 습도 및 분체의 압착상태에도 의존한다. 이들 변수는 특성화하기가 쉽지 않으며 따라서 분체의 흐름 특성에 미치는 그들의 영향을 자신 있게 예측하거나 제어하기가 어렵다. 흥미롭게도, 분체는 3상, 즉 고체, 액체 및 기체의 거동 특성을 약간씩 가지고 있는 것으로 보인다. 예를 들면, 기체와 같이 분체는 압축할 수 있고, 액체처럼 흐르게 할 수 있으며, 고체처럼 변형에 저항할 수 있다.

공정 산업에서 입상물질에 관한 과학지식(흔히 입자 또는 분체공학이라 부른다)의 중요성은 아무리 과장해도 지나칠 수 없다. 분체를 취급하거나 가공 처리하는데 있어서 문제점이 설계단계에서부터 아주 빈번하게 무시되거나 간과되고 있으며, 그 결과 분체와 관련된 문제들이 어이없게도 생산 중단의 수많은 원인이 되고 있다. 그러나 분체가 거동하는 방법에 관하여 기초적 이해만 응용해도 이들 공정상의 문제들을 최소화할 수 있으며 결과적으로 조업 중단시간을 줄이고 품질관리와 환경 배출의 개선을 가져올 수 있다는 것이 입증되었다.

이 교재는 분체공학에 관한 입문서이다. 수록한 주제들은 분체공학의 넓은 분야를 다루도록 선정하였다: 특성화(입도분석), 가공처리(입자제조, 유동화), 입자생성(입자제조, 분쇄), 저장과 수송(호퍼 설계, 공기수송, 배출관, 슬러리 흐름), 분리(여과, 침강, 사이클론), 안전(화재와 폭발 위험, 보건위험), 입상계 특성에 관한 공학(콜로이드, 호흡용 약제, 슬러리 유변학). 공부한 각 주제에 대해서는 관련된 기초과학을 소개하고 가능한 곳에서는 이것을 실제 산업에 연결하였다. 각 장에는 풀이를 한 예제가 있고 독자들이 관련된 계산을 실습할 수 있도록 연습문제를 수록하였으며 주요 개념을 강조할 의도로 “자율학습” 문제를 추가하였다. 마지막 장에서는 공정산업으로부터 실제 예를 몇 가지 사례연구로 수록하여 발생된 문제들을 어떻게 해결하는가 보여주었다.

분체공학에 관한 실험실 입증을 실은 웹사이트가 이 교재와 병행하여 설계되었으며 접근이 가능하다. 이와 같이 쉽게 접근할 수 있는 웹공급원은 입자와 분체 현상에 관한 수많은 비디오 장면을 병행한 해설 교재와 결합시켜 이용할 수 있다. 이들 비디오는 여기에서 말과 도표로 설명하려고 노력한 많은 현상에 활력을 주고 있다. 예를 들면, 다음과 같은 현상을 볼 수 있다: 작동하고 있는 유동층(기포, 비기포, 분출); 호퍼에서 중심흐름과 집단흐름; 쏟기, 진동 및 굴림 동안 발생한 입도 편석; 미세분체의 팬 입자제조; 석탄 먼지 폭발; 작동하고 있는 사이클론 분리기; 희박상과 밀집상 공기수송. 웹사이트는 독자들이 분체공학을 이해하는데 도움을 줄 것이며 이 교재의 유용한 보조물로 추천한다.

머리말

1장 입도분석

2장 유체 속의 단일입자

3장 복합 입자 계

4장 슬러리 수송

5장 콜로이드와 미세입자

6장 입자 충전층을 통한 유체 흐름

7장 유동화

8장 공기수송과 배출관

9장 기체로부터 입자의 분리

10장 분체의 저장과 흐름-호퍼설계

11장 혼합과 편석

12장 입도축소

13장 크기확대

14장 미세 분체의 보건 영향

15장 미세 분체의 화재와 폭발위험

16장 사례연구

입도분석

Chapter 01

1.1 개 요

분체를 취급하고 처리하는 많은 조작에서는 입도와 입도분포가 분체의 벌크 특성을 결정하는데 중요한 역할을 한다. 따라서 분체를 구성하고 있는 입자들의 입도분포를 기술하는 것이 분체의 특성을 밝히는데 중요하다. 많은 공업적인 응용에서는 분체의 입도를 나타내는데 하나의 숫자만 요구할 것이다. 이것은 단일 크기 분포의 구나 입방체라면 정확하고 쉽게 가능할 수 있다. 완전하게 기술하려면 단일 차원 이상이 필요한 형상을 가진 실제 입자들과 여러 크기의 입자들로 이루어진 실제 분체는 하나의 숫자로 입도를 적절하게 기술하는 것이 그리 간단하지 않다는 것을 의미한다. 이 장에서는 이것을 어떻게 하는가를 다룬다.

1.2 단일 입자의 크기

규칙적인 모양의 입자는 형상과 여러 차원으로 정확하게 기술할 수 있다. 예를 들면 표 1.1과 같다.

불규칙적인 모양의 입자에 대한 형상을 기술하는 것은 그 자체가 과학의 한 부문으로 여기에서는 상세하게 다루지 않겠다. 이 주제에 관하여 더 알고 싶은 독자들은 Hawkins (1993)를 참고하기 바란다. 그러나 원통이나 평행육면체 또는 원추의 형상을 단일 차원으로

표 1.1 • 규칙적인 형상의 입자

Shape	Sphere	Cube	Cylinder	Cuboid	Cone
Dimensions	Radius	Side length	Radius and height	Three side lengths	Radius and height

기술할 수 없는 것과 똑같이 불규칙한 형상을 가진 입자의 크기를 단 하나의 물리적 차원으로 적절하게 기술할 수는 없다. 어느 차원을 이용할 것인가는 실제로 (a) 입자의 어느 특성 또는 차원을 측정할 수 있는가와 (b) 그 차원을 넣어 사용할 용도에 달려있다.

입자를 관찰하고 크기를 측정하기 위하여 영상 분석기가 연결된 현미경을 사용하면 입자 모양의 투영도를 보게 된다. 현미경 분석에서 사용되는 몇 가지 일반적인 지름은 Martin 지름(입자의 영상을 이등분한 선의 길이), Feret 지름(입자의 반대쪽 면에 접한 두 접선 사이의 거리) 및 전단지름(영상 전단 장치를 사용하여 얻은 입자의 폭)과 같은 통계학적 지름과 투영 면적지름(안정한 위치에 놓인 입자의 투영면적과 같은 면적을 가진 원의 지름)과 같은 상당 원지름으로 그림 1.1에 나타낸다. 현미경 슬라이드 상에 놓인 입자의 방향성이 투영된 영상에 영향을 미치며 결국은 측정된 상당구 지름에까지 영향을 미친다.

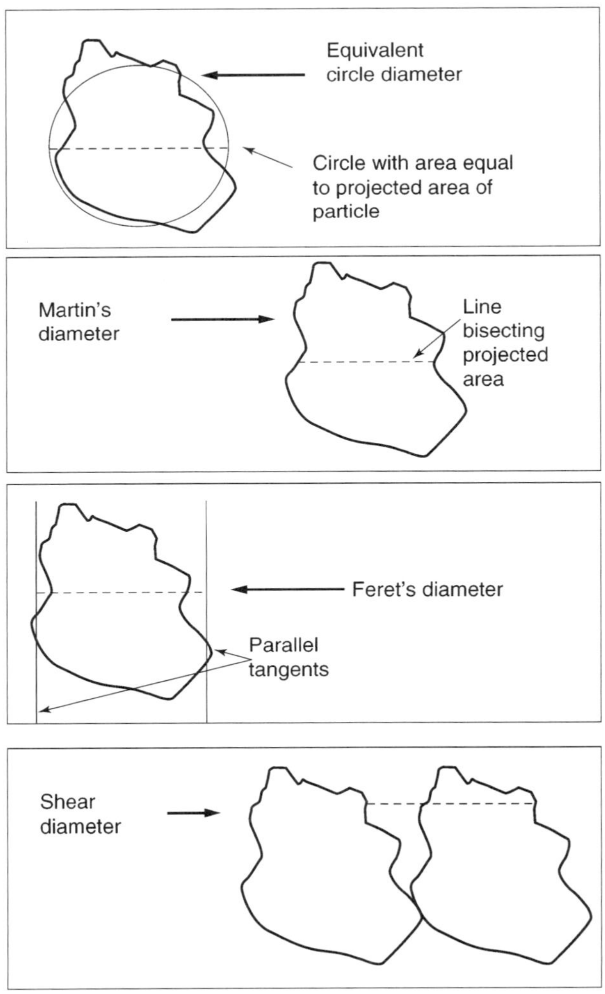

그림 1.1 현미경법에서 사용하는 지름

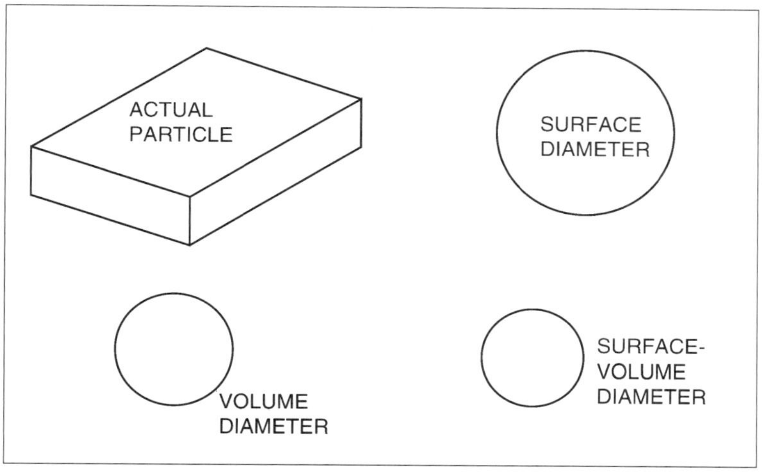

그림 1.2 상당구지름의 비교

입도를 측정하기 위하여 체(sieve)를 사용하면 같은 체의 구멍을 통과한 구의 지름인 상당구 지름을 얻는다. 침강기술을 이용하여 입도를 측정하면 같은 조건에서 침강속도가 같은 구의 지름으로 입도를 나타낸다. 측정한 입자의 특성에 따라 달라지는 상당구 지름의 예를 그림 1.2에 나타낸다.

표 1.2는 한 면의 길이가 각각 1, 3, 5인 직육면체와 지름이 3이고 길이가 1인 원통을 기술하기 위하여 사용한 몇 가지 다른 상당구 지름의 값을 비교하고 있다.

부피 상당구 지름 또는 상당 부피 구 지름이 일반적으로 사용되는 상당 구 지름이다. 상당 구 지름이 Coulter 계수기에 의한 입도 측정 기술에 사용되는 것을 이 장의 뒷부분에서 알게 될 것이다. 정의에 의하면, 상당 부피 구 지름은 입자와 같은 부피를 갖는 구의 지름이다. 표면-부피 지름은 투과 측정기(1.8.4절 참고)를 사용하여 크기를 측정한 지름이다. 표면-부피 (상당 구) 지름은 부피에 대한 표면적의 비가 입자와 같은 구의 지름이다. 실제로는 관련된 상황이나 공정에 적합한 입도를 직접 얻을 수 있는 크기 측정법을 사용하는 것이 중요하다(예제 1.1 참조).

표 1.2 • 상당구지름의 비교

Shape	Sphere passing the same sieve aperture, x_p	Sphere having the same volume, x_v	Sphere having the same surface area, x_s	Sphere having the same surface to volume ratio, x_{sv}
Cuboid	3	3.06	3.83	1.95
Cylinder	3	2.38	2.74	1.80

1.3 입자의 모집단

입자의 모집단은 입도분포로 기술한다. 입도분포는 빈도분포곡선 또는 누적곡선으로 나타낼 수 있다. 이들을 그림 1.3에 도해한다. 수학적으로 누적분포는 빈도분포의 적분이다; 즉 누적분포를 F로 표시하면 빈도분포는 dF/dx가 된다. 간단히 하기 위하여, dF/dx는 주로 $f(x)$로 적는다. 분포는 수, 표면적, 질량 또는 부피일 수 있다(입자의 밀도가 크기에 따라 변하지 않을 경우에 질량 분포는 부피 분포와 같다). 이러한 정보를 표기법으로 구체화하면 $f_N(x)$는 수에 의한 빈도분포이며, $f_S(x)$는 표면적에 의한 빈도분포이고, F_S는 표면적에 의한 누적분포이고 F_M은 질량에 의한 누적분포이다. 실제로 이들 분포는 매끄럽고 연속적인 곡선이다. 그러나 입도 측정법은 흔히 크기 스펙트럼을 크기 범위나 등급으로 나누기 때문에 입도분포는 막대그림(histogram)이 된다.

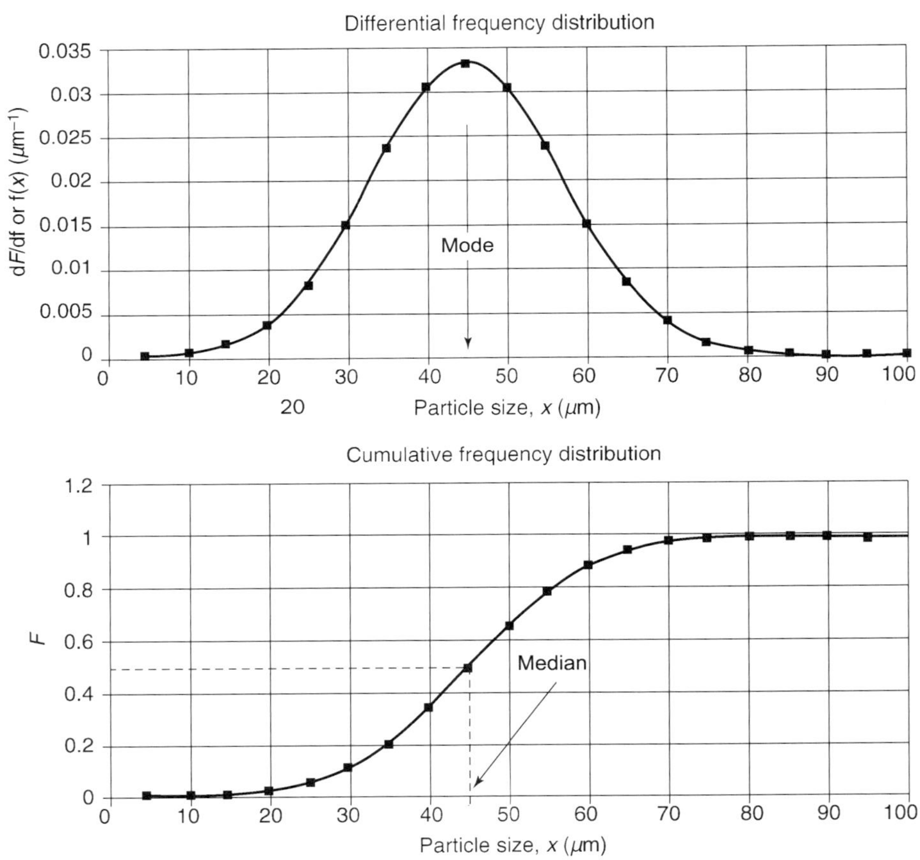

그림 1.3 전형적인 미분 및 누적 빈도분포

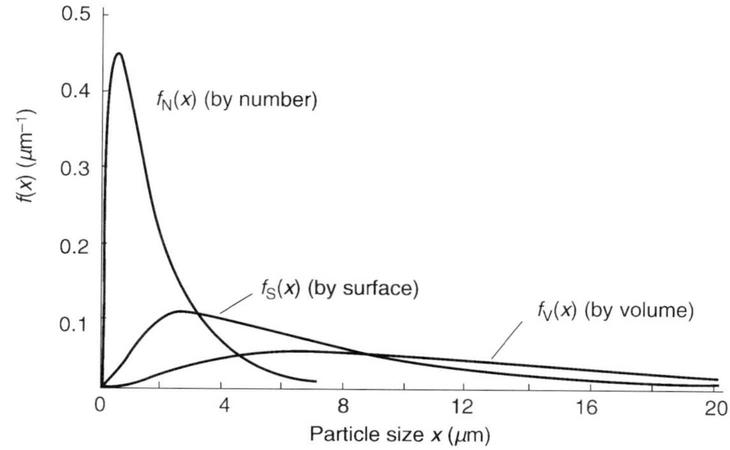

그림 1.4 분포 사이 비교

입자의 주어진 모집단에 대하여, 그림 1.4에서 알 수 있는 것처럼, 질량과 수 및 표면적에 의한 분포들이 상당히 다를 수 있다.

같은 모집단에 대한 분포들 사이에 차이가 있는 또 다른 예를 표 1.3에 나타냈는데, 이것은 지구 둘레를 도는 인공위성의 크기 분포를 나타낸 것이다(New Scientist, 13 October, 1991).

수 분포는 물체의 0.2%만이 10 cm보다 크다는 것을 말한다. 그러나 이들 큰 물체는 모집단 질량의 99.96%에 달하고, 크기가 1.0 cm보다 작은 물체는 전체의 99.3%이지만 질량분포의 0.01%에 지나지 않는다. 어느 분포를 이용할 것인가는 자료의 최종적인 용도에 의존한다.

표 1.3 • 지구궤도를 도는 인공위성에 대한 질량 및 수 분포

Size (cm)	Number of objects	% by number	% by mass
10~1000	7 000	0.2	99.96
1~10	17 500	0.5	0.03
0.1~1.0	3 500 000	99.3	0.01
Total	3 524 500	100.00	100.00

1.4 분포 사이 변환

최신의 많은 입도 분석기는 실제로는 거의 필요가 없는 수 분포를 측정한다. 이들 기기는 측정한 분포를 질량이나 표면적 등과 같은 많은 실용적인 분포로 변환하는 소프트웨어를 가지고 있다.

기하학적 형상은 같으나 크기가 다른 입자들의 모집단에 대하여, 수에 의한 입도분포, $f_N(x)$와 면적에 의한 입도분포, $f_S(x)$의 관계를 나타내면:

$$x \text{ 에서 } x+dx \text{ 크기 범위에 있는 입자의 분율} = f_N(x)dx$$

$$x \text{ 에서 } x+dx \text{ 크기 범위에 있는 입자의 전체 면적 분율} = f_S(x)dx$$

모집단 내의 입자의 전체 수를 N이라 하면, x에서 $x+dx$ 크기 범위에 있는 입자 수는 $Nf_N(x)dx$이고 이들 입자의 표면적은 $(x^2\alpha_S)Nf_N(x)dx$이다. 여기서 α_S는 입자의 선형 차원과 표면적 사이 관계를 나타내는 계수이다.

따라서 이들 입자에 포함된 전체 표면적의 분율, $[f_S(x)dx]$는

$$\frac{(x^2\alpha_S)Nf_N(x)dx}{S}$$

여기서 S는 모집단 입자의 전체 표면적이다.

주어진 입자의 모집단에 대하여, 입자의 전체 수, N과 전체 표면적, S는 일정하다. 또한 입자의 형상이 크기에 의존하지 않는다고 가정하면, α_S가 일정하고 따라서

$$f_S(x) \propto x^2 f_N(x) \quad \text{또는} \quad f_S(x) = k_S x^2 f_N(x) \tag{1.1}$$

여기서 $k_S = \dfrac{\alpha_S N}{S}$이다.

마찬가지로, 부피에 의한 분포에 대하여

$$f_V(x) = k_V x^3 f_N(x) \tag{1.2}$$

여기서 $k_V = \dfrac{\alpha_V N}{V}$이다. 또 V는 모집단 입자의 전체 부피이고 α_V는 입자의 선형 차원과 부피 사이 관계를 나타내는 계수이다.

그리고 질량에 의한 분포에 대하여도

$$f_M(x) = k_M x^3 f_N(x) \tag{1.3}$$

여기서 입자의 밀도 ρ_p가 크기에 독립적이라고 가정하면 $k_M = \dfrac{\alpha_V \rho_p N}{V}$이다.

상수 k_S, k_V 및 k_M은 다음이 성립한다는 사실을 이용하여 얻을 수 있다.

$$\int_0^\infty f(x)dx = 1 \tag{1.4}$$

이와 같이, 분포들을 변환할 때에는 크기에 따른 모양과 밀도의 불변성에 관한 가정이 필요하다. 그러나 이들 가정이 유효하지 않을 수도 있기 때문에 변환은 오차를 초래하기 쉬울 뿐만 아니라 계산 오차가 유입된다. 예를 들면, 크기의 수 분포를 얻기 위하여 측정오차가 ±2%인 전자 현미경을 사용했다고 생각해보자. 수 분포를 질량 분포로 변환하면 오차가 세제곱으로 증가한다(즉 오차는 ±8%가 된다). 이러한 이유 때문에 분포 사이 변환은 가능한 한 피해야 한다. 이것은 필요한 분포를 직접 얻을 수 있는 측정법을 선택하면 가능하다.

1.5 모집단을 하나의 수로 나타내기

대부분의 실제적인 응용에서는 모집단 입자들(수백만)의 입도를 하나의 수로 기술해야 한다. 여기에는 여러 가지 가능한 선택이 있다; 최빈값(mode), 중위수(median), 그리고 산술, 기하, 이차, 조화 등과 같은 몇 가지 다른 평균값들. 모집단 입도의 중앙값으로 어떠한 입도를 사용하더라도 우리에게 중요한 모집단의 특성이 반영되어 있어야 한다. 사실은 실제 모집단을 단일 크기의 입자로 이루어진 인위적인 모집단으로 모델화 한다. 이 절에서는 중심 추세를 나타내는 여러 가지 입도의 계산과 특수한 응용에 적합한 입도의 선택에 관하여 다룬다.

최빈값은 시료 중에서 가장 빈번하게 나타나는 크기이다. 그러나 같은 시료에서도 수나 표면적 및 부피에 의한 분포에 대하여 다른 최빈값이 얻어질 수 있다. 최빈값은 중앙값의 척도로서는 실질적인 의미가 없으며 따라서 실제로는 거의 사용되지 않는다.

중위수는 50% 크기로 분포를 이등분한 크기를 말하며, 누적분포로부터 쉽게 읽을 수 있다. 예를 들면 질량분포에서 질량에 의한 입자의 반은 중위수 크기보다 작다. 중위수는 쉽게 결정할 수 있기 때문에 자주 사용된다. 그러나 입도의 중심 추세를 나타내는 척도로서 특별한 의미는 없다.

주어진 입도 분포에 대하여, Svarovsky(1990)가 지적한 바와 같이, 여러 가지 다른 평균값을 정의할 수 있지만 모두 다음 식으로 나타낼 수 있다.

$$g(\bar{x}) = \frac{\int_0^1 g(x)dF}{\int_0^1 dF} \quad \text{그러나} \quad \int_0^1 dF = 1 \text{ 이므로} \quad g(\bar{x}) = \int_0^1 g(x)dF \qquad (1.5)$$

여기서 $\bar{x}$ 는 평균이고 g 는 각 평균의 정의에 따라 다른 값을 갖는 가중함수이다. 예를 표 1.4에 정리하였다.

표 1.4 • 평균의 정의

$g(x)$	Mean and notation
x	arithmetic mean. $\overline{x}_a$
x^2	quadratic mean, $\overline{x}_q$
x^3	cubic mean, $\overline{x}_c$
$\log x$	geometric mean, $\overline{x}_g$
$1/x$	harmonic mean, $\overline{x}_h$

식 (1.5)는 평균값이 가중함수 $g(x)$에 대하여 $F(x)$를 도시한 곡선과 $F(x)$축 사이의 면적과 같다는 것을 말하여 준다(그림 1.5). 분포를 연속적인 곡선으로 더 정확히 나타낼 수 있기 때문에 사실은 평균값을 항상 도식적으로 결정하도록 권장한다.

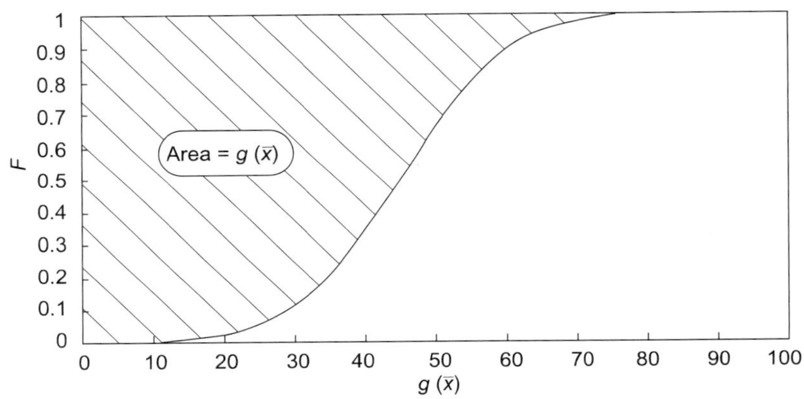

그림 1.5 가중함수 $g(x)$에 대한 누적 빈도곡선
빗금친 면적은 $g(\overline{x}) = \int_0^1 g(x)dF$

각 평균값은 입자의 원시 모집단에 관한 두 가지 특성을 보존한다. 예를 들면, 표면적 분포의 산술평균은 원시 모집단의 표면적과 부피를 보존한다. 이것은 예제 1.3에서 증명한다. 이 평균값을 일반적으로 표면-부피 평균 또는 Sauter 평균이라 한다. 수 분포의 산술평균 $\overline{x}_{aN}$은 원시 모집단의 수와 길이를 보존하며 수-길이 평균 $\overline{x}_{NL}$이라 한다.

$$\text{수-길이 평균,} \quad \overline{x}_{NL} = \overline{x}_{aN} = \frac{\int_0^1 x\, dF_N}{\int_0^1 dF_N} \tag{1.6}$$

또 다른 예로서, 수 분포의 이차 평균 $\overline{x}_{qN}$ 은 원시 모집단의 수와 표면적을 보존하며 수-표면 평균으로 알려져 있다.

$$\text{수-표면 평균,}\quad \overline{x}^{\,2}_{NS} = \overline{x}^{\,2}_{qN} = \frac{\int_0^1 x^2\, dF_N}{\int_0^1 dF_N} \tag{1.7}$$

주어진 입도분포에 대한 여러 평균값과 최빈값 및 중위수를 비교하여 그림 1.6에 나타낸다. 이 그림은 두 가지 점을 분명하게 밝혀준다: (a) 중심 추세에 관한 여러 식의 값들이 심각하게 다를 수 있다는 것과 (b) 두 개의 아주 다른 분포가 같은 산술 평균이나 중위수 등을 가질 수 있다는 것. 만약에 설계 상관관계나 품질 관리에 잘못된 식을 선택하면 심각한 오차를 초래할 수 있다.

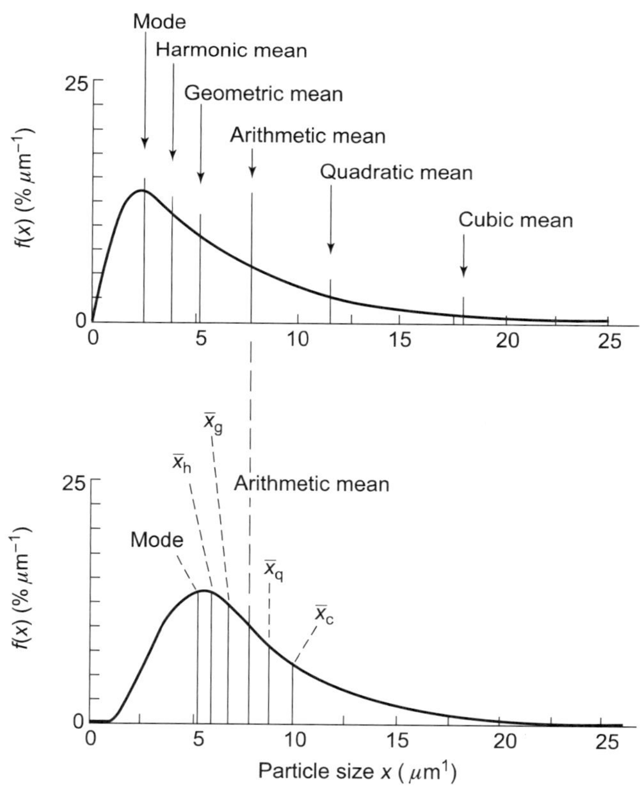

그림 1.6 중심 추세를 나타내는 척도 사이 비교(Rhodes(1990)로부터 채택. 허가를 얻고 게재)

따라서 어느 평균 입도가 주어진 응용에 가장 적합한 것인가를 어떻게 결정해야 하는가? 예제 1.3과 1.4에서 어떻게 이것을 결정하는가 보여준다. 표면-부피 평균을 정의하고 있는 식 (1.8)에 대해서는 예제 1.3을 참조하기 바란다.

1.6 평균의 등가

다른 분포의 평균이 등가일 수 있다. 예를 들면, 아래에 보인 것처럼 표면적 분포의 산술평균이 부피(또는 질량)분포의 조화평균과 등가(숫자로 같은)이다.

$$\text{표면적 분포의 산술평균,} \quad \bar{x}_{aS} = \frac{\int_0^1 x\, dF_S}{\int_0^1 dF_S} \tag{1.9}$$

부피분포의 조화평균 $\bar{x}_{hV}$는 다음과 같이 정의한다.

$$\frac{1}{\bar{x}_{hV}} = \frac{\int_0^1 \left(\frac{1}{x}\right) dF_V}{\int_0^1 dF_V} \tag{1.10}$$

식 (1.1)과 (1.2)로부터, 표면적과 부피분포 사이의 관계는

$$dF_V = x\, dF_S \frac{k_V}{k_S} \tag{1.11}$$

따라서

$$\frac{1}{\bar{x}_{hV}} = \frac{\int_0^1 \left(\frac{1}{x}\right) x \frac{k_V}{k_S} dF_S}{\int_0^1 x \frac{k_V}{k_S} dF_S} = \frac{\int_0^1 dF_S}{\int_0^1 x\, dF_S} \tag{1.12}$$

(k_S와 k_V는 입도에 따라 변하지 않는다고 가정한다) 따라서

$$\bar{x}_{hV} = \frac{\int_0^1 x\, dF_S}{\int_0^1 dF_S}$$

이것을 보면, 표면적 분포의 산술평균 $\bar{x}_{aS}$[식 (1.9)]와 같다는 것을 알 수 있다.

$dF_S = x^2 k_S\, dF_N$을 상기하면, 식 (1.9)로부터

$$\bar{x}_{aS} = \frac{\int_0^1 x^3\,dF_N}{\int_0^1 x^2\,dF_N}$$

이것은 표면적-부피 평균, $\bar{x}_{SV}$[식 (1.8)-예제 1.3 참조]이다.

요약 정리하면, 표면-부피 평균은 표면적 분포의 산술평균으로 또는 부피 분포의 조화평균으로 계산할 수 있다. 평균의 등가의 실질적인 의미는 단 하나의 입도 분포로부터 유용한 평균들을 쉽게 계산할 수 있다는 것이다.

독자 여러분을 다른 평균들의 등가에 관하여 연구하도록 초대한다.

1.7 입도분포를 나타내는 일반적인 방법

1.7.1 산술-정규 분포

그림 1.7에 나타낸 이 분포에서는, 산술 평균으로부터 차이가 같은 입도는 같은 빈도로 일어난다. 최빈값과 중위수 및 산술평균이 일치한다. 이 분포는 수학적으로 다음 식과 같이 나타낼 수 있다.

$$\frac{dF}{dx} = \frac{1}{\sigma\sqrt{2\pi}}\exp\left[-\frac{(x-\bar{x})^2}{2\sigma^2}\right] \tag{1.13}$$

여기서 σ는 표준편차이다.

산술-정규분포에 대한 적합성을 조사하기 위해서는 입도분석 자료를 정규 확률 그래프용지에 도시한다. 자료가 산술-정규분포에 적합하면 정규 확률 그래프용지에 직선이 얻어진다.

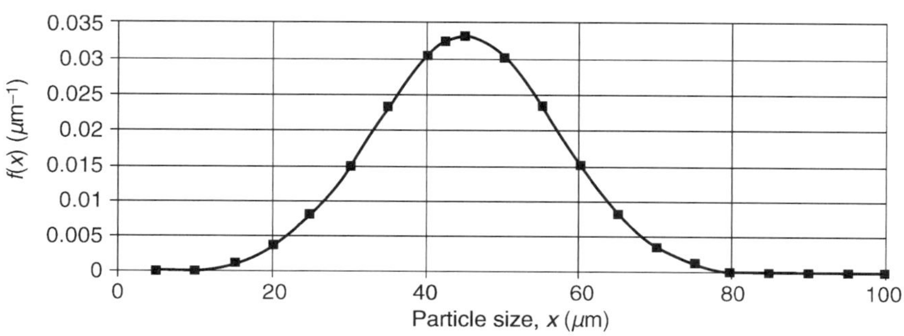

그림 1.7 산술평균 45와 표준편차 12를 갖는 산술-정규분포

1.7.2 대수-정규 분포

이 분포는 자연적으로 생긴 입자의 모집단에서 더 일반적이다. 그림 1.8에 한 예를 나타낸다. x 에 대한 dF/dx 대신, x 에 대하여 $dF/d(\log x)$를 그리면 $\log x$에서 산술-정규분포가 얻어진다(그림 1.9). 이 분포를 나타내는 수학적인 식은 다음과 같다.

$$\frac{dF}{dz} = \frac{1}{\sigma_z \sqrt{2\pi}} \exp\left[-\frac{(z-\bar{z})^2}{2\sigma_z^2}\right] \tag{1.14}$$

여기서 $z = \log x$ 이며, $\bar{z}$ 는 $\log x$ 의 산술평균이고 σ_z 는 $\log x$ 의 표준편차이다.

대수-정규분포에 대한 적합성을 확인하기 위해서는, 입도 분석 자료를 대수-정규 확률 그래프용지에 도시한다. 자료가 대수-정규분포에 적합하면 이 그래프용지에 직선이 얻어진다.

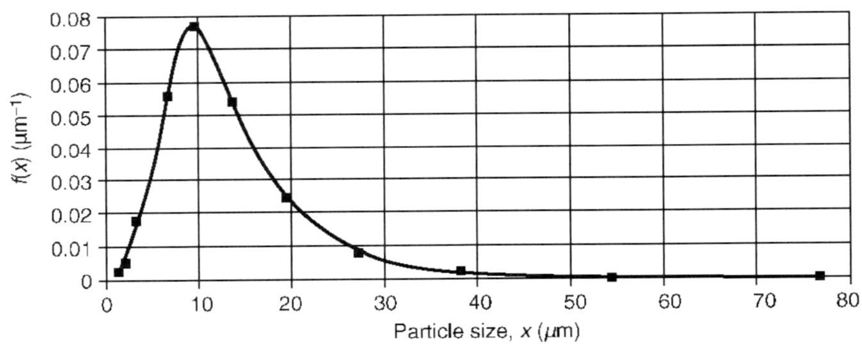

그림 1.8 선형 좌표에 그린 대수-정규분포

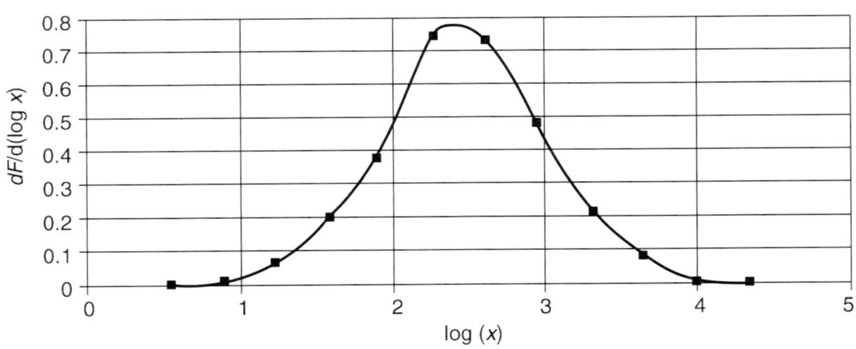

그림 1.9 대수 좌표에 그린 대수-정규분포

1.8 입도 측정 방법

1.8.1 체질법

엮은 망으로 된 체를 사용하는 건식 체질은 45μm보다 큰 입도에 적합한 간단하면서 비용이 적게 드는 입도분석법이다. 체질을 하면 질량분포가 얻어지며 입도는 체 지름으로 주어진다. 입자의 길이는 체 구멍의 통과를 방해하지 않기 때문에(입자가 극단적으로 길지 않다면), 체 지름은 입자의 최대 폭과 최대 두께에 의존한다. 최근의 가장 일반적인 체는 인접한 체의 크기 비가 $\sqrt[4]{2}$ 이다(예: 45, 53, 63, 75, 90, 107μm). 표준화된 순서에 따라 주의하여 체질하면 신뢰성과 재현성 있는 입도분석을 얻을 수 있다. 체 위의 분체를 제트나 공기로 유동화하는 공기 분사 체질은 20μm까지 분석할 수 있다. 분체 시료를 액체에 부유시키는 습식 체질에 의하면 5μm까지 분석할 수 있다.

1.8.2 현미경 측정법

5μm까지 입도를 측정하기 위하여 광학 현미경을 이용할 수 있다. 이 보다 더 작은 입자에 대해서는 회절에 의하여 입자의 모서리가 흐려지기 때문에 겉보기 입도가 얻어진다. 5μm 이하의 입도분석에는 전자현미경을 사용한다. 영상분석 장치가 연결되어 있으면 광학 현미경이나 전자 현미경으로 크기나 형상에 관한 수 분포를 쉽게 얻을 수 있다. 이러한 장치들은 입자의 투영된 영상으로부터 여러 가지 지름을 계산한다(예: Martin지름, Feret지름, 전단지름, 투영면적 지름 등). 불규칙적인 형상의 입자는 투영 면적이 입자의 방향성에 따라 심각하게 변할 수 있다는 것에 주의하기 바란다. 입자가 임의의 방향성을 갖도록 현미경 슬라이드에 접착제를 바르는 것과 같은 기술을 이용할 수 있다.

1.8.3 침강법

이 방법은 액체 속에서 시료 입자의 침강속도를 추적한다. 현탁액은 희박하고 따라서 입자는 액체(주로 물) 속에서 단일입자 종말속도로 낙하한다고 가정한다. Stokes의 법칙이 적용된다고($Re_p < 0.3$) 가정하면 물을 사용하는 침강법은 지름이 50μm보다 작은 입자에 대해서만 적합하다. 어떤 수직 위치에서 시간에 대한 현탁액의 밀도를 도시하여 입자의 침강속도를 추적한다. 현탁액의 밀도는 누적된 작은 입자와 직접적으로 관계가 있으며 시간은 종말속도에 의하여 입자 지름과 관련이 있다. 다음에 이것을 증명한다.

그림 1.10을 참고하여, 현탁액의 밀도는 현탁액의 표면 아래로 수직거리 h에서 시료를 채취하여 측정한다. 다음과 같이 가정한다.

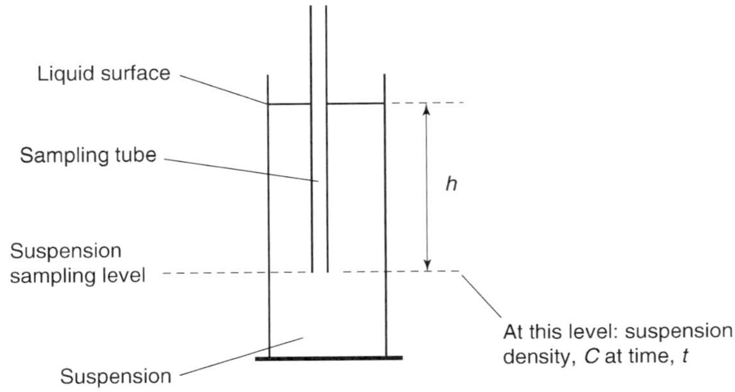

그림 1.10 침강법에 의한 입도분석

- 현탁액은 입자들이 개별적으로 침강할 수 있을 만큼 충분히 희박하다(즉 간섭침강이 아님 −3장 참조).
- 액체 속에서 입자의 운동은 Stokes의 법칙을 따른다(전형적으로 50μm 보다 작은 입자에 대해서 성립).
- 입자는 종말 자유 낙하 속도 U_T까지 빠르게 가속되기 때문에 가속되는 시간은 무시할 수 있다고 가정한다.

처음의 균일한 현탁액의 밀도를 C_0라 하자. 침강을 시작한 후 t 시간에 시료 채취 지점에서 현탁액의 밀도를 C라 한다. 시간 t에서 h/t보다 빠르게 이동하는 모든 입자들은 시료 채취 지점보다 아래로 떨어진다. 따라서 시간 t에서 시료는 속도가 h/t보다 작거나 같은 입자들만으로 이루어진다. 만일 C_0가 전체 모집단에 대한 현탁액의 밀도를 나타낸다면, C는 h/t보다 작거나 같은 속도로 낙하하는 모든 입자들에 대한 현탁액의 밀도를 나타낸다. 따라서 C/C_0는 h/t보다 작거나 같은 속도로 낙하하는 초기 입자의 질량 분율이다. 즉,

$$\text{누적 질량분율} = \frac{C}{C_0}$$

모든 입자들은 Stokes의 법칙으로 주어진 종말속도로 이동한다[2장의 식 (2.13)].

$$U_T = \frac{x^2(\rho_p - \rho_f)g}{18\mu}$$

따라서 U_T를 h/t와 같게 놓으면, 분리 속도(cut-off velocity) h/t로 이동하는 입자의 지름을 결정할 수 있다. 즉,

$$x = \left[\frac{18\mu h}{t(\rho_p - \rho_f)g} \right]^{1/2} \tag{1.15}$$

x보다 더 작은 입자는 h/t보다 느리게 이동하여 아직도 시료 채취 지점의 현탁액 속에 존재하게 된다. 따라서 대응하는 C/C_0와 x의 값으로부터 누적 질량분율이 얻어진다. 측정한 입도는 Stokes지름, 즉 Stokes 영역에서 실제 입자와 같은 종말속도를 갖는 구의 지름이다.

이 방법의 일반적인 기구는 $2-100\mu\mathrm{m}$ 범위에서 측정이 가능한 Andreason 피펫이다. 2 $\mu\mathrm{m}$보다 작은 크기에서는, Brown 운동 때문에 심각한 오차가 발생한다. 원심 작용에 의하여 입자에 작용하는 본체 힘(body force)을 증가시키면 Brown 운동의 영향을 줄일 수 있으며 따라서 $0.01\mu\mathrm{m}$까지의 입도도 측정이 가능하다. 그러한 기구를 피펫 원심기라 한다.

빛의 흡수나 X-선 흡수를 이용하여 현탁액의 밀도를 측정하면 이 방법에 관련된 수고를 줄일 수 있다. 빛 흡수법을 이용하면 표면적에 의한 분포를 얻게 되며, 반면에 X-선 흡수법은 질량분포를 생성한다.

1.8.4 투과도 측정법

이것은 충전층을 통한 유체 흐름(6장 참조)에 근거한 입도 분석법이다. 지름이 x인 균일한 입도의 구가 무작위로 충전된 충전층에서 층류 흐름에 대한 Carman-Kozeny식은[식 (6.9)]

$$\frac{(-\Delta p)}{H} = 180 \frac{(1-\epsilon)^2}{\epsilon^3} \frac{\mu U}{x^2}$$

여기서 $(-\Delta p)$는 층에서 압력강하이고, ϵ은 충전층의 공극률, H는 층의 깊이, μ는 유체의 점도, U는 유체의 공탑속도이다. 예제 1.3에서 알게 되겠지만, 입도분포가 주어진 구형이 아닌 입자를 다룰 때는, 이 식에 적합한 평균 지름은 표면적 분포의 산술평균 $\bar{x}_{aS}$로 계산할 수 있는 표면-부피 지름 $\bar{x}_{SV}$이다.

이 방법에서는 공극률이 주어진 충전층에서 압력 구배를 유량의 함수로 측정한다. Carman-Kozeny 식으로부터 계산한 지름은 표면적 분포의 산술평균이다(6장의 예제 6.1 참조).

1.8.5 전자띠 검출법

입자를 묽은 전해질에 현탁 상태로 유지하고 전압이 걸린 작은 오리휘스를 통하여 흘러나오게 한다(그림 1.11). 오리휘스를 통하여 입자가 흐르면서 전압펄스가 기록된다.

펄스의 진폭은 오리휘스를 통과하는 입자의 부피와 관련지을 수 있다. 따라서 진폭에 따라 펄스를 전자계산기로 세어 분류하면 상당 부피 구 지름의 수 분포를 얻을 수 있다. 작은 입도 한계는 실제로 가장 작은 오리휘스에 의해서 결정되며 큰 입도 한계는 입자를 현탁 상태로 유지할 수 있는 한계에 의해서 결정된다. 침강을 줄이기 위하여 물보다 점성이 더 큰 액체를 이용할 수도 있지만 이 방법으로 가능한 실제적인 입도 범위는 $0.3-1000\mu m$ 이다. 동시에 한 개 이상의 입자가 오리휘스를 통과하면 오차가 유입되기 때문에 이러한 오차의 가능성을 줄이기 위해서 묽은 현탁액을 사용한다.

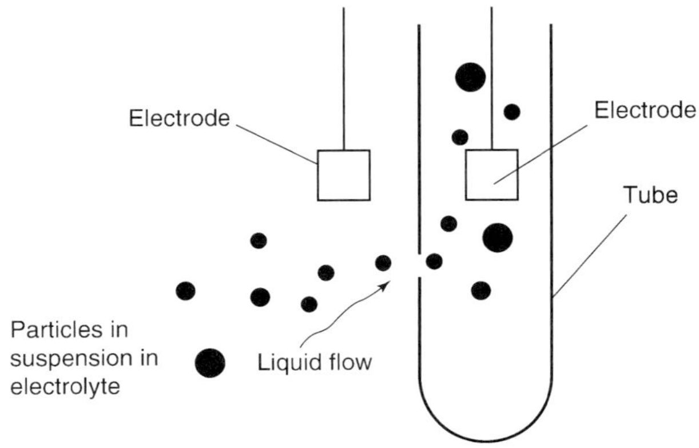

그림 1.11 전자띠 검출장치의 개략도

1.8.6 레이저 회절법

이 방법은 현탁액을 통과하는 빛은 회절각이 입도에 반비례한다는 사실에 근거한다. 측정기기는 주어진 고정된 파장(보통 $0.63\mu m$)의 광원인 레이저, 수많은 불연속 검출기가 설치된 적합한 검출기(보통 감광성의 실리콘 조각), 및 시료 입자를 레이저 광선에 통과시킬 수 있는 몇 가지 수단(광선을 통과하여 배출되는 액체와 기체에 입자를 부유시키는 기술이 가능하다) 등으로 이루어져 있다.

회절각을 입도와 연계시키기 위해서, 초기의 측정기기는 Fraunhofer이론을 적용하였는데, 상황에 따라 큰 오차를 생성할 수 있다(예: 입자 재료와 현탁 매질의 굴절률이 서로 근접할 때). 최근의 기기는 빛과 물질의 상호 작용에 관한 Mie이론을 적용한다. 이 이론에 의하면 입자 재료와 현탁 매질의 굴절률을 알면, $0.1-2000\mu m$ 범위에서 입도분석이 가능하다.

이 방법은 부피분포를 생성하며 레이저 지름으로 알려진 지름을 측정한다. 오늘날 산업에서는 레이저 회절에 의한 입도분석이 매우 일반화되어 있다. 연결된 소프트웨어에 의해 다양한 입도 분포와 처음 측정한 분포로부터 유도된 여러 가지 평균값을 구할 수 있다.

1.9 시료 채취

실제로, 수많은 양의 분체에 대한 입도분포는 흔히 단지 몇 그램 또는 몇 밀리그램의 시료를 분석하여 얻는 것으로 가정한다. 따라서 전체 분체를 대표할 수 있는 시료의 중요성은 아무리 강조하여도 지나치지 않는다. 그러나 혼합과 편석에 관하여 다룬 11장에서 지적한 바와 같이, 대부분의 분체 취급과 처리 조작에서(쏟아 붓기, 벨트 이송, 자루나 드럼에서 취급, 시료 병의 운동 등) 입자들은 크기에 따라 편석이 일어나고 경미하지만 밀도와 모양에 따라서도 편석이 발생된다. 이와 같이 편석이 되려는 자연적인 경향은 시료채취에 극도로 주위를 기우려야한다는 것을 뜻한다.

시료 채취에는 두 가지 황금 규칙이 있다:

1. 시료를 채취할 때 분체는 운동하고 있어야 한다.
2. 이동하는 흐름의 전체를 짧은 시간 증분 동안에 여러 번 채취해야 한다.

분석에 사용한 최종적인 시료 크기는 대단히 작을 수 있기 때문에, 분석에 바람직한 양을 확보하기 위하여 흔히 처음 시료를 분할할 필요가 있다. 위의 두 가지 규칙은 시료 채취나 시료 분할의 모든 단계에서도 적용되어야 한다.

여러 가지 다른 공정 상황에서 시료 채취와 시료분할에 이용되는 많은 기기와 기술에 관한 상세한 설명은 이 장의 범위를 벗어난다. 그러나 Allen(1990)은 독자들이 참고할 수 있는 우수한 보고서를 제공한다.

1.10 예제

예제 1.1

면의 길이가 1, 2, 4 mm인 직육면체 입자의 상당 부피 구 지름 x_v 와 표면-부피 상당 구 지름 x_{sv} 를 계산하라.

풀이.

직육면체의 부피 $= 1 \times 2 \times 4 = 8\ \mathrm{mm}^3$

입자의 표면적 $= (1 \times 2) + (1 \times 2) + (1 + 2 + 1 + 2) \times 4 = 28\ \mathrm{mm}^2$

지름이 x_v 인 구의 부피는 $\pi x_v^3/6$ 이다.

그리고 부피가 $8\ \mathrm{mm}^3$ 인 구의 지름은, $x_v = 2.481\ \mathrm{mm}$

따라서, 직육면체 입자의 상당 부피 구 지름은 $x_v = 2.481\ \mathrm{mm}$ 이다.

직육면체 입자의 부피에 대한 표면적 비 $= \frac{28}{8} = 3.5\ \mathrm{mm^2/mm^3}$.

지름이 x_{sv} 인 구의 부피에 대한 표면적 비는 $6/x_{sv}$ 이다.

따라서, 입자와 같은 부피에 대한 표면적 비를 갖는 구의 지름 $= 6/3.5 = 1.714\ \mathrm{mm}$.
직육면체의 표면-부피 상당 구 지름은, $x_{sv} = 1.714\ \mathrm{mm}$.

예제 1.2

다음 식으로 나타낸 표면적 분포를 누적 부피분포로 변환하라.
$x \leq 45\ \mu\mathrm{m}$ 에 대하여, $F_S = (x/45)^2$
$x > 45\ \mu\mathrm{m}$ 에 대하여, $F_S = 1$

풀이.

식 (1.1)~(1.3)으로부터,

$$f_v(x) = \frac{k_v}{k_s} x f_s(x)$$

입도 0과 x 사이에서 적분하면:

$$F_V(x) = \int_0^x \left(\frac{k_v}{k_s}\right) x f_s(x)\, dx$$

$f_s(x) = dF_S/dx$ 에 주목하면, 다음을 알 수 있다.

$$f_s(x) = \frac{d}{dx}\left(\frac{x}{45}\right)^2 = \frac{2x}{(45)^2}$$

따라서 적분값은

$$F_V(x) = \int_0^x \left(\frac{k_v}{k_s}\right) \frac{2x^2}{(45)^2} dx$$

k_v 와 k_s 가 입도에 무관하다고 가정하면,

$$F_V(x) = \left(\frac{k_v}{k_s}\right) \int_0^x \frac{2x^2}{(45)^2} dx = \frac{2}{3}\left(\frac{x^3}{(45)^2}\right) \frac{k_v}{k_s}$$

$F_V(45) = 1$ 에 주목하면 k_v/k_s 를 얻을 수 있다.; 즉

$$\frac{90}{3}\frac{k_v}{k_s} = 1 \quad \text{따라서} \quad \frac{k_v}{k_s} = 0.0333$$

따라서, 부피분포를 나타내는 식은,

$x \leq 45\,\mu\mathrm{m}$ 에 대하여, $F_V = 1.096 \times 10^{-5} x^3$,
$x > 45\,\mu\mathrm{m}$ 에 대하여, $F_V = 1$

예제 1.3

Carman-Kozeny식(6장 참조)을 사용하여 입자 충전층을 통한 유체의 흐름에서 압력구배를 계산할 때 무슨 평균 입도를 사용하는가?

풀이.

무작위로 충전된 입자 충전층에서 층류 흐름에 대한 Carman-Kozeny식은

$$\frac{(-\Delta p)}{L} = K\frac{(1-\epsilon)^2}{\epsilon^3}S_V^2 \mu U$$

여기서 S_V는 입자층의 비표면적(입자 단위부피 당 입자 표면적)이고 다른 항들은 6장에 정의되어 있다. 층의 공극률이 입도와 무관하다고 가정하고, 이 식을 평균 입도로 다시 표현하기 위해서는 비표면적 S_V를 그 평균입도로 나타내야한다. 사용할 입도는 원시 모집단 또는 입자와 같은 값의 S_V를 생성해야 한다. 즉, 평균 지름 $\bar{x}$는 모집단의 표면적과 부피를 보존해야 한다. 다시 말해서 이 평균을 사용하여 입자의 전체 표면적으로부터 전체 부피를 계산할 수 있어야 한다. 이 평균이 표면-부피 평균 $\bar{x}_{sv}$이다.

$$\bar{x}_{sv} \times (\text{전체 표면적}) \times \frac{\alpha_v}{\alpha_s} = (\text{전체 부피}) \quad (\text{예: 구의 경우 } \alpha_v/\alpha_s = 1/6)$$

$$\text{따라서}\quad \bar{x}_{sv}\int_0^\infty f_s(x)\,dx\,\frac{k_v}{k_s} = \int_0^\infty f_v(x)dx$$

$$\text{입자의 전체 부피,}\quad V = \int_0^\infty x^3\alpha_V N f_N(x)\,dx$$

$$\text{입자의 전체 표면적,}\quad S = \int_0^\infty x^2\alpha_s N f_N(x)\,dx$$

$$\text{따라서}\quad \bar{x}_{sv} = \frac{\alpha_S}{\alpha_V}\frac{\int_0^\infty x^3\alpha_V N f_N(x)dx}{\int_0^\infty x^2\alpha_S N f_N(x)dx}$$

그리고 α_V, α_S 및 N가 크기, x에 무관하기 때문에

$$\bar{x}_{sv} = \frac{\int_0^\infty x^3 f_N(x)dx}{\int_0^\infty x^2 f_N(x)dx} = \frac{\int_0^1 x^3\,dF_N}{\int_0^1 x^2\,dF_N}$$

이것이 표면적과 부피를 보존하고 있는 평균의 정의이며, 표면-부피 평균, $\bar{x}_{sv}$라 한다. 즉,

$$\bar{x}_{sv} = \frac{\int_0^1 x^3 dF_N}{\int_0^1 x^2 dF_N} \tag{1.8}$$

따라서, 올바른 평균 입자 지름은 위에서 정의한 표면-부피 평균이다. (1.6절에서 설명한

바와 같이, 이 평균은 표면적 분포의 산술평균 $\bar{x}_{aS}$로 계산하거나 또는 부피 분포의 조화평균으로 계산할 수 있다.) 이제 Carman-Kozeny식의 S_V를 다음과 같이 대입한다.

$$S_V = \frac{1}{\bar{x}_{sv}} \frac{k_s}{k_v}$$

예를 들면, 구의 경우에는 $S_V = 6/\bar{x}_{sv}$ 이다.

예제 1.4 (Svarovsky, 1990)

입도분포가 $F(x)$ 인 원료를 처리하는 중력 침강 장치를 등급효율 $G(x)$ 로 운전한다. 이 장치의 전체 효율은 다음과 같이 정의한다.

$$E_T = \int_0^1 G(x) dF_M$$

평균 입도를 어떻게 결정하겠는가?

풀이.

플러그 흐름(3장 참조)을 가정하면, $G(x) = U_T A/Q$이고 여기서 A는 침강면적, Q는 현탁액의 부피유량이고 U_T는 입도가 x인 단일입자 종말속도로 Stokes 영역에서 다음과 같이 주어진다.

$$U_T = \frac{x^2(\rho_p - \rho_f)g}{18\mu} \quad \text{(2장 참조)}$$

따라서,

$$E_T = \frac{Ag(\rho_p - \rho_f)}{18\mu Q} \int_0^1 x^2 dF_M$$

여기서 $\int_0^1 x^2 dF_M$은 질량분포의 2차 평균 $\bar{x}_{qM}$의 정의라는 것을 알 수 있다(표 1.4 참조). 이 접근법은 많은 응용에서 사용할 올바른 평균을 결정하는데 사용될 수 있다.

예제 1.5

크래킹 촉매 시료를 Coulter 계수기로 분석하여 다음과 같은 누적 부피 분포를 얻었다:

Channel	1	2	3	4	5	6	7	8
% volume differential	0	0.5	1.0	1.6	2.6	3.8	5.7	8.7

Channel	9	10	11	12	13	14	15	16
% volume differential	14.3	22.2	33.8	51.3	72.0	90.9	99.3	100

(a) 입도에 대한 누적 부피 분포를 도시하고 중위수 입도를 구하라.
(b) 적절히 가정하고 표면적 분포를 구하라. 부피 분포와 비교하라.
(c) 부피 분포의 조화 평균 지름을 구하라.
(d) 표면적 분포의 산술 평균 지름을 구하라.

풀이.

Coulter 계수기에서 통로의 크기 범위는 사용한 관의 크기에 따라 다르다. 따라서 이 경우에 통로 1은 3.17 μm 에서 4.0 μm 까지의 입도 범위를, 통로 2는 4.0 μm 에서 5.04 μm 까지의 입도 범위를 포함하고 등등 그리고 101.4 μm 에서 128 μm 까지의 범위를 포함하는 통로 16까지의 추가적인 자료가 필요하다. 인접한 입도 범위의 비는 항상 $\sqrt[3]{2}$ 이다. 예를 들면,

$$\sqrt[3]{2} = \frac{4.0}{3.17} = \frac{5.04}{4.0} = \frac{128}{101.4} \text{ 등.}$$

결과로 얻은 통로에 대한 상하 크기를 표 1W5.1의 2열과 3열에 나타내었다.

표 1W5.1 입도분포 데이터(예제 1.5)

1 Channel number	2 Lower size of range μm	3 Upper size of range μm	4 Cumulative per cent undersize	5 F_v	6 $1/x$	7 Cumulative area under F_v versus $1/x$	8 F_s	9 Cumulative area under F_s versus x
1	3.17	4.00	0	0	0.2500	0.0000	0.0000	0.0000
2	4.00	5.04	0.5	0.005	0.1984	0.0011	0.0403	0.1823
3	5.04	6.35	1	0.01	0.1575	0.0020	0.0723	0.3646
4	6.35	8.00	1.6	0.016	0.1250	0.0029	0.1028	0.5834
5	8.00	10.08	2.6	0.026	0.0992	0.0040	0.1432	0.9480
6	10.08	12.70	3.8	0.038	0.0787	0.0050	0.1816	1.3855
7	12.70	16.00	5.7	0.057	0.0625	0.0064	0.2299	2.0782
8	16.00	20.16	8.7	0.087	0.0496	0.0081	0.2904	3.1720
9	20.16	25.40	14.3	0.143	0.0394	0.0106	0.3800	5.2138
10	25.40	32.00	22.2	0.222	0.0313	0.0134	0.4804	8.0942
11	32.00	40.32	33.8	0.338	0.0248	0.0166	0.5973	12.3236
12	40.32	50.80	51.3	0.513	0.0197	0.0205	0.7374	18.7041
13	50.80	64.00	72	0.72	0.0156	0.0242	0.8689	26.2514
14	64.00	80.63	90.9	0.909	0.0124	0.0268	0.9642	33.1424
15	80.63	101.59	99.3	0.993	0.0098	0.0277	0.9978	36.2051
16	101.59	128.00	100	1	0.0078	**0.0278**	1.0000	**36.4603**

Note: Based on arithmetic means of size ranges.

(a) 누적 통과물 분포는 표 1W5.1의 5열에 수치로 정리하고 그림 1W5.1에 도식적으로 나타내었다. 그림에서 보면, 중위수 입도가 50 μm, 즉 부피로 입자의 50%가 50 μm 보다 작다는 것을 알 수 있다.

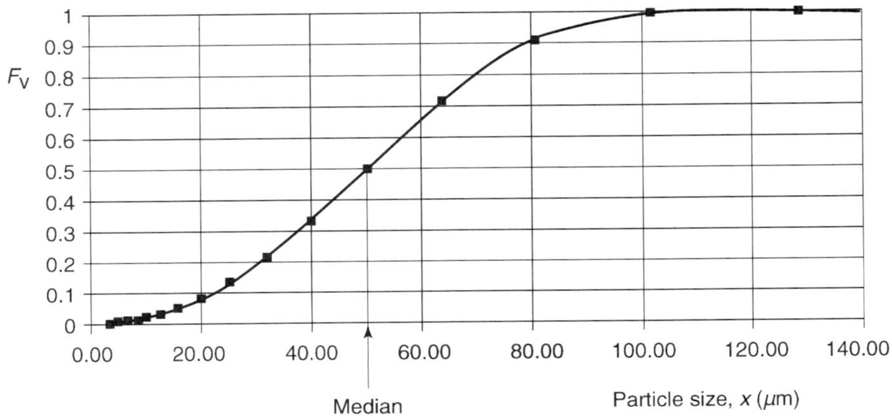

그림 1W5.1 누적부피분포

(b) 표면적 분포와 부피 분포의 관계는 식 (1.1)과 (1.2)로부터 다음과 같이 나타낼 수 있다.

$$f_s(x) = \frac{f_v(x)}{x} \times \frac{k_s}{k_v}$$

$f(x) = dF/dx$ 를 상기하고 0과 x 사이에서 적분하면:

$$\frac{k_s}{k_v}\int_0^x \frac{1}{x}\frac{dF_v}{dx}dx = \int_0^x \frac{dF_s}{dx}dx$$

또는

$$\frac{k_s}{k_v}\int_0^x \frac{1}{x}dF_v = \int_0^x dF_s = F_s(x)$$

(입자의 형상이 입도에 따라 불변임을 가정하면 k_s/k_v 가 일정하다).
따라서 표면적 분포는 F_v 에 대한 $1/x$ 곡선의 아래 면적에 계수 k_s/k_v 를 곱하여 구할 수 있다(k_s/k_v 는 $\int_{x=o}^{x=\infty} dF_s = 1$ 을 참조하면 구할 수 있다).

표 1W5.1의 7열은 F_v 에 대한 $1/x$ 곡선의 아래 면적을 나타낸다. 따라서 계수 k_s/k_v 는 0.0278과 같다. 7열의 값들을 0.0278로 나누면 8열에 나타낸 표면적 분포 F_s 를 얻는다. 표면적 분포는 그림 1W5.2에 나타낸다. 표면적 분포의 모양은 부피 분포와는 아주 다르다; 작은 입자들이 전체 표면적의 높은 비율을 차지한다. 표면적 분포의 중위수는 약 35 μm 이다. 즉 35 μm 보다 작은 입자가 전체 표면적의 50%를 차지한다.

(c) 부피 분포의 조화 평균은 다음과 같이 주어진다.

$$\frac{1}{\bar{x}_{hv}} = \int_0^1 \left(\frac{1}{x}\right) dF_v$$

이것은 $1/x$ 에 대한 F_v 곡선으로부터 도식적으로 계산하거나 또는 표 1W5.1의 7열에 정리된 자료에서 수치적으로 계산할 수 있다. 즉,

$$\frac{1}{\bar{x}_{hv}} = \int_0^1 \left(\frac{1}{x}\right) dF_v = 0.0278$$

그리고 $\bar{x}_{hv} = 36\,\mu\text{m}$.
부피 분포의 조화 평균이 모집단의 표면-부피 평균과 같다는 것을 상기하기 바란다.

(d) 표면적 분포의 산술평균은 다음과 같이 주어진다.

$$\bar{x}_{as} = \int_0^1 x\,dF_s$$

이것은 x에 대한 F_s 곡선(그림 1W5.2)으로부터 도식적으로 계산하거나 또는 표 1W5.1에 있는 자료를 이용하여 수치적으로 계산할 수 있다. 이 면적 계산은 표의 9열에 제시한 바와 같이 x에 대한 F_s 곡선 아래의 누적 면적을 나타내며 따라서 이 열의 마지막 숫자는 위의 적분 값과 같다. 따라서:

$$\bar{x}_{as} = 36.4\,\mu\text{m}$$

표면적 분포의 산술평균은 또한 모집단의 표면-부피 평균과 같다는 것이 생각날 것이다. 이 값은 위의 (c)에서 얻은 값과 잘 비교된다.

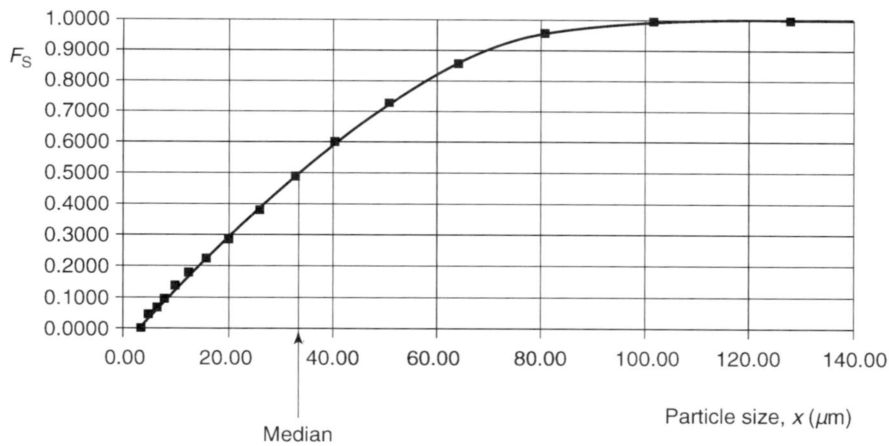

그림 1W5.2 누적표면분포

예제 1.6

5.00×3.00×1.00 mm의 직육면체 입자를 생각하자. 이 입자에 대한 다음의 지름을 계산하라:
(a) 부피 지름(입자와 부피가 같은 구의 지름)
(b) 표면 지름(입자와 표면적이 같은 구의 지름)
(c) 표면-부피 지름(부피에 대한 외부 표면적의 비가 입자와 같은 구의 지름)
(d) 체 지름(입자가 통과하는 최소 구멍의 폭)
(e) 투영 면적 지름(안정한 상태로 놓여있는 입자의 투영면적과 같은 면적을 갖는 원의 지름)

풀이.

(a) 입자의 부피 = 5×3×1 = 15 mm^3

구의 부피 $= \dfrac{\pi x_v^3}{6}$, 따라서 부피 지름, $x_v = \sqrt[3]{\dfrac{15\times 6}{\pi}} = 3.06\,\mathrm{mm}$

(b) 입자의 표면적 = 2×(5×3) + 2×(1×3) + 2×(1×5) = 46 mm^2

구의 표면적 $= \pi x_s^2$, 따라서 표면 지름, $x_s = \sqrt{\dfrac{46}{\pi}} = 3.83\,\mathrm{mm}$

(c) 입자의 부피에 대한 표면적 비 = 46/15 = 3.0667

구의 부피에 대한 표면적 비$= \dfrac{6}{x_{sv}}$, 따라서 $x_{sv} = \dfrac{6}{3.0667} = 1.96\,\mathrm{mm}$

(d) 이 입자가 통과할 가장 작은 정방형 구멍은 3 mm이다. 따라서 체 지름은 $x_p = 3\,\mathrm{mm}$이다.

(e) 이 입자는 안정한 상태에서 세 가지의 투영면적을 갖는다.

면적 1 = 3 mm^2; 면적 2 = 5 mm^2; 면적 3 = 15 mm^2

원의 면적 $= \dfrac{\pi x^2}{4}$

따라서 투영면적 지름은:

투영 면적 지름 1 = 1.95 mm
투영 면적 지름 2 = 2.52 mm
투영 면적 지름 3 = 4.37 mm

자율학습문제

1.1 다음의 상당구 지름을 정의하라: 상당부피 지름, 상당표면 지름, 상당 표면-부피 지름. 차원이 2 mm × 3 mm × 6 mm인 직육면체에 대한 각 상당구 지름을 구하라.

1.2 주어진 시료에 포함된 입도 범위를 나타내는데 사용하는 세 가지 종류의 분포를 열거하라.

1.3 수 분포를 측정하여 표면적 분포로 변환하려면 어떤 가정을 해야 하는가?

1.4 (a) 이차평균과 (b) 조화평균을 정의하는 수식을 적어라.

1.5 주어진 입도분포에 대하여, 최빈값, 산술평균, 조화평균 및 이차평균은 모두 수치적으로 아주 다른 값을 가진다. 주어진 공정에서 분체의 거동을 설명하는데 어느 평균이 적합한

지 어떻게 결정하는가?

1.6 시료 채취의 황금 규칙은 무엇인가?

1.7 입도분포를 구하기 위하여 침강법을 사용할 때 어떤 가정을 하는가?

1.8 전자띠 검출법에 의한 입도 분석에서는, (a) 무슨 상당구 지름을 측정하며 (b) 무슨 종류의 분포를 보고하는가?

연습문제

1.1 크기가 1.00 × 2.00 × 6.00 mm인 직육면체 입자에 대하여 다음의 지름을 계산하라:
(a) 상당 부피 구 지름;
(b) 상당 표면적 구 지름;
(c) 표면-부피 지름(부피에 대한 외부 표면적의 비가 입자와 같은 구의 지름).
(d) 체 지름(입자가 통과하게 될 최소 구멍의 폭)
(e) 투영 면적 지름(안정한 상태로 놓여있는 입자의 투영면적과 같은 면적을 갖는 원의 지름).

[답 : (a) 2.84 mm; (b) 3.57 mm; (c) 1.80 mm; (d) 2.00 mm; (e) 2.76 mm, 1.60 mm, 3.91 mm]

1.2 지름이 0.100 mm이고 길이가 1.00 mm인 정규 원통형 입자에 대하여 연습문제 1.1의 계산을 다시 반복하라.

[답 : (a) 0.247 mm; (b) 0.324 mm; (c) 0.142 mm; (d) 0.10 mm; (e) 0.10 mm(이 상태에서는 안정할 것 같지 않음), 그리고 0.357 mm].

1.3 지름이 2.00 mm이고 길이가 0.500 mm인 원반 모양의 입자에 대하여 연습문제 1.1의 계산을 다시 반복하라.

[답 : (a) 1.44 mm; (b) 1.73 mm; (c) 1.00 mm; (d) 2.00 mm; (e) 2.00 mm 그리고 1.13 mm(이 상태에서는 안정할 것 같지 않음)].

1.4 투과도 측정법에 의하여 입도와 비표면적을 측정하기 위하여 입자밀도가 2500 kg/m^{3}인 분체 1.28 g을 측정 장치의 셀에 장착한다. 원통형의 측정 셀은 지름이 1.14 cm이고 분체는 깊이가 1 cm인 층을 형성한다. 밀도가 1.2 kg/m^{3}이고 점도가 18.4×10^{-6} Pa·s 인 건조한 공기가 분체를 통하여 36 cm^3/min의 속도로 흐르며(원통형 측정 셀의 축과 평행한 방

향으로) 층 사이에서 100 mmH_2O의 압력 차를 나타낸다. 분체 시료의 표면-부피 평균 지름과 비표면적을 구하라.

[답 : 20 μm ; 120 m^2/kg]

1.5 투과도 측정법에 의하여 입도와 비표면적을 측정하기 위하여 입자밀도가 1800 kg/m^3인 분체 1.1 g을 측정 장치의 셀에 장착한다. 원통형의 측정 셀은 지름이 1.14 cm이고 분체는 깊이가 1 cm인 층을 형성한다. 밀도가 1.2 kg/m^3이고 점도가 18.4×10^{-6} Pa·s인 건조한 공기가 분체를 통하여 흐른다(원통형 측정 셀의 축과 평행한 방향으로). 공기 유량을 변화시키면서 측정한 압력차의 변화는 아래와 같다.

Air flow(cm^3/min)	20	30	40	50	60
Pressure difference across the bed(mmH_2O)	56	82	112	136	167

분체 시료의 표면-부피 평균 지름과 비표면적을 구하라.

[답 : 33 μm ; 100 m^2/kg]

1.6 다음 분포의 (a) 산술평균, (b) 2차 평균, (c) 3차 평균, (d) 기하평균 및 (e) 조화평균을 추산하라.

Size	2	2.8	4	5.6	8	11.2	16	22.4	32	44.8	64	89.6
Cumulative % undersize	0.1	0.5	2.7	9.6	23	47.9	73.8	89.8	97.1	99.2	99.8	100

[답 : (a) 13.6; (b) 16.1; (c) 19.3; (d) 11.5; (e) 9.8]

1.7 체 분석에 의하여 다음의 부피분포를 얻었다:

Size(μm)	37-45	45-53	53-63	63-75	75-90	90-106	106-126	126-150	150-180	180-212
Volume % in range	0.4	3.1	11	21.8	27.3	22	10.1	3.9	0.4	0

(a) 부피 분포의 산술평균을 추산하라.
부피 분포로부터 적절히 가정하여 수 분포와 표면적 분포를 유도하라. 그리고 다음을 추산하라.
(b) 표면적 분포의 최빈값
(c) 표면적 분포의 조화 평균
표면적 분포의 조화 평균이 모집단 입자의 부피에 대한 표면적 비를 보존하고 있음을 보여라.

[답 : (a) 86 μm ; (b) 70 μm ; (c) 76 μm]

02 Chapter

유체 속의 단일입자

이 장에서는 유체 속에서 단일 고체 입자의 운동을 다룬다. 이 장의 목적은 유체 속에서 입자의 운동에 저항하는 힘을 이해하고 유체에 상대적인 입자의 정상상태 속도를 추산하는 방법을 제공하는 것이다. 이 주제는 유체 속에서 입자의 부유 거동, 유동화, 기체 사이클론 및 기력 수송에 관하여 다루게 될 다음의 장들에서 활용하게 된다.

2.1 유체 속에서 고체 입자의 운동

지름이 x 인 단단한 구와 점도가 μ 인 무한한 양의 유체 사이에 매우 느린 정상상태의 상대운동(creeping motion)에 저항하는 항력은 두 성분으로 이루어진다(Stokes, 1851).

$$\text{압력 항력,} \quad F_p = \pi x \mu U \tag{2.1}$$

$$\text{전단응력 항력,} \quad F_s = 2\pi x \mu U \tag{2.2}$$

$$\text{운동에 저항하는 전체 항력,} \quad F_D = 3\pi x \mu U \tag{2.3}$$

여기서 U는 상대속도이다.

위의 식은 Stokes의 법칙으로 알려져 있다. 실험적으로, Stokes의 법칙은 단일입자 Reynolds수가 $Re_p \leq 0.1$ 일 경우에는 거의 정확하게 성립하며, $Re_p \leq 0.3$ 인 경우에는 1%이내에서, $Re_p \leq 0.5$ 인 경우에는 3% 이내에서, $Re_p \leq 1.0$ 인 경우에는 9% 이내에서 성립하는 것이 확인된다. 여기서 단일입자 Reynolds수는 식 (2.4)로 정의된다.

$$\text{단일입자 Reynolds수,} \quad Re_p = x U \rho_f / \mu \tag{2.4}$$

$$\text{항력계수,} \quad C_D = R' / (\frac{1}{2} \rho_f U^2) \tag{2.5}$$

여기서 R'은 입자의 단위 투영면적 당 힘이다. 따라서,

$$\text{구에 대하여: } R' = F_D / \left(\frac{\pi x^2}{4} \right) \tag{2.6}$$

그리고 Stokes의 법칙을 항력계수로 나타내면 다음과 같다.

$$C_D = 24 / Re_p \tag{2.7}$$

상대속도가 크면 유체의 관성이 지배하기 시작한다(유체가 입자의 경로 밖으로 가속되어야 한다). 이 조건에서는 Navier-Stokes 식의 해석적인 해가 불가능하다. 그러나 실험에 의해서 항력계수와 입자의 Reynolds수 사이 관계를 이른바 표준항력곡선의 형태로 나타낼 수 있다(그림 2.1). 표준항력곡선은 네 영역으로 분류한다; Stokes의 법칙 영역, 항력계수가 Reynolds수에 무관한 Newton의 법칙 영역, Stokes의 법칙과 Newton의 법칙 사이 중간 영역, 경계층 분리 영역. 이들 영역에 대한 Reynolds수 범위와 항력계수의 상관관계를 표 2.1에 나타낸다.

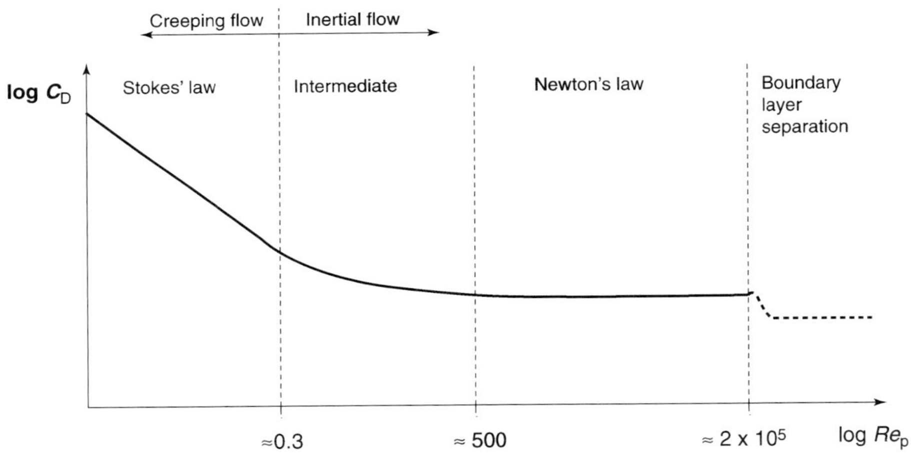

그림 2.1 유체에서 구의 운동에 대한 표준항력곡선

표 2.1 • 단일입자 항력계수 상관관계에 대한 Reynolds수 범위

Region	Stokes	Intermediate	Newton's law
Re_p	<0.3	$0.3 < Re_p < 500$	$500 < Re_p < 2\times10^5$
C_D	$24/Re_p$	$\frac{24}{Re_p}(1+0.15Re_p^{0.687})$	~0.44

표 2.1의 중간 영역에서 C_D에 대한 식은 Schiller와 Naumann(1933)의 식이며, 중간 영역에서 실험값과 약 ±7%의 정확도를 갖는다. 전체 영역에 적용되는 C_D에 대한 몇 가지 상관관계가 제안되어 있다. 그 중에 식 (2.8)로 주어진 Haider와 Levenspiel(1989)의 식이 있으며, 이 식은 평균 제곱 편차의 제곱근이 0.024로 실험값과 잘 일치한다.

$$C_D = \frac{24}{Re_p}\left(1 + 0.1806 Re_p^{0.6459}\right) + \left(\frac{0.4251}{1 + \dfrac{6880.95}{Re_p}}\right) \tag{2.8}$$

2.2 유체 속에서 중력 낙하하는 입자

유체 속에서 중력의 영향을 받은 입자의 상대운동이 특별한 관심의 대상이다. 일반적으로 부력과 항력 및 중력이 입자에 작용한다.

$$\text{중력} - \text{부력} - \text{항력} = \text{가속력} \tag{2.9}$$

유체 속에서 정지 상태로부터 낙하하는 입자는, 상대속도에 따라 증가하는 전단응력 항력이 작기 때문에, 처음에는 높은 가속도를 경험하게 될 것이다. 입자가 가속됨에 따라 항력이 증가하면서 가속도를 감소시킨다. 결국 가속도가 영이 될 때 힘의 균형이 이루어지고 최대 또는 종말 상대속도에 도달한다. 이것을 단일입자 종말속도라 한다.

구형 입자에 대하여, 식 (2.9)는

$$\frac{\pi x^3}{6}\rho_p g - \frac{\pi x^3}{6}\rho_f g - R'\frac{\pi x^2}{4} = 0 \tag{2.10}$$

식 (2.10)식을 식 (2.5)와 결합하면,

$$\frac{\pi x^3}{6}(\rho_p - \rho_f)g - C_D \frac{1}{2}\rho_f U_T^2 \frac{\pi x^2}{4} = 0 \tag{2.11}$$

여기서 U_T는 단일입자 종말속도이다. 식 (2.11)에 의하면 종말속도 조건에서 항력계수는 다음과 같이 나타낼 수 있다.

$$C_D = \frac{4}{3}\frac{gx}{U_T^2}\left[\frac{(\rho_p - \rho_f)}{\rho_f}\right] \tag{2.12}$$

따라서 Stokes의 법칙 영역에서, $C_D = 24/Re_p$을 이용하면 단일입자 종말속도는 다음과 같다.

$$U_T = \frac{x^2(\rho_p - \rho_f)g}{18\mu} \quad (2.13)$$

Stokes의 법칙 영역에서 종말속도는 입자 지름의 제곱에 비례한다는 사실에 주의하기 바란다.

Newton의 법칙 영역에서는, $C_D = 0.44$을 사용하면 종말속도는,

$$U_T = 1.74\left[\frac{x(\rho_p - \rho_f)g}{\rho_f}\right]^{1/2} \quad (2.14)$$

이 영역에서 종말속도는 유체의 점도에 무관하고 입자 지름의 제곱근에 비례한다는 것에 유의하기 바란다.

중간 영역에서는 U_T에 대한 명확한 식을 나타낼 수 없다. 그러나 이 영역에서 입자와 유체의 특성에 따른 종말속도의 변화는 근사적으로 다음과 같이 나타낸다.

$$U_T \propto x^{1.1},\ (\rho_p - \rho_f)^{0.7},\ \rho_f^{-0.29},\ \mu^{-0.43} \quad (2.15)$$

일반적으로, 주어진 입자에 대한 종말속도를 계산하거나 주어진 속도에 대한 입자의 지름을 계산할 때 어느 영역이 적합한지는 알 수가 없다. 이것에 관한 해결 방법의 하나는 $C_D Re_p^2$과 C_D/Re_p의 무차원군을 공식화하는 것이다.

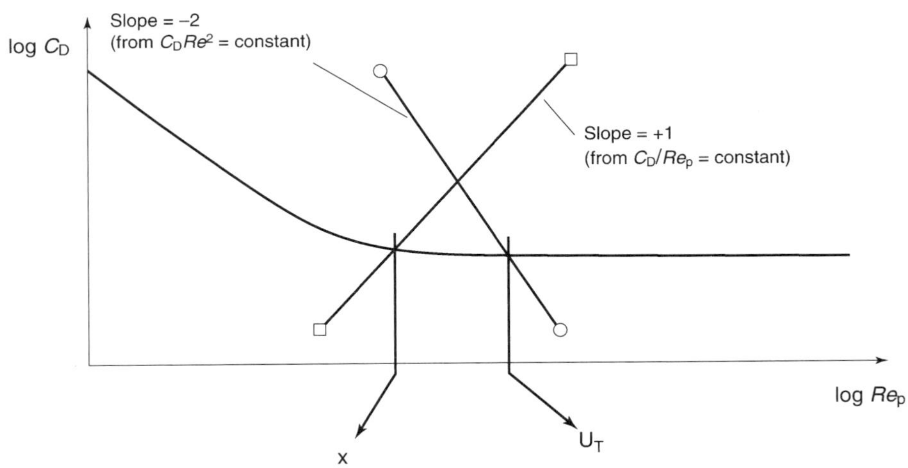

그림 2.2 주어진 입자의 크기에 대한 종말속도 추산법과 주어진 종말속도에 대한 입자의 크기 추산법 (주 : Re_p 는 상당부피구지름, x_v 에 근거한다)

• 주어진 크기 x에 대한 U_T의 계산

U_T에 무관한 다음의 무차원군을 계산한다.

$$C_D Re_P^2 = \frac{4}{3}\frac{x^3 \rho_f (\rho_p - \rho_f) g}{\mu^2} \quad (2.15)$$

($C_D Re_p^2 = \frac{4}{3} Ar$이 성립한다. 여기서 Ar은 Archimedes수이다)

주어진 입자와 유체의 특성에 대하여, $C_D Re_p^2$ 은 상수이며 따라서 표준항력곡선의 대수좌표(log Re_p에 대한 log C_D)에 그리면 기울기가 -2인 직선이 된다. 이 직선과 항력곡선의 교점에서 Re_p값을 얻을 수 있고 따라서 U_T값도 구할 수 있다(그림 2.2).

• 주어진 U_T 에 대한 크기 x의 계산

입자의 크기와 무관한 다음의 무차원군을 계산한다.

$$\frac{C_D}{Re_P} = \frac{4}{3}\frac{g \mu (\rho_p - \rho_f)}{U_T^3 \rho_f^2} \quad (2.16)$$

주어진 종말속도와 입자의 밀도 및 유체의 특성에 대하여, C_D / Re_p는 일정하고 표준항력곡선의 대수좌표(log Re_p에 대한 log C_D)에 그리면 기울기가 $+1$인 직선이 된다. 이 직선과 항력곡선과의 교점에서 Re_p값을 구할 수 있고 따라서 x값도 얻을 수 있다(그림 2.2). 이와 같은 도식적 방법의 대안으로, 같은 접근법에 근거하지만, Re_p, C_D, $C_D Re_p^2$, 및 C_D / Re_p의 대응 값에 관한 표를 이용할 수 있다. Perry와 Green(1984)를 참고하기 바란다.

2.3 구형이 아닌 입자

구형이 아닌 입자의 형상이 항력계수에 미치는 영향은 정의하기가 어렵다. 이것은 아마도 불규칙 입자의 형상을 기술하기가 어렵기 때문일 것이다. 공학자와 과학자는 주로 입자의 형상을 하나의 수로 나타낼 것을 요구한다. 간단한 해결법의 하나는 입자의 형상을 구형도로 나타내는 것이다. 구형도는 입자의 표면적에 대한 입자와 부피가 같은 구의 표면적 비이다. 예를 들면, 한 면의 길이가 1 cm인 정육면체의 부피는 1 cm^3이고 표면적은 6 cm^2이다. 부피가 1 cm^3인 구의 지름, x_v 는 1.24 cm이다. 지름이 1.24 cm인 구의 표면적은 4.836 cm^2이다. 따라서 정육면체의 구형도는 0.806(=4.836/6)이다.

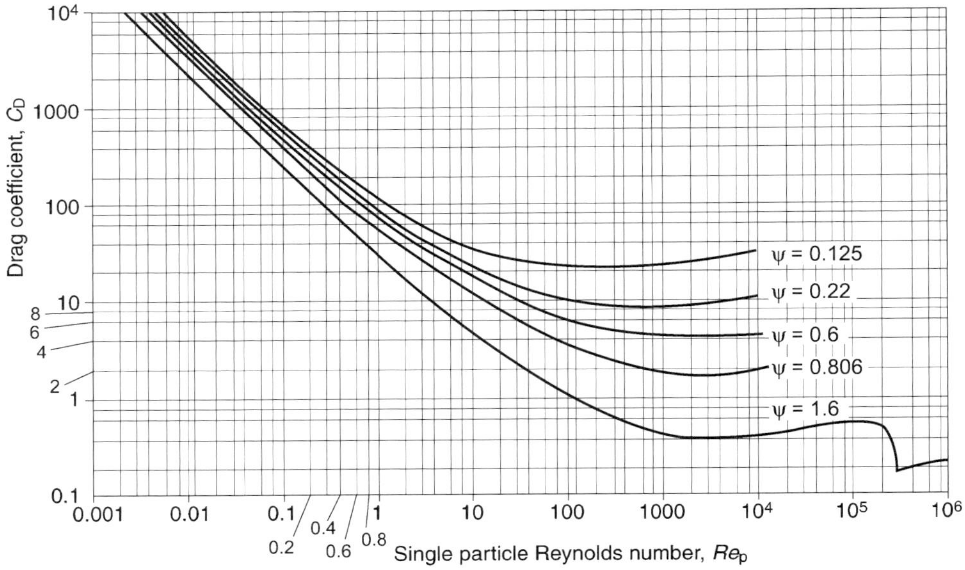

그림 2.3 구형도 Ψ가 0.125에서 1.0 범위의 입자에 대한 항력계수 C_D 대 Reynolds수 Re_p
(주 : Re_p 와 C_D는 상당부피지름에 근거한다)

형상은 Stokes의 법칙 영역에서보다 중간 영역과 Newton의 법칙 영역에서 항력계수에 훨씬 더 크게 영향을 미친다. 흥미롭게도 Stokes의 법칙 영역에서 입자는 가장 긴 표면이 운동방향과 거의 평행하게 떨어지고, 반면에 Newton의 법칙 영역에서 입자는 최대면적이 다가오는 유체를 향한다.

구형이 아닌 입자에 대하여 입자 Reynolds수는 입자와 같은 부피를 갖는 구의 지름, 즉 상당 부피 구 지름에 근거를 둔다. 그림 2.3(Brown *et al.*, 1950)은 구형도가 다른 입자들에 대한 항력곡선을 나타내며 규칙적인 입자와 불규칙적인 입자 모두를 포함하고 있다. 그러나 이 그림은 사용하는데 주의를 요한다. 왜냐하면 모든 유형의 입자에 대한 형상을 어떤 경우에는 구형도 그 자체만으로 표현하는 것이 충분치 못할 수도 있기 때문이다.

기체 속에서 작은 입자와 액체 속에서 모든 일반적인 입자는 빠르게 종말속도까지 가속된다. 예를 들면, 물속에서 정지 상태로부터 낙하하는 100μm 크기의 입자는 2 mm/s의 종말속도까지 도달하는데 1.5 ms가 걸린다. 표 2.2는 공기 속에서 정지 상태로부터 낙하하는 모래입자에 대한 종말속도와 가속시간 및 낙하거리를 재미있게 비교한 것이다.

표 2.2 • 공기에서 정지 상태로부터 낙하하는 모래입자(입자밀도, 2600 $\mathrm{kg/m^3}$)

Size	Time to each 99% of U_T(s)	U_T(m/s)	Distance travelled in this time(m)
30 μm	0.033	0.07	0.00185
3 mm	3.5	14	35
3 cm	11.9	44	453

2.4 종말속도에 미치는 경계의 영향

고체 경계의 영향 속에서 입자가 유체를 통하여 낙하할 때 입자가 도달하는 종말속도는 무한 유체에 대한 종말속도보다 작다. 실제로 이것은 액체의 점도를 측정하는 낙하구법(falling sphere method)과 실질적인 관계가 있다. 이 방법은 Stokes 영역에만 제한되어 있다. 수직관의 축을 따라 낙하하는 입자의 경우에, 무한 유체 속에서 속도, U_∞에 대한 관 속에서 속도, U_D의 비를 벽인자(wall factor), f_w로 정의한다. f_w에 대한 Francis(1933)의 상관관계는 식 (2.17)과 같다.

$$f_w = \left(1 - \frac{x}{D}\right)^{2.25} \quad Re_p \le 0.3 \; ; \; x/D \le 0.97 \tag{2.17}$$

2.5 참고도서

유체 내에서 단일입자의 운동(가속 운동, 부가된 질량, 기포와 액적, 비Newton 유체)에 관하여 더 상세하게 알고 싶은 독자는 Coulson과 Richardson (1991), Clift et al. (1978) 및 Chhabra (1993)를 참고하기 바란다.

2.6 예제

예제 2.1

Stokes의 법칙이 지배하는 중력 침강에서 입자 지름의 상한, x_{max}을 입자 밀도 ρ_p의 함수로 계산하라. 주변 조건의 물과 공기 속에서 침강하는 입자에 대한 결과를 $0 \le \rho_p \le 8000$ kg/m^3 범위에서 ρ_p에 대한 x_{max}의 곡선으로 그려라. 입자는 구형이고 $Re_p \le 0.3$에서 Stokes의 법칙이 성립한다고 가정하라.

풀이.

Stokes의 법칙 내에서 입자 지름의 상한은 단일입자 Reynolds수의 상한에 의해 지배된다.

$$Re_p = \frac{\rho_f \, x_{max} U}{\mu} = 0.3$$

Stokes의 법칙이 지배하는 중력 침강에서 입자는 종말속도까지 빠르게 가속된다. Stokes의 법칙 영역에서 종말속도는 식 (2.13)으로 주어진다.

$$U_T = \frac{x^2(\rho_p - \rho_f)g}{18\mu}$$

위의 두 식을 $x_{\max}$에 대하여 풀면,

$$x_{\max} = \left[0.3 \times \frac{18\mu^2}{g(\rho_p - \rho_f)\rho_f}\right]^{1/3} = 0.82 \times \left[\frac{\mu^2}{(\rho_p - \rho_f)\rho_f}\right]^{1/3}$$

따라서 공기의 경우(밀도 1.2 kg/m^3, 점도 1.84×10^{-5} Pa·s):

$$x_{\max} = 5.37 \times 10^{-4}\left[\frac{1}{(\rho_p - 1.2)}\right]^{1/3}$$

물의 경우(밀도 1000 kg/m^3, 점도 0.001 Pa·s):

$$x_{\max} = 8.19 \times 10^{-4}\left[\frac{1}{(\rho_p - 1000)}\right]^{1/3}$$

$x_{\max}$에 대한 이 식들을 입자 밀도가 유체 밀도보다 클 때와 작을 때에 대하여 입자 밀도의 함수로서 그림 2W1.1에 나타낸다.

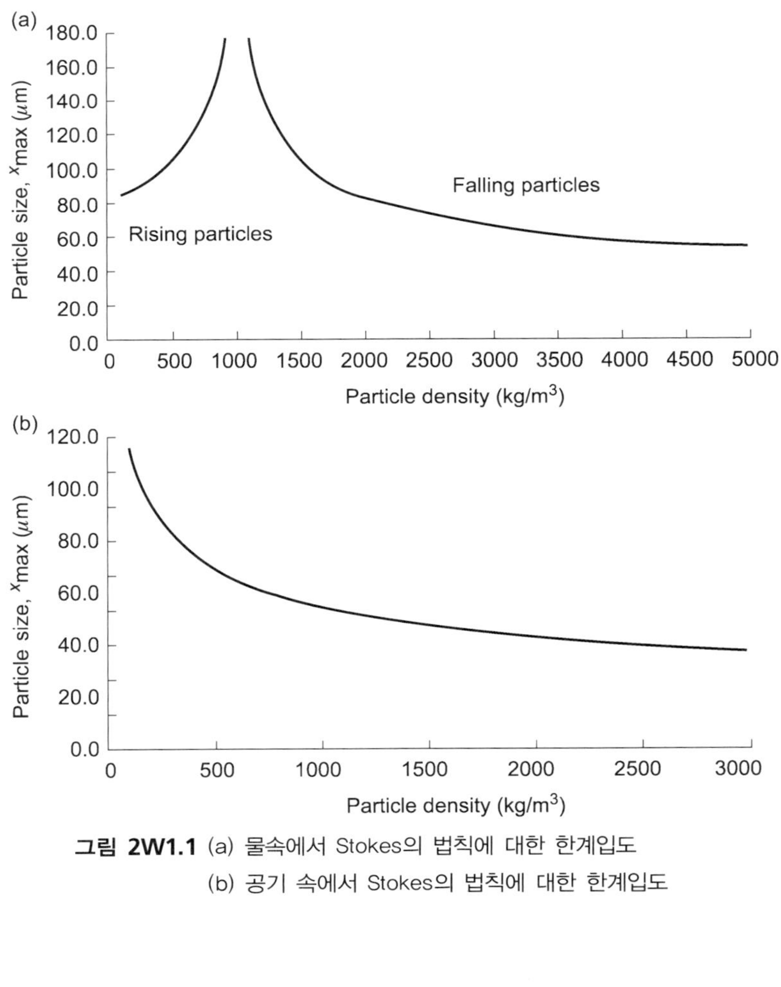

그림 2W1.1 (a) 물속에서 Stokes의 법칙에 대한 한계입도
(b) 공기 속에서 Stokes의 법칙에 대한 한계입도

예제 2.2

물로부터 기름방울을 제거하는 중력분리기가 그림 2W2.1에 나타낸 바와 같이 경사진 방해판이 설치된 장방형 방으로 구성되어 있다.

(a) 분리기의 이상적인 수집효율을 나타내는 식을 방울 크기와 특성, 분리기 치수, 유체특성 및 유체속도(균일하다고 가정)의 함수로 유도하라.

(b) 물의 처리량이 1.2배 만큼 증가하고 기름방울의 밀도가 750에서 850 kg/m^{3}으로 변할 때 수집효율의 백분율 변화를 계산하라.

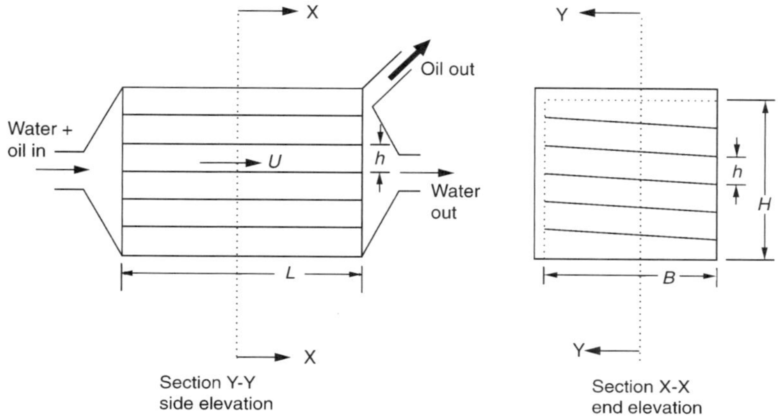

그림 2W2.1 기름–물 분리기 도해도

풀이.

(a) 그림 2W2.1을 참고하여 방해판의 맨 위 표면에 떨어진 모든 입자가 수집된다고 가정한다. 따라서 분리기의 길이만큼 이동하는데 필요한 시간에 h보다 큰 거리를 낙하할 수 있는 모든 입자는 수집된다. 대응하는 방울의 최소 수직방향 속도를 $U_{T_{\min}}$ 이라 하자. 유체속도가 균일하고 수평 방향으로 방울과 유체 사이 상대속도를 무시할 수 있다고 가정하면,

$$\text{방울 체류 시간, } t = L/U$$

$$\text{따라서 } U_{T_{\min}} = hU/L$$

Stokes의 법칙을 적용할 수 있을 만큼 방울이 충분히 작고 종말속도까지 가속되는 시간과 거리를 무시할 수 있다고 가정하면, 방울 속도는 식 (2.13)으로 주어진다.

$$U_T = \frac{x^2(\rho_p - \rho_f)g}{18\mu}$$

이것이 방울의 처음 위치가 방해판 사이 어느 곳이거나 상관없이 방울이 수집될 수 있는 최소속도이다. 따라서

$$U_{T_{\min}} = \frac{x^2(\rho_p - \rho_f)g}{18\mu} = \frac{hU}{L}$$

모든 크기의 방울들이 분리기의 수직 높이에 균일하게 분포되어 있다고 가정하면, 분리기의 길이만큼 이동하는데 필요한 시간에 h보다 짧은 거리를 낙하하는 방울은 두 방해판 사이의 처음 수직 위치에 따라 부분적으로 포집된다. 따라서 $0.5\,U_{T_{\min}}$의 속도로 낙하하는 방울은 50%만 수집될 것이다. 즉, 인접한 방해판 사이 공간의 아래 절반에 처음부터 위치한 방울들만 수집된다. $0.25\,U_{T_{\min}}$의 속도로 낙하하는 방울은 25%만 수집된다. 따라서 수집효율은,

$$\eta = \frac{\text{방울의 실제 } U_T}{U_{T_{\min}}}$$

또는

$$\eta = \left(\frac{x^2(\rho_p - \rho_f)g}{18\mu}\right) / \frac{hU}{L}$$

(b) 물의 처리량이 1.2배 증가하고 기름방울의 밀도가 750에서 850 kg/m^{3}까지 변할 때 수집효율을 비교한다.
처음과 새로운 조건을 각각 첨자 1과 2로 나타내자. 물의 처리량을 1.2배 증가시키면 $U_2/U_1 = 1.2$가 된다. 따라서 위에서 유도한 수집효율에 관한 식으로부터,

$$\frac{\eta_2}{\eta_1} = \left[\frac{\rho_{p2} - \rho_f}{U_2}\right] / \left[\frac{\rho_{p1} - \rho_f}{U_1}\right]$$

$$\frac{\eta_2}{\eta_1} = \left[\frac{850 - 1000}{750 - 1000}\right] \times \frac{1}{1.2} = 0.5$$

즉 수집효율은 50% 감소한다.

예제 2.3

지름이 10 mm이고 밀도가 7700 kg/m^{3}인 구가 지름이 12 mm인 관 속에서 밀도가 900 kg/m^{3}인 액체를 통하여 종말조건에서 중력 낙하한다. 입자의 종말속도 측정값은 1.6 mm/s이다. 유체의 점도를 계산하고 Stokes의 법칙이 적용됨을 증명하라.

풀이.

이 문제를 풀기 위하여, 측정한 종말속도를 먼저 무한 양의 유체에서 구에 의해 달성될 수 있는 대응 속도로 환산한다. Stokes의 법칙을 가정하면 유체의 점도를 구할 수 있다. 마지막으로 Stokes의 법칙의 유효성을 점검한다.
Francis의 벽인자[식 (2.17)]를 사용하면:

$$\frac{U_{T_\infty}}{U_{T_D}} = \frac{1}{(1 - x/D)^{2.25}} = 56.34$$

따라서, 무한 양의 유체에서 입자의 종말속도는,

$$U_{T_\infty} = U_{T_D} \times 56.34 = 0.0901\,\mathrm{m/s}$$

이 값을 Stokes의 법칙에서 U_{T_∞}에 대한 식[식 (2.13)]과 같이 놓으면,

$$U_{T_\infty} = \frac{(10\times 10^{-3})^2 \times (7700-900)\times 9.81}{18\mu}$$

따라서, 유체의 점도는, $\mu = 4.11\,\mathrm{Pa\,s}$.
Stokes의 법칙의 유효성 점검:

$$\text{단일입자 Reynolds 수, } Re_p = \frac{x\,\rho_f\,U}{\mu} = 0.197$$

Re_p가 0.3보다 작기 때문에 Stokes의 법칙이 성립한다는 가정은 유효하다.

예제 2.4

두 가지 재료 A와 B의 구형 입자 혼합물을 액체의 상승 흐름을 이용하여 분리하고자 한다. 두 재료의 크기 범위는 15~40μm 이다. (a) 액체로 물을 사용하면 완전한 분리가 가능하지 않다는 것을 보여라. 재료 A와 B의 입자 밀도는 각각 7700과 2400 kg/m^{3}이다. (b) 완전한 분리를 달성하기 위해서는 유체의 어떤 특성을 바꾸어야 하는가? Stokes의 법칙이 적용된다고 가정하라.

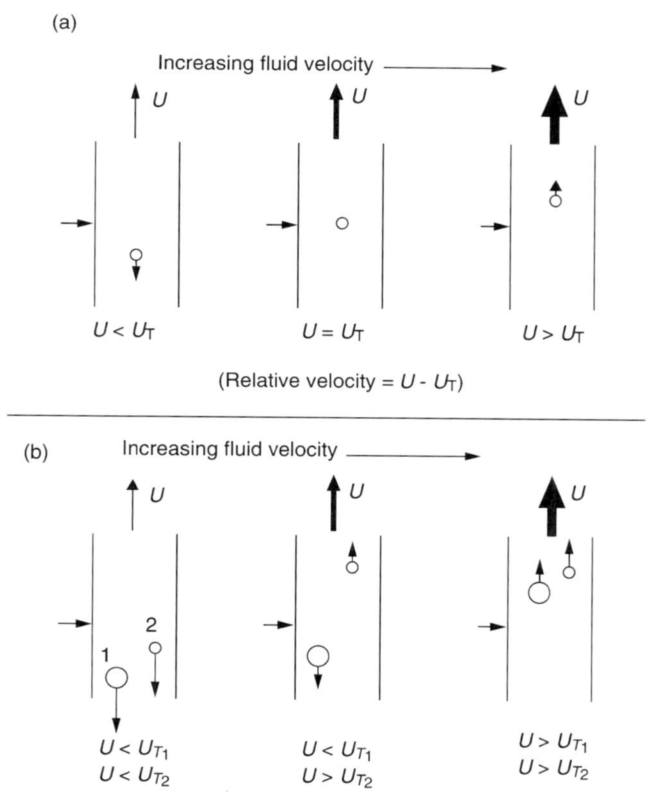

그림 2W4.1 움직이는 유체에서 입자의 상대운동

풀이.

(a) 먼저, 관 단면을 균일한 속도 U로 유체가 위쪽으로 흐르는 관의 중심부로 단일입자를 도입하면 어떻게 될까 생각해보자. 종말속도까지 가속하는데 걸리는 시간과 거리를 무시할 수 있을 만큼 입자는 충분히 작다고 가정한다. 그림 2W4.1(a)을 참고하면, 유체속도가 입자의 종말속도 U_T보다 크면, 입자는 위쪽으로 이동할 것이다; 유체속도가 U_T보다 작으면 입자는 떨어지고 유속이 U_T와 같으면, 입자는 같은 수직 위치에 머물러있을 것이다. 각각의 경우에 있어서 관 벽에 상대적인 입자의 속도는 $(U-U_T)$이다. 이제 크기와 밀도가 다르고 종말속도가 U_{T_1}과 U_{T_2}인 두 입자를 도입한다고 생각해보자. 그림 2W4.1(b)를 참고하면, 낮은유체속도$(U< U_{T_2} < U_{T_1})$에서, 두 입자는 떨어지고, 높은유체속도 $(U> U_{T_1} > U_{T_2})$에서, 두 입자는 위쪽으로 운반될 것이다. 중간유체속도$(U_{T_1} > U> U_{T_2})$에서는, 입자 1은 떨어지고 입자 2는 상승할 것이다. 이와 같이 입자의 크기와 밀도에 따른 분리기의 기본 원리를 알게 된다. 위의 분석으로부터 입자 A와 B를 완전히 분리하기 위해서는 입자에 대한 종말속도의 범위 사이에 중첩이 없어야 한다. 즉 모든 크기의 치밀한 재료 A가 모든 크기의 덜 치밀한 재료 B보다 더 큰 종말속도를 가져야 한다.

Stokes의 법칙이 적용된다고 가정하고, 식 (2.13)에 유체의 밀도와 점도 1000 kg/m^{3}과 0.001 Pa·s를 각각 대입하면,

$$U_T = 545x^2(\rho_p - 1000)$$

이 식에 근거하면, 입자 A와 B의 가장 큰 것과 가장 작은 것의 종말속도는 다음과 같다.

Size(μm)	15	40
U_{T_A} (mm/s)	0.82	5.84
U_{T_B} (mm/s)	0.17	1.22

종말속도의 범위가 중첩되고 있음을 알 수 있다. 따라서 입자 A와 B를 완전히 분리할 수 있는 유체속도를 선택할 수 없다.

(b) Stokes의 법칙에서 종말속도에 대한 식 (2.13)을 보면, 점도의 변화가 모든 입자의 종말속도를 같은 비율로 변화시키기 때문에, 유체의 점도를 변화시키는 것은 입자를 분리할 수 있는 가능성에 아무런 영향을 미치지 않는다는 것을 알 수 있다. 그러나 유체의 밀도를 변화시키면 밀도가 다른 입자에 미치는 영향이 달라지며 이것이 바로 우리가 기대하는 결과이다. 입자 A와 B를 분리하기 위한 임계조건은 가장 작은 A입자의 종말속도가 가장 큰 B입자의 종말속도와 같을 때이다.

$$U_{T_{B40}} = U_{T_{A15}}$$

따라서,

$$545 \times x_{40}^2 \times (2400 - \rho_f) = 545 \times x_{15}^2 \times (7700 - \rho_f)$$

이것으로부터, 유체의 임계 최소 밀도는 $\rho_f = 1533\,\text{kg/m}^3$ 이다.

예제 2.5

밀도가 2500 kg/m^{3}인 구가 밀도가 700 kg/m^{3}이고 점도가 0.5×10^{-3} Pa·s인 유체에서 중력에 의하여 자유 낙하한다. 입자의 종말속도가 0.15 m/s라 하고 입자의 지름을 계산하라. 같은 재료의 입방체가 같은 종말속도로 같은 유체에서 낙하하려면 모서리의 길이는 얼마가 되겠는가?

풀이.

이 경우에는 종말속도 U_T를 알고 입자의 크기 x를 결정해야 한다. 어느 법칙이 적합한지 알 수 없기 때문에, 무차원군 C_D/Re_p[식 (2.16)]을 먼저 계산해야 한다.

$$\frac{C_D}{Re_P} = \frac{4}{3}\frac{g\mu(\rho_p - \rho_f)}{U_T^3\rho_f^2}$$

따라서,

$$\frac{C_D}{Re_P} = \frac{4}{3}\left[\frac{9.81\times(0.5\times10^{-3})\times(2500-700)}{0.15^3\times700^2}\right]$$

$$\frac{C_D}{Re_P} = 7.12\times10^{-3}$$

이 식은 밀도가 700 kg/m^{3}이고 점도가 0.5×10^{-3} Pa·s인 유체에서 종말속도가 0.15 m/s이고 밀도가 2500 kg/m^{3}인 입자에 대한 항력계수 C_D와 단일입자 Reynolds 수 Re_p 사이 관계를 나타낸다. C_D/Re_p는 상수이기 때문에 이 관계를 표준항력곡선의 log－log 좌표에 나타내면 기울기가 $+1$인 직선이 된다.
이 관계를 그리기 위하여:

Re_p	C_D
100	0.712
1000	7.12
10000	71.2

이들 값을 구형도가 다른 입자에 대한 표준항력곡선(그림 2.3)에 도시하여, 그 결과를 그림 2W5.1에 나타낸다.
도시한 선이 구($\psi = 1$)에 대한 표준항력곡선과 만나는 곳에서, $Re_p = 130$이다.
구의 지름은 다음 식으로부터 계산할 수 있다:

$$Re_p = 130 = \frac{\rho_f x_v U_T}{\mu}$$

따라서 구의 지름은 $x_v = 619\ \mu\text{m}$이다.
같은 조건에서 같은 종말속도를 갖는 입방체에 대해서도 같은 C_D대 Re_p관계가 적용되며, 단지 표준항력곡선은 입방체($\psi = 0.806$)에 대한 것이다.
도시한 선과 표준항력곡선의 교점에서, $Re_p = 310$ 이다.

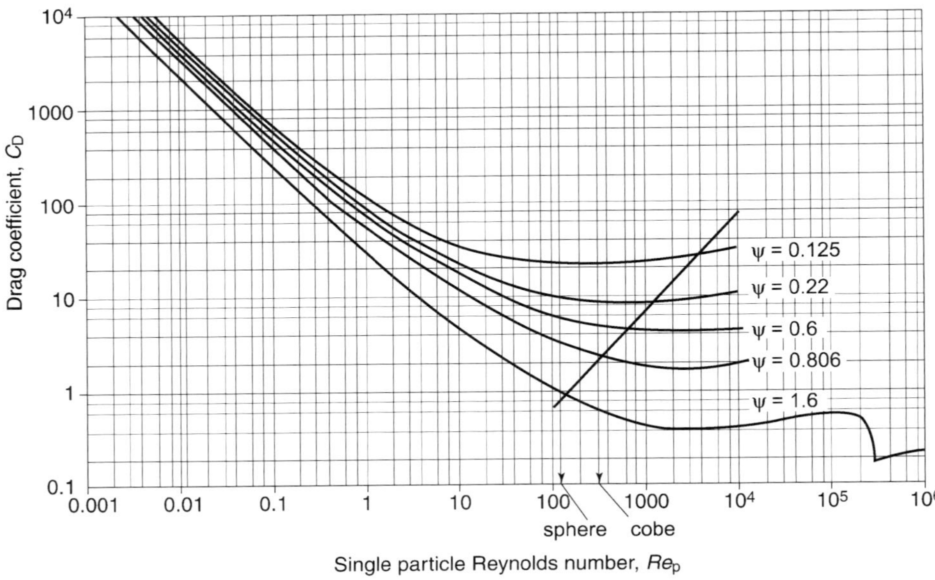

그림 2W5.1 항력계수 C_D 대 Reynolds수 Re_p

이 그림에서 Reynolds수는 상당 부피 구 지름을 사용한다는 것을 상기하면,

$$x_v = \frac{310 \times (0.5 \times 10^{-3})}{0.15 \times 700} = 1.48 \times 10^{-3}\ \text{m}$$

따라서 입자의 부피는 $\frac{\pi x_v^3}{6} = 1.66 \times 10^{-9}\ \text{m}^3$ 이고,

입방체 한 면의 길이는 $(1.66 \times 10^{-9})^{1/3} = 1.18 \times 10^{-3}\text{m}$ (1.18 mm)이다.

입방체의 구형도

면의 길이가 1 단위인 입방체에 대하여, 부피는 1 입방 단위이고 표면적은 6 평방 단위이다. 만일 x_v 가 입방체와 같은 부피를 가진 구의 지름이라면,

$\frac{\pi x_v^3}{6} = 1.0$ **이고 따라서** $x_v = 1.24$ **단위이다.**

따라서, 구형도 $\psi = \frac{\text{입자와 부피가 같은 구의 표면적}}{\text{입자의 표면적}}$

$$\psi = \frac{4.836}{6} = 0.806$$

예제 2.6

상당부피지름이 0.5 mm, 밀도가 2000 kg/m^3, 구형도가 0.6인 입자가 밀도가 1.6 kg/m^{3}이고 점도가 2×10^{-5} Pa·s인 유체에서 중력에 의하여 자유 낙하한다. 입자가 도달한 종말속도를 추산하라.

풀이.

이 경우에는 입자 크기를 알면서 어느 법칙이 적절한지는 알지 못하고 종말속도를 결정해야 한다. 따라서 첫 번째 단계는 무차원군 $C_D Re_p^2$을 계산하는 것이다.

$$C_D Re_P^2 = \frac{4}{3}\frac{x^3 \rho_f(\rho_p - \rho_f)g}{\mu^2}$$

$$= \frac{4}{3}\left[\frac{(0.5\times10^{-3})^3\times1.6\times(2000-1.6)\times9.81}{(2\times10^{-5})^2}\right]$$

$$= 13069$$

이것은 크기가 0.5 mm이고 밀도가 2000 kg/m^{3}인 입자가 밀도가 1.6 kg/m^{3}이고 점도가 2×10^{-5} Pa·s인 유체에서 낙하하는 경우에 항력계수 C_D와 단일입자 Reynolds수 Re_p 사이 관계이다. $C_D Re_p^2$이 상수이기 때문에 이 관계를 표준항력곡선의 log−log 좌표에 도시하면 기울기가 −2인 직선을 얻는다.
관계를 도시하기 위하여:

Re_p	C_D
10	130.7
100	1.307
1000	0.013

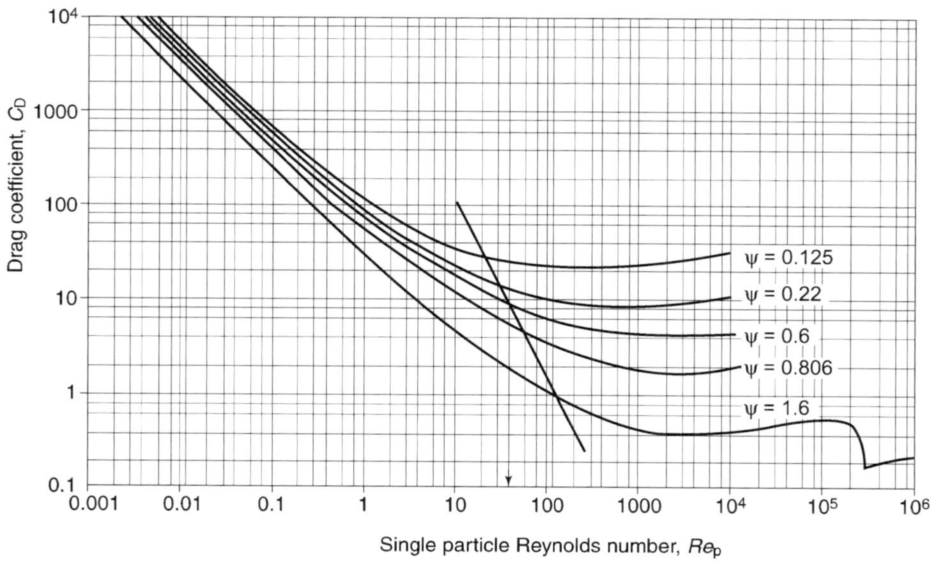

그림 2W6.1 항력계수 C_D 대 Reynolds수 Re_p

이 값들을 구형도가 다른 입자에 대한 표준항력곡선(그림 2.3)에 도시하여, 그 결과를 그림 2W6.1에 나타낸다.
도시한 선이 구형도 0.6에 대한 표준항력곡선과 만나는 곳에서, $Re_p = 40$ 이다.
종말속도 U_T 는 다음 식으로부터 계산할 수 있다.

$$Re_p = 40 = \frac{\rho_f x_v U_T}{\mu}$$

따라서 종말속도 $U_T = 1.0\,\mathrm{m/s}$ 이다.

자율학습문제

2.1 입자에 작용하는 전체 항력은 (　　)의 함수이다.
(a) 입자의 항력 계수
(b) 입자의 투영면적
(c) (a)와 (b) 모두
(d) 위에 없음

2.2 입자의 항력계수는 (　　)의 함수이다.
(a) 입자 Reynolds수
(b) 입자의 구형도
(c) (a)와 (b) 모두
(d) 위에 없음

2.3 Stokes 항력은 (　　)을 가정한다.
(a) 항력계수가 일정하다.
(b) 입자 Reynolds수가 일정하다.
(c) 항력이 일정하다.
(d) 위에 없음

2.4 입자 Reynolds수는 (　　)의 함수가 아니다.
(a) 입자 밀도
(b) 관 지름
(c) (a)와 (b) 모두
(d) 위에 없음

2.5 부력 때문에 입자에 작용하는 힘은 (　　)에 의존한다.
(a) 입자 밀도
(b) 입자 크기

(c) (a)와 (b) 모두
(d) 위에 없음

2.6 중력 때문에 입자에 작용하는 힘은 ( )에 의존한다.
(a) 입자 밀도
(b) 입자 크기
(c) (a)와 (b) 모두
(d) 위에 없음

2.7 입자 Reynolds수는 ( )에 의존한다.
(a) 입자 밀도
(b) 유체 밀도
(c) (a)와 (b) 모두
(d) 위에 없음

2.8 관 내부를 흐르는 유체 속에서 부유하는 입자에 대하여, 관의 크기가 커질수록(다른 모든 것은 일정하게 유지하고) 입자 Reynolds수는 ( ).
(a) 증가한다.
(b) 감소한다.
(c) 같은 값을 유지한다.

2.9 입자 Reynolds수는 ( )에 의존하지 않는다.
(a) 입자 밀도
(b) 속도
(c) 점도
(d) 위에 없음

2.10 점도의 단위는 ( ).
(a) 길이
(b) 질량/길이
(c) 질량X길이/시간
(d) 위에 없음

연습문제

2.1 그림 2E1.1에 도식적으로 나타낸 침강실을 일차 분리장치로 사용하여 밀도가 0.7 kg/m^3, 점도가 1.90×10^{-5} Pa·s인 기체로부터 밀도가 1500 kg/m^{3}인 먼지입자를 제거한다.

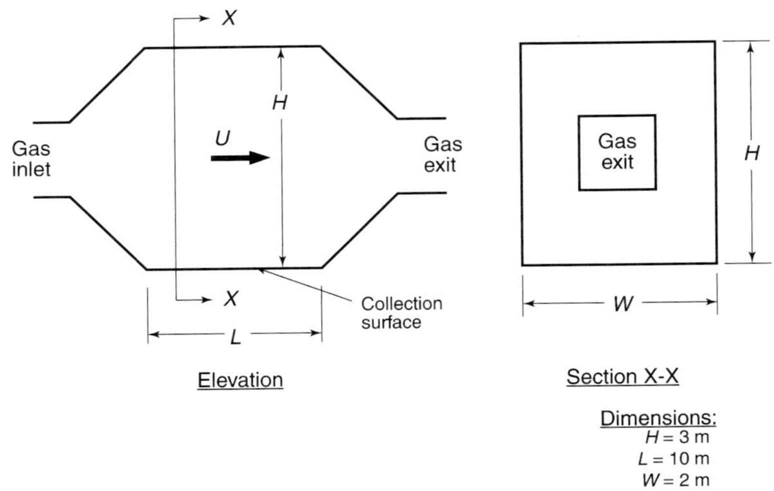

그림 2E1.1 침강실 도해도

(a) Stokes의 법칙이 적용된다고 가정하고 크기가 x 인 입자의 수집효율을 다음 식으로 나타낼 수 있음을 보여라.

$$\text{수집효율}, \ \eta_x = \frac{x^2 g(\rho_p - \rho_f)L}{18\mu HU}$$

여기서 U는 침강실의 평행단면을 균일하게 통과하는 기체속도이다. 다른 필요한 가정을 설명하라.

(b) Stokes의 법칙을 적용할 수 있는 입자 크기의 상한은 얼마인가?

(c) 기체의 부피 유량이 0.9 m^3/s이고, 침강실의 크기가 그림 2E1.1에 나타낸 것과 같을 때 지름이 30μm 인 구형 입자의 수집효율을 구하라.

[답 : (b) 57μm ; (c) 86%]

2.2 상당구부피지름이 0.2 mm, 밀도가 2500 kg/m^3, 구형도가 0.6인 입자가 밀도가 1.0 kg/m^3, 점도가 2×10^{-5} Pa·s인 유체에서 중력에 의하여 자유 낙하한다. 이 입자의 종말속도를 추산하라.

[답 : 0.6 m/s]

2.3 밀도가 2500 kg/m^3이고 크기가 20 – 100μm 범위인 구형 입자가 지름이 큰 수직관을 위쪽으로 흐르는 물(밀도 1000 kg/m^3, 점도 0.001 Pa·s)에 연속적으로 공급된다. 지름이 60 μm 보다 더 큰 입자가 물과 함께 위로 올라가지 않으려면 물의 최대속도는 얼마이어야 하는가?

[답 : 2.9 mm/s]

2.4 밀도가 2000 kg/m^3이고 크기가 20 – 100μm 범위인 구형 입자가 지름이 큰 수직관을 위

쪽으로 흐르는 물(밀도 1000 kg/m^3, 점도 0.001 Pa·s)에 연속적으로 공급된다. 지름이 50 μm 보다 더 큰 입자가 물과 함께 위로 올라가지 않으려면 물의 최대속도는 얼마이어야 하는가?

[답 : 1.4 mm/s]

2.5 상당부피지름이 0.3 mm, 밀도가 2000 kg/m^3, 구형도가 0.6인 입자가 밀도가 1.2 kg/m^{3}이고 점도가 2×10^{-5} Pa·s인 유체에서 중력에 의하여 자유 낙하한다. 이 입자의 종말속도를 추산하라.

[답 : 0.67 m/s]

2.6 승용차가 공기 흐름에 수직으로 이동하는 1.5 m^{2}의 평판에 상당한다고 가정하고, 항력계수 C_D= 1.1일 때 지표면에서 100 km/h의 속도로 일정하게 움직이기 위해서 필요한 동력을 계산하라. Reynolds수는 얼마인가? 공기의 밀도는 1.2 kg/m^{3}이고 점도는 1.71×10^{-5} Pa·s로 가정한다. (Cambridge University)

[답 : 32.9 kW; 2.95×10^6]

2.7 크리켓볼(cricket ball)을 항력계수가 0.4가 되는 Reynolds수로($Re \approx 10^5$)로 던진다.
(a) 공기 속에서 100 m를 수평 비행한 후 볼의 속도 백분율 변화를 구하라.
(b) 더 큰 Reynolds수와 새로운 볼을 사용하면 항력계수가 0.1로 떨어진다. 이번에는 100 m를 수평 비행한 후 볼의 속도 백분율 변화는 얼마이겠는가?
(두 경우에 볼의 질량과 지름은 각각 0.15 kg과 6.7 cm이고 공기의 밀도는 1.2 kg/m^{3}이다. 크리켓 경기에 익숙하지 않은 독자는 야구 볼로 대체할 수 있다.(Cambridge University)

[답 : (a) 43.1%, (b) 13.1%]

2.8 밀도가 ρ, 점도가 μ인 유체를 통하여 속도 u로 이동할 때 지름이x인 구의 저항 F는 아래와 같이 Reynolds수($Re = \rho u x/\mu$)에 따라 변한다.

$\log_{10}Re$	2.0	2.5	3.0	3.5	4.0
$C_D = \dfrac{F}{\frac{1}{2}\rho u^2(\pi x^2/4)}$	1.05	0.63	0.441	0.385	0.39

커다란 탱크에 담긴 밀도가 1000 kg/m^{3}이고 점도가 0.0015 Pa·s인 물 속에서 0.6 m/s의 속도로 일정하게 낙하하는 지름이 0.013 m인 구의 질량을 구하라.

[답 : 0.0021 kg]

2.9 지름이 2 mm이고 밀도가 2500 kg/m^{3}인 입자가 정지되어 있는 유체 속을 Stokes의 흐름 영역에서 침강하고 있다.

(a) 유체의 밀도가 1000 kg/m^3이고 입자가 4 mm/s의 종말속도로 낙하한다면 유체의 점도는 얼마인가?
(b) 이 조건에서 입자에 작용하는 항력은 얼마인가?
(c) 이 조건에서 입자의 항력계수는 얼마인가?
(d) 이 조건에서 입자의 가속도는 얼마인가?
(e) 입자의 겉보기 무게는 얼마인가?

2.10 종말속도에서 단일 입자에 작용하는 힘 수지로 시작하여 다음을 입증하라.

$$C_D = \frac{4}{3}\frac{gx}{U_T^2}\left[\frac{\rho_p - \rho_f}{\rho_f}\right]$$

여기서 부호들은 보통 사용하는 의미를 갖는다.

2.11 밀도가 1500 kg/m^3인 구형 입자가 밀도가 800 kg/m^3이고 점도가 0.001 Pa·s인 유체에서 1 cm/s의 종말속도로 낙하한다. 입자의 지름을 추산하라.

2.12 밀도가 1.2 kg/m^3이고 점도가 18×10^{-6} Pa·s인 공기 속에서 Stokes의 법칙을 따르려면 밀도가 2000 kg/m^3인 구형 입자의 최대 지름을 추산하라.

복합 입자 계

03 Chapter

3.1 부유 입자의 침강

많은 입자들이 서로 가까이 근접하여 유체 속을 흐르면 각 입자의 운동은 다른 입자의 존재에 의하여 영향을 받는다. 단일입자에 대한 유체와 입자 사이의 상호작용에 관한 단순 분석은 이미 유효하지 않으나 복합 입자 계를 모델화하는데 수정하여 적용할 수 있다.

유체 속에서 부유하는 입자에 대해서는 Stokes의 법칙이 적용된다고 가정하고 현탁액의 유효점도와 유효 평균밀도를 사용한다.

$$\text{유효점도},\ \mu_e = \mu / f(\epsilon) \tag{3.1}$$

$$\text{평균 현탁액 밀도},\ \rho_{\text{ave}} = \epsilon\,\rho_f + (1-\epsilon)\rho_p \tag{3.2}$$

여기서 ϵ은 공극률 또는 유체가 차지한 부피분율이다. 현탁액의 유효점도는 유체가 차지한 부피분율의 함수 $f(\epsilon)$로 수정한 유체의 점도 μ와 같다.

Stokes의 법칙 영역에서 단일입자에 대한 항력계수는 $C_D = 24/Re_p$로 주어진다는 것을 2장에서 설명하였다. 현탁액에 대한 유효점도와 평균밀도를 대입하면, Stokes의 법칙은

$$C_D = \frac{24}{Re_p} = \frac{24\mu_e}{U_{rel}\,\rho_{\text{ave}}\,x} \tag{3.3}$$

여기서, $C_D = R' \Big/ \left(\frac{1}{2}\rho_{\text{ave}}\,U_{rel}^2\right)$이며 U_{rel}은 유체에 대한 입자의 상대속도이다.

현탁액에서 중력에 의하여 낙하하는 한 입자에 대한 종말속도 조건에서 힘 수지는,

항력 = 무게 − 부력

$$\left(\frac{\pi x^2}{4}\right)\frac{1}{2}\rho_{\text{ave}}\, U_{rel}^2\, C_D = (\rho_p - \rho_{\text{ave}})\left(\frac{\pi x^3}{6}\right) g \tag{3.4}$$

따라서

$$U_{rel} = (\rho_p - \rho_{\text{ave}})\frac{x^2 g}{18\mu_e} \tag{3.5}$$

현탁액의 평균밀도, ρ_{ave}와 유효점도, μ_e를 대입하면, 현탁액 속에서 낙하하는 입자의 종말 속도, U_{rel_T}에 대한 다음의 식을 얻는다.

$$U_{rel_T} = (\rho_p - \rho_f)\frac{x^2 g}{18\mu}\epsilon f(\epsilon) \tag{3.6}$$

이것을 유체 속에서 단일입자의 종말 자유 낙하 속도에 대한 식 (2.13)과 비교하면, 다음을 알 수 있다.

$$U_{rel_T} = U_T \epsilon f(\epsilon) \tag{3.7}$$

U_{rel_T}는 다른 입자들 속에서 입자의 침강속도 또는 간섭침강속도로 알려져 있다.

다음의 분석에서는, 유체와 입자는 비압축성이며 유체와 입자의 부피유량 Q_f와 Q_p가 일정하다고 가정한다.

U_{fs}와 U_{ps}을 각각 유체와 입자의 공탑 속도라 정의한다.

$$\text{유체의 공탑 속도, } U_{fs} = \frac{Q_f}{A} \tag{3.8}$$

$$\text{입자의 공탑 속도, } U_{ps} = \frac{Q_p}{A} \tag{3.9}$$

여기서 A는 용기의 단면적이다.

등방성의 조건에서 유체와 입자들이 차지한 흐름 면적은 :

$$\text{유체가 차지한 흐름 면적, } A_f = \epsilon A \tag{3.10}$$

$$\text{입자가 차지한 흐름 면적, } A_p = (1-\epsilon)A \tag{3.11}$$

그리고 연속성으로부터 :

$$\text{유체 : } Q_f = U_{fs} A = U_f A\epsilon \tag{3.12}$$

$$\text{입자 : } Q_p = U_{ps} A = U_p A(1-\epsilon) \tag{3.13}$$

따라서 유체와 입자의 실제 속도, U_f와 U_p는 :

$$\text{유체의 실제 속도, } U_f = U_{fs}/\epsilon \tag{3.14}$$

$$\text{입자의 실제 속도, } U_p = U_{ps}/(1-\epsilon) \tag{3.15}$$

3.2 회분식 침강

3.2.1 현탁 농도의 함수로서 침강 플럭스

일단의 부유고체가 실험실용 계측 실린더에서 침강할 때는, 용기를 통한 순 흐름이 없기 때문에

$$Q_p + Q_f = 0 \tag{3.16}$$

따라서,

$$U_p(1-\epsilon) + U_f\epsilon = 0 \tag{3.17}$$

그리고,

$$U_f = -U_p\frac{(1-\epsilon)}{\epsilon} \tag{3.18}$$

중력에 의한 간섭침강에서 입자와 유체 사이의 상대속도$(U_p - U_f)$는 U_{rel_T}이다. 따라서 식 (3.7)로 주어진 U_{rel_T}에 대한 식을 사용하면,

$$U_p - U_f = U_{rel_T} = U_T\epsilon f(\epsilon) \tag{3.19}$$

식 (3.19)를 식 (3.18)과 결합하면, 회분식 침강에서 용기 벽에 상대적인 입자의 간섭 침강속도, U_p에 대한 다음 식을 얻는다.

$$U_p = U_T\epsilon^2 f(\epsilon) \tag{3.20}$$

유효 점도함수, $f(\epsilon)$는 고체의 부피 분율이 0.1보다 작은$[(1-\epsilon) \le 0.1]$ 현탁액을 형성하는 균일한 구에 대하여 이론적으로 다음과 같이 나타낸다.

$$f(\epsilon) = \epsilon^{2.5} \tag{3.21}$$

Richardson과 Zaki(1954)는 실험에 의하여 $Re_p < 0.3$ 조건에서(항력이 유체의 밀도와 무관한 Stokes의 법칙 조건에서) 다음을 증명하였다.

$$U_p = U_T\epsilon^{4.65} \qquad (f(\epsilon) = \epsilon^{2.65} \text{ 이 성립}) \tag{3.22}$$

그리고 $Re_p > 500$ 조건에서는(항력이 유체의 점도와 무관한 Newton의 법칙 조건에서)

$$U_p = U_T \epsilon^{2.4} \qquad (f(\epsilon) = \epsilon^{0.4} \text{ 이 성립}) \tag{3.23}$$

일반적으로 Richardson과 Zaki의 관계식은 다음과 같이 주어진다.

$$U_p = U_T \epsilon^n \tag{3.24}$$

Khan과 Richardson[1989]은 전 범위의 Reynolds수에서 지수 n값에 대한 다음의 상관관계를 권장한다.

$$\frac{4.8-n}{n-2.4} = 0.043 Ar^{0.57}\left[1-2.4\left(\frac{x}{D}\right)^{0.27}\right] \tag{3.25}$$

여기서 Ar은 Archimedes수$[x^3\rho_f(\rho_p-\rho_f)g/\mu^2]$ 이고 x는 입자의 지름, D는 용기의 지름이다. 여기에 사용할 가장 적합한 입자 지름은 표면-부피 평균이다.

고체의 부피 침강 플럭스, U_{ps}로 나타내면, 식 (3.24)는

$$U_{ps} = U_p(1-\epsilon) = U_T(1-\epsilon)\epsilon^n \tag{3.26}$$

또는 입자의 무차원 침강플럭스는,

$$\frac{U_{ps}}{U_T} = (1-\epsilon)\epsilon^n \tag{3.27}$$

식 (3.27)의 1차와 2차 도함수를 취하면 현탁액의 부피농도, $1-\epsilon$에 대해 입자의 무차원 침강 플럭스를 도시한 곡선이 $\epsilon = n/(n+1)$에서 최대값을 가지며 $\epsilon = (n-1)/(n+1)$에서 변곡점을 갖는다는 것을 입증할 수 있다. 이와 같은 곡선의 이론적 형상을 그림 3.1에 나타낸다.

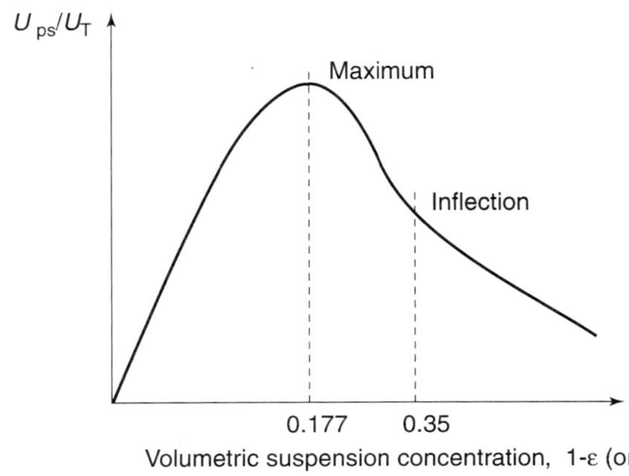

그림 3.1 식 (3.27)에 근거한 현탁액 농도에 따른 무차원 침강 플럭스의 변화($Re_p < 0.3$; 즉 $n = 4.65$)

3.2.2 침강에서 예리한 계면

입자 부유물의 침강이나 침전에서는 농도의 계면 또는 불연속이 일어난다. 이 장의 나머지 부분에서는, 편의를 위하여, 입자의 부피분율 $1-\epsilon$을 나타내기 위하여 기호 C를 사용한다. 또 편의를 위해서 입자의 부피분율을 현탁액의 농도라고 부른다.

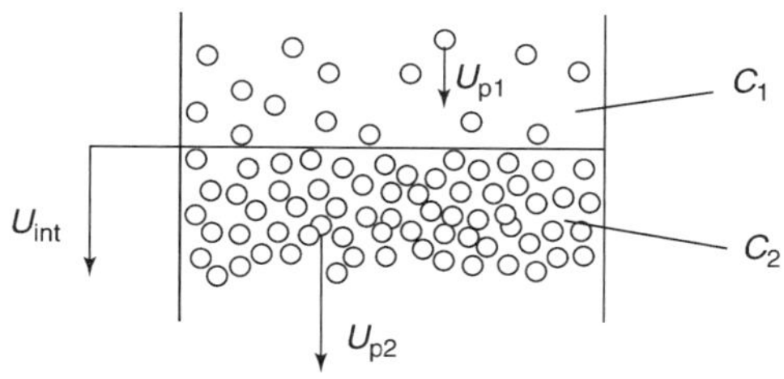

그림 3.2 침강에서 농도계면

그림 3.2는 U_{p1}의 속도로 침강하는 입자를 포함하고 있는 현탁액의 농도 C_1과 U_{p2}의 속도로 침강하는 입자를 포함하고 있는 현탁액의 농도 C_2 사이의 계면을 나타낸다.

이 계면은 U_{int}의 속도로 내려가고 있다. 모든 속도는 용기 벽에 상대적으로 측정한 속도이다. 비압축성 유체와 입자를 가정하면, 계면에서 물질수지는

$$(U_{p1}-U_{int})C_1=(U_{p2}-U_{int})C_2$$

따라서

$$U_{int}=\frac{U_{p1}C_1-U_{p2}C_2}{C_1-C_2} \tag{3.28}$$

또는, U_pC가 입자의 부피 플럭스, U_{ps}이므로,

$$U_{int}=\frac{U_{ps1}-U_{ps2}}{C_1-C_2} \tag{3.29}$$

여기서 U_{ps1}과 U_{ps2}는 각각 농도가 C_1과 C_2인 현탁액에서 입자의 부피 플럭스이다. 따라서,

$$U_{int}=\frac{\Delta U_{ps}}{\Delta C} \tag{3.30}$$

그리고, $\Delta C \to 0$ 인 극한에서,

$$U_{int}=\frac{dU_{ps}}{dC} \tag{3.31}$$

따라서, 플럭스 곡선에서(U_{ps} 대 농도 곡선):

(a) 농도 C에서 곡선의 구배는 이 농도를 갖는 현탁액 층의 속도이다.

(b) 농도 C_1과 C_2에서 두 점을 연결한 현의 기울기는 이들 농도를 갖는 현탁액 사이의 불연속 또는 계면의 속도이다.

이것을 그림 3.3에 도해한다.

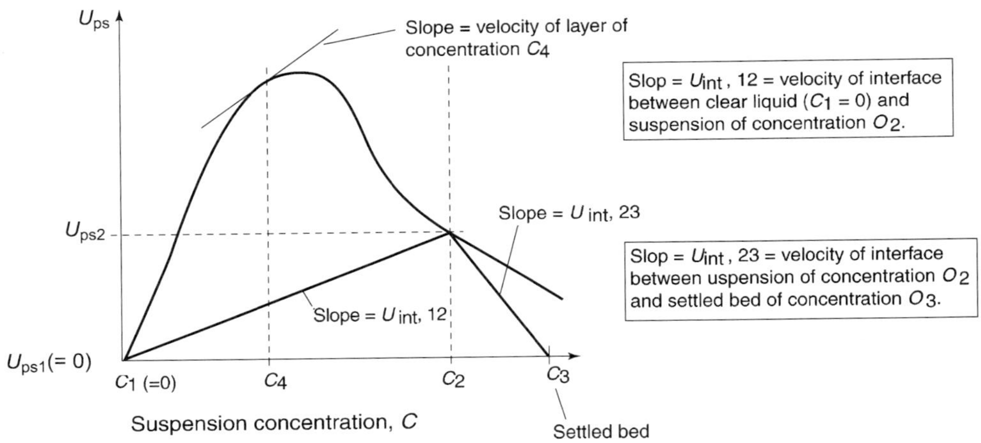

그림 3.3 회분식 플럭스 곡선으로부터 계면과 층 속도의 결정

3.2.3 회분식 침강 시험

간단한 회분식 침강 시험을 하면 유체로부터 입자를 분리하기 위한 농축기의 설계에 필요한 모든 정보를 얻을 수 있다. 이 시험을 하려면 아는 농도의 입자 현탁액을 측정 실린더에 준비한다. 실린더를 흔들어 현탁액이 완전히 혼합되도록 한 다음 똑바로 세워 부유물이 침강하도록 하고 생성된 계면의 위치를 시간에 따라 관찰한다. 현탁액의 초기 농도에 따라 두 가지 형태의 침강이 일어난다. 첫 번째 형태의 침강을 그림 3.4에 나타낸다(제1형 침강). 농도가 일정한 세 영역이 형성된다. 맑은 액체의 A영역($C=0$); 초기 현탁액 농도와 같은 농도의 B영역(C_B); 그리고 침전물 농도의 S영역(C_S). 그림 3.5는 이러한 형태의 침강에서 시간에 따른 계면 AB, BS 및 AS의 높이에 관한 전형적인 그림을 나타낸다. 이 그림에서 선의 기울기가 계면의 속도를 나타낸다. 예를 들면, 계면 AB는 일정한 속도로 하강하고, 계면 BS는 일정한 속도로 상승한다. 하강하는 AB가 상승하는 BS와 만나 맑은 액체와 침전물 사이에 정지된 계면을 형성할 때 시험이 끝난다.

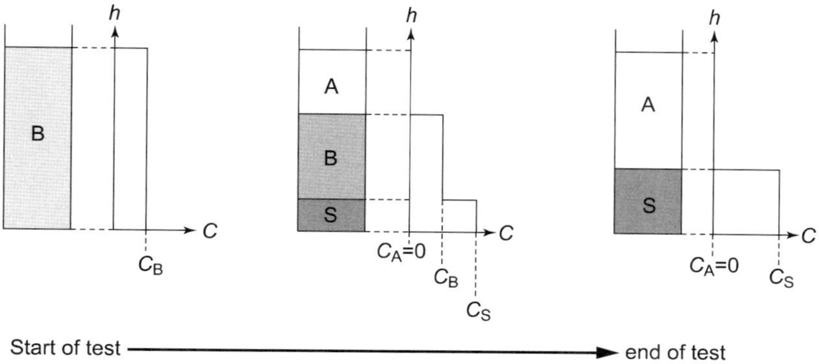

그림 3.4 제1형 회분식 침강. 영역 A, B 및 S는 일정 농도 영역이다. 영역 A는 맑은 액체; 영역 B는 초기 현탁액과 같은 농도의 현탁액; 영역 S는 침강층 또는 침전물 농도의 현탁액이다.

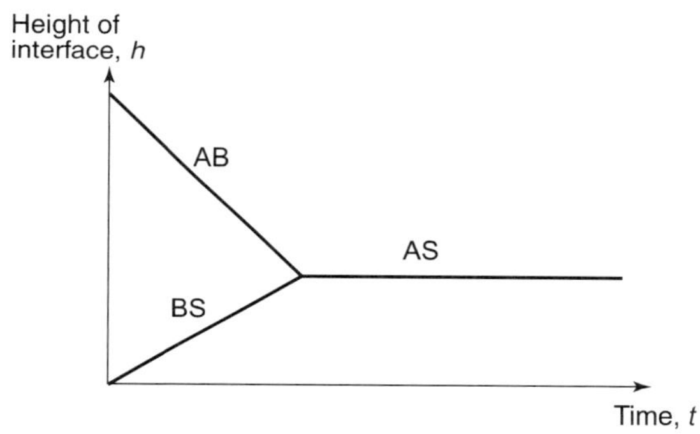

그림 3.5 제1형 회분식 침강에서 시간에 따른 계면 AB, BS 및 AS의 위치 변화 (예 AB는 영역 A와 B 사이 계면이다; 그림 3.4참조)

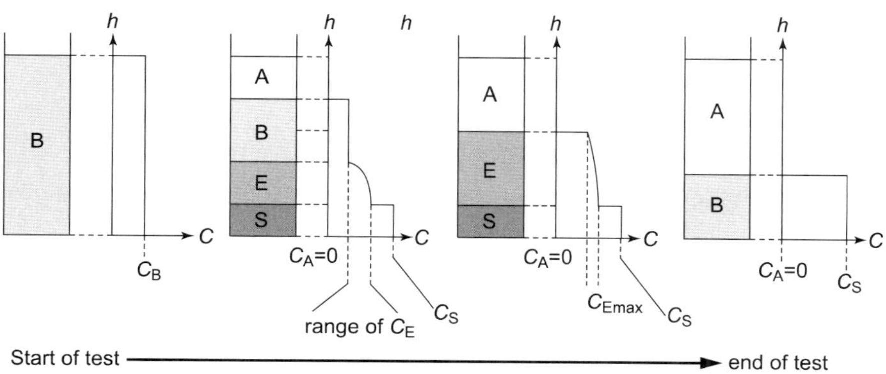

그림 3.6 제2형 회분식 침강. 영역 A, B 및 S는 일정 농도 영역이다. 영역 A는 맑은 액체; 영역 B는 초기 현탁액과 같은 농도의 현탁액; 영역 S는 침강층 농도의 현탁액이다. 영역 E는 가변농도 영역이다.

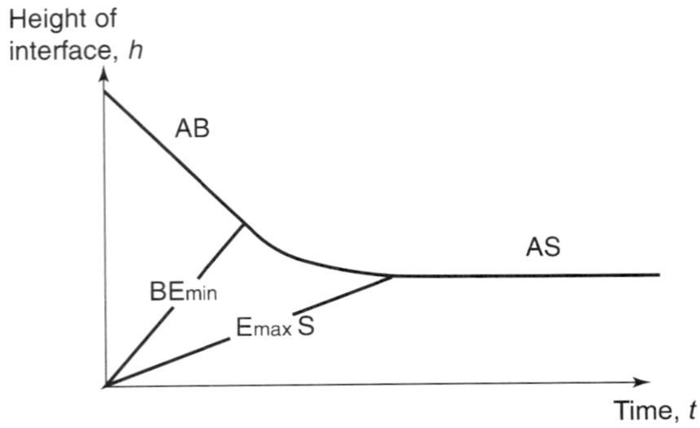

그림 3.7 제2형 회분식 침강에서 시간에 따른 계면 AB, $\mathrm{BE_{min}}$, $\mathrm{E_{max}}S$ 및 AS의 위치 변화 (예 AB는 영역 A와 B 사이 계면이다. $\mathrm{BE_{min}}$ 은 영역 B와 가변농도영역 E에서 가장 낮은 현탁액 농도 사이 계면이다; 그림 3.6참조)

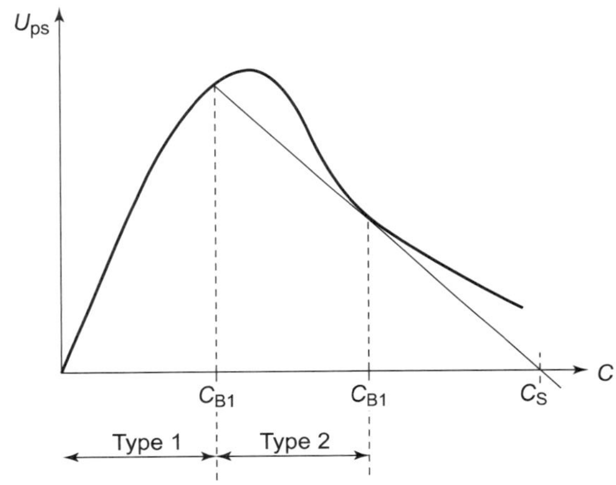

그림 3.8 제1형 또는 제2형 침강의 결정.
C_S를 지나 플럭스 곡선에 접하는 선으로부터 C_{B_1} 과 C_{B_2} 를 얻고, 제2형 침강은 초기 현탁액 농도가 C_{B_1} 과 C_{B_2} 사이에 있을 때 일어난다.

두 번째 형태의 침강(제2형 침강)은, 그림 3.6에 나타낸 바와 같이, 농도가 일정한 영역 (A, B 및 S) 외에 농도가 변하는 영역 E가 형성된다. 영역 E에서 현탁액 농도는 위치에 따라 변하지만, 이 영역에서 최소농도 $C_{E\min}$와 최대농도 $C_{E\max}$는 일정하다. 그림 3.7은 이러한 형태의 침강에서 시간에 따른 계면 AB, $\mathrm{BE_{min}}$, $\mathrm{E_{max}S}$ 및 AS의 높이를 나타낸 전형적인 곡선이다.

제1형이나 제2형 침강은 현탁액의 초기농도 C_B에 따라서 일어난다. 간단히 말하면, 영역 B와 농도가 C_B보다 크나 C_S보다 작은 현탁액 사이 계면이 영역 B와 S 사이 계면보다 더 빠르게 상승하면 가변 농도 영역이 형성된다. 입자의 플럭스 곡선을 조사하면 어떤 형태의 침강이 일어나는지 결정할 수 있다. 그림 3.8을 참고하여, 점($C = C_S$, $U_{ps} = 0$)을 통과하고 플럭스 곡선에 접하는 접선을 그린다. 접점에서 농도를 C_{B_2}라 하고 접선의 연장선과 곡선의 교점에서 농도를 C_{B_1}이라 한다. 제1형 침강은 초기 현탁액의 농도가 C_{B_1}보다 작고 C_{B_2}보다 클 때 일어나고, 제2형 침강은 초기 현탁액의 농도가 C_{B_1}과 C_{B_2}사이에 있을 때 일어난다. 엄밀히 말하면, C_{B_2}를 지나 제1형 침강이 다시 일어나지만 실제적인 의미는 거의 없다.

3.2.4 높이-시간 곡선과 플럭스 곡선 사이 관계

간단한 회분식 침강 시험에서 계면 AB를 추적하면 그림 3.9(제1형 침강)에 나타낸 높이-시간 곡선을 얻는다. 실제로는 다른 초기농도에 대하여 이와 같은 여러 가지 곡선 군이 존재한다. 다음의 분석은 높이-시간 곡선으로부터 입자의 플럭스 곡선을 유도할 수 있는 방법을 제시해 준다.

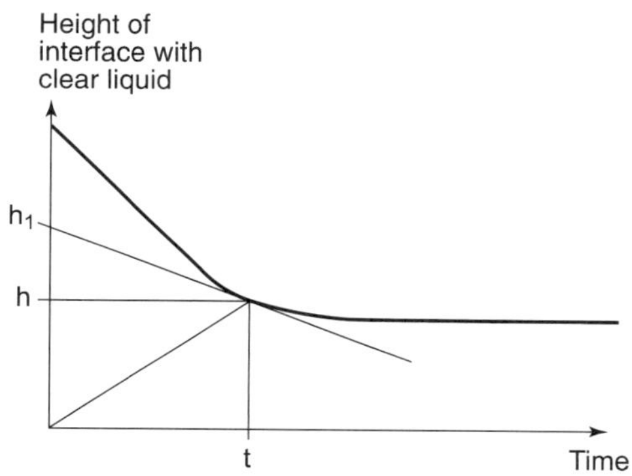

그림 3.9 회분식 침강 시험의 분석

그림 3.9를 참조하면, 시간 t에서 맑은 액체와 농도가 C인 현탁액 사이 계면이 용기 바닥으로부터 h 높이에 있으며 계면의 속도는 이 시간에서 곡선의 기울기와 같다.

$$\text{계면의 속도} = \frac{dh}{dt} = \frac{h_1 - h}{t} \tag{3.32}$$

이것은 또 계면에서 용기 벽에 상대적인 입자의 속도 U_p 와 같다.

$$U_p = \frac{h_1 - h}{t} \tag{3.33}$$

이제 용기의 바닥으로부터 상승하는 더 높은 농도의 면 또는 파동을 생각해보자. 시간 t 에서 농도 C의 면은 바닥으로부터 h 높이만큼 상승하였다. 따라서 농도 C의 면이 바닥으로부터 상승하는 속도는 h/t 이다. 이 농도 면은 현탁액을 통과하여 올라간다. 따라서 이 면에 상대적인 입자의 속도는 :

$$\text{면에 상대적인 입자의 속도} = U_p + \frac{h}{t} \tag{3.34}$$

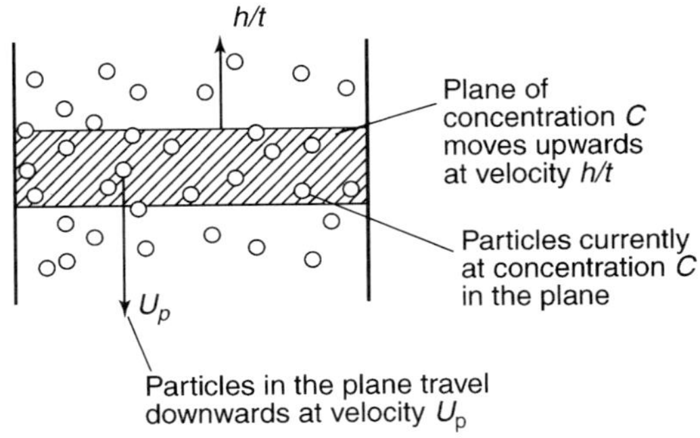

그림 3.10 회분식 침강의 분석; 농도 C면과 이 면에 있는 입자들의 상대속도

입자가 이 면을 통과하면 농도는 C와 같아진다(그림 3.10 참조). 따라서 t 시간 동안에 이 면을 통과한 입자의 부피는

$$= \text{면적} \times \text{입자의 속도} \times \text{농도} \times \text{시간}$$

$$= A\left(U_p + \frac{h}{t}\right)Ct \tag{3.35}$$

그러나, 시간 t 에서 이 면은 맑은 액체와 접하고, 이 시간에 시험한 모든 입자들이 이 면을 이미 통과한다.

$$\text{시험한 모든 입자의 총 부피} = C_B h_0 A \tag{3.36}$$

여기서 h_0는 초기 현탁액 높이이다. 따라서,

$$C_B h_0 A = A\left(U_p + \frac{h}{t}\right)Ct \tag{3.37}$$

여기에 식 (3.33)의 U_p를 대입하면 다음을 얻는다.

$$C = \frac{C_B h_0}{h_1} \tag{3.38}$$

3.3 연속 침강

3.3.1 흐르는 유체에서 부유물의 침강

궁극적으로는 농축기에 대한 설계 순서를 마련할 목적으로 입자의 침강공정에 미치는 순 유체 흐름의 영향을 살펴보고자 한다. 이 분석은 Fryer와 Uhlherr(1980)가 제안한 방법을 따른다.

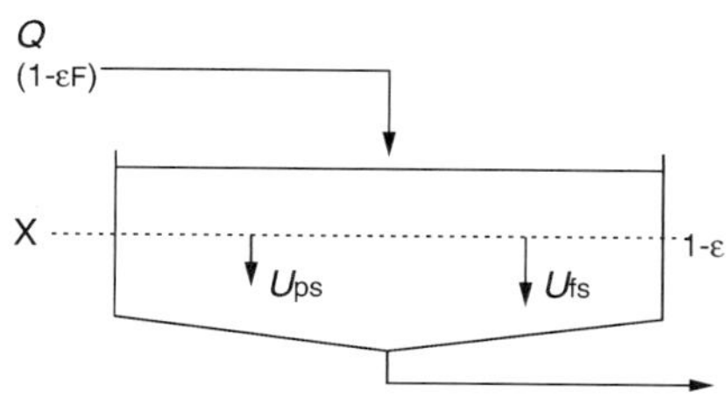

그림 3.11 연속침강; 하향흐름만 있을 경우

먼저 용기 안에서 아래로 흐르면서 침강하는 현탁액을 고려해 본다. 단면적이 A인 용기의 맨 위로 고체의 농도가 $(1-\epsilon_F)$ 또는 C_F인 현탁액이 부피유량 Q로 연속적으로 공급된다(그림 3.11). 현탁액은 용기의 바닥에서 같은 속도로 배출된다. 용기 안의 어떤 주어진 축방향의 위치, X에서 국부 고체 농도를 $(1-\epsilon)$ 또는 C라 하고 고체와 유체의 부피 플럭스를 각각 U_{ps}와 U_{fs}라 하자. 그리고 비압축성 유체와 고체를 가정하면, 연속성으로부터

$$Q = (U_{ps} + U_{fs})A \tag{3.39}$$

위치 X에서 유체와 입자 사이의 상대속도, U_{rel}은 다음과 같이 주어진다.

$$U_{rel} = \frac{U_{ps}}{1-\epsilon} - \frac{U_{fs}}{\epsilon} \tag{3.40}$$

회분식 침강 분석에 의하면 이 상대속도는 다음 식과 같다.

$$U_{rel} = U_T \epsilon f(\epsilon) \tag{3.7}$$

따라서 식 (3.39), (3.40) 및 (3.7)을 결합하면,

$$U_{ps} = \frac{Q(1-\epsilon)}{A} + U_T \epsilon^2 (1-\epsilon) f(\epsilon) \tag{3.41}$$

또는 총 고체 플럭스 = 벌크흐름에 의한 플럭스 + 침강에 의한 플럭스

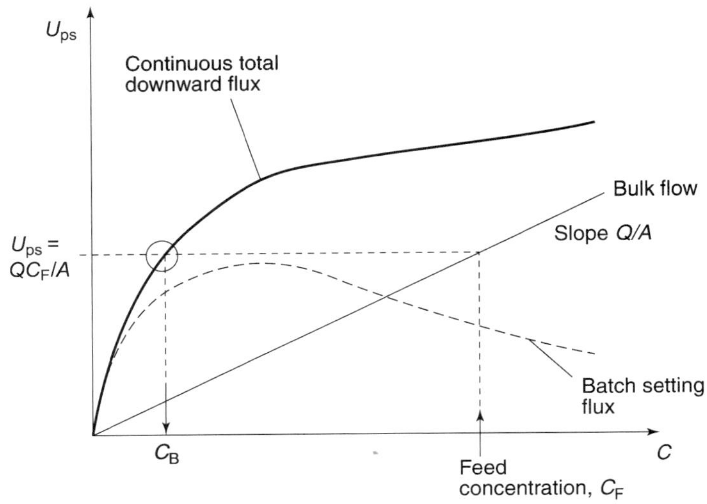

그림 3.12 하향흐름에서 침강에 대한 총 플럭스 곡선

이 식을 사용하면 회분식 플럭스 곡선을 연속 총 하향 플럭스 곡선으로 변환할 수 있다. 그림 3.12에서, 벌크 흐름 플럭스를 나타내기 위하여 원점을 지나 기울기가 Q/A인 선을 그리고 여기에 회분식 플럭스 곡선을 더하면 연속 총 하향 플럭스 곡선이 된다. 이제, 용기 안의 높이 X에서 고체 농도를 도식적으로 결정하기 위하여 공급액과 점 X사이에 물질 수지를 적용한다. 공급액의 농도 C_F에서 벌크 흐름선 까지 위로 읽어 가면 용기에 공급된 입자의 부피 플럭스 값, QC_F/A을 얻는다. 연속성에 의하여 이 값은 또한 용기 안의 높이 X 또는 모든 높이에서 총 플럭스이다. 따라서, 플럭스 QC_F/A 로부터 연속 총 플럭스 곡선까지 가로로 읽어 가면, 하향 흐름 동안 용기 안에서 입자의 농도, C_B를 알아낼 수 있다 (하첨자 B는 결과적으로 연속 농축기의 바닥 부분을 나타낸다). 고체의 속도가 공급액보다 하향 흐름에서 더 크기 때문에 하향 흐름에서 C_B값은 공급액의 농도 C_F보다 항상 작다(농도×속도 = 플럭스).

용기 안에서 입자 현탁액의 상향 흐름에도 같은 분석을 적용하면, 총 하향 입자 플럭스는,

$$U_{ps} = U_T \epsilon^2 f(\epsilon) - \frac{Q(1-\epsilon)}{A} \tag{3.42}$$

또는 총 고체 플럭스 = 침강에 의한 플럭스 − 벌크흐름에 의한 플럭스

따라서, 상향흐름의 경우에는, 회분식 플럭스 곡선으로부터 벌크 흐름에 의한 플럭스를 나타내는 직선을 빼면 연속 총 플럭스 곡선을 얻는다(그림 3.13). 하향 흐름의 경우와 똑 같이 물질 수지를 적용하면 유체가 상향 흐름을 하는 동안 용기 안에서 입자의 농도, C_T를 도식적으로 결정할 수 있다(하첨자 T는 연속 농축기의 맨 윗부분을 나타낸다). 그림 3.13을

보면, 상향흐름 현탁액에 대한 입자의 농도 C_T값은 항상 공급액의 농도 C_F보다 크다는 것을 알 수 있다. 이것은 상향 흐름을 하는 동안 입자속도가 공급액에서 입자속도보다 항상 작기 때문이다.

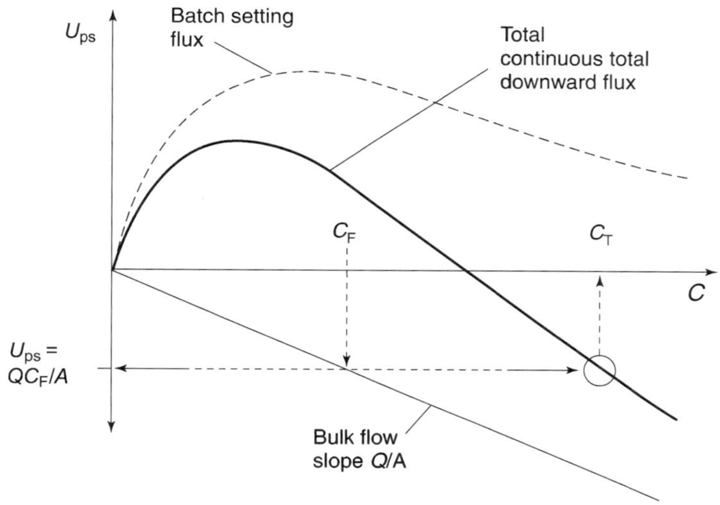

그림 3.13 상향흐름에서 침강에 대한 총 플럭스 곡선

3.3.2 실제 농축기(상향흐름과 하향흐름 구역이 있는)

이제 그림 3.14에 도식적으로 나타낸 실제 농축기를 생각해보자. 농도가 C_F인 원료 현탁액이 용기의 꼭대기와 바닥 사이의 어떤 중간 지점에 부피 유량 F로 공급된다. 하부흐름은 용기의 바닥에서 부피유량 L과 농도 C_L로 배출된다. 농도가 C_V인 현탁액이 용기의 꼭대기에서 부피유량 V로 넘쳐흐른다(이 흐름을 상부흐름이라 부른다). 바닥(하향흐름)과 꼭대기(상향흐름) 부분에서 평균 입자의 농도를 각각 C_B와 C_T라 하자. 농축기에서 전체 물질수지와 입자 물질수지는 :

$$\text{전체 :}\quad F = V + L \tag{3.43}$$

$$\text{입자 :}\quad FC_F = VC_V + LC_L \tag{3.44}$$

이들 물질수지는 농축기에서 상향흐름과 하향흐름 구역에 대한 총 연속 플럭스 곡선들을 연결해준다.

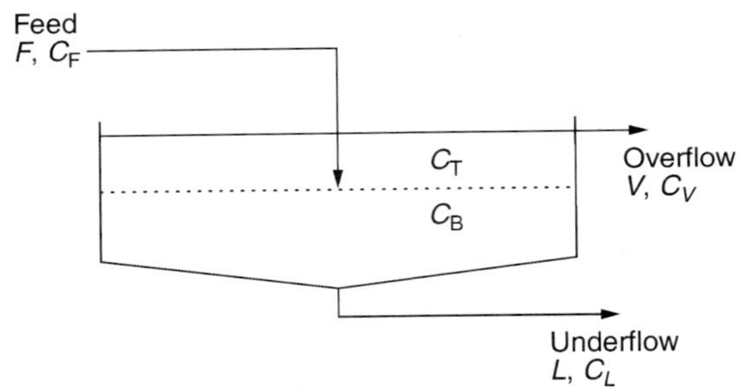

그림 3.14 상향흐름과 하향흐름이 결합된 실제 농축기
(F, L 및 V는 부피흐름이고, C_F, C_L 및 C_V는 농도이다)

3.3.3 임계 부하 농축기

그림 3.15는 임계 부하 농축기에 대한 플럭스 곡선을 보여준다. 기울기가 F/A인 직선은 부피 공급 속도가 F인 경우에 공급액의 농도와 공급 플럭스 사이의 관계를 나타낸다. 물질수지식[식 (3.43)과 (3.44)]은 상향흐름 구역에서 총 플럭스가 영일 때 이 직선이 하향흐름 구역에서 총 플럭스에 대한 곡선과 교차한다는 것을 보여준다. 공급액의 농도가 임계값과 꼭 같은 임계 부하 조건에서는 공급 플럭스가 이 농도에서 하향흐름 구역이 운반할 수 있는 총 연속 플럭스와 같아진다. 이와 같이 하향흐름 구역에서는 벌크 흐름과 침강의 복합적인 영향에 의하여 공급액의 플럭스와 같은 플럭스를 제공한다. 이들 조건에서 농축기에 공급된 모든 입자들은 하향흐름 구역에 의해서 처리될 수 있기 때문에, 상향흐름 플럭스는 영이다. 그리고 물질수지에 의해서 하향흐름 구역에서 농도, C_B는 C_F와 같고 하부 흐름 농도, C_L은 FC_F/L과 같다. 물질수지를 도식적으로 수행하여 그림 3.15에 나타낸다. 공급 플럭스 선으로부터, 공급액의 농도, C_F에서 공급 플럭스는 $U_{ps} = FC_F/A$이다. 이 플럭스에서 하향흐름 구역의 농도는 $C_B = C_F$이다. 하향흐름 플럭스가 공급 플럭스와 정확히 일치하기 때문에 상향흐름 구역에서 플럭스는 영이다. 침강이 없는 하부흐름에서 하부흐름 플럭스, LC_L/A는 하향흐름 플럭스와 같다. 이 플럭스에서 하부흐름 농도, C_L은 하부흐름선으로부터 결정된다.

그림 3.15는 임계조건에서 상향흐름 구역의 농도 C_T에 대한 두 가지 가능한 해가 있다는 것을 나타낸다. 한 해는 명백한 해로서 $C_T = 0$이고; 다른 해는 $C_T = C_B$이다. 이 두 번째 경우에는 농도 C_B에서 뚜렷한 표면을 가진 입자 유동층이 상향흐름 구역에서 관찰된다.

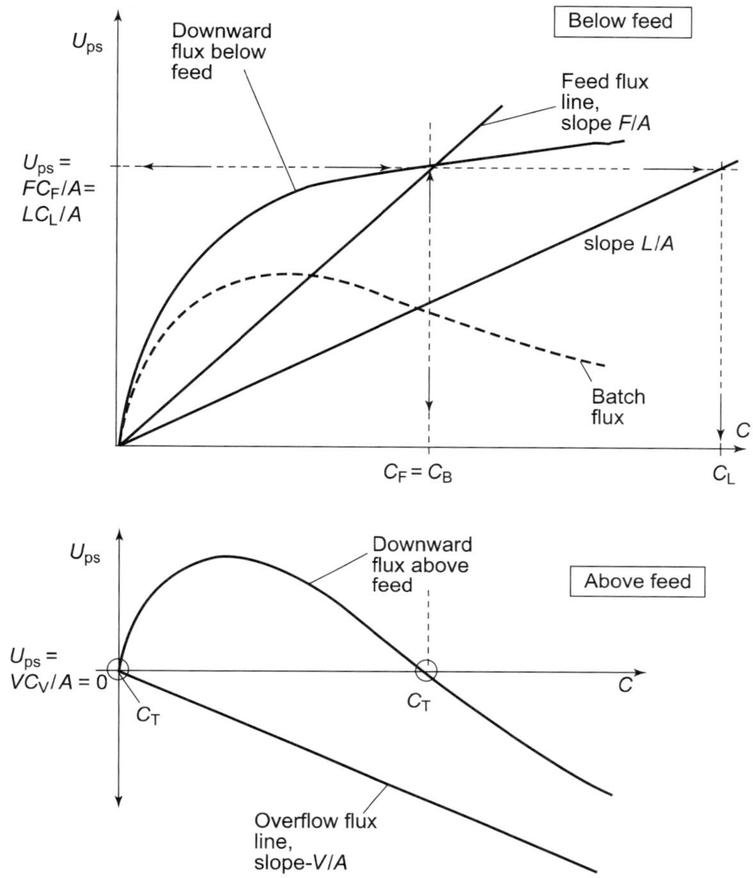

그림 3.15 임계부하에서 농축기에 대한 총 플럭스 곡선

3.3.4 저부하 농축기

공급액의 농도 C_F가 임계농도보다 낮을 때 농축기가 저부하 되었다고 말한다. 이 경우를 그림 3.16에 도시한다. 여기서 공급 플럭스, FC_F/A는 하향흐름 구역에 의해서 제공될 수 있는 벌크흐름과 침강에 기인한 최대 플럭스보다 작다. 상향흐름 단면에서 플럭스는 다시 영이다($C_T = C_V = 0$; $VC_V/A = 0$). 그림 3.16에 도식적으로 나타낸 물질수지에 의해서 C_B와 C_L을 결정할 수 있다(공급 플럭스 = 하향흐름 구역 플럭스 = 하부흐름 플럭스).

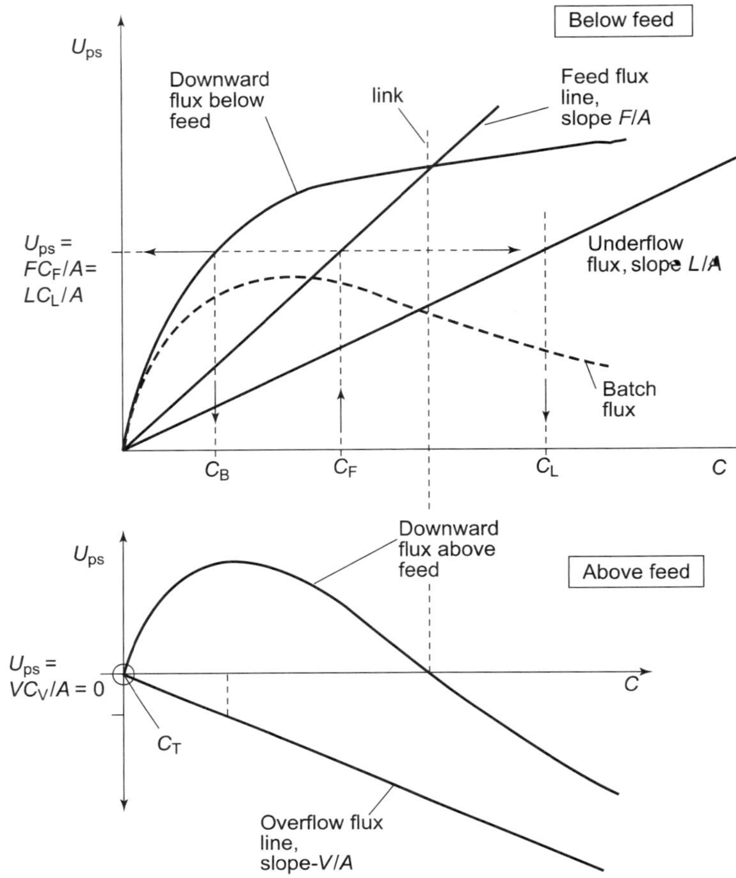

그림 3.16 저부하 농축기에 대한 총 플럭스 곡선

3.3.5 과부하 농축기

공급액의 농도 C_F가 임계농도보다 클 때 농축기가 과부하 되었다고 말한다. 이 경우를 그림 3.17에 도시한다. 여기서 공급 플럭스, FC_F/A는 하향흐름 구역에 의해서 제공된 벌크 흐름과 침강에 기인한 최대 플럭스보다 크다. 과잉 플럭스는 상향흐름 구역을 통과하여 상부흐름 밖으로 흘러나가야 한다. 도식적인 물질수지를 그림 3.17에 나타낸다. 공급액의 농도 C_F에서 공급 플럭스와 하향흐름 구역의 총 플럭스 사이 차이가 상향흐름 구역을 통과해야 하는 과잉 플럭스이다. 이 플럭스를 상향흐름 구역에 적용하면 상향흐름 구역에서 농도 값, C_T와 상부흐름 농도, C_V를 얻는다(상향흐름 구역 플럭스 = 상부흐름 플럭스).

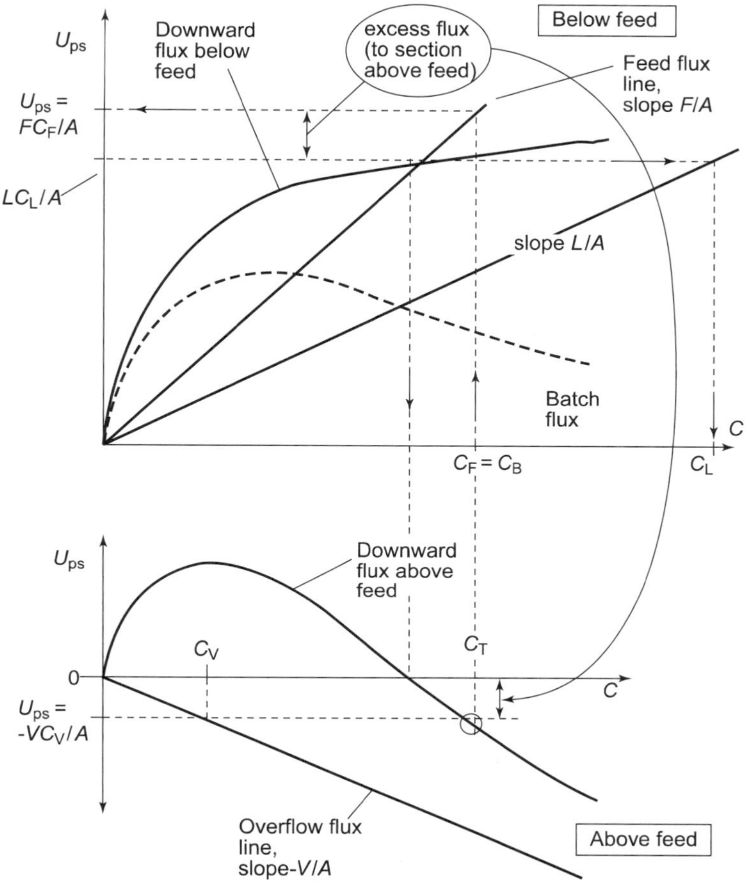

그림 3.17 과부하 농축기에 대한 총 플럭스 곡선

3.3.6 다른 모양의 총 플럭스 곡선

연속 플럭스 곡선의 일반적인 모양은 그림 3.18에 보여준 것처럼 임계조건에서 최소 총 플럭스를 나타낸다. 이와 같이 다른 모양의 플럭스 곡선에 의하면 공급액 농도가 총 플럭스 곡선에서 최소값과 같은 플럭스를 나타낼 때 임계부하 조건이 일어난다. 하향흐름 구역은 이 플럭스 이상에서 안정하게 운전할 수 없다. 임계조건에서 상향흐름 플럭스는 다시 영이 되고 그림 3.18에 나타낸 도식적인 물질수지에 의하여 C_B와 C_L값을 구할 수 있다. 이들 조건에서 두 개의 C_B값이 가능하다는 것에 주의하기 바란다. 이 두 개의 C_B값은 공급 높이와 하부흐름 사이의 어느 위치에서나 그들 사이에 불연속성이 있는 하향흐름 구역에 공존할 수 있다.

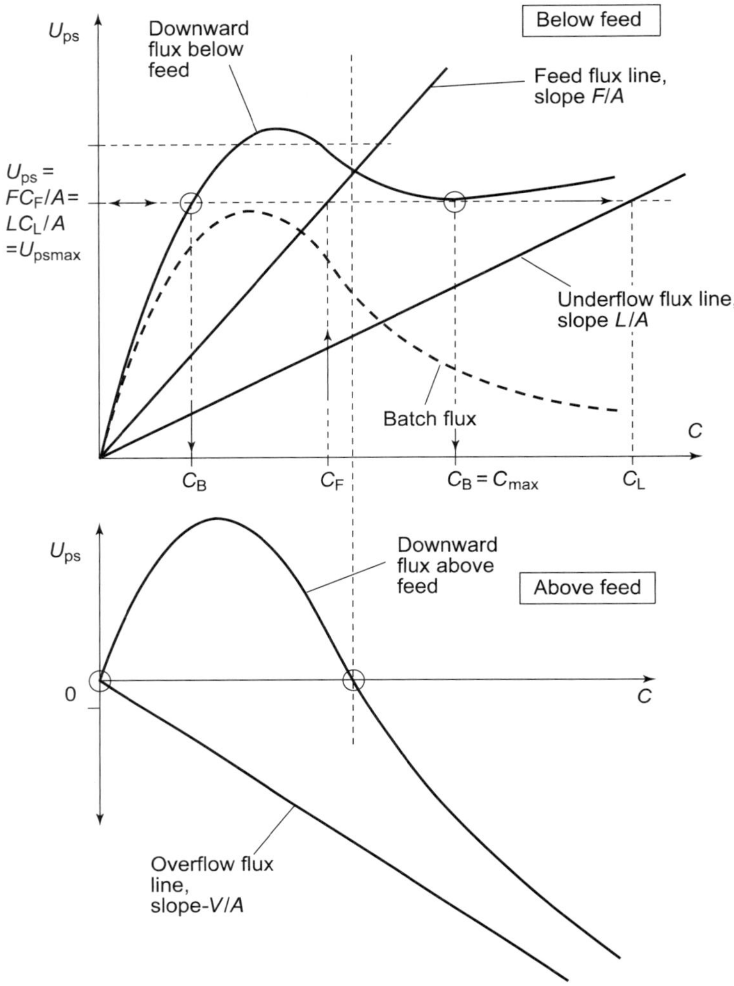

그림 3.18 다른 모양의 총 플럭스 곡선; 임계부하 농축기

그림 3.19는 과부하 상태에서 다른 모양의 플럭스 곡선을 보여준다. 이 경우에 도식적인 해를 구하기 위하여, 하향흐름 구역 곡선의 플럭스 축으로부터 과잉 플럭스를 읽고 C_T와 C_V값을 결정하기 위하여 이 과잉 플럭스를 상향흐름 구역 곡선에 적용해야 한다. 이 경우에는 이론적으로 두 개의 C_B값이 가능하지만, 실제로는 큰 값만이 더 높은 농도 범위, C_T와 안정적으로 공존할 수 있다.

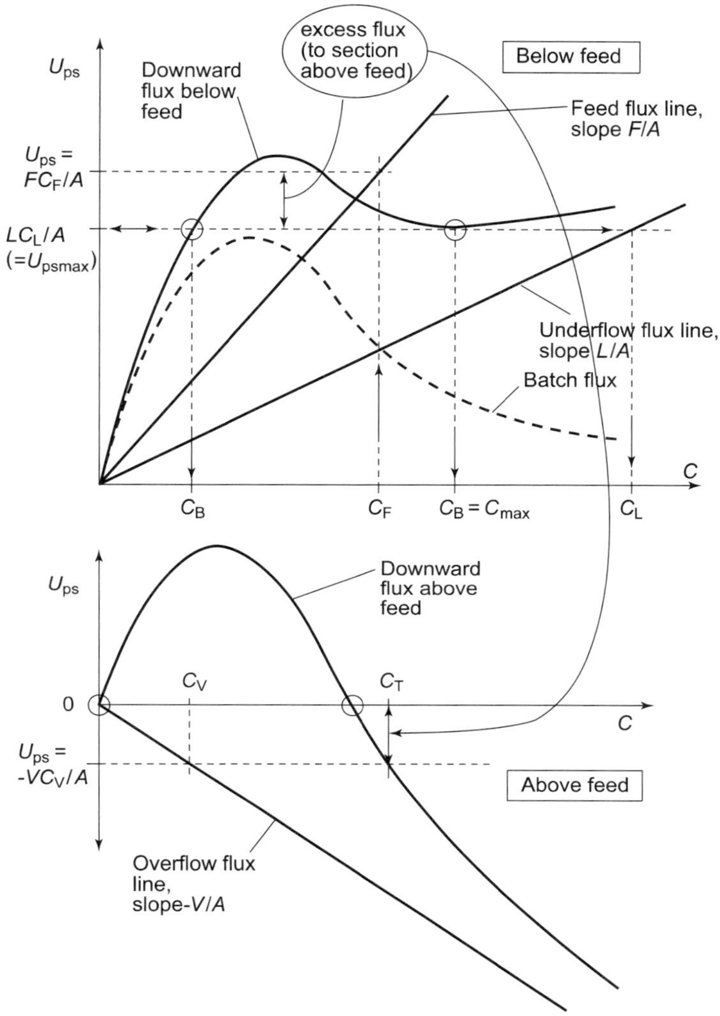

그림 3.19 다른 모양의 총 플럭스 곡선; 과부하 농축기

3.4 예제

예제 3.1

수직 원통형 용기에서 초기 농도가 0.1인 현탁액의 침강에 대한 높이-시간 곡선을 그림 3W1.1에 나타낸다. 다음을 구하라.

(a) 맑은 액체와 농도가 0.1인 현탁액 사이 계면의 속도
(b) 맑은 액체와 농도가 0.175인 현탁액 사이 계면의 속도
(c) 농도가 0.175인 층이 용기의 바닥으로부터 위로 확산되는 속도
(d) 최종 침전물의 농도

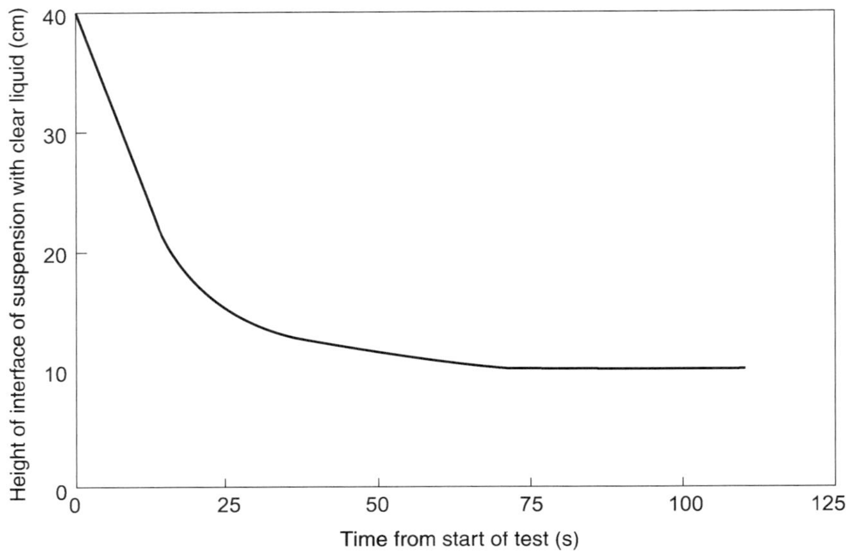

그림 3W1.1 회분식 침강 시험; 높이–시간 곡선

풀이.

(a) 초기 현탁액의 농도가 0.1이기 때문에, 이 문제에서 요구하는 속도는 AB계면의 속도이다. 이 속도는 높이-시간 곡선에서 직선 부분의 기울기로 주어진다.

$$\text{기울기} = \frac{20-40}{15-0} = -1.333\ \mathrm{cm/s}$$

(b) 농도가 0.175인 현탁액이 맑은 액체와 접촉하는 점에 대응하는 곡선 상의 점을 먼저 찾아야 한다. 식 (3.38)에 $C = 0.175$, $C_B = 0.1$ 및 $h_0 = 40\ \mathrm{cm}$을 대입하면:

$$h_1 = \frac{0.1 \times 40}{0.175} = 22.85\ \mathrm{cm}$$

$t=0$, $h=h_1$인 점을 지나 곡선과 접하는 선을 그리면 농도가 0.175인 현탁액이 맑은 액체와 계면을 이루는 시간에 대응하는 곡선상의 점을 찾아낼 수 있다(그림 3W1.2). 이 점의 좌표는 $t=26\,\mathrm{s}$, $h=15\,\mathrm{cm}$이다. 이 계면의 속도는 이 점에서 곡선의 기울기이다:

$$\text{곡선의 기울기} = \frac{15-22.85}{26-0} = -0.302\ \mathrm{cm/s}$$

즉, $\text{계면의 하강속도} = 0.30\ \mathrm{cm/s}$ 이다.

(c) 위에서 고찰한 결과로부터, 26 s 후에 농도가 0.175인 층이 맑은 액체 계면에 정확히 도달하고 이 시간 동안에 용기의 바닥으로부터 15 cm 거리를 이동한다.

따라서 이 층의 상승 전달 속도 $= \dfrac{h}{t} = \dfrac{15}{26} = 0.577\ \mathrm{cm/s}$

(d) 최종 침전물의 농도를 얻기 위하여 식 (3.38)을 다시 이용한다. 최종 침전물(h_{1S})에 대응하는 h_1값은 최종 침전물에 대응하는 곡선 부분에 접선을 그리고 이 접선을 h축까지

연장하면 얻을 수 있다.
이 경우에 $h_{1S} = 10\,\text{cm}$ 이고 따라서 식 (3.38)로부터,

$$\text{최종 침전물의 농도, } C = \frac{C_0 h_0}{h_{1S}} = \frac{0.1 \times 40}{10} = 0.4$$

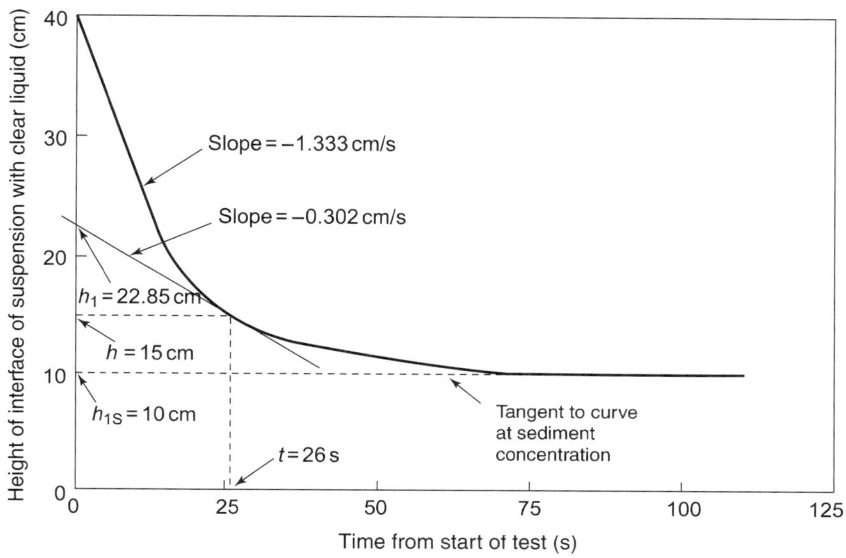

그림 3W1.2 회분식 침강 시험

예제 3.2

균일한 크기의 구(지름 $150\mu\text{m}$, 밀도 1140 kg/m³)가 물속에 부유하고 있는 현탁액의 고체농도가 부피로 25%이다. 현탁액은 고체농도가 부피로 55%인 층까지 침강한다. 다음을 계산하라.

(a) 물/현탁액 계면이 침강하는 속도;

(b) 침전물/현탁액 계면이 상승하는 속도(물의 특성은 밀도, 1000 kg/m³; 점도, 0.001 Pa·s를 가정한다).

풀이.

(a) 초기 현탁액의 고체 농도는, $C_B = 0.25$

식 (3.28)을 이용하면 농도가 다른 현탁액 사이 계면의 속도를 계산할 수 있다:
따라서 초기 현탁액(B)과 맑은 액체(A) 사이 계면의 속도는:

$$U_{int,AB} = \frac{U_{pA} C_A - U_{pB} C_B}{C_A - C_B}$$

$C_A = 0$ 이기 때문에, 이 식은 다음과 같이 줄일 수 있다.

$$U_{int,AB} = U_{pB}$$

U_{pB}는 회분식 침강에서 용기 벽에 상대적인 입자의 간섭 침강속도이며 식 (2.24)로 주어진다.

$$U_p = U_T \epsilon^n$$

Stokes의 법칙이 적용된다고 가정하면, $n = 4.65$ 이고 단일입자의 종말속도는 식 (2.13)으로 주어진다(2장 참조).

$$U_T = \frac{x^2(\rho_p - \rho_f)g}{18\mu}$$

$$U_T = \frac{9.81 \times (150 \times 10^{-6})^2 \times (1140 - 1000)}{18 \times 0.001} = 1.717 \times 10^{-3}\ \mathrm{m/s}$$

Stokes의 법칙의 가정이 타당한가를 확인하기 위하여, 단일입자 Reynolds수를 계산한다.

$$Re_p = \frac{(150 \times 10^{-6}) \times 1.717 \times 10^{-3} \times 1000}{0.001} = 0.258$$

이 값은 Stokes의 법칙에 대한 한계값(0.3)보다 작기 때문에 가정은 유효하다.
초기 현탁액의 공극률은, $\epsilon_B = 1 - C_B = 0.75$ 이고 따라서,

$$U_{pB} = 1.717 \times 10^{-3} \times 0.75^{4.65} = 0.45 \times 10^{-3}\ \mathrm{m/s}$$

따라서 초기 현탁액과 맑은 액체 사이 계면의 속도는 0.45 mm/s이다. 이 속도가 양이면 계면이 아래로 이동한다는 것을 나타낸다.

(b) 여기서 다시 식 (3.28)을 적용하여 다른 농도의 현탁액 사이 계면의 속도를 계산해 보자.
초기 현탁액(B)과 침전물(S) 사이 계면의 속도는

$$U_{int,BS} = \frac{U_{pB}C_B - U_{pS}C_S}{C_B - C_S}$$

$C_B = 0.25$와 $C_S = 0.55$를 대입하고 침전물의 속도, U_{pS}는 영이기 때문에 다음을 얻는다.

$$U_{int,BS} = \frac{U_{pB}\,0.25 - 0}{0.25 - 0.55} = -0.833\,U_{pB}$$

그리고 (a)로부터, $U_{pB} = 0.45\ \mathrm{mm/s}$ 이므로 $U_{int,BS} = -0.375\ \mathrm{mm/s}$ 이다. 음의 부호는 계면이 위로 움직인다는 것을 의미한다. 따라서 초기 현탁액과 침전물 사이 계면은 0.375 mm/s의 속도로 위로 이동한다.

예제 3.3

그림 3W3.1에 나타낸 회분식 플럭스 곡선에 대하여, 침전물은 0.4 부피분율의 고체 농도를 갖는다.
(a) 회분식 침강 조건에서 가변농도구역이 형성되는 초기 현탁농도의 범위를 구하라.

(b) 초기 고체농도가 0.1 부피분율이고 초기 현탁액 높이가 100 cm인 현탁액의 회분식 침강 시험에서 50분 후의 농도 프로파일을 계산하고 곡선을 그려라.
(c) 침강 시험이 완결되는 시간은 언제인가?

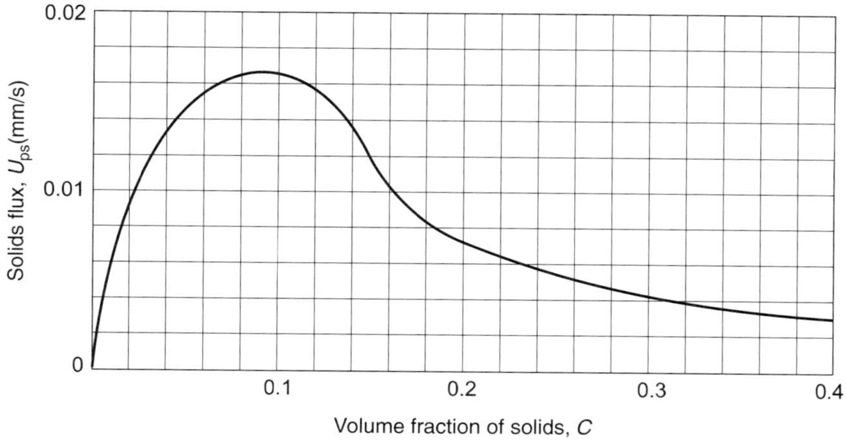

그림 3W3.1 회분식 플럭스 곡선

풀이.

(a) $C = C_S = 0.4$, $U_{pS} = 0$ 인 점을 지나 회분식 플럭스 곡선에 접하는 선을 그려 초기 현탁액 농도의 범위를 결정한다. 이것을 그림 3W3.2에 선 XC_S로 나타낸다. 회분식 침강(제2형 침강)에서 가변농도구역이 형성되는 초기 현탁액 농도의 범위는 $C_{B_{\min}}$ 과 $C_{B_{\max}}$ 로 정의된다. $C_{B_{\min}}$ 은 선 XC_S가 침강곡선과 교차하는 곳에서 C값이며, $C_{B_{\max}}$ 는 접점에서 C 값이다. 그림 3W3.2로부터, $C_{B_{\min}} = 0.036$ 이고 $C_{B_{\max}} = 0.21$ 임을 알 수 있다.

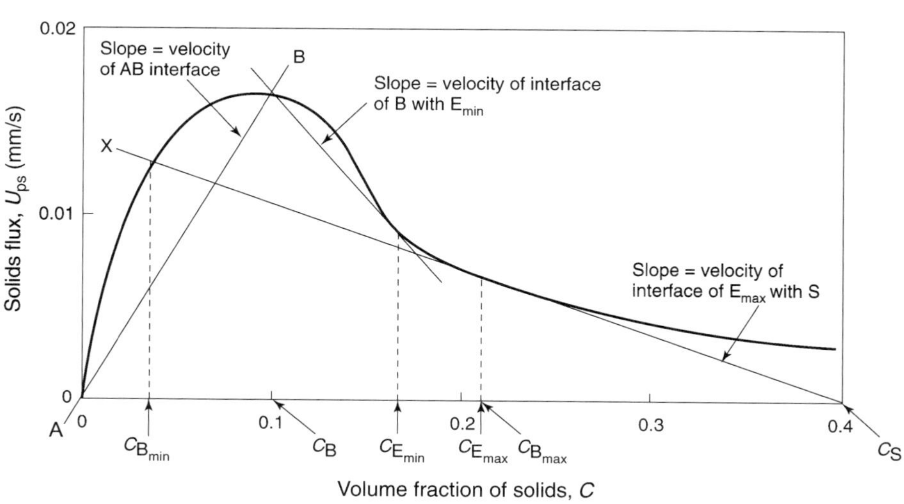

그림 3W3.2 회분식 침강 문제의 도식해(예제 3.3)

(b) 농도 프로파일을 계산하기 위하여 우리는 영역 A, B, E 및 S 사이 계면의 속도를 먼저 결정하고 50분 후에 그들의 위치를 찾아내야 한다.

그림 3W3.2에서 선 AB는 맑은 액체를 나타내는 점 A(0,0)와 초기 현탁액을 나타내는 점 B(0.1, U_{pS})를 연결한 것이다. 선 AB의 기울기는 영역 A와 B 사이 계면의 속도와 같다. 그림 3W3.2로부터, $U_{int,AB}=$ +0.166 mm/s 또는 +1.00 cm/min이다.
점 B를 지나 곡선에 접하는 선의 기울기는 초기 현탁액 B와 가변농도구역의 최소값 $C_{E_{\min}}$ 사이 계면의 속도와 같다.
그림 3W3.2로부터, $U_{int,BE_{\min}}=$ −0.111 mm/s 또는 −0.66 cm/min.

곡선에 접하고 침전물을 나타내는 점($C=C_S=0.4$, $U_{pS}=0$)을 통과하는 선의 기울기는 가변농도구역의 최대값 $C_{E_{\max}}$와 침전물 사이 계면의 속도와 같다.
그림 3W3.2로부터, $U_{int,E_{\max}S}=$ −0.0355 mm/s 또는 −0.213 cm/min.
따라서, 50분 후에 계면이 이동한 거리는

AB 계면 아래로	50.0 cm(1.00×50)
BE_{min} 계면 위로	33.2 cm
$E_{max}S$ 계면 위로	10.6 cm

그리고, 50분 후에 계면의 위치(시험 용기의 바닥으로부터 거리)는

AB 계면	50.0 cm
BE_{min} 계면	33.2 cm
$E_{max}S$ 계면	10.6 cm

그림 3W3.2로부터, 가변구역에서 현탁액 농도의 최소값과 최대값을 구할 수 있다.

$$C_{E_{\min}} = 0.16$$
$$C_{E_{\max}} = 0.21$$

이 정보를 이용하면 시험을 시작한 뒤 50분에 시험 용기 내에서 농도 프로파일을 곡선으로 나타낼 수 있다. 프로파일의 개략도를 그림 3W3.3에 나타낸다. 가변농도구역 내에서 농도 프로파일의 모양은 다음과 같은 방법으로 결정할 수 있다. 현탁액 농도 C값에서 회분식 플럭스 곡선(그림 3W3.1)의 기울기가 그 농도의 현탁액 층의 속도라는 것을 상기하면, 둘 또는 그 이상의 농도 값에서 기울기를 구한 다음 50분 후에 이들 층의 위치를 결정할 수 있다:

- $C=0.18$에서 회분식 플럭스 곡선의 기울기는 위로 0.44 cm/min이다. 따라서 50분 후에 농도가 0.18인 층의 위치는 바닥으로부터 22.0 cm이다.
- $C=0.20$에서 회분식 플럭스 곡선의 기울기는 위로 0.27 cm/min이다. 따라서 50분 후에 농도가 0.20인 층의 위치는 바닥으로부터 13.3 cm이다.

가변농도구역 내에서 프로파일의 모양을 결정하기 위하여 이 두 점을 농도 프로파일 선상에 나타낸다.

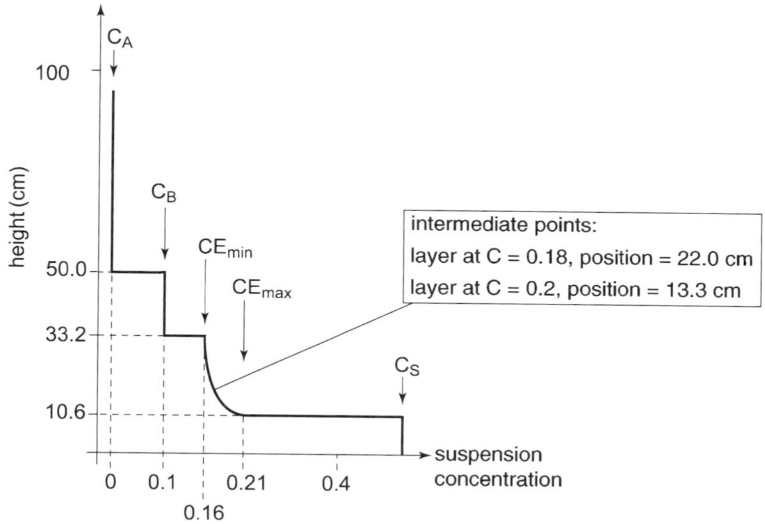

그림 3W3.3 회분식 침강 시험 용기에서 농도분포 개략도(50분 후)

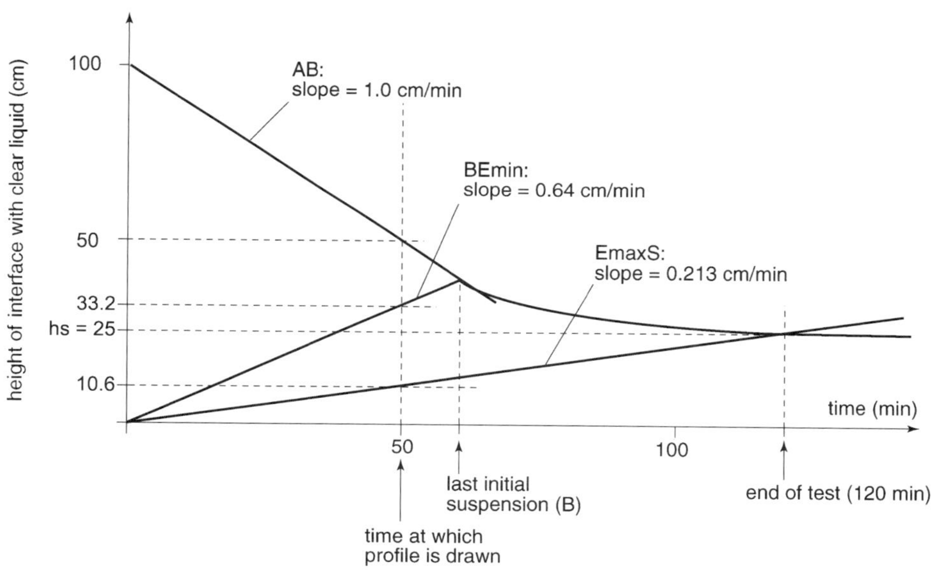

그림 3W3.4 회분식 침강 시험에 대한 높이-시간 곡선 개략도(예제 3.3)

그림 3W3.4는 위의 정보를 이용하여 작도한 이 시험에 대한 높이-시간 곡선의 개략적인 그림이다. 이 선의 곡선 부분의 모양은 둘 또는 그 이상의 다른 농도의 현탁액 층의 위치를 도식화하면 다시 결정할 수 있다. 초기 현탁액 농도 영역(B)은 AB선이 BE_{min}선을 교차할 때 끝나고, 이들 두 선은 기울기를 이용하여 그릴 수 있다.

시험이 끝나는 시간은 다음과 같은 방법으로 구한다. 시험의 끝은 $E_{max}S$계면의 위치가 최종 침전물의 높이와 일치할 때이다. 최종 침전물의 높이는 식 (3.38)을 이용하여 얻을 수 있다(예제 3.1의 (d)를 보라):

$$C_S h_S = C_B h_0$$

여기서 h_S는 최종 침전물의 높이이고 h_0는 현탁액의 초기 높이이다(시험의 시작에서). $C_S = 0.4$, $C_B = 0.1$ 및 $h_0 = 100$ cm 를 대입하면, $h_S = 25$ cm 를 얻는다. 그림 3W3.4에 h_S를 나타내면, $E_{max}S$선이 약 120 min에서 최종 침전물 선과 교차하고 따라서 이 시간에 시험이 끝나는 것을 알 수 있다.

예제 3.4

그림 3W4.1에 나타낸 플럭스 도면을 이용하여,
(a) 0.019 m^3/s의 공급속도와 0.01 m^3/s의 하부흐름 속도로 운전하는 면적이 100 m^2인 농축기에 대한 한계 공급액 농도를 도식적으로 구하라. 이들 조건에서 하부흐름 농도와 상부흐름 농도는 얼마일까?
(b) 위와 같은 흐름조건에서, 공급액 농도가 0.2로 증가한다. 농축기의 상부흐름, 하부흐름, 상향흐름 구역 및 하향흐름 구역에서 고체농도를 추산하라.

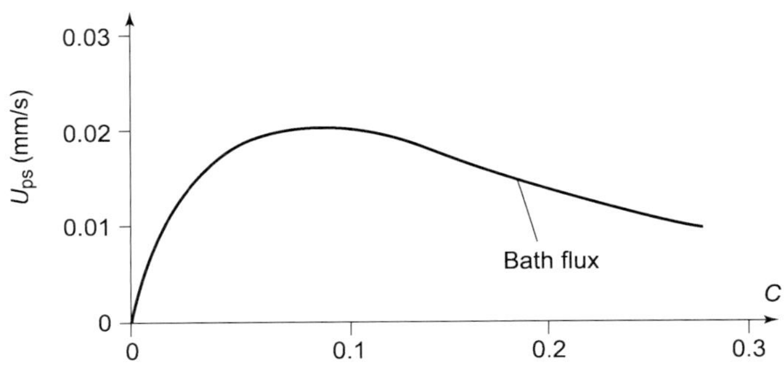

그림 3W4.1 회분식 플럭스 곡선

풀이.

(a) 공급속도, $F = 0.019\,m^3/s$
하부흐름속도, $L = 0.01\ m^3/s$
물질수지에 의해서 상부흐름속도는, $V = F - L = 0.009\ m^3/s$
이들 흐름을 농축기의 면적($A = 100\,m^3/s$)을 근거로 한 플럭스로 나타내면:

$$\frac{F}{A} = 0.19\,mm/s$$

$$\frac{L}{A} = 0.10\,mm/s$$

$$\frac{V}{A} = 0.09\,mm/s$$

벌크 플럭스와 현탁액 농도 사이의 관계는 :

$$\text{공급 플럭스} = C_F\left(\frac{F}{A}\right)$$

$$\text{하부흐름에서 플럭스} = C_L\left(\frac{L}{A}\right)$$

$$\text{상부흐름에서 플럭스} = C_V\left(\frac{V}{A}\right)$$

플럭스 도면에 그린 기울기가 F/A, L/A 및 $-V/A$인 선들이 각각 공급액, 하부흐름 및 상부흐름에서 플럭스를 나타낸다(그림 3W4.2). 공급점 아래 부분에 대한 총 플럭스 곡선은 하부흐름 플럭스 선에 회분식 플럭스 곡선을 더하면 얻어진다. 공급점 위 부분에 대한 총 플럭스 곡선은 상부흐름 플럭스 선(상향 플럭스이기 때문에 음이다)에 회분식 플럭스 곡선을 더하여 얻는다. 이들 곡선을 그림 3W4.2에 나타낸다.

임계 공급액 농도는 공급 플럭스 선이 공급점 아래 부분에서 총 플럭스 곡선과 만나는 곳에서 얻어진다(그림 3W4.2). 이것은 임계 공급 플럭스가 0.0335 mm/s임을 보여준다. 공급점 아래 하향흐름 구역은 이보다 큰 플럭스를 가질 수 없다. 대응하는 공급액 농도는 $C_{F\,\mathrm{crit}} = 0.174$이다.

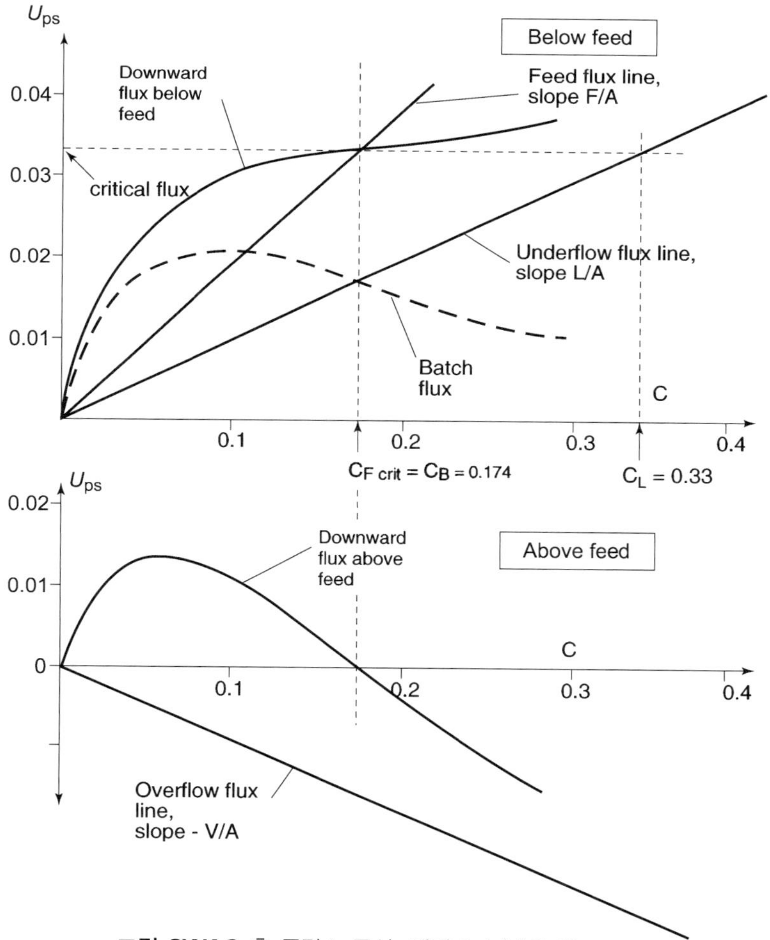

그림 3W4.2 총 플럭스 곡선: 예제 3.4 (a)의 해

하향흐름 구역에서 농도, C_B 또한 0.174이다.
하부흐름에서 대응하는 농도는 임계 플럭스 선이 하부흐름 플럭스 선과 교차하는 곳에서 얻는다. 이것은 $C_L = 0.33$ 임을 보여준다.

(b) 이제 그림 3W4.3을 참고하여, 공급 플럭스가 0.2로 증가하면 대응하는 공급 플럭스가 약 0.038 mm/s임을 알 수 있다. 이 공급액 농도에서 하향흐름 구역은 오직 0.034 mm/s의 플럭스만 가질 수 있고 하부흐름 농도는, $C_L = 0.34$임을 보여준다. 0.004 mm/s의 과잉 플럭스는 상향흐름 구역으로 지나간다. 상향흐름 구역에서 이 플럭스는 농도가 $C_T = 0.2$ 이고 상부흐름에서 대응하는 농도는 $C_V = 0.044$ 임을 보여준다.

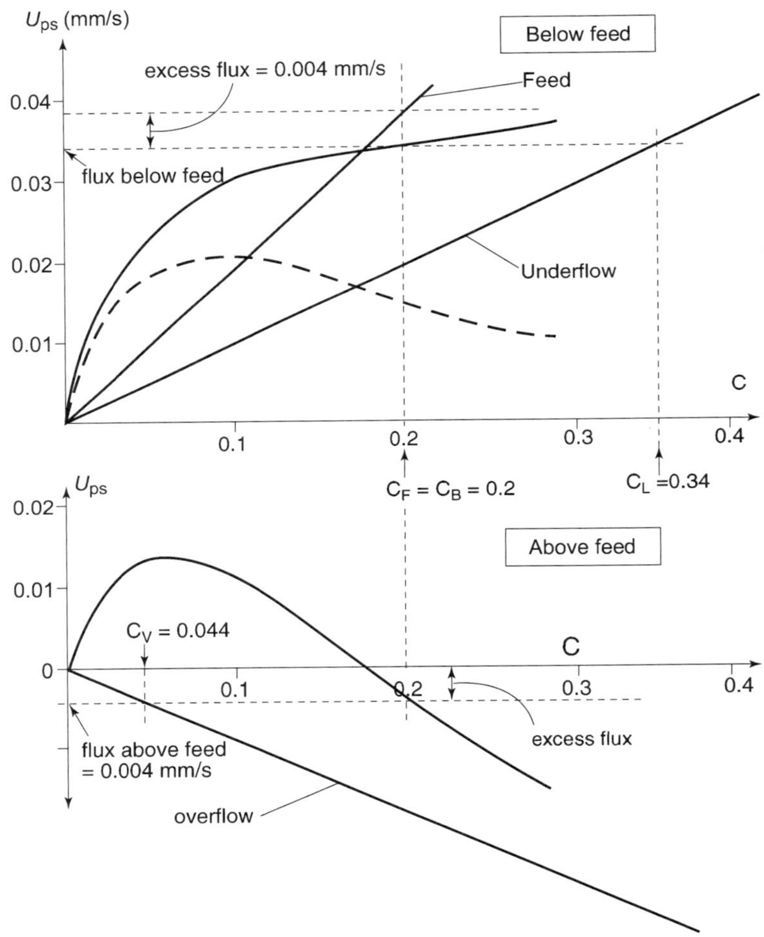

그림 3W4.3 총 플럭스 곡선: 예제 3.4 (b)의 해

자율학습문제

3.1 유체-입자 현탁액에서 입자의 침강속도는
(a) 계의 특성 차원에 대한 입자 지름의 비가 증가할수록 증가한다.
(b) 입자 농도가 증가할수록 증가한다.
(c) 유체 점도가 증가할수록 증가한다.
(d) 위에 없음.

3.2 정지 유체에서 침강하는 입자의 종말속도는
(a) 계의 특성 차원에 대한 입자 지름의 비가 증가할수록 증가한다.
(b) 고체 농도가 증가할수록 증가한다.
(c) (a)와 (b) 모두
(d) 위에 없음.

3.3 과부하 농축기에서 농축기의 하부에서 농도는 (　　)와(과) 같다.(총 플럭스 곡선이 최소값을 통과하지 않을 때)
(a) 공급액 농도
(b) 상부흐름 농도
(c) (a)와 (b) 모두
(d) 위에 없음

3.4 과부하 농축기에서 농축기의 하부에서 농도는(총 플럭스 곡선이 최소값을 통과하지 않을 때)
(a) 공급액 농도보다 크다.
(b) 공급액 농도보다 작다.
(c) 공급액 농도와 같다.

3.5 과부하 농축기에서 상부흐름의 농도는(총 플럭스 곡선이 최소값을 통과하지 않을 때)
(a) 공급액 농도보다 크다.
(b) 공급액 농도보다 작다.
(c) 공급액 농도와 같다.

3.6 과부하 농축기에서 하부흐름의 농도는(총 플럭스 곡선이 최소값을 통과하지 않을 때)
(a) 하부에서 농도보다 크다.
(b) 하부에서 농도보다 작다.
(c) 하부에서 농도와 같다.

3.7 입자가 종말속도에 도달할 때:
(a) 입자 가속도는 일정하다.

(b) 입자 가속도는 영이다.
(c) 입자 가속도는 입자의 겉보기 무게와 같다.
(d) 위에 없음

3.8 다음 중 어느 것이 간섭침강속도에 영향을 미치지 않는가?
(a) 입자 밀도
(b) 입자 크기
(c) 입자 현탁 농도
(d) 위에 없음

연습문제

3.1 지름이 100 μm 이고 밀도가 1200 kg/m^3인 균일한 크기의 구가 물속에 부유하고 있는 현탁액의 고체부피 분율이 0.2이다. 이 현탁액은 고체부피 분율이 0.5인 층까지 침강한다. (물은 밀도가 1000 kg/m^3이고 점도가 0.001 Pa·s이다). 물속에서 구의 단일입자 종말속도는 1.1 mm/s이다. 다음을 계산하라.
(a) 맑은 물/현탁액 계면이 침강하는 속도;
(b) 침전물/현탁액 계면이 상승하는 속도.

[답 : (a) 0.39 mm/s; (b) 0.26 mm/s]

3.2 수직 원통형 용기에서 현탁액의 침강에 대한 높이-시간 곡선을 그림 3E2.1에 나타낸다. 현탁액의 초기 고체농도는 150 kg/m^3이다. 다음을 구하라.

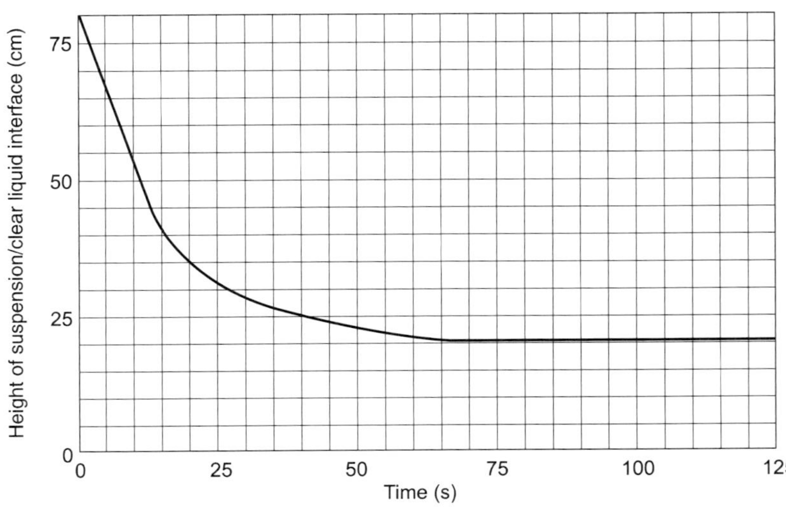

그림 3E2.1 회분식 침강 시험 결과. 높이-시간 곡선(연습문제 3.2와 3.4)

(a) 맑은 액체와 농도가 150 kg/m^{3}인 현탁액 사이 계면의 속도.
(b) 시험을 시작한 뒤 농도가 240 kg/m^{3}인 현탁액이 맑은 액체와 접촉하는 시간.
(c) 맑은 액체와 농도가 240 kg/m^{3}인 현탁액 사이 계면의 속도.
(d) 농도가 240 kg/m^{3}인 층이 용기의 바닥으로부터 위로 확산하는 속도.
(e) 최종 침전물의 농도.

[답 : (a) 2.91 cm/s; (b) 22 s; (c) 아래로 0.77 cm/s;
(d) 위로 1.50 cm/s; (e) 600 kg/m^3]

3.3 지름이 90 μm 이고 밀도가 1100 kg/m^{3}인 균일한 크기의 구가 물속에 부유하고 있는 현탁액의 고체부피 분율이 0.2이다. 이 현탁액은 고체부피 분율이 0.5인 층까지 침강한다.(물은 밀도가 1000 kg/m^{3}이고 점도가 0.001 Pa·s이다). 물속에서 구의 단일입자 종말속도는 0.44 mm/s이다. 다음을 계산하라.
(a) 맑은 물/현탁액 계면이 침강하는 속도;
(b) 침전물/현탁액 계면이 상승하는 속도.

[답 : (a) 0.156 mm/s; (b) 0.104 mm/s]

3.4 수직 원통형 용기에서 현탁액의 침강에 대한 높이-시간 곡선을 그림 3E2.1에 나타낸다. 현탁액의 초기 고체농도는 200 kg/m^{3}이다. 다음을 구하라.
(a) 맑은 액체와 농도가 200 kg/m^{3}인 현탁액 사이 계면의 속도;
(b) 시험을 시작한 뒤 농도가 400 kg/m^{3}인 현탁액이 맑은 액체와 접촉하는 시간;
(c) 맑은 액체와 농도가 400 kg/m^{3}인 현탁액 사이 계면의 속도;
(d) 농도가 400 kg/m^{3}인 층이 용기의 바닥으로부터 위로 확산하는 속도;
(e) 최종 침전물의 농도.

[답 : (a) 아래로 2.9 cm/s; (b) 32.5 s; (c) 아래로 0.40 cm/s;
(d) 아래로 0.846 cm/s; (e) 800 kg/m^3]

3.5 (a) 지름이 40 μm 이고 밀도가 2000 kg/m^{3}인 균일한 구형 입자가 밀도가 880 kg/m^{3}이고 점도가 0.0008 Pa·s인 액체 속에서 고체 부피분율이 0.32인 현탁액을 형성하고 있다. Stokes의 법칙이 적용된다고 가정하고, (i) 침강속도와 (ii) 이 현탁액에 대한 침강 부피플럭스를 계산하라.
(b) 원통형 용기에서 현탁액의 침강에 대한 높이-시간 곡선을 그림 3E5.1에 나타낸다. 이 시험에 사용한 현탁액의 초기 농도는 0.12 m^3/m^{3}이다. 다음을 계산하라:
(i) 맑은 액체와 농도가 0.12 m^3/m^{3}인 현탁액 사이 계면의 속도.
(ii) 맑은 액체와 농도가 0.2 m^3/m^{3}인 현탁액 사이 계면의 속도.
(iii) 농도가 0.2 m^3/m^{3}인 층이 용기의 바닥으로부터 위로 확산하는 속도.
(iv) 최종 침전물의 농도.
(v) 침전물이 바닥에서 위로 전개되는 속도.

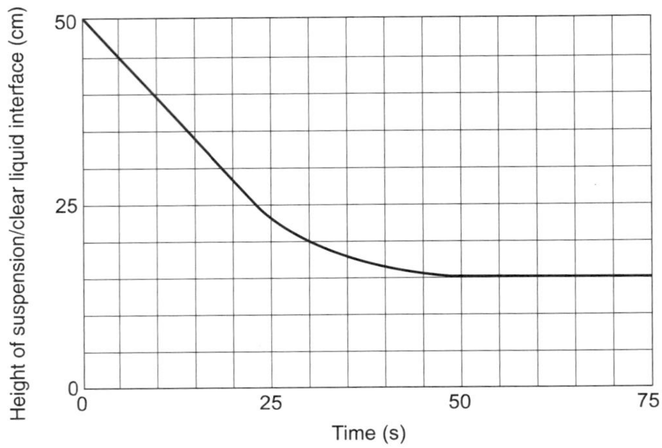

그림 3E5.1 회분식 침강 시험 결과. 높이–시간 곡선(연습문제 3.5)

[답 : (a)(i) 0.203 mm/s; (ii) 0.065 mm/s; (b)(i) 아래로 1.11 cm/s; (ii) 아래로 0.345 cm/s; (iii) 위로 0.514 cm/s; (iv) 0.4; (v) 위로 0.30 cm/s].

3.6 수직 원통형 용기에서 현탁액의 침강에 대한 높이–시간 곡선을 그림 3E6.1에 나타낸다. 현탁액의 초기 고체농도는 100 kg/m^{3}이다. 다음을 구하라.

(a) 맑은 액체와 농도가 100 kg/m^{3}인 현탁액 사이 계면의 속도;
(b) 시험을 시작한 뒤 농도가 200 kg/m^{3}인 현탁액이 맑은 액체와 접촉하는 시간;
(c) 맑은 액체와 농도가 200 kg/m^{3}인 현탁액 사이 계면의 속도;
(d) 농도가 200 kg/m^{3}인 층이 용기의 바닥으로부터 위로 확산하는 속도;
(e) 최종 침전물의 농도.

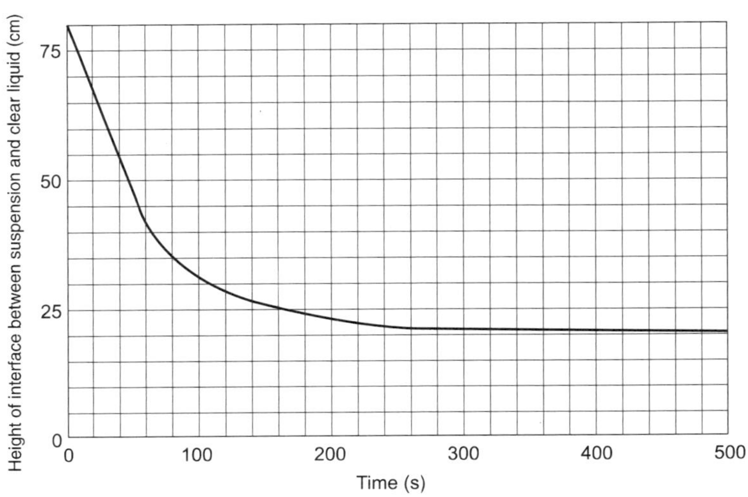

그림 3E6.1 회분식 침강 시험 결과. 높이–시간 곡선(연습문제 3.6과 3.8)

[답 : (a) 아래로 0.667 cm/s; (b) 140 s; (c) 아래로 0.0976 cm/s; (d) 위로 0.189 cm/s; (e) 400 kg/m^3].

3.7 지름이 80 μm 이고 밀도가 1300 kg/m^{3}인 균일한 크기의 구가 물속에 부유하고 있는 현탁액의 고체부피 분율이 0.10이다. 이 현탁액은 고체부피 분율이 0.4인 층까지 침강한다.(물은 밀도가 1000 kg/m^{3}이고 점도가 0.001 Pa·s이다). 이 조건에서 구의 단일입자 종말속도는 1.0 mm/s이다. 다음을 계산하라 :

(a) 맑은 물/현탁액 계면이 침강하는 속도 ;

(b) 침전물/현탁액 계면이 상승하는 속도.

[답 : (a) 0.613 mm/s; (b) 0.204 mm/s].

3.8 수직 원통형 용기에서 현탁액의 침강에 대한 높이-시간 곡선을 그림 3E6.1에 나타낸다. 현탁액의 초기 고체농도는 125 kg/m^{3}이다. 다음을 구하라:

(a) 맑은 액체와 농도가 125 kg/m^{3}인 현탁액 사이 계면의 속도;

(b) 시험을 시작한 뒤 농도가 200 kg/m^{3}인 현탁액이 맑은 액체와 접촉하는 시간;

(c) 맑은 액체와 농도가 200 kg/m^{3}인 현탁액 사이 계면의 속도;

(d) 농도가 200 kg/m^{3}인 층이 용기의 바닥으로부터 위로 확산하는 속도;

(e) 최종 침전물의 농도.

[답 : (a) 아래로 0.667 cm/s; (b) 80 s; (c) 아래로 0.192 cm/s;
(d) 위로 0.438 cm/s; (e) 500 kg/m^3].

3.9 그림 3E9.1의 회분식 플럭스 곡선을 이용하여 다음 물음에 답하라(침전물 농도는 부피분율로 0.44이다).

(a) 회분식 침강 조건에서 가변농도구역이 형성되는 초기 현탁액 농도의 범위를 구하라.

(b) 초기농도가 부피분율로 0.18이고 초기 높이가 50 cm인 현탁액을 사용한 회분식 침강 시험에서 맑은 액체와 농도가 부피분율로 0.18인 현탁액 사이 계면의 침강속도를 구하라.

(c) 이 실험을 시작한 뒤 20 min에 이 계면의 위치를 구하라.

(d) 이 실험을 시작한 뒤 20 min에 가변농도구역을 나타내는 개략도를 작성하라.

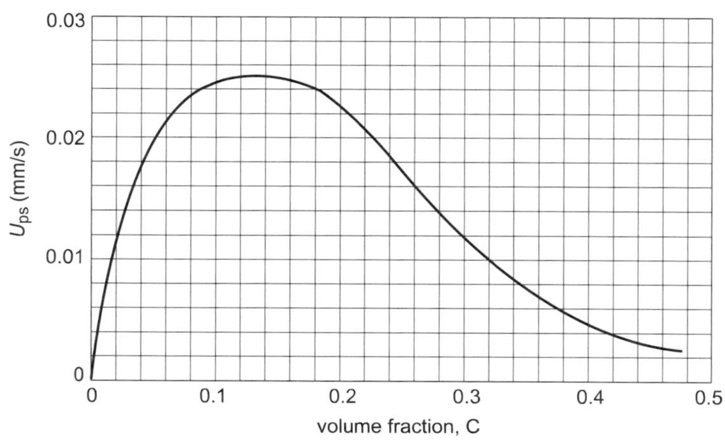

그림 3E9.1 회분식 플럭스 곡선(연습문제 3.9)

[답 : (a) 0.135~0.318; (b) 0.80 cm/s; (c) 바닥에서 34 cm; (d) BE 계면은 바닥에서 12.5 cm이다.].

3.10 그림 3W3.1에 나타낸 회분식 플럭스 곡선을 이용하라. 최종 침전물 농도가 부피분율로 0.36이다.

(a) 회분식 침강 조건에서 가변농도구역이 형성되는 초기 현탁액 농도의 범위를 구하라;

(b) 초기 현탁액 농도가 0.08이고 초기 높이가 100 cm인 현탁액을 사용하여 회분식 침강 실험을 시작한 후 40 min에 농도 프로파일을 계산하고 개략도를 작성하라.

(c) 최종 침전물의 높이와 실험이 완료되는 시간을 추산하라.

[답 : (a) 0.045~0.20; (c) 22.2 cm; 83 min]

3.11 그림 3E11.1에 주어진 회분식 및 연속 플럭스 곡선은 0.04 m^3/s의 공급속도와 0.025 m^3/s의 하부흐름 속도를 취급하는 면적이 200 m^2 인 농축기에 대한 것이다.

(a) 이들 곡선을 이용하여, 이 농축기에 대한 임계 또는 한계 공급액 농도를 도식적으로 구하라.

(b) 공급액 농도가 0.18 m^3/m^3이라면 상부흐름, 하부흐름 및 공급정 위와 아래 영역에서 고체농도를 구하라.

(c) 같은 농축기와 같은 유량 조건에서 공급액 농도가 0.24로 증가한다. 정상상태에 도달한 뒤 상부흐름과 하부흐름에서 새로운 고체농도를 추산하라.

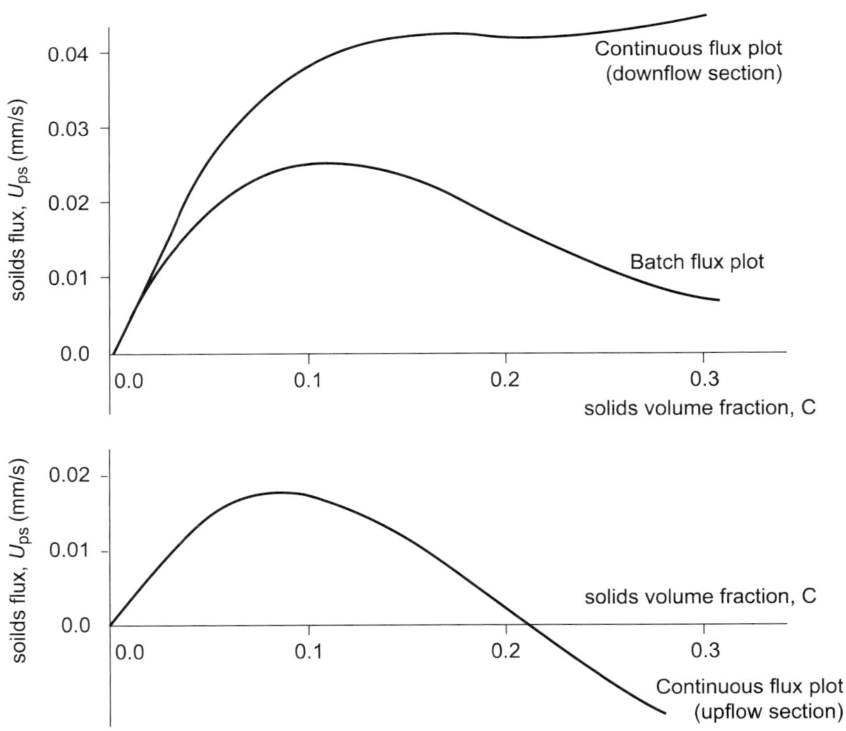

그림 3E11.1 총 플럭스 곡선(연습문제 3.11)

[답 : (a) 0.21; (b) $C_V=0$, $C_T=0$, $C_L=0.29$, $C_B=0.087$; (c) $C_V=0.08$, $C_L=0.34$]

3.12 (a) 표 3E12.1에 주어진 회분식 플럭스 곡선 데이터를 이용하여 0.03 m^3/s의 공급속도와 0.015 m^3/s의 하부흐름 속도를 취급하는 면적이 300 m^2인 농축기에 대한 한계 공급액 농도를 도식적으로 구하라. 이들 조건에서 하부흐름농도와 상부흐름농도를 결정하라. 농축기에서 가능한 농도 프로파일을 그리고 상부흐름 출구 위치, 공급정 및 하부흐름 배출점을 분명하게 나타내라.(농축기의 원추형 바닥은 무시하라).

(b) 위와 같은 흐름 조건에서 공급액의 농도가 한계값의 110%까지 증가한다. 상부흐름, 하부흐름, 농축기의 공급정 위 부분 및 공급정 아래 부분에서 고체농도를 추산하라.

표 3E12.1 회분식 플럭스 시험 데이터

C	0.01	0.02	0.04	0.06	0.08	0.10	0.12	0.14	0.16	0.18	0.20
Flux, mm/s($\times10^3$)	5.0	9.1	13.6	15.7	16.4	16.4	15.7	13.3	10.0	8.3	7.3
C	0.22	0.24	0.26	0.28	0.30	0.32	0.34	0.36	0.38	0.40	
Flux, mm/s($\times10^3$)	7.7	5.6	5.1	4.5	4.2	3.8	3.5	3.3	3.0	2.9	

[답 : (a) $C_{F_{crit}} = 0.17$; $C_B = 0.05$, $C_B = 0.19$ (두 가지 가능한 값); $C_L = 0.34$;
(b) $C_V = 0.034$; $C_L = 0.34$; $C_T = 0.19$; $C_B = 0.19$].

3.13 지름이 50 μm 이고 밀도가 1500 kg/m^3인 균일한 크기의 구가 밀도가 1000 kg/m^3이고 점도가 0.002 Pa·s인 액체 속에 균일하게 부유하고 있다. 이 현탁액의 고체부피 분율은 0.30이다. 이 액체 속에서 구의 단일입자 종말속도는 0.00034 m/s이다($Re_p < 0.3$). 맑은 액체/현탁액 계면이 침강하는 속도를 계산하라.

3.14 293K의 물속에서 지름이 155 μm 인 유리구의 침강속도를 계산하라. 슬러리는 60wt%의 고체를 함유하고 있다. 유리구의 밀도는 2467 kg/m^3이다.
만약 입자의 구형도가 0.3이고 상당지름이 155 μm 라면 침강속도는 어떻게 변하겠는가?

3.15 액체 속에서 침강하는 입자가 종말속도의 99%에 도달하는데 걸리는 시간을 구하는 식을 유도하라.

3.16 균일한 크기의 구(지름이 150 μm 이고 밀도가 1140 kg/m^3)가 물속에 부유하고 있는 현탁액의 고체농도가 부피로 25%이다. 이 현탁액은 고체농도가 부피로 62%인 층까지 침강한다. 현탁액에서 구가 침강하는 속도와 침강층의 높이가 상승하는 속도를 계산하라.

3.17 밀도가 2000 kg/m^3인 20 μm 크기의 입자가 밀도가 900 kg/m^3인 액체 속에서 50 kg/m^3의 농도로 부유하고 있다면, 이 현탁액의 고체 부피분율은 얼마인가? 현탁액의 벌크 밀도는 얼마인가?

3.18 수직 원통형 용기에서 현탁액의 침강에 대한 높이-시간 곡선을 그림 3E18.1에 나타낸다. 이 현탁액의 초기 고체농도는 100 kg/m^3으로 균일하다.
(a) 침전물/현탁액 계면이 상승하는 속도는 얼마인가?

(b) 맑은 액체와 농도가 133 kg/m^{3}인 현탁액 사이 계면의 속도는 얼마인가?
(c) 농도가 133 kg/m^{3}인 층이 용기의 바닥으로부터 위로 확산하는 속도는 얼마인가?
(d) 침전물/현탁액 계면이 상승하기 시작하는 시간은 언제인가?
(e) 맑은 액체와 접촉하고 있는 현탁액의 농도가 100 kg/m^{3}에서 벗어나는 시간은 언제인가?

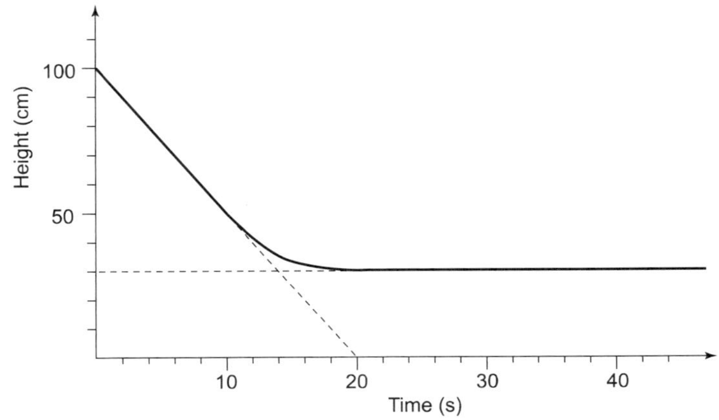

그림 3E18.1 침강시험동안 시간에 대한 맑은 액체 계면의 높이 곡선(연습문제 3.18)

3.19 면적이 300 m^{2}이고 공급액의 고체부피농도가 0.1인 농축기에서 공급점 아래의 플럭스곡선이 그림 3E19.1과 같다.
(a) 농축기의 꼭대기 단면에서 고체농도는 얼마인가?
(b) 농축기의 바닥 단면에서 고체농도는 얼마인가?
(c) 농축기 출구에서 고체농도는 얼마인가?
(d) 공급점 아래에서 벌크흐름에 기인한 플럭스는 얼마인가?
(e) 공급점 아래에서 침강에 기인한 플럭스는 얼마인가?

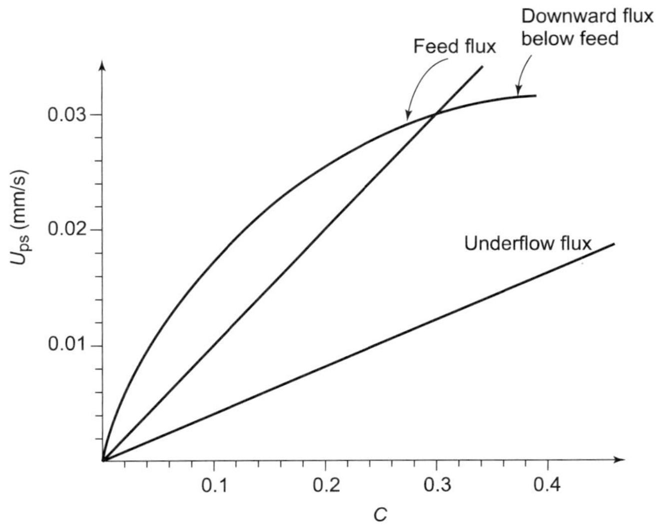

그림 3E19.1 총 플럭스 곡선(연습문제 3.19)

04 Chapter

슬러리 수송

4.1 개 요

슬러리는 액체와 고체 입자의 혼합물이다. "슬러지"란 용어는 전형적으로 미세한 입상물질을 함유하고 있는 고농도의 슬러리를 말한다. 매년 막대한 양의 슬러리를 펌프로 퍼낸다. 슬러리는 석탄, 인산염 및 광물을 수송하는데 자주 이용된다. 수로의 정비에서 모래와 침니의 준설은 고체를 슬러리 형태로 다루는 다른 한 예이다. 대부분의 슬러리에서 액상은 물이지만 물이 아닌 다른 액체로 이루어진 슬러리의 예로는 석탄-오일과 석탄-메탄올 연료가 있다.

슬러리의 혼합 밀도, ρ_m을 고체의 부피분율 C_v로 나타내면,

$$\rho_m = C_v \rho_s + (1 - C_v)\rho_f \tag{4.1}$$

여기서 ρ_f는 액체의 밀도이고 ρ_s는 고체입자의 밀도이다. 같은 방법으로 고체의 무게 또는 질량 분율 C_w로 혼합물의 밀도를 나타내면 다음과 같다.

$$\frac{1}{\rho_m} = \frac{C_w}{\rho_s} + \frac{1 - C_w}{\rho_f} \tag{4.2}$$

4.2 흐름 조건

일반적으로 슬러리의 흐름 거동이나 슬러리 수송은 다음과 같은 흐름 조건으로 분류할 수 있다.

(a) 균일 흐름(Homogeneous flow)

균일 흐름에서는 입자들이 수송관의 단면에 균일하게 분포되어 있다. 입자는 매우 느리게 침강하면서 부유 상태를 유지한다. 고체가 운반액체의 흐름 특성에 현저하게 영향을 미친다. 균일 흐름은 고농도와 미세한 입자 크기(전형적으로 75 μm 이하)의 슬러리에서 일어난다. 주어진 미세 입자 크기에 대하여, 고체 농도가 높은 액체-입자 혼합물일수록 더 쉽게 균일한 부유 상태를 유지한다. 이것은 간섭침강의 영향 때문이다(3장). 균일 슬러리를 '비침강 슬러리(non-settling slurries)'라고 말하기도 한다. 침강성이 극히 적은 전형적인 슬러리에는 하수 슬러지, 드릴링 머드, 세제 슬러리, 미세 석탄 슬러리, 종이펄프 현탁액, 및 시멘트 로에 공급되는 미세한 석회석 농축 현탁액 등이 있다.

(b) 불균일 흐름(Heterogeneous flow)

불균일 흐름에서는 수송관의 단면에 현저한 농도구배가 존재한다. 불균일 슬러리는 완전히 부유하지만 농도구배를 무시할 수 없는 미세 입자로부터 빠르게 침강하는 큰 입자에까지 이른다. 불균일 흐름에서 슬러리는 뚜렷한 침강성을 나타낼 뿐만 아니라 고체입자의 존재가 운반액체의 흐름특성에 거의 영향을 미치지 않는다. 예로는 거친 석탄, 칼륨 또는 돌로 이루어진 슬러리가 있다.

(c) 도약 단계(Saltation regime)

이 흐름 단계에서는 입자들이 관 바닥을 따라 미끄러지고, 구르고 또는 뛰어 오르기 시작한다. 이러한 입자의 도약층이 축적되면서 관 바닥을 따라 입자의 이동층이 발달된다. 액체 흐름층은 고체입자들과 분리되어 입자의 이동층 위에 존재한다.

수송관에서 슬러리를 펌프로 퍼내기 위해 필요한 압력강하는 공학자들에게 중요한 관심사이다. 여러 운전 조건에 대하여 주어진 농도의 슬러리를 펌프로 퍼내기 위해 필요한 압력구배는 보통 그래프 형태로 나타낸다. 이와 같은 그래프를 흔히 슬러리의 수력 특성이라고 말하며 공탑속도에 대한 압력강하를 양대수 곡선으로 나타낸다. 여기서 공탑속도는 부피유량을 관의 단면적으로 나눈 것으로 정의한다. 수력 특성은 기체-고체 흐름 거동을 나타내는 데 이용하는 Zenz 도표(8장)와 유사하다. 그림 4.1에 나타낸 수력 특성은 침강과 비침강 슬러리에서 일어나는 흐름 양식을 설명해준다.

침강 슬러리에 대해서, 비교적 높은 속도에서는 입자들이 부유 상태로 운반되고 흐름 거동은 균일한 현탁액의 거동에 가깝다. 속도가 '표준속도' 이상으로 유지되는 한 입자의 농도구배는 최소화된다. 공탑속도가 이 전이 또는 표준속도 이하로 감소하면 입자의 농도구배가 발달하고 흐름이 불균일해진다.

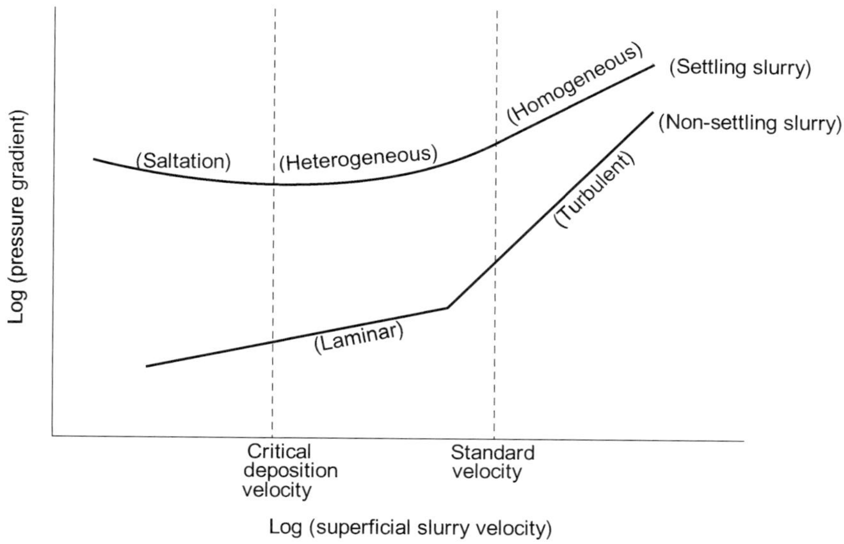

그림 4.1 침강과 비침강 슬러리에 대한 수력 특성의 예

침강 슬러리에 대한 수력 특성 곡선 상에서 최소점은 '임계침전속도(critical deposition velocity)'에 해당한다. 이것이 입자가 침강하기 시작할 때의 흐름 속도이다. 슬러리 수송을 잘 설계하려면 운전조건의 범위에서 수송관 내부에서 속도가 고체입자의 침강을 방지할 수 있도록 관의 지름과/또는 펌프를 선정해야 한다. 따라서 속도를 임계침전속도 이상으로 반드시 유지해야 한다. 속도가 임계침전속도 아래로 떨어지면 침전 입자들의 미끄러짐, 구름 또는 이동층이 축적되고 이것이 압력강하를 계속 증가시킨다.

비침강 균일 슬러리는 수송관을 통하여 층류나 난류 형태로 운반할 수 있다. 비침강 슬러리의 수력 특성은 공탑속도가 증가함에 따라 층류에서 난류로 전이하면서 전형적으로 특성 곡선의 기울기가 변하게 된다. 침강 슬러리는 속도가 증가해도 이처럼 압력강하의 갑작스런 변화를 나타내지 않는다.

4.3 균일 슬러리에 대한 유변학적 모델

어떠한 슬러리도 항상 완전히 균일하거나 비침강성일 수는 없지만 균일 조건은 실제 슬러리가 다가갈 수 있는 흐름거동의 극한 형태이다. 고체입자가 대단히 느리게 침강하기 때문에 연속 유체 모델을 이용하여 슬러리의 흐름 거동을 설명할 수 있다. 액체와 마찬가지로 비침강 슬러리는 뉴턴 또는 비뉴턴 흐름거동을 나타낼 수 있다. 높은 고체 농도에서 균일 슬러리 혼합물은 본질적으로 원래 액체(고체를 첨가하기 전)의 특성과는 현저하게 다른 흐름 특성을 가지면서 단일상 액체와 같이 거동한다. 점도측정 기술을 단일상 액체에 응용하는 것과 꼭 같은 방법으로 비침강 슬러리의 흐름특성을 분석하기 위해서도 점도측정기술을 일반적으로 이용할 수 있다.

뉴턴 유체에서는 층류에서 전단응력과 전단속도 사이에 선형관계가 성립한다.

$$\tau = \mu\dot{\gamma} \tag{4.3}$$

여기서 τ는 전단응력(단위면적 A당 힘 F의 단위, 즉 Pa), $\dot{\gamma}$는 전단속도 또는 속도구배(시간 t의 역수 단위, 즉 s^{-1})이며 μ는 뉴턴 점도(Ft/A 의 단위, 즉 Pa·s)이다. 전단속도에 대한 전단응력 도표 상에서 선의 기울기가 액체의 점도 μ와 같다. 또한 어떤 한정된 응력에서도 흐름이 시작된다.

입자가 서서히 침강하면 슬러리의 점도를 측정할 수 있다. 미세 입자의 묽은 현탁액은 슬러리가 뉴턴 거동을 나타낸다. 이 경우에 균일한 구형입자로 이루어진 매우 묽은 현탁액(고체 부피 분율이 2% 이하)의 점도는 Einstein (Einstein, 1906)에 의해서 유도된 이론식으로 나타낼 수 있다. Einstein 식은 :

$$\mu_r = \frac{\mu_m}{\mu_f} = 1 + 2.5C_v \tag{4.4}$$

여기서 μ_r은 상대점도 또는 단일상 유체의 점도 μ_f에 대한 슬러리 점도 μ_m의 비이다. 입자가 구형이 아니거나 입자농도가 증가할 때에는 대표적으로 계수 2.5가 증가한다. 실제로 이 경우에는 식 (4.4)로부터 편차가 아주 심각할 수 있다.

높은 입자 농도에서 슬러리는 주로 비뉴턴 유체이다. 비뉴턴 유체에서 전단응력과 전단속도 사이 관계는, 슬러리의 유변학적 특성을 나타내는데, 선형이 아니고/아니거나 흐름이 시작하기 전에 어떤 최소응력을 필요로 한다. 멱수법칙, Bingham 소성 및 Herschel-Bulkley 모델이 슬러리의 흐름 거동을 나타내는데 사용되는 모델들이며 이 밖에 전단응력과 전단속도 사이에 다른 형태의 관계들이 존재한다. 별로 흔하지는 않지만 어떤 슬러리는 시간-의존성 흐름 거동을 나타내기도 한다. 이 경우에는 전단속도가 일정하게 유지될 때 전단응력이 시간에 따라 감소하거나(thixotropic 유체) 증가할 수 있다(rheopectic 유체). 우유는 씩소트로픽 액체처럼 거동하는 비침강 슬러리의 한 예이다.

4.3.1 비뉴턴 멱수법칙 모델

멱수법칙 유체에서 전단응력과 전단속도 사이 관계는 비선형이고 한정된 크기의 응력에서 흐름이 시작된다. 전단응력과 전단속도 사이 관계를 나타낸 수학적 모델(Ostwald-de-Waele 식이라 부른다)은 다음과 같다.

$$\tau = k\dot{\gamma}^n \tag{4.5}$$

여기서 k와 n은 상수이다. 일관성 지수(consistency index) k의 단위(SI단위로 $\mathrm{Ns^n/m^2}$)는 무차원 흐름거동 지수 n값에 따라 달라지며, 무차원 흐름거동 지수는 뉴턴 거동으로부터 벗어난 편차의 크기를 나타낸다. 뉴턴 유체에서는 $n=1$이며 k는 뉴턴 점도와 같다.

멱수법칙 유체에서 '겉보기 점도', μ_{app}는 뉴턴 유체와 같은 방법으로 정의한다.

$$\mu_{app} = \frac{\tau}{\dot{\gamma}} = k\dot{\gamma}^{n-1} \tag{4.6}$$

겉보기 점도 μ_{app}는 원점으로부터 전단응력-전단속도 곡선 상의 점을 지나는 선의 기울기와 같으며 전단속도가 증가할수록 감소 또는 증가한다. 따라서 비뉴턴 유체에 대하여 '점도'라는 용어는 전단속도를 명시하지 않으면 의미가 없다. 전단-묽어짐(또는 유사소성) 슬러리에서 겉보기 점도는 전단속도가 증가함에 따라 감소하고 n값은 1보다 작다. 전단-진해짐(또는 팽창) 슬러리에서는 겉보기 점도가 전단속도가 증가함에 따라 증가하고 n값은 1보다 크다(그림 4.2).

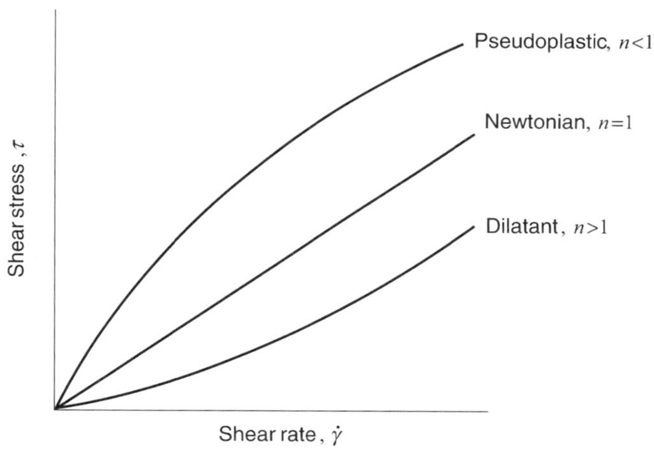

그림 4.2 비뉴턴 유체의 멱수법칙 모델

전단-묽어짐 슬러리에서는 전단속도가 증가할수록 겉보기 점도가 감소하기 때문에 관내에서 속도 분포가 점점 더 평평해져서 n이 감소함에 따라 플러그 흐름 분포로 되려는 경향이 있다. 전단-진해짐 슬러리에서는 흐름영역 전체에서 속도구배가 더 커지기 때문에 속도 분포가 더 날카롭게 된다. 극심한 팽창 유체($n\rightarrow\infty$)에서 속도는 관내의 반경 위치에 따라 거의 직선적으로 변한다. 이것을 그림 4.3에 도시한다.

대부분의 슬러리는 전단-묽어짐이다. 이와 같은 전단-묽어짐 거동은 완전히 분산된 입자들보다 흐름에 대한 저항이 더 작은 입자상 응집체의 생성에 기인하는 것으로 가정한다.

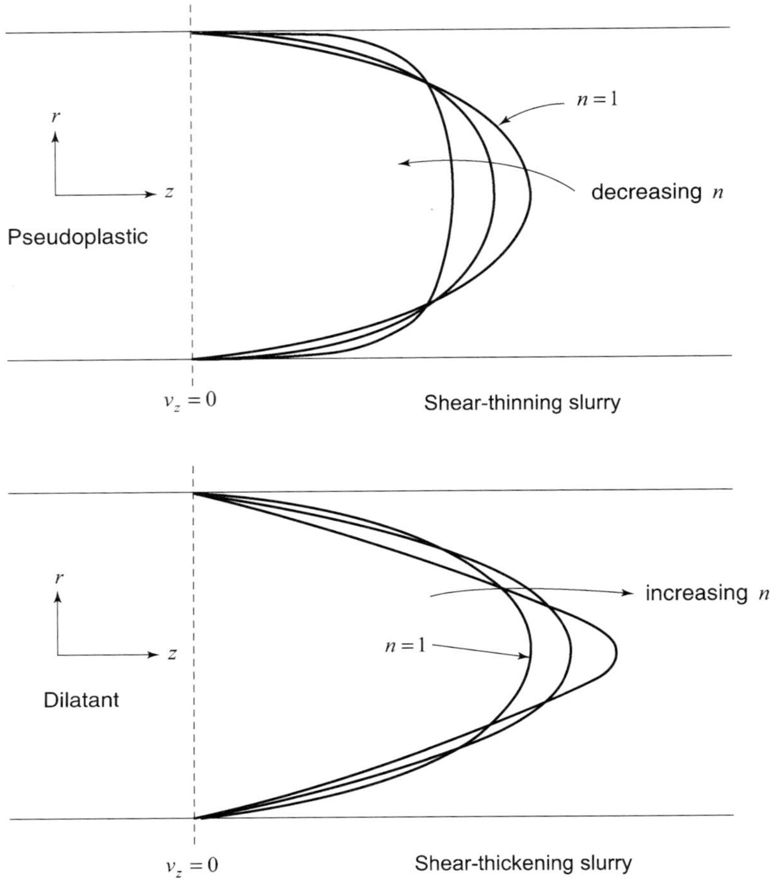

그림 4.3 멱수법칙 유변특성을 나타내는 슬러리의 속도분포

4.3.2 멱수법칙 유변특성을 나타내는 슬러리에 대한 압력강하 예측

층류

지름이 D인 수평 관에서 멱수법칙 유체의 층류, 완전발달흐름에 유체 운동량 수지를 적용하면 압력강하, $\Delta P/L$와 평균 유속, v_{AV} 사이 관계를 나타내는 다음 식을 얻는다.

$$v_{AV} = \frac{Dn}{2(3n+1)}\left(\frac{D\Delta P}{4kL}\right)^{1/n} \tag{4.7}$$

다시 정리하면

$$\frac{\Delta P}{L} = \frac{4k}{D}\left[\frac{2v_{AV}(3n+1)}{Dn}\right]^{n} \tag{4.8}$$

여기서 $n = 1$이고 $k = \mu$이면 식 (4.7)과 (4.8)은 뉴턴 유체의 층류에 대한 압력강하-속도

관계를 나타내는 잘 알려진 Hagen-Poiseuille식이 된다.

$$\frac{\Delta P}{L} = \frac{32\mu v_{AV}}{D^2} \tag{4.9}$$

마찰계수법 – 층류와 난류

균일 슬러리에 대한 압력강하를 구하는데도 마찰계수법을 이용할 수 있다. 뉴턴 유체에서와 같은 방법으로 적용되지만 마찰계수는 새롭게 정의된 Reynolds 수에 의존한다.

수평 관에서 마찰계수는 마찰 높이압 손실, h_f (길이의 단위)와 다음과 같은 관계가 있고,

$$h_f = 2f_f\left(\frac{L}{D}\right)\frac{v_{AV}^2}{g} \tag{4.10}$$

수평 관에서 압력 강하는 마찰 높이압 손실과 수정된 Bernoulli식으로 관련되기 때문에

$$h_f = \frac{\Delta P}{\rho_m g} \tag{4.11}$$

압력강하와 마찰계수 사이 관계는 다음과 같다.

$$\Delta P = 2f_f\rho_m\left(\frac{L}{D}\right)v_{AV}^2 \tag{4.12}$$

이들 식에서 f_f는 Fanning 마찰계수이다.

관의 단면적이 변하고 펌프(양의 높이압), 터빈(음의 높이압), 밸브 및 관부속물(음의 높이압) 때문에 높이압의 손실과 증가가 발생하며 수직흐름이 있는 더 일반적인 경우의 수송관 계통에서 수정된 Bernoulli 식은 다음과 같다.

$$\Sigma H - \Sigma h_f = -\frac{\Delta P}{\rho_m g} + \Delta z + \Delta\left(\frac{v_{AV}^2}{2g}\right) \tag{4.13}$$

여기서 $\Delta z = z_2 - z_1$은 출구(2)와 입구(1) 사이 수직 높이차이고 ΣH는 수송관 계통에서 펌프, 터빈, 밸브 및 관부속물에 의한 모든 높이압(길이의 단위)의 합이다.

일반화된 Reynolds수는 유효점도, μ_e에 의하여 다음과 같이 정의한다.

$$Re^* = \frac{\rho_m D v_{AV}}{\mu_e} \tag{4.14}$$

멱수법칙 유체에 대한 유효점도를 정의하기 위하여 뉴턴 유체의 점도를 나타내는 식을 비뉴턴 유체로 확장하여 적용한다. 뉴턴 유체에 대한 Hagen-Poiseuille 식을 다시 정리하면,

$$\mu = \frac{D\Delta P}{4L} \bigg/ \frac{8v_{AV}}{D} = \tau_0 \bigg/ \frac{8v_{AV}}{D} \tag{4.15}$$

여기서 τ_0는 관 벽에서 전단응력이다. 멱수법칙 유효점도, μ_e는 같은 방법으로 정의한다.

$$\mu_e = \tau_0 \bigg/ \frac{8v_{AV}}{D} \tag{4.16}$$

그리고 식 (4.8)을 다시 정리하면 멱수법칙 유체에 대한 벽 전단응력은 다음과 같다.

$$\tau_0 = \frac{\Delta PD}{4L} = k\left[\frac{2v_{AV}(3n+1)}{Dn}\right]^n = \frac{k(3n+1)^n}{(4n)^n}\left(\frac{8v_{AV}}{D}\right)^n \tag{4.17}$$

따라서 식 (4.16)과 (4.17)을 결합하면 멱수법칙 유효점도가 얻어진다.

$$\mu_e = \frac{k(3n+1)^n}{(4n)^n}\left(\frac{8v_{AV}}{D}\right)^{n-1} \tag{4.18}$$

그리고 멱수법칙 유체에 대한 일반화된 Reynolds수는

$$Re^* = \frac{8\rho_m D^n v_{AV}^{2-n}}{k}\left[\frac{n}{(6n+2)}\right]^n \tag{4.19}$$

멱수법칙 유체의 유변학적 특성을 나타내는 슬러리에서는 층류에서 난류로 전이속도가 슬러리의 흐름거동지수 n에 의하여 지배를 받는다. Hanks와 Ricks(1974)가 제안한 식을 이용하면 일반화된 Reynolds수 Re^*에 의하여 전이속도를 추산할 수 있다.

$$Re^*_{\text{transition}} = \frac{6464n}{(1+3n)^n}(2+n)^{\left(\frac{2+n}{1+n}\right)}\left(\frac{1}{1+3n}\right)^{2-n} \tag{4.20}$$

뉴턴 유체에 대하여 $n=1$이면, 층류에서 난류로 전이할 때 일반화된 Reynolds수 Re^*는 2100이 된다.

층류 흐름에 대하여

$$f_f = \frac{16}{Re^*}$$

난류에 대해서는, Dodge와 Metzner(1959)가 반이론적 분석에 근거하여 평활한 관에서 멱수법칙 유체에 대한 다음 식을 개발하였다.

$$\frac{1}{\sqrt{f_f}} = \frac{4}{n^{0.75}}\log\left(Re^*\sqrt{f_f^{2-n}}\right) - \frac{0.4}{\sqrt{n}} \tag{4.21}$$

난류에서 멱수법칙 유체모델로 묘사되는 슬러리에 대한 Fanning 마찰계수 f_f는 일반화된 Reynolds수 Re^*와 흐름거동지수 n에 모두 의존한다.

4.3.3 비뉴턴 항복응력 모델

어떤 슬러리는 흐름이 시작되기 전에 최소응력 τ_y를 필요로 한다. 이 최소응력을 그 슬러리에 대한 항복응력이라 한다. 예를 들면 새로 부은 콘크리트는 수평면에 비해 특정한 각에 도달할 때까지 경사면을 따라 흐르지 않는다. 항복응력을 나타내는 슬러리의 다른 예로는 페인트와 인쇄잉크가 있다. 이 경우에는 그 이하에서는 슬러리가 중력이 작용해도 흐르지 않는 임계경막두께가 존재한다.

항복응력을 나타내는 슬러리의 거동은 유효응력 $\tau - \tau_y$와 전단속도 사이 관계가 뉴턴 유체(Bingham 소성모델)에서처럼 선형이거나 유사소성 또는 팽창 유체(Herschel-Bulkley 모델 또는 항복 멱수법칙 모델)에서처럼 멱수법칙을 따르는 모델로 설명할 수 있다. 이들 모델에 대한 전단응력-전단속도 관계를 그림 4.4에 나타낸다.

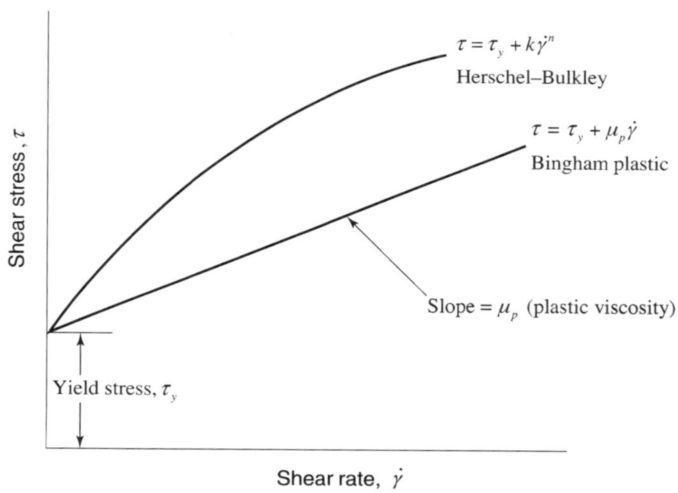

그림 4.4 비뉴턴 유체의 Bingham 소성과 Herschel–Bulkley 모델

Bingham 소성모델에서는 항복응력 τ_y와 소성점도 μ_p(그림 4.4의 전단응력-전단속도 도면에서 선의 기울기)가 슬러리의 특성을 나타낸다.

$$\tau = \tau_y + \mu_p \dot{\gamma} \tag{4.22}$$

소성점도는

$$\mu_p = \frac{\tau - \tau_y}{\dot{\gamma}} \tag{4.23}$$

이기 때문에 Bingham 유체의 겉보기 점도는

$$\mu_{app} = \frac{\tau}{\dot{\gamma}} = \mu_p + \frac{\tau_y}{\dot{\gamma}} \tag{4.24}$$

Herschel-Bulkley 모델에서는 항복응력, 일관성 지수 k, 및 흐름거동지수 n로 슬러리의 특성을 나타낸다.

$$\tau = \tau_y + k\dot{\gamma}^n \tag{4.25}$$

겉보기 점도는

$$\mu_{app} = \frac{\tau_y}{\dot{\gamma}} + k\dot{\gamma}^{n-1} \tag{4.26}$$

따라서 Bingham 소성모델은 $n = 1$일 때인 Herschel-Bulkley 모델의 특수한 경우이다. Bingham 소성모델을 따르는 슬러리는 다음 절에서 더 상세하게 고찰하겠다.

관 흐름에서 항복응력을 나타내는 슬러리에 대한 속도분포의 모양은 멱수법칙 유변특성을 나타내는 슬러리의 속도분포보다 훨씬 더 복잡하다(그림 4.5). $dv_z/dr = 0$인 플러그 흐름 영역이 $r = 0$와 $r = R^*$ 사이에 존재한다. 여기서 $0 < R^* < R$이다. 이와 같이 관의 중심부에서 전단응력 τ_{rz}는 항복응력 τ_y보다 작다. 중심부의 바깥($R^* < r < R$)에서 전단응력 τ_{rz}는 항복응력 τ_y보다 크다($\tau_{rz} > \tau_y$). 벽에서는 벽전단응력 $\tau_{rz}|_{r=R}$이 뉴턴 유체와 같은 관계로 주어진다.

$$\tau_{rz}|_{r=R} = \tau_0 = \frac{\Delta PR}{2L} \tag{4.27}$$

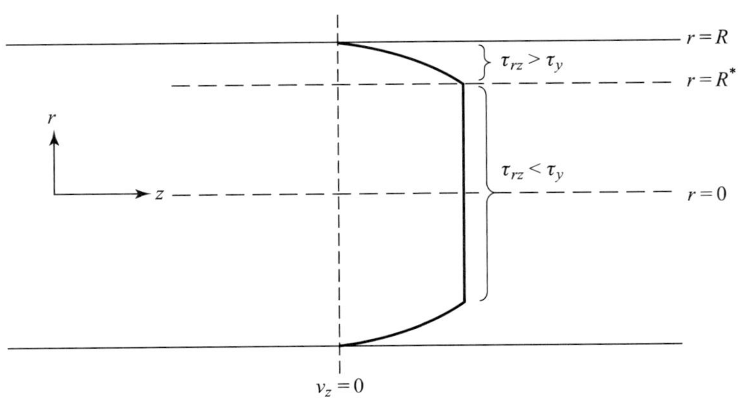

그림 4.5 항복응력을 가진 슬러리의 속도분포

4.3.4 Bingham소성 유변특성을 나타내는 슬러리에 대한 압력강하 예측

층류

멱수법칙 흐름 모델을 따르는 슬러리에서와 같이 층류, 완전발달흐름 조건에서 지름이 D인 수평 관에서 압력강하를 정확하게 예측할 필요가 있다. Bingham 소성모델에 관한 기초적 분석을 행하면 항복응력 τ_y와 벽전단응력 τ_0로 나타낸 평균속도에 대한 다음 식이 얻어진다.

$$v_{AV} = \frac{R\tau_0}{4\mu_p}\left[1 - \frac{4}{3}\frac{\tau_y}{\tau_0} + \frac{1}{3}\left(\frac{\tau_y}{\tau_0}\right)^4\right] \tag{4.28}$$

흔히 있는 것처럼 τ_y/τ_0 비가 작으면, Bingham 슬러리에 대한 평균속도는 선형 식으로 근사할 수 있다.

$$v_{AV} \approx \frac{D}{8\mu_p}\left(\tau_0 - \frac{4}{3}\tau_y\right) \tag{4.29}$$

τ_0를 ΔP로 나타내고 다시 정리하면 압력강하와 평균속도 사이 관계를 얻을 수 있다.

$$\frac{\Delta P}{L} = \frac{32\mu_p v_{AV}}{D^2} + \frac{16\tau_y}{3D} \tag{4.30}$$

항복응력이 $\tau_y = 0$인 경우에 이 식은 Hagen-Poiseuille식이 된다.

난류

평활한 관에서 난류 흐름에 대한 Fanning 마찰계수는 소성점도, μ_p로 정의한 Reynolds수

$$Re = \frac{\rho_m D v_{AV}}{\mu_p} \tag{4.31}$$

와 무차원 Hedstrom수 He에 의존한다.

$$He = \frac{\rho_m D^2 \tau_y}{\mu_p^2} \tag{4.32}$$

Hedstrom수는 Reynolds수와 관에서 보편적인 전단변형조건(v_{AV}/D)에 대한 유체의 내부 변형 특성(τ_y/μ_p)의 비를 곱한 것이다.

따라서 난류, 수평관 슬러리 흐름에서 압력강하의 추산은 Hedstrom이 개발한 방법에 근거하여 그림 4.6에 주어진 마찰계수 도표와 식 (4.12)를 이용한다.

Bingham 소성 슬러리에 대하여 층류에서 난류로 전이는 Hedstrom 수에 의존한다. 임계 Reynolds수는, 전이할 때 슬러리의 평균속도를 계산할 수 있게 해주는데, 그림 4.7에 주어진 실험적 관계를 이용하여 추산한다.

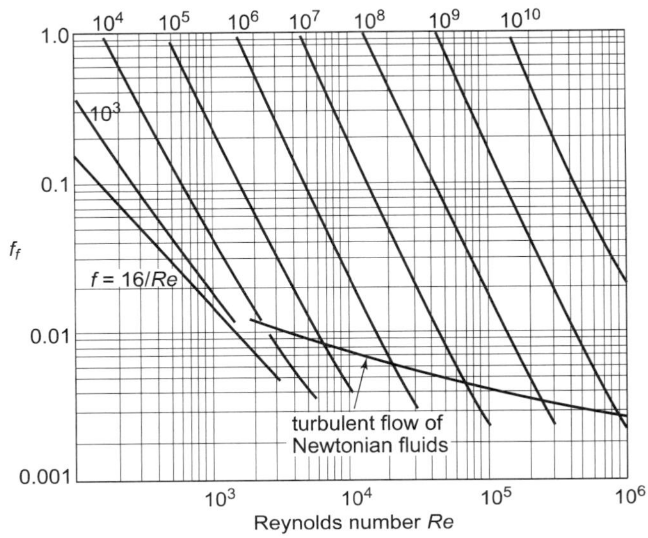

그림 4.6 Bingham 소성 유변특성을 보이는 슬러리에 대하여 Reynolds수와 Hedstrom수의 함수로 나타낸 마찰계수

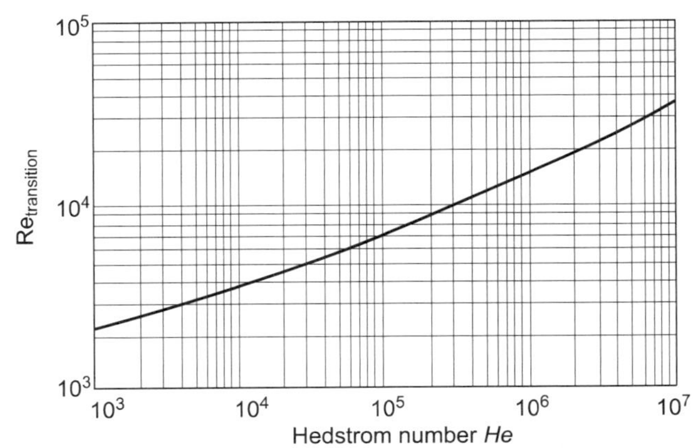

그림 4.7 Bingham 소성 유변특성을 보이는 슬러리에 대하여 Hedstrom수의 함수로 나타낸 전이 Reynolds수

4.4 불균일 슬러리

슬러리가 균일하지 않은 흐름 거동을 나타낼 때 임계침전속도의 예측은 수송관설계의 핵심 항목이다. 수송관이 임계침전속도에서 또는 이하에서 운전되면 입자들이 침강하여 수평관의 바닥에 정지층이 형성됨에 따라 관 막힘이 발생할 수 있다. 운전속도를 침전속도 이상으로 유지하는 것 외에도 수송관을 설계하려면 압력구배를 예측해야 한다. 임계침전속도와 압력강하는 둘 다 입자 크기, 관 지름, 입자 농도, 입자 밀도 등을 포함한 수많은 변수에 의존하기 때문에 침전속도와 압력강하는 실험적 연구 결과에서 얻은 상관관계를 이용하여 추산한다. 이들 상관관계의 대부분이 관련된 변수 모두를 보고하지 않은 실험에 근거하고 있기 때문에 이들 상관관계에 의해 얻은 값들은 어림값으로 간주해야 하며 ±20% 이상의 예측능력을 기대할 수 없다. 더구나 상관관계를 유도한 데이터베이스의 한계 때문에 모든 상관관계의 이용에는 주의를 기울려야 한다. 불균일 슬러리 흐름의 경우에는 대다수의 발표된 실험 데이터가 관의 크기가 150mm이하이고(최근의 산업 현장보다 훨씬 더 작은), 거의 단일크기의 입자 혼합물, 및 주변 온도에서 물을 기본으로 한 슬러리에 관한 것이다. 따라서 다른 흐름 상황에 대하여 침전속도와 압력강하를 추산하기 위해서는 파일럿 플랜트 시험 결과나 유사한 슬러리에 대한 이전의 경험이 이용된다.

4.4.1 임계침전속도

임계침전속도를 추산하는데 가장 널리 이용되는 상관관계는 Durand와 Condolios(1954)의 오래된 업적에 근거를 두고 있다. 그들은 임계침전속도 V_C를 잘 나타낼 수 있는 다음과 같이 간단한 관계를 구하였다.

$$V_C = F\sqrt{gD\left(\frac{\rho_s}{\rho_f} - 1\right)}$$

여기서 무차원계수 F는 입자 지름과 고체 농도의 함수로 Wasp등(1977)이 다음 식을 제안하였다.

$$F = 1.87\, C_v^{0.186}\left(\frac{x}{D}\right)^{1/6}$$

좀 더 최근에는 Gillies등(2000)이 F는 입자 Archimedes수 $[Ar = \frac{4}{3}x^3\rho_f(\rho_s - \rho_f)g/\mu_f^2]$로 가장 잘 나타낼 수 있다는 것을 입증하였다.

$$80 < Ar < 160 \qquad F = 0.197\,Ar^{0.4}$$
$$160 < Ar < 540 \qquad F = 1.19\,Ar^{0.045}$$

$$Ar > 540 \qquad F = 1.78 Ar^{-0.019}$$

위에 주어진 F와 입자 Archimedes수 사이 관계는 입자 모양이나 입자 농도와 같은 변수들의 영향을 포함하고 있지 않기 때문에 이 상관관계는 침전속도 V_C의 근사 값만 제공한다는 것을 강조해둔다.

Archimedes수가 80보다 작을 경우에는 Wilson과 Judge (1976)의 상관관계를 이용한다.

$$Ar < 80 \qquad F = \sqrt{2}\left[2 + 0.3\log_{10}\left(\frac{x}{DC_D}\right)\right]$$

$$1 \times 10^{-5} < \frac{x}{DC_D} < 1 \times 10^{-3}$$

4.5 슬러리 흐름 장치의 구성

슬러리 수송 장치의 핵심 요소를 그림 4.8에 나타낸다.

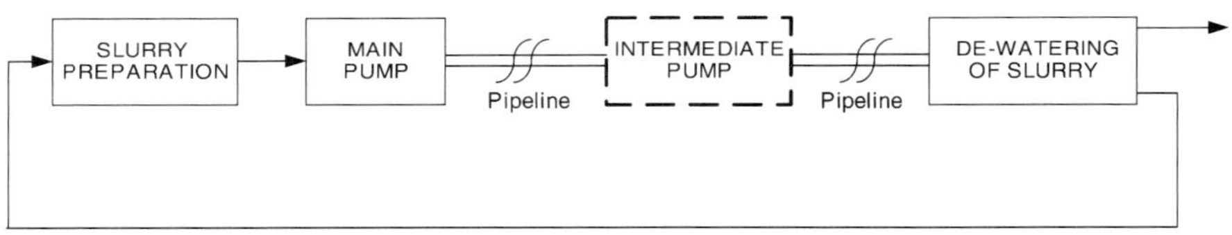

그림 4.8 슬러리 수송 장치의 구성 요소

4.5.1 슬러리 제조

먼저 슬러리는 효과적인 수송에 적합한 특성을 갖도록 물리적 그리고/또는 화학적 처리 공정에 의하여 제조해야한다. 슬러리 제조는 슬러리화, 또는 건조고체에 액상의 첨가를 의미한다. 이외에도 부식방지를 위한 화학적 처리, 또는 입자분쇄에 의한 슬러리 유변 특성의 변경 등이 있다.

미분쇄 공정에서 요구되는 입자 크기는 충분히 작아서 제조된 슬러리가 균일하고 수송이 용이해야 하지만 너무 작으면 슬러리의 탈수가 어려워진다. 입자 크기가 너무 굵으면 불균일 슬러리가 되어 펌프 속도가 커야하고 따라서 에너지 비용이 많이 든다. 뿐만 아니라 입자가 굵을수록 수송관의 마모속도도 커진다. 굵은 고체의 분쇄는 입도가 약 2 mm가 될 때까지 대부분 아귀 조쇄기(jaw crusher)를 사용하여 수행한다(12장). 이 이상의 입도축소는 막대 분쇄기(rod mill)나 볼밀(ball mill)에서 행한다(12장). 고체의 충분한 입도 축소가 필요할 경우에는 슬러리 제조비용이 전체 슬러리 수송 비용의 가장 많은 부분을 차지하는 두 가지 요소 중의 하나(펌프 비용에 필적)이다.

실제로는 교반탱크에서 고체에 액상을 첨가하여 최종 수송관에서 농도보다 약간 더 높은 농도로 슬러리를 제조한다. 슬러리의 농도는 슬러리가 수송관으로 들어갈 때 액체를 더 추가하여 최종적인 조절을 수행한다.

4.5.2 펌프

슬러리 취급에 유용한 몇 가지 종류의 펌프가 있다. 특정 슬러리 수송관에 맞는 펌프의 선택은 필요한 배출압력과 입자특성(입도와 마모성)에 근거한다. 사용되는 펌프로는 정변위 펌프나 원심(회전역학)펌프가 있다.

약 45 bar 이하의 배출압력에 대해서는 원심펌프가 정변위 펌프보다 더 경제적인 이점을 가지고 있다. 낮은 운전 압력 때문에 원심펌프의 적용은 일반적으로 짧은 거리에 제한되며 공장 안에서 슬러리 수송에 주로 이용된다. 원심펌프는 임펠러 설계의 강건 특성, 즉 임펠러와 덮개 집이 넓은 흐름 통로를 가지고 있기 때문에 효율이 낮다. 85−90%의 효율을 가지고 있는 정변위 펌프에 비하여 원심펌프의 효율은 65%가 보통이다. 그러나 넓은 흐름 통로 때문에 원심펌프에서는 150 mm 크기까지 대단히 큰 입자의 수송도 가능하다. 반면에 정변위 펌프에서는 최대입도가 보통 2 mm 정도이다. 마모를 최소화하기 위하여 굵은 입자 슬러리용 원심펌프는 고무나 내마모성 금속 합금으로 내장한다.

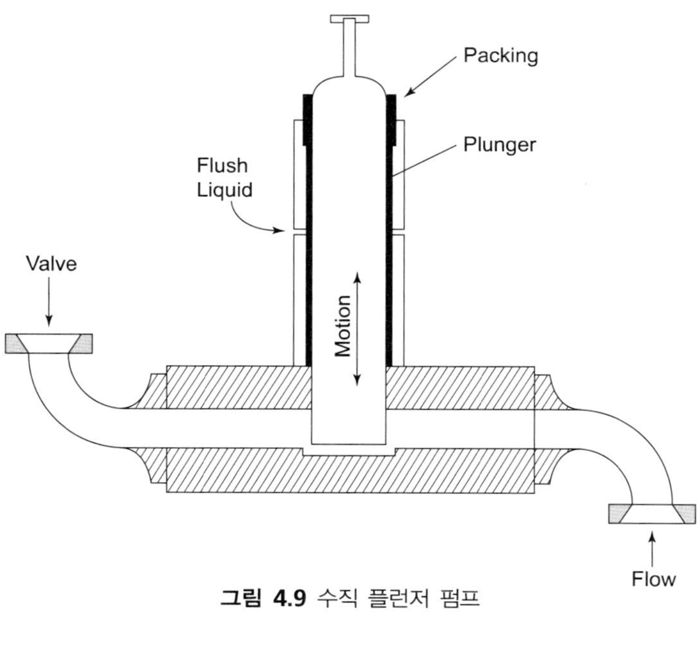

그림 4.9 수직 플런저 펌프

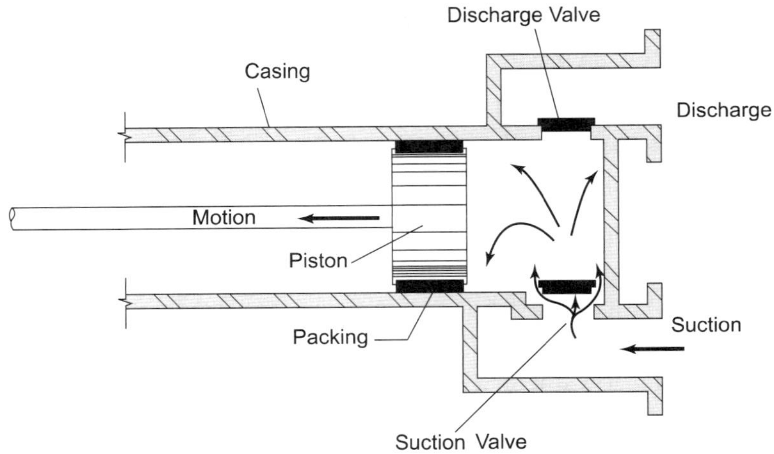

그림 4.10 단동 피스톤 펌프

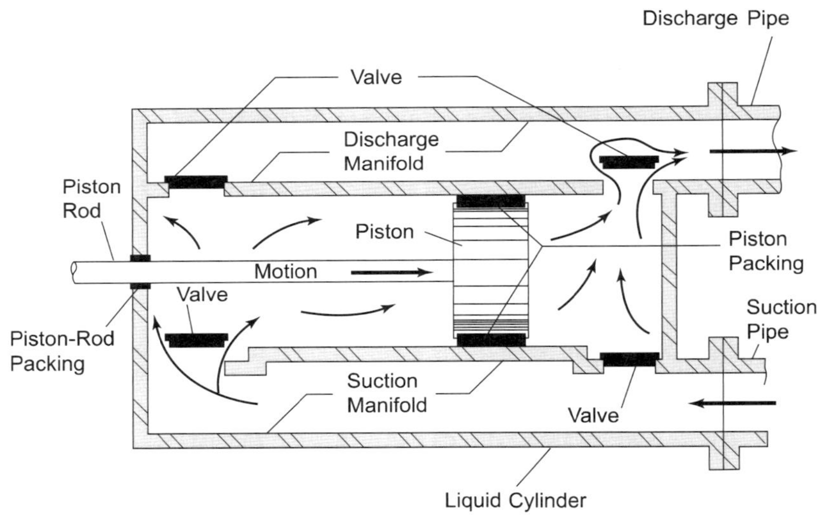

그림 4.11 복동 피스톤 펌프

원심 슬러리 펌프에서 흐름특성 대 높이압은 비교적 평탄하다. 따라서 계의 흐름 저항이 증가하고 유량이 임계속도 아래로 떨어지면 침전 고체에 의한 고정층이 형성되어 수송관 막힘으로 발전될 가능성이 있다. 이러한 상황이 일어나는 것을 방지하기 위하여 대부분의 원심펌프에는 유량을 유지하기 위한 변속 구동장치가 있다.

45 bar보다 더 큰 배출압력이 필요한 슬러리 수송 장치에는 정변위 또는 왕복 펌프만이 기술적으로 가능하다. 이들 펌프에는 플런저 형과 피스톤 형의 두 가지 중요한 종류가 있다. 어느 형을 선택할 것인가는 슬러리의 마모성에 따른다. 플런저 펌프와 피스톤 펌프는 둘 다 방 안에 앞뒤로 통과시키는 플런저나 피스톤이 있다는 점에서는 구조상 유사하다. 플런저

펌프에서는 패킹을 통하여 플런저가 왕복하면서 상당히 넓은 방사형 틈새가 있는 실린더를 통하여 액체를 흡입하고 배출한다(그림 4.9). 플런저가 위 아래로 움직이면 두 밸브가 교대로 열리고 닫힌다. 플런저 형 펌프는 유체를 밀어내는데 항상 플런저의 한쪽 끝만 이용하는 '단동(single-acting)'이다. 슬러리에 응용하기 위해서는 내부 마모를 크게 줄이기 위하여 흡입 행정 동안에 맑은 액체로 플런저를 연속적으로 씻어내야 한다.

피스톤 펌프는 단동 또는 복동(double-acting)이다(그림 4.10과 4.11). 복동 피스톤 펌프에서는 유체를 밀어내는데 피스톤의 양쪽 면이 이용된다. 피스톤 펌프에서도 플런저 펌프와 마찬가지로 피스톤이 앞뒤로 움직임에 따라 밸브(단동은 두 개, 복동은 네 개)가 교대로 열리고 닫힌다. 복동 피스톤 펌프에서 흡입과 배출은 피스톤이 한 방향으로 움직이면서 동시에 수행된다. 정변위 펌프의 처리 용량이 원심펌프보다 훨씬 작기 때문에 정변위 펌프는 많은 부피 유량으로 먼 거리를 수송하기 위해서는 슬러리 수송관에 주로 병렬로 배열한다. 정변위 펌프의 또 다른 특징은 처리 용량이 피스톤이나 플런저의 속도와 함수관계에 있으며 배출압력과는 비교적 무관하다 것이다. 따라서 30 bar에서 20 m^3/h을 수송하는 정속 펌프는 200 bar에서도 거의 20 m^3/h을 처리한다.

4.5.3 수송관

수송관을 명시할 때 가장 중요한 고려 사항은 관 재료가 작용 압력에 견딜 수 있고 마모저항이 있어야 하는 것이다. 마모성 입자를 고속(>3 m/s)으로 수송할 경우에는 침식 마모가 쉽게 일어나는 것이 문제이다. 이러한 점을 고려하면 수송관 재료에는 일반적으로 단단한 금속, 탄성체(고무와 우레탄), 및 세라믹과 같이 여러 범주가 들어있다.

강철이 가장 널리 사용되는 재료이다. 마모성 슬러리를 취급할 때는 강철관에 고무나 플라스틱 라이닝이 자주 이용된다. 수송관 압력이 낮을 때는 관 벽 두께가 얇은 관을 사용하면 수송관을 설치할 때 비용 절감을 현실화할 수 있다.

고무와 우레탄은 금속보다 더 잘 마모되는 경향이 있다. 그러나 고온 또는 오일이나 화학약품이 존재할 때는 마모성이 달라질 수 있다. 세라믹은 가장 강한 내마모성 재료이지만 질김도(toughness)와 충격강도가 약하다. 더구나 세라믹 수송관은 가격이 가장 비싸다. 이러한 이유 때문에 세라믹은 굽은 관이나 원심펌프와 같이 특히 마모성이 높은 국부영역에 입힘재로 주로 사용된다.

4.5.4 슬러리 탈수

수송관의 배출 마지막 단계에서 슬러리의 탈수에 드는 투자비와 운전비가 슬러리 수송관의 타당성 연구에서 결정적인 인자가 될 수 있다. 더구나 슬러리 탈수의 난이도가 고체를 굵은 상태로 또는 미세하게 간 상태로 수송할 것인지를 결정한다. 슬러리 수송계에서 일반적인 탈수공정은 다음과 같다.

1. 중력에 의한 입자 침강 또는 원심력장에 의한 입자 침강
2. 중력에 의한 여과 또는 원심력장, 압력 또는 진공에 의한 여과
3. 열적 건조

하나의 슬러리 수송계에서 세 가지 탈수법을 모두 채용할 수도 있다.

입자 침강기술은 입도가 비교적 크면 체를 사용할 수 있다. 더 작은 입자에 대해서는 슬러리 내의 입자들은 큰 탱크에서 중력에 의하여 자연적으로 침강한다. 연속 침강 조작에는 농축기(3장)를 사용한다. 고체는 원추형 바닥으로 침강하고 일련의 회전 갈퀴를 사용하여 중앙에 있는 출구로 보낸다. 농축기의 맨 위에서 맑은 액체가 배출된다.

액체-고체 분리에는 또 수력사이클론이 사용된다. 수력사이클론은 설계와 운전에 있어서 기체 사이클론과 유사하다. 슬러리는 가압 하에서 수력사이클론에 접선방향으로 공급된다. 생성된 소용돌이 작용에 의하여 입자들이 높은 원심력을 받게 된다. 수력사이클론의 상부흐름은 주로 맑은 액체를 운반하고 하부흐름은 잔류액체와 고체를 포함한다. 약간 소량의 입자들이 상부흐름으로 배출될 수 있으며 이 비율은 슬러리에서 입자의 크기 범위와 수력사이클론의 분리크기에 의존한다.

4.6 참고도서

슬러리 흐름에 관하여 더 공부하고 싶은 독자는 다음 도서를 참고하기 바란다.

Brown, N. P. and N. I. Heywood (1991), Slurry Handling Design of Solid-Liquid Systems, Elsevier Applied Science, London.

Shook, C. A. and M. C. Roco (1991), Slurry Flow: Principles and Practice, Butterworth -Heinemann, Boston.

Wilson, K. C., Addie, G. R. and R. Clift (1992), Slurry Transport Using Centrifugal Pumps, Elsevier Applied Science, London.

4.7 예제

예제 4.1

멱수법칙 흐름 거동을 나타내는 슬러리가 내부 지름이 5 cm이고 길이가 15 m인 관을 통하여 0.07 m/s의 평균속도로 흐르고 있다. 슬러리의 밀도는 1050 kg/m^{3}이고 흐름지수와 일관성지수는 각각 $n = 0.4$와 $k = 13.4\ \mathrm{N \cdot s^{0.4}/m^2}$ 이다. 수송관에서 압력강하를 계산하라.

풀이.

먼저 명시된 흐름 조건에서 일반화된 Reynolds수 Re^*를 계산하여 흐름이 층류 또는 난류인지 알아본다. 다음에 이 Reynolds수를 층류에서 난류로 전이가 일어날 때 일반화된 Reynolds수와 비교한다.
식 (4.20)으로부터

$$Re^*_{\text{transition}} = \frac{6464\times 0.4}{[1+3(0.4)]^{0.4}}(2+0.4)^{\left(\frac{2+0.4}{1+0.4}\right)}\left[\frac{1}{1+3(0.4)}\right]^{2-0.4}$$

$$Re^*_{\text{transition}} = 2400$$

관에서 흐름조건에 대한 일반화된 Re^*는 식 (4.19)로 구한다.

$$Re^* = \frac{8\times 1050\,\text{kg/m}^3\times(0.05\,\text{m})^{0.4}\times(0.07\,\text{m/s})^{1.6}}{13.2\,\text{Ns}^{0.4}/\text{m}^2}\left(\frac{0.4}{4.4}\right)^{0.4}$$

$$Re^* = 1.03 < 2400 \quad \Rightarrow \text{층류}$$

압력강하는 이제 식 (4.8)을 이용하여 계산할 수 있다.

$$\frac{\Delta P}{15\,\text{m}} = \frac{4\times 13.4\,\text{Ns}^{0.4}/\text{m}^2}{0.05\,\text{m}}\left[\frac{2\times 0.07\,\text{m/s}\times 2.2}{(0.05\,\text{m}\times 0.4)}\right]^{0.4}$$

$$\Delta P = 48000\,\text{N/m}^2$$

마찰계수법을 사용하면,

$$f_f = \frac{16}{Re^*} = \frac{16}{1.03} = 15.53$$

그리고 식 (4.12)로부터

$$\Delta P = 2\times 15.53\times 1050\,\text{kg/m}^3\times\frac{15\,\text{m}}{0.05\,\text{m}}\times(0.07\,\text{m/s})^2$$

$$\Delta P = 48000\,\text{N/m}^2$$

따라서 수송관 압력강하는 48 kPa 이다.

예제 4.2

밀도가 2000 kg/m^3, 항복응력이 0.5 N/m^{2}이고 소성점도가 0.3 Pa·s인 슬러리가 지름이 1 cm이고 길이가 5 m인 관 내부를 흐르고 있다. 구동력으로 4 kPa의 압력을 사용하고 있다. 슬러리의 유량을 계산하라. 이 흐름은 층류인가 또는 난류인가?

풀이.

먼저 이 흐름이 층류라고 가정하고 되돌아가서 이 가정을 확인한다. Bingham 소성유체의 층류 흐름에 대하여,

$$v_{AV} = \frac{R\tau_0}{4\mu_p}\left[1-\frac{4}{3}\frac{\tau_y}{\tau_0}+\frac{1}{3}\left(\frac{\tau_y}{\tau_0}\right)^4\right]$$

여기서 벽전단응력 τ_0는

$$\tau_0 = \frac{\Delta PR}{2L}$$

$$\tau_0 = \frac{(4000\,\mathrm{N/m^2})(0.005\,\mathrm{m})}{2(5.0\,\mathrm{m})} = 2.0\,\mathrm{N/m^2}$$

그러면

$$v_{AV} = \frac{0.005\,\mathrm{m} \times 2.0\,\mathrm{N/m^2}}{4 \times 0.3\,\mathrm{Ns/m^2}}\left[1 - \frac{4}{3}\left(\frac{0.5}{2.0}\right) + \frac{1}{3}\left(\frac{0.5}{2.0}\right)^4\right]$$

$$v_{AV} = 0.0056\,\mathrm{m/s}$$

그리고

$$Q = v_{AV}\frac{\pi D^2}{4} = (0.0056\,\mathrm{m/s})\left[\frac{\pi}{4}(0.01\,\mathrm{m})^2\right]$$

$$Q = 4.37 \times 10^{-7}\,\mathrm{m^3/s}$$

이제 Re와 He를 계산하여 흐름이 층류인지 확인한다.

$$Re = \frac{\rho_m D v_{AV}}{\mu_p} = \frac{(2000\,\mathrm{kg/m^3})(0.01\,\mathrm{m})(0.0056\,\mathrm{m/s})}{0.3\,\mathrm{kg/m/s}}$$

$$Re = 0.37$$

$$He = \frac{\rho_m D^2 \tau_y}{\mu_p^2} = \frac{(2000\,\mathrm{kg/m^3})(0.01\,\mathrm{m})^2(0.5\,\mathrm{kg/m/s^2})}{(0.3\,\mathrm{kg/m/s})^2}$$

$$He = 1.1$$

이 He와 Re값에 의하면, 이 흐름은 층류이다.

예제 4.3

무게로 고체를 60% 함유하고 있는 광물 슬러리에 대하여 다음과 같은 유변학적 특성 시험 결과를 얻었다. 어느 유변학적 모델이 이 슬러리를 묘사하고 있으며 이 슬러리에 적합한 유변학적 특성은 무엇인가?

Shear rate(s^{-1})	Shear stress(Pa)
0	5.80
0	5.91
0	6.00
1	6.06
10	6.52
15	6.76
25	7.29
40	8.00
45	8.24

풀이.

전단속도가 0일 때 전단응력이 6.00 Pa이다. 따라서 항복응력이 6.00 Pa이다. 이 슬러리가 Bingham 유체로 거동하는지 또는 Herschel-Bulkley 모델을 따르는지 결정하기 위해 전단응력에 대한 $\tau - \tau_y$를 도면으로 나타내야 한다.

$\tau - \tau_y$(Pa)	Shear rate (s^{-1})
0.06	1
0.52	10
0.76	15
1.29	25
2.00	40
2.24	45

이것을 그리면 기울기가 소성점도 μ_p 값인 0.05 Pa·s와 같은 직선이 얻어진다.

예제 4.4

부피로 65%의 석탄(석탄의 비중 = 2.5)을 함유한 석탄-물 슬러리를 저장 탱크에서 3.41 m^3/h의 속도로 길이가 50 m이고 내경이 1.58 cm인 수평관을 통하여 보일러로 보낸다. 저장탱크의 압력은 1 atm이고 슬러리는 1.38 bar의 계기압력으로 보일러에 공급해야 한다. 이 슬러리가 항복응력이 80 Pa이고 소성점도가 0.2 Pa·s인 Bingham 소성유체와 같이 거동한다면 필요한 펌프의 동력은 얼마인가?

풀이.

먼저 Re와 He를 계산하여 이 흐름이 층류 또는 난류인지 확인한다. 혼합물의 밀도 ρ_m을 계산하면

$$\rho_m = C_w \rho_s + (1 - C_w)\rho_f$$

$$\rho_m = (0.65)(2500\ \mathrm{kg/m^3}) + (0.35)(1000\ \mathrm{kg/m^3})$$

$$\rho_m = 1975\ \mathrm{kg/m^3}$$

주어진 부피유량 Q에서 속도 v_{AV}를 계산한다.

$$Q = v_{AV}\pi\frac{D^2}{4},\ \text{따라서}\quad v_{AV} = \frac{3.41}{3600}\times\frac{1}{\frac{\pi}{4}(0.0158)^2} = 4.83\ \mathrm{m/s}$$

Reynolds수를 계산한다.

$$Re = \frac{\rho_m D v_{AV}}{\mu_p} = \frac{(1975\ \mathrm{kg/m^3})(0.0158\ \mathrm{m})(4.83\ \mathrm{m/s})}{(0.2\ \mathrm{kg/m/s})} = 754$$

Hedstrom수 He를 계산한다.

$$He = \frac{\rho_m D^2 \tau_y}{\mu_p^2} = \frac{1975 \times 0.0158^2 \times 80}{0.2^2} = 986$$

$Re = 754$와 $He = 986$에 의하면, 이 흐름은 층류이다.

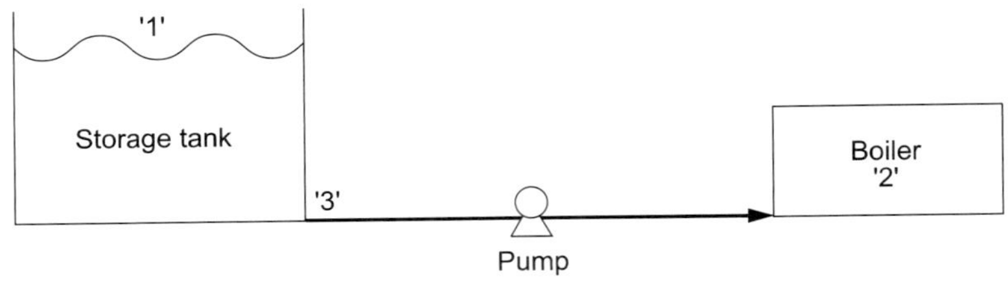

그림 4W4.1

식 (4.13)을 점 '1'과 '2' 사이 공정(그림 4W4.1)에 적용하면

$$H_{\text{gained by pump}} - h_f = \frac{p_2 - p_1}{\rho_m g} + \frac{v_{AV}^2}{2g}$$

수송관에서만 마찰에 기인한 높이압 손실은 점 '3'과 '2' 사이 압력강하에 관련된다.

$$h_f = \frac{p_3 - p_2}{\rho_m g} = \frac{1}{\rho_m g}\left(\frac{32\mu_p v_{AV} L}{D^2} + \frac{16\tau_y L}{3D}\right)$$

따라서

$$h_f = \frac{1}{1975 \times 9.81}\left(\frac{32 \times 0.2 \times 4.83 \times 50}{0.0158^2} + \frac{16 \times 80 \times 50}{3 \times 0.0158}\right) = 390 \text{ m}$$

$$H_{\text{gained by pump}} = 390 + \frac{1.38 \times (1.013 \times 10^5)}{1975 \times 9.81} + \frac{4.83^2}{2 \times 9.81} = 398 \text{ m}$$

펌프에 의해서 얻어진 높이압이 필요한 동력 $\dot{W}$와 관련된다.

$$H_{\text{gained by pump}} = \frac{\dot{W}}{\rho_m g Q} = 398 \text{ m}$$

$$\dot{W} = 1975 \times 9.81 \times (3.41 \div 3600) \times 398 = 7300 \text{ J/s}$$

따라서 필요한 펌프 동력은 7.3 kW이다.

자율학습문제

4.1 슬러리에서 균일 흐름과 불균일 흐름의 중요한 특성 차이는 무엇인가?

4.2 침강 슬러리와 관련하여 '임계침전속도'란 용어는 무엇을 의미하는가?

4.3 고농도에서 비침강 현탁액의 유변학적 거동을 설명할 수 있는 세 모델의 이름을 들어라.

4.4 씩소트로픽(thixotropic) 유체의 주된 특성은 무엇인가?

4.5 (a) 팽창유체와 (b) 유사소성유체에 대한 변형속도 대 전단응력 곡선의 개략도를 그려라.

4.6 전단-묽어짐 유체를 운반하는 수송관 내부에서 유체의 반경방향 속도분포의 개략도를 그려라.

4.7 멱수법칙 유변특성을 나타내는 슬러리에 대하여 수송관 압력강하를 예측하는 과정을 단계별로 간단히 설명하라.

4.8 Bingham 소성유체와 Herschel-Bulkley 유체로 거동하는 슬러리를 어떻게 구별하겠는가?

4.9 Hedstrom수를 정의하라. Bingham 소성 유변특성을 나타내는 슬러리에 대한 수송관 압력강하를 예측하는데 이 수가 어떻게 이용되는가?

4.10 관 수송을 위한 슬러리의 제조에는 전형적으로 무슨 단계가 관련되는가?

4.11 60 bar까지 압력이 필요한 마모성, 비침강 슬러리의 관 수송에는 어떤 종류의 펌프를 사용하는가?

4.12 슬러리 수송관에서 침식마모는 어떻게 방지하는가?

연습문제

4.1 인산염 슬러리 혼합물 시료를 실험실에서 분석한다. 다음 자료는 전단응력과 전단속도 사이 관계를 나타낸다. 슬러리 혼합물은 비뉴턴 유체이다. 만약 이 슬러리가 멱수법칙 슬러리라면 점도는 전단응력과 어떤 관계가 성립할까?

Shear rate, $\dot{\gamma}\,(s^{-1})$	Shear stress, τ (Pa)
25	38
75	45
125	48
175	51
225	53
325	55.5
425	58
525	60
625	62
725	63.2
825	64.3

[답 : $\tau = 23.4\,\dot{\gamma}^{0.15}$]

4.2 식 (4.7)을 증명하라.

4.3 식 (4.28)을 증명하라.

4.4 유사소성유체로 거동하는 슬러리가 내경이 5 cm인 평활한 관을 통하여 8.5 m/s의 평균속도로 흐르고 있다. 슬러리의 밀도는 900 kg/m^{3}이고 흐름지수와 일관성지수는 $n = 0.3$과 $k = 3.0\ \mathrm{Ns}^{0.3}/\mathrm{m}^2$이다. (a) 50 m 길이의 수평관에서 (b) 50 m 길이의 수직관에서 중력과 반대방향으로 이동하는 흐름에 대한 압력강하를 계산하라.

[답 : (a) 338 kPa ; (b) 779 kPa]

4.5 로에서 슬러리를 건조하여 물 슬러리 시료의 농도를 구한다. 다음에 주어진 자료를 이용하여 슬러리의 무게농도를 구하라.

용기와 건조고체의 무게	0.31 kg
용기와 슬러리의 무게	0.48 kg
용기의 무게	0.12 kg

고체의 비중이 3.0이라면 슬러리의 밀도는 얼마인가?

[답 : 1546 kg/m^3]

4.6 석탄-물 슬러리의 비중이 1.3이다. 석탄의 비중이 1.65라면 슬러리에서 석탄의 무게%는 얼마인가? 또 석탄의 부피%는 얼마인가?

[답 : 58.6%, 46%]

4.7 무게로 고체를 60% 함유하고 있는 무기질 슬러리에 대하여 다음과 같은 유변학적 특성 시험 결과를 얻었다. 어느 유변학적 모델이 이 슬러리를 묘사하고 있으며 이 슬러리에 적합한 유변학적 특성은 무엇인가?

Shear rate (s^{-1})	Shear stress (Pa)
0	4.0
0.1	4.03
1	4.2
10	5.3
15	5.8
25	6.7
40	7.8
45	8.2

[답 : Herschel-Bulkley 모델 ; $k = 0.20$, $n = 0.81$]

4.8 진흙 슬러리가 탱크에서 15.24 m의 긴 플라스틱 호스를 통하여 수평으로 배출된다. 호스의 단면은 타원형이며 장축은 101.6 mm이고 단축은 50.8 mm이다. 호스의 열린 끝부분은 탱크의 액면 높이보다 3.05 m 아래에 있다. 진흙은 항복응력이 10 Pa, 소성점도가 50

cp이고, 밀도가 1400 kg/m^{3}인 Bingham 소성유체이다.
(a) 물은 어느 속도로 호스에서 배출되겠는가?
(b) 진흙은 어느 속도로 호스에서 배출되겠는가?

[답 : (a) 3.65 m/s ; (b) 3.20 m/s]

4.9 석탄 슬러리가 멱수법칙 유체의 거동을 나타내며 이 슬러리의 흐름지수는 0.3, 비중은 1.5이고, 100 s^{-1}의 전단속도에서 겉보기 점도는 0.07 Pa·s이다.
(a) 내경이 12.7 mm이고 길이가 4.57 m인 평활한 관에서 난류에 도달하려면 필요한 유체의 부피유량은 얼마인가?
(b) 이 조건으로 흐르는 관에서 압력강하(Pa 단위로)는 얼마인가?

[답 : (a) 0.72 m^3/h ; (b) 19.6 kPa]

4.10 진흙 슬러리가 대형 탱크의 바닥에서 내경이 1 cm이고 길이가 1 m인 관을 통하여 수직으로 배출된다. 관의 열린 끝부분은 탱크의 액면 높이보다 4 m 아래에 있다. 진흙은 항복응력이 10 N/m^2, 겉보기 점도가 0.04 kg/m/s이고, 밀도가 1500 kg/m^{3}인 Bingham 소성유체로 거동한다. 진흙 슬러리는 어느 속도로 관에서 배출되겠는가?

[답 : 3.5 m/s]

4.11 진흙 슬러리가 대형 탱크의 바닥에서 내경이 1 cm이고 길이가 5 m인 수평 관을 통하여 층류로 배출되고 있다. 관의 열린 끝부분은 탱크의 액면 높이보다 5 m 아래에 있다. 진흙은 항복응력이 15 N/m^2, 겉보기 점도가 0.06 kg/m/s이고, 밀도가 2000 kg/m^{3}인 Bingham 소성유체이다. 진흙 슬러리는 어느 속도로 관에서 배출되겠는가?

[답 : 0.6 m/s]

콜로이드와 미세입자

05 Chapter

5.1 개 요

콜로이드와 미세입자는 역사적으로 페인트, 세라믹, 식품, 광물, 종이, 생물공학 및 또 다른 산업을 포함하여 수많은 분야에서 대단히 중요시 되어 왔지만 나노기술과 미시유체공학의 출현으로 그 중요성이 한층 더 증가되어 가고 있다. 굵은 입자와 콜로이드 또는 미세입자를 구별하는 중요한 인자는 작은 입자에서 질량에 대한 표면적의 비가 대단히 크다는 것이다. 미세입자의 거동은 본체 힘(body force)보다 오히려 표면력에 의해서 좌우된다. 콜로이드는 유체 속에 부유하면서 한 차원 또는 그 이상의 직선 크기가 약 1 nm와 10 μm 사이에 있는 초미세입자이다. 표면력의 지배는 미세입자의 응집특성, 진한 현탁액의 높은 점성 및 분산된 콜로이드 현탁액의 느린 침강에서 나타난다.

구형입자의 부피에 대한 표면적의 비는 구의 지름으로부터 다음과 같이 계산할 수 있다(여기서 x는 입자 지름이다):

$$\frac{\text{Surface Area}}{\text{Volume}} = \frac{\pi x^2}{\pi x^3/6} = \frac{6}{x} \tag{5.1}$$

입자의 질량은 밀도에 의해서 부피와 직접 관련된다. 입자의 크기가 줄어들수록 입자의 질량에 의존하는 본체 힘에 비하여 표면력의 영향(5.3절에서 설명)이 분체와 현탁액의 거동을 지배한다. 본체 힘은 $F = ma$로 질량과 가속도에 의존한다는 Newton의 운동법칙의 단순한 결과이기 때문에 쉽게 이해할 수 있다. 본체 힘의 전형적인 예는 2장에서 설명한 바와 같이 중력($F = mg$)의 영향 속에서 입자가 침강하는 것이다.

지름이 10 nm인 실리카 입자의 질량은 1.4×10^{-21} kg이다. 미세입자와 콜로이드의 질량이 이렇게 작기 때문에 그들의 본체 힘의 크기는 표면사이에 작용하는 힘의 크기보다 더 작다. 이 표면력은 반데왈스, 전기이중층, 가교와 입체결합력과 같은 수많은 물리-화학적 상호작용의 결과이다. 이들에 관해서는 다음 절에서 상세하게 설명한다. 미세입자와 콜로이드 현탁액의 거동을 지배하는 것이 바로 이들 힘이다. 이들 힘은 입자의 표면에서 특정한 화학적 상호작용에 의존하기 때문에 이 힘을 이해하는 것은 본체 힘처럼 간단하지 않다. 기초적인 내용의 전문적 지식은 5.3절에서 설명하고 상세한 지식은 콜로이드와 표면화학 교재(Hiemenz와 Rajagopolan, 1997; Hunter, 2001; Israelechvili, 1992)에서 얻기 바란다.

표면력은 입자를 구성하고 있는 물질, 입자 사이에 있는 유체의 종류 및 입자 사이 거리에 따라서 두 입자 사이에 인력이나 반발력으로 나타난다. 일반적으로 입자 사이 상호작용을 전혀 제어할 수 없다면 입자들은 언제나 존재하는 반데왈스 힘에 의하여 서로 끌어당긴다. (드물게는 반데왈스 힘이 밀어내기도 하는데 이 경우에 관해서는 5.3.1절에서 설명한다.) 미세입자가 공기 중에서 응집하는 이유는 인력이 지배하기 때문이다.

적은 질량의 콜로이드 입자가 나타내는 또 다른 현상은 액체에 분산되어 있을 때 어느 정도 분자처럼 거동한다는 것이다. 예를 들면, 콜로이드 입자는 액체를 통하여 확산하며 Brown운동으로 알려진 현상 때문에 불규칙하게 이동한다.

5.2 Brown 운동

콜로이드가 액체에 분산되어 있을 때는 2장에서 설명한 바와 같이 유체역학적 본체 힘의 영향을 받으며 Brown 운동으로 알려진 현상도 경험하게 된다. 주위로부터 열에너지를 받아 액체 분자가 진동하고 이들 분자가 서로 또는 입자표면과 충돌한다. 이와 같은 임의적 충돌에 의하여 입자들이 그림 5.1에 나타낸 바와 같이 불규칙하게 이동한다. 이 현상은 1827년 물속에서 화분가루의 운동으로부터 이 거동을 최초로 관찰한 Robert Brown의 이름을 따서 명명한 것이다(Perrin, 1913).

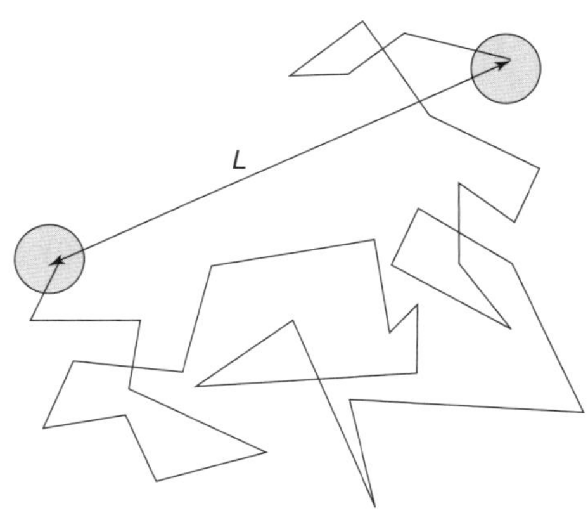

그림 5.1 Brown입자의 불규칙 보행. 일정 기간 동안 입자가 이동한 거리가 L 이다.

속도론 모델을 간단히 적용하면 현탁액에서 입자의 평균속도에 미치는 주요 매개변수의 영향을 결정할 수 있다. 주위의 열에너지가 운동에너지의 형태로 입자에 전달된다고 생각해 보자. 평균 열에너지는 $3kT/2$이다(여기서 k는 Boltzmann상수로 $1.381 \times 10^{-23} J/K$이고 T는 Kelvin 온도이다). 항력, 충돌 및 다른 인자들을 무시하고, 운동에너지 $mv^2/2$이 열에너지와 같다고 놓으면 입자의 평균속도 $\bar{v}$를 다음과 같이 추산할 수 있다(여기서 m은 입자의 질량이다).

$$\bar{v} = \sqrt{\frac{3kT}{m}} \tag{5.2}$$

이 단순분석은 입자가 직선으로 이동하지 않기 때문에(그림 5.1과 아래 참조) 처음 위치로부터 입자까지 실제거리를 결정하는 데는 사용될 수 없으나, 온도가 올라가거나 입자 질량이 줄어들면 Brown운동이 증가한다는 것을 보여준다.

열역학 원리에 의하면 현탁액의 가장 낮은 자유에너지 상태(가장 큰 엔트로피)는 유체 전체 부피에 걸쳐 입자가 균일하게 분포되어 있는 상태이다. 따라서 Brown운동에 기인한 입자의 불규칙 거동은 입자들이 스스로 유체의 전체 부피에 균일하게 배열하기 위한 메카니즘을 제공한다. 결과적으로 입자들이 높은 농도 영역에서 낮은 농도 영역으로 확산한다. Einstein과 Smoluchowski는 일차원 불규칙 거동을 통계적으로 분석하여 Brown입자가 이동하는 평균(제곱평균제곱근) 거리를 시간의 함수로 구하였다(Einstein, 1956).

$$L = \sqrt{2\alpha t} \tag{5.3}$$

여기서 α는 확산계수이다. Einstein은 더 나아가 구형입자에 작용하는 유체역학적 마찰 항력을 고려한 확산계수에 대한 관계식을 개발하였다.

$$\alpha f = kT \tag{5.4}$$

여기서 마찰계수 f는 F_D/U로 정의하고, U는 입자와 유체 사이 상대속도이다. 이제 미동층류 흐름에 대한 Stokes법칙[식 (2.3)]으로부터 $f = 3\pi x \mu$임을 알 수 있기 때문에:

$$\alpha = kT/3\pi x \mu \tag{5.5}$$

그리고

$$L = \sqrt{\frac{2kT}{3\pi x \mu} t} \tag{5.6}$$

이와 같이 어느 기간 동안에 입자가 움직인 평균거리를 구할 수 있다. 온도가 올라갈수록 어느 시간 동안 이동한 거리는 증가하며 반면에 입자의 크기와 유체의 점도가 증가하면 이동한 거리는 줄어든다. 이동한 거리는 시간에 따라 선형보다는 오히려 시간의 제곱근에 따라 비례한다.

식 (5.3)~(5.6)은 일차원 불규칙 거동의 경우에 대해서 유도되었다. 이 때문에 이들 식은 앞으로 운동이 한 방향(일차원)으로만 일어나는 중력 침강 분석에 사용된다. 작용한 중력장 방향으로만 입자의 운동이 침강에 관련되고 다른 두 직교방향의 측면운동은 관련이 없다. 3차원 불규칙 거동의 경우에 식 (5.3)과 유사한 식은 $L = \sqrt{6\alpha t}$ 이다.

5.3 표면력

표면력은 궁극적으로 입자 사이에 있는 매질을 통하여 작용하는 입자 내의 모든 분자(또는 원자)들 사이 상호 작용력의 합으로부터 생긴다. 분자간(및 원자간) 힘은 물질의 원자들 사이 전자기적 상호작용의 발현이다(Israelechvili, 1991). 이러한 힘에 관한 포괄적인 내용은 콜로이드와 표면화학 교재(Heimenz와 Rajagopolan, 1997; Hunter, 2001; Israelechvili, 1992)에 아주 상세하게 설명되어 있다. 여기서는 공학적으로 가장 중요한 몇 가지 힘에 관해서만 설명한다.

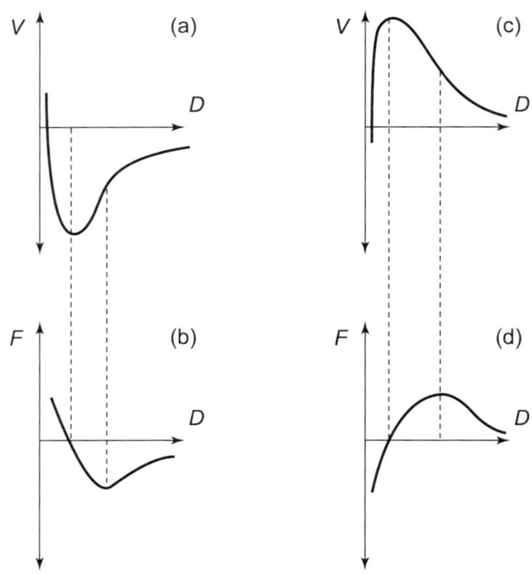

그림 5.2 입자간 위치에너지(V)와 힘(F) 대 입자의 면대면 분리거리(D) 모식도
(a) 끄는 상호작용에 대한 에너지 대 분리거리 곡선. 입자는 에너지가 최소가 되는 분리거리에 정착한다.
(b) (a)에 나타낸 인력 퍼텐셜에 대한 힘 대 분리거리. (이 책에서 관례는 양의 분자간 힘이 반발력이다.) 입자들이 평형 분리거리에 있으면 힘을 느끼지 못한다. 입자를 떼어 놓으려면 최대보다 더 큰 작용력이 필요하다. (c) 반발 상호작용에 대한 에너지 대 분리거리 곡선. 위치에너지 장벽이 가능한 열 및 운동에너지보다 크면 입자들은 접촉할 수 없고 서로 멀리 떨어져서 에너지가 줄어든다.
(d) (c)에 나타낸 반발 퍼텐셜에 대한 힘 대 분리거리. 입자들이 아주 멀리 떨어져 있으면 입자에 작용한 힘이 없다. 입자들을 밀어서 접촉시키려면 넘어야 할 최대 힘이 존재한다.

일반적으로 두 입자 사이 힘(F)은 끌어당기거나 밀어낸다. 이 힘은 입자 사이 면대면 분리 거리(D)와 그 분리 거리에서 위치에너지(V)에 의존한다. 힘과 위치에너지 사이 관계는 거리에 따른 위치에너지의 음의 기울기가 힘과 같다는 것이다.

$$F = -\frac{dV}{dD} \tag{5.7}$$

미세입자에 대한 위치에너지와 힘 대 분리거리의 전형적인 관계를 그림 5.2에 도식적으로 나타낸다. 열역학의 명령에 따라 가장 낮은 에너지 배열에 속하는 분리거리까지 입자들 쌍이 이동한다. 만일 입자들이 어떤 다른 분리거리에 있다면 입자 사이에 힘이 생기게 된다. 영의 분리거리에서는 항상 강한 반발력이 존재하여 입자들이 같은 공간을 차지할 수 없다. 인력이 존재할 때는(다른 모든 분리거리에서) 입자들은 위치에너지가 최소인 평형 분리거리에 (접촉하여) 정착한다[그림 5.2 (a)와 (b)]. 어떤 경우에는 반발 위치에너지 장벽이 존재하여 입자들이 이 장벽을 넘을 만큼 충분한 열 또는 운동에너지를 가지고 있지 못하기 때문에 최소 에너지 분리거리까지 이동할 수 없게 된다. (힘으로는 반발력장을 뛰어넘을 만큼 입자에 작용한 힘이 충분하지 않다.) 이 경우에 입자들은 서로 접촉할 수 없고 보통 최소한 몇 나노메타 또는 그 이상인 반발장벽의 크기보다 더 큰 분리거리에 위치하게 된다[그림 5.2 (c)와 (d)].

이들 힘에 연관된 물리 및 화학적 메카니즘뿐만 아니라 힘과 거리 사이 관계를 기술적으로 가장 중요한 몇 가지 힘에 관하여 다음에 설명한다.

5.3.1 반데왈스 힘

반데왈스 힘은 두 개의 다른 입자에서 원자들 사이에 일어나는 Keesom, Debye 및 London 분산 상호작용을 포함한 일단의 전기역학적 상호작용을 설명하기 위하여 일반적으로 사용되는 용어이다. 두 입자 사이 반데왈스 상호작용에 지배적으로 기여하는 것은 분산력이다. 분산력은 두 입자를 구성하고 있는 원자 속에서 서로 순간적으로 변하는 쌍극자 모멘트 사이에 작용하는 쿨롱(Coulombic) 상호작용의 결과이다. 이 개념을 이해하기 위하여, 물질 속의 각 원자가 양전하를 띤 원자핵과 궤도를 돌고 있는 음의 전자들로 이루어져 있다고 상상해 보자. 원자핵과 전자들은 옹스트롬($10^{-10}\,\mathrm{m}$) 크기 정도로 짧은 거리만큼 떨어져 있다. 어떠한 순간에 원자핵과 전자밀도의 중심 사이에 쌍극자 모멘트가 존재하게 되고, 이 쌍극자 모멘트는 전자가 궤도를 돔에 따라 핵 주위를 돌면서 대단히 빠르게 요동한다. 각 원자의 쌍극자 모멘트는 원자로부터 발산한 전기장을 생성하고 두 입자의 모든 다른 원자들에게 작용한다. 계의 총괄 에너지를 낮추기 위하여 두 입자에서 모든 원자들의 쌍극자 모멘트는 그들의 쌍극자 모멘트와 상호 관련된다(바꿔 말하면 쌍극자 모멘트는 뮤지컬에서, 항상 움직이고 있지만 '동시성'을 유지하는, 일단의 안무 무용수 쌍들처럼 정렬한다.). 두 입자가 같은

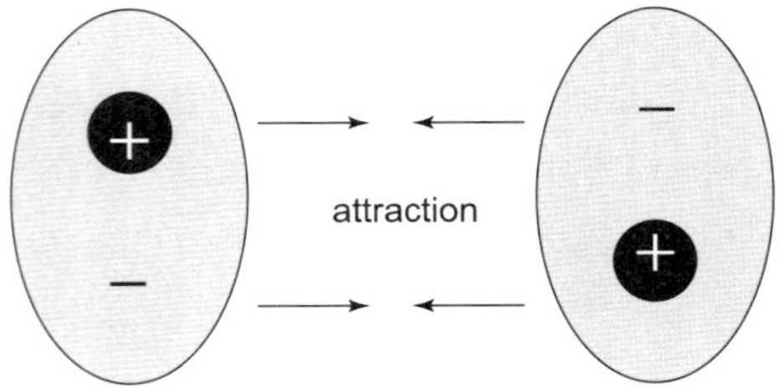

그림 5.3 두 입자에서 두 원자의 순간 쌍극자 사이에 존재하는 쌍극자-쌍극자 인력 모식도
+는 원자핵을 나타내고 −는 전자밀도의 중심을 나타낸다. 전자밀도의 중심이 대체로 핵과 일치하지 않기 때문에 각 원자에서 두 개의 분리된 반대 전하 사이에 쌍극자 모멘트가 존재한다. 전하 사이에 Coulomb의 법칙을 적용하면 가장 낮은 자유에너지 배열이 그림에 나타낸 바와 같다. 결과적으로 양과 음 전하의 위치가, 다시 Coulomb의 법칙에 의하여, 두 원자 사이에 인력을 유도한다.

물질로 이루어져 있으면 상호 관련된 쌍극자의 가장 낮은 에너지 배열은 그림 5.3에 나타낸 바와 같이 쌍극자 사이에 인력이 존재하도록 배열된다. 두 입자에서 모든 쌍극자 사이 합쳐진 인력이 입자 사이 총괄인력으로 나타난다. 일반적으로 반데왈스 상호작용은 두 입자와 입자 사이 매질의 유전특성에 따라 끌어당기거나 밀어낼 수 있다.

두 입자에서 모든 원자들 사이 상호작용의 짝 합은 입자 사이 거리(D)가 입자의 지름(x)보다 훨씬 더 작을 때는 의외로 크기가 같은 두 구형 입자 사이 총괄 상호작용에 대한 단순 식으로 나타낸다.

$$V_{vdW} = -Ax/24D \tag{5.8a}$$

그리고

$$F_{vdW} = -Ax/24D^2 \tag{5.8b}$$

여기서 V_{vdW}는 반데왈스 상호작용 에너지이고 F_{vdW}는 반데왈스 힘이다. 만약 입자들의 크기가 같지 않거나 입자 사이 거리에 비하여 작으면 더 복잡한 관계가 일어난다. 주어진 매질에서 작용하는 특정한 입자 쌍에 대한 상호작용의 부호와 크기는 Hamaker 상수(A)라는 수치로 나타낸다. Hamaker 상수가 영보다 더 크면 상호작용은 끌어당기고 Hamaker 상수가 영보다 작으면 상호작용은 밀어낸다. 그림 5.4는 두 입자(물질 1과 3)와 사이에 들어있는 중간 매질(물질 2)의 배열을 보여준다. Hamaker상수는 세 물질의 유전 특성으로부터 계

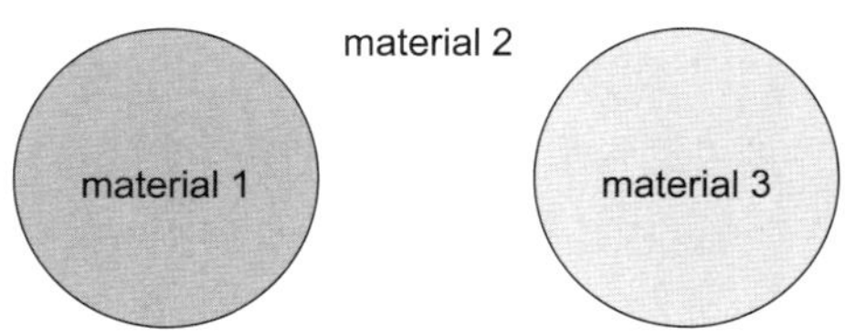

그림 5.4 각 입자와 사이 중간 매질의 물질 유형을 나타내는 표기법

산할 수 있다. 표 5.1은 입자들과 중간 매질의 몇 가지 조합에 대한 Hamaker상수를 나타낸다. 유탁액에서 기름방울과 거품에서 기포는 상호 작용력을 이해하고 유탁액과 거품의 안정성을 이해한다는 의미에서 입자로 간주될 수 있다.

물질 1과 3이 같을 때 반데왈스 상호작용은 항상 끌어당기는데, 예를 들면, 표 5.1에 나타낸 물이나 공기 속에서 서로 작용하는 무기 산화물이다. 입자들이 공기에 비하여 물속에 있으면 반데왈스 상호작용이 줄어든다. 따라서 미세입자를 공기보다 액체에서 분리(분산)시키는 것이 더 용이하다. 물질 1과 3이 다른 물질로 되어 있을 때는, 물속에서 서로 작용하는 실리카 입자와 공기 기포처럼, 중간 매질의 유전특성이 두 입자의 유전특성 사이에 들면 두 입자 사이에 반발력이 일어난다.

표 5.1 • 대표적인 물질조합의 Hamaker 상수

Material 1	Material 2	Material 3	Hamaker constant (approximate) (J)	Example
Alumina	Air	Alumina	15×10^{-20}	Oxide minerals in air are strongly attractive and cohesive
Silica	Air	Silica	6.5×10^{-20}	
Zirconia	Air	Zirconia	20×10^{-20}	
Titania	Air	Titania	15×10^{-20}	
Alumina	Water	Alumina	5.0×10^{-20}	Oxide minerals in water are attractive but less so than in air
Silica	Water	Silica	0.7×10^{-20}	
Zirconia	Water	Zirconia	8.0×10^{-20}	
Titania	Water	Titania	5.5×10^{-20}	
Metals	Water	Metals	40×10^{-20}	Conductivity of metals makes them strongly attractive
Air	Water	Air	3.7×10^{-20}	Foams
Octane	Water	Octane	0.4×10^{-20}	Oil in water emulsions
Water	Octane	Water	0.4×10^{-20}	Water in oil emulsions
Silica	Water	Air	-0.9×10^{-20}	Particle bubble attachment in mineral flotation, weak repulsion

5.3.2 전기 이중층 힘

입자들이 액체 속에 담기면 수많은 메카니즘 중의 어느 하나에 의해서 표면전하가 발달된다. 여기서는 수용액 속에 담긴 산화물 입자를 생각해보자. 입자의 표면은 불충분한 결합을 가진 원자들로 구성되어 있다. 진공에서 이들 충족되지 않은 결합은 그림 5.5(a)와 같이 같은 수의 양으로 대전된 금속이온과 음으로 대전된 산소이온이 된다. 주변 공기(보통 최소한 15% 상대습도를 갖는)에 노출되거나 물속에 담기면 표면은 물과 반응하여 그림 5.5(b)에 나타낸 바와 같이 표면 수산기(M－OH로 나타냄)를 생성한다.

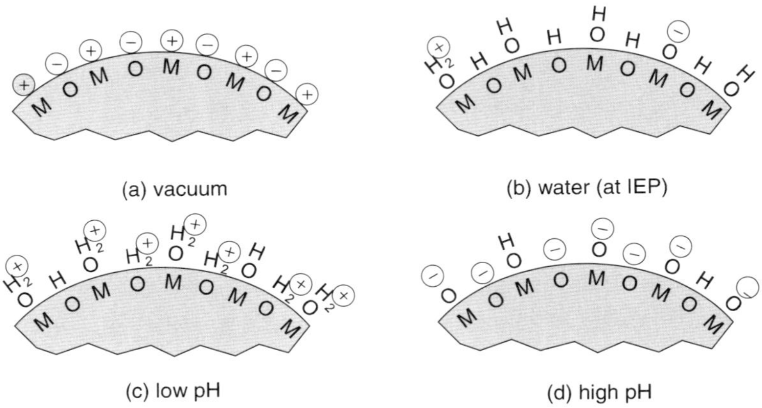

그림 5.5 금속 산화물 표면의 모식도
(a) 진공에서. 불충분한 결합이 각각 금속과 산소 원자에 연관되어 양과 음의 자리가 된다.
(b) 표면 자리가 주위에 있는 물 또는 수증기와 반응하여 표면 수산기$(M-OH)$를 생성한다. 등전점(IEP)에서는 중성 자리가 지배하고 약간의 양과 음의 자리가 같은 수로 존재한다.
(c) 낮은 pH에서 표면 수산기는 용액에 있는 H^+과 반응하여 주로 $(M-OH_2^+)$종으로 이루어진 양으로 대전된 표면을 생성한다.
(d) 높은 pH에서 표면 수산기는 용액에 있는 OH^-과 반응하여 주로 $(M-O^-)$종으로 이루어진 음으로 대전된 표면을 생성한다.

표면 수산기는 다음과 같이 표면 이온화반응에 의하여 낮거나 높은 pH에서 각각 산이나 염기와 반응하여(Hunter, 2001) 그림 5.5(c)에서와 같이 양으로 대전된 표면$(M-OH_2^+)$이 되거나 또는 그림 5.5(d)에서처럼 음으로 대전된 표면($(M-O^-)$이 된다.

$$M-OH+H^+ \xrightarrow{K_a} M-OH_2^+ \tag{5.9a}$$

$$M-OH+OH^- \xrightarrow{K_b} M-O^-+H_2O \tag{5.9b}$$

표면 이온화 반응 상수(K_a와 K_b)의 값은 재료의 특유한 유형(예를 들면, SiO_2, Al_2O_3 및 TiO_2)에 의존한다. 각 종류의 재료에 대하여 등전점(isoelectric point; IEP)으로 알려진 pH가 존재하는데, 등전점에서는 대부분의 표면 자리가 중성이고$(M-OH)$ 표면에서 알짜 전하가 영이 된다. 등전점 이하나 이상의 pH에서 입자의 표면은 산(H^+) 또는 염기(OH^-)의 첨가에 따라 각각 양$(M-OH_2^+)$ 또는 음$(M-O^-)$으로 대전된다. 그림 5.6은 표면 자리의 농도가 pH에 따라 어떻게 변하는가를 보여준다. 표 5.2에 몇 가지 일반적인 재료의 등전점을 실었다.

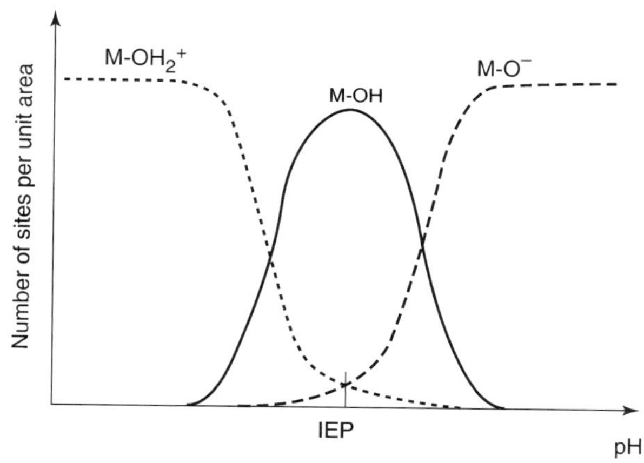

그림 5.6 pH의 함수로 나타낸 중성($M-OH$), 양($M-OH_2^+$), 및 음($M-O^-$)의 표면 자리 단위 면적 당 수 밀도

표 5.2 • 대표적인 물질의 등전점

Material	pH of IEP
Silica	2－3
Alumina	8.5－9.5
Titania	5－7
Zirconia	7－8
Hematite	7－9
Calcite	8
Oil	3－4
Air	3－4

대전된 각 표면자리에 대하여 용액 속에는 반대전하의 상대이온이 존재한다. 예를 들면 pH를 줄이기 위하여 HCl이 사용된 경우에 양의 표면자리에 대한 상대이온은 Cl^- 음이온이 되고, pH를 올리기 위하여 NaOH를 사용하면 음의 표면자리에 대한 상대이온은 Na^+ 양이온이 된다. 전체 계는 전기적으로 중성이다. 표면과 벌크용액 사이 전하를 분리하면 표면 전위(ψ_0)라고 하는 전위차가 발생한다.

상대이온은 계의 전기적 중성을 유지하기 위하여 각 입자를 둘러싼 확산구름을 형성한다. 두 입자가 합쳐지면 상대이온 구름이 중첩하여 입자 사이 틈새에 상대이온의 농도가 증가하기 시작한다. 만약 두 입자가 같은 전하를 띠면 상대이온의 삼투압에 기인하는 반발퍼텐셜이 생성되며 이것을 전기이중층(electrical double layer; EDL) 반발이라 한다. 입자들이 반대 전하를 띠면 EDL 인력이 일어난다. EDL 상호작용은 단지 두 개의 대전된 구 사이 쿨롱(Coulomb) 상호작용에 의하여 결정되는 것이 아니라, 입자 사이 틈새에 있는 상대이온의 삼투압(농도) 영향에 기인한다는 것을 알아야 한다.

상대이온 구름의 두께(따라서 반발력의 범위)는 Debye 길이(κ^{-1})를 척도로 사용하며 여기서 일가 염에 대한 Debye 검색 매개변수(κ)는 다음과 같다(Israelachvili; 1992).

$$\kappa = 3.29\sqrt{|c|}\ (\mathrm{nm}^{-1}) \tag{5.10}$$

여기서 $|c|$는 일가 전해질의 몰농도이다. Debye 길이가 클 때(상대이온농도가 작을 때)는 입자들이 큰 분리거리에서 반발하여 그림 5.2(c)와 (d)에서처럼 반데왈스 인력이 무시된다. 염을 첨가하면 전기 이중층이 압축되어(Debye 길이가 줄어들어) 입자 주위에 상대이온의 농도를 증가시킨다. 충분한 염이 첨가되면 EDL 반발의 범위가 충분히 줄어들어 큰 분리거리에서도 반데왈스 인력이 지배적으로 작용하게 된다. 그림 5.2(a)와 (b)에 나타낸 것처럼 이 위치에서 인력 위치 에너지의 극소점이 생긴다.

지름이 x이고 같은 표면전하를 띠는 두 구형 입자 사이에 작용하는 EDL 위치 에너지(V_{EDL})와 면대면 분리거리(D)에 대한 근사적인 관계식은 다음과 같다(Israelachvili, 1992):

$$V_{\mathrm{EDL}} = \pi\epsilon\epsilon_0 x \Psi_0^2 e^{-\kappa D} \tag{5.11}$$

여기서 Ψ_0는 표면 전위(표면 전하에 의해서 생성되는)이고, ϵ은 이 책의 다른 부분에서 주로 사용하는 공극율이 아니라 물의 상대 유전율이며, ϵ_0는 자유 공간의 유전율로 $8.854\times10^{-12}\,\mathrm{C}^2/\mathrm{J/m}$이며, κ는 Debye 길이의 역수이다. 이 식은 표면 전위가 일정하고 약 25 mV 이하이며 입자들 사이 분리거리가 입자 크기에 비하여 작을 때 성립한다(Israelachvili; 1992).

고정된 이온층과 물 분자들이 입자의 표면에 존재하기 때문에 입자의 표면전위를 직접측정하기가 쉽지 않다. 대신에 제타 전위(zeta potential)로 알려진 밀접하게 관련된 전위를 보통 측정한다. 제타전위는 전기장에서 입자의 속도를 측정하여 구할 수 있다. 제타 전위는 고정화된 표면층과 벌크 용액 사이 전단 평면에서 전위이다. 이 평면은 대체적으로 표면에서 단지 몇 옹스트롬에 위치하기 때문에 제타 전위와 표면 전위 사이에 차이가 거의 없다. 실제로는 식 (5.11)에서 표면 전위 대신 제타 전위를 사용하여 거의 오차 없이 입자간 힘을 분리거리의 함수로 예측할 수 있다. 현탁액에 염을 첨가하면 위에서 설명한 바와 같이 이중층의 영역을 압축(Debye 길이를 축소)할 수 있을 뿐만 아니라 제타 전위의 크기를 줄일 수 있다. 그림 5.7은 pH와 염 농도가 알루미나 입자의 제타 전위에 미치는 영향을 보여주는 예이다.

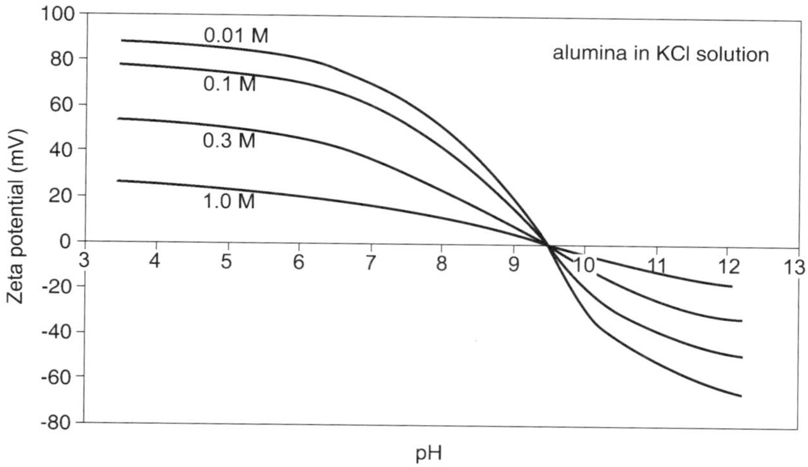

그림 5.7 pH와 염 농도의 함수로 나타낸 알루미나 입자의 제타 전위(데이터 : Johnson *et al.*, 2000)

5.3.3 흡착 고분자, 다리결합력과 입체반발력

현탁액에서 입자들 사이 표면력을 제어하는데 유용한 또 다른 방법은 용액에 가용성 고분자를 첨가하는 것이다. 고분자가 입자 표면에 대한 친화력을 가지고 있어서 입자 표면에 흡착하려는 경향이 있는 경우를 생각해보자. 그림 5.8에 나타낸 바와 같이 고분자의 분자량과 흡착량에 따라서 고분자 다리결합에 의한 인력이나 상호 입체작용에 기인한 반발력이 일어날 수 있다.

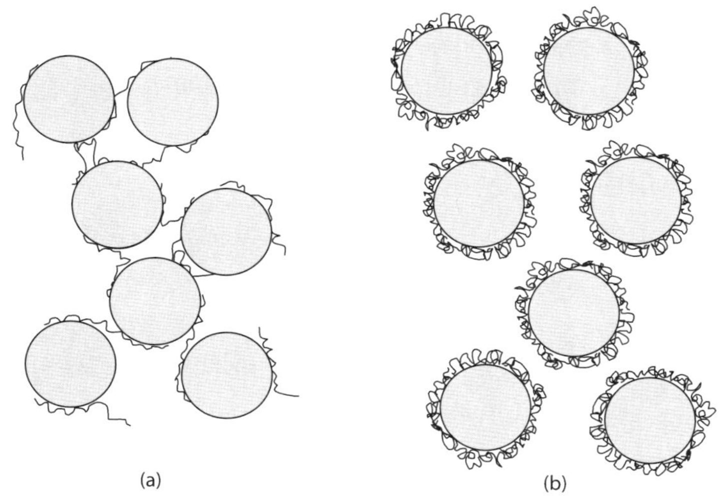

그림 5.8 (a) 다리결합 응집과 (b) 입체 반발작용의 모식도

다리결합 응집(Gregory, 2006; Hiemenz와 Rajagopolan, 1997)은 입자 표면에 흡착한 고분자가 표면을 완전히 덮을 만큼 충분한 양보다 적게 첨가하는 방법이다. 그러면 한 입자 표면에 흡착된 고분자 사슬이 늘어나 다른 입자 표면에 흡착되면서 서로 결합한다. 첨가해야 할 고분자의 최적양은 보통 전체입자 표면적의 절반을 덮을 만큼 꼭 충분해야 한다. 가장 좋은 다리결합 응집은 보통 분자량이 크거나 대단히 커서(대개 $1\times10^6 - 20\times10^6$ g/mol) 입자들 사이에 쉽게 다리를 놓을 수 있는 고분자에서 발견된다. 상용화된 고분자 응집제는 주로 polyacrylamide계의 대전된 또는 비이온성 공중합체이다. 이 응집제는 고/액 분리를 촉진하기 위하여 상수처리 또는 폐수, 종이 및 무기 공정 산업에 널리 사용되고 있다. 이것은 미세 입자들 사이에 인력을 생성시켜 엉김물(flocs)로 알려진 응집체를 형성한다. 엉김물의 질량이 개별 입자의 질량보다 훨씬 더 커져서 개별 입자의 거동을 지배하던 불규칙 Brown운동의 영향에 비하여 본체 힘이 엉김물의 거동을 제어하는데 중요하게 되고 따라서 중력 침강이 지배적으로 일어난다.

고분자를 첨가하면 또 입체적 메카니즘에 의해서 입자 사이에 반발작용이 일어날 수 있다. 입체 반발은 입자 표면이 고분자의 두꺼운 층으로 완전히 덮여졌을 때 일어난다. 고분자는 입자의 표면에 흡착되어 용액으로 늘어져 나와야 한다. 좋은 용매에서는 분리거리가 흡착 고분자 크기의 2배보다 작게 되면 고분자 층의 중첩이 시작되고 그림 5.2(c)와 (d)에 나타낸 바와 같이 강한 반발작용이 일어난다. 입체반발이 가장 잘 일어나는 고분자는 전형적으로 분자량이 작거나 중간정도(보통 1×10^6 g/mol보다 작은)의 것이며 입자의 표면이 완전히 덮여있어야 한다. 용매의 질이 나쁘면 중간 정도에서 긴 범위의 분자량에 걸쳐서 입체 상호작용이 끌어당길 수도 있다. 이 인력은 잘 녹지 않는 고분자가 입자의 표면에 흡착되어 있을 때 일어날 수 있다. 고분자가 EDL과 입체 반발력이 모두 작용하는 대전된 다중전해질 이온성 고분자일 때는 전기적 입체 안정화가 일어난다. 입체 및 전기적 입체 안정화는 현탁액의 안정성과 점성을 제어하기 위하여 보통 세라믹 처리에 이용된다.

5.3.4 다른 힘

입자들 사이에 힘을 일으킬 수 있는 몇 가지 다른 메카니즘이 있다. 대단히 건조한 공기 속에서 정전하가 입자 사이에 쿨롱 상호작용을 일으킬 수 있다. 쿨롱 상호작용은 보통 정전하가 빠르게 흩어질 만큼 충분히 습한 공기에서는 별로 중요하지 않다. 용액에서 흡착하지 않은 고분자가 결핍인력(depletion attraction)이라고 부르는 다른 형태의 약한 인력을 유발할 수 있다. 강하게 수화된 표면상의 물과 같이 입자 표면에 있는 용매 분자층이 짧은 범위의 반발작용을 일으킬 수 있다. 이 짧은 범위의 반발작용을 수화힘(hydration force) 또는 구조힘(structural force)이라 한다. 잘 젖지 않는 소수성 표면은 물에 잠기면 특이한 유형의 강한 인력을 나타낸다. 소위 소수힘(hydrophobic force)은 기름방울을 합체시키고 소수성 입자들을 응집시킨다.

5.3.5 알짜 상호작용력

1940년대에 Derjaguin, Landau, Verwey 및 Overbeek(DLVO)는 총 입자 상호작용은 반데왈스 상호작용과 EDL 상호작용의 기여도를 단순히 합하여 구할 수 있다는 가설을 개발하였다. 그 동안 DLVO 이론은 실험적으로 널리 입증되어 왔다. 더구나 다른 많은 힘들이 같은 방법으로 합쳐져서 입자간 총괄 상호작용을 결정한다고 밝혀졌다. 몇 가지 입자간 알짜 상호작용력의 예를 그림 5.9에 나타낸다.

5.4 공기와 물속 거동에 미치는 표면력의 영향

반데왈스 힘[식 (5.8)]과 EDL 반발작용[식 (5.11)]에 대한 식으로부터 표면력의 크기가 입자 크기에 따라 직선적으로 증가한다는 것을 알 수 있다. 그러나 입자의 질량에 의존하는 본체 힘은 입자크기의 3승에 따라 증가한다(질량은 부피에 밀도를 곱한 것이고 부피는 입자 크기의 3승에 의존하기 때문). 중요한 것은 본체 힘과 입자간 표면력의 상대적인 값이다. 비록 작은 입자는 큰 입자에 비하여 입자간 표면력이 대단히 작을지라도 작은 입자에 대한 입자간 표면력은 본체 힘에 비하여 크다. 이것은 표면력보다 본체 힘이 크기에 훨씬 더 강하게 의존하기 때문이다.

건조한 미세 분말에서처럼 입자의 표면이 공기 속에서 상호작용할 때 지배적인 작용은 반데왈스 상호작용이나 모세관 다리에 기인하는 인력이다(13장 참조). 공기나 다른 기체 및 진공에서 반발을 일으킬 수 있는 유일한 메카니즘은 정전기 대전(예를 들면 마찰에 기인한)이다. 입자표면의 전하가 같은 부호이면 Coulomb 법칙에 따라 반발이 일어나고 반대로 대전된 입자 사이에서는 인력이 작용한다. 정전기 상호작용은 상대습도가 약 45% 이상이 되면 전하가 실온의 습한 공기에서 빠르게 흩어지기 때문에 비록 가능은 하지만 보통은 중요하지 않다.

결과적으로 공기 속에서 미세 입자는 반데왈스와 모세관 인력에 기인하여 응집성을 나타낸다. 입자들 사이 인력 때문에 분말의 응집 거동이 일어난다. 미세입자를 유동화하기 어려운 이유는 입자의 강한 응집성 때문이다(7장에서 설명한 Geldart의 C그룹 분체). 강한 응집성은 또 10장에서 설명하게 될 분체의 불구속 항복응력(unconfined yield stress)이 높은 원인이기도 하다. 이들 분체의 불구속 항복응력이 높다는 것은 같은 벌크밀도를 갖는 자유흐름분체에 비하여 분체가 자유롭게 흐르지 않기 때문에 호퍼의 출구구멍이 훨씬 더 커야한다는 것을 의미한다. 미세 분말이 응집하여 커진 입자들은 질량이 커져서 본체 힘이 이들 커진 입자의 거동을 지배하고 결과적으로 자유흐름 분말이 된다.

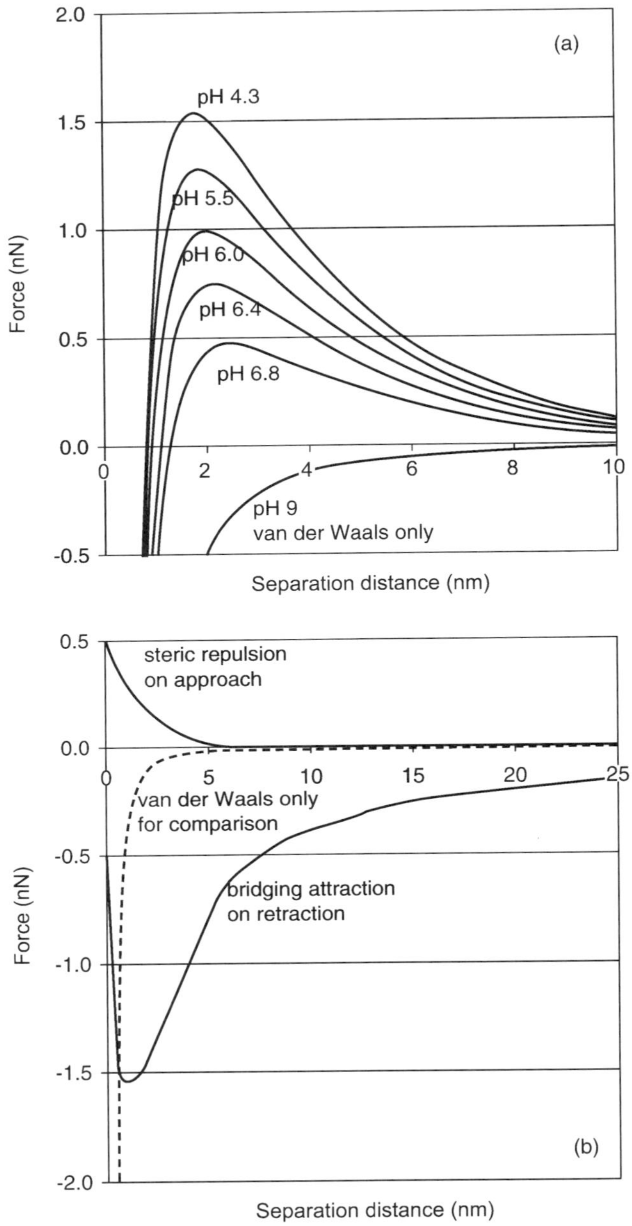

그림 5.9 (a) Franks *et al.* (2000)에 주어진 매개변수로 식 (5.8)과 (5.11)을 이용하여 계산한 여러 pH값에서 알루미나에 대한 힘 대 거리 곡선. pH 9에서는 반데왈스 인력이 지배한다. pH가 감소함에 따라 제타 전위가 증가하면서 EDL 반발작용의 범위와 크기가 증가한다(그림 5.8 참조). 대단히 작은 분리거리에서는 반데왈스 인력이 항상 EDL반발력을 지배한다.

(b) 흡착된 고분자와 작용하는 실리카 입자에 대한 힘 대 거리 곡선(Zhou *et al.*, 2008). 접근하면 흡착된 고분자가 약한 입체 반발작용을 일으킨다. 분리(수축)되면 사슬이 두 표면에 흡착되어 있기 때문에 고분자가 강하고 긴 범위의 인력을 생성한다. 비교하기 위하여 반데왈스만의 상호작용을 나타낸다.

미세한 건조 분말 사이 인력의 영향은 벌크밀도에 미치는 입자크기의 영향으로 관찰된다. 입자크기가 감소함에 따라 가볍게 두드려 느슨하게 충전한 벌크밀도가 감소하는 경향이 있다. 이것은 입자크기가 더 작아지면 끌어당기는 표면력의 영향이 본체 힘보다 더 강해지기 때문이다. 본체 힘(중력과 같은)의 도움으로 단단하게 다져지고 입자들이 더 치밀한 충전 구조로 재배열된다. 미세 입자 사이에 끌어당기는 표면력은 치밀한 충전 구조로 재배열되는 것을 방해한다. 어떤 독자들(끌어당기는 힘이 충전밀도를 증가시킨다고 생각할지도 모를)은 이것이 직관에 어긋난다고 생각할 수도 있다. 그러나 인력이 강한 결합을 만들고 이 강한 결합이 입자가 훨씬 더 치밀한 충전구조로 재배열되는 것을 방해하기 때문에 직관과 틀린 것이 아니다.

건조한 미세분말과 액체 속의 콜로이드가 하나 다른 점은, 입자의 밀도가 대단히 낮거나(먼지와 연기처럼) 기체 속도가 대단히 클 때를 제외하고, 공기(와 다른 기체)의 낮은 점도가 많은 경우에 있어서 건조 분말에 대한 유체역학적 항력을 최소화한다. 그러나 액체 속에서 미세 입자는, 액체의 점도가 기체의 점도보다 훨씬 더 크기 때문에, 2장에서 설명한 바와 같이 유체역학적 항력에 의하여 강하게 영향을 받는다.

미세입자가 물과 같은 액체 속에 현탁 또는 분산되어 있을 때는 용액 화학을 신중하게 선택하면 상호 작용력을 제어할 수 있다. 상호 작용력의 제어는 안정성, 침강속도, 점도 및 침전물의 밀도와 같은 현탁액의 거동을 조절할 수 있기 때문에 기술적으로 중요한 의미를 갖는다. 그림 5.9에서 입증한 것과 같이 반발력이나 인력의 범위와 크기를 증진시키기 위한 제제화(formulation)에 산, 염기, 고분자 및 표면활성제와 같은 첨가제를 쉽게 이용할 수 있

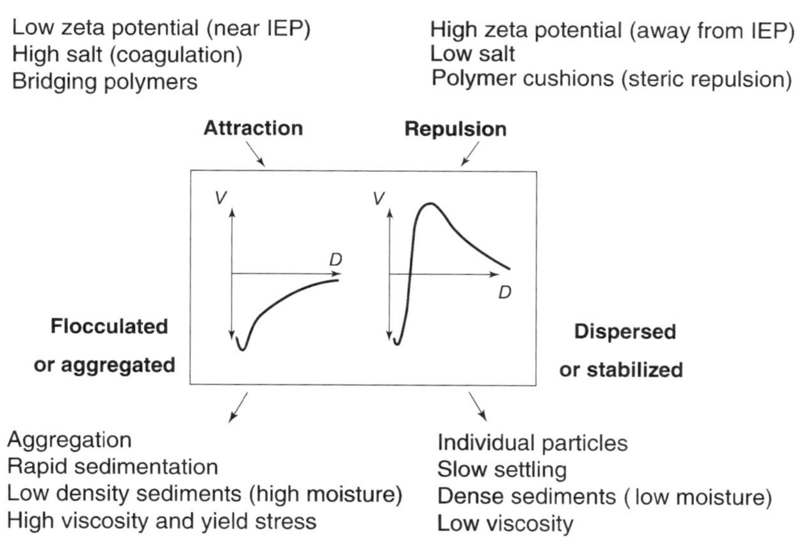

그림 5.10 그림의 윗 부분은 용액 조건이 입자들 사이 힘에 어떻게 영향을 미치는가를 나타내는 예이다. 아래 부분은 인력과 반발력이 현탁액의 거동에 어떻게 영향을 미치는가를 나타낸다.

다. 미세입자가 물과 같은 액체 속에 현탁 또는 분산되어 있을 때 입자가 계속 분산되어 있기를 원하면 같은 입자끼리 끌어당기는 반데왈스 상호작용을 압도할 수 있도록 반발력을 입자 사이에 생성시킬 수 있는 몇 가지 메카니즘이 있다. 분산된 입자를 요구하는 경우의 한 예가 세라믹 가공 처리에 있다. 이 응용에서는 분산된 입자의 점성이 낮아야 할 뿐만 아니라 성형된 세라믹 구성성분에서 입자들이 반발력에 의해서 균일하고 치밀하게 충전되어 있어야 한다. 그러나 입자 사이 강한 반발로 큰 제타 전위를 가진 부유입자들은 끄는 상호작용의 발달로 응집체를 만들 수 있기 때문에 빠르게 침강하여 고/액 분리 효율을 높일 수 있다. 이와 같은 가교 고분자의 응용은 5.5절에서 설명한다.

그림 5.10에 나타낸 바와 같이 일반적으로 현탁액의 거동은 입자간 힘에 좌우되고 입자간 힘은 또 용액의 조건에 의존한다. 안정성, 침강, 침전물 밀도, 입자 충전 및 유변학적 (흐름) 거동과 같은 현탁액의 중요한 거동에 관하여 다음 절에서 설명한다.

5.5 침강 고/액 분리에 미치는 입도와 표면력의 영향

중력에 의한 고/액 분리의 효율을 좌우하는 두 가지 중요한 인자는 침강 속도와 침전물의 함수율(고체농도)이다. 침강속도는 최대로 해야 하는 반면에 침전물의 함수율은 최소화되어야 한다.

5.5.1 침강속도

중력장에서 콜로이드 현탁액의 안정성에 대한 시간 범위는 Brown 플럭스에 대한 침강 플럭스의 비에 의존한다. 침강 플럭스는 유체보다 무거운 입자는 아래로 이동시키고 유체보다 가벼운 입자는 위로 이동시킨다. Brown 플럭스는 입자들의 위치를 무작위화한다. Brown 운동에 의하여 입자가 이동한 평균거리가 같은 기간 동안에 침강한 거리보다 더 크면 그 기간 동안 현탁액이 안정하다고 가정하고 입자와 유체의 특성으로부터 안정성에 관한 시간 범위를 추산할 수 있다. 이것은 Stoke의 침강 법칙(2장 참조)을 재배열하고 식 (5.6)과 같다고 놓으면 구할 수 있다.

$$L = \sqrt{\frac{2kT}{3\pi x\mu}t} = \frac{(\rho_p - \rho_f)x^2 g}{18\mu}t \tag{5.12}$$

시간(0이 아닌)에 대해서 풀면:

$$t = \frac{216\,kT\mu}{\pi g^2(\rho_p - \rho_f)^2 x^5} \tag{5.13}$$

Brown 거리는 시간의 제곱근에 의존하고 침강거리는 시간에 따라 직선적으로 변하기 때문에 충분한 시간이 주어지면 모든 현탁액은 결국 침강한다. 공학적 처리 목적이 고/액 분리일 때는 안정성에 관한 시간 범위가 중요하다. 왜냐하면 체류시간이 주나 달 정도의 크기보다는 시간 정도의 크기일 때만이 농축기와 같은 단위조작에서 침강에 의한 고/액 분리를 수행하는 것이 경제적으로 가능하기 때문이다.

그렇지 않으면 여러 날이나 주 동안 안정하게 있는 콜로이드 현탁액의 침강속도를 증가시키기 위해서 다리결합 인력을 생성하는 고분자 응집제를 현탁액에 주로 첨가한다. 입자들 사이에 인력이 작용하여 원시 입자보다 더 큰 응집체가 생성된다. 이 때 더 커진 응집체의 침강속도가 Brown 운동에 의한 무작위화 영향을 능가하기 때문에 전통적인 농축기에서 중력 침강에 의한 경제적인 고/액 분리가 가능하다.

5.5.2 침전물 농도와 압밀

침전물의 함수율과 어떻게 작용한 압밀 압력(예를 들면 그 위쪽 또는 여과하는 동안 침전물의 무게에 의한)에 의해 침전물이 다져지는가는 입자간 힘에 좌우된다. 회분식 침강에서 충분한 시간이 주어지면 침전물/상징액 계면이 아래로 이동을 중지하고 최종 평형 침전물 농도에 도달한다. 실제로 이 농도는 미세입자와 콜로이드가 전형적으로 압축성 침전물을 생성하기 때문에 국부적인 고체 압력에 의해 침전물 상단에서부터 바닥까지 변화한다. 반발력과

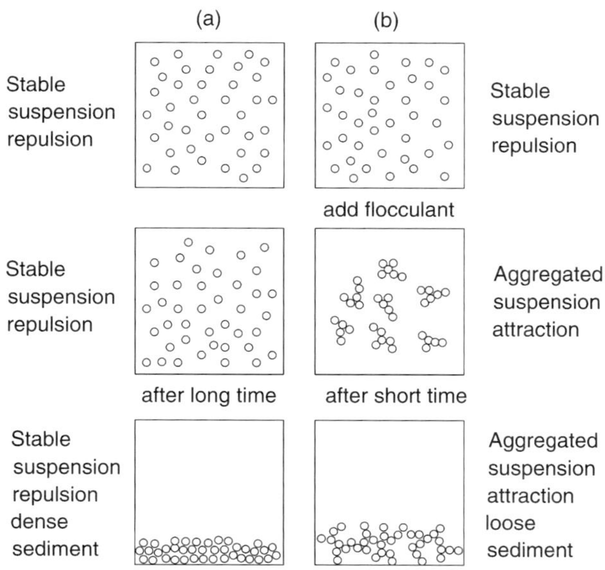

그림 5.11 (a) 반발하는 콜로이드 입자가 안정한 분산을 이루고 오랜 기간이 지난 후에라야 침전물을 형성한다. 침전물은 대단히 농축된다. (b) 안정한 분산에 응집제를 첨가하면 결국 인력이 입자의 응집을 초래하여 엉김물이 빠르게 침강한다. 이 경우에 침전물은 아주 느슨하다.

Brown 운동이 지배적일 때는 침강속도가 느릴지라도 결과적으로 생성된 침전물 층이 아주 농축되어 단순분산 구의 불규칙 치밀 충전$[\phi_{\max} = (1-\epsilon)_{\max} = 0.64]$에 가까운 값에 접근한다. (주, 여기서 ϵ 은 공극률이고 ϕ 는 고체의 부피 분율이다.) 왜냐하면 침전물 층에 모인 반발 입자들은 그림 5.11(a)에 설명한 것과 같이 더 낮은 에너지 위치(더 낮은 높이)로 재배열될 수 있기 때문이다. 그러나 끌어당기는 입자들(및 응집체)은 틈새가 아주 많고 잔류 수분이 높은 침전물을 형성한다. 이것은 입자들 사이 강한 인력이 개별입자들 사이에 강한 결합을 생성시켜 그림 5.11(b)에 나타낸 바와 같이 치밀한 침전물 구조로 재배열 되는 것을 방해하기 때문이다.

여과 프레스나 원심기에서처럼 직접 압력을 가하거나 침전물의 특정 높이 위에 내려앉은 입자의 무게에 의해서 가해지는 것과 같이 여러 가지 방법으로 입자 그물조직에 압력이 작용할 수 있다. 작용한 압력에 대응한 입자 그물조직의 반응은 개별 입자들 사이 입자간 힘에 좌우된다. 반발하는 입자와 끌어당기는 입자 사이의 차이를 그림 5.12에 나타낸다. 반발입자들(분산된 현탁액)은 모든 압밀 압력에서 최대의 불규칙 치밀 충전 한계값 근처까지 쉽게 충전된다. 강하게 끌어당기는 입자들은 특정한 작용압력에서 가장 낮은 충전 밀도를 나타내고 약하게 끌어당기는 입자들은 중간 거동을 나타낸다.

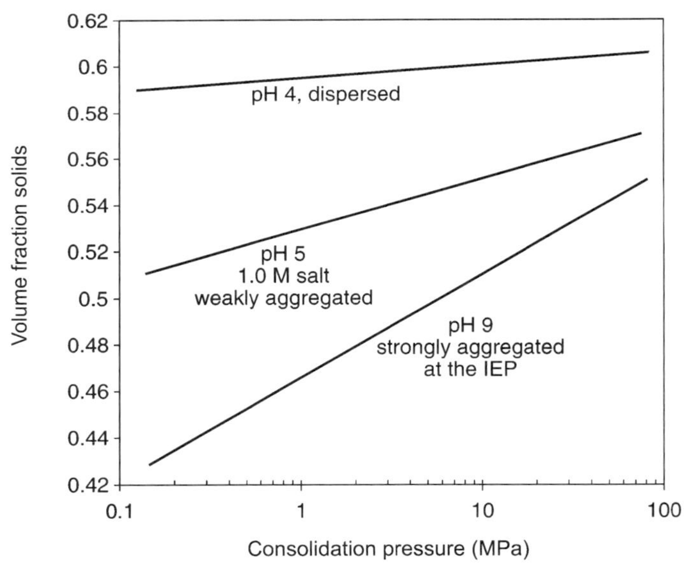

그림 5.12 여과 프레스에서 200nm 지름의 알루미나에 대한 압밀 압력의 함수로 나타낸 평형 부피분율(데이터 : Franks and Lange, 1996). pH 4에서 입자 사이 강한 반발작용이 넓은 범위의 압력에서 고밀도로 압밀을 이룬다. 분체의 등전점(IEP)인 pH 9에서는 강한 인력이 압밀을 어렵게 하고 압력 의존성 여과 거동을 나타낸다. pH 5에서는 약한 인력이 첨가된 염과 함께 중간거동을 일으킨다.

빠른 침강과 낮은 침전물 수분이 서로 배타적인 고/액 분리에서는 누구나 어려움에 직면할 수 있다. 고/액 분리를 향상시키기 위한 최근의 연구는 입자간 상호작용을 제어하여 분리공정의 각 단계에서 최적화하는데 집중되고 있다. 다시 말해서 빠른 침강이 필요할 때는 인력을 압밀이 요구될 때는 반발력을 이용한다. 이 장의 저자는 이러한 연구 성과를 달성하기 위한 방법으로 유도 반응 응집제를 사용한다.

5.6 현탁 유변학

유변학은 물질의 흐름과 변형을 연구하는 학문이다(Barnes *et al.*, 1989). 이 학문은 Hook의 탄성거동으로부터 Newton 유체의 거동에 이르기 까지 넓은 범위의 기계적 거동을 포괄한다. 입자 현탁액은 물과 비슷한 점성을 가진 Newton 액체부터 모르타르나 치약과 같이 높은 항복응력과 높은 점성의 반죽에 이르기 까지 전체 범위의 거동을 나타낼 수 있다. 현탁액의 유변학적 거동에 주로 영향을 주는 매개변수는 고체의 부피분율, 유체의 점도, 입자 사이 표면력, 입자 크기 및 입자 모양이다.

이 절에서는 먼저 입자 사이 표면력이 없는 경우에 있어서 입자의 부피분율의 영향에 대하여 설명한다. 이 경우에는 유체역학적 힘과 Brown 운동만을 고려하는데 이것을 상호작용이 없는 강체구모델(non-interacting hard sphere model)이라 한다. 표면력의 영향은 다음 절에서 고찰한다.

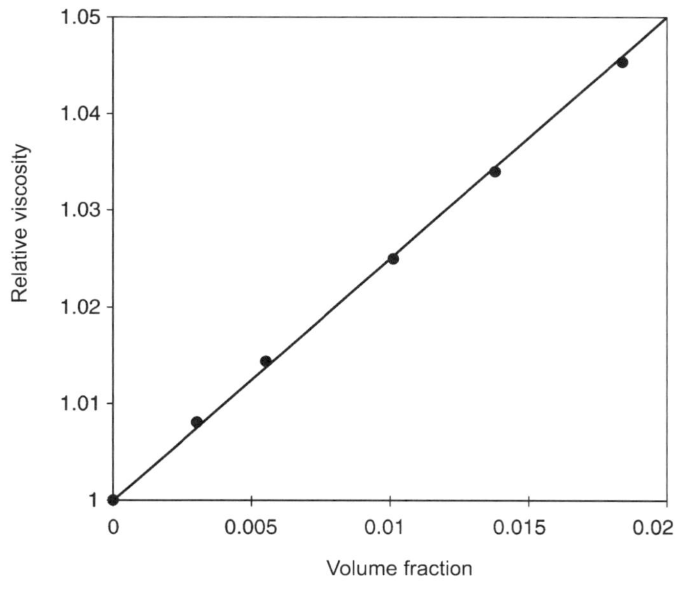

그림 5.13 단단한 구형 실리카 입자 현탁액(검정색 원)의 상대점도(μ_s/μ_l)와 Einstein 관계(선). (데이터 : Jones *et al.*, 1991)

물, 벤젠, 알코올, 데칸 등과 같이 Newton 거동(4장 참조)을 가진 분자 액체를 생각하자. 구형 입자를 액체에 첨가하면 액체와 구 사이 유체역학적 상호작용과 관련된 부수적인 에너지 소산 때문에 점성이 증가한다. 구형입자를 더 첨가하면 현탁액의 점도가 직선적으로 증가한다. Einstein은 묽은 현탁액의 점도와 구형 고체 입자의 부피분율 사이에 다음과 같은 관계식을 개발하였다(Einstein, 1906):

$$\mu_s = \mu_l(1 + 2.5\phi) \tag{5.14}$$

여기서 μ_s는 현탁액의 점도, μ_l은 액체의 점도이고 ϕ는 고체의 부피분율이다($\phi = 1 - \epsilon$, 여기서 ϵ은 공극률이다). 고체의 부피분율이 약 7%보다 작을 때 현탁액의 점도는 Newton 점성을 유지하고 Einstein의 예측을 따른다. 이 관계식은 광범위하게 입증되었으며, 그림 5.13은 Jones 등(1991)이 실리카 구에 대해서 측정한 관계를 보여준다.

Einstein의 해석은 입자들이 충분히 멀리 떨어져 있어서 서로 영향을 미치지 않는다는 가정에 기초를 두고 있다. 고체의 부피분율이 일단 약 10%에 도달하면 입자들 사이 평균 분리 거리가 입자 지름과 거의 같아진다. 이때가 구 하나에 의한 액체의 유체역학적 교란이 다른 구에게 영향을 미치기 시작할 때이다. 이와 같이 반쯤 묽은 농도영역(약 7−15부피% 고체)에서는 구 사이 유체역학적 상호작용이 Einstein 관계식에 대해 양의 편차를 일으킨다. Batchelor(1977)는 이 해석을 확장하여 더 높은 차수의 부피분율 항을 추가하였으며 현탁액의 점도는 여전히 Newton 점성을 유지하지만 부피분율에 따라 다음과 같이 증가한다는 것을 발견하였다.

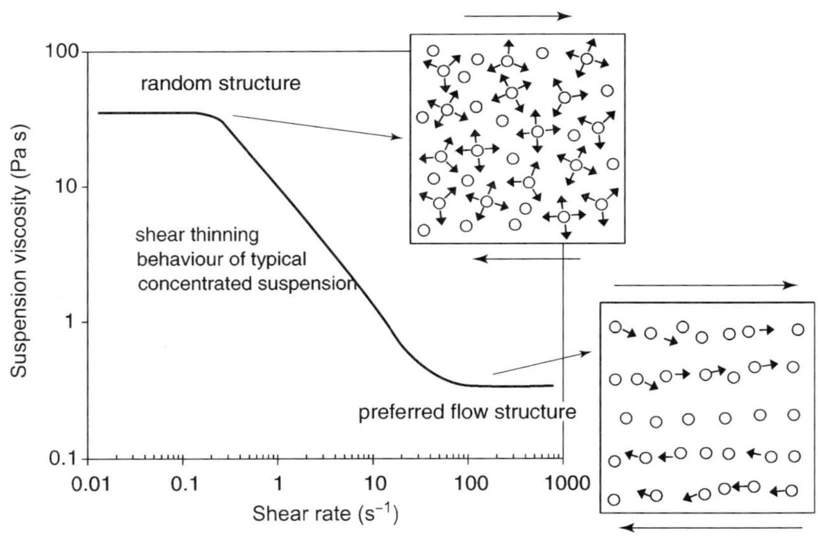

그림 5.14 전단속도가 증가함에 따라 Brown 운동이 지배하는 불규칙 구조로부터 우선 흐름 구조로 전이가 단단한 구형 콜로이드의 진한 현탁액이 전단 묽어짐 거동을 나타내는 메카니즘이다.

$$\mu_s = \mu_l(1 + 2.5\phi + 6.2\phi^2) \tag{5.15}$$

한층 더 높은 입자 농도에서는 입자－입자 유체역학적 상호작용이 훨씬 더 중요해져서 현탁액 점도는 Batchelor가 예측한 것보다 훨씬 더 빠르게 증가하고 현탁 유변학이 Newton 유체보다 오히려 전단 묽어짐(4장 참조)이 된다.

정지해 있거나 낮은 전단속도에서 진한 현탁액의 거동은 Brown 운동이 지배하여 불규칙한 입자 구조가 생기고 점성이 입자 부피분율에 의존하게 된다. 그림 5.14에 나타낸 바와 같이 점도가 전단속도에 독립적인 낮은 전단속도 영역이 전형적으로 존재한다. 이 영역을 보통 낮은 전단속도 Newton 고원(Newtonian plateau)이라 한다. 높은 전단속도에서는 유체역학적 상호작용이 Brown 운동보다 더 중요해져서 그림 5.14에서처럼 여러 장 또는 줄과 같은 입자들의 우선 흐름구조가 발달한다. 이와 같이 우선 흐름구조를 가진 현탁액의 점도는 부피분율이 같은 불규칙 구조의 현탁액 점도보다 훨씬 더 낮다. 입자-입자 유체역학적 상호작용을 최소화하는 우선 흐름구조는 전단속도가 증가함에 따라 자연적으로 발달한다. 점도가 고원에 도달하여 변하지 않는 높은 전단속도 범위가 전형적으로 존재한다. 농축된 강체구 현탁액에서 관찰되는 전단 묽어짐 거동은 그림 5.14에 설명한 것과 같이 낮은 전단속도 Newton 고원의 불규칙 구조로부터 높은 전단속도 Newton 고원의 완전 발달 흐름구조로 전이된다.

입자의 부피분율이 계속 증가함에 따라 현탁액의 점도도 계속 증가하고 분체의 최대 충전분율에 접근하면 무한대로 발산한다. 최근까지도 진한 현탁액의 유변학적 거동을 예측할 수 있는 최상의 원리 모델은 없지만 진한 현탁액의 거동을 설명하는데 유용한 수많은 반실험적 모델이 있다. Kreiger-Dougherty 모델(Kreiger and Dougherty, 1959)은 다음과 같다:

$$\mu_s^* = \mu_l\left(1 - \frac{\phi}{\phi_{\max}}\right)^{-[\eta]\phi_{\max}} \tag{5.16}$$

여기서 μ_s^*는 낮은 전단속도 Newton 고원 점도나 높은 전단속도 Newton 고원 점도를 나타낼 수 있다. 매개변수 $\phi_{\max}$는 분체의 최대 충전 분율의 추산값으로 간주되는 맞춤 매개변수이다. $[\eta]$는 고유점도이며 단일 입자의 소산을 나타낸다. 그 값은 구형입자의 경우 2.5이며 구형이 아닌 입자에 대해서는 증가한다. (Einstein의 관계식에서 2.5가 있는 것은 우연한 일치가 아니다.) 실제 분체에 대해서, $\phi_{\max}$와 $[\eta]$의 정확한 값은 구하기가 쉽지 않고 $\phi_{\max} \times [\eta]\,(2.5 \times 0.64)$가 2에 가깝기 때문에 Quemada(1982)가 개발한 더 간단한 형의 Kreiger-Dougherty 모델이 자주 사용된다.

$$\mu_s^* = \mu_l\left(1 - \frac{\phi}{\phi_{\max}}\right)^{-2} \tag{5.17}$$

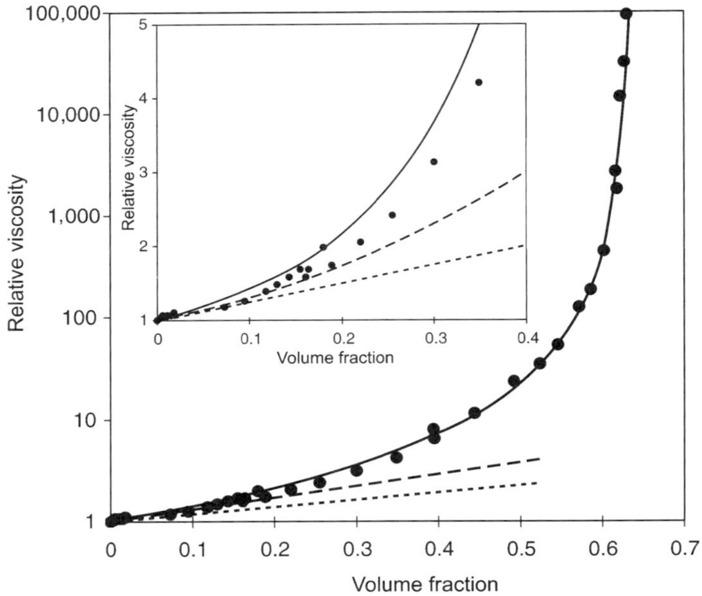

그림 5.15 낮은 전단 속도에서 단단한 구형 실리카 현탁액(원)의 상대점도(μ_s/μ_l). $\phi_{\max}=0.631$을 적용한 Quemada 모델(실선); Batchelor 모델(대시선)과 Einstein 모델(점선) (데이터 : Jones *et al.*, 1991).

그림 5.15는 $\phi_{\max}=0.631$을 적용한 Quemada 모델이 단단한 구형 실리카 현탁액에 대하여 Jones등(1991)이 실험한 낮은 전단속도 점도의 실험결과와 좋은 상관관계가 있음을 보여 준다.

고체입자의 부피분율이 최대 충전 분율에 매우 가깝고 전단속도가 높을 때는 발달된 우선 흐름구조가 불안정해진다. 높은 유체역학적 상호작용으로 입자들이 뭉쳐 클러스터가 되기 때문에 좋은 흐름구조를 생성하지 못한다. 실제로 이들 유체역학적 클러스터는 흐르는 현탁액 전체를 움직이지 못하게 할 수 있고 결과적으로 점도를 증가시킨다. 조건에 따라서는 이와 같은 전단 진해짐(전단속도에 따라 점도가 증가) 또는 팽창이 점진적으로 또는 갑작스럽게 일어날 수 있다. 엄밀하게 말하면 팽창이라는 용어는 입자들이 서로 흘러 지나갈 수 있도록 현탁액 부피가 증가(팽창)해야 한다는 것을 의미하지만 보통 전단 진해짐(전단속도가 증가함에 따라 점도가 항상 증가)과 서로 교체하여 사용된다. 그림 5.16은 넓은 범위의 입자 농도와 전단속도에서 전형적인 단단한 구 현탁액의 거동을 보여준다.

단단한 구에 대해서 놀랍게도 입자 크기가 점도에 전혀 영향을 주지 않는다. 단단한 구 현탁액에서 입자크기에 관한 유일한 관심은 입자가 너무 크면 침강한다는 것이다. 입자가 중립적으로 떠 있으면 침강 문제는 중요하지 않다.

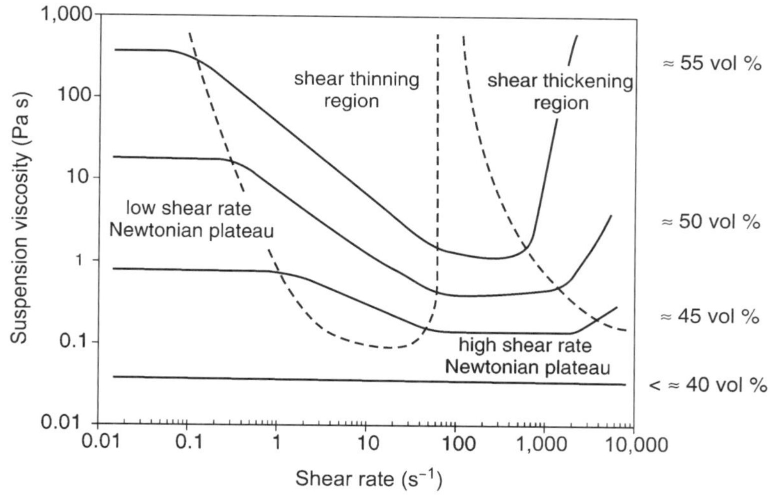

그림 5.16 고체입자의 부피분율이 약 40과 55% 사이인 현탁액에 대하여 전단속도의 함수로 나타낸 단단한 구형 현탁액의 전형적인 유변학 거동 지도. 대시선은 뉴턴과 비뉴턴 거동 사이 경계의 근사적 위치를 나타낸다.

5.7 현탁액 흐름에 미치는 표면력의 영향

미세입자와 콜로이드 현탁액의 유변학에 영향을 주는 두 번째 인자는 입자간 상호 작용력이다(첫 번째 인자는 입자의 부피분율임). 표면력의 의미(당기거나 미는), 범위 및 크기 모두가 현탁액의 유변학적 거동에 영향을 준다.

5.7.1 반발력

긴 범위의 반발력으로 서로 작용하는 입자들은 입자 사이 거리가 반발력의 범위보다 더 클 때는 마치 강체구처럼 거동한다. 이것은 보통 부피분율이 낮은(입자 사이 평균 거리가 큰) 경우 및/또는 입자가 비교적 큰(따라서 반발작용의 범위가 입자 크기에 비하여 작은) 경우이다. 부피분율이 높으면 입자의 반발력장이 중첩되고 현탁액의 점도가 강체구에 비하여 증가한다. 입자가 대단히 작으면(보통 100 nm 또는 이하) 입자 사이 평균거리(중간정도의 부피분율에서도)는 반발력 범위의 크기정도가 되어 반발력장이 중첩되고 점도가 증가한다.

반발 입자들의 묽은 현탁액까지도 입자 주위의 반발영역을 통한 유체 흐름에 관련된 부수적인 점성 소산 때문에 강체구보다 약간 더 큰 점성을 갖는다. EDL 반발력을 가진 입자에 대해서 이것은 1차 전기점성 효과(Hunter, 2001)로 알려져 있다. 입자와 이중층에 작용한 전체 항력은 강체구에 작용한 항력보다 더 크다. 1차 전기점성 효과에 의한 점성의 증가는 보통 극히 적다.

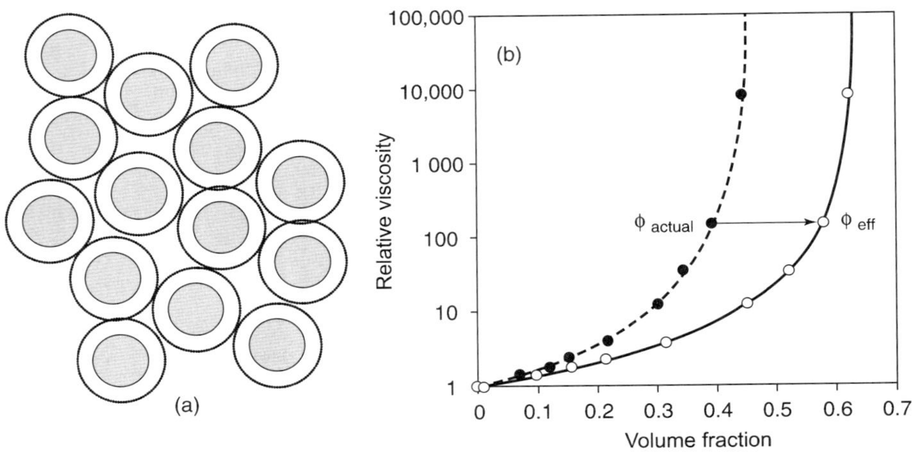

그림 5.17 (a) 부피분율이 0.4(회색 원)인 입자 현탁액이 실선까지 연장된 상호 반발작용으로 유효 부피분율이 0.57로 늘어난다. (b) 실제 부피분율의 함수로 나타낸 반발 입자(검은색 원과 점선) 현탁액의 상대점도. 유변학적 결과를 유효 부피분율의 함수로 도시하면(열린 원) 데이터는 Quemada 모델(실선)과 일치한다.

진한 현탁액은 중첩된 EDL 사이 상호작용 때문에 현저하게 높은 점성(같은 부피분율에서 강체구와 비교하여)을 가질 수 있다. 서로 밀치는 입자들은 이중층이 반드시 뒤틀려야 한다. 이 효과를 2차 전기점성 효과라 한다(Hunter, 2001). 반발이 입체 메카니즘에 의할 때도 유사한 효과가 일어난다.

현탁액 점도에 미치는 반발력의 영향은 보통 입자의 유효 부피분율을 고려하여 취급한다. 유효 부피분율은 입자의 부피분율과 입자 주위의 반발영역이 차지한 부피분율의 합이다.

$$\phi_{eff} = \frac{\text{volume of solid} + \text{excluded volume}}{\text{total volume}} \tag{5.18}$$

유효 부피분율은 그림 5.17에 도시한 바와 같이 반발력에 의해서 입자가 그 영역으로부터 배제되기 때문에 입자가 차지할 수 없는 유체의 부피분율에 관해서 설명해준다. 현탁액 유변학은 Kreiger-Hougherty나 Quemada 모델에 ϕ 대신 ϕ_{eff}을 사용하여 합리적으로 잘 모델화할 수 있다.

5.7.2 인력

강체구나 반발입자 현탁액과 입자 사이 인력 결합에 의한 끄는 입자 현탁액의 유변학적 거동 사이에는 기본적인 차이가 있다. 흐름이 일어나도록 입자를 떼어 놓으려면 입자 사이 결합이 깨져야 한다. 입자들 사이 인력 결합의 결과로 현탁액이 정지해 있을 때 인력 입자의 그물조직이 형성된다. 인력 결합이 점탄성, 항복응력(흐름에 필요한 최소응력) 및 전단 묽어짐 거동으로 특성을 나타내는 물질 거동을 일으킨다.

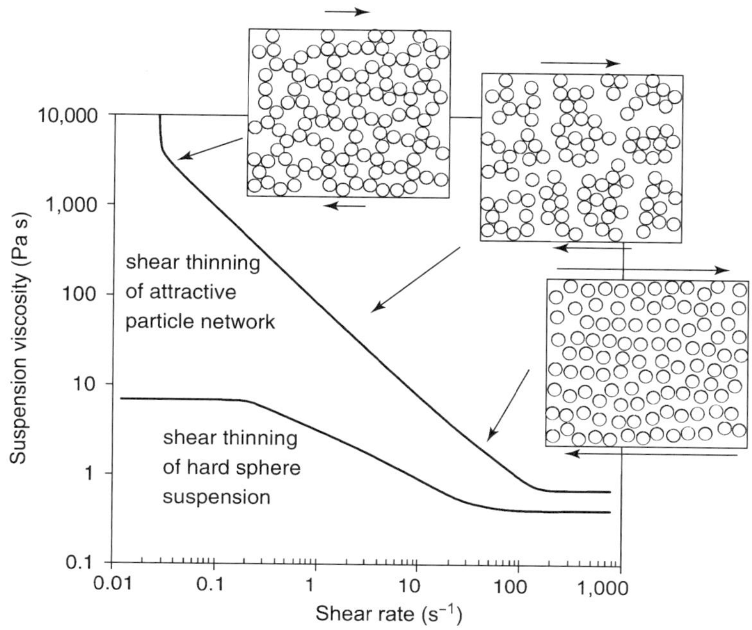

그림 5.18 끄는 입자 그물조직의 전형적인 전단 묽어짐 거동과 단단한 구형 현탁액의 미약한 전단 묽어짐의 비교. 전단속도가 증가함에 따라 끄는 입자 그물조직이 더 작은 흐름 단위로 부서진다.

인력 입자 그물조직의 전단 묽어짐은 같은 부피분율에서 같은 입자의 강체구 현탁액에 대해서 보다 훨씬 더 현저하고 다른 메카니즘에 의해서 일어난다. 전단 묽어짐에 대한 메카니즘을 그림 5.18에 설명한다. 정지 상태에서 입자 그물조직은 용기의 전체 부피에 걸쳐있으며 흐름에 저항한다. 낮은 전단 속도에서 입자 그물조직이 커다란 클러스터(cluster)로 해체되어 여러 단위로 흐른다. 많은 양의 액체가 입자 클러스터 내에 갇혀있고 점성이 높다. 전단속도가 증가하고 유체역학적 힘이 입자간 인력을 능가함에 따라 입자 클러스터가 점점 더 작은 흐름단위로 깨어지면서 점점 더 많은 액체를 배출하고 점성이 줄어든다. 매우 높은 전단속도에서는 입자 그물조직이 완전히 깨어지고 입자들이 거의 서로 작용하지 않는 것처럼 다시 개별적으로 흐르게 된다.

훨씬 큰 입자간 인력은 모든 전단속도에서 점성의 증가를 가져온다. 이처럼 입자사이 인력이 강하면 강할수록 점성이 더 높아진다. 끄는 입자 그물조직 또한 항복응력(흐름에 필요한 최소응력)을 나타낸다. 왜냐하면 두 입자를 떼어놓기 위해서 뛰어넘어야 할 인력[그림 5.2(a)와 (b)에 나타낸 것처럼)이 존재하기 때문이다. 현탁액의 항복응력 또한 인력의 크기에 의존하는데 인력이 강할수록 항복응력이 높아진다. 그림 5.19는 알루미나 현탁액의 항복응력을 pH의 함수로 나타낸 예를 보여준다. 항복응력의 최대값은 분체의 IEP에 대응한다. 낮은 염 농도에서는 pH가 IEP로부터 멀어지면 제타 전위가 증가하면서(그림 5.7 참조) EDL 반발이 증가하고 따라서 총괄인력이 감소하여 항복응력도 감소한다. IEP로부터 떨어진 pH에서 염 농도를 증가시키면 제터 전위의 크기가 감소하고(그림 5.7 참조) EDL 반발도 감소한다. 이와 같이 결과적인 총괄 상호작용은 끌어당기고 이 인력은 염 함량이 증가할수록 증가한다. 그림 5.19에 주어진 결과는 IEP로부터 떨어진 pH에서 염이 증가함에 따라 항복응력이 증가한다는 것을 가리키며 이것은 힘의 예측과 일치한다.

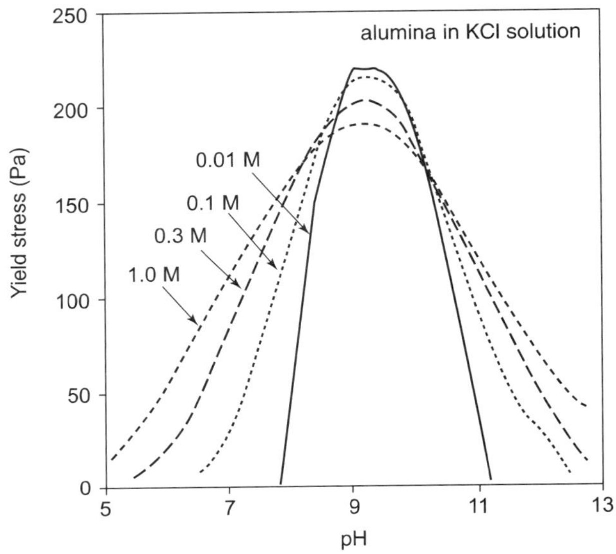

그림 5.19 pH와 염 농도의 함수로 나타낸 25부피% 알루미나(지름이 0.3μm) 현탁액의 항복응력. (데이터 : Johnson *et al*., 1999)

강체구 현탁액(상호작용이 없는 입자)의 유변학적 거동이 입자의 크기에 영향을 받지 않는다는 것은 앞 절에서 지적하였다. 이것은 끄는 입자 그물조직에서는 맞지 않다. 현탁액에서 입자들이 끌어당기면 더 작은 입자들은 결과적으로 항복응력, 점도 및 탄성률(다음에 설명)과 같은 유변학적 특성이 증가한다. 입자 크기의 영향은 인력입자 그물조직의 유변학적 특성이 입자사이 결합의 세기와 깨뜨리는데 필요한 단위 부피 당 결합의 수에 의존한다는 것을 고려하면 구할 수 있다. 예를 들어, 전단 항복응력을 생각해보자:

$$\tau_y \propto \frac{\text{Number of bonds}}{\text{Unit volume}} \times \text{Strength of bond} \tag{5.19}$$

인력입자 그물조직의 결합 세기는 식 (5.8)과 (5.11)에 나타낸 것과 같이 입자 크기에 따라 직선적으로 증가한다.

$$\text{Strength of bond} \propto x \tag{5.20}$$

이것은 입자가 클수록 더 큰 항복응력과 점도 및 탄성률을 가진 현탁액이 된다는 것을 생각하게 한다. 단위 부피당 결합의 수의 영향은 반대의 결과를 가져온다. 단위 부피당 깨뜨려야 하는 결합의 수는 입자 그물조직의 구조와 입자의 크기에 의존한다. 첫 번째 예로 입자 그물조직의 구조가 입자 크기에 따라 변하지 않는다고 가정하자. (응집체와 입자 그물조직의 구조에 관한 상세한 설명은 이 교재의 범위를 벗어난다.) 그러면 단위 부피당 결합의 수는 단순히 입자크기 세제곱의 역수에 따라 변한다.

$$\frac{\text{Number of bonds}}{\text{Unit volume}} \propto \frac{1}{x^3} \tag{5.21}$$

결합의 세기와 깨뜨려야 할 결합의 수의 기여도를 고려하면 항복응력, 점도 및 탄성률과 같은 유변학적 특성들은 입자 크기의 제곱에 반비례한다.

$$\tau_y \propto \left(\frac{1}{x^3} \times x\right) \propto \frac{1}{x^2} \tag{5.22}$$

비록 다른 여러 경우에 역 제곱 의존성으로부터 상당한 편차가 있지만 측정한 많은 실험값들이 이 결과를 확인해 준다. 입자 크기에 대한 항복응력의 역 제곱 의존성을 확인해준 잘 제어된 실험의 한 예를 그림 5.20에 나타낸다.

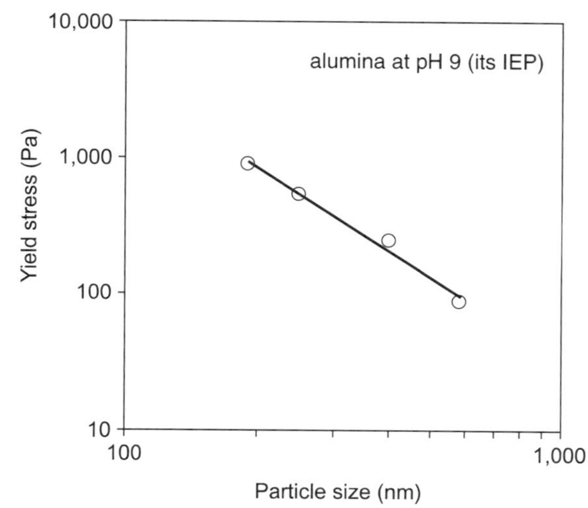

그림 5.20 등전점(IEP)에서 입도의 함수로 나타낸 알루미나 현탁액의 항복응력. 가장 적합한 선은 기울기가 −2.01이고, 식 (5.22)로 예측한 역 제곱 입도 의존성과 아주 잘 상관된다. (데이터 : Zhou *et al.*, 2001).

항복응력보다 낮은 응력이 인력입자 그물조직에 작용하면 그물조직은 탄성체와 같은 반응으로 응답한다. 입자들 사이 인력 결합은 깨지지 않고 오히려 신장되며 응력이 제거되면 입자들은 인력 결합에 의하여 다시 합쳐져서 현탁액은 원래의 모양에 가깝게 되돌아간다. 결합의 신장과 파손은 통계적 현상이기 때문에 순수한 탄성은 일반적으로 이루어질 수 없고 오히려 인력입자 그물조직은 고체와 유체의 거동 특성을 모두 나타내는 점탄성 재료이다. 재료를 변형시키는데 들어가는 에너지의 일부는 탄성으로 저장되고 다른 일부는 점성 메카니즘에 의하여 소산된다.

5.8 나노입자

나노입자는 독특한 특성 때문에 여러 기술 분야에 응용이 개발되고 있다. 나노입자가 독특한 특성을 나타내는 일차적인 원인은 벌크 원자에 대한 표면 원자의 비가 대단히 높기 때문이다. 대단히 작은 나노입자에서는 큰 표면적과 양자효과 때문에 광학적, 전자적, 및 다른 특성들이 같은 물질로 된 더 큰 입자들과는 아주 다르다. 나노입자의 예외적인 특성들 때문에 나노입자를 사용하는 수많은 응용분야와 공정이 새롭게 부상하고 있다. 나노입자의 응용예로는 다음과 같은 다양한 주제들이 포함되어 있다.

반사 방지 코팅
생물공학에서 형광 표지
약물 전달 시스템
청정 무기(ZnO) 햇빛 가리개
고성능 태양전지
촉매
고밀도 자기 저장 매질
고에너지 밀도 배터리
자동 세척 유리
개선된 LED
고성능 연료전지
나노 구조 물질

나노입자에 대한 이들 잠재적 응용분야의 성공 여부는 나노입자를 효율적으로 생산하고, 수송하고, 분리하고 또 안전하게 취급할 수 있는 능력에 주로 달려있다. 이 장에서 설명한 미세입자와 콜로이드에 관한 개념들이 이러한 문제점들을 다루는 출발점이 된다.

5.9 예제

예제 5.1 Brown 운동과 침강

다음의 각 현탁액이 실온(300K)에서 Brown운동에 기인한 침강에 대항하여 안정화를 유지하는 시간을 추산하라.

(a) 물속에서 지름이 200 nm인 알루미나($\rho = 3980\ \mathrm{kg/m^3}$)(대표적인 세라믹 공정 현탁액)

(b) 물속에서 지름이 200 nm인 라텍스 입자($\rho = 1060\ \mathrm{kg/m^3}$)(대표적인 페인트 배합)

(c) 물속에서 지름이 150 nm인 지방질 방울($\rho = 780\ \mathrm{kg/m^3}$)(균질 우유)

(d) 물속에서 지름이 1000 nm인 지방질 방울($\rho = 780\ \mathrm{kg/m^3}$)(비균질 우유)

풀이.

현탁액이 중력에 대항하여 안정을 유지하는 시간은 Brown운동에 의하여 입자가 이동한 평균거리를 중력에 의하여 침강한 거리와 같다고 하면 근사적으로 구할 수 있다. 이 시간은 다음과 같이 식 (5.13)으로 주어진다:

$$t = \frac{216\,kT\mu}{\pi g^2(\rho_p - \rho_f)^2 x^5}$$

여기서 $k = 1.381 \times 10^{-23}\ \mathrm{J/K}$, $\mu_{\mathrm{water}} = 0.001\ \mathrm{Pa{\cdot}s}$, $g = 9.8\ \mathrm{m/s^2}$, $\rho_{\mathrm{water}} = 1000\ \mathrm{kg/m^3}$. 따라서

$$t = \frac{216(1.381 \times 10^{-23}\,\mathrm{J/K})(300\,\mathrm{K})(0.001\,\mathrm{Pas})}{\pi(9.8\,\mathrm{m/s^2})^2(\rho_{\mathrm{p}} - 1000\,\mathrm{kg/m^3})^2 x^5}$$

$$t = \frac{2.96 \times 10^{-24}\ \mathrm{kg^2 s/m}}{(\rho_{\mathrm{p}}\ \mathrm{kg/m^3} - 1000\ \mathrm{kg/m^3})^2\ x^5\ \mathrm{m^5}}$$

(a) 알루미나 현탁액

$$t = \frac{2.96 \times 10^{-24}\ \mathrm{kg^2 s/m}}{(3980\ \mathrm{kg/m^3} - 1000\ \mathrm{kg/m^3})^2(200 \times 10^{-9})^5 \mathrm{m^5}} = 1042\ \mathrm{s} = 17.4\ \mathrm{min}$$

(b) 페인트에서 라텍스 입자

$$t = \frac{2.96 \times 10^{-24}\ \mathrm{kg^2 s/m}}{(1060\ \mathrm{kg/m^3} - 1000\ \mathrm{kg/m^3})^2\ (200 \times 10^{-9})^5\ \mathrm{m^5}} = 2.57 \times 10^6\ \mathrm{s} = 30\ \mathrm{day}$$

(c) 균질 우유

$$t = \frac{2.96 \times 10^{-24}\ \mathrm{kg^2 s/m}}{(780\ \mathrm{kg/m^3} - 1000\ \mathrm{kg/m^3})^2(150 \times 10^{-9})^5\ \mathrm{m^5}} = 8.06 \times 10^5 \mathrm{s} = 9.3\,\mathrm{day}$$

(d) 비균질 우유

$$t = \frac{2.96 \times 10^{-24}\ \text{kg}^2\text{s/m}}{(780\ \text{kg/m}^3 - 1000\ \text{kg/m}^3)^2 (1000 \times 10^{-9})^5\ \text{m}^5} = 61\text{s}$$

이들 특성 시간은 첫 번째 입자가 완전히 침강하는 시간과 가장 잘 일치한다. 모든 입자가 침강하는데 걸리는 시간은 용기의 높이에 좌우된다. 그럼에도 불구하고 모든 입자들이 부유 상태를 유지하려면 알루미나 현탁액은 왜 오랜 시간 혼합해야 하고, 라텍스 페인트는 왜 한 달 동안 교반해야 하며 또 우유는 냉장고에 1−2주일 있는 동안 크림 생성을 방지하기 위하여 왜 균질화하는지 그 이유를 알 수 있다.

예제 5.2 반데왈스와 EDL 힘

DLVO식, $F_T = \pi\epsilon\epsilon_o x \Psi_o^2 \kappa e^{-\kappa D}(Ax/24D^2)$을 사용하여 다음 조건에서 두 알루미나 입자와 두 기름방울에 대하여 총 입자간 힘(F_T) 대 입자간 분리거리(D)를 곡선으로 나타내라. 입자는 구형이고 지름이 $1\ \mu\text{m}$이며 0.01M NaCl을 함유한 물속에 부유하고 있다. 각 물질에 대하여 다음 세 가지 조건을 도표화하라: (a) IEP에서; (b) $\zeta = 30\ \text{mV}$로; (c) $\zeta = 60\ \text{mV}$로. 두 다른 물질의 거동에서 차이점을 설명하라. 어느 입자가 분산시키는데 더 용이하며 그 이유는?

풀이.

표면전위가 제타 전위와 같다고 가정한다($\Psi_o = \zeta$).
식 (5.10)을 사용하여 역 Debye 길이를 계산한다.

$$\kappa = 3.29\sqrt{[c]}\,(\text{nm}^{-1}) = 3.29\sqrt{0.01}\,(\text{nm}^{-1}) = 0.329(\text{nm}^{-1}) = 3.29 \times 10^8\,\text{m}^{-1}$$

물의 상대 유전율(ϵ)은 80이고 자유 공간의 유전율(ϵ_o)은 $8.854 \times 10^{-12}\ \text{C}^2/\text{J/m}$이다. 입자의 지름은 $1 \times 10^{-6}\,\text{m}$이다. 그러면

$$F_T = \pi 80 (8.854 \times 10^{-12}\text{C}^2/\text{J/m})(1 \times 10^{-6}\text{m})\,\Psi_o^2\,(3.29 \times 10^8\text{m}^{-1})\,e^{-(3.29 \times 10^8\text{m}^{-1})D} - \frac{A(1 \times 10^{-6}\text{m})}{24D^2}$$

$$F_T = (7.32 \times 10^{-7}\text{C}^2/\text{J/m})\,\Psi_o^2\,e^{-(3.29 \times 10^8\text{m}^{-1})D} - \frac{(1 \times 10^{-6}\text{m})A}{24D^2}$$

여기서 Ψ_o의 단위는 V이고 D는 m이다.
표 5.1로부터 Hamaker 상수(A)는:

알루미나 $A = 5.0 \times 10^{-20}\ \text{J}$
기름 $A = 0.4 \times 10^{-20}\ \text{J}$

따라서 알루미나의 경우

$$F_T = (7.32 \times 10^{-7}\text{C}^2/\text{J/m})\,\Psi_o^2\,e^{-(3.29 \times 10^8\text{m}^{-1})D} - \frac{(1 \times 10^{-6}\text{m})(5 \times 10^{-20}\text{J})}{24D^2}$$

$$F_T = (7.32 \times 10^{-7}\text{C}^2/\text{J/m})\,\Psi_o^2\,e^{-(3.29 \times 10^8\text{m}^{-1})D} - \frac{(5 \times 10^{-26}\text{Jm})}{24D^2}$$

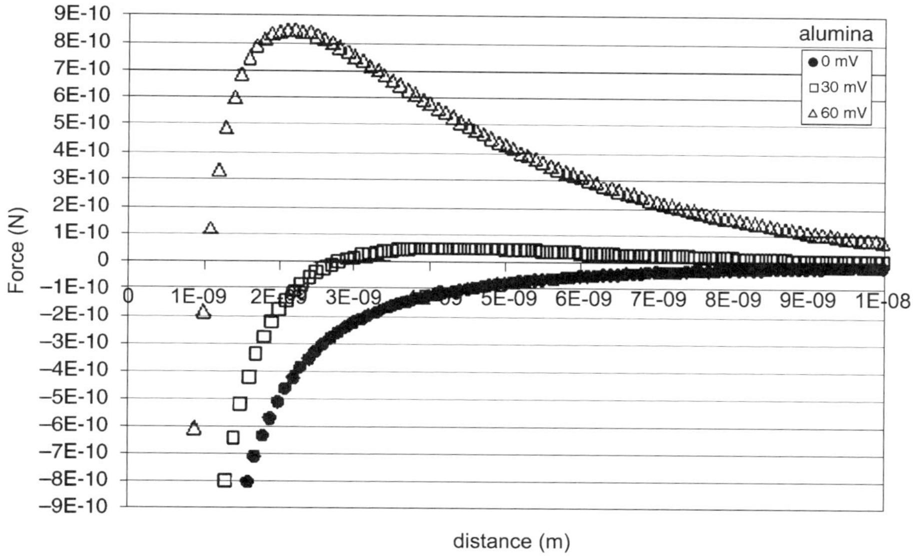

그림 5W2.1 알루미나 입자에 대한 힘 대 분리거리 곡선

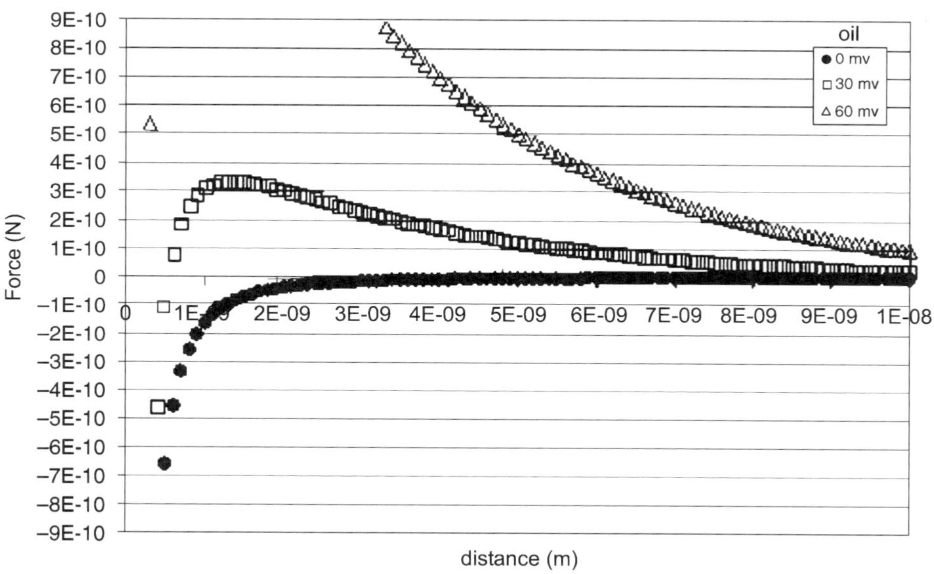

그림 5W2.2 기름방울에 대한 힘 대 분리거리 곡선

그리고 기름의 경우는

$$F_T = (7.32\times10^{-7}\,\mathrm{C^2/J/m})\,\Psi_o^2\,e^{-(3.29\times10^8\,\mathrm{m}^{-1})D} - \frac{(1\times10^{-6}\,\mathrm{m})(0.4\times10^{-20}\,\mathrm{J})}{24D^2}$$

$$F_T = (7.32\times10^{-7}\,\mathrm{C^2/J/m})\,\Psi_o^2\,e^{-(3.29\times10^8\,\mathrm{m}^{-1})D} - \frac{(0.4\times10^{-26}\,\mathrm{Jm})}{24D^2}$$

이들 식은 Excel, KG, 또는 Sigmaplot와 같은 표준 데이터 그리기 소프트웨어를 사용하여 곡선으로 그릴 수 있으나, 먼저 스프레드쉬트에 식을 적는 동안 단위와 전형적인 값들을 직접 조사하여 오차가 없도록 확인해야 한다.
단위 분석

$$F_T = \mathrm{C^2/J/m\,V^2 e^{m^{-1}\times m}} - \frac{\mathrm{Jm}}{\mathrm{m}^2} \qquad \text{여기서} \quad V = J/C$$

$$F_T = \mathrm{C^2/J/m\,J^2/C^2 e^{m^{-1}\times m}} - \frac{\mathrm{Jm}}{\mathrm{m}^2} \quad \text{따라서} \quad F_T = \mathrm{m^{-1}J} - \frac{\mathrm{J}}{\mathrm{m}} = \frac{\mathrm{J}}{\mathrm{m}} \quad \text{그리고} \quad \mathrm{J} = \mathrm{Nm}$$

따라서 F_T의 단위는 N으로 옳다.

그림 5W2.1과 5W2.2가 곡선으로 그린 결과이다.
두 물질사이 차이점은 알루미나의 Hamaker 상수가 기름보다 훨씬 크고 알루미나 입자들 사이 인력이 기름방울 사이보다 훨씬 강하다는 것이다. 따라서 기름방울은 30 mV 제타 전위로 정확히 안정화가 가능한 반면 알루미나가 30 mV 제타 전위를 가질 때는 입자들 사이에 여전히 인력이 남아있다. 이처럼 기름방울을 30 mV로 안정화할 수 있는 정도까지 알루미나를 안정화하려면 60 mV가 필요하다.

자율학습문제

5.1 콜로이드 입자의 전형적인 크기 범위는 얼마인가?

5.2 콜로이드 입자에 대해서 본체 힘보다 더 중요한 두 가지 영향은 무엇인가?

5.3 콜로이드 입자 현탁액에 미치는 Brown운동의 영향은 무엇인가?

5.4 한 쌍의 입자 사이에 표면력과 위치에너지 사이 관계는 무엇인가?

5.5 어떤 조건에서 반데왈스 상호작용이 끌어당길 것으로 기대할 수 있으며 또 어떤 조건에서 반데왈스 상호작용이 밀어낼 것으로 기대할 수 있는가? 어느 조건이 더 일반적으로 마주치는가?

5.6 표면 수산기란 무엇인가? 표면 이온화 반응은 무엇인가? 등전위점은 무엇인가?

5.7 같은 대전 입자들 사이에 작용하는 전기적 이중층 반발에 대한 물리적 근거는 무엇인가?

5.8 다리결합 응집이란 무엇인가? 어떤 형태의 고분자가 다리결합 인력을 유도하는데 가장 적합한가? 대체적으로 입자 표면에 고분자의 상대적 표면 피복이 얼마일 때 응집에 최적인가?

5.9 입체 반발이란 무엇인가? 어떤 형태의 고분자가 입체 반발을 유도하는데 가장 적합한가? 대체적으로 입자 표면에 고분자의 상대적 표면 피복이 얼마일 때 입체적 안정화에 최적인가?

5.10 DLVO 이론이란 무엇을 의미하는가?

5.11 미세입자가 전형적인 대기 조건에서 응집성이 있는 이유는? 공기로부터 모든 습도를 제거하면 무슨 일이 일어나겠는가?

5.12 기체에서 부유하고 있는 입자에게는 일어날 수 없는 무엇이 액체에서 부유하고 있는 입자에게 일어날 수 있는가?

5.13 반발 콜로이드 입자 현탁액은 침강에 의하여 액체로부터 경제적으로 분리할 수 없는 이유를 설명하라. 침강에 의하여 액체로부터 입자를 경제적으로 분리할 수 있도록 입자들이 응집할 때 변화하는 중요한 매개변수는 무엇인가?

5.14 입자간 상호 작용력은 현탁액 압밀에 어떠한 영향을 주는가?

5.15 고체 농도가 약 7부피% 이상으로 증가하면 현탁액 유변학의 Einstein 예측이 왜 잘 맞지 않는가?

5.16 강체구 현탁액이 전단 묽어짐을 나타내는 메카니즘은 무엇인가?

5.17 고체의 부피분율이 증가함에 따라 현탁액 점성은 어떻게 되는가?

5.18 반발력은 현탁액 유변학에 어떤 영향을 주는가?

5.19 인력은 현탁액 유변학에 어떤 영향을 주는가?

5.20 끄는 입자 그물조직에 전형적인 유변학적 거동의 세 가지 유형은 무엇인가?

5.21 끄는 입자 그물조직에서 전단 묽어짐을 나타내는 메카니즘은 무엇인가?

5.22 끄는 입자 그물조직의 유변학적 특성에 미치는 입자 크기의 영향을 설명하라.

5.23 이 장에서 설명한 개념이 나노입자로부터 제품을 생산하는데 어떻게 중요하다고 생각하는가?

연습문제

5.1 콜로이드 입자는 "분산"되거나 "응집"될 수 있다.
(a) 이들 두 가지 경우에 차이가 생기는 이유는 무엇인가? 입자간 상호 작용으로 답하라.
(b) 각 유형의 콜로이드 분산을 생성하는 방법을 최소한 두 가지 들고 설명하라.
(c) 분산의 두 가지 유형에서 거동의 차이점을 설명하라(유변학적 거동, 침강속도, 침전물층 특성을 포함하지만 이들에만 한정하지 말고)

5.2 (a) 콜로이드 입자에 대해서는 어떤 힘이 중요한가? 비콜로이드 입자에 대해서는 어떤 힘이 중요한가?
(b) 입자간 위치에너지와 입자간 힘 사이에는 어떤 관계가 있는가?
(c) 세 가지 유형의 유변학적 거동 중 어느 것이 끄는 입자 현탁액의 특성인가?

5.3 (a) 농축된 마이크로미터 크기의 강체구 현탁액에서 관찰되는 전단 묽어짐 거동의 근거가 되는 메카니즘을 설명하라.

(b) 강체구 상호 작용을 제외하고 (a)에서와 같은 현탁액을 생각하자. 입자들은 등전점에 있을 때처럼 강한 인력으로 상호 작용한다. 이 경우에 관찰되는 전단 묽어짐 거동에 대한 메카니즘을 설명하라.

(c) (a)와 (b)에서 설명한 두 현탁액의 거동을 비교하여 상대 점도의 도식적인 곡선(대수-대수)을 전단속도의 함수로 그려라. 낮은 전단속도점도의 상대적 크기를 반드시 표시하라.

(d) 두 가지 입자의 현탁액을 생각하자. 입자 모양을 제외한 모든 인자가 같다. 한 현탁액은 구형입자이며 다른 현탁액은 쌀과 같이 막대기 모양의 입자이다.
  (i) 어느 현탁액의 점도가 더 높겠는가?
  (ii) 현탁액 점도에 영향을 미치는 입자의 모양이 두 가지 물리적 매개변수 중 어느 것에 영향을 주는가?

5.4 (a) 응집된 무기물 현탁액(5 μm 보다 작은)에서 생성된 침전물의 투과도가 분산된 상태에서 침강한 같은 무기물 현탁액 침전물의 투과도보다 더 큰 이유를 설명하라.
(b) 미세한 점토 입자(지름이 약 0.15 μm)가 비 때문에 농부의 땅에서 강으로 씻겨 들어간다.
  (i) 입자가 부유 상태를 유지하면서 빠르게 흘러가는 깨끗한 물속에서 하류로 이동하는

이유를 설명하라.

(ii) 강이 바다로 흘러 들어갈 때 점토는 어떻게 되는지 설명하라.

5.5 0.005 M NaCl 용액에서 고체가 40부피%일 때 150 nm의 실리카 현탁액에 대한 유효 부피분율을 계산하라.

(답 : 0.473)

5.6 당신이 고분자를 공급하는 회사에서 폴리아크릴산(PAA)을 판매하는 판매 전문기술자라고 하자. PAA는 물에 녹는 음이온성(음으로 대전된 고분자)이며 분자량이 10,000, 100,000, 1,000,000, 10,000,000인 제품이 나온다. 두 고객이 있는데 첫째 고객은 세라믹을 생산하는데 0.8 μm 의 알루미나를 사용한다. 이 고객은 고체가 40부피%인 현탁액의 점도를 줄이고 싶어 한다. 둘째 고객은 폐수로부터 0.8 μm 의 알루미나를 제거한다. 물속에는 알루미나가 약 2부피% 들어있으며 침강에 의해서 제거하려고 한다. 당신은 각 고객에게 무엇을 추천하겠는가? PAA가 사용하기에 적합한 물질이라면 어느 분자량을 얼마나 사용해야 하는가? 그림 5E6.1은 분자량이 각각 다른 PAA에 대한 흡착 등온선을 나타낸다.

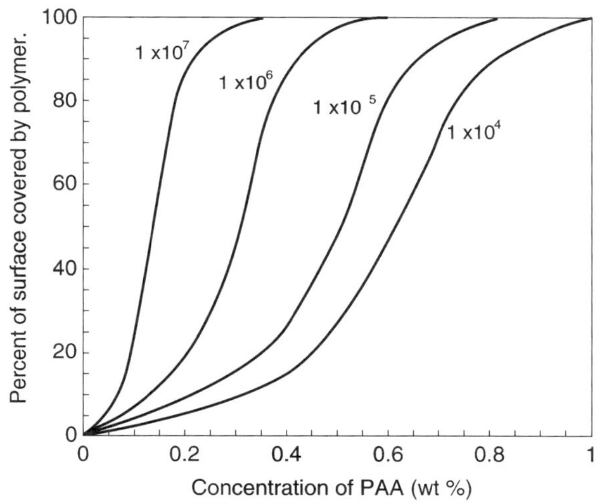

그림 5E6.1 여러 분자량의 PAA에 대한 흡착등온선

5.7

(a) 근사적으로 마이크로미터 크기 입자의 강체구 현탁액에 대하여 고체농도가 40, 45, 50 및 55부피%일 때 전형적인 $\log \mu$ 대 $\log \dot{\gamma}$ 곡선을 그려라.

(b) 전형적인 강체구 현탁액의 낮은 전단 점도에 대하여 상대점도(μ_s/μ_l) 대 부피분율 곡선을 그려라.

입자 충전층을 통한 유체 흐름

06
Chapter

6.1 압력강하–흐름 관계

6.1.1 층류 흐름

19세기에 Darcy(1856)는 모래 충전층을 통한 물의 흐름이 다음의 관계에 의하여 지배된다는 것을 관찰하였다:

$$[\text{압력구배}] \propto [\text{액체속도}] \qquad \text{또는} \qquad \frac{(-\Delta p)}{H} \propto U \tag{6.1}$$

여기서 U는 충전층을 통한 유체의 공탑속도(superficial velocity)이고 $(-\Delta p)$는 높이가 H인 층에서 마찰 압력강하이다.(공탑속도 = 유체의 부피유량/층의 단면적, Q/A)

고체 입자 충전층을 통한 유체의 흐름은 관을 통한 유체의 흐름으로 분석할 수 있다. 출발점은 관을 통한 층류 흐름에 대한 Hagen-Poiseuille식이다:

$$\frac{(-\Delta p)}{H} = \frac{32\mu U}{D^2} \tag{6.2}$$

여기서 D는 관의 지름이고 μ는 유체의 점도이다.

충전층을 상당길이가 H_e인 굴곡 경로를 따라서 U_i의 속도로 유체가 흘러가는 상당지름이 D_e인 수많은 관에 상당한다고 생각하자. 그러면, 식 (6.2)로부터,

$$\frac{(-\Delta p)}{H_e} = K_1 \frac{\mu U_i}{D_e^2} \tag{6.3}$$

U_i는 충전층의 틈새를 통한 유체의 실제 속도이며 공탑속도와는 다음의 관계가 성립한다.

$$U_i = \frac{U}{\epsilon} \tag{6.4}$$

여기서 ϵ은 충전층의 공극률이다.(실제속도와 공탑속도에 관한 논의는 8.1.4절을 참고하라.)

관의 경로가 굴곡져 있지만, 실제 길이는 층의 길이에 비례한다고 가정할 수 있다.

$$H_e = K_2 H \tag{6.5}$$

관의 상당지름은 다음과 같이 정의한다.

$$\frac{4 \times \text{흐름면적}}{\text{젖음 둘레}}$$

여기서 흐름면적은 ϵA이며, A는 층을 유지하고 있는 용기의 단면적이다. 젖음 둘레(wetted perimeter)는 $S_B A$와 같으며, S_B는 층의 단위 부피 당 입자의 표면적이다.

이렇게 되는 것은 관 흐름을 비교하면 증명할 수 있다:

$$\text{층에서 전체 입자의 표면적} = S_B A H$$

$$\text{관에 대해서, 젖음 둘레} = \frac{\text{젖은 표면}}{\text{길이}} = \frac{\pi D L}{L}$$

$$\text{따라서 충전층에서, 젖음 둘레} = \frac{S_B A H}{H} = S_B A$$

이제 S_v를 입자 단위 부피 당 표면적이라고 하면,

$$\left[\frac{\text{입자의 표면적}}{\text{입자의 부피}}\right] \times \left[\frac{\text{입자의 부피}}{\text{층의 부피}}\right] = \left[\frac{\text{입자의 표면적}}{\text{층의 부피}}\right] \text{이므로}$$

$$S_v (1-\epsilon) = S_B \tag{6.6}$$

따라서 상당지름은

$$D_e = \frac{\epsilon A}{S_B A} = \frac{\epsilon}{S_v (1-\epsilon)} \tag{6.7}$$

식 (6.4), (6.5) 및 (6.7)을 식 (6.3)에 대입하면:

$$\frac{(-\Delta p)}{H} = K_3 \frac{(1-\epsilon)^2}{\epsilon^3} \mu U S_v^2 \tag{6.8}$$

여기서 $K_3 = K_1 K_2$ 이다. 식 (6.8)은 불규칙하게 충전한 입자층을 통한 층류 흐름에 적용되는 Carman-Kozeny식으로 알려져 있다[Carman과 Kozeny의 업적을 기려(Carman, 1937; Kozeny, 1927, 1933)]. 상수 K_3는 입자의 모양과 표면 특성에 의존하며, 실험에 의하여 약 5의 값을 갖는 것으로 밝혀졌다. $K_3 = 5$를 취하면, 지름이 x인 단일 크기의 구$(S = 6/x)$를 불규칙하게 충전한 충전층을 통한 층류 흐름에 대하여 Carman-Kozeny식은

$$\frac{(-\Delta p)}{H} = 180\ \frac{\mu U}{x^2}\ \frac{(1-\epsilon)^2}{\epsilon^3} \tag{6.9}$$

이 식은 Carman-Kozeny식이 인용되는 가장 일반적인 형태이다.

6.1.2 난류 흐름

지름이 x인 단일 크기의 구를 불규칙하게 충전한 충전층을 통한 난류 흐름에 대하여 대응하는 식은 ;

$$\frac{(-\Delta p)}{H} = 1.75\ \frac{\rho_f U^2}{x}\ \frac{(1-\epsilon)}{\epsilon^3} \tag{6.10}$$

6.1.3 난류와 층류 흐름에 대한 일반식

넓은 범위의 입자 크기와 모양을 다룬 수많은 실험 데이터를 근거로 하여, Ergun(1952)은 모든 흐름 조건에 대하여 다음과 같은 일반식을 제안하였다:

$$\frac{(-\Delta p)}{H} = \underbrace{150\frac{\mu U}{x^2}\frac{(1-\epsilon)^2}{\epsilon^3}}_{\text{[층류 성분]}} + \underbrace{1.75\frac{\rho_f U^2}{x}\frac{(1-\epsilon)}{\epsilon^3}}_{\text{[난류 성분]}} \tag{6.11}$$

이 식은 지름이 x인 구형입자를 불규칙하게 충전한 충전층을 통한 흐름에 적용되는 Ergun 식으로 알려져 있다. Ergun식은 압력 구배의 층류와 난류 성분을 더하기로 결합한 것이다. 층류 조건에서는 첫째 항이 지배하고 이 식은 Carman-Kozeny식[식 (6.9)]으로 줄어드나, 상수는 180대신 150을 사용한다(상수 값의 차이는 대체로 입자의 모양과 충전의 차이에 기인한다). 층류 흐름에서 압력 구배는 유체의 공탑 속도에 따라 직선적으로 증가하고 입자의 밀도와는 무관하다. 난류 흐름 조건에서는 두 번째 항이 지배적이다; 압력 구배는 공탑 속도의 제곱에 비례하여 증가하고 유체 점도와는 무관하다. 식 (6.12)에서 정의한 Reynolds수로 Re^*가 10보다 작은 경우에 완전한 층류 조건이 존재하고 Reynolds수가 약 2000보다 클 때 완전한 난류 흐름이 존재한다.

$$Re^* = \frac{x U \rho_f}{\mu(1-\epsilon)} \tag{6.12}$$

실제로, Ergun식은 모든 범위의 흐름 조건에서 충전층의 압력 구배를 예측하기 위하여 자주 사용된다. 실제 문제는 뒤에 나오는 예제와 연습문제에서 다룬다.

Ergun은 또한 충전층을 통한 흐름을 식 (6.13)으로 정의된 마찰계수로 나타내었다 :

$$\text{마찰계수,} \quad f^* = \frac{(-\Delta p)}{H} \frac{x}{\rho_f U^2} \frac{\epsilon^3}{(1-\epsilon)} \tag{6.13}$$

(이 마찰계수를 관 흐름에 대한 Fanning의 마찰계수와 비교해 보라.)

그러면 식 (6.11)은 다음과 같이 된다(그림 6.1 참조).

$$f^* = \frac{150}{Re^*} + 1.75 \tag{6.14}$$

$$Re^* < 10 \text{ 일 경우, } f^* = \frac{150}{Re^*} \quad ; \quad Re^* > 2000 \text{ 일 경우, } f^* = 1.75$$

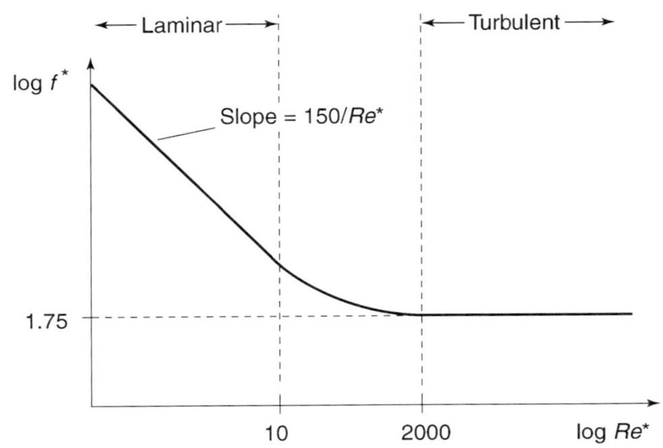

그림 6.1 구 충전층을 통한 유체 흐름에서 마찰계수 대 Reynolds수 도표

6.1.4 구형이 아닌 입자

Ergun식과 Carman-Kozeny식은 x를 문제의 입자와 부피에 대한 표면적 비가 같은 구의 지름 x_{sv}로 대체하면 구형이 아닌 입자에도 적용된다. x_{sv}를 사용하면 비표면적 S(입자의 단위 부피 당 입자의 표면적)의 정확한 값을 구할 수 있다. 이것의 타당성은 식 (6.8)을 상기하면 분명해진다. 따라서 일반적으로 표면적-부피 지름이 x_{sv}인 입자가 불규칙하게 충전된 충전층을 통한 흐름에 대한 Ergun식은 다음과 같다.

$$\frac{(-\Delta p)}{H} = 150 \frac{\mu U}{x_{sv}^2} \frac{(1-\epsilon)^2}{\epsilon^3} + 1.75 \frac{\rho_f U^2}{x_{sv}} \frac{(1-\epsilon)}{\epsilon^3} \tag{6.15}$$

그리고 표면적-부피 지름이 x_{sv}인 입자가 불규칙하게 충전된 충전층을 통한 층류 흐름에 대한 Carman-Kozeny식은 다음과 같다:

$$\frac{(-\Delta p)}{H} = 180 \frac{\mu U}{x_{sv}^2} \frac{(1-\epsilon)^2}{\epsilon^3} \tag{6.16}$$

층 내의 입자가 단일 크기가 아니면 1장에서 보인 것처럼 이들 식에 보정한 평균 크기인 표면적-부피 평균 지름 $\bar{x}_{sv}$를 사용한다.

6.2 여 과

6.2.1 개요

입자 충전층을 통한 흐름에 대하여 위에서 분석한 내용을 응용한 한 예로서 케이크 여과를 간단히 생각해보자. 케이크 여과는 액체 현탁액으로부터 고체입자를 분리하기 위하여 산업에 널리 사용되고 있다. 케이크 여과에서는 보통 천으로 짜진 직물 형태의 여과매체인 다공성 표면 위에 입자 층 즉 '케이크'가 축적된다. 케이크 여과에서 매체의 세공 크기는 여과하려는 입자의 크기보다 작다. 이 여과 공정은 시간에 따라 깊이가 증가하는 입자 충전층을 통한 유체의 흐름으로 분석할 수 있다. 실제로는 케이크의 공극률이 시간에 따라 변할 수 있다. 그러나 케이크의 공극률이 일정한 경우, 즉 비압축성 케이크를 먼저 생각해보자.

6.2.2 비압축성 케이크

먼저 여과매체를 무시하고 케이크만을 고려하면, 액체 흐름에 대한 압력강하의 관계는 Ergun식[식 (6.15)]으로 설명된다. 공업에 보통 사용되는 입자의 크기와 액체 흐름의 범위 및 특성들이 층류를 나타내기 때문에 두 번째 항(난류 항)이 소거된다. 주어진 슬러리(고정된 입자 특성)에 대하여 생성된 케이크 저항은 다음과 같이 정의한다.

$$\text{케이크 저항, } r_c = \frac{150}{x_{sv}^2} \frac{(1-\epsilon)^2}{\epsilon^3} \tag{6.17}$$

따라서 식 (6.15)는

$$\frac{(-\Delta p)}{H} = r_c \mu U \tag{6.18}$$

만일 V를 t시간 동안 통과한 여액(액체)의 부피라 하면 dV/dt는 시간 t에서 여액의 순간 부피 유량이다. 그러면,

$$\text{시간 } t\text{에서 여액의 공탑속도, } U = \frac{1}{A} \frac{dV}{dt} \tag{6.19}$$

각 단위 부피의 여액이 특정한 양의 입자를 침적시켜 특정한 부피의 케이크를 생성한다고 가정하자. 단위 부피의 여액이 통과하여 생성된 케이크의 부피를 ϕ로 나타낸다.

$$\phi = \frac{HA}{V} \tag{6.20}$$

따라서 식 (6.18)은

$$\frac{dV}{dt} = \frac{A^2(-\Delta p)}{r_c \mu \phi V} \tag{6.21}$$

정속여과

만일 여과속도 dV/dt가 일정하면, 여과 케이크를 통한 압력강하는 통과한 여액의 부피 V에 비례하여 증가할 것이다.

정압여과

만일 $(-\Delta p)$가 일정하면,

$$\frac{dV}{dt} \propto \frac{1}{V}$$

또는 식 (6.21)을 적분하면,

$$\frac{t}{V} = C_1 V \tag{6.22}$$

여기서

$$C_1 = \frac{r_c \mu \phi}{2A^2(-\Delta p)} \tag{6.23}$$

6.2.3 여과매체의 저항

흐름에 대한 전체 저항은 케이크 저항과 여과 매체 저항의 합이다. 따라서,

[전체 압력강하] = [매체에서 압력강하] + [케이크에서 압력강하]

$$(-\Delta p) = (-\Delta p_m) + (-\Delta p_c)$$

만일 여과매체를 깊이가 H_m이고 저항이 r_m인 충전층으로 가정하고 Carman-Kozeny식을 따른다고 하면,

$$(-\Delta p) = \frac{1}{A}\frac{dV}{dt}(r_m \mu H_m + r_c \mu H_c) \tag{6.24}$$

매체 저항은 보통 케이크의 상당두께, H_{eq}로 나타낸다.

$$r_m H_m = r_c H_{eq}$$

따라서 식 (4.20)과 결합하면,

$$H_{eq} = \frac{\phi V_{eq}}{A} \tag{6.25}$$

여기서 V_{eq}는 두께 H_{eq}만큼의 케이크를 생성하기 위하여 통과해야 하는 여액의 부피이다. 여액의 부피 V_{eq}는 현탁액과 여과매체의 특성에만 의존한다.

식 (6.24)는

$$\frac{1}{A}\frac{dV}{dt} = \frac{(-\Delta p)A}{r_c \mu (V + V_{eq})\phi} \tag{6.26}$$

가장 일반적인 경우로, 일정한 압력강하에서 운전을 고려하여 식 (6.26)을 적분하면 다음과 같다.

$$\frac{t}{V} = \frac{r_c \phi \mu}{2A^2(-\Delta p)} V + \frac{r_c \phi \mu}{A^2(-\Delta p)} V_{eq} \tag{6.27}$$

6.2.4 케이크 세척

여과에서 분리한 고체입자는 세공으로부터 여액을 제거하기 위하여 자주 세척해야 한다. 입자 사이의 공간을 차지하고 있는 많은 여액은 깨끗한 용매가 케이크를 통과하면서 대체되어 제거할 수 있다. 케이크 내에서 접근이 덜 용이한 영역에 있는 여액과 입자 내부 세공으로부터 여액은 세척수 쪽으로 확산에 의하여 제거가 이루어진다. 그림 6.2는 케이크를 떠나는 세척 용매에서 여액의 농도가 통과한 세척 용매의 부피에 따라 전형적으로 어떻게 변하는가를 보여준다.

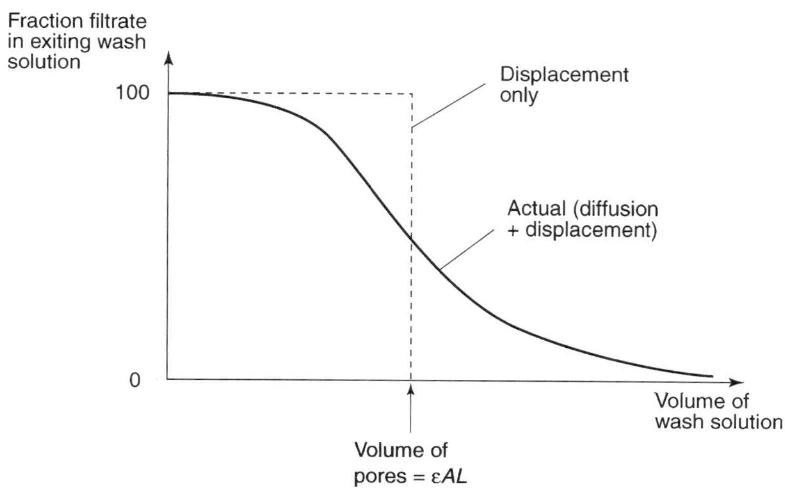

그림 6.2 여과 케이크의 세척 도중 여액의 제거

6.2.5 압축성 케이크

실제로 많은 물질들은 압축성 여과 케이크를 생성한다. 압축성 케이크는 케이크 저항 r_c가 압력 차($-\Delta p$)에 따라 증가하는 케이크이다. r_c의 변화는 주로 케이크 공극률의 영향에 기인한다[식 (6.17) 참고]. 케이크에서 입자에 미치는 유체 항력이 층을 통하여 전달되는 힘을 야기한다. 층의 깊은 곳에 있는 입자들은 위쪽의 입자들에 작용한 힘의 합력을 받게 된다. 입자에 작용한 힘은 입자의 충전을 더 조밀하게 하여 케이크 공극률이 감소한다. 유연한 입자의 경우에는 입자의 모양과 크기가 변할 수 있으며 더불어 케이크 저항이 증가한다.

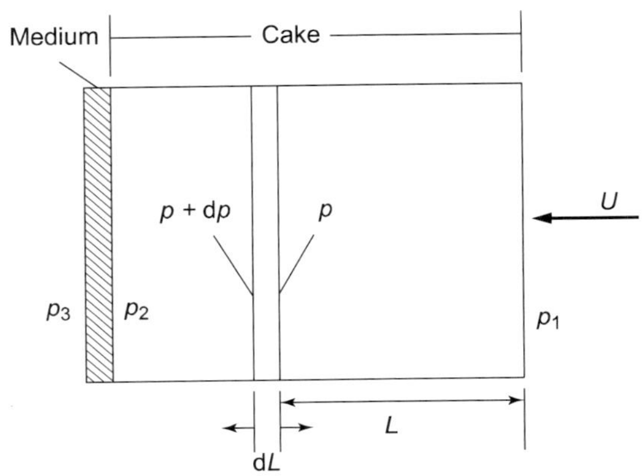

그림 6.3 압축성 케이크에 대한 압력강하-흐름 관계 분석

그림 6.3을 보면, 액체는 두께가 H인 여과 케이크를 공탑속도 U로 흘러 통과한다. 두께가 dL이고 압력강하가 dp인 여과 케이크의 요소를 생각해 보자. 이 요소를 통한 흐름에 Carman-Kozeny식[식 (6.18)]을 적용하면,

$$-\frac{dp}{dL} = r_c \mu U \tag{6.28}$$

여기서 r_c는 이 케이크 요소의 저항이다. 압축성 케이크에서, r_c는 케이크의 상류 표면과 요소 사이 압력차의 함수이다(즉 그림 6.3에서 $p_1 - p$).

$$p_s = p_1 - p \tag{6.29}$$

라 하면

$$-dp = dp_s \tag{6.30}$$

식 (6.28)은

$$\frac{dp_s}{dL} = r_c \mu U \tag{6.31}$$

실제로 r_c 와 p_s 사이 관계는 식 (6.29)를 설계에 사용하기 전에 실험실 실험에서 결정해야 한다.

6.3 참고도서

충전층을 통한 유체 흐름과 여과에 관하여 더 상세하게 알고 싶은 독자는 다음 도서를 참고하기 바란다.

Coulson, J. M. and Richardson, J. R.(1991), Chemical Engineering, Vol. 2, "Particle Technology and Separation Processes", 5th Edition, Pergamon, Oxford.

Perry, R. H. and Green, D. (eds) (1984), "Perry's Chemical Engineering Handbook", 6th or later editions, McGraw-Hill, New York.

6.4 예제

예제 6.1

밀도가 2590 kg/m^{3}인 유리입자 3.6 kg으로 이루어진 깊이가 0.475 m이고 지름이 0.0757 m인 충전층을 통하여 물이 흐른다. 200 − 1200 cm^3/min의 범위에서 물의 유량에 따른 층에서 마찰 압력손실의 변화를 표 6W1.1의 첫 번째와 두 번째 열에 나타내었다.

(a) 흐름이 층류임을 증명하라.

(b) 입자의 평균 표면적-부피 지름을 추산하라.

(c) 관련된 Reynolds수를 계산하라.

표 6W1.1

Water flow rate (cm^3/min)	Pressure drop (mmHg)	U (m/s × 10^4)	Pressure drop (Pa)
200	5.5	7.41	734
400	12.0	14.81	1600
500	14.5	18.52	1935
700	20.5	25.92	2735
1000	29.5	37.00	3936
1200	36.5	44.40	4870

풀이.

(a) 먼저 물의 부피유량을 공탑 속도로 변환하고 압력강하를 mmHg에서 Pa 단위로 변환한다. 이 값들을 표 6W1.1의 세 번째와 네 번째 열에 나타낸다.

층의 공극률과 유체 점도가 일정하다고 가정하고, 흐름이 층류이면 충전층에서 압력구배가 공탑속도에 따라 선형으로 증가해야 한다. 층류 조건에서 Ergun식[식 (6.15)]은 다음과 같이 줄어든다.

$$\frac{(-\Delta p)}{H} = 150\frac{\mu U}{x_{sv}^2}\frac{(1-\epsilon)^2}{\epsilon^3}$$

그리고 층 깊이 H와 물의 점도 μ 및 충전층 공극률 ϵ이 일정하다고 가정할 수 있기 때문에, $(-\Delta p)$를 U에 대하여 도시하면 직선이 얻어지고 그 기울기는

$$150\frac{\mu H}{x_{sv}^2}\frac{(1-\epsilon)^2}{\epsilon^3}$$

이것을 그림 6W1.1에 나타낸다. 데이터 점들이 직선상에 잘 위치하며 층류 흐름을 확인할 수 있다. 직선의 기울기는 1.12×10^6 Pa·s이고 따라서:

$$150\frac{\mu H}{x_{sv}^2}\frac{(1-\epsilon)^2}{\epsilon^3} = 1.12\times 10^6\ \mathrm{Pa{\cdot}s/m}$$

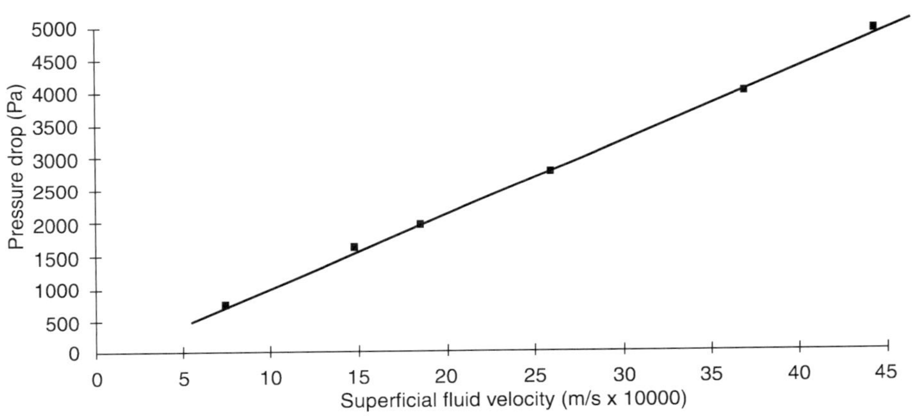

그림 6W1.1 충전층에서 압력강하 대 유체의 공탑속도 곡선

(b) 층에서 입자의 질량과 입자의 밀도 및 층의 부피를 알기 때문에 공극률을 계산할 수 있다:

$$\text{층의 질량} = AH(1-\epsilon)\rho_p$$

$$\text{따라서 } \epsilon = 0.3497$$

직선의 기울기를 나타내는 식에 $\epsilon = 0.3497$, $H = 0.475$ m 및 $\mu = 0.001$ Pa·s을 대입하면,

$$x_{sv} = 792\ \mu\mathrm{m}$$

(c) 관련된 Reynolds수는 $Re^* = \dfrac{xU\rho_f}{\mu(1-\epsilon)}$ [식 (6.12)]이며 $Re^* = 5.4$를 얻는다(최대속도를 사용할 경우). 이 값은 층류 흐름에 대한 한계값(10)보다 작으며, 층류에 대한 또 다른 확증이 된다.

예제 6.2

면적이 0.5 m^2인 입상여과기(leaf filter)를 500 kPa의 일정한 압력강하에서 운전한다. 비압축성 여과 케이크를 생성하는 물속의 슬러리에 대하여 다음과 같은 시험 결과를 얻었다:

Volume of filtrate collected(m^3)	0.1	0.2	0.3	0.4	0.5
Time (s)	140	360	660	1040	1500

다음을 계산하라:

(a) 700 kPa의 일정한 압력강하에서 0.8 m^3의 여액을 수집하는데 필요한 시간.

(b) 400 kPa의 압력강하에서 물 0.3 m^3으로 생성된 케이크를 세척하는데 필요한 시간.

풀이.

정압 여과에 대한 식 (6.27)을 사용한다. 이 식은 V에 대하여 t/V를 도시하면 직선의 기울기는 $\dfrac{r_c \phi \mu}{2A^2(-\Delta p)}$이 되고 t/V축에서 절편은 $\dfrac{r_c \phi \mu}{A^2(-\Delta p)} V_{eq}$임을 나타낸다.

문제에 주어진 데이터를 이용하면:

$V(\mathrm{m}^3)$	0.1	0.2	0.3	0.4	0.5
$t/V(\mathrm{s/m}^3)$	1400	1800	2200	2600	3000

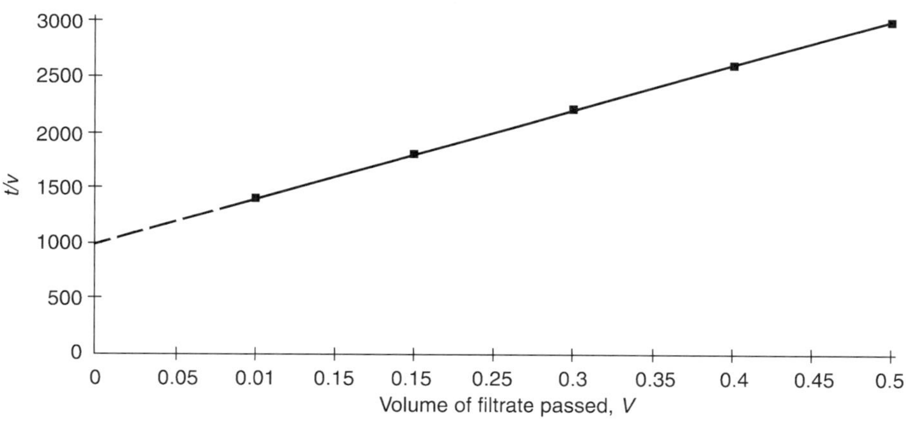

그림 6W2.1 t/V 대 V 곡선

이것을 그림 6W2.1에 도시한다. 그림으로부터,

$$\text{기울기} = 4000\mathrm{s/m}^6$$

$$\text{절편} = 1000\mathrm{s/m}^3$$

$$\text{따라서} \quad \frac{r_c \phi \mu}{2A^2(-\Delta p)} = 4000$$

$$\frac{r_c \phi \mu}{A^2(-\Delta p)} V_{eq} = 1000$$

$A = 0.5\ \mathrm{m}^2$ 과 $(-\Delta p) = 500 \times 10^3\ \mathrm{Pa}$을 대입하면,
$r_c \phi \mu = 1 \times 10^9\ \mathrm{Pa \cdot s/m^2}$ 와 $V_{eq} = 0.125\ \mathrm{m}^3$ 을 얻는다.
식 (6.27)에 대입하면,

$$\frac{t}{V} = \frac{0.5 \times 10^9}{(-\Delta p)}(4V + 1)$$

이 식은 어느 압력강하에서나 같은 여과기에서 같은 슬러리의 여과에 적용된다.

(a) 700 kPa의 압력강하에서 0.8 m^3의 여액을 통과시키는데 필요한 시간을 계산하기 위하여, $V = 0.8\ \mathrm{m}^3$ 과 $(-\Delta p) = 700 \times 10^3\ \mathrm{Pa}$ 를 위의 식에 대입하면 다음을 얻는다.

$$t = 2400\ \mathrm{s}\ (\text{또는 } 40\mathrm{min})$$

(b) 여과를 하는 동안 케이크 두께는 연속적으로 증가한다. 그리고 압력 강하가 일정하기 때문에 여액의 부피 유량은 연속적으로 감소할 것이다. 여과속도는 식 (6.26)으로 주어진다. 여과 기간의 마지막에 통과한 여액의 부피($V = 0.8\ \mathrm{m}^3$), $r_c \phi \mu = 1 \times 10^9\ \mathrm{Pa \cdot s/m^2}$, $V_{eq} = 0.125\ \mathrm{m}^3$ 및 $(-\Delta p) = 700 \times 10^3\ \mathrm{Pa}$을 대입하면 여과기간의 마지막에 여과속도 $dV/dt = 1.89 \times 10^{-4}\ \mathrm{m^3/s}$ 을 얻는다.
세척수가 여액과 같은 물리적 특성을 갖는다고 가정하면, $(-\Delta p) = 700 \times 10^3\ \mathrm{Pa}$의 압력강하에서 세척기간 동안에 세척 속도 또한 $1.89 \times 10^{-4}\ \mathrm{m^3/s}$ 이다. 그러나, 세척 사이클 동안에 가한 압력 강하는 400 kPa이다. 식 (4.26)에 의하면 액체 유량은 가한 압력 강하에 비례한다. 따라서

$$\text{세척수 유량(400 kPa에서)} = 1.89 \times 10^{-4} \times \left(\frac{400 \times 10^3}{700 \times 10^3}\right) = 1.08 \times 10^{-4}\ \mathrm{m^3/s}$$

따라서 이 속도로 0.3 m^3/s의 세척수를 통과시키는데 필요한 시간은 2778 s (또는 46.3 min)이다.

자율학습문제

6.1 입자 충전층을 통한 유체 흐름에서 Reynolds수가 낮은 경우(<10)에 층을 통한 마찰 압력강하는 다음 변수들에 따라 어떻게 변하는가?

(a) 공탑속도 (b) 입자크기 (c) 유체 밀도 (d) 유체 점도 (e) 공극률

6.2 입자 충전층을 통한 유체 흐름에서 Reynolds수가 높은 경우(>500)에 층을 통한 마찰 압력강하는 다음 변수들에 따라 어떻게 변하는가?

(a) 공탑속도 (b) 입자크기 (c) 유체 밀도 (d) 유체 점도 (e) 공극률

6.3 Ergun식에 사용하는 올바른 평균입자지름은 어느 것인가? 이 지름은 부피분포로부터 어떻게 유도할 수 있는가?

6.4 비압축성 케이크를 생성하고 압력강하가 일정한 여과에서 여액의 유량은 시간에 따라 어떻게 변하는가?

연습문제

6.1 밀도가 2500 kg/m^{3}인 고체 입자의 충전층이 단면적이 0.04 m^{2}인 용기에서 1 m의 깊이를 차지한다. 층의 고체 질량은 50 kg이고 입자의 표면적-부피 평균 지름은 1 mm이다. 밀도가 800 kg/m^{3}이고 점도가 0.002 Pa·s인 액체가 상부 표면을 고정시킨 층을 통하여 위쪽으로 흐른다.

(a) 층의 공극률(공간이 차지한 부피 분율)을 계산하라.

(b) 액체의 부피 유량이 1.44 m^3/h일 때 층의 마찰 압력강하를 계산하라.

[답 : (a) 0.50; (b) 6560 Pa (Ergun)]

6.2 밀도가 2000 Kg/m^{3}인 고체 입자의 충전층이 내경이 0.1 m인 원통형 용기에서 0.6 m의 깊이를 차지한다. 층의 고체 질량은 5 kg이고 입자의 표면적-부피 평균 지름은 300 μm이다. 물(밀도가 1000 kg/m^{3}이고 점도가 0.001 Pa·s)이 층을 통하여 위쪽으로 흐른다.

(a) 충전층의 공극률은 얼마인가?

(b) 층의 압력강하가 4130 Pa일 때 액체의 공탑속도를 계산하라.

[답 : (a) 0.4692; (b) 1.15 mm/s (Ergun)]

6.3 지름이 2 m인 기체 흡수탑이 5 m 높이까지 세라믹 Raschig ring이 불규칙하게 충전되어 있다. 미량의 이산화황을 함유하고 있는 공기가 6 m^3/s의 속도로 흡수탑을 위쪽으로 통과한다. 기체의 점도와 밀도는 각각 1.80×10^{-5} Pa·s와 1.2 kg/m^{3}으로 취할 수 있다. 충전물에 관한 상세한 자료는 아래에 주어져 있다:

세라믹 Raschig ring

충전층 단위 부피 당 표면적, $S_B = 190\ \mathrm{m}^2/\mathrm{m}^3$;

충전층의 공극률 = 0.71

(a) Raschig ring과 같은 표면적-부피 비를 갖는 구의 지름, d_{sv}를 계산하라.

(b) 탑에서 충전물을 통한 마찰 압력강하를 계산하라.
(c) 이 압력강하가 인용된 유량의 ±10% 이내에서 기체의 유량에 따라 어떻게 변하는지에 대하여 설명하라.
(d) 충전물을 통한 압력강하가 기체의 압력과 온도에 따라 어떻게 변하는지 설명하라.

[답 : (a) 9.16 mm; (b) 3460 Pa; (c)와 (d) 난류가 지배적임을 이용하라]

6.4 밀도가 1100 kg/m^{3}이고 점도가 2×10^{-3} Pa·s 인 용액이 중력 하에서 촉매 입자층을 통하여 0.24 kg/s의 속도로 흐르고 있다. 층의 지름은 0.2 m이고 깊이는 0.5 m이다. 입자는 원통형으로 지름이 1 mm이고 길이가 2 mm이다. 입자는 느슨하게 충전되어 공극률이 0.3이다. 층의 맨 꼭대기 위로부터 액체의 깊이를 계산하라.(힌트 : 층의 바닥과 액체의 표면 사이에 기계적 에너지 식을 적용하라.)

[답 : 0.716 m]

6.5 이온교환수지의 재생에서, 밀도가 1200 kg/m^{3}이고 점도가 2×10^{-3} Pa·s 인 염산이 지름이 4 cm인 관에 다공성 지지체 위에 충전된 밀도가 2500 kg/m^{3}인 수지 입자층을 통하여 위쪽으로 흐른다. 입자는 구형이며, 지름이 0.2 mm이고 공극률이 0.5인 층을 이룬다. 층의 깊이는 60 cm이고 상부 표면은 고정되어 있지 않다. 층에서 마찰 압력 강하를 0.1 L/min까지 산 유량의 함수로 도시하라.

[답 : 압력 강하는 3826 Pa까지 직선적으로 증가하며, 이 점을 넘어서 층은 유동화되고 이 압력강하를 유지한다(7장 참조)]

6.6 촉매 개질 반응기에 지름이 1.46 mm인 구형 촉매입자가 들어있다. 반응기의 충전 부피는 3.4 m^{3}이고 공극률은 0.45이다. 반응기에는 밀도가 30 kg/m^{3}이고 점도가 2×10^{-5} Pa·s 인 기체가 11320 m^3/h의 속도로 공급된다. 기체의 특성은 일정하다고 가정할 수 있다. 반응기를 통한 압력 손실은 68.95 kPa로 한정되어 있다. 흐름에 필요한 단면적과 층 깊이를 계산하라.

[답 : 면적 = 4.78 m^2; 깊이 = 0.711 m]

6.7 면적이 2 m^{2}인 입상여과기(leaf filter)를 250 kPa의 일정한 압력강하에서 운전한다. 비압축성 케이크로 시험하여 다음과 같은 결과를 얻었다 :

Volume of filtrate collected (L)	280	430	540	680	800
Time (min)	10	20	30	45	60

다음을 계산하라:
(a) 같은 공급 슬러리로 400 kPa의 일정한 압력 강하에서 1200 L의 여액을 수집하는데 필요한 시간.
(b) 200 kPa의 압력 강하에서 500 L의 물(여액과 같은 특성의)로 생성된 케이크를 세척

하는데 필요한 시간.

[답 : (a) 79.4 min; (b) 124 min]

6.8 면적이 0.1 m^2인 실험실용 입상여과기(leaf filter)를 400 kPa의 일정한 압력 강하에서 운전하여 슬러리를 여과한 시험에서 다음과 같은 결과를 얻었다 :

Volume of filtrate collected (L)	19	31	41	49	56	63
Time (s)	300	600	900	1200	1500	1800

(a) 면적이 2 m^2인 실물 크기와 비슷한 여과기로 300 kPa의 일정한 압력 강하에서 같은 슬러리를 여과하여 1.5 m^3의 여액을 수집하는데 필요한 시간을 계산하라.
(b) (a)에서 여과가 끝날 때 여액의 통과 속도를 계산하라.
(c) 200 kPa의 일정한 압력 강하에서 물 0.5 m^3으로 생성된 여과 케이크를 세척하는데 필요한 시간을 계산하라. (케이크는 비압축성이고 여액의 흐름 특성은 세척 용액의 특성과 같은 것으로 가정하라.)

[답 : (a) 37.2 min; (b) 20.4 L/min; (c) 36.7 min]

6.9 면적이 1.73 m^2인 입상여과기를 300 kPa의 일정한 압력 강하에서 운전하여 슬러리를 여과한 시험에서 다음과 같은 결과를 얻었다:

Volume of filtrate collected (m^3)	0.19	0.31	0.41	0.49	0.56	0.63
Time (s)	300	600	900	1200	1500	1800

(a) 400 kPa의 일정한 압력 강하에서 같은 슬러리를 여과하여 1 m^3의 여액을 수집하는데 필요한 시간.
(b) 250 kPa의 일정한 압력 강하에서 물 0.8 m^3으로 생성된 여과 케이크를 세척하는데 필요한 시간. (케이크는 비압축성이고 여액의 흐름 특성은 세척 용액의 특성과 같은 것으로 가정하라.)

[답 : (a) 49.5 min ; (b) 110.9 min]

07 Chapter

유동화

7.1 기 초

유체가 입자층을 통하여 위쪽으로 흐를 때 마찰 저항에 기인하는 유체에서의 압력 손실은 유체 흐름이 증가함에 따라 증가한다. 유체가 입자에 위쪽으로 작용하는 항력이 층 내의 입자들의 겉보기 무게와 같아지는 점에 도달한다. 이 점에서 입자들은 유체에 의하여 들어 올려지고, 입자들의 분리가 증가하며, 층이 유동화 된다. 유동층을 통한 힘의 평형에 의하면 입자층을 통한 유체의 압력손실이 층의 단위 면적 당 입자의 겉보기 무게와 같아진다. 따라서:

$$\text{압력강하} = \frac{\text{입자의 무게} - \text{입자에 작용한 부력}}{\text{층의 단면적}}$$

밀도가 ρ_p인 입자 층이 밀도가 ρ_f인 유체에 의하여 유동화 되어 단면적이 A인 용기에서 높이가 H이고 공극률이 ϵ인 층을 형성한다면:

$$\Delta p = \frac{HA(1-\epsilon)(\rho_p - \rho_f)g}{A} \tag{7.1}$$

또는,

$$\Delta p = H(1-\epsilon)(\rho_p - \rho_f)g \tag{7.2}$$

유체의 공탑 속도에 대하여 층을 통한 유체의 압력손실을 곡선으로 나타내면 그림 7.1과 같은 모양을 갖는다. 그림 7.1에서 직선 영역 OA는 충전층 영역이다. 이 때 고체입자는 서로 상대적으로 움직이지 않고 입자의 분리도 일정하다. 이 영역에서 유체속도에 대한 압력손실관계는 층류 영역에서 Carman-Kozeny식[식 (6.9)]과 일반적인 Ergun식[식 (6.11)]으로 나타낸다.(충전층 흐름에 대한 상세한 분석은 6장을 참조하라.)

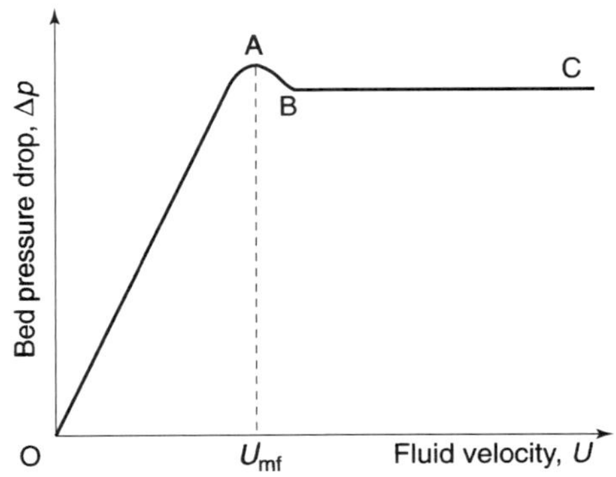

그림 7.1 충전층과 유동층에 대한 압력강하 대 유체속도

영역 BC는 식 (7.1)이 적용되는 유동층 영역이다. 점 A에서 압력손실은 식 (7.1)로 예측한 값 위로 올라간다는 것을 알게 된다. 이와 같은 압력손실의 증가는 작은 용기와 시험 전에 어느 정도 압축되어 있는 분체에서 훨씬 더 현저하게 나타나며 벽 마찰과 층과 분배기 사이의 응집력을 극복하기 위하여 필요한 부수적인 힘과 관련이 있다.

충전층이 유동층으로 될 때 유체의 공탑 속도를 최소 유동화 속도, U_{mf}라 한다. 이것을 때로는 유동화 개시 속도라 하기도 한다. U_{mf}는 입도와 입자 밀도에 따라 증가하고 유체특성에 의하여 영향을 받는다. 유동층에서 압력 손실에 대한 식[식 (7.2)]을 충전층에서 압력 손실에 대한 식과 같다고 하면 U_{mf}에 대한 식을 유도할 수 있다. Ergun식[식 (6.11)]을 상기하면 :

$$\frac{(-\Delta p)}{H} = 150\frac{(1-\epsilon)^2}{\epsilon^3}\frac{\mu U}{x_{sv}^2} + 1.75\frac{(1-\epsilon)}{\epsilon^3}\frac{\rho_f U^2}{x_{sv}} \tag{7.3}$$

식 (7.2)로부터 $(-\Delta p)$에 대한 식을 대입하면:

$$(1-\epsilon)(\rho_p-\rho_f)g = 150\frac{(1-\epsilon)^2}{\epsilon^3}\frac{\mu U_{mf}}{x_{sv}^2} + 1.75\frac{(1-\epsilon)}{\epsilon^3}\frac{\rho_f U_{mf}^2}{x_{sv}} \tag{7.4}$$

다시 정리하면,

$$(1-\epsilon)(\rho_p-\rho_f)g = 150\frac{(1-\epsilon)^2}{\epsilon^3}\left(\frac{\mu^2}{\rho_f x_{sv}^3}\right)\left(\frac{U_{mf}\,x_{sv}\,\rho_f}{\mu}\right) + 1.75\frac{(1-\epsilon)}{\epsilon^3}\left(\frac{\mu^2}{\rho_f x_{sv}^3}\right)\left(\frac{U_{mf}^2\,x_{sv}^2\,\rho_f^2}{\mu^2}\right) \tag{7.5}$$

따라서,

$$(1-\epsilon)(\rho_p-\rho_f)g\left(\frac{\rho_f\,x_{sv}^3}{\mu^2}\right)=150\frac{(1-\epsilon)^2}{\epsilon^3}Re_{mf}+1.75\frac{(1-\epsilon)}{\epsilon^3}Re_{mf}^2 \tag{7.6}$$

또는,

$$Ar=150\frac{(1-\epsilon)}{\epsilon^3}Re_{mf}+1.75\frac{1}{\epsilon^3}Re_{mf}^2 \tag{7.7}$$

여기서 Ar은 Archimedes수로 알려진 무차원 수이다,

$$Ar=\frac{\rho_f(\rho_p-\rho_f)g\,x_{sv}^3}{\mu^2}$$

그리고 Re_{mf}는 유동화 개시 점에서 Reynolds 수이다.

$$Re_{mf}=\left(\frac{U_{mf}\,x_{sv}\,\rho_f}{\mu}\right)$$

식 (7.7)로부터 U_{mf}값을 얻기 위해서는 유동화 개시 점에서 층의 공극률, $\epsilon=\epsilon_{mf}$을 알아야 한다. ϵ_{mf}를 충전층의 공극률로 취하면 근사적인 U_{mf}를 얻을 수 있다. 그러나 실제로는 유동화가 시작될 때 공극률은 충전층의 공극률보다 상당히 커질 수 있다. 대표적으로 자주 사용되는 ϵ_{mf}값은 0.4이다. 이 값을 사용하면, 식 (7.7)은 다음과 같아진다.

$$Ar=1406Re_{mf}+27.3Re_{mf}^2 \tag{7.8}$$

Wen과 Yu(1966)는 식 (7.8)과 비슷한 유형으로 U_{mf}에 대한 실험적 상관관계를 제안하였다.

$$Ar=1652Re_{mf}+24.51Re_{mf}^2 \tag{7.9}$$

Wen과 Yu 상관관계는 흔히 다음과 같은 형태로 나타내고, $0.01 < Re_{mf} < 1000$ 범위에서 구에 대하여 적용한다.

$$Re_{mf}=33.7[(1+3.59\times10^{-5}Ar)^{0.5}-1] \tag{7.10}$$

기체 유동화에서 Wen과 Yu 상관관계는 100 μm 보다 큰 입자에 대하여 가장 적합한 것으로 알려져 있으며, 반면에 100 μm 보다 작은 입자에 대해서는 식 (7.11)로 나타낸 Baeyens와 Geldart(1974) 상관관계가 가장 잘 맞는다.

$$U_{mf}=\frac{(\rho_p-\rho_f)^{0.934}g^{0.934}x_p^{1.8}}{1110\mu^{0.87}\rho_g^{0.066}} \tag{7.11}$$

7.2 분체와 입자의 특성

유동화 식에 사용되는 올바른 밀도는 입자의 질량을 입자의 유체역학적 부피로 나눈 것으로 정의한 입자밀도(particle density)이다. 유체 역학적 부피(hydrodynamic volume)는 입자와 유체역학적 상호작용 속에서 유체에 의하여 '인식된' 부피이며 모든 열린 세공과 닫힌 세공의 부피를 포함한다(그림 7.2 참조).

$$\text{입자밀도} = \frac{\text{입자의 질량}}{\text{입자의 유체역학적 부피}}$$

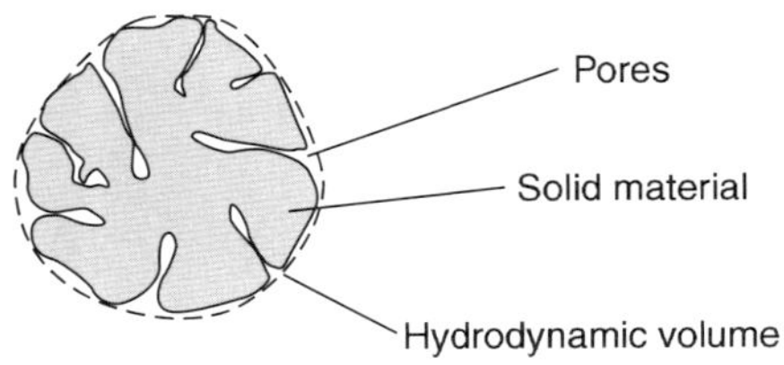

그림 7.2 입자의 유체역학적 부피

비다공성 고체에 대해서 입자밀도는 기체 비중계나 비중병으로 쉽게 측정할 수 있으나, 이러한 장치들은 다공성 고체에 대해서는 사용할 수 없다. 왜냐하면 이 장치들은 입자를 구성하고 있는 재료의 진밀도(true density) 또는 절대밀도(absolute density) ρ_{abs}를 제공하기 때문이며, 절대밀도는 유체 흐름과 상호작용이 관련된 곳에서는 적절치 않다.

$$\text{절대밀도} = \frac{\text{입자의 질량}}{\text{입자를 구성하고 있는 고체 재료의 부피}}$$

다공성 고체에 대해서 입자밀도 ρ_p(겉보기 밀도(apparent density) 또는 외피 밀도(envelope density)라고도 함)의 측정은, 몇 가지 방법이 Geldart(1990)에 의하여 제안되었지만, 직접 측정하기가 쉽지 않다. 층밀도(bed density)는 유동층과 관련하여 사용되는 또 다른 밀도이며 다음과 같이 정의한다.

$$\text{층밀도} = \frac{\text{층 속에 있는 입자의 질량}}{\text{입자 자체와 입자 사이의 공간이 차지한 부피}}$$

예를 들면, 600 kg의 분체가 단면적이 1m^{2}인 용기 속에서 유동화하여 0.5 m의 층 높이를 이룬다. 층밀도는 얼마인가?

층 속에 있는 입자의 질량 = 600 kg

입자와 공간이 차지한 부피 = 1×0.5 = $0.5\ m^3$

따라서, 층밀도 = 600/0.5 = 1200 kg/m^3

이 고체의 입자밀도가 2700 kg/m^3이라면, 층의 공극률은 얼마인가?
층밀도 ρ_B와 입자밀도 ρ_p 및 층의 공극률 ϵ과의 관계는 식 (7.12)와 같다:

$$\rho_B = (1-\epsilon)\rho_p \tag{7.12}$$

따라서 공극률 = 1 − 1200/2700 = 0.555.

분체를 다룰 때 자주 사용되는 또 다른 밀도는 벌크 밀도(bulk density)이며 유체 층밀도와 유사한 방법으로 정의한다.

$$\text{벌크밀도} = \frac{\text{입자의 질량}}{\text{입자 자체와 입자 사이의 공간이 차지한 부피}}$$

유체-입자 상호작용과 관련된 식에 사용하기 위한 가장 적절한 입도는 유체역학적 지름이다. 이것은 입자와 유체 사이의 유체역학적 상호 작용을 포함한 측정 기술로부터 얻어진 상당 구 지름이다. 그러나 실제로 대부분의 공업적 응용에서 입도는 체를 사용하여 결정하며 상관관계는 체 지름, x_p나 부피지름, x_v를 사용한다. 구형이나 구형에 가까운 입자는 x_v가 x_p와 같다. 각을 이룬 입자는 $x_v \approx 1.13\,x_p$이다.

유동화에 적용하기 위해서, 체분석에서 출발하면 분체의 평균 입도는 흔히 다음 식으로 계산한다.

$$\text{평균 } x_p = \frac{1}{\sum m_i / x_i} \tag{7.13}$$

여기서 x_i는 두 체 사이에서 질량분율 m_i가 수집된 인접한 체의 산술평균이다. 이것은 질량분포의 조화평균이며, 1장에서 보여준 바와 같이 표면적 분포의 산술평균과 같다.

7.3 기포 유동화와 비기포 유동화

최소 유동화 속도를 넘어서면 유동층에 기포 또는 입자가 없는 공간이 나타날 수 있다. 그림 7.3은 기체 유동층에서 생성되는 기포를 보여준다. 그림 7.3에서 사용된 장치는 소위 '2차원 유동층'이다. 이것은 기포 거동을 관찰하는 연구자들에게 인기 있는 기구로, 실제로는 가장 짧은 크기가 보통 1 cm 정도 밖에 되지 않는 직사각형 단면의 용기이다.

최소 유동화 속도 이상의 공탑속도에서, 유동화는 일반적으로 기포화(bubbling) 또는 비기포화(non-bubbling) 중의 하나이다. 유체와 입자의 조합에 따라 기포유동화만 될 수 있고 비기포 유동화만 될 수도 있다. 대부분의 액체 유동화 계는, 매우 밀집한 입자를 포함하는 계를 제외하고, 기포 유동화를 생성하지 않는다. 그림 7.4는 물로 유동화한 비기포 유동층 거동을 나타내는 유리구 유동층을 보여준다. 그러나 기체 유동화 계에서는 기포 유동화만 일어나거나 또는 U_{mf}에서 비기포 유동화가 시작되고 유동화 속도가 증가함에 따라 기포 유동화가 일어나기도 한다. 비기포 유동화는 입자상(particulate) 또는 균질(homogeneous) 유동화로도 알려져 있으며, 기포 유동화는 흔히 응집(aggregative) 또는 불균질(heterogeneous) 유동화라 부르기도 한다.

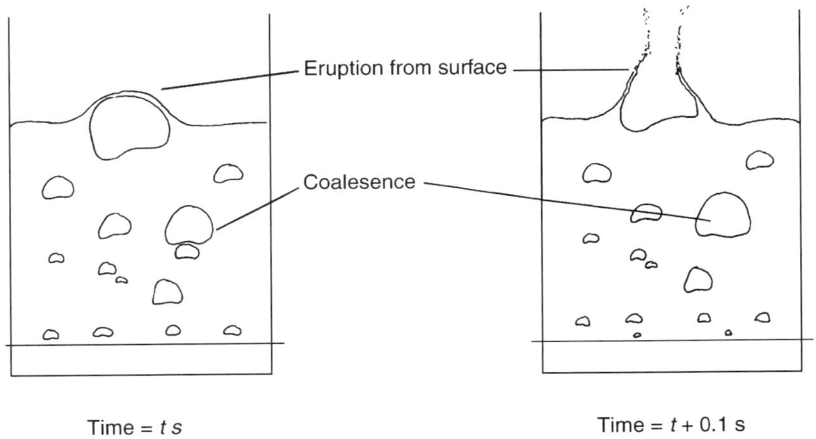

그림 7.3 그룹B 분체의 "2차원" 유동층에서 기포 순환(비디오 사진으로부터 스케치)

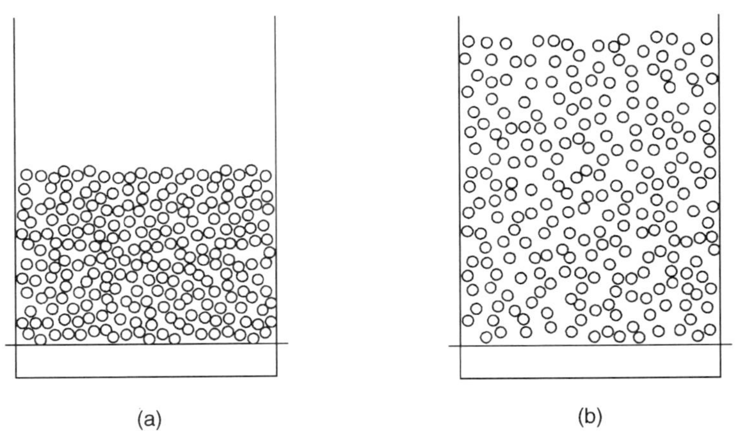

그림 7.4 액체 유동층의 팽창: (a) U_{mf} 바로 위; (b) U_{mf} 4–5배의 액체속도 (공극률이 균일하게 증가. 비디오 사진으로부터 스케치)

7.4 분체의 분류

Geldart(1973)는 분체를 주변 조건에서 유동화 특성에 따라 네 그룹으로 분류하였다. 분체에 관한 Geldart의 분류는 현재 분체 공학의 모든 분야에서 널리 이용되고 있다. 주변 조건에서 공기로 유동화할 때 U_{mf}에서 비기포 유동화가 시작되고 유동화 속도가 증가함에 따라 기포 유동화가 일어나는 분체를 그룹 A로 분류한다. 이들 조건에서 기포 유동화만 일어나는 분체를 그룹 B로 분류한다. Geldart는 다른 두 그룹의 특성도 구분하였다; 그룹 C 분체－엄밀한 의미에서 유동화가 불가능한 대단히 미세하고 응집성이 있는 분체, 그리고 그룹 D 분체－깊은 분출층(그림 7.5 참조)을 생성할 수 있는 독특한 능력을 가진 큰 입자. 그림 7.6은 이렇게 분류된 그룹이 입자와 기체 특성에 어떻게 관련되는가를 보여준다.

그림 7.5 쌀의 분출 유동층

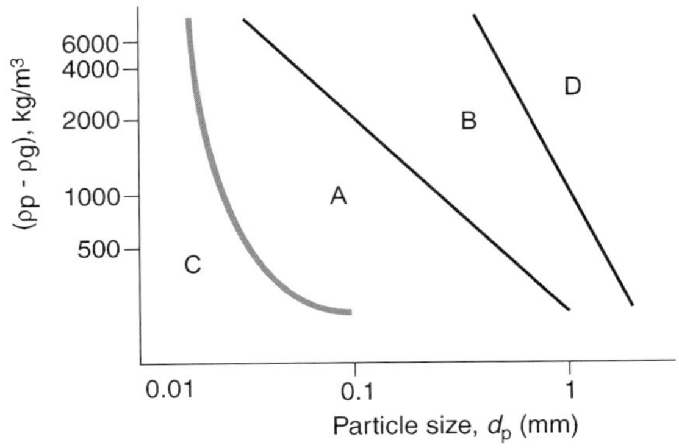

그림 7.6 주변 조건의 공기에서 유동화 거동에 따른 분체의 Geldart 분류 개략도(Geldart, 1973)

공기에서 분체의 유동화 특성은 분체가 어느 그룹에 속해 있는가를 입증하면 예측할 수 있다. 주변보다 높은 조작 온도와 압력에서 분체는 주변 조건에서 속하는 그룹과 다른 그룹으로 나타날 수도 있다는 것을 알아야 한다. 이것은 기체의 특성이 분류에 영향을 미치기 때문이며 유동층 조작에서 중요한 함축적 의미를 가질 수 있다. 표 7.1은 여러 등급의 분체에 관한 전형적인 특성을 요약한 것이다.

표 7.1 • 분체의 Geldart 분류

	Group C	Group A	Group B	Group D
Most obvious characteristic	Cohesive, difficult to fluidize	Ideal for fluidization. Exhibits range of non-bubbling fluidization	Starts bubbling at U_{mf}	Coarse solids
Typical solids	Flour, cement	Cracking catalyst	Building sand	Gravel, coffee beans
Property				
Bed expansion	Low because of channelling	High	Moderate	Low
De-aeration rate	Initially fast, then exponential	Slow, linear	Fast	Fast
Bubble properties	No bubbles-only channels	Bubbles split and coalesce. Maximum bubble size	No limit to size	No limit to size
Solids mixing	Very low	High	Moderate	Low
Gas backmixing	Very low	High	Moderate	Low
Spouting	No	No	Only in shallow beds	Yes, even in deep beds

그룹 A 분체에서 비기포 유동화가 일어나는 기체 속도의 범위가 작기 때문에, 기포 유동화가 시판되고 있는 기체 유동화 장치에서 가장 보편적으로 채용하고 있는 유동화 형태이다. 기포가 처음 나타나는 기체의 공탑 속도를 최소 기포화 속도 U_{mb}라 한다. 분배기를 잘못 설계하거나 층 안에 돌출부가 있으면 더 빨리 기포화가 일어날 수 있다. Abrahamsen과 Geldart(1980)는 다음의 상관관계를 이용하여 U_{mb}의 최대값을 기체와 입자 특성에 서로 관련시켰다:

$$U_{mb} = 2.07\ \exp(0.716F)\left[\frac{x_p \rho_g^{0.06}}{\mu^{0.347}}\right] \tag{7.14}$$

여기서 F는 45 μm 보다 작은 분체의 분율이다.

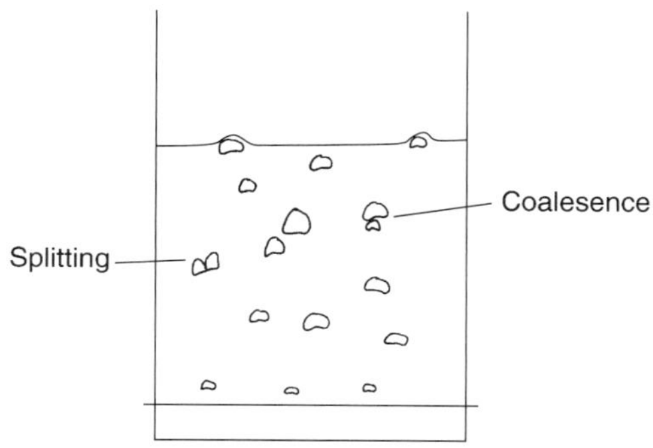

그림 7.7 그룹A 분체의 "2차원" 유동층에서 기포(비디오 사진으로부터 스케치)

그룹 A 분체에서는 $U_{mb} > U_{mf}$ 이고, 기포는 끊임없이 파열되었다 합쳐지면서 안정한 최대 기포 크기에 도달한다. 이렇게 해서 양질의 유연한 유동화가 일어난다. 그림 7.7은 2차원 유동층에서 그룹 A 분체의 기포를 보여준다.

그룹 B와 D 분체에서는 $U_{mb} = U_{mf}$ 이고, 기포는 최대 크기를 이루지 않고 계속 성장한다(그림 7.3 참조). 이것은 오히려 큰 압력 요동을 동반하며 품질이 좋지 않은 유동화를 만든다.

그룹 C 분체에서는 입자에 작용하는 관성력에 비하여 입자 사이의 힘이 크다. 결과적으로 입자들이 모두 항력과 부력으로 지탱해야 하는 분리를 이루지 못하고 진정한 유동화는 일어나지 않는다. 기포도 나타나지 않고, 대신에 기체 흐름은 분체를 통과하는 통로를 형성한다(그림 7.8 참조). 입자들이 기체에 의해서 완전히 지지되지 않기 때문에 층에서 압력 손실은 단위 단면적 당 층의 겉보기 무게보다 항상 작다. 따라서 시각적인 관찰로 결정할 수 없으면 층의 압력강하를 측정하는 것이 그룹 C 거동을 찾아내는 하나의 수단이 된다. 유동화는 어느 정도 기계적인 교반기나 진동의 도움으로 이룰 수 있다.

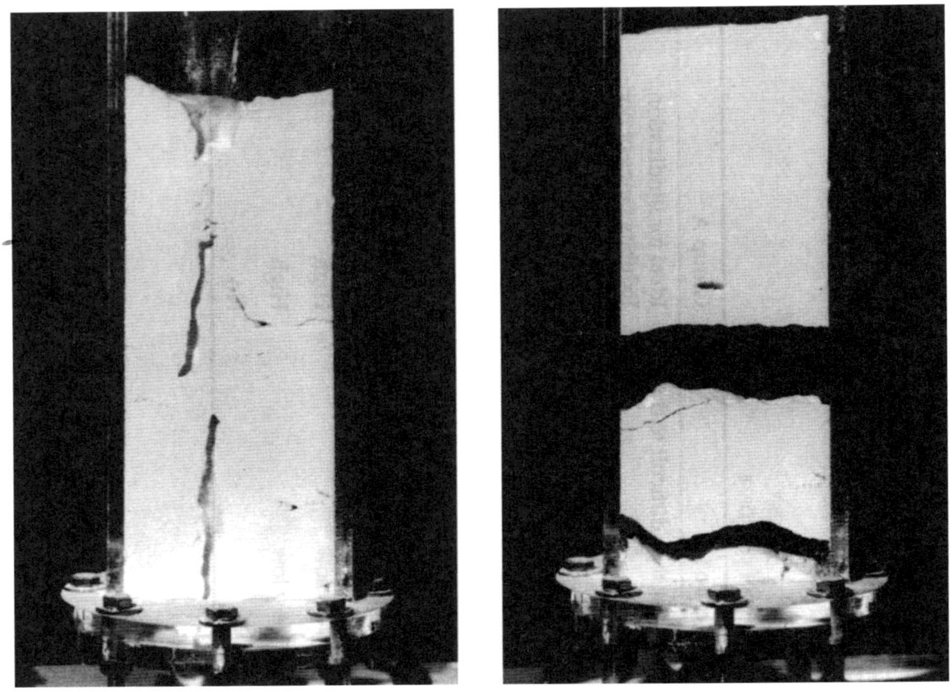

그림 7.8 그룹C 분체의 유동화 시도에서 균열과 편류 또는 불연속 고체 플러그의 생성

기포의 크기가 장치 지름의 약 삼분의 일보다 더 클 때에는 기포의 상승속도를 장치로 제어하고 기포는 기체의 슬러그가 된다. 슬러깅(slugging)은 큰 압력 요동을 수반하고 공장에 진동을 초래할 수 있기 때문에 큰 장치에서는 일반적으로 피한다. 층이 충분히 얕으면 슬러깅은 어떠한 속도에서도 쉽게 일어나지 않는다. Yagi와 Muchi(1952)에 의하면, 다음의 기준을 만족하면 슬러깅은 일어나지 않는다.

$$\left[\frac{H_{mf}}{D}\right] \leq \frac{1.9}{(\rho_p x_p)^{0.3}} \tag{7.15}$$

이 기준은 대부분의 분체에 잘 적용된다. 만일 층이 이 임계 높이보다 더 깊으면 기체 속도가 다음과 같이 주어진 U_{ms}를 초과할 때 슬러깅이 일어난다(Baeyens와 Geldart, 1974).

$$U_{ms} = U_{mf} + 0.16(1.34D^{0.175} - H_{mf})^2 + 0.07(gD)^{0.5} \tag{7.16}$$

7.5 유동층의 팽창

7.5.1 비기포 유동화

U_{mf}를 넘어선 비기포 유동층에서는 유체의 공탑속도가 증가함에 따라 입자 분리가 증가하지만 층에서 압력 손실은 일정하게 유지된다. 이와 같이 유동화 속도에 따라 층의 공극률이 증가하는 것을 층 팽창이라 한다(그림 7.4 참조). 유체 속도와 층의 공극률 사이 관계는 복합 입자 계의 분석을 회상하면 결정할 수 있다(3장). 힘이 평형을 이루고 있는 조건에서 유체 속에서 침강하는 입자 부유물에 대하여 입자와 유체 사이 상대속도 U_{rel}은

$$U_{rel} = U_p - U_f = U_T \epsilon f(\epsilon) \tag{7.17}$$

여기서 U_p와 U_f는 입자와 유체의 실제 하향 수직 속도이고 U_T는 유체 속에서 단일입자종말속도이다. 유동층의 경우에 입자의 시간 평균 실제 수직속도는 영($U_p = 0$)이며 따라서

$$U_f = -U_T \epsilon f(\epsilon) \tag{7.18}$$

또는

$$U_{fs} = -U_T \epsilon^2 f(\epsilon) \tag{7.19}$$

여기서 U_{fs}는 유체의 하향 부피 플럭스이다. 실제 유동화에서는 보통 유체의 부피 플럭스보다는 오히려 공탑속도(U)를 사용한다. 유체의 상향 공탑속도(U)는 상향 부피플럭스($-U_{fs}$)와 같고, $U_{fs} = U_f \varepsilon$이기 때문에,

$$U = U_T \epsilon^2 f(\epsilon) \tag{7.20}$$

Richardson과 Zaki(1954)는 간섭침강과 비기포 유동화에 모두 적용되는 함수 $f(\epsilon)$를 구하였다. 그들은 일반적으로 $f(\epsilon) = \epsilon^n$이며, 지수 n은 매우 낮은 Reynolds수에서, 즉 항력이 유체 밀도와 무관할 때와 높은 Reynolds수에서, 즉 항력이 유체 점도와 무관할 때 입자의 Reynolds수에 무관하다는 것을 발견하였다. 즉

$$\text{일반적으로 } U = U_T \epsilon^n \tag{7.21}$$

$$Re_p \le 0.3 \text{ 일 때; } f(\epsilon) = \epsilon^{2.65} \Rightarrow U = U_T \epsilon^{4.65} \tag{7.22}$$

$$Re_p \ge 500 \text{ 일 때; } f(\epsilon) = \epsilon^{0.4} \Rightarrow U = U_T \epsilon^{2.4} \tag{7.23}$$

여기서 Re_p는 U_T에서 계산한다.

Khan과 Richardson(1989)은 중간 값의 Reynolds수에서 지수 n을 결정할 수 있도록 식

(3.25)로 주어진 상관관계(3장)를 제안하였다(Archimedes수 Ar로 표현되어 있지만 Re_p와 Ar사이에 직접적인 관계가 있다). 이 상관관계는 또한 용기의 지름이 지수에 미치는 영향을 반영하고 있다. 따라서 식 (3.25)와 함께 식 (7.21), (7.22) 및 (7.23)들을 이용하면 U_{mf}를 넘어서 유체 속도에 따른 층 공극률의 변화를 계산할 수 있다. 층의 공극률을 알면 아래에 설명한 바와 같이 유동층의 높이를 계산할 수 있다.

$$\text{층에 있는 입자의 질량} = M_B = (1-\epsilon)\rho_p AH \tag{7.24}$$

충전층의 깊이(H_1)와 공극률(ϵ_1)을 알고, 질량이 일정하면 어떤 공극률에서도 층의 깊이를 구할 수 있다.

$$(1-\epsilon_2)\rho_p AH_2 = (1-\epsilon_1)\rho_p AH_1 \tag{7.25}$$

따라서,

$$H_2 = \frac{(1-\epsilon_1)}{(1-\epsilon_2)} H_1$$

7.5.2 기포 유동화

기포 유동층의 팽창에 관한 가장 간단한 설명은 Toomey와 Johnstone(1952)의 유동화에 관한 2상 이론으로부터 유래된다. 이 이론은 기포 유동층을 기포상(기체 기포)과 입자상(기포 주위의 유동화 고체)의 2상으로 구성된 것으로 생각한다. 입자상은 유탁상(emulsion phase)이라고도 한다. 이 이론에 의하면 유동화 개시에서 필요한 기체보다 과잉의 모든 기체는 기포로 층을 통과한다. 그림 7.9는 공기로 유동화한 그룹 A 분체의 층 팽창에 미치는 유동화 기체속도의 영향을 보여준다. 그림 7.10에서 Q는 유동층으로 들어가는 실제 기체의 유량이고 Q_{mf}는 유동화 개시에서 기체 유량이다. 그러면

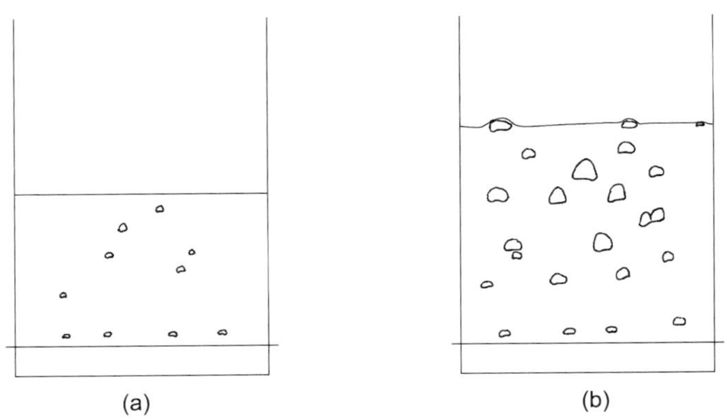

그림 7.9 그룹A 분체의 "2차원" 유동층에서 층팽창
(a) U_{mb} 바로 위; (b) 4–5배의 U_{mb}에서 유동화 (비디오 사진으로부터 스케치)

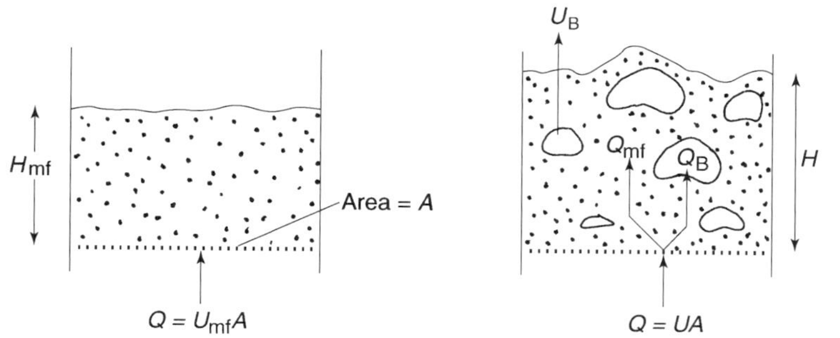

그림 7.10 2상 이론에 의한 유동층에서 기체 흐름

$$\text{기포로 층을 통과하는 기체} = Q - Q_{mf} = (U - U_{mf})A \tag{7.26}$$

$$\text{유탁상을 통과하는 기체} = Q_{mf} = U_{mf}A \tag{7.27}$$

층 팽창을 기포가 차지하는 층의 분율, ϵ_B로 나타내면:

$$\epsilon_B = \frac{H - H_{mf}}{H} = \frac{Q - Q_{mf}}{AU_B} = \frac{(U - U_{mf})}{U_B} \tag{7.28}$$

여기서 H는 U에서 층 높이이고 H_{mf}는 U_{mf}에서 층 높이이며 U_B는 층에서 기포의 평균 상승속도이다(상관관계에서 얻는다. 아래 참조). 유탁상의 공극률은 최소 유동화에서 공극률 ϵ_{mf}를 취한다. 그러면 층의 평균 공극률은 다음과 같다.

$$(1 - \epsilon) = (1 - \epsilon_B)(1 - \epsilon_{mf}) \tag{7.29}$$

실제로, 2상 이론은 기포로 층을 통과하는 기체의 부피(눈에 보이는 기포 유량)를 과대평가하고 있으며 층 팽창의 더 좋은 추산은 식 (7.28)에서 $(Q - Q_{mf})$를 다음과 같이 대체하면 얻을 수 있다.

$$\text{눈에 보이는 기포 유량, } Q_B = YA(U - U_{mf}) \tag{7.30}$$

여기서 그룹 A 분체일 때, $0.8 < Y < 1.0$
그룹 B 분체일 때, $0.6 < Y < 0.8$
그룹 C 분체일 때, $0.25 < Y < 0.6$

엄밀하게 이 식들은 그룹 A와 그룹 B 분체 모두에 적용될 수 있도록 U_{mf}보다 U_{mb}로 그리고 Q_{mf}보다 Q_{mb}로 써야 한다. 여기서는 원래의 형태로 표기하였다. 그러나 U_{mb}와 U_{mf} 모두 공탑 유동화속도 U보다 보통 훨씬 더 작기 때문에 [따라서$(U - U_{mf}) \cong$

$(U-U_{mb})$] 실제로는 거의 차이가 없다. 조작속도가 U_{mb}보다 훨씬 크지 않은 드문 경우에는 식에서 U_{mf} 대신에 U_{mb}를 사용해야 한다.

위의 분석은 기포 크기 d_{Bv}와 층 지름 D에 의존하는 기포의 상승속도 U_B를 알아야 한다. 분배기 위의 주어진 높이에서 기포 지름은 분배기의 오리휘스 밀도 N과 분배기로부터 거리 L 및 과잉 기체 속도$(U-U_{mf})$에 의존한다.

그룹 B 분체에 대해서

$$d_{Bv}=\frac{0.54}{g^{0.2}}(U-U_{mf})^{0.4}(L+4N^{-0.5})^{0.8} \quad \text{(Darton et al., 1977)} \tag{7.31}$$

$$U_B=\Phi_B(g\,d_{Bv})^{0.5} \quad \text{(Werther, 1983)} \tag{7.32}$$

여기서, $D\leq 0.1$ m일 경우, $\Phi_B=0.64$

$0.1<D\leq 1$ m일 경우, $\Phi_B=1.6D^{0.4}$ (7.33)

$D>1$ m일 경우, $\Phi_B=1.6$

그룹 A 분체에 대해서

기포는 다음 식으로 추산할 수 있는 안정한 최대 크기에 도달한다.

$$d_{Bv,\max}=2(U_{T2.7})^2/g \quad \text{(Geldart, 1992)} \tag{7.34}$$

여기서 $U_{T2.7}$은 지름이 실제 평균 입자 지름의 2.7배인 입자의 종말 자유 침강 속도이다.

그룹 A 분체에 대한 기포 속도는 다음과 같이 주어진다.

$$U_B=\Phi_A(g\,d_{Bv})^{0.5} \quad \text{(Werther, 1983)} \tag{7.35}$$

여기서, $D\leq 0.1$ m 일 경우, $\Phi_A=1$

$0.1<D\leq 1$ m 일 경우, $\Phi_A=2.5D^{0.4}$ (7.36)

$D>1$ m 일 경우, $\Phi_A=2.5$

7.6 동반흐름

여기서 동반흐름(entrainment)이란 용어는 기포 유동층의 표면으로부터 입자가 분출되어 유동화 기체에서 용기로부터 입자가 제거되는 것을 설명하기 위하여 사용된다. 이 주제를 다룬 다른 문헌에서는 같은 공정을 설명하기 위하여 "동반배출(carryover)" 또는 "유출(elutriation)" 과 같은 용어를 사용하기도 한다. 이 절에서는 유동층으로부터 고체의 동반속도에 영향을 미치는 인자에 관하여 공부하고 동반 속도와 동반된 고체의 입도 분포를 추산하는 간단한 방법을 전개한다.

어떠한 고체 경계도 없는 정지된 기체 속에서 중력 낙하하는 단일입자를 생각해 보자. 이 입자는 중력과 부력 및 항력이 균형을 이룰 때 종말속도에 도달할 것이다(2장 참조). 이제 무한한 양의 기체가 입자의 종말속도와 같은 속도로 상승하고 있다고 생각하면 입자는 정지할 것이다. 만일 기체가 관내에서 입자의 종말속도와 같은 공탑속도로 상승한다면,

(a) 층류 흐름에서 : 관에서 포물선 모양의 기체 속도 분포 때문에 입자는 반경 방향의 위치에 따라 위로 또는 아래로 움직일 것이다.
(b) 난류 흐름에서 : 입자는 반경 방향의 위치에 따라 위로 또는 아래로 움직일 것이다. 더구나 시간-평균 속도 분포에 겹쳐진 불규칙한 속도 요동 때문에 실제 입자 운동을 예측하는 것이 쉽지 않다.

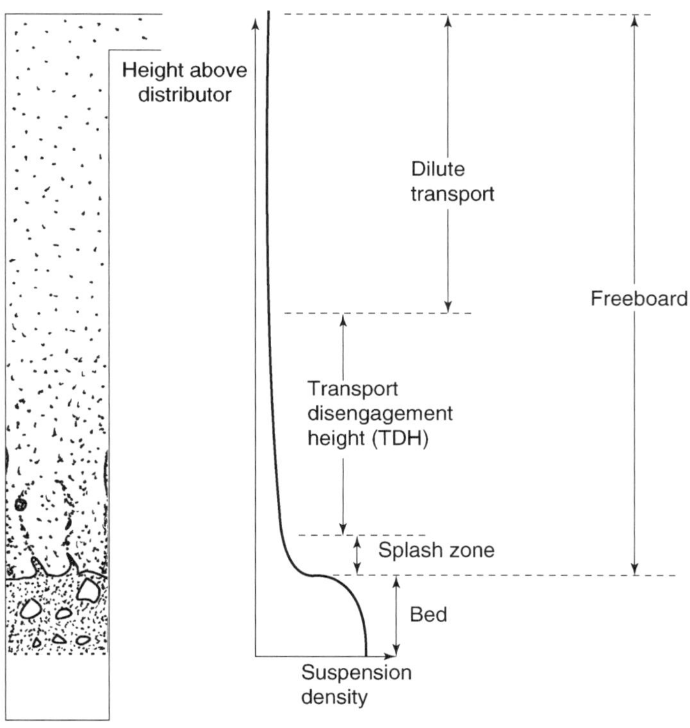

그림 7.11 유동층에서 프리보드 지대

이제 움직이고 있는 기체 흐름 속으로 어떤 입도 범위를 가진 수많은 입자를 도입하면 그들의 입도와 반경방향의 위치에 따라 어떤 입자는 떨어지고 어떤 입자는 상승하게 될 것이다. 이와 같이 위로 흐르고 있는 기체 흐름 속에서 입자의 동반흐름은 복잡한 공정이다. 동반흐름 속도와 동반된 입자의 입도 분포는 일반적으로 입도와 입자밀도, 기체 특성, 기체 속도, 기체 흐름 유형–반경방향의 속도 분포와 요동 그리고 용기의 지름에 의존한다는 것을 알 수 있다. 더구나 (i) 입자가 유동층으로부터 기체 흐름으로 분출되는 메카니즘은 층의 특성–특히 표면에서 기포의 크기와 속도에 좌우된다. 그리고 (ii) 층 표면 바로 위에서 기체 속도 분포는 파열하는 기포에 의해서 뒤틀리게 된다. 따라서 기본 원리로부터 동반현상의 예측이 불가능하고 실제로는 실험적 방법을 채택해야 한다는 것은 놀라운 것이 아니다.

이 실험적 방법에서 굵은 입자는 종말속도가 기체의 공탑속도보다 큰 입자로 정의하고 $(U_T > U)$, 미세 입자는 $U_T < U$인 입자로 정의하며, 유동층 표면 위의 영역은 그림 7.11에 나타낸 몇 가지 구역으로 이루어진다고 생각한다.

- 프리보드(Freeboard) : 층 표면과 기체 출구 사이의 영역
- 스플래쉬 지대(Splash zone) : 굵은 입자가 다시 떨어지는 층 표면 바로 위 영역
- 이탈 지대(Disengagement zone) : 미세 입자의 상향 플럭스와 현탁 농도가 높이가 증가함에 따라 감소하는 스플래쉬 지대 위의 영역.
- 희박상 수송 지대(Dilute-phase transport zone) : 모든 입자가 위로 운반되는 이탈지대 위 영역; 입자 플럭스와 부유물 농도가 높이에 따라 일정하다.

일반적으로 미세 입자가 동반되어 장치를 떠나고 굵은 입자는 남아 있겠지만, 실제로 미세 입자도 종말 속도보다 몇 배의 속도에서도 장치에 남아있을 수 있으며 굵은 입자도 동반되어 나갈 수 있다.

층 표면으로부터 이탈 지대 꼭대기까지 높이를 수송이탈높이(transport disengagement height, TDH)라 한다. TDH 위에서는 입자 동반 플럭스와 입자 농도가 일정하다. 따라서, 설계의 관점에서 보면, 프리보드에서 중력의 영향으로부터 최대 이익을 얻기 위하여, 기체 출구는 TDH보다 위에 있어야 한다. TDH에 대한 많은 실험적 상관관계를 문헌에서 얻을 수 있다. 식 (7.37)로 주어진 Horio 등(1980)의 상관관계와 그림 7.12에 도해적으로 나타낸 Zenz(1983)의 상관관계가 가장 신뢰할 수 있는 두 가지의 상관관계이다.

$$\mathrm{TDH} = 4.47\, d_{Bvs}^{0.5} \tag{7.37}$$

여기서 d_{Bvs}는 표면에서 기포의 상당부피지름이다.

유동층으로부터 동반흐름 속도의 실험적 추산은 오히려 다음과 같은 직관적인 식에 기초한다.

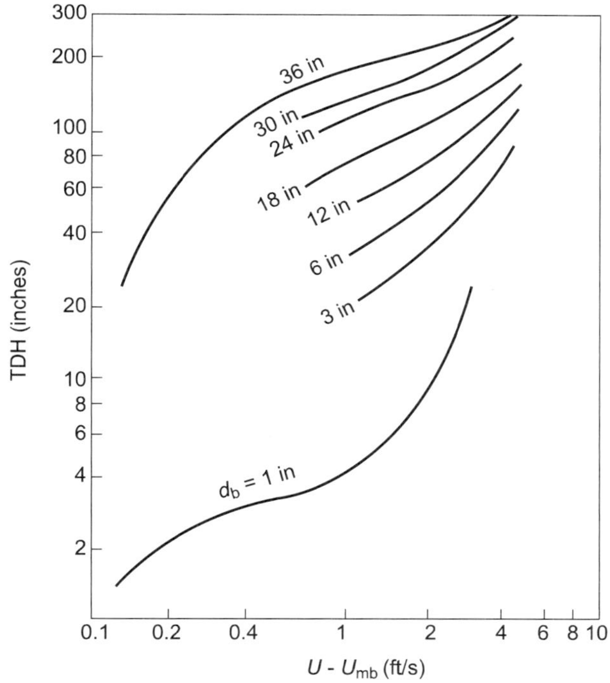

그림 7.12 Zens(1983) 방법에 의한 수송이탈높이의 결정. 허락에 의하여 복제
[주 : TDH와 기포표면에서 기포지름 d_b는 in 단위임(1 in=25.4 mm)]

$$\begin{pmatrix} \text{입도가 } x_i\text{인 고체의} \\ \text{순간 손실 속도} \end{pmatrix} \propto (\text{층면적}) \times \begin{pmatrix} \text{시간 } t\text{에서 입도가 } x_i\text{인} \\ \text{층의 분율} \end{pmatrix}$$

즉,
$$R_i = -\frac{d}{dt}(M_B m_{Bi}) = K_{ih}^* \, A \, m_{Bi} \tag{7.38}$$

여기서 K_{ih}^* 는 유출속도상수($m_{Bi}=1.0$ 일 때, 층 표면으로부터 높이 h에서 입도가 x_i인 고체에 대한 동반흐름 플럭스)이고, M_B는 층에 있는 고체의 총 질량이며, A는 층 표면의 면적이고, m_{Bi}는 시간 t에서 입도가 x_i인 입자 층의 질량 분율이다.

연속 조작에서 m_{Bi}와 M_B는 일정하기 때문에,

$$R_i = K_{ih}^* \, A \, m_{Bi} \tag{7.39}$$

그리고 전체 동반 속도는,

$$R_T = \sum R_i = \sum K_{ih}^* \, A \, m_{Bi} \tag{7.40}$$

나가는 기체에서 입도가 x_i 인 고체 부하는 $\rho_i = R_i / UA$ 이고 프리보드를 떠나는 기체의 총 고체 부하는 $\rho_T = \sum \rho_i$ 이다.

회분식 조작에서는, 각 입도 범위의 동반속도, 전체 동반흐름 속도 및 층의 입도 분포가 시간에 따라 변한다. 식 (7.38)을 유한 증분 형태로 나타내면 문제를 가장 잘 해결할 수 있다.

$$-\Delta(m_{Bi}M_B) = K_{ih}^{*}\, A\, m_{Bi}\Delta t \tag{7.41}$$

여기서 $\Delta(m_{Bi}M_B)$는 시간 증분 Δt에서 동반된 입도 범위 i 내에 있는 고체의 질량이다.

$$\Delta t \text{ 시간 동안에 동반된 총 질량} = \sum_{i=1}^{k}[\Delta(m_{Bi}M_B)] \tag{7.42}$$

$$t+\Delta t \text{ 시간에 층에 남아있는 고체의 질량} = (M_B)_t - \sum_{i=1}^{k}[\Delta(m_{Bi}M_B)_t] \tag{7.43}$$

여기서 아래 첨자 t는 시간 t에서 값을 뜻한다.

$$t+\Delta t \text{ 시간에 층 조성} = (m_{Bi})_{t+\Delta t} = \frac{(m_{Bi}M_B)_t - [\Delta(m_{Bi}M_B)_t]}{(M_B)_t - \sum_{i=1}^{k}[\Delta(m_{Bi}M_B)_t]} \tag{7.44}$$

회분식 동반흐름 문제는 필요한 기간에 대하여 식 (7.41)−(7.44)를 순서대로 적용하면 해결할 수 있다.

유출속도상수 K_{ih}^{*}는 근본 원리로부터 예측할 수 없으며 따라서 예측하는 방법에 상당한 차이가 있는 유력한 상관관계에 의존할 수밖에 없다. 상관관계는 보통 TDH 위에서 동반속도, $K_{i\infty}^{*}$로 나타낸다. 좀 더 신뢰할 수 있는 두 가지의 상관관계를 아래에 제시한다.

Geldart 등(1979): (100 μm 보다 큰 입자와 $U > 1.2\,\text{m/s}$ 일 때)

$$\frac{K_{i\infty}^{*}}{\rho_g U} = 23.7\exp\left[-5.4\frac{U_{Ti}}{U}\right] \tag{7.45}$$

Zenz와 Weil(1958): (100 μm 보다 작은 입자와 $U < 1.2\,\text{m/s}$ 일 때)

$$\left(\frac{U^2}{g x_i \rho_p^2}\right) < 3\times10^{-4} \text{ 일 때, } \frac{K_{i\infty}^{*}}{\rho_g U} = 1.26\times10^{7}\left(\frac{U^2}{g x_i \rho_p^2}\right)^{1.88} \tag{7.46a}$$

$$\left(\frac{U^2}{g x_i \rho_p^2}\right) > 3\times10^{-4} \text{ 일 때, } \frac{K_{i\infty}^{*}}{\rho_g U} = 4.31\times10^{4}\left(\frac{U^2}{g x_i \rho_p^2}\right)^{1.18} \tag{7.46b}$$

7.7 유동층에서 열전달

유동화 된 고체와 기체 및 장치의 내부 표면 사이에서 열전달이 대단히 좋다. 이 때문에 균일한 온도를 유지하고 층의 온도를 용이하게 제어할 수 있다.

7.7.1 기체-입자 열전달

기체에서 입자로 열전달계수는 전형적으로 작아서 5−20 W/m^2 K 정도이다. 그러나 작은 입자 집단이 제공하는 대단히 큰 열전달 표면적 때문에(100 μm 의 입자 1 m^{3}는 60000 m^{2}의 표면적을 갖는다) 기체와 입자 사이 열전달은 유동층 열전달에만 한정하지 않는다. 기체-입자 열전달계수에 대하여 가장 일반적으로 사용되는 상관관계 중의 하나는 Kunii와 Levenspiel(1969)의 상관관계이다.

$$Nu = 0.03 Re_p^{1.3} \quad (Re_p < 50) \tag{7.47}$$

여기서 Nu 는 Nusselt수$[h_{gp} x / k_g]$이고, 단일입자 Reynolds수는 평소와 다름없이 유체와 입자 사이의 상대속도에 근거를 둔다.

기체-입자 열전달은 뜨거운 유동층을 찬 기체로 유동화 할 경우에 관련된다. 입자-기체 열전달은 기포 유동층에서 거의 저항을 나타내지 않는다는 사실을 다음 예에 의하여 입증할 수 있다.

온도가 T_s 로 일정하게 유지되고 있는 고체 유동층을 생각해보자. 온도 T_{g0} 에서 뜨거운 유동화 기체가 층으로 들어간다. 입구 기체와 층의 고체 사이 온도차가 분배기 위로 얼마의 거리에서 처음 값의 절반으로 감소하는가?

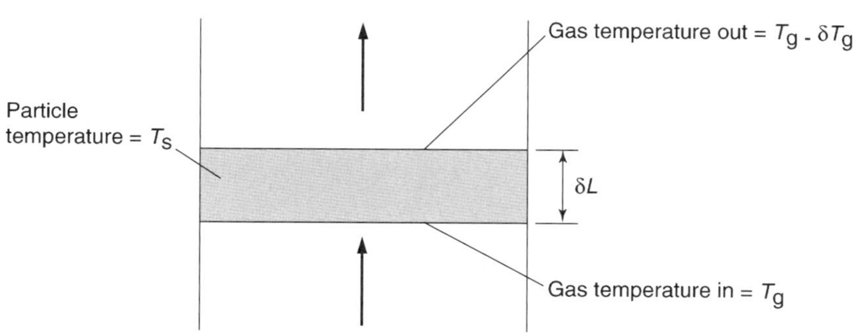

그림 7.13 유동층 요소에서 기체-입자 열전달 분석

분배기 위로 거리 L에서 높이가 δL인 층의 요소를 생각하자(그림 7.13). 이 요소로 들어가는 기체의 온도를 T_g라 하고 이 요소를 통과한 기체의 온도 변화를 δT_g라 하자. 요소에서 입자의 온도는 T_s이다.

이 요소를 통과한 에너지 수지를 세우면, 기체에 의한 열손실 속도는 고체로 전달된 열전달 속도와 같다. 즉,

$$-(C_g U \rho_g) dT_g = h_{gp} a (T_g - T_s) dL \tag{7.48}$$

여기서 a는 층의 단위 부피 당 고체의 표면적이고, C_g는 기체의 비열용량이며, ρ_p는 입자의 밀도, h_{gp}는 입자-기체 열전달 계수이며 U는 기체의 공탑속도이다.
경계조건 $L=0$에서 $T_g = T_{g0}$을 이용하여 적분하면,

$$\ln\left(\frac{T_g - T_s}{T_{g0} - T_s}\right) = -\left(\frac{h_{gp} a}{U_{rel} \rho_g C_g}\right) L \tag{7.49}$$

온도차가 초기 값의 반까지 줄어드는 거리, $L_{0.5}$는

$$L_{0.5} = -\ln(0.5)\frac{C_g U_{rel} \rho_g}{h_{gp} a} = 0.693\frac{C_g U_{rel} \rho_g}{h_{gp} a} \tag{7.50}$$

지름이 x인 구형 입자 층에 대하여, 층의 단위 부피 당 표면적은 $a = 6(1-\epsilon)/x$이고 여기서 ε은 층의 공극률이다.

식 (7.47)의 h_{gp}에 대한 상관관계를 이용하면,

$$L_{0.5} = 3.85\frac{\mu^{1.3} x^{0.7} C_g}{U_{rel}^{0.3} \rho_g^{0.3} (1-\epsilon) k_g} \tag{7.51}$$

예를 들면 평균 입도가 100 μm이고 입자 밀도가 2500 kg/m^{3}인 입자층을 밀도가 1.2 kg/m^3, 점도가 1.84×10^{-5} Pa·s, 전도도가 0.0262 W/mK 및 비열용량이 1005 J/kg·K인 기체로 유동화한다고 하자.

U_{mf}에 대한 Baeyens식[식 (7.11)]을 사용하면, $U_{mf} = 9.3 \times 10^{-3}$ m/s 이다. 유동화 조건에서 입자와 기체 사이 상대속도는 U_{mf}/ϵ으로 어림잡을 수 있다. 따라서 유동층의 공극률을 0.47로 가정하면, $U_{rel} = 0.02$ m/s 이다.

식 (7.51)에 이들 값을 대입하면, $L_{0.5} = 0.95$ mm을 얻는다. 따라서 층으로 들어간 1 mm 이내에서 기체와 층 사이 온도차가 절반으로 줄어든다. 지름이 1 mm보다 작은 입자에 대해서는 전형적으로 뜨거운 층과 찬 유동화 기체 사이 온도차가 처음 5 mm의 층 깊이 이내에서 절반으로 줄어든다.

7.7.2 층-표면 열전달

기포 유동층에서 층과 담긴 표면(수직 층벽 또는 관) 사이 열전달 계수는 근사적으로 더할 수 있는 세 성분으로 이루어져 있다고 생각할 수 있다(Botterill, 1975).

$$\text{층-표면 열전달 계수,}\ h = h_{pc} + h_{gc} + h_r$$

여기서 h_{pc}는 입자의 대류 열전달 계수이고 표면으로 또는 표면으로부터 열을 전달하는 고체 집단의 운동에 기인하는 열전달을 말한다. h_{gc}는 기체의 대류 열전달계수로 입자들 사이에서 기체 운동에 의한 열전달을 나타낸다. h_r은 복사 열전달 계수이다. 그림 7.14는, Botterill(1986)의 업적으로, 층-표면 열전달 계수의 범위와 지배적인 열전달 메카니즘에 미치는 입도의 영향을 보여준다.

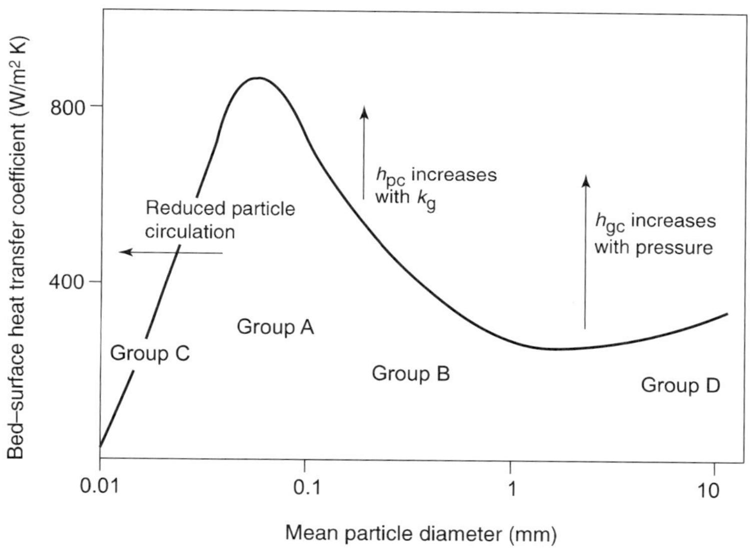

그림 7.14 층-표면 열전달 계수의 범위

입자의 대류 열전달 : 부피를 근거로 하면 유동층에서 고체는 기체 열용량의 약 천 배가 되고 따라서, 고체가 층 내에서 연속적으로 순환하고 있기 때문에, 고체가 층 주위의 열을 전달한다. 층과 표면 사이 열전달에서 모든 열은 입자와 표면 사이 기체 경막을 통하여 전달되어야 하기 때문에(그림 7.15) 제한 인자는 기체의 전도도이다. 입자-표면 접촉 면적은 너무 작기 때문에 의미 있는 열전달이 일어나지 않는다. 따라서 기체 경막 두께나 기체의 전도도에 영향을 미치는 인자가 입자 대류 조건 하에서 열전달에 영향을 미친다. 예를 들어, 입도를 줄이면 평균 기체 경막 두께가 감소하여 h_{pc}가 증가한다. 그러나 입도를 그룹 C 범위까지 줄이면 입자의 이동도가 감소하여 입자의 대류 열전달이 감소한다. 기체의 온도를 올리면 기체의 전도도가 증가하여 h_{pc}가 향상된다.

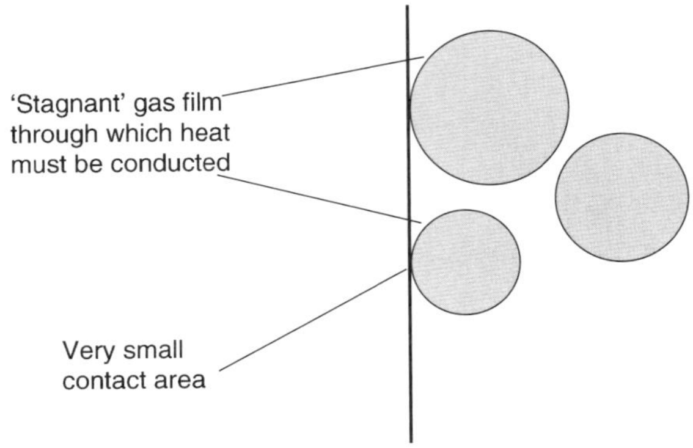

그림 7.15 층 입자로부터 잠긴 표면으로 열전달

입자의 대류 열전달은 그룹 A와 B 분체에서 지배적이다. 최소 유동화를 지나서 기체 속도를 증가시키면 입자의 순환이 증진되고 따라서 입자의 대류 열전달이 증가한다. 열전달 계수는 유동화 속도에 따라 폭넓게 최대 $h_{\max}$까지 증가한 다음 열전달 표면이 기포로 둘러싸임에 따라 감소한다. 이것을 그룹 A, B 및 D 분체에 대하여 그림 7.16에 나타낸다. 그룹 B와 D 분체에 대해서 h_{pc}의 최대는 U_{mf}에 비교적 가까운 곳에서 일어난다. 왜냐하면 이들 분체는 U_{mf}에서 기포가 생성되고 이들 기포의 크기가 기체속도가 증가함에 따라 증가하기 때문이다. 그룹 A 분체는 U_{mf}와 U_{mb} 사이에서 비기포 유동화를 나타내고 안정한 최대 기포 크기에 도달한다.

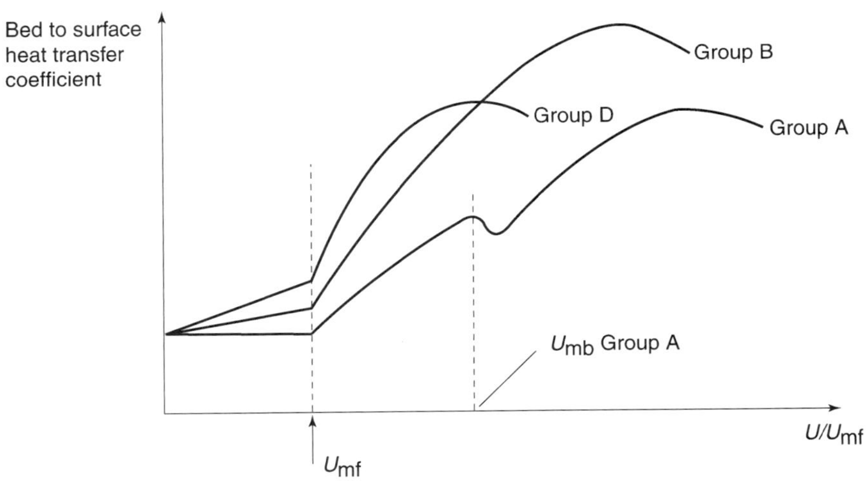

그림 7.16 유동층에서 층-표면 열전달 계수에 미치는 유동화 기체 속도의 영향

Botterill(1986)은 그룹 B 분체에 대하여 $h_{\max}$ 에 대한 Zabrodsky(1966) 상관관계를 권장하고

$$h_{\max} = 35.8 \frac{k_g^{0.6}\,\rho_p^{0.2}}{x^{0.36}} \quad \mathrm{W/m^2K} \tag{7.52}$$

그룹 A 분체에 대해서는 Khan등(1978)의 상관관계를 추천한다.

$$Nu_{\max} = 0.157 Ar^{0.475} \tag{7.53}$$

기체의 대류 열전달은 틈새 기체의 흐름이 층류인 그룹 A와 B 분체에서는 중요하지 않으나, 더 높은 속도에서 유동화하고 틈새 기체가 전이 또는 난류 흐름을 이루는 그룹 D 분체에서는 중요해진다. Botterill은 기체의 대류 메카니즘이 $Re_{mf} \approx 12.5$ 에서 지배적인 메카니즘으로 입자의 대류 열전달로부터 이어 받는다고 제안한다(Re_{mf} 는 최소 유동화에서 Reynolds수이며 Archimedes수 $Ar \approx 26000$ 에 상당한다). 기체의 대류 열전달에서는 기체가 주변에 열을 전달함에 따라 기체의 비열용량이 중요하다. 기체의 비열용량은 압력이 증가함에 따라 증가하고 따라서 기체의 대류 열전달이 지배적인 조건에서는 조작압력을 증가시키면 열전달계수 h_{gc} 가 증가한다. Botterill(1986)은 h_{gc} 에 대한 Baskakov와 Suprun (1972)의 상관관계를 권장한다.

$$Nu_{gc} = 0.0175 Ar^{0.46} \mathrm{Pr}^{0.33} \quad (U > U_m \text{ 인 경우}) \tag{5.54}$$

$$Nu_{gc} = 0.0175 Ar^{0.46} \mathrm{Pr}^{0.33} \left(\frac{U}{U_m}\right)^{0.3} \quad (U_{mf} < U < U_m \text{ 인 경우}) \tag{5.55}$$

여기서 U_m 은 최대 총괄 층 열전달 계수에 대응하는 공탑속도이다.

600℃이상의 온도에서는 복사 열전달의 역할이 증가하기 때문에 계산에서 고려해야한다. 복사 열전달을 다루거나 유동층에서 열전달에 관하여 더 상세한 것을 알고 싶은 독자들은 Botterill(1986)이나 Kunii와 Levenspiel(1990)을 참고하기 바란다.

7.8 유동층의 응용

7.8.1 물리적 공정

유동층을 이용하는 물리적 공정은 건조, 혼합, 입자제조, 코팅, 가열 및 냉각이 있다. 모든 이들 공정은 유동층의 우수한 혼합 능력을 이용한다. 좋은 고체 혼합은 좋은 열전달, 균일한 온도 및 공정제어의 용이성을 가져다준다. 유동층의 가장 중요한 응용 중의 하나는 고체의

건조이다. 유동층은 분쇄된 광석, 모래, 고분자, 의약품, 비료 및 결정 생성물과 같은 물질을 건조하기 위하여 현재 상업적으로 이용되고 있다. 유동층 건조가 인기 있는 이유는:

- 건조기가 소형이고 건설이 간단하며 투자비가 비교적 낮다.
- 공급 및 배출 장치를 제외하고 움직이는 부분이 없기 때문에 신뢰할 수 있는 운전이 가능하고 정비 유지비가 적다.
- 건조기의 열효율이 비교적 높다.
- 유동층 건조기는 분체를 취급하는데 온화하고 따라서 부서지기 쉬운 물질을 취급할 때 유용하다.

유동층에서 입자제조는 13장에서 취급하고 혼합은 11장에서 다룬다. 유동층은 흔히 반응을 수반한 입자상 고체를 냉각하기 위하여 사용된다. 유동화 공기만으로 또는 층 내에 설치된 관을 통과하는 냉각수를 사용하여 냉각할 수 있다(예로 그림 7.17 참조). 유동층은 의약산업 및 농공업에서 입자를 코팅하는데 사용된다. 열경화성 플라스틱 분체를 공기로 유동화한 유동층에 금속성분을 도입하여 가열하면 플라스틱으로 코팅할 수 있다.

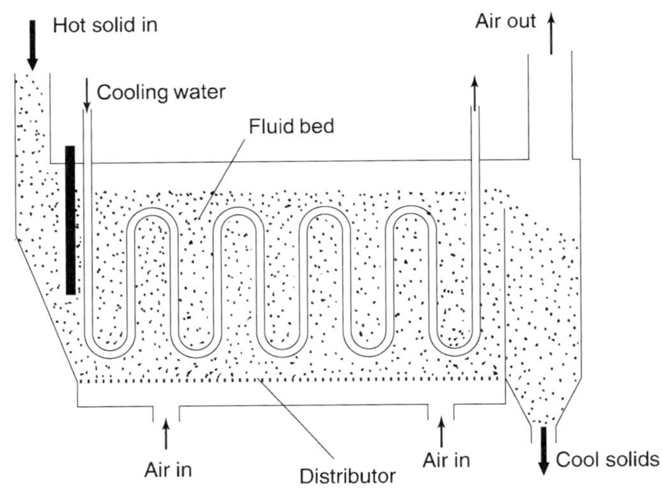

그림 7.17 유동층 고체 냉각기의 개략도

7.8.2 화학적 공정

기체 유동층은 기체와 고체가 관련된 화학반응을 수행하기 위한 좋은 매체이다. 화학반응을 수행하기 위한 유동층의 장점은:

- 기체-고체 접촉이 대체로 좋다.
- 층 내에서 고체의 순환이 탁월하여 입자와 유동화 기체 사이 열전달과 층과 층 내에 담긴

열전달 표면 사이 열전달을 촉진한다.

- 좋은 열전달은 반응이 강한 발열 또는 흡열일 때에도 거의 등온 조건을 만들어 준다.
- 좋은 열전달은 또한 반응을 쉽게 제어할 수 있게 해준다.
- 층의 유동성은 반응기로부터 고체의 제거를 용이하게 해준다.

그러나, 유동층이 이상은 아니다. 주된 문제점은 그와 같은 계의 2상 특성(기포와 유동화 고체)에서 생긴다. 이 문제는 유동층의 고체가 기상반응을 위한 촉매로 사용될 경우에 특히 심각하다. 이와 같은 경우에 이상적인 유동층 화학 반응기는 우수한 기체-고체 접촉을 이루며, 우회 기체도 없고 주된 흐름 방향에 반하는 기체의 역혼합도 없다. 기포 유동층에서 기체는 층을 기포 상태로 통과함으로서 고체를 우회하여 지나간다. 이것은 반응하지 않은 반응물이 생성물에 나타난다는 것을 의미한다. 또한 기포 유동층 내에서 기체의 순환 형태가 생성물을 역혼합시켜 원하지 않는 부수적인 반응이 일어날 수 있다. 이러한 문제들은 새로운 유동층 공정을 파일로트 공장으로부터 완전한 공업적 규모로 확대할 때 특히 심각한 실제적인 어려움을 초래한다. 이 주제는 다음의 참고문헌에서 상세하게 다루고 있다. Kunii와 Levenspiel(1990), Geldart(1986), Davidson과 Harrison(1971).

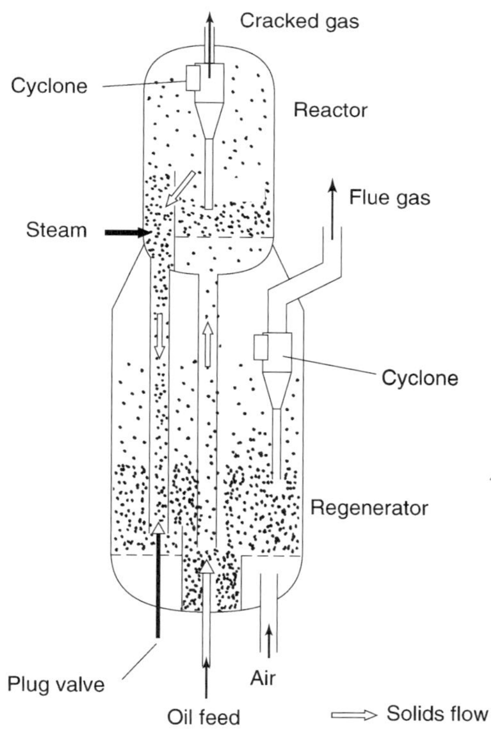

그림 7.18 Kellog의 모델 A Orthoflow FCC장치

그림 7.18은 유체 접촉 분해(FCC) 장치의 한 형태를 도식적으로 나타낸 그림이다. 이 장치는 원유 속에 있는 큰 분자를 휘발유 등에 적합한 작은 분자로 분해하기 위한 유동층 기술의 유명한 예이다. 유동층 기술을 다른 종류의 화학반응에 응용한 예들을 표 7.2에 나타낸다.

표 7.2 • 유동화를 이용한 기체-고체 화학반응의 유형

Type	Example	Reasons for using a fluidized bed
Homogeneous gas-phase reactions	Ethylene hydrogenation	Rapid heating of entering gas. Uniform controllable temperature
Heterogeneous non-catalytic reactions	Sulphide ore roasting, combustion	Ease of solids handling. Temperature uniformity. Good heat transfer
Heterogeneous catalytic reactions	Hydrocarbon cracking, phthalic anhydride, acrylonitrile	Ease of solids handling. Temperature uniformity. Good heat transfer

7.9 기포 유동층 반응기에 대한 단순 모델

일반적으로, 유동층 반응기에 대한 모델은 다음을 고려한다.

- 기포상과 입자상 사이 기체의 분배;
- 입자상에서 혼합의 정도;
- 상 사이에서 기체의 이동;

반응기로서 유동층에 대한 가능한 모델을 상세하게 고찰하는 것은 이 장의 범위에서 벗어난다. 그러나, 이러한 모델의 핵심 성분을 입증하기 위하여, Orcutt 등(1962)의 단순 모델을 사용하려 한다. 비록 단순하지만, 이 모델은 기상 촉매반응을 탐구하기 위한 유동층 반응기의 주요 특징을 제공한다.

이 방법은 다음을 가정한다.

- 원래의 2상 이론이 적용된다.
- 입자상에서는 완전 혼합이 일어난다.
- 기포상에서는 반응이 없다.

이 모델은 일차원이고 정상상태를 가정한다. 이 모델의 구조를 그림 7.19에 도식적으로 나타낸다. 다음 부호를 사용한다: C_0 는 분배기에서 반응물의 농도; C_P 는 입자상에서 반응물의 농도; C_B 는 분배기 위로 h 높이에 있는 기포상에서 반응물의 농도; C_{BH} 는 기포상을 떠나는 반응물의 농도; C_H 는 반응기를 떠나는 반응물의 농도이다.

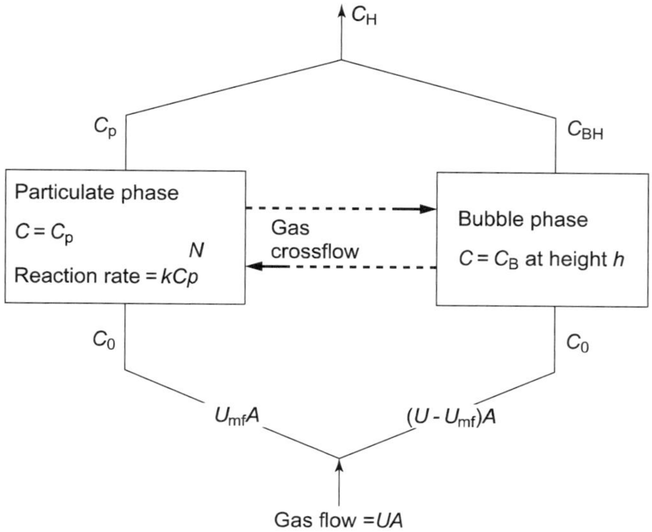

그림 7.19 Orcutt 유동층 반응기 모델의 개략도

정상상태에서, 입자상에 있는 반응물의 농도는 입자상에서 완전혼합을 가정하였기 때문에 입자상 어디에서나 일정하다. 층 전체에서 기체 반응물은 입자상과 기포상 사이를 통과한다고 가정한다.

반응물에 관한 총괄 물질 수지는

$$\begin{pmatrix}\text{들어가는}\\\text{반응물의}\\\text{몰흐름}\end{pmatrix} = \begin{pmatrix}\text{기포상을}\\\text{떠나는}\\\text{반응물의}\\\text{몰흐름}\end{pmatrix} + \begin{pmatrix}\text{입자상을}\\\text{떠나는}\\\text{반응물의}\\\text{몰흐름}\end{pmatrix} + \begin{pmatrix}\text{전환}\\\text{속도}\end{pmatrix} \tag{7.56}$$

(1) (2) (3) (4)

(1)항 $= UAC_0$

(2)항 : 기포상에서 반응물의 몰 흐름은 기체가 입자상과 교환됨에 따라 분배기 위로 높이 L과 함께 변한다. 분배기 위로 높이 L에서 두께가 δL인 유동층 요소를 생각해보자. 이 요소에서 :

$$\begin{pmatrix}\text{기포상에서}\\\text{반응물의}\\\text{증가속도}\end{pmatrix} = \begin{pmatrix}\text{입자상으로부터}\\\text{반응물의}\\\text{전달속도}\end{pmatrix}$$

즉,

$$(U - U_{mf})A\,\delta C_B = -K_c(\epsilon_B A \delta L)(C_B - C_P) \tag{7.57}$$

$\delta L \to 0$ 의 극한에서,

$$\frac{dC_B}{dL} = -\frac{K_c \epsilon_B (C_B - C_P)}{(U - U_{mf})} \tag{7.58}$$

여기서 K_c는 기포 단위 부피당 물질전달계수이며 ϵ_B는 기포 분율이다. $L=0$에서 $C_B = C_0$인 경계조건으로 적분하면, $\epsilon_B = (U - U_{mf})/U_B$이므로[식 (7.28)],

$$C_B = C_P + (C_0 - C_P)\exp\left(-\frac{K_c L}{U_B}\right) \tag{7.59}$$

유동층의 표면에서, $L = H$이므로 층 표면의 기포상에서 반응물의 농도는 다음과 같다.

$$C_{BH} = C_P + (C_0 - C_P)\exp\left(-\frac{K_c H}{U_B}\right) \tag{7.60}$$

(2)항 $= C_{BH}(U - U_{mf})A$

(3)항 $= U_{mf} A C_P$

(4)항 : 고려하고 있는 반응물에서 j 차인 반응에 대해서,

$$[\text{고체 단위부피당 몰 전환속도}] = k\, C_P^j$$

여기서 k는 고체의 단위 부피당 반응속도 상수이다.

따라서,

$$\begin{pmatrix}\text{층에서}\\\text{몰 전환속도}\end{pmatrix} = \begin{pmatrix}\text{고체단위부피당}\\\text{몰 전환속도}\end{pmatrix} \times \begin{pmatrix}\text{입자상단위부피당}\\\text{고체의 부피}\end{pmatrix} \times \begin{pmatrix}\text{층단위부피당}\\\text{입자상 부피}\end{pmatrix} \times \begin{pmatrix}\text{층의}\\\text{부피}\end{pmatrix}$$

따라서, (4)항은,

$$[\text{층에서 몰 전환속도}] = kC_P^j(1-\epsilon_P)(1-\epsilon_B)AH \tag{7.61}$$

여기서 ϵ_P는 입자상 공극률이다.

(1)－(4)항에 이들 식을 대입하면 물질수지는,

$$UAC_0 = \left\{C_P + (C_0 - C_P)\exp\left[-\frac{K_c H}{U_B}\right]\right\}(U - U_{mf})A + U_{mf}AC_P + kC_P^j(1-\epsilon_P)(1-\epsilon_B)AH \tag{7.62}$$

이 물질수지로부터 C_P를 구할 수 있다. 그러면 반응기를 떠나는 반응물의 농도 C_H는 기포상과 입자상을 통과한 반응물의 농도와 기체흐름으로부터 계산할 수 있다.

$$C_H = \frac{U_{mf} C_P + (U - U_{mf}) C_{BH}}{U} \tag{7.63}$$

1차 반응($j = 1$)의 경우에 물질수지를 C_P에 대해서 풀면,

$$C_P = \frac{C_0[U - (U - U_{mf})e^{-\chi}]}{kH_{mf}(1 - \epsilon_P) + [U - (U - U_{mf})e^{-\chi}]} \tag{7.64}$$

여기서 $\chi = K_c H / U_B$이고, 상 사이에 기체 교환을 위한 물질전달단위 수와 같다. χ는 기포 크기와 관계가 있으며 상관관계를 구할 수 있다. 일반적으로 χ는 기포 크기가 증가할수록 감소하며 따라서 기포가 작을수록 좋다.

이와 같이 식 (7.63)과 (7.64)로부터, 반응기에서 전환율을 나타내는 식을 얻는다.

$$1 - \frac{C_H}{C_0} = (1 - \beta e^{-\chi}) - \frac{(1 - \beta e^{-\chi})^2}{\frac{kH_{mf}(1 - \epsilon_P)}{U} + (1 - \beta e^{-\chi})} \tag{7.65}$$

여기서 $\beta = (U - U_{mf})/U$이며, 기포로 층을 통과하는 기체의 분율이다. 2상 이론이 항상 성립하지는 않지만, 식 (7.65)는 자주 적용되며 이때 β는 여전히 층을 통과하는 기체의 분율이며, $(U - U_{mf})/U$와 같지 않다는 것은 흥미 있는 일이다.

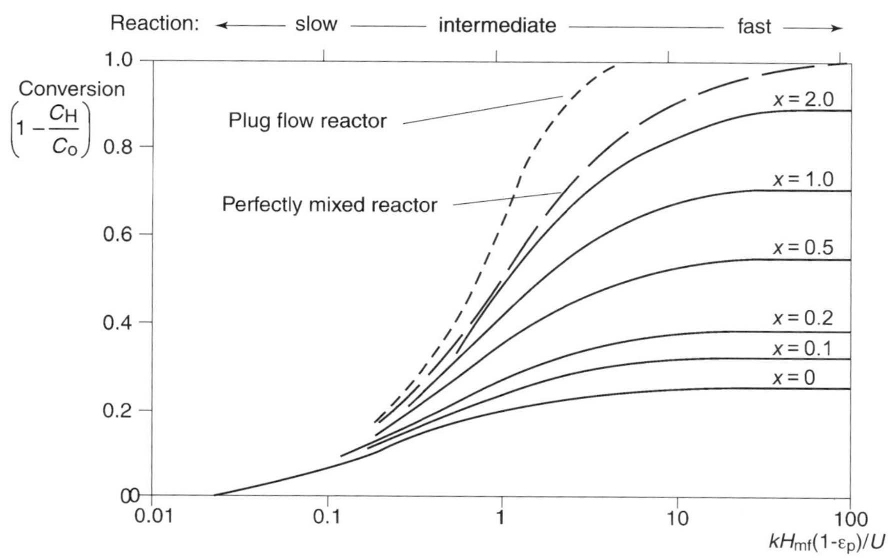

그림 7.20 1차 기상 촉매반응($\beta = 0.75$)에서 반응속도와 상간 물질전달의 함수로서 전환율 [식 (7.65)에 근거]

1차가 아닌 다른 차수의 반응 및 고체반응 그리고 유동층에 대한 더 복잡한 반응기 모델에 관심이 있는 독자들은 Kunii와 Levenspiel(1990)을 참고하기 바란다.

Orcutt 모델이 비록 단순하지만, 운전 조건, 반응 속도 및 상 사이의 물질전달 정도가 기상 촉매 반응기로서 유동층의 성능에 미치는 영향을 탐구하는데 이용할 수 있다. 그림 7.20은 1차 반응에 대한 식 (7.65)를 사용하여 계산한 과잉 기체속도(β로 표현)와 함께 반응속도($kH_{mf}(1-\epsilon_P)/U$로 표현)에 따른 전환율의 변화를 보여준다.

χ의 값이 주로 층의 유체동력학에 의하여 결정된다는 것에 주목하면, 다음을 알 수 있다.

- 느린 반응의 경우, 총괄 전환율이 층의 유체동력학에 민감하지 않으며 따라서 반응속도 k가 속도 결정 인자이다.
- 중간 반응의 경우, 반응속도와 층의 유체동력학이 모두 전환율에 영향을 미친다.
- 빠른 반응의 경우, 전환율이 층의 유체동력학에 의하여 결정된다.

이들 결과는 유동층에서 기상 촉매 반응의 경우에 전형적으로 나타난다.

7.10 실제적 고찰

7.10.1 기체 분배기

분배기는 유동화 기체가 층의 단면 전체에 항상 균등하게 분배되도록 설계된 장치이다. 이것은 유동층 장치의 설계에서 가장 중요한 부분이다. 좋은 설계는 층 전체 압력강하의 충분한 비율을 차지하는 압력강하를 달성하는데 기초를 둔다. 독자들은 분배기 설계에 관한 길잡이로 Geldart(1986)를 참고하기 바란다. 많은 운전상의 문제들이 잘못된 분배기 설계에 기인하는 것으로 역 추적할 수 있다. 자주 사용되고 있는 몇 가지 분배기 설계를 그림 7.21에 나타낸다.

7.10.2 유동화 기체의 손실

유동화 기체의 손실은 유동층의 실패를 초래한다. 공정에서 열이 방출되면 이 열은 유동층에서처럼 충전층에서는 잘 소산되지 않는다. 이러한 문제들은 설계단계에서 고려해야한다.

7.10.3 침식

유동층 장치의 모든 부분은 고체 입자에 의한 침식에 노출되어 있다. 층 또는 프리보드 안에 설치된 열전달 관이 특히 위험하며 여기서 침식은 관의 파열을 초래한다. 분배기의 침식은 불충분한 유동화를 초래하여 층의 많은 부분이 통기되지 못하게 된다.

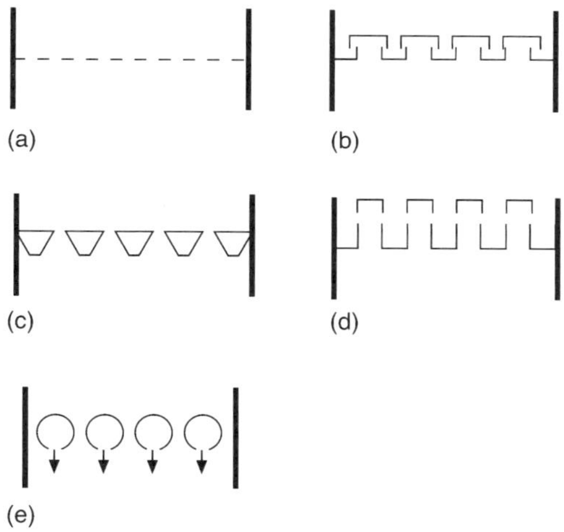

그림 7.21 일반적인 용도의 분배기 설계 : (a) drilled plate; (b) cap design; (c) continuous horizontal slots; (d) stand pipe design; (e) sparge tubes with holes pointing downwards

7.10.4 미세 입자의 손실

층으로부터 미세 고체의 손실은 유동화의 질을 떨어뜨리고 공정에서 고체와 기체 사이 접촉 면적을 감소시킨다. 촉매 공정에서 이것은 낮은 전화율을 의미한다.

7.10.5 사이클론

사이클론 분리기는 기체 흐름으로부터 동반된 고체를 분리하기 위하여 유동층에 흔히 사용된다(9장 참조). 유동층 용기 내에 설치된 사이클론은 기체가 고체 출구로 들어가는 것을 방지하기 위하여 하강관(dip-leg)과 밀폐장치가 설치되어 있다. 유동화 장치는 분리 효율을 향상시키기 위하여 2단 이상의 사이클론을 직렬로 연결할 수도 있다. 사이클론 또한 침식에 취약하며 이것에 대응할 수 있도록 설계해야 한다.

7.10.6 고체 공급기

유동층에 고체를 공급하기 위하여 다양한 장치를 사용할 수 있다. 장치의 선택은 대체로 고체 원료의 특성에 의존한다. 나선형 컨베이어, 분무 공급기 및 공기 수송이 일반적으로 사용된다.

7.11 예제

예제 7.1

밀도가 2590 kg/m³이고 표면-부피 평균입도가 748 μm 인 고체 입자 3.6 kg을 지름이 0.0757 m인 원형 용기에 채워 높이가 0.475 m인 충전층을 형성한다. 밀도가 1000 kg/m³이고 점도가 0.001 Pa·s인 물이 층을 위쪽으로 통과한다. 다음을 계산하라. (a) 초기 유동화에서 층의 압력강하, (b) 초기 유동화에서 액체의 공탑속도, (c) 액체의 공탑속도가 1.0 cm/s일 때 층의 평균 공극률, (d) 이 속도에서 층의 높이, (e) 이 속도에서 층을 통한 압력강하.

풀이.

(a) 식 (7.24)를 충전층에 적용하면, 충전층의 공극률을 구할 수 있다:

$$\text{고체의 질량} = 3.6 = (1-\epsilon)\times 2590 \times \frac{\pi(0.0757)^2}{4}\times 0.475$$

따라서, $\epsilon = 0.3498$

유동화 되었을 때 층에서 마찰 압력강하는:

$$(-\Delta p) = \frac{\text{입자의 무게} - \text{입자에 작용하는 부력}}{\text{단면적}}$$

부력은 입자에 의해서 치환된 유체의 무게와 같기 때문에,

$$(-\Delta p) = \frac{Mg - Mg(\rho_f/\rho_p)}{A}$$

따라서, $(-\Delta p) = \dfrac{Mg}{A}\left(1-\dfrac{\rho_f}{\rho_p}\right) = \dfrac{3.6\times 9.81}{4.50\times 10^{-3}}\left(1-\dfrac{1000}{2590}\right) = 4817\ \text{Pa}$

(b) 유동화가 시작될 때의 공극률이 충전층의 공극률과 같다고 가정하고, 충전층의 압력강하와 액체의 공탑속도 사이 관계를 나타내는 Ergun식을 사용한다.

$$\frac{(-\Delta p)}{H} = 3.55\times 10^7 U^2 + 2.648\times 10^6 U$$

충전층에서 압력강하에 관한 이 식을 유동층 압력강하와 같이 놓으면, 초기 유동화에서 유체의 공탑속도 U_{mf}를 구할 수 있다.

$$U_{mf} = 0.365\ \text{cm/s}$$

(c) Richardson-Zaki식[식 (7.21)]을 이용하면 액체 유동층의 팽창을 추산할 수 있다.

$$U = U_T \epsilon^n \qquad [\text{식 } (7.21)]$$

2장에서 설명한 방법을 적용하면, 단일입자 종말속도, U_T를 결정할 수 있다.

$$Ar = 6527.9;\ C_D Re_p^2 = 8704;\ Re_p = 90;\ U_T = 0.120\ \text{m/s}$$

여기서 Re_p는 U_T에서 계산한다. 이 값의 Reynolds수에서 흐름은 점성류와 관성류 사이의 중간이다. 따라서 식 (7.21)의 지수 n을 구하기 위해서는 Khan과 Richardson의 상관관계[식 (3.25)]를 사용해야 한다.

$$Ar = 6527.9 \text{ 이므로, } n = 3.202 .$$

식 (7.21)로부터, $U = 0.01 \text{ m/s}$ 일 때 $\epsilon = 0.460$ 이다. 즉, 액체의 공탑속도가 1 cm/s일 때 층의 평균 공극률은 0.460이다.

(d) 식 (7.25)로부터, 이제 이 속도에서 층의 평균높이를 결정한다.

$$\text{층의 높이}(U = 0.01 \text{ m/s 에서}) = \frac{(1-0.3498)}{(1-0.460)} 0.475 = 0.572 \text{ m}$$

(e) 일단 층이 유동화 되면 층에서 마찰 압력강하는 근본적으로 일정해진다. 따라서 액체의 공탑속도가 1 cm/s일 때 층에서 마찰 압력강하는 4817 Pa이다.
그러나, 층에서 측정된 압력강하는 액체의 유체정력학 높이를 포함한다. 유동층의 바닥(1)과 꼭대기(2) 사이에서 기계적 에너지식을 적용하면:

$$\frac{p_1 - p_2}{\rho_f g} + \frac{U_1^2 - U_2^2}{2g} + (z_1 - z_2) = \text{마찰 높이압손실} = \frac{4817}{\rho_f g}$$

$$U_1 = U_2 ; \; z_1 - z_2 = -H = -0.572 \text{ m}$$

따라서, $p_1 - p_2 = 10428 \text{ Pa}$.

예제 7.2

입도분포가 아래와 같고 입자밀도가 2500 kg/m^{3}인 분체를 단면적이 4 m^{2}인 유동층에 1.0 kg/s의 속도로 공급한다.

Size range number(i)	Size range(μm)	Mass fraction in feed
1	10−30	0.20
2	30−50	0.65
3	50−70	0.15

층은 밀도가 1.2 kg/m^{3}인 공기를 사용하여 0.25 m/s의 공탑속도에서 유동화 한다. 일정한 층 질량을 유지하기 위하여 처리된 고체는 유동층의 바닥에서 연속적으로 회수한다. 용기를 떠나 기체와 함께 위로 운반된 고체는 총 효율 100%로 운전하는 백필터에 의해서 수집된다. 필터에 의해서 수집된 고체는 모두 층으로 되돌아가지 않는다. 유동층이 완전 혼합이고 프리보드 높이가 이들 조건에서 수송 이탈높이보다 크다고 가정하고, 평형에서 다음을 계산하라.

(a) 필터 백으로 들어가는 고체의 유량 ;
(b) 층에서 고체의 입도분포 ;
(c) 필터 백으로 들어가는 고체의 입도분포 ;
(d) 층의 바닥으로부터 처리된 고체의 회수속도 ;
(e) 필터로 들어가는 기체에 부하된 고체.

풀이.

먼저 Zenz와 Weil의 상관관계[식 (7.46)]로부터 이들 조건에서 세 가지 입도 범위에 대한 유출속도상수를 계산한다. 상관관계에 사용된 입도 x의 값은 각 입도 범위의 산술 평균이다 :

$$x_1 = 20 \times 10^{-6}\,\mathrm{m}\,;\ x_2 = 40 \times 10^{-6}\,\mathrm{m}\,;\ x_3 = 60 \times 10^{-6}\,\mathrm{m}\,;$$

$U = 0.25\,\mathrm{m/s}$, $\rho_p = 2500\,\mathrm{kg/m^3}$ 및 $\rho_f = 1.2\,\mathrm{kg/m^3}$ 를 사용하면

$$K^*_{1\infty} = 3.21 \times 10^{-2}\,\mathrm{kg/m^2s}\,;$$

$$K^*_{2\infty} = 8.74 \times 10^{-3}\,\mathrm{kg/m^2s}\,;$$

$$K^*_{3\infty} = 4.08 \times 10^{-3}\,\mathrm{kg/m^2s}$$

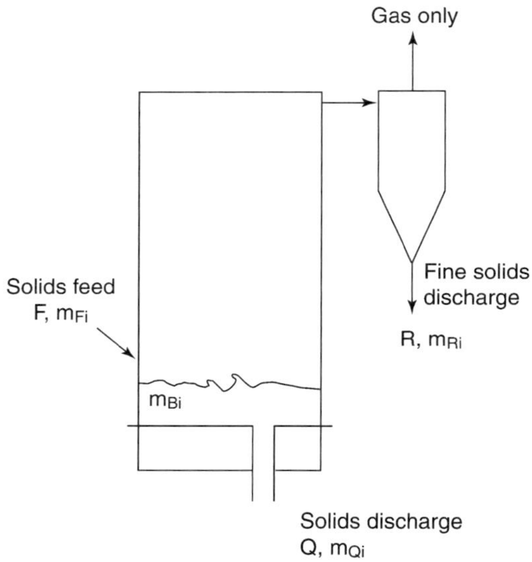

그림 7W2.1 유동층에서 고체흐름과 크기분포를 나타내는 도해도

그림 7W2.1을 참고하면, 유동층 장치에서 총괄 및 성분 물질 수지는:

총괄수지: $$F = Q + R \tag{7W2.1}$$

성분수지: $$F m_{F_i} = Q m_{Q_i} + R m_{R_i} \tag{7W2.2}$$

여기서 F, Q 및 R은 각각 공급 고체, 회수 고체 및 필터 배출 고체의 질량 유량이고 m_{F_i}, m_{Q_i} 및 m_{R_i}는 각각 공급 고체, 회수 고체 및 필터 배출 고체에서 입도 범위가 i인 고체의 질량 분율이다.

식 (7.39)로부터, 프리보드의 기체출구에서 입도 범위 i의 동반흐름 속도는

$$R_i = R m_{R_i} = K^*_{1\infty} A m_{B_i} \tag{7W2.3}$$

그리고

$$R = \sum R_i = \sum R m_{R_i} \qquad (7W2.4)$$

이들 식을 층이 잘 혼합되어 있다는 가정과 결합하면($m_{Q_i} = m_{B_i}$),

$$m_{B_i} = \frac{F m_{F_i}}{F - R + K^*_{i\infty} A} \qquad (7W2.5)$$

지금 m_{B_i}와 R이 미지수이다. 그러나, $\sum m_{B_i} = 1$이기 때문에, 다음을 얻는다.

$$\frac{1.0 \times 0.2}{1.0 - R + (3.21 \times 10^{-2} \times 4)} + \frac{1.0 \times 0.65}{1.0 - R + (8.74 \times 10^{-3} \times 4)} + \frac{1.0 \times 0.15}{1.0 - R + (4.08 \times 10^{-3} \times 4)} = 1.0$$

시행 착오법으로 R에 대해서 풀면, $R = 0.05\ \mathrm{kg/s}$.

(b) 식 (7W2.5)에 $R = 0.05\ \mathrm{kg/s}$를 대입하면,

$$m_{B_1} = 0.1855\,;\ m_{B_2} = 0.6599\,;\ m_{B_3} = 0.1552\,.$$

따라서 층의 입도분포는:

Size range number(i)	Size range(μm)	Mass fraction in feed
1	10−30	0.1855
2	30−50	0.6599
3	50−70	0.1552

(c) R와 m_{B_i}를 알면, 식 (7W2.3)으로부터, m_{R_i}를 계산할 수 있다:

$$m_{R_1} = \frac{K^*_{1\infty} A m_{B_i}}{R} = \frac{3.21 \times 10^{-2} \times 4 \times 0.1855}{0.05} = 0.476$$

같은 방법으로, $m_{R_2} = 0.4614\,;\ m_{R_3} = 0.0506\,.$

따라서 필터로 들어가는 고체의 입도 분포는:

Size range number(i)	Size range(μm)	Mass fraction entering filter
1	10−30	0.476
2	30−50	0.4614
3	50−70	0.0506

(d) 식 (7W2.1)로부터, 층으로부터 고체의 회수 속도는, $Q = 0.95\ \mathrm{kg/s}$.

(e) 필터로 들어가는 기체에 대한 고체 부하는,

$$\frac{\text{고체의 질량흐름}}{\text{기체의 부피흐름}} = \frac{R}{UA} = 0.05\ \mathrm{kg/m^3}$$

예제 7.3

기체의 공탑속도가 0.3 m/s로 운전되는 유동층에서 기상촉매반응이 수행된다. 이들 조건에서 이 반응은 반응물 A에 대하여 1차라는 것이 알려져 있고, 다음과 같은 자료가 주어져 있다.

- 초기 유동화에서 층 높이 = 1.5 m;
- 평균 운전 층 높이 = 1.65 m;
- 초기 유동화에서 공극률 = 0.47;
- 반응 속도 상수 = 75.47(고체 단위 부피 당);
- 평균 기포 상승 속도 = 0.111 m/s;
- 기포와 유탁상 사이 물질 전달 계수 = 0.1009(기포 단위 부피 당), 최소유동화 속도 = 0.033 m/s

Orcutt 등의 반응기 모델을 사용하여 다음을 구하라.
(a) 반응물 A의 전환율;
(b) 촉매의 재고를 절반으로 줄이면 (a)에서 구한 전환율에 미치는 영향;
(c) 기포 크기를 반으로 하면 (a)에서 구한 전환율에 미치는 영향(상 사이 물질 전달 계수가 기포 지름의 평방근에 반비례한다고 가정).
(d) (b)와 (c)항에서 구한 답을 비교 검토하고 반응기에서 전환율을 지배하는 반응기구가 어느 것인지 설명하라.

풀이.

(a) 7.9절에서 설명한 Orcutt등의 모델을 1차 반응에 대하여 적용하면:

$$\text{전환율,}\quad 1-\frac{C_H}{C_0}=(1-\beta e^{-\chi})-\frac{(1-\beta e^{-\chi})^2}{\dfrac{kH_{mf}(1-\epsilon_P)}{U}+(1-\beta e^{-\chi})} \qquad \text{[식 (7.65)]}$$

여기서 $\chi=K_cH/U_B$이고, $\beta=(U-U_{mf})/U$이다.
문제에서 주어진 자료를 이용하면,

$$K_C=0.1009\,,\ U_B=0.111\ \mathrm{m/s}\,,\ U=0.3\ \mathrm{m/s}\,,\ U_{mf}=0.033\ \mathrm{m/s}\,,$$
$$H=1.65\ \mathrm{m}\,,\ H_{mf}=1.5\ \mathrm{m}\,,\ k=75.47\,.$$

따라서, $\chi=1.5$, $\beta=0.89$ 및 $kH_{mf}(1-\epsilon_p)/U=200$ ($\epsilon_p=\epsilon_{mf}$를 가정)
식 (7.65)로부터, 전환율 = 0.798.

(b) 층에서 고체의 양을 반으로 줄이면, 조작 층 높이 H와 초기 유동화에서 높이 H_{mf}가 모두 반으로 줄어든다. 따라서, 다른 모든 것이 일정하다고 가정하면, 새로운 조건에서,

$$\chi=0.75\,,\ \beta=0.89\ \text{ 및 }\ kH_{mf}(1-\epsilon_p)/U=100$$

따라서 새로운 전환율 = 0.576.

(c) 기포 크기를 반으로 줄이고 K_C가 $1/\sqrt{(\text{기포지름})}$에 비례하면,

$$\text{새로운 } K_C=1.414\times0.1009=0.1427$$

따라서, $\chi = 2.121$, 전환율 $= 0.889$.

(d) (c)에서 달성한 전환율을 (a)에서 얻은 전환율과 비교하면, 상 사이 물질 전달을 증가시키는 것이 전환율에 중대한 영향을 미친다는 것을 알 수 있다. 반응 속도를 두 배로 하고(즉 반응기 온도를 증가시켜서) 다른 모든 것을 일정하게 유지하면 (a)에서 얻은 전환율에 미치는 영향을 무시할 수 있다는 것도 알 수 있다. 따라서 이들 조건에서 기포상과 유탁상 사이 기체의 이동이 전환율을 지배한다고 추론할 수 있다.

자율학습문제

7.1 유동층에서 힘 수지에 대한 식을 적고 이 식을 이용하여 유동층에서 압력강하를 나타내는 식을 유도하라.

7.2 입자밀도가 2000 kg/m^{3}인 입자 15 kg을 단면적이 0.03 m^{2}인 용기에서 밀도가 900 kg/m^{3}인 유체로 유동화한다. (a) 층에서 마찰 압력강하는 얼마인가? (b) 층 높이가 0.6 m라면 층 공극률은 얼마인가?

7.3 분체층을 통한 압력강하 대 이 층을 위쪽으로 통과하는 유체속도의 개략도를 그려라. 충전층과 유동층 영역을 포함시키고 유동층 개시속도를 표시하라.

7.4 Geldart의 네 가지 분체 그룹의 주된 거동 특성은 무엇인가?

7.5 Geldart의 그룹 A 분체와 그룹 B 분체는 무엇으로 구별하는가?

7.6 Richardson과 Zaki에 의하면, Reynolds수가 0.3보다 작을 때 액체 유동층에서 층 공극률이 유동화 속도에 따라 어떻게 변하는가?

7.7 2상이론의 기본 가정은 무엇인가? 2상이론에 의하여 층 팽창을 공탑 유동화속도의 함수로 나타내는 식을 적어라.

7.8 유동층에서 입자대류열전달이 무엇을 의미하는지 설명하라. 입자대류열전달은 Geldart의 어느 그룹에서 지배적인가?

7.9 기체대류열전달은 어느 조건에서 중요한 역할을 하는가?

7.10 빠른 기체상 촉매반응은 입자상 촉매를 사용한 유동층에서 수행한다. 입자상과 기포상 사이 물질전달을 위한 조건을 개선하면 전환률이 증가하겠는가?

연습문제

7.1 밀도가 2500 kg/m^{3}인 고체 입자로 채워진 충전층이 단면적이 0.04 m^{2}인 용기에서 1 m의 깊이를 차지한다. 층에 채워진 고체의 질량은 50 kg이고 입자의 표면-부피 평균 지름은 1 mm이다. 밀도가 800 kg/m^{3}이고 점도가 0.002 Pa·s인 액체가 층을 통과하여 위로 흐른다.

(a) 층의 공극률(공간이 차지한 부피 분율)을 계산하라.

(b) 액체의 부피 유량이 1.44 m^3/h일 때 층에서 압력강하를 계산하라.

(c) 층이 유동화 할 때 층에서 압력강하를 계산하라.

[답 : (a) 0.5; (b) 6560 Pa; (c) 8338 Pa]

7.2 지름이 50 μm 이고 입자밀도가 1500 kg/m^{3}인 균일한 구형입자 130 kg을 단면적이 0.2m^{2}인 원형 층에서 물(밀도가 1000 kg/m^3, 점도가 0.001 Pa·s)로 유동화 한다. 입자의 단일입자 종말속도가 0.68 mm/s이고 유동화 개시에서 공극률은 0.47로 알려져 있다.

(a) 초기 유동화에서 층 높이를 계산하라.

(b) 액체의 유량이 2×10^{-5} m^3/s 일 때 층의 평균 공극률을 계산하라.

[답 : (a) 0.818 m ; (b) 0.6622]

7.3 지름이 60 μm 이고 입자밀도가 1500 kg/m^{3}인 균일한 구형입자 130 kg을 단면적이 0.2 m^{2}인 원형 층에서 물(밀도가 1000 kg/m^3, 점도가 0.001 Pa·s)로 유동화 한다. 입자의 단일입자 종말속도가 0.98 mm/s이고 초기 유동화에서 공극률은 0.47로 알려져 있다.

(a) 초기 유동화에서 층 높이를 계산하라.

(b) 액체의 유량이 2×10^{-5} m^3/s 일 때 유동층의 평균 공극률을 계산하라.

[답 : (a) 0.818 m; (b) 0.6121]

7.4 밀도가 2500 kg/m^{3}인 고체 입자로 채워진 충전층이 단면적이 0.04 m^{2}인 용기에서 1 m의 깊이를 차지한다. 층에 채워진 고체의 질량은 59 kg이고 입자의 표면-부피 평균 지름은 1 mm이다. 밀도가 800 kg/m^{3}이고 점도가 0.002 Pa· s인 액체가 층을 통과하여 위로 흐른다.

(a) 층의 공극률(공간이 차지한 부피 분율)을 계산하라.

(b) 액체의 부피 유량이 0.72 m^3/h일 때 층에서 압력강하를 계산하라.

(c) 층이 유동화 될 때 층에서 압력강하를 계산하라.

[답 : (a) 0.41; (b) 7876 Pa; (c) 9839 Pa]

7.5 밀도가 1200 kg/m^{3}이고 지름이 70 μm 로 균일한 구형 수지 입자 12 kg을 지름이 0.3 m인 용기에서 물(밀도가 1000 kg/m^3, 점도가 0.001 Pa·s)로 유동화 하여 높이가 0.25 m로 팽창된 층을 형성한다.

(a) 층의 바닥과 꼭대기 사이 압력차를 계산하라.

(b) 물의 유량을 7 cm^3/s까지 증가시키면, 결과적인 층의 높이와 공극률(액체의 부피분율)은 얼마일까? 중요한 가정을 기술하고 정당화하라.

[답 : (a) 마찰 압력손실 = 277.5 Pa ; 압력차 = 2730 Pa;
(b) 높이 = 0.465 m; 공극율 = 0.696]

7.6 밀도가 2000 kg/m^3인 고체 입자로 채워진 충전층이 내부 지름이 0.1 m인 원통형 용기에서 0.6 m의 깊이를 차지한다. 층에 채워진 고체의 질량은 5 kg이고 입자의 표면-부피 평균 지름은 300 μm 이다. 물(밀도가 1000 kg/m^3이고 점도가 0.001 Pa·s)이 층을 통과하여 위로 흐른다.

(a) 충전층의 공극률은 얼마인가?

(b) 층에서 힘 수지를 이용하여 유동화 될 때 층의 압력강하를 구하라.

(c) 따라서, 층류 흐름과 초기 유동화에서 공극률이 충전층의 공극률과 같다고 가정하고 최소 유동화 속도를 구하라. 층류 흐름의 가정을 증명하라.

[답 : (a) 0.4692; (b) 3124 Pa; (c) 1.145 mm/s]

7.7 밀도가 2000 kg/m^3인 고체 입자로 채워진 충전층이 내부 지름이 0.1 m인 원통형 용기에서 0.5 m의 깊이를 차지한다. 층에 채워진 고체의 질량은 4 kg이고 입자의 표면-부피 평균 지름은 400 μm 이다. 물(밀도가 1000 kg/m^3이고 점도가 0.001 Pa·s)이 층을 통과하여 위로 흐른다.

(a) 충전층의 공극률은 얼마인가?

(b) 층에서 힘 수지를 이용하여 유동화 될 때 층의 압력강하를 구하라.

(c) 따라서, 층류 흐름과 초기 유동화에서 공극률이 충전층의 공극률과 같다고 가정하고 최소 유동화 속도를 구하라. 층류 흐름의 가정을 증명하라.

[답 : (a) 0.4907; (b) 2498 Pa; (c) 2.43 mm/s]

7.8 힘 수지를 적용하여, 입자밀도가 5000 kg/m^3이고 평균 부피 지름이 100 μm 인 입자와 밀도가 1.2 kg/m^3이고 점도가 1.8×10^{-5} Pa·s 인 유체로 이루어진 계에 대한 유동화 개시 속도를 계산하라. 초기 유동화에서 공극률은 0.5로 가정하라.
위의 예제에서 입도를 2 mm로 변화시키면, U_{mf} 는 얼마인가?

[답 : 0.045 m/s ; 2.26 m/s]

7.9 평균 체 크기가 60 μm 이고 입자밀도가 1800 kg/m^3인 분체를 지름이 0.5 m인 원통형 용기에서 밀도가 1.2 kg/m^3이고 점도가 1.84×10^{-5}·Pa·s 인 공기로 유동화 한다. 층에 채운 분체의 질량은 240 kg이고 층으로 들어가는 공기의 부피 유량은 140 m^3/h이다. 초기 유동화에서 층의 평균 공극률은 0.45이고 상관관계에 의하여 문제에 주어진 조건에서 기포의 평균 상승 속도가 0.8 m/s임을 알고 있다. 다음을 추산하라.

(a) 최소 유동화 속도, U_{mf}

(b) 초기 유동화에서 층 높이

(c) 가시 기포 유량
(d) 기포 분율
(e) 입자상의 공극률
(f) 평균 층 높이
(g) 층의 평균 공극률

[답 : (a) Baeyens와 Geldart 상관관계[식 (7.11)], 0.0027 m/s; (b) 1.24 m; (c) 0.038 m^3/s($U_{mf} \cong U_{mb}$를 가정); (d) 0.245; (e) 0.45; (f) 1.64 m; (g) 0.585]

7.10 회분식 유동층 공정이 입자밀도가 1800 kg/m^3인 고체 2000 kg으로 채워져 있으며, 고체의 입도분포는 아래와 같다:
층은 밀도가 1.2 kg/m^3이고 점도가 18.4×10^{-5} Pa·s인 기체로 0.4 m/s의 공탑속도에서 유동화 한다. 유동층 용기의 단면적은 1 m^2이다. 5 min의 시간 증분으로 불연속 시간 간격 계산법을 이용하여 다음을 계산하라:

Size range number(i)	Size range(μm)	Mass fraction in feed
1	15−30	0.10
2	30−50	0.20
3	50−70	0.30
4	70−100	0.40

(a) 50 min 후에 층의 입도분포;
(b) 이 시간 동안에 층에서 손실된 고체의 총 질량;
(c) 공정의 출구에서 최대 고체 부하;
(d) 50 min 후에 입도 범위 1(15−30 μm)에 있는 고체의 수송 이탈 높이 위에서 동반흐름 플럭스. 공정의 출구는 TDH보다 위에 위치하며 동반된 고체는 어느 것도 층으로 되돌아가지 않는다고 가정하라.

[답 : (a) (범위 1) 0.029, (2) 0.165, (3) 0.324, (4) 0.482; (b) 527 kg; (c) 0.514 kg/m^3; (d) 0.024 $kg/m^2 \cdot s$]

7.11 입자밀도가 1800 kg/m^3이고 다음과 같은 입도 분포를 갖는 분체가 지름이 2 m인 유동층에 0.2 kg/s의 속도로 공급된다. 사이클론의 입구는 분배기보다 4 m 위에 있고 층에서 고체를 연속적으로 회수하여 층에 채워진 고체의 질량은 4000 kg으로 일정하게 유지된다. 층은 700 K의 건조 공기(밀도가 0.504 kg/m^3이고 점도가 3.33×10^{-5} Pa·s)를 사용하여 0.3 m/s의 공탑속도로 유동화 한다. 이들 조건에서 층의 평균 공극률은 0.55이고 층 표면에서 평균 기포 크기는 5 cm이다. 이 분체에 대하여, 이들 조건에서, U_{mb} = 0.155 cm/s 이다. 동반된 고체의 어느 것도 층으로 되돌아가지 않는다고 가정하고, 다음을 추산하라.

(a) 사이클론으로 들어가는 동반된 고체의 유량과 입도 분포;
(b) 층에서 고체의 평형 입도 분포;
(c) 사이클론으로 들어가는 기체의 고체 부하;

(d) 고체가 층으로부터 회수되는 속도.

Size range number(i)	Size range(μm)	Mass fraction in feed
1	20-40	0.10
2	40-60	0.35
3	60-80	0.40
4	80-100	0.15

[답 : (a) 0.0485 kg/s, (범위 1) 0.213, (2) 0.420, (3) 0.295, (4) 0.074; (b) (범위 1) 0.0638, (2) 0.328, (3) 0.433, (4) 0.174; (c) 51.5 g/m^3; (d) 0.152 kg/s]

7.12 $10\times U_{mf}$와 같은 공탑 기체 속도로 운전하는 유동층에서 기상촉매반응이 수행된다. 이들 조건에서 이 반응이 반응물 A에 대하여 1차 반응이라는 것이 알려져 있고, 다음과 같은 자료가 주어져 있다.

$$kH_{mf}(1-\epsilon_p)/U=100\,;\ \ \chi=\frac{K_C H}{U_B}=1.0$$

Orcutt 등의 반응기 모델을 이용하여 다음을 구하라.

(a) 반응물 A의 전환율;

(b) 촉매의 양을 두 배로 하면 (a)에서 구한 전환율에 미치는 영향;

(c) 적당한 방해판을 사용하여 기포 크기를 반으로 하면 (a)에서 구한 전환율에 미치는 영향(상 사이 물질 전달 계수가 기포 지름에 반비례한다고 가정).

반응속도의 크기가 2차수 더 작아지면, 전환율을 개선하기 위한 관점에서 층에 방해판을 설치하는 요령에 관하여 설명하라.

[답 : (a) 0.6645; (b) 0.8744; (c) 0.8706]

08 Chapter

공기수송과 배출관

이 장에서는 기체를 이용한 입상 고체의 수송에 관한 두 가지 예를 다루고자 한다. 첫 번째 예는 관을 통하여 입상 고체를 수송하는데 기체를 사용하는 공기수송(공기이송이라고도 함)이다. 두 번째 예는 특히 정유 산업에서 오랫동안 사용되어온 것으로 낮은 압력에 있는 용기로부터 아래쪽의 높은 압력에 있는 용기로 고체를 이동시키는 배출관(standpipe)이다.

8.1 공기수송

오랫동안 기체가 밀가루부터 밀 낟알까지 그리고 플라스틱 칩부터 석탄에 이르기까지 여러 종류의 입상 고체를 수송하는 산업에 성공적으로 이용되어 왔다. 아주 최근까지도 대부분의 공기수송은 고속으로 많은 양의 공기를 사용하여 희박한 부유물 상태에서 수행하였다. 그러나 1960년대 중반 이후부터, 고체 입자가 완전히 부유하지 않은 소위 "밀집상(dense phase)" 수송에 관한 관심이 증가하고 있다. 밀집상 수송의 장점은 필요한 공기양이 적다는데 있다. 따라서 밀집상 수송에서는, 최소량의 공기를 고체와 함께 공정에 유입한다(예를 들면, 유동층 반응기에 고체를 공급하는데 특별한 장점이 있다). 적은 양의 공기가 필요하다는 것은 또한 일반적으로 적은 양의 에너지가 필요하다는 것을 의미한다(높은 압력을 필요로 하지만). 결과적으로 낮은 고체속도는 희박상(dilute phase) 공기수송에서 주된 문제가 되고 있는 마찰에 의한 제품 손상이나 수송관의 침식이 밀집상 수송에서는 문제가 되지 않는다는 것을 의미한다.

이 절에서는 밀집상과 희박상 수송의 독특한 특성과 각 수송에 사용되는 기구와 장치의 유형에 대하여 알아보고자 한다. 희박상 장치의 설계는 상세히 취급하고 밀집상 장치의 설계는 개략적으로 요약한다.

8.1.1 희박상 수송과 밀집상 수송

입상고체의 공기수송은 대체로 희박상 흐름과 밀집상 흐름의 두 흐름 체제로 분류한다. 가장 구분하기 쉬운 유형의 희박상 흐름은 높은 기체속도(20 m/s 이상)와 낮은 고체농도(1부피% 미만) 및 수송관 단위길이 당 낮은 압력강하(5 mbar/m 이하)를 특징으로 한다. 희박상 공기 수송은 짧은 수송거리와 10 t/h 이하의 속도에서 고체의 연속수송으로 범위가 제한되어 있으며 음압(negative pressure)에서 조작할 수 있는 유일한 방법이다. 이와 같은 희박상 흐름 조건에서, 고체 입자는 기체 속에 완전히 부유하여 개별적으로 거동하고 유체-입자 힘이 지배한다. 반대로 밀집상 흐름은 낮은 기체속도(1 − 5 m/s)와 높은 고체농도(30부피%이상) 및 수송관 단위길이 당 높은 압력강하(20 mbar/m 이상)가 특징이다. 밀집상 수송에서 입자는 완전히 부유하지 못하고 입자들 사이 상호작용이 크게 영향을 미친다. 그러나 희박상 흐름과 밀집상 흐름 사이의 경계는 분명치 않으며, 밀집상과 희박상 수송에 관하여 일반적으로 인정되는 정의도 아직 없다.

Konrad(1986)는 밀집상 흐름과 희박상 흐름을 구별하는 네 가지 대체 방법을 정리하였다:

(a) 고체/공기의 질량 유량을 근거로;
(b) 고체 농도를 근거로;
(c) 밀집상 흐름은 어느 지점에서 고체가 관의 단면을 완전히 채우는 곳에 존재한다;
(d) 밀집상 흐름은 수평 흐름에서는 기체 속도가 모든 입자를 부유 상태로 유지할 수 있을 만큼 충분하지 못할 때 존재하고, 수직 흐름에서는 고체의 역 흐름이 일어날 때 존재한다.

이 모든 경우에서 저자에 따라 다른 값을 주장하고 다른 해석을 적용하기도 한다.

이 장에서는 수직관과 수평관에서 각각 희박상 수송과 밀집상 수송 사이의 경계를 나타내기 위하여 "쵸킹(choking)"과 "도약(saltation)" 속도를 사용하고자 한다. 이들 용어는 수평 수송과 수직 수송에서 기체 속도, 고체의 질량 유량 및 수송관 단위길이 당 압력강하 사이의 관계들을 고려하여 정의한다.

8.1.2 수직수송에서 쵸킹속도

8.1.4절에서 다루겠지만, 수송관 단위 길이에서 압력강하는 일반적으로 6개의 성분을 갖는다:

- 기체 가속에 기인한 압력강하;
- 입자 가속에 기인한 압력강하;
- 기체-관 마찰에 기인한 압력강하;

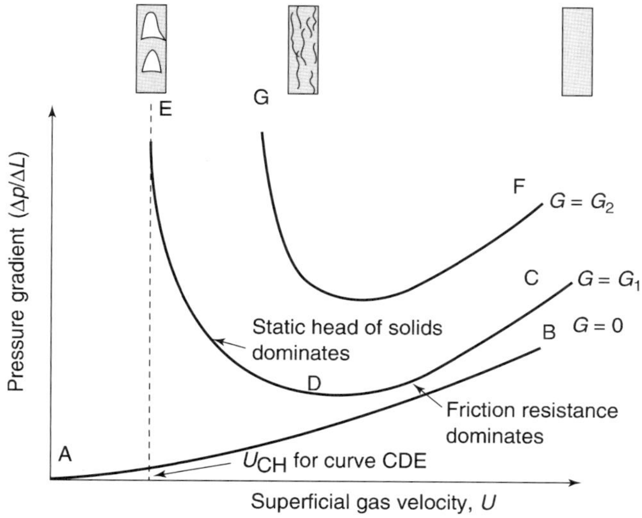

그림 8.1 희박상 수직 공기수송에 대한 상선도

- 고체-관 마찰에 기인한 압력강하;
- 고체의 정압 높이에 기인한 압력강하;
- 기체의 정압 높이에 기인한 압력강하;

수직 수송관에서 기체속도와 압력구배 $\Delta p/\Delta L$ 사이의 일반적인 관계를 그림 8.1에 나타낸다. 선 AB는 수직 수송관에서 기체에만 기인한 마찰압력손실을 나타낸다. 곡선 CDE는 고체 플럭스가 G_1일 경우이며 곡선 FG는 더 높은 공급속도 G_2에 해당한다. 점 C에서는 기체속도가 크고 농도가 낮으며, 기체와 관 벽 사이의 마찰저항이 지배한다. 기체속도가 감소함에 따라 마찰손실이 줄어들지만 부유물의 농도가 증가하기 때문에 이들 고체를 지탱하기 위해서 필요한 정압 높이가 증가한다. 기체속도가 점 D보다 아래로 감소하면 정압 높이의 증가가 마찰저항의 감소보다 커지게 되어 $\Delta p/\Delta L$가 다시 올라간다. 영역 DE에서는 속도가 감소하면 고체농도가 빠르게 증가하고 기체가 모든 고체를 더 이상 동반할 수 없는 지점에 도달한다. 이 지점에서 흐르는 슬러깅 유동층(7장 참고)이 수송관에 형성된다. 이 현상을 "쵸킹(choking)"이라 하며 보통은 큰 압력 요동을 수반한다. 쵸킹속도, U_{CH}는 고체 공급 속도 G_1에서 희박상 수송관이 운전될 수 있는 가장 낮은 속도이다. 더 높은 고체 공급 속도, G_2에서 쵸킹속도는 더 크다. 쵸킹속도는 수직 공기 수송에서 희박상과 밀집상 사이의 경계를 나타낸다. 쵸킹은 일정한 고체 유량에서 기체속도를 감소시키거나, 또는 일정한 기체속도에서 고체 유량을 증가시키면 도달할 수 있다.

쵸킹이 일어나는 조건을 이론적으로 예측할 수는 없다. 그러나, 쵸킹속도를 예측하기 위한 많은 상관관계를 문헌에서 접할 수 있다. Knowlton(1986)은 기체 밀도의 영향을 어느 정도 고려한 Punwani 등(1976)의 상관관계를 추천하는데 이 상관관계를 아래에 제시한다.

$$\frac{U_{CH}}{\epsilon_{CH}} - U_T = \frac{G}{\rho_p(1-\epsilon_{CH})} \tag{8.1}$$

$$\rho_f^{0.77} = \frac{2250D(\epsilon_{CH}^{-4.7}-1)}{\left(\frac{U_{CH}}{\epsilon_{CH}} - U_T\right)^2} \tag{8.2}$$

여기서 ϵ_{CH}는 쵸킹속도 U_{CH}에서 관의 공극률이고, ρ_p는 입자밀도, ρ_f는 기체 밀도, G는 고체의 질량플럭스($=M_p/A$)이고, U_T는 기체 속에서 단일 입자의 자유낙하 또는 종말속도이다.(상수는 차원이 있으며 SI단위를 사용해야한다).

식 (8.1)은 쵸킹에서 고체속도를 나타내며, 미끄럼 속도(slip velocity) U_{slip}이 U_T와 같다는 가정을 함축하고 있다.(미끄럼 속도의 정의에 대해서는 아래의 8.1.4절을 참조하라). 식 (8.1)과 (8.2)를 시행착오법에 의해서 연립으로 풀어야 ϵ_{CH}와 U_{CH}을 얻을 수 있다.

8.1.3 수평수송에서 도약속도

수평 수송관에서 기체속도와 압력구배 $\Delta p/\Delta L$ 사이의 일반적인 관계를 그림 8.2에 나타내었는데 여러 가지 면에서 수직수송관에 대한 관계와 유사하다. 선 AB는 관 속에 기체만 존재할 때 얻어진 곡선을 나타내고, CDEF는 고체 플럭스 G_1에 대한 곡선이며, GH곡선은 더 큰 고체 공급속도 G_2에 대한 것이다. 점 C에서 기체속도는 아주 희박한 현탁물의 모든 고체를 운반할 수 있을 만큼 충분히 크다. 고체입자는 흐르는 기체에서 생성된 난류 에디에

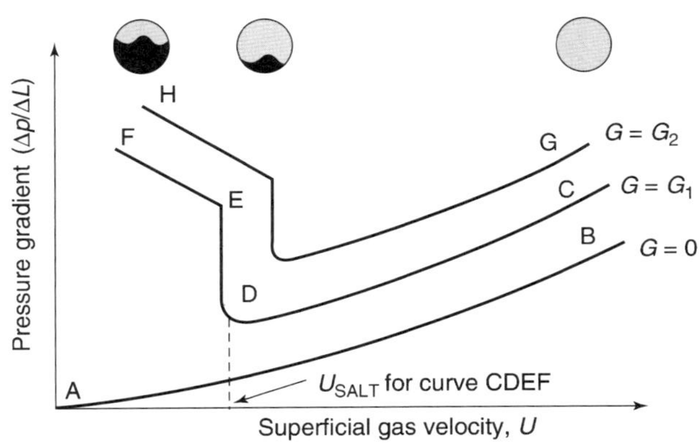

그림 8.2 희박상 수평 공기수송에 대한 상선도

의하여 관 벽으로 떨어지는 것이 방지된다. 고체의 공급속도를 일정하게 유지하면서 기체속도를 감소시키면 마찰저항과 $\Delta p/\Delta L$가 감소한다. 고체는 점점 더 느리게 움직이고 고체농도가 증가한다. 점 D에서 기체속도는 고체를 부유 상태로 유지할 수 있을 만큼 충분하지 못하여 고체가 관 바닥으로 침강하기 시작한다. 이러한 현상이 일어날 때 기체속도를 "도약속도(saltation velocity)"라 한다. 기체속도가 더 감소하면 고체들은 빠르게 침강하고 침강된 고체 때문에 기체 흐름 면적이 제한을 받음에 따라 $\Delta p/\Delta L$가 빠르게 증가한다.

영역 E와 F에서 일부 고체는 관의 바닥을 따라 밀집상 흐름으로 이동하고 다른 고체들은 관의 윗부분에서 기체와 함께 희박상으로 이동한다. 도약속도는 수평 공기수송에서 희박상 흐름과 밀집상 흐름의 경계를 나타낸다.

역시, 도약이 일어나는 조건을 이론적으로 예측하는 것은 불가능하다. 그러나, 도약속도를 예측하기 위한 많은 상관관계를 문헌에서 얻을 수 있다. Zenz(1964)의 상관관계가 자주 이용되지만 완전히 실험적이고 그래프를 사용해야 한다. 이 상관관계는 Leung과 Jones(1978)에 의하여 ±54%의 평균오차를 갖는 것으로 보고되었다. Rizk(1973)의 상관관계는 반-이론적 방법에 근거하고 있으며 사용하기에 상당히 더 간편하면서 같은 오차범위를 갖는다. 이 상관관계를 가장 명료하게 나타내면 다음과 같다.

$$\frac{M_p}{\rho_f U_{\mathrm{salt}} A} = \left(\frac{1}{10^{(1440x + 1.96)}}\right)\left(\frac{U_{\mathrm{salt}}}{\sqrt{gD}}\right)^{(1100x + 2.5)} \tag{8.3}$$

여기서 $\dfrac{M_p}{\rho_f U_{\mathrm{salt}} A}$ 는 고체부하(고체의 질량유량/기체의 질량유량)이며 $\dfrac{U_{\mathrm{salt}}}{\sqrt{gD}}$ 는 도약상태에서 Froude수이다.

U_{salt} 는 고체의 질량유량이 M_p, 관의 지름이 D이고 입도가 x일 때(단위는 SI) 도약상태에서 기체의 공탑속도이다(공탑속도에 대한 정의는 8.1.4절을 참조하라).

8.1.4 기초

이 절에서는 관에서 기체와 입자의 흐름을 지배하는 몇 가지 기본적인 관계를 설명한다.

기체와 입자 속도

기체와 입자 속도의 정의와 그들 사이의 상대속도 및 미끄럼 속도에 대하여 유의해야 한다. 이 용어들은 흔히 문헌에서 산만하게 사용되고 있는데 아래에 정의한다.

"공탑속도"가 또한 일반적으로 사용되며, 기체와 고체(입자)의 공탑속도는 다음과 같이 정의된다.

$$\text{기체의 공탑속도, } U_{fs} = \frac{\text{기체의 부피 유량}}{\text{관의 단면적}} = \frac{Q_f}{A} \tag{8.4}$$

$$\text{고체의 공탑속도, } U_{ps} = \frac{\text{고체의 부피 유량}}{\text{관의 단면적}} = \frac{Q_p}{A} \tag{8.5}$$

여기서 하첨자 "s" 는 공탑(superficial)을 나타내고 하첨자 "f" 와 "p" 는 각각 유체(fluid)와 입자(particles)를 나타낸다.

기체의 흐름에 유효한 관의 단면적 분율은 보통 기체가 차지한 부피 분율, 즉 공극률 ϵ 과 같다고 가정한다. 따라서 고체의 흐름에 유효한 관 면적의 분율은 $(1-\epsilon)$이다.

따라서, 실제 기체 속도는

$$U_f = \frac{Q_f}{A\epsilon} \tag{8.6}$$

그리고 실제 입자 속도는

$$U_p = \frac{Q_p}{A(1-\epsilon)} \tag{8.7}$$

따라서 공탑속도와 실제 속도 사이 관계는 다음 식과 같다.

$$U_f = \frac{U_{fs}}{\epsilon} \tag{8.8}$$

$$U_p = \frac{U_{ps}}{1-\epsilon} \tag{8.9}$$

유동화와 공기수송을 다룰 때 유체의 공탑속도를 나타내기 위하여 단순히 부호 U를 사용하는 것이 일반적인 관례이다. 이 장에서도 이 관례를 따르도록 한다. 또한 일반적인 관례에 따라, 부호 G는 고체의 질량 플럭스를 나타내는데 사용한다, 즉 $G = M_p/A$이고 여기서 M_p는 고체의 질량 유량이다.

입자와 유체 사이의 상대속도 U_{rel}은 다음과 같이 정의한다.

$$U_{rel} = U_f - U_p \tag{8.10}$$

이 속도를 흔히 "미끄럼 속도(slip velocity)" U_{slip}이라고도 한다.
수직 희박상 흐름에서 미끄럼 속도는 단일입자의 종말속도 U_T와 같은 것으로 가정한다.

연속성

입자와 기체가 각각 M_p와 M_f의 질량 유량으로 공급되는 수송관의 길이를 생각해보자. 입자와 기체에 대한 연속 방정식은:

$$\text{입자 : } M_p = A U_p (1-\epsilon)\rho_p \tag{8.11}$$

$$\text{기체 : } M_f = A U_f \epsilon \rho_f \tag{8.12}$$

이 두 연속 방정식을 결합하면 질량 유량의 비를 나타내는 식을 얻는다. 이 비를 고체부하라 한다.

$$\text{고체부하,} \quad \frac{M_p}{M_f} = \frac{U_p(1-\epsilon)\rho_p}{U_f \epsilon \rho_f} \tag{8.13}$$

이것은 관의 길이를 따라 특정 위치에서 평균 공극률, ϵ 이 고체부하와 주어진 기체와 입자 밀도에서 기체와 고체 속도의 크기와 함수 관계임을 보여준다.

압력강하

수송관에서 전체 압력강하를 나타내는 식을 얻기 위하여 관의 일부분에 대한 운동량 방정식을 적어본다. 단면적이 A 이고 길이가 δL 인 관의 일부분이 수평면에 θ 인 각으로 기울어진 상태에서 공극률이 ϵ 인 현탁물을 운반한다고 생각해보자(그림 8.3 참조).
운동량 수지식은 :

(관의 내용물에 작용하는 알짜 힘) = (내용물의 운동량 증가 속도)

따라서,

(압력힘) − (기체-벽 마찰력) − (고체-벽 마찰력) − (중력)
= (기체의 운동량 증가속도) + (고체의 운동량 증가속도)

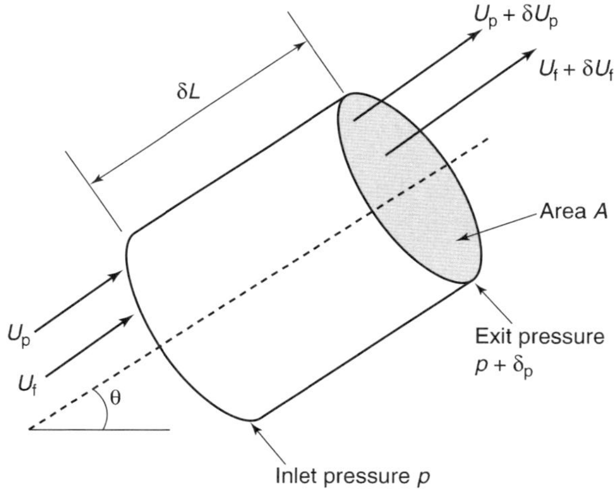

그림 8.3 수송관의 단면: 운동량 방정식의 기초

즉

$$-A\delta p - F_{fw}A\delta L - F_{pw}A\delta L - (A[1-\epsilon]\rho_p\delta L)g\sin\theta - (A\epsilon\rho_f\delta L)g\sin\theta \quad (8.14)$$
$$= \rho_f A\epsilon U_f\delta U_f + \rho_p A(1-\epsilon)U_p\delta U_p$$

여기서 F_{fw}와 F_{pw}는 각각 관의 단위 부피 당 기체-벽 마찰력과 고체-벽 마찰력이다.

식 (8.14)를 다시 정리한 다음 기체의 밀도와 공극률이 일정하다고 가정하고 적분하면,

$$p_1 - p_2 = \underset{(1)}{\frac{1}{2}\epsilon\rho_f U_f^2} + \underset{(2)}{\frac{1}{2}(1-\epsilon)\rho_p U_p^2} + \underset{(3)}{F_{fw}L} + \underset{(4)}{F_{pw}L} \quad (8.15)$$
$$+ \underset{(5)}{\rho_p L(1-\epsilon)g\sin\theta} + \underset{(6)}{\rho_f L\epsilon g\sin\theta}$$

식 (8.4)−(8.15)들은 관 속에서 모든 기체-입자 혼합물의 흐름에 일반적으로 적용된다는 것에 유의해야 한다. 입자들이 희박상 또는 밀집상으로 수송되는가에 관한 어떠한 가정도 하지 않았다.

식 (8.15)는 희박상 수송으로 고체를 운반하는 관의 직선 길이에서 전체 압력강하가 여러 개의 항으로 구성된다는 것을 나타낸다.

(1) 기체 가속에 의한 압력강하;
(2) 입자 가속에 의한 압력강하;
(3) 기체-벽 마찰에 의한 압력강하;
(4) 고체-벽 마찰에 의한 압력강하;
(5) 고체의 정압높이에 의한 압력강하;
(6) 기체의 정압높이에 의한 압력강하.

이들 항의 어떤 것은 상황에 따라서 무시될 수 있다. 기체와 고체가 관 속에서 이미 가속되어 있으면, 압력강하 계산에서 처음의 두 항은 생략해야 하고, 관이 수평이면 (5)항과 (6)항을 생략할 수 있다. 가장 어려운 것은 고체-벽 마찰이 무엇이며 기체-벽 마찰은 고체의 존재와 무관하다고 가정할 수 있는지의 여부를 알아내는 데 있다. 이것에 관하여는 8.1.5절에서 다룬다.

8.1.5 희박상 수송의 설계

희박상 수송 장치의 설계는 희박한 흐름을 보장하기 위하여 조합된 관의 크기와 기체속도의 선정, 선정한 관에서 압력강하의 계산 및 기체를 이동시키고 공정의 마지막에서 기체로부터 고체를 분리하기 위한 적합한 장치의 선정 등을 포함한다.

기체속도

수평 및 수직 희박상 수송에서는 마찰 압력 손실을 최소화하고 마모와 조작비용을 줄이기 위하여 가능한 한 가장 낮은 속도로 운전하는 것이 바람직하다. 개개의 관 크기와 고체 유량에 대하여, 도약속도는 항상 쵸킹속도보다 크다. 따라서 수평관과 수직관을 모두 갖춘 수송장치에서 기체속도는 도약을 피할 수 있도록 선정되어야 한다. 이와 같이 하면 쵸킹도 피할 수 있다. 이들 장치는 그림 8.2에서 점 D의 약간 우측의 기체속도로 조작하는 것이 이상적이다. 그러나 실제로는 완전히 신뢰성 있는 U_{salt}가 알려져 있지 않기 때문에 보수적인 설계가 점 D에서 우측으로 상당히 떨어진 속도로 조작을 유도하여 결과적으로 마찰손실을 증가시킨다. 설계속도를 선택하는데 있어서 주의를 환기시키는 또 다른 인자는 점 D 근처의 영역이 불안정하여 계에서 약간의 동요만으로도 도약이 일어날 수 있다는 사실이다.

계가 위로 올리는 관으로만 이루어져 있으면, 쵸킹속도가 중요한 기준이 된다. 여기에서도, 신뢰성 있는 U_{CH}를 예측할 수 없기 때문에 보수적인 설계가 필요하다. 원심 송풍기를 사용하는 계에서는 압력이 증가하면 용량이 감소하는 특성이 있는데 쵸킹은 거의 자기유도에 의하여 일어날 수 있다. 예를 들면, 계에서 약간의 요동에 의하여 고체의 공급속도가 증가하면, 수직관에서 압력구배가 증가한다(그림 8.1). 이것은 송풍기에 더 큰 배압(back pressure)을 초래하여 기체의 부피 흐름을 감소시킨다. 기체 흐름이 줄어든다는 것은 더 높은 압력구배를 의미하며 계는 곧바로 쵸킹 조건에 도달한다. 계는 고체로 가득 채워지게 되는데 이들 고체를 배출해야만 계를 다시 가동할 수 있다.

쵸킹속도와 도약속도를 예측하기 위한 상관관계의 불확실성을 생각하면 운전 기체 속도를 선정할 때 50% 이상의 안전 여유를 갖도록 권장한다.

수송관 압력강하

식 (8.15)는 관에서 모든 기체-입자 혼합물의 흐름에 일반적으로 적용된다. 이 식을 희박상 수송에 적용하기 위해서는 3항(기체－벽 마찰)과 4항(고체－벽 마찰)에 대한 식을 얻어야 한다.

희박상 수송에서 기체－벽 마찰은 고체의 존재와 무관한 것으로 흔히 가정하며 따라서 기체에 대한 마찰계수를 이용할 수 있다(예: Fanning의 마찰계수－희박상 공기수송에 관한 예제 참조).

고체-벽 마찰을 추산하는 몇 가지 방법이 문헌에 제시되어 있다. 여기서는 수직 수송에서 고체-관 마찰에 기인하는 압력손실을 추산하기 위하여 수정된 Konno와 Saito(1969)의 상관관계를 이용하고, 수평수송에서는 같은 압력손실을 추산하기 위하여 Hinkle(1953) 상관관계를 이용한다. 수직 수송에 대하여(Konno와 Saito, 1969):

$$F_{pw}L = 0.057\,GL\sqrt{\frac{g}{D}} \tag{8.16}$$

그리고 수평 수송에 대하여 :

$$F_{pw}L = \frac{2f_p(1-\epsilon)\rho_p U_p^2 L}{D} \tag{8.17a}$$

또는

$$F_{pw}L = \frac{2f_p G U_p L}{D} \tag{8.17b}$$

여기서

$$U_p = U(1 - 0.0638x^{0.3}\rho_p^{0.5}) \tag{8.18}$$

그리고(Hinkle, 1953)

$$f_p = \frac{3}{8}\frac{\rho_f}{\rho_p}\frac{D}{x}C_D\left(\frac{U_f - U_p}{U_p}\right)^2 \tag{8.19}$$

여기서 C_D는 입자와 기체 사이 항력계수이다(2장 참조).

식 (8.15)는 직선관의 길이에 따른 압력손실과 관련된다. 압력손실은 또한 관의 굽은 부분(bends)과도 관련이 있는데 이러한 손실 값의 추산은 다음절에서 다룬다.

Hinkle의 분석은 입자가 관 벽과 충돌하여 운동량을 잃는다고 가정한다. 고체-벽 마찰에 기인하는 압력손실은 고체를 재가속한 결과로 나타나는 기체의 압력손실이다. 따라서 2장으로부터, 단일입자에 작용하는 항력은 다음과 같이 주어진다.

$$F_D = \frac{\pi x^2}{4}\rho_f C_D \frac{(U_f - U_p)^2}{2} \tag{8.20}$$

공극률이 ϵ이면 관의 단위 부피 당 입자의 수 N_v는

$$N_v = \frac{(1-\epsilon)}{\pi x^3/6} \tag{8.21}$$

따라서 기체가 관의 단위 부피 속에 있는 입자에 미치는 힘 F_v는

$$F_v = F_D\frac{(1-\epsilon)}{\pi x^3/6} \tag{8.22}$$

Hinkle의 가정에 근거하면, 이것이 관의 단위 부피 당 고체-벽 마찰력 F_{pw}와 같다. 따라서,

$$F_{pw}L = \frac{3}{4}\rho_f C_D \frac{L}{x}(1-\epsilon)(U_f - U_p)^2 \tag{8.23}$$

이것을 마찰계수, f_p로 나타내면, 식 (8.17)과 (8.19)를 얻는다.

벤드(Bends)

벤드는 공기 희박상 수송 장치의 설계를 복잡하게 만들기 때문에 수송 장치를 설계할 때 가능한 한 벤드를 적게 사용하는 것이 가장 좋다. 벤드는 수송관에서 압력강하를 증가시키며 또한 가장 심각한 침식 및 입자의 마모 지점이 된다.

직선이나 수평 또는 수직관에서 정상적으로 부유하고 있는 고체가 벤드를 돌아서 통과하는 동안 받게 되는 원심력 때문에 벤드에서 침전되는 경향이 있다. 이와 같은 운전 때문에, 입자들은 속도가 느려지고 벤드를 통과한 후 다시 동반되어 재 가속되며, 결과적으로 벤드와 관련하여 더 높은 압력강하를 초래한다.

입자들은 하향 수직-수평 연결 벤드가 있는 뒤쪽 수평 관에서 침전되는 경향이 다른 어떤 배열에서보다 더 강하다. 이러한 유형의 벤드가 계 내에 있으면, 고체가 재분산되기 전에 벤드 뒤로 상당히 긴 거리를 관의 바닥에 남아있을 가능성이 있다. 따라서, 희박상 공기수송 장치에서는 하향 수직-수평 연결 벤드는 가능하다면 모두 피하는 것이 바람직하다.

과거에 희박상 공기수송 장치의 설계가들은 직관적으로 서서히 굽은 긴 반경의 엘보우가 90° 엘보우에 비하여 침식을 감소시키고 벤드의 사용기간을 증가시킨다고 생각하였다. 그러나, Zenz(1964)는 공기수송 장치에 엘보우 대신 한쪽이 막힌 T형 이음관(그림 8.4)을 사용하도록 권장하고 있다. 한쪽이 막힌 T형 이음관을 사용한 배후의 이론은 T형 이음관의 막힌 가지에 모인 정지된 입자들이 쿠션 역할을 하여 이송된 입자들이 길거나 짧은 반경의 엘보우에서 처럼 금속 표면에 충돌하지 않고 오히려 T형 이음관에 정지된 입자들과 충돌한다는 것이다. Bodner(1982)는 여러 가지 벤드 배열의 사용기간과 압력강하를 결정하였다. 그는 한쪽이 막힌 T형 이음관 배열의 사용기간이 시험한 다른 어떤 배열보다 훨씬 더 좋다는 것과 반경 벤드나 엘보우의 사용기간보다 15배 더 길다는 것을 발견하였다. 이것은 T형 이음관의 막힌 가지에 축적된 입자가 쿠션 역할을 하기 때문이며 그는 유리로 만든 벤드 모델에서 이것을 관찰하였다. Bodner는 또한 한쪽이 막힌 T형 이음관에서 압력강하와 고체의 마모 속도가 반경 벤드에 대해서 관찰한 것과 근사적으로 같다는 것을 보고하였다.

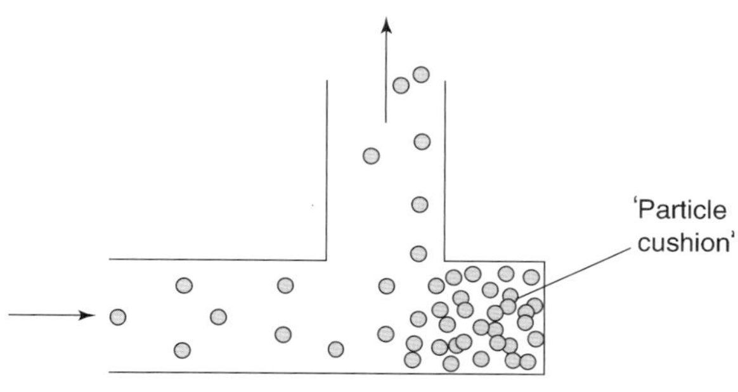

그림 8.4 한쪽이 막힌 T자형 벤드

벤드의 압력강하에 관하여 상당한 양의 연구를 수행하였음에도 불구하고, 현재에는 예상되는 실제 조건에서 실험에 의한 것보다 벤드의 압력강하를 더 정확하게 예측할 수 있는 신뢰성 있는 방법이 없다. 실제 산업에서, 벤드 압력강하는 대략 7.5 m 길이의 수직관 압력강하와 같다고 가정하여 흔히 근사적으로 나타낸다. 벤드 압력강하를 예측하기 위한 믿을만한 상관관계가 없을 경우에는, 이와 같은 근사법이 어느 것 못지않게 대체로 확실하고 안전하다.

장치

희박상 수송은 공기 흐름에 고체를 공급하는 장치에서 수행한다. 고체는 호퍼로부터 제어된 속도로 회전식 기밀장치(airlock)를 통과하여 공기흐름으로 공급된다. 이 장치는 가압식(positive pressure)이나 흡입식(negative pressure) 또는 둘의 결합을 이용할 수 있다. 사용하는 송풍기와 배기 장치의 유형에 따라 가압식 장치는 보통 최대 1 bar의 게이지 압력까지 제한되며 흡입식 장치는 약 0.4 bar의 진공까지 제한된다.

전형적인 희박상 장치를 그림 8.5와 8.6에 나타낸다. 송풍기는 보통 부피 유량을 변경하기 위하여 속도 조절을 하거나 하지 않아도 되는 정변위(positive displacement) 형태이다. 회전식 기밀장치는 공기 압력에 역행하여 고체를 제어된 속도로 공기흐름에 공급할 수 있는 잠금 장치이다. 고체를 이동시키기 위하여 나선형 공급기가 자주 사용된다. 수송경로의 받는 쪽 끝에는 기체 흐름으로부터 고체를 회수하기 위하여 사이클론 분리기(9장 참조)가 사용된다. 배출 또는 재순환 직전에 수송 기체를 정화하기 위하여 여러 종류의 여과기와 다양한 고체 회수 방법이 사용된다.

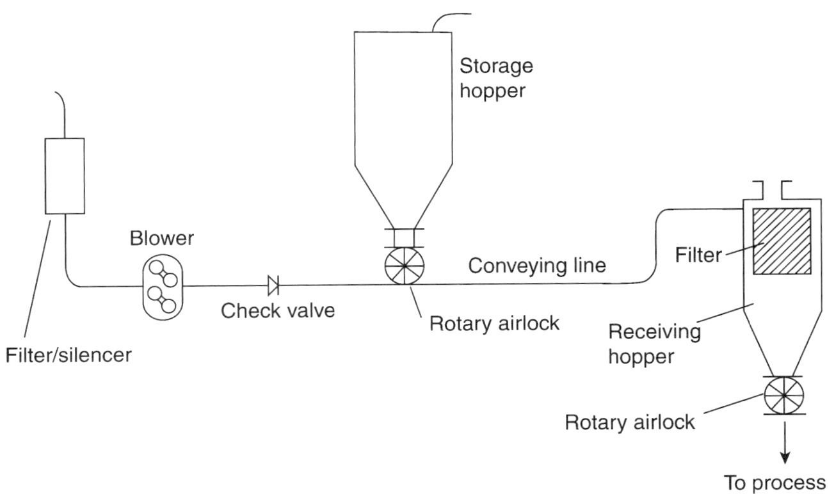

그림 8.5 희박상 수송: 가압장치

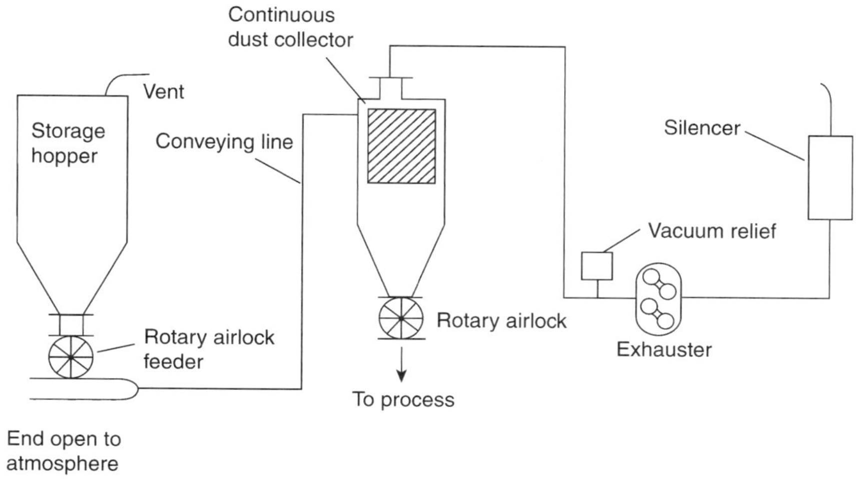

그림 8.6 희박상 수송: 흡입장치

어떤 상황에서는 한번 통과한 공기를 수송 기체로 다시 사용하는 것이 바람직하지 않을 수도 있다(예를 들면, 독성이나 방사능 물질로 공장이 오염될 위험에 대비하여; 폭발의 위험에 대비하여 불활성 기체를 사용할 수 있다; 고체가 수분에 민감할 때 습도를 조절하기 위하여). 이러한 경우에는 폐회로 장치를 사용한다. 회전식 정변위 송풍기를 사용하면 고체는 사이클론 분리기와 중간에 설치된 직물 여과기에 의해서 기체로부터 분리해야 한다. 더 낮은 계의 압력을 수용할 수 있으면(게이지 0.2 bar) 원심 송풍기를 사이클론 분리기만 결합하여 사용할 수 있다. 정변위 송풍기는 먼지를 통과시키지 못하지만, 원심 팬(fan)은 아무 손상 없이 적은 양의 고체를 통과시킬 수 있다.

8.1.6 밀집상 수송

흐름 형태

개요에서 지적한 바와 같이, 밀집상 수송에 관해서 뿐만 아니라 희박상과 밀집상 수송 사이의 전환점에 관해서도 여러 가지 다른 정의가 있다. 이 절의 목적을 위해서, 밀집상 수송은 고체가 기체에서 완전히 부유하지는 않을 정도로 이송되는 조건을 말하는 것으로 한다. 따라서, 희박상과 밀집상 수송 사이의 전환점은 수평 수송에서는 도약(saltation)이고 수직 수송의 경우에는 쵸킹(choking)이다.

그러나 밀집상 체제 내에서도 수많은 흐름 형태가 수평과 수직 수송 모두에서 일어난다. 이들 각 흐름 형태는 특이한 특성을 가지며 기체속도, 고체 유량 및 수송관 압력강하 사이에 특별한 관계를 생성한다. 예를 들어 그림 8.7에 수평 수송에 대한 밀집상 체제에서 다섯 가지 흐름 형태를 구분하여 나타낸다.

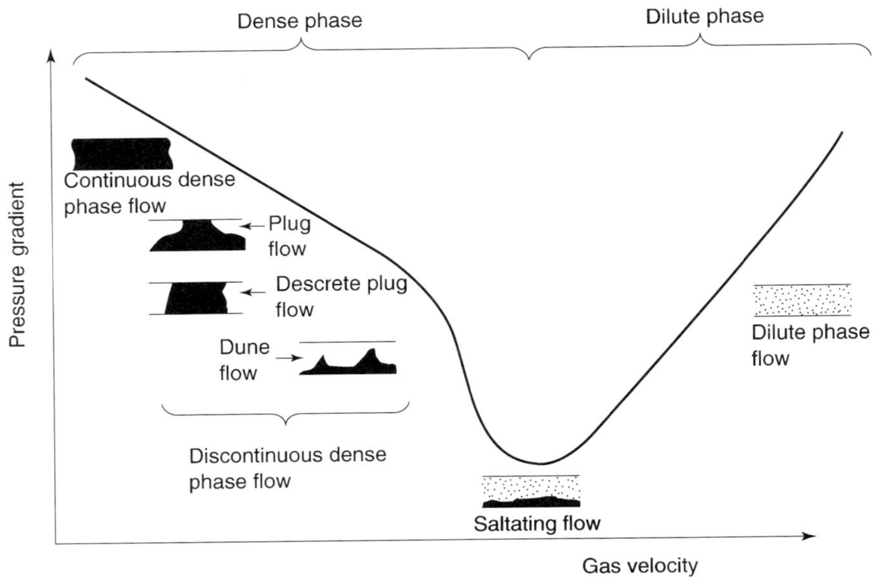

그림 8.7 수평 공기수송에서 흐름 유형

고체가 관 전체를 차지하는 연속 밀집상은 실질적으로는 압출(extrusion)과 같다. 이와 같은 유형의 수송은 대단히 높은 기체 압력을 필요로 하며 짧은 직선 관과 높은 투과도를 갖는 입자상 물질에 제한된다.

불연속 밀집상 흐름은 세 가지의 상당히 다른 흐름 형태로 구분할 수 있다: 불연속적인 고체 플러그가 관의 단면을 가득 채우는 "불연속 플러그 흐름(discrete plug flow)"; 관의 바닥에 침강한 고체층이 넘실거리며 모래언덕 모양으로 이동하는 "언덕흐름(dune flow)"; 모래언덕이 관의 단면을 완전히 채우지만 불연속 플러그는 없는 불연속 플러그 흐름과 언덕흐름의 복합흐름("플러그 흐름"이라고도 함).

도약흐름(saltating flow)은 도약속도 바로 아래의 기체속도에서 일어난다. 입자들은 침강된 고체층 위를 부유하면서 수송된다. 입자들은 침강된 고체층에 퇴적되기도 하고 재 동반되기도 한다. 기체속도가 감소함에 따라 침강된 고체층의 두께는 증가하고 결국 언덕흐름으로 변한다.

첫째는 모든 입자들이 이와 같은 모든 흐름 형태를 나타내는 것은 아니며, 둘째로는 어떠한 수송관 내에서도 한 가지 이상의 흐름 체제가 일어날 수 있다는 것을 알아야 한다.

밀집상 수송의 주된 이점은 적은 소요량의 기체와 낮은 고체속도에서 나온다. 기체 부피 소요량이 적다는 것은 일반적으로 수송된 제품 단위 킬로그램 당 에너지 소요량이 적다는 것을 의미하고, 또한 더 작은 수송관을 사용할 수 있고 회수 및 기체-고체 분리를 꼭 필요로 하지 않는다는 것을 의미한다. 어떤 경우에는 정말로, 고체가 수송기체에서 부유하지 않기 때문에 수송관의 출구 끝에 여과기가 없어도 조작이 가능할 수 있다. 낮은 고체 속도는 수송관 침식이나 제품 손상을 초래하지 않고도 마모되거나 부서지기 쉬운 물질을 수송할 수 있다는 것을 의미한다.

밀집상 수송 장치의 최적 조건을 선택하기 위한 목적으로 여러 가지 다른 밀집상 흐름 형태의 특성을 관찰하는 것은 재미있는 일이다. 연속 밀집상 흐름 형태는 적은 기체 소요량과 낮은 고체속도의 관점에서 가장 매력적이지만, 짧은 직선 관에서 입상 재료의 수송에 국한되며 매우 높은 압력을 필요로 한다는 심각한 단점을 가지고 있다. 도약속도에 너무 가까운 속도에서는 도약흐름이 일어나기 때문에 불안정하다. 더구나 이 흐름 형태는 기체와 고체 속도 면에서는 거의 이점이 없다. 따라서 플러그와 언덕이 있는 소위 불연속 밀집상 흐름 형태가 남는다. 그러나, 이 흐름 형태에서는 성능을 예측할 수 없고, 완전히 수송관이 막힐 수 있으며 높은 압력을 필요로 한다. 가장 일반화된 밀집상 수송 장치는 이 흐름 형태로 운전되며 예측성을 증가시키고 막힘 가능성을 줄이기 위하여 플러그 길이를 제어할 수 있는 수단을 함께 사용한다.

따라서 고체 플러그에서 압력강하가 그 길이에 따라 어떻게 변하는가를 검토할 필요가 있다. 공교롭게도 상반된 실험 증거가 문헌에 보고되어 있다. Konrad(1986)는 움직이는 플러그에서 압력강하는 (a) 플러그 길이에 따라 직선적으로, (b) 플러그 길이의 자승에 따라, (c) 플러그 길이에 따라 지수함수로, 증가한다고 지적한다. 이와 같이 명백한 모순에 관한 가능한 설명을 Klintworth와 Marcus(1985)가 플러그 내에서 변형에 미치는 응력의 영향에 관한 Wilson(1981)의 업적을 인용하여 보고하였다. 큰 비응집성 입자들[대표적으로 Geldart의 그룹 D 입자들(분체의 Geldart 분류 - 유동화에 관한 7장 참조)]은 낮은 압력강하에서 상당한 기체 흐름이 통과할 수 있는 투과성 플러그를 생성한다. 이 경우에는 플러그 내에서 발달된 응력이 작고 플러그 길이에 따른 압력강하가 직선적인 의존성을 나타낸다. 미세한 응집성 입자(대표적으로 Geldart의 그룹 C)의 플러그는 흔히 마주치는 압력에서 실질적으로 기체 흐름에 비투과성이다. 이 경우에 플러그는 실린더에서 피스톤처럼 단순히 기계적 수단에 의하여 움직인다. 플러그 내에서 발달된 응력이 크며 높은 응력은 높은 벽 전단 응력으로 전환하여 압력강하가 플러그 길이에 따라 지수적으로 증가한다. 이와 같이 플러그 길이와 압력강하 사이 관계를 결정하는 것은 플러그의 투과도이다. 플러그에서 압력강하는 플러그의 투과도에 따라 플러그 길이의 선형 함수와 지수 함수 사이에서 변할 수 있다.

큰 비응집성 입자는 투과성 플러그를 형성하기 때문에 불연속 밀집상 수송에 적합하다. 다른 물질에서는, 응력과 입자 사이의 힘이 상호 작용하여 투과도가 낮은 플러그를 생성하기 때문에, 어떤 기구를 사용하여 플러그 길이를 제한하고 막힘을 방지할 수 있는 경우에만 불연속 밀집상 수송이 가능하다.

장치

시판되고 있는 장치에서는, 플러그 형성 문제를 세 가지 방법으로 해결한다.

1. 플러그가 형성되면 플러그를 감지하여 다음 중 적합한 하나를 실행한다.

(a) 플러그 뒤에서 압력이 증가하면 더 많은 공기를 우회로로 흐르게 하고 플러그의 앞면에서부터 플러그를 파손시키는 우회 장치를 사용한다(그림 8.8).

(b) 보조 공기를 분산시켜 플러그를 더 작은 길이로 파손시키는 압력 촉진 밸브를 사용하여 압력 증가를 감지한다(그림 8.9).

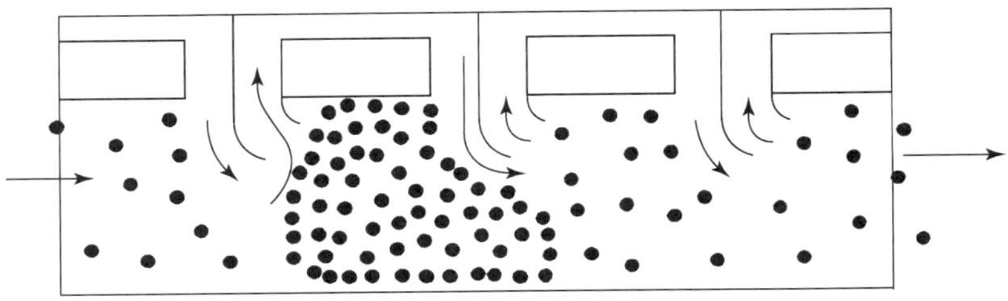

그림 8.8 우회경로를 이용하여 고체 플러그를 파괴하는 밀집상 수송장치

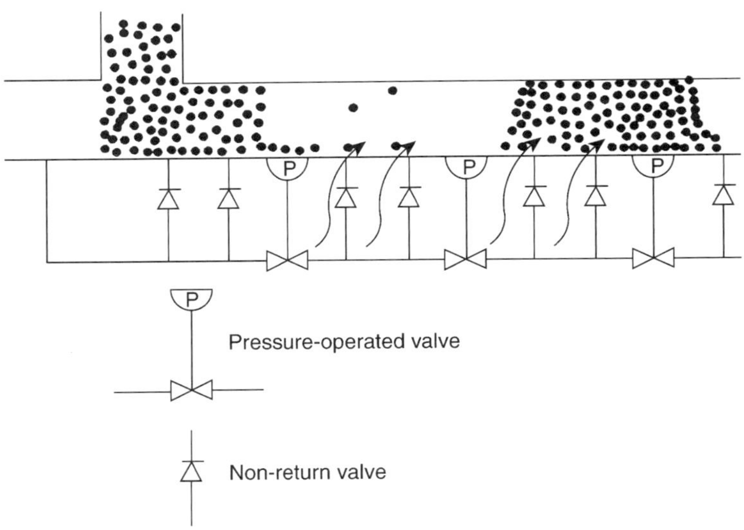

그림 8.9 압력촉진밸브를 이용하여 기체를 통제하는 밀집상 수송장치

2. 안정한 플러그를 형성한다 – 입상 물질의 안정한 플러그는 특정한 조건에서 자연적으로 형성된다. 그러나 다른 물질이 다루기 쉬운 길이의 안정한 플러그를 형성하기 위해서는 일반적으로 다음과 같은 수단 중 하나에 의해서 인위적으로 안정한 플러그를 유도할 필요가 있다.

(a) 송풍 탱크로부터 연속 밀집상 흐름으로 공급된 고체를 잘게 써는 공기 칼을 사용한다(그림 8.10);

(b) 송풍 탱크로부터 연속 밀집상 흐름을 절단하기 위하여 교대로 작동하는 밸브 장치(그림 8.11)를 사용한다;

(c) 쉽게 흐르는 물질에 대해서는 플러그를 생성하기 위하여 송풍 탱크에 공기로 조작하는 격막을 사용할 수 있다(그림 8.12);

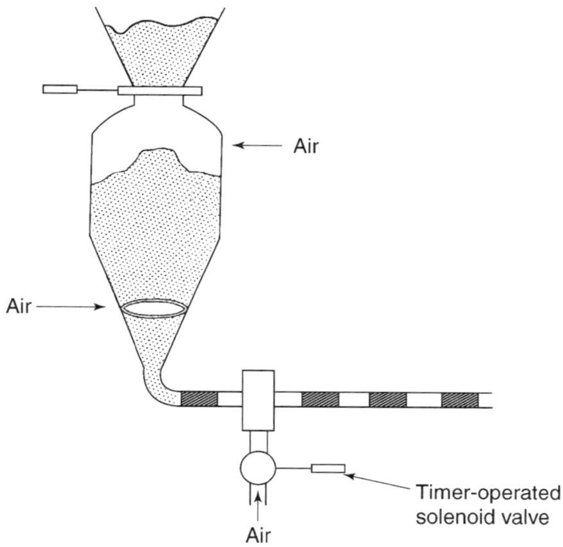

그림 8.10 타이머-조작 공기 칼을 사용한 고체 플러그의 생성

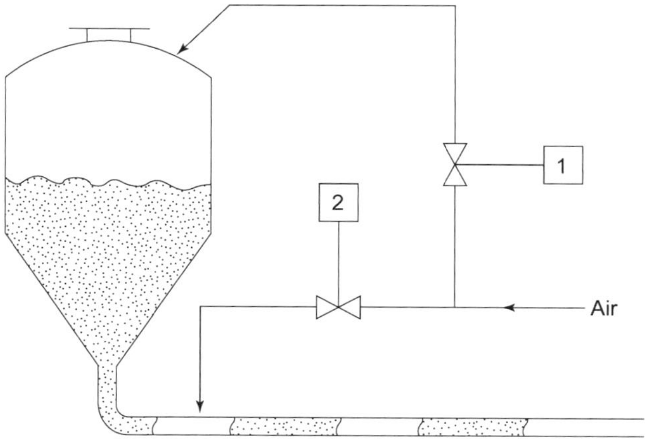

그림 8.11 교대로 작동하는 공기밸브를 이용한 고체 플러그의 생성
(밸브 1과 2가 교대로 열리고 닫히면서 배출관에 고체 플러그를 생성)

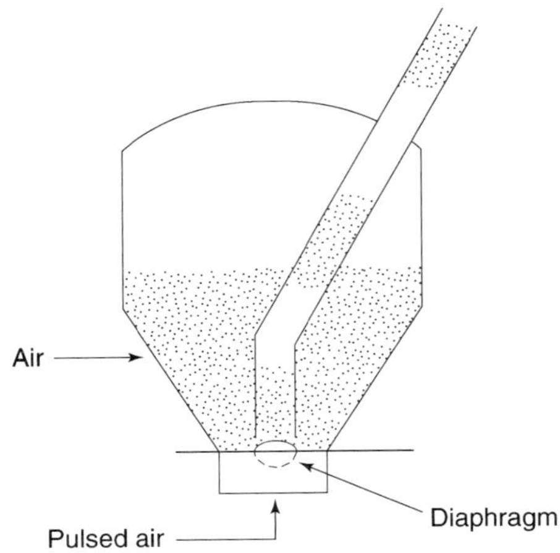

그림 8.12 공기로 운전하는 격막을 이용한 고체 플러그의 생성

(d) Tsuji(1983)가 보고한 참신한 생각으로 고체를 플러그로 분리하기 위해서 탁구공을 사용한다.

3. 유동화 – 고체의 통기(aeration)를 유지하고 막힘 생성을 방지하기 위하여 수송관을 따라 여분의 공기를 추가한다.

플러그 문제를 해결하기 위하여 어떠한 메카니즘을 사용하더라도, 모든 상업적인 밀집상 수송 장치는 유동화 요소가 설치되어 있거나(그림 8.13) 없는(그림 8.14) 송풍탱크를 사용한다.

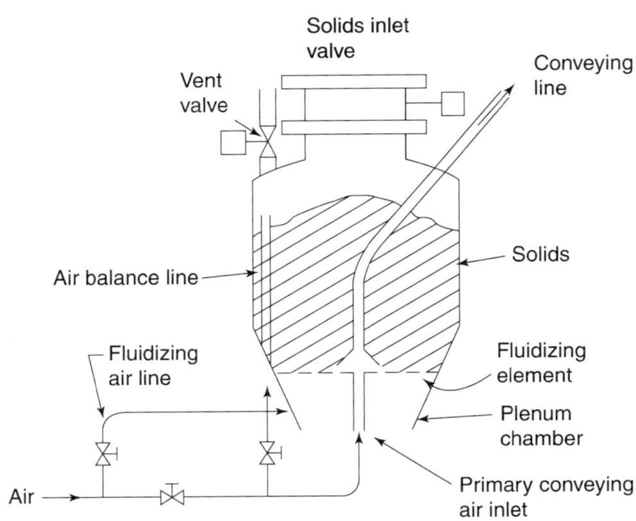

그림 8.13 유동화 요소가 있는 밀집상 수송 송풍 탱크

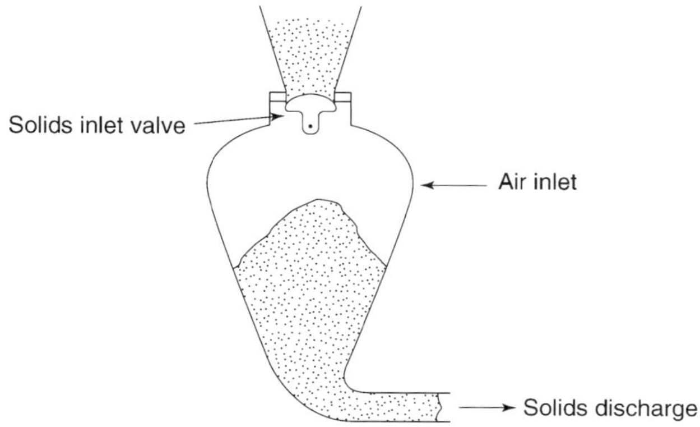

그림 8.14 유동화 요소가 없는 송풍 탱크

송풍 탱크는 충전, 가압 및 배출 사이클이 자동적으로 반복된다. 순환 시간의 삼분의 일은 송풍탱크를 채우는데(충전하는데) 사용되기 때문에, 평균 20 ton/h의 배출속도를 달성하기 위해서는 장치가 최고 30 ton/h 이상의 속도로 배출할 수 있어야 한다. 이와 같이 밀집상 수송은 높은 압력을 이용하기 때문에 회분식 조작인 반면에, 희박상 수송은 비교적 낮은 압력과 회전식 밸브를 사용하기 때문에 연속적으로 조작할 수 있다. 밀집상 장치도 두 개의 송풍탱크를 병렬로 사용하면 반 연속적인 방식으로 조작할 수 있다.

밀집상 수송의 설계

희박상 수송 장치는, 비록 높은 안전 여유를 갖지만, 약간의 실험적 상관관계와 함께 근본 원리로부터 설계할 수 있는데 반해, 상품화된 밀집상 장치의 설계는 대부분 실험에 근거한다. 이 장의 앞에서 전개한 2상 흐름에서 압력강하에 대한 식[식 (8.15)]은 이론적으로 밀집상 흐름에 적용할 수 있지만, 실제로는 거의 사용되지 않는다. 일반적으로 대부분의 수송 상황을 모사할 수 있도록 만들어진 시험 설비를 사용하여 특정한 재료에 관한 시험을 통하여 중요한 수송 매개변수를 관찰한다. 이들 시험 결과로부터, 재료에 관한 밀집상 수송 특성의 세부사항을 확립할 수 있으며, 관 크기에 관한 최적조건, 공기 유량 및 밀집상 장치의 유형을 결정할 수 있다. 상품화된 밀집상 장치는 이와 같은 시험 결과와 함께 과거 경험을 근거로 하여 설계한다. 이러한 설계가 어떻게 이루어지는가에 관한 세부 사항은 Mills(1990)의 저서에서 다루고 있다.

8.1.7 분체에 맞는 장치

일반적으로 말하면, 모든 분체는 희박상으로 수송할 수 있으나, 밀집상 수송의 장점 때문에, 밀집상 수송에 대한 분체의 적합성을 평가하는데 많은 관심을 가지고 있다. 가장 일반적으로 사용되는 방법은 파일럿 플랜트에서 분체 시료에 관한 일련의 시험을 수행하는 것이다. 이 시험은 분명히 많은 경비를 요한다. Dixon(1979)이 제안한 다른 방법이 이용되기도 한다. Dixon은 기체 유동화와 밀집상 수송 사이에 유사성을 깨닫고 분체에 관한 Geldart(1973) 분류(7장 유동화 참조)에 근거하여 밀집상 수송에 맞는 분체의 적합성 평가 방법을 제안하였다. Dixon은 입자의 크기와 밀도를 알면 가능한 밀집상 흐름 형태를 예측할 수 있는 "슬러깅 선도(slugging diagram)"를 제안하였다. Dixon은 Geldart의 그룹 A와 D가 밀집상 수송에 적합한 반면 그룹 B와 C는 일반적으로 적합하지 않다고 결론을 내렸다.

Mainwaring과 Reed(1987)는 Dixon의 방법이 가장 알맞은 양식의 밀집상 수송에 관한 좋은 지침을 제공하지만, 분체를 우선 밀집상으로 수송할 것인지 여부를 결정하는 가장 적합한 방법은 아니라고 주장한다. 이들은 분체의 투과도와 탈기(deaeration) 특성을 벤치 스케일로 측정한 결과에 근거한 평가 방법을 제안한다. 이 방법에 의하면 시험에서 충분히 높은 투과도를 나타내는 분체는 플러그 형태의 밀집상 수송에 적합하고 공기 체류량이 높은 분체는 밀집상 흐름에서 언덕흐름 형태의 수송에 적합하다. 저자들에 의하면, 이들 기준의 어느 것도 만족시키지 못하는 분체는 전통적인 송풍 탱크 장치에 의한 수송에 적합하지 않다. Flain(1972)은 분체와 장치를 조화롭게 맞추는 양질의 접근법을 제공하였다. 그는 수송 장치에서 기체와 고체 사이 초기 접촉을 일으키는 12가지 방안을 목록화하고 분체의 특성에 대응하는 방안을 찾아냈다. 어떤 장치는 특정 분체와 함께 사용될 수 없기 때문에 이 방법이 유용한 출발점이다.

8.2 배출관

배출관은 특히 석유 공업에서 고체를 저압 영역에서 아래쪽에 있는 고압 영역으로 이동시키기 위하여 여러 해 동안 사용되어 왔다. 여기서 설명한 배출관 조작에 관한 개요는 주로 Knowlton(1997)의 업적에 근거한 것이다.

전형적인 넘침 배출관과 하류 배출관을 그림 8.15에 나타내며, 이들은 상부 유동층에서 하부 유동층으로 고체를 연속적으로 이동시키기 위하여 사용된다. 고체를 압력구배에 반하여 아래쪽으로 이동시키려면 기체는 고체에 비하여 위쪽으로 흘러야 한다. 배출관에서 고체 충전층이나 유동층을 통과하는 기체 흐름에 의해서 발달된 마찰 손실이 필요한 압력구배를 생성한다. 기체가 아래로 흐르는 고체에 비하여 위로 흘러야 한다면 두 가지 가능한 경우가 있다: (i) 기체가 배출관 벽에 비하여 위로 흐르고 (ii) 기체가 배출관 벽에 비하여 아래로 흐르지만, 고체보다 낮은 속도로 흐른다.

배출관은 고체에 대한 기체의 상대속도에 따라 두 가지의 기본적인 흐름 체제로 운전될 수 있다; 충전층흐름과 유동층흐름.

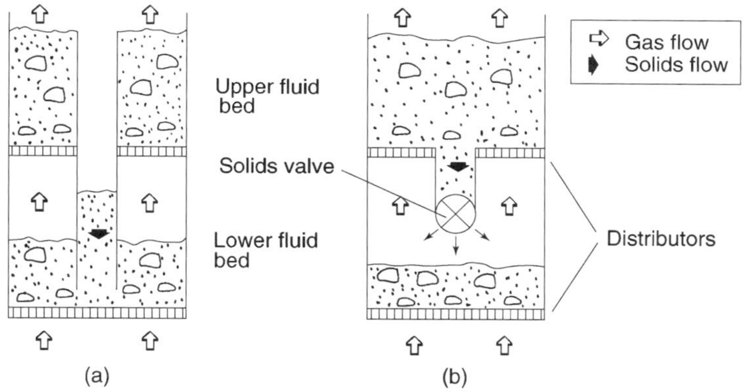

그림 8.15 저압 유동층에서 고압층으로 고체를 수송하는 (a) 넘침형과 (b) 하류형 배출관

8.2.1 충전층 흐름 배출관

기체의 상대적인 상향속도 $(U_f - U_p)$가 초기 유동화에서 상대속도 $(U_f - U_p)_{mf}$보다 작으면 충전층 흐름이 되고, 기체속도와 압력구배 사이 관계는 일반적으로 Ergun식[6장 식 (6.11) 참조]에 의해서 결정된다.

Ergun식은 흔히 충전층을 통과하는 기체의 공탑속도로 나타낸다. 그러나, 배출관 계산을 위해서는 Ergun식을 고체의 속도에 상대적인 기체속도의 크기, $|U_{rel}|$ $(= |U_f - U_p|)$로 나타내는 것이 유용하다. (공탑속도와 실제속도 사이 관계는 8.1.4절을 참조하라.)

$$\text{기체의 공탑속도,}\ U = \epsilon |U_{rel}| \tag{8.24}$$

그리고 $|U_{rel}|$ 로 Ergun 식을 나타내면 다음과 같다.

$$\frac{(-\Delta p)}{H} = \left[150\frac{\mu}{x_{sv}^2}\frac{(1-\epsilon)^2}{\epsilon^2}\right]|U_{rel}| + \left[1.75\frac{\rho_f}{x_{sv}}\frac{(1-\epsilon)}{\epsilon}\right]|U_{rel}|^2 \tag{8.25}$$

이 식에 의하면 특정한 압력 구배를 얻기 위하여 필요한 $|U_{rel}|$ 의 값을 계산할 수 있다. 속도에 대한 부호 선택은 관례에 따른다. 배출관에 대해서는 하향 속도를 양(positive)으로 취하는 것이 편리하다. 필요한 방향으로 압력구배를 생성하기 위하여(배출관의 아래쪽 끝에서 더 높은 압력), 기체는 고체에 비하여 위로 흘러야 한다. 따라서, 정상 운전에서 U_{rel}은 항상 음이어야 한다. 고체의 흐름은 하향이므로, 고체의 실제속도(관 벽에 상대적인), U_p는 항상 양이다.

U_p와 U_{rel}의 크기와 방향을 알면, 실제 기체속도(관 벽에 상대적인)의 크기와 방향을

$U_{rel} = U_f - U_p$로부터 구할 수 있다. 이와 같은 방법으로 배출관을 위 또는 아래로 통과하는 기체의 양을 추산할 수 있다.

8.2.2 유동층 흐름 배출관

기체의 상대적인 상향속도 $(U_f - U_p)$가 초기 유동화에서 상대속도 $(U_f - U_p)_{mf}$보다 크면, 유동층 흐름이 된다. 유동층 흐름에서 압력구배는 기체의 상대속도에 무관하다. 유동층 흐름에서 입자의 전체 겉보기 무게가 기체 흐름에 의해서 유지된다고 가정하면, 압력구배는 다음 식으로 주어진다(7장 참조).

$$\frac{(-\Delta p)}{H} = (1-\epsilon)(\rho_p - \rho_f)g \tag{8.26}$$

여기서 $(-\Delta p)$는 배출관 내의 고체 높이 H에서 압력강하이고, ϵ은 공극률이며 ρ_p는 입자 밀도이다.

유동층 흐름은 비기포 또는 기포 흐름일 수 있다. 비기포 흐름은 기체의 상대속도가 초기 유동화에 대한 상대속도와 최소 기포화에 대한 상대속도 $(U_f - U_p)_{mb}$ 사이에 있을 때

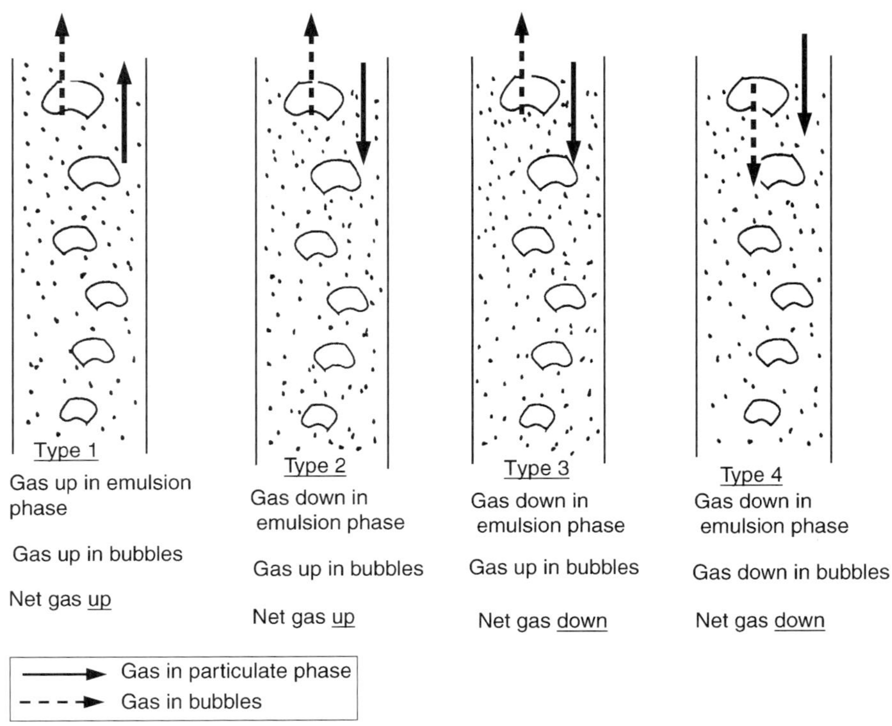

그림 8.16 배출관에서 유동화 흐름의 유형

Geldart의 그룹 A 고체(7장에서 설명)에서만 일어난다. Geldart의 그룹 B 물질(7장)에 대해서는 $(U_f - U_p) > (U_f - U_p)_{mf}$ 일 때 그리고 그룹 A 고체에 대해서는 $(U_f - U_p) > (U_f - U_p)_{mb}$ 일 때 기포 유동화 흐름이 생성된다.

배출관에서는 기포상과 유탁상에서 배출관 벽에 상대적인 기체의 이동 방향에 따라 네 가지 유형의 기포 유동층 흐름이 가능하다. 이들을 그림 8.16에 도시한다. 실제로, 배출관에서 기포는 바람직하지 않다. 상승하는 기포의 존재는 고체의 흐름을 방해하고 배출관 내에서 발달된 압력구배를 감소시킨다. 기포의 상승속도가 고체속도보다 크면, 기포가 상승하면서 합체에 의하여 성장하게 된다. 배출관이 클수록 작은 배출관보다 더 큰 기포를 수용할 수 있기 때문에 운전이 더 용이하다. 그룹 B 고체를 사용할 때, 배출관의 최적운전을 위하여, 기체의 상대속도는 초기 유동화에 대한 상대속도보다 약간 더 커야 한다. 그룹 A 고체에 대해서는, 기체의 상대속도가 $(U_f - U_p)_{mf}$ 와 $(U_f - U_p)_{mb}$ 사이에 있어야 한다.

실제에서는, 최소 유동화 속도 바로 위에서 고체가 유동화 상태를 유지하기 위하여 배출관의 길이를 따라 공기를 추가해준다. 추가적인 통기를 하지 않으면, 기체의 질량 유량이 일정해도, 상대속도가 배출관의 고압 끝 쪽으로 갈수록 감소한다. 속도가 낮아지면 평균 공극률이 낮아지고 배출관의 바닥에 비유동화 영역이 생길 가능성이 있다. 통기 기체는 배출관의 길이를 따라 단계적으로 추가하고 어느 높이에서나 최소 소요량만을 추가한다. 너무 많은 양을 추가하면, 고체의 흐름을 방해할 수 있는 기포가 생성된다. 다음의 분석에 의하면, Kunii와 Levenspiel(1991)의 분석에 근거하는데, 추가해야 할 통기 기체의 위치와 양을 계산할 수 있다.

출발점은 관에서 기체와 고체 흐름에 대한 연속방정식으로부터 유도한 식 (8.13)이다. 문제의 미세한 그룹 A 고체에 대해서는 기체와 입자 사이 상대속도가 실제속도에 비하여 대단히 작으며, 따라서 거의 오차 없이 $U_p = U_f$ 임을 가정할 수 있다. 따라서 식 (8.13)으로부터:

$$\frac{M_p}{M_f} = \frac{(1-\epsilon)}{\epsilon}\frac{\rho_p}{\rho_f} \tag{8.27}$$

배출관에서 위쪽(낮은 압력)과 아래쪽(높은 압력) 높이를 나타내는데 하첨자 1과 2를 사용하면, M_p, M_f 및 ρ_p 가 일정하기 때문에:

$$\frac{(1-\epsilon_1)}{\epsilon_1}\frac{1}{\rho_{f_1}} = \frac{(1-\epsilon_2)}{\epsilon_2}\frac{1}{\rho_{f_2}} \tag{8.28}$$

따라서, 압력비는 $p_2/p_1 = \rho_{f_2}/\rho_{f_1}$ 이므로,

$$\frac{p_2}{p_1} = \frac{(1-\epsilon_2)}{\epsilon_2}\frac{\epsilon_1}{(1-\epsilon_1)} \tag{8.29}$$

공극률 ϵ_2를 유동화된 배출관 흐름을 유지하기 위하여 수용할 수 있는 가장 낮은 공극률이라고 가정하자. 식 (8.29)를 이용하면 대응하는 최대 압력비, 즉 높이 1과 2 사이 압력강하를 계산할 수 있다. 고체들이 모두 완전히 지지된다고 가정하면, 이 압력차는 배출관의 단위 단면적 당 겉보기 무게와 같아진다[식 (8.26)].

$$(p_2 - p_1) = (\rho_p - \rho_f)(1 - \epsilon_a)Hg \tag{8.30}$$

여기서 ϵ_a는 높이 1과 2사이 단면에서 평균 공극률이고, H는 이들 높이 사이 거리이며 g는 중력에 의한 가속도이다.

만일 ϵ_1과 ϵ_2을 알고 기체 밀도를 입자밀도에 비하여 무시할 수 있으면, 식 (8.30)으로부터 H를 계산할 수 있다.

통기 기체를 추가하는 목적은 높은 위치에서 공극률과 같도록 낮은 높이에서 공극률을 높이는 것이다. 식 (8.27)을 적용하면,

$$\frac{(1-\epsilon_2)}{\epsilon_2} = \frac{M_p}{(M_f + M_{f_2})}\frac{\rho_{f_2}}{\rho_p} = \frac{M_p}{M_f}\frac{\rho_{f_1}}{\rho_p} \tag{8.31}$$

여기서 M_{f_2}는 높이 2에서 추가한 통기공기의 질량유량이다.

이제 다시 배열하면,

$$M_{f_2} = M_f\left(\frac{\rho_{f_2}}{\rho_{f_1}} - 1\right) \tag{8.32}$$

그리고, 식 (8.27)로부터, $M_f = M_p \dfrac{\epsilon_1}{(1-\epsilon_1)}\dfrac{\rho_{f_1}}{\rho_p}$ 이므로

$$M_{f_2} = M_p \frac{\epsilon_1}{(1-\epsilon_1)}\frac{\rho_{f_1}}{\rho_p}\left(\frac{\rho_{f_2}}{\rho_{f_1}} - 1\right) \tag{8.33}$$

따라서 추가해야할 통기공기의 질량 유량은,

$$M_{f_2} = \frac{\epsilon_1}{(1-\epsilon_1)}\frac{M_p}{\rho_p}(\rho_{f_2} - \rho_{f_1}) \tag{8.34}$$

이로부터, 또한 다음을 나타낼 수 있다.

$$Q_{f_2} = Q_p \frac{\epsilon_1}{(1-\epsilon_1)}\left(1 - \frac{\rho_{f_1}}{\rho_{f_2}}\right) \tag{8.35}$$

여기서 Q_{f_2}는 압력 p_2에서 추가해야할 기체의 부피 유량이고 Q_p는 배출관을 아래로 흐르는 고체의 부피유량이다.

긴 배출관에서는 공극률을 필요한 범위 내로 유지하기 위하여 몇 군데 높이에서 통기기체를 추가할 필요가 있다(이 장의 마지막에서 배출관 통기에 관한 예제 참조).

8.2.3 배출관 운전중 압력수지

배출관의 운전 예로서, 유동층 흐름으로 운전하는 넘침 배출관이 기체의 유량 변화에 어떻게 반응하는가를 생각해보고자 한다. 그림 8.17(a)는 이러한 장치에서 압력 분포를 보여준다. 이 장치에서 압력 수지식은,

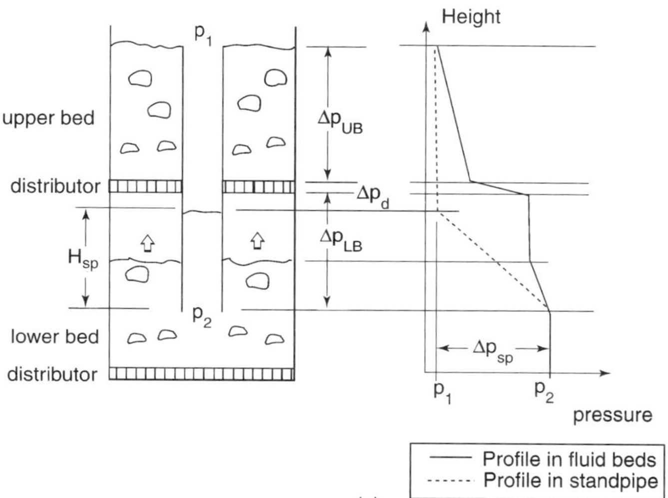

(a)

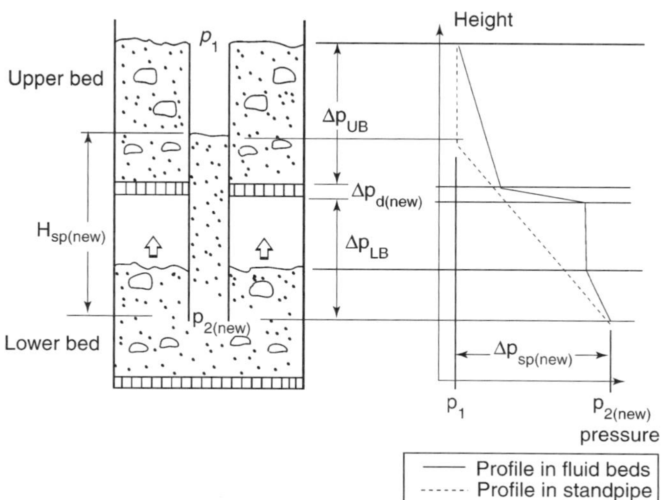

(b)

그림 8.17 넘침형 배출관의 조작: (a) 기체 흐름을 증가시키기 전; (b) 유동층을 통한 기체흐름의 증가에 따른 압력 분포의 변화

$$\Delta p_{SP} = \Delta p_{LB} + \Delta p_{UB} + \Delta p_d \tag{8.36}$$

여기서 Δp_{SP}, Δp_{LB}, Δp_{UB} 및 Δp_d는 각각 배출관, 하부 유동층, 상부 유동층 및 상부 유동층 분배기에서 압력강하이다.

유동층을 통과하는 기체 흐름이 증가할 정도로 계에서 교란이 일어난다고 생각해보자[그림 8.17(b)]. 하부 층을 통과하는 기체 흐름이 증가하면, 상부와 하부 층에서 압력강하가 일정하게 유지될지라도, 상부 분배기에서 압력강하는 $\Delta p_{d(new)}$로 증가한다. 이 증가에 대응하려면, 배출관에서 압력이 $\Delta p_{SP(new)}$까지 상승해야 한다[그림 8.17(b)]. 유동화 흐름으로 운전하는 넘침 배출관의 경우에는 배출관에서 고체의 높이가 $H_{SP(new)}$까지 상승하기 때문에 배출관 압력강하가 증가한다.

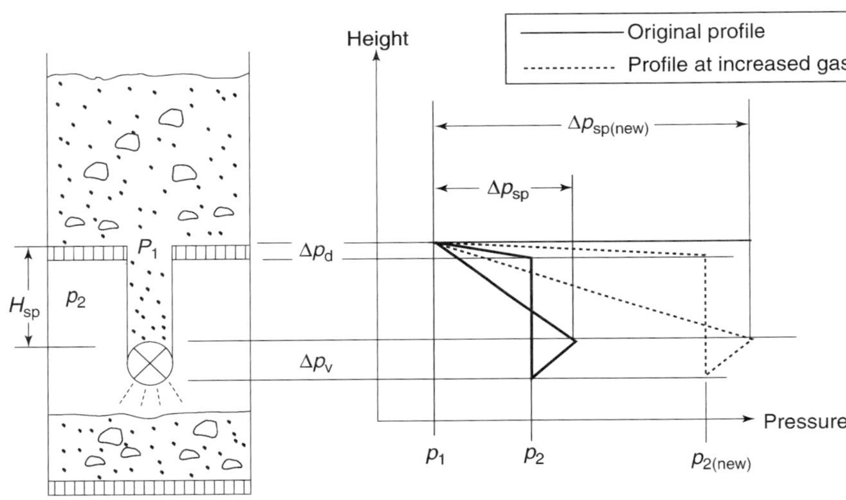

그림 8.18 하류형 배출관의 조작에서 압력수지: 유동층을 통한 기체흐름의 증가 영향

이제 충전층 흐름으로 운전하는 하류 배출관의 경우를 생각하면(그림 8.18), 계에서 압력수지는 다음과 같이 주어진다.

$$\Delta p_{SP} = \Delta p_d + \Delta p_V \tag{8.37}$$

여기서 Δp_{SP}, Δp_d 및 Δp_V는 각각 배출관, 상부 유동층 분배기 및 배출관 밸브에서 압력강하이다.

하부 층으로부터 기체 흐름이 증가하면, 상부 층 분배기에서 압력강하가 $\Delta p_{d(new)}$까지 증가한다. 그러면 압력 수지에 의하여 배출관 압력강하가 증가해야 한다. 이 경우에 배출관 길이가 고정되어 있기 때문에, 충전층 흐름에서 이 압력강하의 증가는 상대속도의 크기

$|U_{rel}|$ 이 증가하여 이루어진다. 배출관 압력강하는 $\Delta p_{SP(new)}$까지 증가하고 밸브 압력강하는, 고체 흐름에 의존하는데, 근본적으로 일정하게 유지된다. 배출관 압력구배가 유동층 흐름에 필요한 값까지 일단 도달하면, 그 압력강하는 일정하게 유지되어 계의 변화에 적응할 수 없게 된다.

석유 공업에서 일반적으로 사용되는 배출관은 하부 끝에 미끄럼 밸브가 있는 하류 수직 배출관이다. 이 경우에 배출관은 필요한 이상의 압력높이를 생성하고 이 과잉압력은 고체 흐름을 제어하는 미끄럼 밸브에서 사용된다. 이러한 배출관은 반응기에서 재생기로 고체를 이동시키기 위한 유체 접촉 분해(fluid catalytic cracking, FCC) 장치에 사용되고 있다.

8.3 참고도서

고체 순환 장치, 배출관 흐름 및 비기계적 밸브에 관하여 더 배우고 싶은 독자들은 Kunni와 Levenspiel(1991)을 참고하거나 Geldart(1986) 또는 Grace 등(1997)에서 Knowlton에 의해 저술된 장을 참고하기 바란다.

8.4 예제

예제 8.1

수직거리로 10 m와 수평거리로 30 m 떨어진 공장의 두 지점 사이에서 주변 공기를 사용하여 입자밀도가 2500 kg/m^{3}이고 평균입도가 100 μm 인 모래 900 kg/h를 수송하기 위한 가압식 희박상 공기수송 장치를 설계하라. 6개의 90도 벤드가 필요하고 허용 압력손실은 0.55 bar로 가정하라.

풀이.

이 경우에 장치를 설계하는 것은 계의 전체 압력손실이 허용 압력손실에 가깝도록 관의 크기와 공기 유량을 결정하는 것이다.

설계 과정은 시행착오 계산을 요한다. 관은 고정된 크기로 구할 수 있으므로 여기서 채택한 순서는 먼저 관의 크기를 선정하고 식 (8.3)으로부터 도약속도를 결정한다. 그런 다음 도약속도의 1.5배와 같은 기체의 공탑속도에서 계의 압력손실을 계산한다[이것은 식 (8.3)에서 상관관계의 정확성을 감안하여 합리적인 안전 여유를 제공한다]. 그리고 계산된 계의 압력손실을 허용 압력손실과 비교한다. 다음에 선정한 관의 크기를 변경하고 계산된 압력손실이 허용된 값과 일치할 때까지 위의 과정을 반복한다.

1 단계. 관의 크기 선정

내부 지름이 78 mm인 관을 선정한다.

2 단계. 기체속도 결정

도약속도, U_{salt} 를 추산하기 위하여 식 (8.3)의 Rizk 상관관계를 사용한다.
식 (8.3)을 재배열하면,

$$U_{salt} = \left[\frac{4\,M_p\,10^{\alpha}\,g^{\beta/2}\,D^{(\beta/2)-2}}{\pi \rho_f} \right]^{1/(\beta+1)}$$

여기서 $\alpha = 1440x + 1.96$ 이고 $\beta = 1100x + 2.5$ 이다.
이 경우에는 $\alpha = 2.104$, $\beta = 2.61$ 및 $U_{salt} = 9.88$ 이다.
따라서 기체의 공탑속도는, $U = 1.5 \times 9.88\ \text{m/s} = 14.82\ \text{m/s}$.

3 단계. 압력손실 계산

(a) 수평 부분. 식 (8.15)로 시작하면 수송관의 수평부분에서 전체 압력손실을 나타내는 식을 얻을 수 있다. 고체와 기체의 모든 초기 가속화가 수평부분에서 일어난다고 가정하면 (1)항과 (2)항이 필요하게 된다. (3)항에 대해서는 기체-벽 마찰에 기인하는 압력손실이 고체의 존재에 무관하다고 가정하고 Fanning의 마찰방정식을 사용한다. (4)항에 대해서는 Hinkel의 상관관계[식 (8.17)]을 이용한다. 수평관에 대해서는 $\theta = 0$ 이므로 (5)항과 (6)항은 영이 된다. 따라서 수송관의 수평부분에서 압력손실, Δp_H는 다음과 같이 주어진다.

$$\Delta p_H = \frac{\rho_f\, \epsilon_H U_{fH}^2}{2} + \frac{\rho_p (1-\epsilon_H)\, U_{pH}^2}{2} + \frac{2 f_g \rho_f\, U_{fH}^2 L_H}{D} + \frac{2 f_p \rho_p (1-\epsilon_H)\, U_{pH}^2 L_H}{D}$$

여기서 하첨자 H는 수평부분에서 특정한 값을 나타낸다.
이 식을 사용하기 위해서는 ϵ_H, U_{fH} 및 U_{pH}을 알아야 한다. Hinkel의 상관관계가 U_{pH}를 제공한다.

$$U_{pH} = U(1 - 0.0638\, x^{0.3} \rho_p^{0.5}) = 11.84\ \text{m/s}$$

연속 방정식으로부터, $G = \rho_p (1-\epsilon_H)\, U_{pH}$

$$\text{따라서}\quad \epsilon_H = 1 - \frac{G}{\rho_p U_{pH}} = 0.9982$$

$$\text{그리고}\quad U_{fH} = \frac{U}{\epsilon_H} = \frac{14.82}{0.9982} = 14.85\ \text{m/s}$$

마찰계수 f_p는 상대속도 $(U_f - U_p)$에서 추산된 C_D와 함께, 아래에 주어진 근사적인 상관관계를 이용하여[또는 적당한 Re에 대한 C_D도표를 이용하여(2장 참조)], 식 (8.19)로부터 구한다.

$$Re_p < 1 \;:\; C_D = 24/Re_p$$

$$1 < Re_p < 500 \;:\; C_D = 18.5 Re_p^{-0.6}$$

$$500 < Re_p < 2 \times 10^5 \;:\; C_D = 0.44$$

따라서 수평부분에서 흐름에 대하여,

$$Re_p = \frac{\rho_f (U_{fH} - U_{pH}) x}{\mu}$$

주변 공기에 대해서 $\rho_f = 1.2\ \mathrm{kg/m^3}$과 $\mu = 18.4 \times 10^{-6}\ \mathrm{Pa \cdot s}$를 대입하면,

$$Re_p = 19.63$$

그리고 또, 위의 근사적 상관관계를 이용하면,

$$C_D = 18.5 Re_p^{-0.6} = 3.1$$

식 (8.19)에 $C_D = 3.1$을 대입하면 다음을 얻는다.

$$f_p = \frac{3}{8} \times \frac{1.2}{2500} \times 3.1 \times \frac{0.078}{100 \times 10^{-6}} \left(\frac{14.85 - 11.84}{11.84} \right)^2$$

기체의 마찰계수는 $f_g = 0.005$로 취한다. 이로부터 $\Delta p_H = 14864\ \mathrm{Pa}$.

(b) 수직부분. 일반적인 압력손실 방정식인 식 (8.15)로 다시 시작하면, 수직부분에서 전체 압력손실을 나타내는 식을 유도할 수 있다. 고체와 기체의 모든 초기 가속화가 수평부분에서 일어난다고 가정하였기 때문에, (1)항과 (2)항은 영이 된다. 기체-벽 마찰에 기인하는 압력 손실[(3)항]을 추산하기 위하여 고체가 이 압력손실에 미치는 영향을 무시할 수 있다고 가정하고 Fanning의 마찰방정식을 이용한다. (4)항에 대해서는 수정된 Konno와 Saito 상관관계[식 (8.16)]를 이용한다. 수직 수송에서는 (5)항과 (6)항의 θ가 90°가 된다.

따라서, 수송관의 수직부분에서 압력손실, Δp_V는 다음 식으로 주어진다.

$$\Delta p_V = \frac{2 f_g \rho_f U^2 L_V}{D} + 0.057\, G L_V \sqrt{\frac{g}{D}} + \rho_p (1 - \epsilon_V) g L_V + \rho_f \epsilon_V g L_V$$

여기서 하첨자 V는 수직부분에 특정한 값을 나타낸다.

이 식을 사용하기 위해서는 수직 수송관에서 부유물의 공극률 ϵ_V를 계산해야한다:

입자들이 개별적으로 거동한다고 가정하면, 미끄럼 속도는 단일입자 종말속도, U_T와 같다(또한 수평과 수직 부분 모두에서 기체의 공탑속도가 동일하며 U와 같다), 즉

$$U_{pV} = \frac{U}{\epsilon_V} - U_T$$

연속성으로부터 입자의 질량 플럭스, $G = \rho_p (1 - \epsilon_V) U_{pV}$를 얻는다.

이 식들을 결합하면 ϵ_V관한 2차방정식을 얻게 되는데, 한 개의 근만이 가능하다.

$$\epsilon_V^2 U_T - \left(U_T + U + \frac{G}{\rho_p} \right) \epsilon_V + U = 0$$

단일입자 종말속도, U_T는 2장에서와 같이 추산할 수 있으며, 입자를 구형으로 가정하면 $U_T = 0.52\ \mathrm{m/s}$을 얻는다.

그리고, 2차 방정식을 풀면, $\epsilon_V = 0.9985$이고 따라서 $\Delta p_V = 1148\ \mathrm{Pa}$이다.

(c) 벤드. 각 90°벤드에서 압력손실은 수직관 7.5 m에서 압력손실과 같은 것으로 받아들인다.

$$\text{수직관의 압력손실} = \frac{\Delta p_V}{L_V} = 114.8 \text{ Pa/m}$$

따라서, 6개의 90°벤드에서 압력손실 $= 6 \times 7.5 \times 114.8 \text{ Pa} = 5166 \text{ Pa}$

그리고,

$$\begin{aligned}[\text{총 압력손실}] &= [\text{수직부분 손실}] + [\text{수평부분 손실}] + [\text{벤드 손실}] \\ &= 1148 + 14864 + 5166 \text{ Pa} = 0.212 \text{ bar}\end{aligned}$$

4단계. 계산한 압력손실과 허용 압력손실의 비교

계의 허용 압력손실이 0.55 bar이므로 더 작은 관을 선정하고 위의 계산 과정을 반복한다. 아래의 표는 변경한 관 크기에 대한 계산 결과를 나타낸다.

Pipe inside diameter (mm)	Total system pressure loss (bar)
78	0.212
63	0.322
50	0.512
40	0.809

여기에서는 계의 총 압력손실이 0.512 bar인 50 mm관을 선정한다.(자본과 조작비용을 결합하면 경제적인 선택을 구할 수 있다). 이 선택에 관한 설계 명세는 아래와 같다:

관 크기 = 내부지름 50 mm
공기 유량 = 0.0317 m^3/s
공기 공탑속도 = 16.15 m/s
도약속도 = 10.77 m/s
고체 부하 =6.57 kg solid/kg air
계의 총 압력손실 = 0.512 bar

예제 8.2

그룹 A 고체를 80 kg/s의 속도로 운반하는 20 m 길이의 배출관에서 0.5~0.53 범위의 공극률로 유동화 흐름을 유지하기 위하여 통기하려고 한다. 고체는 공극률 0.53에서 배출관의 꼭대기로 들어간다. 배출관 꼭대기에서 압력과 기체 밀도는 각각 1.3 bar(abs)와 1.0 kg/m^3이다. 고체의 입자밀도는 1200 kg/m^3이다. 통기 위치와 속도를 구하라.

풀이.

식 (8.29)로부터, 압력비는,

$$\frac{p_2}{p_1} = \frac{(1-0.50)}{0.50}\,\frac{0.53}{(1-0.53)} = 1.128$$

따라서, $p_2 = 1.466 \text{ bar(abs)}$.

압력차는, $p_2 - p_1 = 0.166 \times 10^5$ Pa.

그러므로, 식 (8.30)으로부터 $[\epsilon_a = [0.5 + 0.53]/2 = 0.515]$,

첫 번째 통기 지점까지 거리, $H = \dfrac{0.166 \times 10^5}{1200 \times (1 - 0.515) \times 9.81} = 2.91$ m

이상기체 거동을 가정하면, 2의 높이에서 밀도는, $\rho_{f_2} = \rho_{f_1}\left(\dfrac{p_2}{p_1}\right) = 1.128$ kg/m^3

식 (8.34)를 적용하면, 첫 번째 통기 지점에서 통기기체의 질량흐름은,

$$M_{f_2} = \frac{0.53}{(1 - 0.53)} \frac{80}{1200} (1.128 - 1.0) = 0.0096 \text{ kg/s}$$

다음 통기 지점의 위치와 속도를 구하기 위하여 위의 계산을 반복한다. 그 결과를 아래에 요약한다.

	First point	Second point	Third point	Forth point	Fifth point
Distance from top of standpipe(m)	2.91	6.18	9.88	14.04	18.75
Aeration rate(kg/s)	0.0096	0.0108	0.0122	0.0138	0.0155
Pressure at aeration point(bar)	1.47	1.65	1.86	2.10	2.37

예제 8.3

내부 지름이 0.1 m인 10 m 길이의 수직 배출관을 사용하여 1.0 bar의 압력으로 유지되고 있는 상부 용기로부터 1.5 bar로 유지되고 있는 하부 용기까지 고체를 100 kg/m^2·s의 플럭스로 수송한다. 고체의 입자밀도는 2500 kg/m^{3}이고 표면-부피 평균 입도는 250 μm 이다. 배출관에서 공극률은 0.50으로 일정하며 압력변화의 영향을 무시할 수 있다고 가정하고, 용기 사이를 통과하는 기체의 방향과 유량을 구하라. (계 내에서 기체의 특성: 밀도, 1 kg/m^3; 점도, 2×10^{-5} Pa·s).

풀이.

먼저 고체가 충전층 흐름으로 이동하고 있는가를 조사한다. 이것은 실제 압력구배를 유동화에 필요한 압력구배와 비교하면 된다.

유동화 흐름에서 고체의 겉보기 무게는 기체 흐름에 의해서 유지된다고 가정하면, 식 (8.26)으로부터 유동층 흐름에 필요한 압력구배를 얻을 수 있다:

$$\frac{(-\Delta p)}{H} = (1 - 0.5) \times (2500 - 1) \times 9.81 = 12258 \text{ Pa/m}$$

$$\text{실제 압력구배} = \frac{(1.5 - 1.0) \times 10^5}{10} = 5000 \text{ Pa/m}$$

실제 압력구배가 유동화 흐름에 필요한 압력구배보다 훨씬 아래에 있기 때문에, 배출관은 충전층 흐름으로 운전되고 있다.

충전층 흐름에서 압력구배는 배출관에서 고체에 상대적인 기체의 상향흐름에 의해서 생성된다. Ergun식[식 (8.25)]이 충전층에서 기체 흐름과 압력구배 사이의 관계를 제공한다.

필요한 압력구배, 충전층의 공극률 및 입자와 기체의 특성을 알면, 식 (8.25)를 풀어 기체의 상대 속도의 크기, $|U_{rel}|$를 구할 수 있다:

$$2\text{차 방정식의 음의 근을 무시하면, } |U_{rel}| = 0.1026 \text{ m/s}$$

이제 속도에 대한 부호 관례를 선택한다. 배출관에 대해서는 하향속도를 양(positive)으로 취급하는 것이 편리하다. 필요한 방향으로 압력구배를 생성하기 위하여, 기체는 고체에 비하여 위쪽으로 흘러야 한다. 따라서, U_{rel}은 음(negative)이다:

$$U_{rel} = -0.1026 \text{ m/s}$$

고체에 대한 연속성[식 (8.11)]으로부터,

$$\text{고체 플럭스} = \frac{M_p}{A} = U_p(1-\epsilon)\rho_p$$

고체 플럭스는 100 kg/m^2·s로 주어져 있으므로,

$$U_p = \frac{100}{(1-0.5)\times 2500} = 0.08 \text{ m/s}$$

고체 흐름은 아래로 향하기 때문에, $U_p = +0.08$ m/s
상대속도는, $U_{rel} = U_f - U_p$
따라서, 실제 기체속도는, $U_f = -0.1026 + 0.08 = -0.0226$ m/s (위쪽으로)
따라서 기체는 배출관 벽에 비하여 0.0226 m/s의 속도로 위쪽으로 흐른다. 기체의 공탑속도는 :

$$U = \epsilon U_f = -0.0113 \text{ m/s}$$

기체의 연속성[식 (8.12)]로부터, 기체의 질량 유량은,

$$M_f = \epsilon U_f \rho_f A = -8.9\times 10^{-5} \text{ kg/s}.$$

따라서 배출관을 요구대로 운전하기 위해서는, 8.9×10^{-5} kg/s 의 기체가 하부 용기에서 상부 용기로 흘러야 한다.

자율학습문제

8.1 입상고체의 수평 공기수송에서 도약속도(saltation velocity)는 무엇을 의미하는가?

8.2 입상고체의 수직 공기수송에서 쵸킹속도(choking velocity)는 무엇을 의미하는가?

8.3 입상고체의 수평 공기수송에서 압력강하 대 기체속도 선도에 왜 최소 값이 존재하는가?

8.4 입상고체의 수직 공기수송에서 압력강하 대 기체속도 선도에 왜 최소 값이 존재하는가?

8.5 공기수송으로 고체를 운반하는 관에서 압력강하를 나타내는 식에는 여섯 가지 성분이 있다. 이 여섯 가지 성분을 적어라.

8.6 희박상 공기수송장치에서 회전식 기밀장치(airlock)를 사용하는 두 가지 주된 이유는 무엇인가?

8.7 밀집상 공기수송장치에서 플러그 길이를 경우에 따라 왜 제한해야 하는가? 실제로 플러그 길이를 제한하는 세 가지 방법을 설명하라.

8.8 배출관이 충전층흐름 또는 유동층 흐름으로 운전되고 있는지 여부를 어떻게 결정하는가?

8.9 충전층 흐름으로 운전하고 있는 배출관에서 기체 흐름의 양을 어떻게 구하며 기체가 위로 또는 아래로 흐르고 있는지 여부를 어떻게 결정하는가?

8.10 유동층 흐름으로 운전하고 있는 배출관에서 배출관을 따라 몇몇 지점에 왜 통기기체를 추가해야 하는가? 추가해야할 기체의 양과 통기지점의 위치를 계산하는 데는 무슨 방법을 채택하는가?

연습문제

8.1 수평으로 100 m와 수직으로 20 m 떨어진 거리를 주변 공기를 사용하여 입자밀도가 1800 kg/m^{3}이고 평균 입도가 150 μm 인 분말 500 kg/h를 수송하기 위한 가압식 희박상 공기수송 장치를 설계하라. 관은 평활하고 4개의 90도 벤드가 필요하며 허용 압력손실은 0.7 bar로 가정하라. 평활한 관에서 기체-벽 마찰계수에 대한 Blasius 상관관계를 참조하라.

[답 : 지름이 50 mm인 관이 0.55 bar의 전체 압력강하와 13.8 m/s의 공탑 기체속도를 나타낸다.]

8.2 내부 지름이 50 mm인 수직 평활한 관을 상승관으로 사용하여 평균 입도가 270 μm 이고 입자밀도가 2500 kg/m^{3}인 모래 2000 kg/h를 고체 공급 지점으로부터 50 m 위에 있는 공정까지 수송해야한다. 0.3 bar의 압력에서 주변 공기를 60 m^3/h로 공급할 수 있는 송풍기를 이용할 수 있다. 이 계를 요구대로 운전할 수 있겠는가?

[답 : 8.49 m/s ($= 1.55 \times U_{CH}$)의 공탑 기체 속도를 이용하면 전체 압력강하가 0.344 bar이다. 허용 $\Delta p = 0.3$ bar 이기 때문에 계는 요구대로 운전할 수 없다.]

8.3 15 m의 수직거리와 80 m의 수평거리만큼 떨어진 공장의 두 지점 사이를 주변 공기를 사

용하여 입자밀도가 1000 kg/m^{3}이고 평균 입도가 1 mm인 플라스틱 구 700 kg/h를 수송하기 위한 흡입식 희박상 공기수송 장치를 설계하라. 관은 평활하고, 5개의 90도 벤드가 필요하며 허용 압력손실은 0.4 bar로 가정하라.

[답 : 내부 지름이 40 mm인 관에서 16.4 m/s의 공탑 기체속도를 이용하면, 전체 압력강하가 0.38 bar이다.]

8.4 그룹 A 고체를 75 kg/s의 속도로 운반하는 25 m 길이의 배출관에서 0.50 − 0.55 범위의 공극률로 유동화 흐름을 유지하기 위하여 통기하려고 한다. 고체는 공극률 0.55로 배출관의 최상부로 들어간다. 배출관 최상부에서 압력과 기체 밀도는 각각 1.4 bar (abs)와 1.1 kg/m^{3}이다. 고체의 입자밀도는 1050 kg/m^{3}이다. 통기 위치와 속도를 결정하라.

[답 : 위치 : 6.36 m, 14.13 m, 23.6 m. 속도 : 0.0213 kg/s, 0.0261 kg/s, 0.0319 kg/s]

8.5 그룹 A 고체를 120 kg/s의 속도로 운반하는 15 m 길이의 배출관에서 0.50 − 0.54 범위의 공극률로 유동화 흐름을 유지하기 위하여 통기하려고 한다. 고체는 공극률 0.54로 배출관의 최상부로 들어간다. 배출관 최상부에서 압력과 기체 밀도는 각각 1.2 bar (abs)와 0.9 kg/m^{3}이다. 고체의 입자밀도는 1100 kg/m^{3}이다. 통기 위치와 속도를 결정하라. 가장 낮은 통기지점에서 압력은 얼마인가?

[답 : 위치 : 4.03 m, 6.76 m, 14.3 m. 속도 : 0.0200 kg/s, 0.0235 kg/s, 0.0276 kg/s. 압력 : 1.94 bar]

8.6 내부 지름이 0.3 m인 5 m 길이의 수직 배출관이 1.25 bar의 압력으로 유지되고 있는 상부 용기로부터 1.6 bar로 유지되고 있는 하부 용기까지 고체를 500 kg/m^2·s의 플럭스로 수송한다. 고체의 입자밀도는 1800 kg/m^{3}이고 표면-부피 평균 입도는 200 μm 이다. 공극률은 0.48로 배출관을 따라 일정하며 압력변화의 영향을 무시할 수 있다고 가정하고, 용기 사이를 통과하는 기체의 방향과 유량을 결정하라. (계 내에서 기체의 특성: 밀도, 1.5 kg/m^3; 점도, 1.9×10^{-5} Pa·s .)

[답 : 아래쪽으로 0.023 kg/s]

8.7 내부 지름이 0.3 m인 수직 배출관이 2.0 bar의 압력으로 유지되고 있는 상부 용기로부터 2.72 bar로 유지되고 있는 하부 용기까지 고체를 300 kg/m^2·s의 플럭스로 수송한다. 고체의 입자밀도는 2000 kg/m^{3}이고 표면-부피 평균 입도는 220 μm 이다. 계 내에서 기체의 밀도와 점도는 각각 2.0 kg/m^{3}과 2×10^{-5} Pa·s 이다. 공극률은 0.47로 배출관을 따라 일정하다고 가정하고,
(a) 유동화 흐름을 피하기 위하여 필요한 최소 배출관 길이를 구하라.
(b) 실제 배출관의 길이가 8 m일 때, 용기 사이를 통과하는 기체의 방향과 유량을 구하라.

[답 : (a) 6.92 m; (b) 아래쪽으로 0.0114 kg/s]

평활한 관에서 기체-벽 마찰계수에 대한 Blasius 상관관계 : $f_g = 0.079 Re^{-0.25}$

기체로부터 입자의 분리

09 Chapter

입상 고체를 처리 또는 취급하는 동안에 기체에 부유하고 있는 입자를 분리해야 할 경우가 종종 있다. 우리는 유동층 공정에서 기체가 층을 통과하면서 미세 입자를 동반한다는 것을 7장에서 배웠다. 이러한 입자들은 기체를 배출하거나 공정의 다음 단계로 보내기 전에 기체로부터 제거하여 층으로 되돌려 보내야 한다. 유동층 내에 대단히 작은 입자를 유지하는 것은, 석유의 유체 접촉 분해에서와 같이, 공정의 성공적인 운전에 결정적일 수 있다.

8장에서, 우리는 공정 내에서 기체를 사용하여 분체를 어떻게 수송할 수 있는가를 알았다. 수송 경로의 마지막에서 기체로부터 제품의 효과적인 분리가 이와 같은 분체 수송 방법을 성공적으로 응용하는데 중요한 역할을 한다. 고체 연료의 연소에서는, 연료 재의 미세 입자가 연소기체 속에 부유하고 있기 때문에 기체를 대기로 배출하기 전에 기체로부터 제거해야 한다.

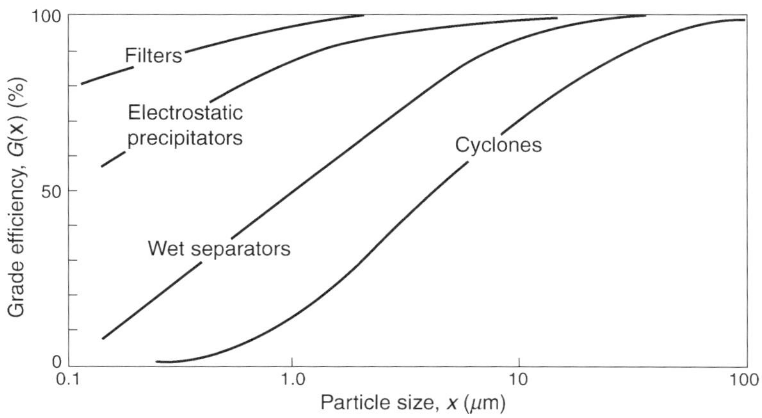

그림 9.1 기체-입자 분리기에 대한 전형적인 등급효율 곡선

어떠한 응용에서도, 기체로부터 제거해야 할 입자의 크기가 분리에 사용할 방법을 대부분 결정하게 된다. 일반적으로 말하면, 약 100 μm 보다 큰 입자는 중력 침강에 의해서 쉽게 분리할 수 있다. 10 μm 보다 작은 입자에 대해서는, 여과, 습식 세정 및 전기 집진과 같이 강한 에너지 집약적인 방법을 사용해야 한다. 그림 9.1은 기체-입자 분리 장치에 대한 전형적인 등급 효율 곡선을 보여준다. 등급 효율 곡선은 장치의 분리 효율이 입도에 따라 어떻게 변하는가를 설명한다. 이 장에서는 사이클론 분리기 또는 사이클론으로 알려진 장치에 중점을 두고자 한다. 기체 사이클론은 일반적으로 10 μm 보다 작은 입자가 많은 비율을 차지하고 있는 부유물을 분리하는 데에는 적합하지 않다. 사이클론은 비교적 큰 입자에 대한 예비 분리 장치로 가장 적합하며 아주 미세한 입자를 제거하기 위하여 하류에 전기 집진기나 직물 여과기를 함께 사용한다.

다른 기체-입자 분리법과 이 방법들 사이의 선택에 관하여 더 알고 싶은 독자들은 Svarovsky(1981, 1990) 및 Perry와 Green(1984)을 참고하기 바란다.

9.1 기체 사이클론–해설

사이클론의 가장 일반적인 유형은 그림 9.2에 나타낸 역흐름(reverse flow) 형태로 알려져 있다. 입구 기체는 원통부에 접선 방향으로 유입되고 강한 소용돌이가 사이클론 몸체 내부에 생성된다. 기체에 섞여 있는 입자들은 원심력을 받게 되어, 기체의 안쪽으로 향한 흐름과는 반대로, 바깥 쪽 반경방향으로 이동하여 사이클론의 내부 표면에서 고체가 분리된다. 소용돌이 흐름의 방향은 원통부의 바닥 근처에서 역전되고 기체는 꼭대기에 있는 출구를 통하

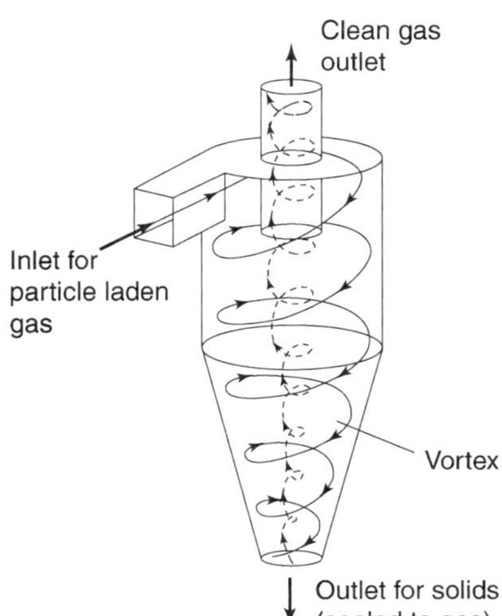

그림 9.2 역흐름 사이클론 분리기 개략도

여 사이클론을 떠나게 된다(고체 출구는 기체에 밀폐되어 있다). 사이클론의 벽에서 고체는 외부 소용돌이에 의해서 아래쪽으로 밀려 내려가서 고체 출구 밖으로 나가게 된다. 중력은 사이클론의 운전에 거의 영향을 미치지 않는 것으로 밝혀져 있다.

9.2 흐름 특성

사이클론 본체 내부의 강제 소용돌이에서 회전 흐름은 반경 방향으로 압력 구배를 생성한다. 이 압력 구배는, 기체 입구와 출구에서 마찰 압력 손실 및 흐름 방향의 변경에 기인한 손실과 함께, 전체 압력강하를 결정한다. 입구와 기체 출구 사이에서 측정한 이 압력 강하는 보통 사이클론을 통과하는 기체 유량의 제곱에 비례한다. 저항계수인 Euler수 Eu는 사이클론 압력강하 Δp와 특성 속도 v의 관계를 나타낸다.

$$Eu = \frac{\Delta p}{\rho_f v^2/2} \tag{9.1}$$

여기서 ρ_f는 기체 밀도이다.

특성 속도 v는 기체 사이클론에 대하여 다양한 방법으로 정의할 수 있으나 가장 간단하고 가장 적합한 정의는 사이클론의 원통형 본체의 단면에 근거를 둔다. 즉:

$$v = \frac{4q}{\pi D^2} \tag{9.2}$$

여기서 q는 기체 유량이며 D는 사이클론의 안쪽 지름이다.

Euler수는 유체 요소에 작용하는 관성력에 대한 압력 힘의 비를 나타낸다. 그 값은 사이클론의 구조가 주어지면 사이클론의 본체 지름에 무관하게 실질적으로 일정하다(9.4절 참조).

9.3 분리효율

9.3.1 총괄효율과 등급효율

고체의 질량 유량이 M, 고체 출구 오리피스에서 배출되는 질량 유량이 M_c(굵은 제품이라 함) 그리고 기체와 함께 나가는 고체의 질량 유량이 M_f(가는 제품이라 함)인 사이클론을 생각해보자. 이 사이클론에서 고체에 관한 전체 물질수지는:

$$\text{전체} \;:\; M = M_f + M_c \tag{9.3}$$

그리고 입도가 x인 각 입자에 대한 성분 물질수지는(사이클론 내에서 입자의 파손이나 성

장이 없다고 가정함)

$$\text{성분} \ : \ M(dF/dx) = M_f(dF_f/dx) + M_c(dF_c/dx) \tag{9.4}$$

여기서, dF/dx, dF_f/dx 및 dF_c/dx 는 각각 원료, 가는 제품 및 굵은 제품에 대하여 질량(즉 입도가 x인 입자의 질량분율)으로 나타낸 미분 도수 입도 분포이다. F, F_f 및 F_c는 각각 원료, 가는 제품 및 굵은 제품에 대하여 질량(입도가 x보다 작은 입자의 질량분율)으로 나타낸 누적 도수 입도 분포이다. 입도 분포에 관한 더 상세한 설명은 1장을 참조하기 바란다.

기체로부터 입자의 총괄 분리 효율, E_T는 수집된 굵은 제품에 나타난 전체 원료의 분율로 정의한다. 즉,

$$E_T = M_c/M \tag{9.5}$$

사이클론이 특정 입도의 입자를 수집하는 효율을 등급효율, $G(x)$라 하며, 다음과 같이 정의한다.

$$G(x) = \frac{\text{굵은 제품에서 입도가 } x\text{인 고체의 질량}}{\text{원료에서 입도가 } x\text{인 고체의 질량}} \tag{9.6}$$

위에서 설명한 입도 분포에 대한 표기법을 사용하면,

$$G(x) = \frac{M_c(dF_c/dx)}{M(dF/dx)} \tag{9.7}$$

식 (9.5)와 결합하면, 등급 효율을 총괄 분리 효율과 연결하는 식을 얻게 된다.

$$G(x) = E_T\frac{(dF_c/dx)}{(dF/dx)} \tag{9.8}$$

식 (9.3)−(9.5)로부터,

$$(dF/dx) = E_T(dF_c/dx) + (1 - E_T)(dF_f/dx) \tag{9.9}$$

식 (9.9)는 원료(첨자가 없는 것), 굵은 제품(첨자 c) 및 가는 제품(첨자 f)의 입도 분포 사이 관계를 나타낸다. 누적분포로 나타내면 다음과 같다.

$$F = E_TF_c + (1 - E_T)F_f \tag{9.10}$$

9.3.2 기체 사이클론 분리기에 대한 간단한 이론적 분석

그림 9.3을 참고하여, 원통부의 반경이 R인 역흐름 사이클론을 생각해보자. 기체 흐름과 함

께 사이클론으로 들어가는 입자들은 강제로 원운동을 한다. 기체의 알짜 흐름은 반경방향의 안쪽으로 돌아 중심부의 기체 출구로 향한다. 원형 경로를 따라가는 입자에 작용하는 힘은 항력, 부력 및 원심력이다. 이 들 힘 사이의 균형이 입자가 지나가는 평형궤도를 결정한다. 항력은 입자를 지나 안쪽으로 향하는 기체 흐름에 기인하며 반경방향의 안쪽으로 작용한다. 밀도가 ρ_f이고 점도가 μ인 기체에서 반경이 r인 궤도를 따라가는 지름이 x이고 밀도가 ρ_p인 입자를 생각해보자. 입자의 접선방향 속도를 U_θ라 하고 반경방향의 안쪽으로 향한 기체 속도를 U_r이라 하자. 이들 조건에서 Stokes의 법칙이 적용된다고 가정하면 항력은 다음과 같이 주어진다.

$$F_D = 3\pi x \mu U_r \tag{9.11}$$

반경 r에서 접선 방향의 속도 성분 U_θ로 움직이는 입자에 작용하는 원심력과 부력은 각각,

$$F_C = \frac{\pi x^3}{6}\rho_p \frac{U_\theta^2}{r} \tag{9.12}$$

$$F_B = \frac{\pi x^3}{6}\rho_f \frac{U_\theta^2}{r} \tag{9.13}$$

이들 힘이 작용하면 힘이 균형을 이룰 때까지 입자는 안쪽 또는 바깥쪽으로 움직이면서 평형궤도에 도달한다. 이 순간에,

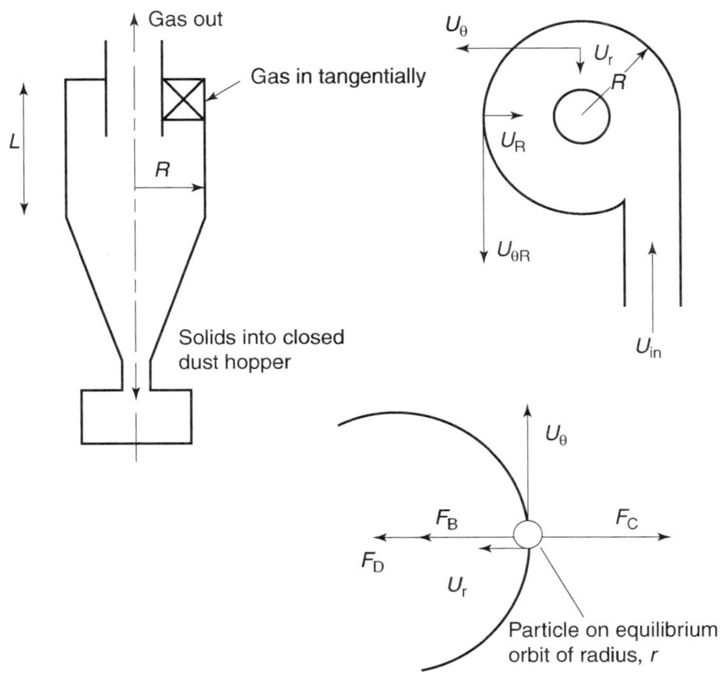

그림 9.3 역흐름 사이클론 – 분리효율에 대한 단순이론

$$F_C = F_D + F_B \tag{9.14}$$

따라서

$$x^2 = \frac{18\mu}{(\rho_p - \rho_f)}\left(\frac{r}{U_\theta^2}\right)U_r \tag{9.15}$$

더 전개하기 위해서는 사이클론 내에서 소용돌이에 대한 U_θ와 반경 r사이 관계가 필요하다. 이제 회전하는 고형체에서 $U_\theta = r\omega$ 이고, 여기서 ω는 각속도이고 자유 소용돌이에 대하여 $U_\theta r = \text{constant}$ 이다. 사이클론 본체 내부에 제한된 소용돌이에 대해서는 실험에 의하여 근사적으로 다음이 성립한다.

$$U_\theta\, r^{1/2} = \text{constant}$$

따라서,

$$U_\theta r^{1/2} = U_{\theta R} R^{1/2} \tag{9.16}$$

중심부의 출구를 향한 기체의 흐름이 균일하다고 가정하면, 기체 속도의 반경방향 성분, U_r에서 반경 방향의 변화를 유도할 수 있다.

$$\text{기체유량, } q = 2\pi r L U_r = 2\pi R L U_R \tag{9.17}$$

따라서,

$$U_R = U_r(r/R) \tag{9.18}$$

식 (9.16)과 (9.18)을 식 (9.15)와 결합하면, 다음을 얻는다.

$$x^2 = \frac{18\mu}{(\rho_p - \rho_f)}\frac{U_R}{U_{\theta R}^2}r \tag{9.19}$$

여기서 r은 지름이 x인 입자가 지나가는 평형 궤도의 반경이다.

사이클론 본체의 반경보다 크거나 같은 반경의 평형 궤도를 갖는 모든 입자들이 수집된다고 가정하고, 식 (9.19)에 $r = R$을 대입하면, 분리를 위한 임계입자지름, x_{crit}에 관한 아래의 식을 유도할 수 있다.

$$x_{\text{crit}}^2 = \frac{18\mu}{(\rho_p - \rho_f)}\frac{U_R}{U_{\theta R}^2}R \tag{9.20}$$

식 (9.20)에 들어있는 사이클론 벽에서 반경방향과 접선방향의 속도성분, U_R과 $U_{\theta R}$의 값은 사이클론의 구조와 기체유량을 알면 구할 수 있다.

이 분석으로부터 그림 9.4에 나타낸 이상적인 등급효율곡선을 예측할 수 있다. 지름이 x_{crit}이거나 더 큰 모든 입자들은 수집되고 x_{crit}보다 작은 모든 입자들은 수집되지 않는다.

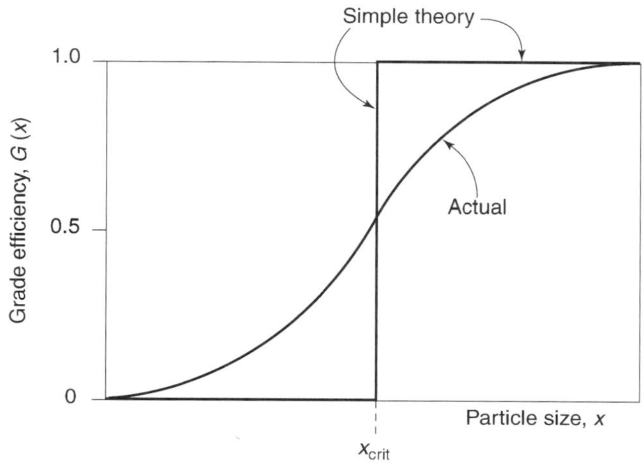

그림 9.4 이론 및 실제 등급효율 곡선

9.3.3 사이클론의 실제 등급효율

실제로는, 기체속도의 요동(fluctuation)과 입자-입자 상호작용 때문에 x_{crit}보다 큰 입자의 일부가 손실되고 x_{crit}보다 작은 입자들도 일부 수집된다. 결론적으로, 실제 사이클론은 위에서 설명한 이론적 분석으로 예측한 바와 같이 예리한 분리를 달성할 수 없다. 보통은 본체힘(body force)이 항력에 대립하는 다른 분리장치와 같이 기체 사이클론에 대한 등급효율곡선은 흔히 S자 모양이다.

그러한 곡선에 대해서, 등급효율이 50%인 입도, 즉 x_{50}이 사이클론의 효율을 하나의 숫자로 나타낼 수 있는 척도로 자주 사용된다. x_{50}은 또한 같은 확률 크기로 알려져 있는데 이는 굵은 제품에서 나타날 확률이 50%인 입자의 크기와 같기 때문이다. 이것은 또한 큰 모집단의 입자들 중에서 이 크기와 같은 입자의 50%가 굵은 제품에 나타난다는 것을 의미한다. x_{50}은 때로는 간단히 사이클론(또는 다른 분리장치)의 분리 입도(cut size)라 부른다.

분리 입도, x_{50}의 개념은, 규모 확대 계산처럼, 사이클론의 효율을 원료 고체의 입도분포에 무관하게 하나의 숫자로 나타내고자 할 경우에 유용하다.

9.4 사이클론의 규모 확대

사이클론의 규모 확대(scale-up)는 기하학적으로 유사한 모든 사이클론의 분리성능을 특성화한 무차원군인 Stokes수에 근거를 둔다. Stokes수, Stk_{50}은 다음과 같이 정의한다.

$$Stk_{50} = \frac{x_{50}^2 \rho_p v}{18 \mu D} \tag{9.21}$$

여기서 μ는 기체의 점도, ρ_p는 고체의 밀도이고, v는 식 (9.2)로 정의된 특성속도이며 D는 사이클론 본체의 지름이다. Stokes수의 물리적 의미는 크기가 x_{50}인 입자에 작용하는 항력에 대한 원심력(부력은 무의미함)의 비이다. 독자들은 이론적인 식 (9.20)과 식 (9.21)의 Stokes수 사이에 있는 유사성에 주목하기 바란다. 따라서 규모 확대에서 Stokes수를 사용하는 것에 대한 약간의 이론적 정당성이 있다. 호흡 경로에서 입자의 제거를 고려할 때, 14장에서 Stokes수를 다시 만나게 된다. 도관에서 입자를 운반하는 기체에 대하여 Stokes수는 입자가 방향을 바꾸는데 필요한 힘과 방향전환으로 생긴 항력의 무차원 비이다. Stokes수의 값이 1보다 더 크면 클수록 입자가 경로의 벽과 충돌하여 제거될 가능성이 더 커진다. 기체 사이클론에서 입자의 포집에 필요한 조건과 관성 충돌로 폐의 벽에 입자가 침적하는데 필요한 조건 사이에는 분명히 유사성이 존재한다. 각각의 경우에서 기체가 방향을 바꿀 때 제거되지 않은 입자는 입자의 방향전환을 야기하는 가능한 항력이 충분해야 한다.

대규모의 공업적 사이클론에 대해서는 Stokes수가, 앞에서 정의한 Euler수와 같이, Reynolds수에 무관하다. 농도가 약 5 g/m^{3}보다 작은 부유물에 대해서 Stokes수와 Euler수는 보통 사이클론의 구조(즉 사이클론 지름 D에 상대적인 기하학적 비율)가 주어지면 일정하다. 두 가지 일반적인 공업적 사이클론인 Stairmand 고효율(HE) 사이클론과 Stairmand 고유량(HR) 사이클론의 구조와 Eu 및 Stk_{50}의 값을 그림 9.5에 나타낸다.

사이클론의 규모 확대와 설계에서 두 개의 무차원군, Eu 및 Stk_{50}를 사용하는 방법은 이 장의 뒤에 있는 예제에서 설명하도록 한다.

식 (9.21)에서 알 수 있는 바와 같이, 분리 효율은 분리 입도 x_{50}에 의해서만 나타내며 등급 효율 곡선의 모양에는 관련이 없다. 성능 계산에서 전체 등급 효율 곡선이 필요하면, 문헌이나 이전에 측정한 자료로부터 얻을 수 있는 일반화된 등급효율함수의 곡선이나 해석함수를 사용하여 주어진 분리 입도의 주위에서 등급효율곡선을 생성할 수 있다. 예를 들면, Perry와 Green(1984)은 다음과 같은 구조의 역 흐름 사이클론에 대한 등급 효율 식을 제공한다.

$$\text{grade efficiency} = \frac{(x/x_{50})^2}{[1+(x/x_{50})^2]} \tag{9.22}$$

A	B	C	E	J	K	N
4.0	2.0	2.0	0.25	0.625	0.5	0.5

(문자는 그림 9.5에 나타낸 사이클론 구조 그림을 참조한다)

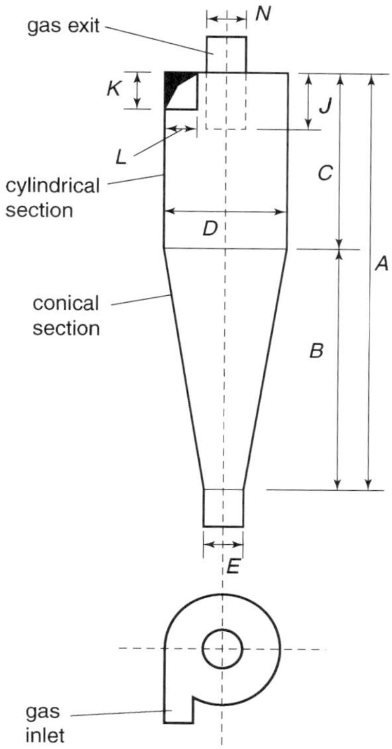

HE – high efficiency Stairmand cyclone
$Stk_{50} = 1.4 \times 10^{-4}$
$Eu = 320$

HR – high flowrate Stairmand cyclone
$Stk_{50} = 6 \times 10^{-3}$
$Eu = 46$

Dimension relative to diameter D

Cyclone type	A	B	C	E	J	L	K	N
Stairmand, H.E.	4.0	2.5	1.5	0.375	0.5	0.2	0.5	0.5
Stairmand, H.R.	4.0	2.5	1.5	0.575	0.875	0.375	0.75	0.75

그림 9.5 두 일반적 사이클론에 대한 구조와 Euler수 및 Stokes수

이 식으로부터 얻은 $5\mu m$의 분리 입도 x_{50}에 대한 등급효율곡선을 그림 9.6에 나타낸다. 등급효율곡선의 모양이 조작 압력 강하, 사이클론의 크기나 설계 및 원료 고체의 농도에 의해서 어떻게 영향을 받는지는 거의 알려져 있지 않다.

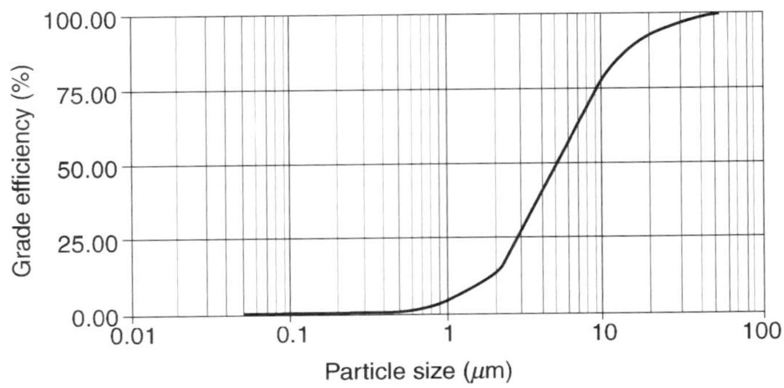

그림 9.6 분리입도 $x_{50} = 5\mu\text{m}$ 에 대하여 식 (9.22)로 나타낸 등급효율 곡선

9.5 운전 범위

기체 사이클론의 가장 중요한 특성 중의 하나는 사이클론의 효율이 압력 강하(또는 유량)에 의해서 영향을 받는다는 점이다. 특정한 사이클론과 입구 입자 농도에 대해서, 전체 분리효율과 압력강하는 그림 9.7에 나타낸 바와 같이 기체 유량에 따라 변한다. 이론에 의하면 효율은 기체 유량이 증가함에 따라 증가하는 것으로 예측된다. 그러나 실제로는, 높은 속도에서 난류가 증가함에 따라 분리된 고체의 재동반흐름(re-entrainment)이 증가하기 때문에 효율 곡선이 높은 유량에서 떨어지게 된다. 최적 운전은 점 A와 B 사이 어딘가에서 이루어지는데, 이곳에서 적절한 압력 손실(즉, 적절한 동력 소요량)과 함께 최대 전체 분리 효율이 얻어진다. 점 B의 위치는 먼지에 따라서 약간만 변할 뿐이다. 올바르게 설계되고 운전되는 사이클론은 권장된 범위 내의 압력강하에서 운전해야 한다. 주변 조건에서 운전하는 대부분의 사이클론에 대해서 권장된 압력강하는 50 − 150 mmH_2O (약 500 − 1500 Pa까지)이다.

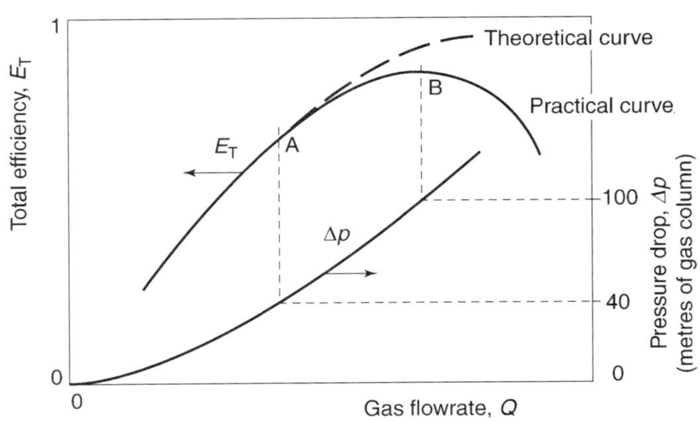

그림 9.7 역흐름 사이클론에서 기체유량 대 전체분리효율과 압력강하

위에서 설명한 관성 분리이론에 의하면, 이 범위 내에서 전체 분리 효율 E_T는 가해진 압력강하에 따라 증가한다.

위쪽 한계를 넘어서면 전체 효율은 압력강하가 증가하더라도 더 이상 증가하지 않고 먼지 출구 오리피스에서 먼지의 재동반흐름 때문에 실제로 감소할 수 있다. 따라서 사이클론을 한계 이상에서 운전하는 것은 에너지를 낭비하는 것이다. 아래 쪽 한계 이하의 압력강하에서는, 낮은 속도에서 안정한 소용돌이를 생성할 수 없기 때문에 효율이 낮아지며, 사이클론은 침강실(settling chamber)이나 다름이 없다.

9.6 실제 설계와 운전 조건

역 흐름 기체 사이클론의 설계와 운전에 대한 다음의 실제적 고찰은 Svarovsky(1986)에 의해서 작성된 것의 일부이다.

9.6.1 효율에 미치는 먼지부하의 영향

전체 효율에 미치는 중요한 조작 변수 중의 하나는 부유하고 있는 입자의 농도(먼지부하라 함)이다. 일반적으로, 높은 먼지부하(약 5 g/m^3 이상)는 입자들의 응집(예를 들면, 습도의 영향으로 야기된)에 의한 입자확대 때문에 더 높은 분리효율을 유도한다.

9.6.2 사이클론의 유형

오늘날 통용되는 여러 가지 역 흐름 사이클론의 설계 모형은 주로 두 가지 그룹으로 분류할 수 있다: 고효율 설계(예 Stairmand HE)와 고유량 설계(예 Stairmand HR). 고효율 사이클론은 회수율이 높고 입구와 기체출구 오리피스가 비교적 작은 것이 특징이다. 고유량 설계는 전체 효율이 낮지만 흐름에 대한 저항이 작아서 주어진 크기의 사이클론으로 본체 지름이 같은 고효율 설계보다 훨씬 더 큰 기체 용량을 달성할 수 있다. 고유량 사이클론은 입구와 기체 출구가 크며 길이는 보통 더 짧다. 두 가지 일반적인 사이클론, Stairmand 고효율(HE)과 Stairmand 고유량(HR)에 대한 구조와 Eu 및 Stk_{50}의 값을 그림 9.5에 나타낸다.

잘 설계된 사이클론에 대해서 Eu와 Stk_{50}사이에는 직접적인 상관관계가 존재한다. 저항계수의 값이 크면 흔히 Stk_{50}값이 작아지고(따라서 분리 입도가 작고 효율이 높음) 또 반대도 성립한다. 일반적인 경향은 근사적으로 다음과 같은 실험적 상관관계로 나타낼 수 있다.

$$Eu = \sqrt{\frac{12}{Stk_{50}}} \tag{9.23}$$

9.6.3 마모

기체 사이클론에서 마모는 사이클론 성능의 중요한 일면이며 건축 재료와 설계만큼이나 사이클론을 설치하고 운전하는 방식에 의하여 영향을 받는다. 건축 재료는 주로 여러 등급의 강철이며, 때로는 고무, 내화성 라이닝 또는 다른 재료로 안을 바른다. 사이클론 본체 안에는 마모에 취약한 두 곳의 임계지대가 있다: 입구 통로를 바로 지난 원통 부분과 먼지 배출구 근처의 원추 부분.

9.6.4 고체의 마멸

고체의 마멸 또는 파손은 기체 사이클론에서 포집 순간에 일어나는 것으로 알려져 있으며 큰 입자가 가는 입자보다 마멸에 의한 영향을 더 쉽게 받을 수 있지만 입자의 특성과 어떠한 관계가 있는지는 거의 알려져 있지 않다. 마멸은 동반 배출된 물질을 층으로 되돌려 보내기 위하여 사이클론을 사용하는 유동층과 같은 재순환장치에서 가장 많이 발견된다(7장 참조). 층의 모든 충전물은 시간 당 여러 번 사이클론을 통과할 수 있으며 따라서 마멸의 영향은 아무리 과장해도 지나치지 않는다.

9.6.5 막힘

막힘은 흔히 고체 출구 오리피스에서 고체의 과부하에 기인하는데, 사이클론의 운전에서 실패의 가장 일반적인 원인 중의 하나이다. 사이클론의 원추가 빠르게 먼지로 채워지면, 압력강하가 증가하고 효율이 극심하게 떨어진다. 막힘은 사이클론 본체에서 기계적인 결함(사이클론 원추의 융기, 돌출한 용접점 또는 가스켓)이나 고체의 화학적 또는 물리적 특성의 변화(예를 들면, 기체로부터 입자표면으로 수증기의 응축) 때문에 일어난다.

9.6.6 배출 호퍼와 하강관

고체 배출의 설계는 기체 사이클론의 올바른 작동을 위하여 중요하다. 사이클론이 진공 하에서 운전될 경우에는 배출구 끝에서 공기가 안으로 새어들면 입자가 다시 동반 흐르게 되어 분리 효율이 심하게 감소한다. 사이클론이 가압 하에 있으면 밖으로의 누출이 분리효율을 약간 증가시킬 수 있으나, 제품의 손실과 국지 환경의 오염을 초래한다. 따라서 고체 배출구는 가능한 한 기체가 새지 않도록 하는 것이 가장 좋다.

사이클론 내부에서 강한 소용돌이는 고체 출구 밑에 있는 공간까지 도달하며 하류 오리피스 아래로 최소한 사이클론의 지름 거리 이내까지 분체 표면이 쌓이지 않도록 하는 것이 중요하다. 소용돌이가 하부 배출 호퍼까지 밀고 들어가지 못하도록 먼지 배출 오리피스 바로 아래에 원추형의 소용돌이 파괴 장치를 사용할 수 있다. 사이클론의 제작자에 따라서는 재

동반흐름과 마모의 영향에 대응하기 위하여 계단형 원추를 사용하기도 하며 Svarovsky (1984)가 이와 같은 설계의 가치를 입증하였다.

내부 사이클론이 설치된 유동층에서는, 포집된 입자를 유동층으로 되돌리기 위해서 하강관(dipleg)을 사용한다. 하강관은 사이클론의 고체 배출 오리피스에 직접 연결되어 유동층 표면 아래까지 연장되어 있는 수직관이다. 사이클론에서 배출된 입자는 유동층으로 들어가기 전에 하강관의 아래 부분에 움직이는 침강 부유물로 쌓이게 된다. 하강관에 침강된 부유물의 높이는 항상 유동층 표면보다 높아야 하며 하강관 위로 올라가는 기체의 흐름과 결과적인 사이클론 효율의 감소를 최소화하는데 필요한 저항을 제공한다.

9.6.7 직렬 사이클론

회수율을 높이기 위하여 실제로 가끔 사이클론을 직렬로 연결하여 사용한다. 흔히 첫 번째 사이클론은 중간 또는 낮은 효율의 설계이며 두 번째와 그 다음의 사이클론은 점진적으로 더 높은 효율의 설계이거나 또는 작은 지름을 갖는다.

9.6.8 병렬 사이클론

주어진 사이클론의 구조와 조작 압력 강하에 대하여 달성할 수 있는 분리입도 x_{50}은 사이클론의 크기가 감소하면 줄어든다[식 (9.21) 참조]. 기체의 주어진 부피 유량을 처리하기 위한 단일 사이클론의 크기는 그 기체 유량에 의해서 결정된다[식 (9.1)과 (9.2)]. 기체 유량이 크면 결과적으로 사이클론도 커져서 분리 입도 x_{50}이 수용할 수 없을 정도로 커질 수 있다. 이것에 대한 해결책이 병렬로 운전하는 몇 개의 작은 사이클론으로 기체 흐름을 분배하는 것이다. 이와 같은 방법으로, 조작 압력 강하와 분리 입도 x_{50}의 요구조건을 모두 달성할 수 있다. 이 장의 마지막에서 예제를 통하여 병렬 사이클론의 수와 지름을 추산하는 방법에 대해서 설명한다.

9.7 예제

예제 9.1 사이클론의 설계

밀도가 1000 kg/m^{3}인 고체가 부하된 주변의 공기(점도, 18.25×10^{-6} Pa·s ; 밀도, 1.2 kg/m^3) 2 m^3/s을 처리하기 위하여 적합한 압력강하에서 $4 \mu m$의 분리 입도로 운전할 수 있는 기체 사이클론의 지름과 수를 결정하라. $Eu = 320$ 과 $Stk_{50} = 1.4 \times 10^{-4}$ 인 Stairmand HE(고효율) 사이클론을 사용하라.

$$\text{최적 압력강하} = 100 \text{ m gas} = 100 \times 1.2 \times 9.81 \text{ Pa} = 1177 \text{ Pa}$$

풀이.

식 (9.1)로부터,

$$\text{특성속도},\ v = 2.476\ \text{m/s}$$

따라서, 식 (9.2)로부터, 사이클론의 지름은, $D = 1.014\ \text{m}$
이 사이클론과 함께, 식 (9.21)을 사용하면, 분리입도는, $x_{50} = 4.34\ \mu\text{m}$

이 값이 너무 크기 때문에 기체가 병렬로 연결된 몇 개의 더 작은 사이클론을 통과하도록 선택해야 한다.
n 개의 병렬 사이클론이 필요하고 전체 흐름을 균등하게 분배한다고 가정하면, 각 사이클론에 대한 유량은 $q = 2/n$ 가 된다.
따라서 식 (9.1)과 (9.2)로부터, 새로운 사이클론의 지름은, $D = 1.014/n^{0.5}$
식 (9.21)에 D, 요구된 분리 입도 및 v(처음 계산한 2.476 m/s, 왜냐하면 이 값은 압력강하 요구조건에 의해서만 결정되기 때문에)를 대입하면 다음을 얻는다.

$$n = 1.386$$

따라서 두 개의 사이클론이 필요하다. 이제 $n = 2$ 와 함께 $D = 1.014/n^{0.5}$ 으로부터 사이클론의 지름과 식 (9.21)로부터 실제로 얻을 수 있는 분리입도를 다시 계산한다.
이렇게 하면, $D = 0.717\ \text{m}$ 이고, 요구된 분리입도와 $v = 2.476\ \text{m/s}$ 과 함께 식 (9.21)의 D에 이 값을 사용하면 실제 분리입도는 3.65 μm 인 것을 알게 된다.
따라서, 지름이 0.717 m인 두 개의 Stairmand HE 사이클론을 병렬로 사용하면 1177 Pa의 압력강하에서 3.65 μm 의 분리입도를 얻을 수 있다.

예제 9.2

역 흐름 기체 사이클론을 시험하여 아래 표에 나타낸 결과를 얻었다.

Size range(μm)	0−5	5−10	10−15	15−20	20−25	25−30
Feed size analysis, m(g)	10	15	25	30	15	5
Coarse product size analysis, m_c(g)	0.1	3.53	18.0	27.3	14.63	5.0

(a) 이들 결과로부터 사이클론의 전체 효율을 구하라.
(b) 등급 효율 곡선을 그리고 분리입도 x_{50}이 10 μm 임을 보여라.
(c) 이 사이클론을 설명하는 무차원 상수는: $Eu = 384$ 와 $Stk_{50} = 1 \times 10^{-3}$ 이다. 입자밀도가 2500 kg/m^{3}인 먼지로 부하되고 밀도가 1.2 kg/m^3, 점도가 18.4×10^{-6} Pa·s 인 기체 10 m^3/s 을 취급할 때 이 분리입도를 달성하기 위하여 병렬로 운전하게 될 사이클론의 지름과 수를 구하라. 허용된 압력강하는 1200 Pa이다.
(d) 당신의 설계에서 실제 분리입도는 얼마인가?

풀이.

(a) 시험 결과로부터:
원료의 질량, $M = 10 + 15 + 25 + 30 + 15 + 5 = 100\ \text{g}$
굵은 제품의 질량, $M_c = 0.1 + 3.53 + 18.0 + 27.3 + 14.63 + 5.0 = 68.56\ \text{g}$
따라서, 식 (9.5)로부터, 전체 효율은,

$$E_T = \frac{M_c}{M} = 0.6856\ (\text{또는 } 68.56\%)$$

(b) 식 (9.7)로부터, 등급 효율은,

$$G(x) = \frac{M_c}{M}\frac{dF_c/dx}{dF/dx} = E_T\frac{dF_c/dx}{dF/dx}$$

이 경우에, $G(x)$는 표에 주어진 결과로부터 직접 얻을 수 있다.

$$G(x) = \frac{m_c}{m}$$

따라서, 등급 효율 곡선의 데이터는 다음과 같다.

Size range(μm)	0−5	5−10	10−15	15−20	20−25	25−30
$G(x)$	0.01	0.235	0.721	0.909	0.975	1.00

이들 데이터를 그리면, 그림 9W2.1에서 알 수 있는 바와 같이, $x_{50} = 10\ \mu\text{m}$을 얻는다. 관련하여, 원료의 입도 분포, dF/dx와 굵은 제품의 입도 분포, dF_c/dx를 계산할 수 있다:

Size range, x (μm)	0−5	5−10	10−15	15−20	20−25	25−30
dF_c/dx	0.00146	0.0515	0.263	0.398	0.2134	0.0729
dF/dx	0.1	0.15	0.25	0.30	0.15	0.05

다음에는 계산된 $G(x)$값을 증명할 수 있다. 예를 들면, 10−15의 크기 범위에서,

$$G(x) = E_T\frac{dF_c/dx}{dF/dx} = 0.6856 \times \frac{0.263}{0.25} = 0.721$$

(c) 허용된 압력이 1200 Pa이라는 것을 알고, 식 (9.1)을 이용하여, 특성속도, v를 계산한다.

$$v = \sqrt{\frac{2\,\Delta p}{Eu\,\rho_f}} = \sqrt{\frac{2 \times 1200}{384 \times 1.2}} = 2.282\ \text{m/s}$$

n개의 사이클론을 병렬로 연결하고 사이클론 사이에 기체의 균등한 분배를 가정하면, 각 사이클론으로 가는 유량은, $q = Q/n$이고 식 (9.2)로부터,

$$D = \sqrt{\frac{4Q}{n\pi v}} = \sqrt{\frac{4 \times 10}{n\pi \times 2.282}} = \frac{2.362}{\sqrt{n}}$$

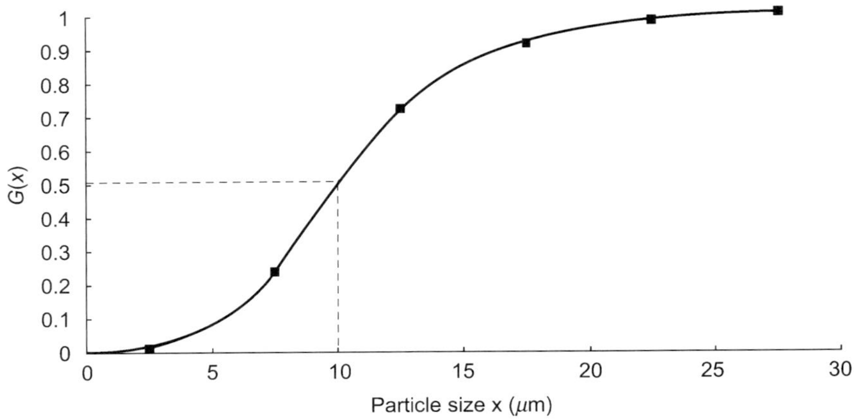

그림 9W2.1 등급효율 곡선

이제 Stk_{50}에 대한 식 (9.21)의 D에 이 식과 요구된 분리입도 x_{50}을 대입한다.

$$Stk_{50} = \frac{x_{50}^2 \rho_p v}{18 \mu D}$$

$$1 \times 10^{-3} = \frac{(10 \times 10^{-6})^2 \times 2500 \times 2.282}{18 \times 18.4 \times 10^{-6} \times (2.362/\sqrt{n})} \qquad \text{즉,}\ n = 1.88$$

따라서 두 개의 사이클론이 필요하다. 두 개의 사이클론으로 허용된 모든 압력강하를 이용하면 특성속도는 같고(2.282 m/s) 필요한 사이클론의 지름은 위에서 유도한 식으로부터 계산할 수 있다:

$$D = \frac{2.362}{\sqrt{n}} \quad \text{즉,}\ D = 1.67\,m\,.$$

(d) 두 개의 사이클론으로 달성한 실제 분리입도는 $D = 1.67$ m 와 $v = 2.282$ m/s 을 이용하여 식 (9.21)로부터 계산한다.

$$\text{실제 분리입도,}\ x_{50} = \sqrt{\frac{1 \times 10^{-3} \times 18 \times 18.4 \times 10^{-6} \times 1.67}{2500 \times 2.282}} = 9.85 \times 10^{-6}\ \text{m}$$

요약. 지름이 1.67 m이고 1200 Pa의 압력강하에서 운전하는 두 개의 사이클론($Eu = 384$와 $Stk_{50} = 1 \times 10^{-3}$로 설명된)으로 같은 확률의 분리입도 9.85 μm를 얻는다.

자율학습문제

9.1 공업적인 사이클론 분리기는 전형적으로 어느 입도 범위에서 사용가능한가?

9.2 개략도를 그려서 역흐름 사이클론 분리기의 운전에 대하여 설명하라.

9.3 사이클론 분리기의 내부에서 입자에는 무슨 힘이 작용하는가? 무슨 인자가 이들 각 힘의 크기를 지배하는가?

9.4 기체－입자 분리장치에 대하여 총괄효율과 등급효율을 정의하라. 이들 정의와 물질수지를 이용하여 기체－입자 분리장치에 대한 원료, 굵은 제품 및 가는 제품의 입도분포 사이 관계를 나타내는 식을 유도하라.

9.5 분리입도 x_{50}은 무엇을 의미하는가?

9.6 사이클론 분리기의 규모 확대에서 사용하는 두 무차원수를 정의하라.

9.7 이론에 의하면 사이클론 분리기의 총괄효율은 기체유량이 증가함에 따라 증가한다. 그러나 실제로는 사이클론 분리기는 왜 어떤 압력강하의 범위 내에서 운전하는지 이유를 설명하라.

9.8 병렬 사이클론 분리기는 어떤 조건에서 선택하여 운전하는가?

연습문제

9.1 기체-입자 분리장치를 시험하여 아래 표에 나타낸 결과를 얻었다:

Size range(μm)	0－10	10－20	20－30	30－40	40－50
Range mean(μm)	5	15	25	35	45
Feed mass(kg)	45	69	120	45	21
Coarse product mass(kg)	1.35	19.32	99.0	44.33	21.0

(a) 이 장치의 전체 효율을 구하라.
(b) 이 장치에 대한 등급 효율 곡선을 생성하고 같은 확률의 분리입도를 구하라.

[답 : (a) 61.7%; (b) 19.4 μm]

9.2 기체-입자 분리장치를 시험하여 아래 표에 나타낸 결과를 얻었다:

Size range(μm)	6.6-9.4	9.4-13.3	13.3-18.7	18.7-27.0	27.0-37.0	37.0-53.0
Feed size distribution	0.05	0.2	0.35	0.25	0.1	0.05
Coarse product size distribution	0.016	0.139	0.366	0.30	0.12	0.06

원료의 총 질량이 200 kg이고 포집된 굵은 제품의 총 질량이 166.5 kg으로 주어진다면,
(a) 이 장치의 전체 효율을 구하라.

(b) 가는 제품의 입도분포를 구하라.
(c) 이 장치에 대한 등급 효율 곡선을 그리고 같은 확률의 입도를 구하라.
(d) 아래의 입도 분포를 가진 물질을 같은 장치에 공급한다면, 생성된 굵은 제품의 입도 분포는 어떻게 되겠는가?

Size range(μm)	6.6-9.4	9.4-13.3	13.3-18.7	18.7-27.0	27.0-37.0	37.0-53.0
Feed size distribution	0.08	0.13	0.27	0.36	0.14	0.02

[답 : (a) 83.25%; (b) 0.219, 0.503, 0.271, 0.0015, 0.0006, 0.0003; (c) 10.5 μm ; (d) 0.025, 0.089, 0.276, 0.422, 0.165, 0.024].

9.3 (a) 기체-고체 분리장치에 관하여 "등급 효율 곡선"이 무엇인가를 설명하고 기체 사이클론 분리기에 대한 이 곡선의 예를 스케치하라.
(b) 밀도가 2000 kg/m^{3}인 먼지를 동반하고 밀도가 0.5 kg/m^3, 점도가 2×10^{-5} Pa·s 인 기체 3 m^3/s을 취급하기 위하여 병렬로 운전하게 될 Stairmand HR 기체 사이클론의 지름과 수를 결정하라. 1200 Pa의 압력강하에서 많아야 7 μm 의 분리 입도 x_{50}이 얻어진다. (Stairmand HR 사이클론에 대해서 : $Eu = 46$ 과 $Stk_{50} = 6\times10^{-3}$)
(c) 당신의 설계에서 달성된 실제 분리입도를 추산하라.
(d) 요구되는 공정 조건을 변경하려면 기체 유량의 50% 감소를 필요로 한다. 당신의 설계에 의해서 달성된 분리 입도에 무슨 영향을 미치겠는가?

[답 : (a) 지름이 0.43 m인 두 개의 사이클론; (b) $x_{50} = 6.8\ \mu$m ; (c) 새로운 $x_{50} = 9.6\ \mu$m]

9.4 (a) 밀도가 1000 kg/m^{3}인 먼지를 동반하고 밀도가 1.2 kg/m^3, 점도가 18.5×10^{-6} Pa·s 인 기체 1 m^3/s을 취급하기 위하여 병렬로 운전하게 될 Stairmand HE 기체 사이클론의 지름과 수를 결정하라. 1200 Pa의 압력강하에서 많아야 5 μm 의 분리 입도 x_{50}이 달성된다. (Stairmand HE 사이클론에 대해서: $Eu = 320$ 과 $Stk_{50} = 1.4\times10^{-4}$)
(b) 당신의 설계에 의해서 달성된 실제 분리입도를 구하라.

[답 : (a) 하나의 사이클론, 지름이 0.714 m ; (b) $x_{50} = 3.6\ \mu$m]

9.5 Stairmand HR 사이클론을 사용하여 입자밀도가 2600 kg/m^{3}인 먼지로 부하된 주변의 공기(밀도 1.2 kg/m^{3}과 점도 18.5×10^{-6} Pa·s) 2.5 m^3/s을 정화한다. 가능한 압력강하는 1200 Pa이고 필요한 분리 입도는 6 μm 보다 크지 않아야 한다.
(a) 얼마 크기의 사이클론이 필요한가?
(b) 몇 개의 사이클론이 무슨 배열로 필요한가?
(c) 달성된 실제 분리 입도는 얼마인가?

[답 : (a) 지름 = 0.311 m ; (b) 병렬로 다섯 개의 사이클론; (c) 실제 분리 입도 = 6 μm]

분체의 저장과 흐름-호퍼 설계

10
Chapter

10.1 개 요

제조 공장에서 입상 고체 형태의 원료나 중간 생성물 및 제품을 단기간 저장하는 것이 가끔 과소평가되어, 이 교재의 머리말에서 지적한 바와 같이, 생산 중지와 같은 문제를 일으킬 수 있다.

이러한 공장에서 자주 일어나는 문제는 호퍼의 배출 오리피스나 분체 저장용기 아래의 수렴부분으로부터 흐름이 막히는 것이다. 그러나 바라는 대로 분체의 원활한 흐름을 보장할 수 있도록 저장 용기를 설계할 수 있는 기술이 가능하다. 한 장의 범위 안에서 비통기 분체(unaerated powder)의 중력흐름에 관한 모든 부분을 다룬다는 것이 불가능하므로, 여기서는 필요할 때 원추형 호퍼로부터 흐름을 보장할 수 있는 설계의 근본 원리에 관하여 공부하는 것으로 제한한다. Jenike(1964)가 맨 처음 제안한 방법을 소개한다.

10.2 집단흐름과 중심흐름

집단흐름(Mass flow)

완전한 집단흐름에서는, 그림 10.1(b)에 나타낸 바와 같이 배출구로부터 약간의 분체를 배출할 때에도 언제나 사일로(silo)에 있는 모든 분체가 움직인다. 흐름 경로는 사일로의 벽과 일치하며, 집단흐름 호퍼는 평활하고 가파르다. 그림 10.2(a-d)는 집단흐름으로 운전하는 호퍼의 사진들로부터 그린 개략도를 보여준다. 실험에서 색이 있는 분체를 교대로 쌓은 층을 사용하면 흐름형태의 중요한 특징을 분명하게 볼 수 있다. 분체 표면이 경사진 단면에 도달할 때까지 어떻게 수평면을 유지하는지 주목하기 바란다.

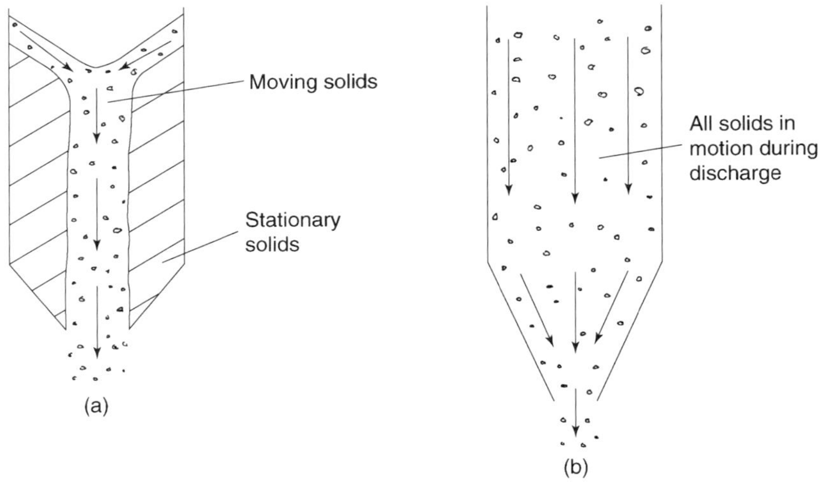

그림 10.1 호퍼에서 집단흐름과 중심흐름: (a) 중심흐름; (b) 집단흐름

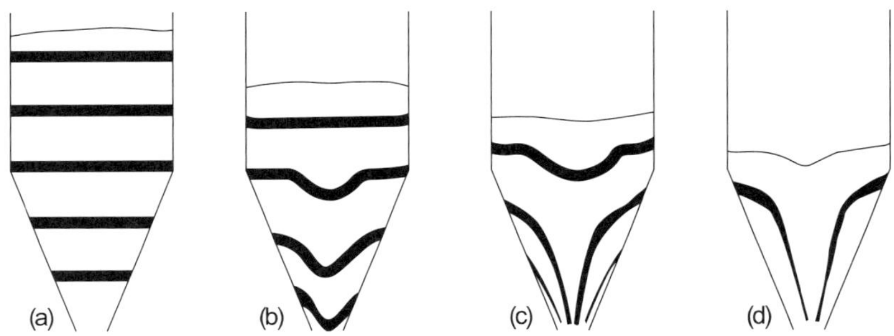

그림 10.2 호퍼 배출에 따라 집단흐름 형태를 나타내는 일련의 개략도
(검은색 띠는 색칠한 추적 입자층이다)

중심흐름(Core flow)

중심흐름은 그림 10.1(a)에 나타낸 바와 같이 분체가 분체 자체 안에 형성된 경로를 따라 사일로의 배출구 쪽으로 흐를 때 일어난다. 중심흐름 사일로의 설계에 관해서는 관심을 두지 않겠다. 그림 10.3(a-d)는 중심흐름으로 운전하는 호퍼에 대한 일련의 사진들로부터 그린 개략도이다. 호퍼에서 아래 영역의 분체들은 호퍼가 거의 빌 때까지 정지해 있다는 것에 주목하기 바란다. 분체의 경사진 표면은 입도 편석(size segregation)을 일으킨다(11장 참조).

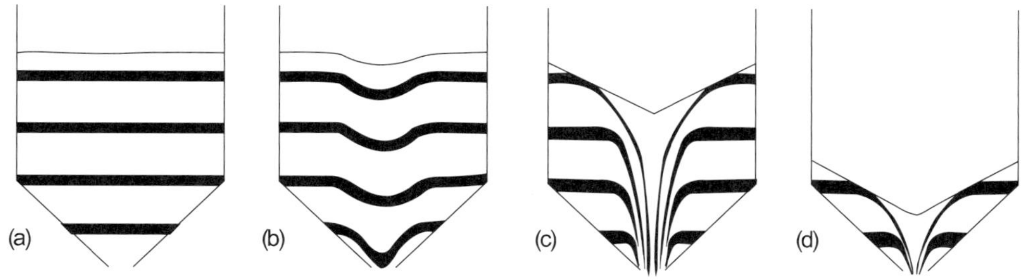

그림 10.3 호퍼 배출에 따라 중심흐름 형태를 나타내는 일련의 개략도
(검은색 띠는 색칠한 추적 입자층이다)

집단흐름은 중심흐름보다 많은 장점을 가지고 있다. 집단흐름에서는, 분체의 움직임이 균일하고 정상상태와 거의 비슷하다고 할 수 있다. 배출된 분체의 벌크 밀도가 일정하고 실제로 사일로에서 분체의 높이와 무관하다. 집단흐름에서 응력은 고체 집단 전체에 걸쳐서 일반적으로 작아서, 분체의 압축은 적게 일어난다. 집단흐름 호퍼에서는 정지된 영역이 없고, 따라서 제품의 품질이 저하될 위험이 중심흐름 호퍼의 경우에 비하여 적다. 집단흐름 호퍼의 먼저 들어오면 먼저 나가는 흐름 형태가 사일로에서 고체에 대한 좁은 범위의 체류 시간을 보장한다. 또한 크기에 따른 입자의 편석 문제가 집단흐름에서는 중심흐름에서 보다 훨씬 덜 심각하다. 집단흐름은 확실하게 무시할 수 없는 하나의 단점을 가지고 있다. 이동하는 고체와 사일로 또는 호퍼 벽 사이 마찰이 벽의 마모를 초래하고, 이것이 호퍼 벽 재료에 의한 고체의 오염을 일으킨다. 고체의 오염이나 벽 재료의 심각한 마모 어느 하나도 수용할 수 없다면 중심흐름 호퍼를 고려해야 한다.

원추형 호퍼에 대해서 집단흐름을 보장하기 위하여 필요한 경사각은 분체/분체 마찰과 분체/벽 마찰에 의존한다. 이것을 어떻게 정량화하고 집단흐름을 일으키는 조건들을 어떻게 결정할 수 있는가에 대해서는 나중에 알게 될 것이다. 집단흐름만 일어나는 호퍼는 없다는 것에 주의하기 바란다. 즉 한 분체와 집단흐름을 일으키는 호퍼에서 다른 분체와는 중심흐름이 일어날 수 있다.

10.3 설계 기본 원리

흐름을 차단 또는 방해하는 소위 분체 가교(arching)를 생각해보고, 만일 이러한 방해가 생기지 않으면 흐름이 일어난다고 가정한다(그림 10.4). 그런데 일반적으로 분체는 압축 응력의 작용에 의해서 강도가 발달한다. 압축 응력이 클수록 발달된 강도도 더 커진다(그림 10.5). 건조한 굵은 모래와 같은 자유 흐름 고체는 압축 응력이 작용해도 강도가 발달하지 못하고 항상 흐름을 형성한다.

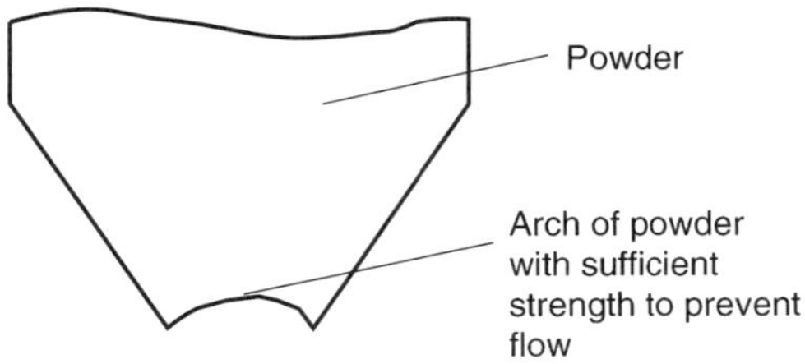

그림 10.4 호퍼로부터 분체흐름에서 가교생성

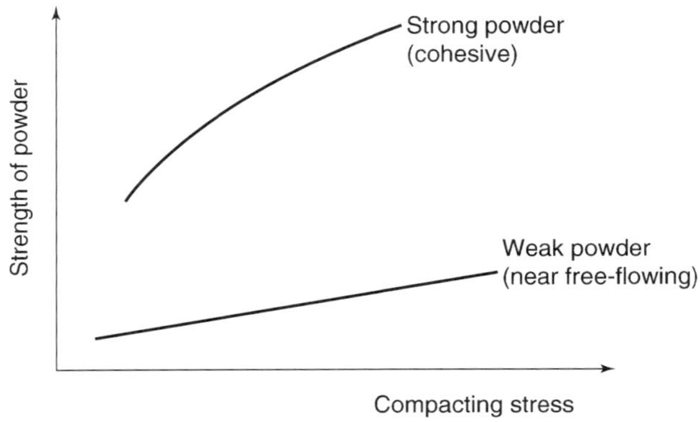

그림 10.5 응집성 분체와 자유흐름 분체에서 압축응력에 따른 분체의 강도변화

10.3.1 흐름-비흐름 기준

통로에서 고체의 중력 흐름은 압밀 압력이 고체에 작용하여 발달된 강도가 흐름을 방해할 만큼 충분하지 않으면 일어난다. 분체 가교는 고체에 의하여 발달된 강도가 가교의 표면 안에 작용하는 응력보다 더 클 때 형성된다.

10.3.2 호퍼 흐름인자 *ff*

호퍼 흐름인자, ff는 입상고체에서 발달된 응력과 특정 호퍼에서 작용하는 압축응력 사이 관계를 나타낸다. 즉 호퍼 흐름인자는 식 (10.1)과 같이 정의한다.

$$ff = \frac{\sigma_C}{\sigma_D} = \frac{\text{호퍼에서 압축응력}}{\text{분체에서 발달된 응력}} \tag{10.1}$$

높은 값의 ff는 낮은 유동성을 의미한다. 왜냐하면 높은 σ_C가 더 큰 압축을 의미하고 낮은 값의 σ_D는 가교 형성의 기회가 더 많다는 것을 의미하기 때문이다.

호퍼 흐름인자 ff는 다음에 의존한다.

- 고체의 특성 ;

- 벽 재료의 특성 ;
- 호퍼 벽의 기울기.

이들 관계는 나중에 정량화하겠다.

10.3.3 불구속 항복응력, σ_y

가교 표면에서 분체에 의해서 발달된 강도에 대하여 알아보자. 가교의 노출된 표면에서 분체의 항복응력(즉 흐름을 야기하는 응력)을 σ_y라 하자. 이 응력 σ_y를 분체의 불구속 항복응력(unconfined yield stress)이라 한다. 가교를 형성하는 분체에서 발달된 응력이 가교에서 분체의 불구속 항복응력보다 크면 흐름이 일어난다. 즉, 흐름이 일어나기 위해서는:

$$\sigma_D > \sigma_y \tag{10.2}$$

식 (10.1)과 결합하면, 이 기준은 다음과 같이 다시 쓸 수 있다.

$$\frac{\sigma_C}{ff} > \sigma_y \tag{10.3}$$

10.3.4 분체 흐름함수

분명히, 고체의 불구속 항복응력, σ_y는 압축응력, σ_C에 따라 변한다, 즉

$$\sigma_y = fn(\sigma_C)$$

이 관계는 실험에 의해서 결정되며 주로 도식적으로 주어진다(그림 10.6). 이 관계는 몇 가지 다른 이름을 가지고 있는데 그 중에는 잘못된 것도 있다. 여기서는 분체 흐름함수라 부르기로 한다. 분체 흐름함수는 분체의 특성에만 의존하는 함수이다.

그림 10.6 분체 흐름함수(고체만의 특성)

10.3.5 흐름을 위한 임계조건

식 (10.3)으로부터, 흐름을 위한 한계 조건은

$$\frac{\sigma_C}{ff} = \sigma_y$$

이 식은 호퍼에서 분체에 대한 흐름이 일어나는 조건을 나타내기 위하여 분체 흐름함수와 같은 좌표축(불구속 항복응력, σ_y와 압축응력, σ_C)에 곡선으로 그릴 수 있다. 이 한계 조건은 그림 10.7에 나타낸 바와 같이 기울기가 $1/ff$인 직선이 된다.

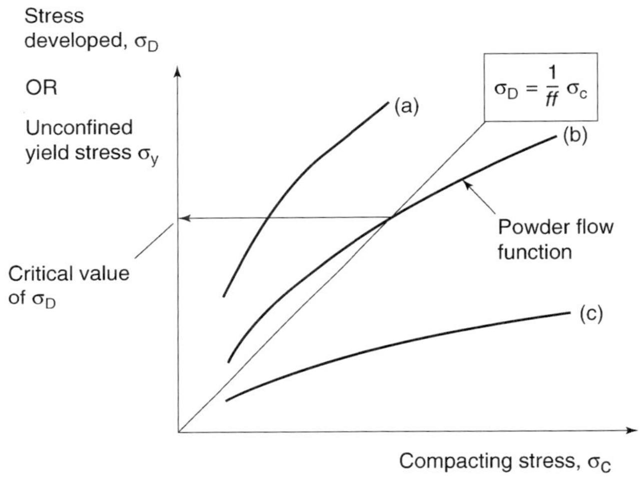

그림 10.7 흐름을 위한 임계조건의 결정

분체가 σ_C/ff 보다 더 큰 항복응력을 가질 경우에는 흐름이 일어나지 않는다[분체 흐름함수 (a)]. 분체가 σ_C/ff 보다 더 작은 항복응력을 가질 경우에 흐름이 일어난다[분체 흐름함수 (c)]. 분체 흐름함수 (b)에 대해서는 불구속 항복응력, σ_y가 분체에서 발달된 응력, σ_C/ff와 같은 임계조건이 존재한다. 이 조건에서 응력의 임계값, σ_{crit}을 얻을 수 있으며, 이 값이 가교의 표면에서 발달된 임계응력을 나타낸다.

발달된 실제응력 $< \sigma_{crit}$ 이면 $\Rightarrow$ 흐름이 없음

발달된 실제응력 $> \sigma_{crit}$ 이면 $\Rightarrow$ 흐름

10.3.6 임계 배출구 크기

주어진 호퍼 구조에 대해서, 누구나 직관적으로 가교에서 발달된 응력이 가교의 길이와 가

교 고체의 무게에 따라 증가할 것으로 예상한다. 실제로 이것이 사실이며 가교에서 발달된 응력은 다음과 같이 호퍼 배출구의 크기, B와 재료의 벌크 밀도, ρ_B에 관련된다.

$$\text{최소 배출구 크기, } B = \frac{H(\theta)\sigma_{\mathrm{crit}}}{\rho_B g} \tag{10.4}$$

여기서 $H(\theta)$는 호퍼 벽의 기울기에 의하여 결정되는 인자이며 g는 중력에 의한 가속도이다. 원추형 호퍼에서 $H(\theta)$에 대한 근사식은

$$H(\theta) = 2.0 + \frac{\theta}{60} \tag{10.5}$$

10.3.7 요약

원추형 호퍼에서 집단흐름을 보장하기 위한 설계 기본원리에 관하여 지금까지 검토한 결과, 다음과 같은 사항이 필요하다는 것을 알 수 있다.

(1) 가교에서 분체의 강도, σ_y (불구속 항복응력)와 분체에 작용하는 압축응력, σ_C 사이 관계.

(2) 다음 특성에 따른 호퍼 흐름인자, ff 의 변화
  (a) 분체의 특성(유효 내부 마찰각, δ)
  (b) 호퍼 벽의 특성(벽 마찰각, Φ_W)
  (c) 호퍼 벽의 기울기(원추 단면의 반을 포함한 각, θ, 즉 경사진 호퍼 벽과 수직면 사이 각)

δ, Φ_W 및 θ를 알면, 호퍼 흐름인자 ff가 결정된다. 따라서 호퍼 흐름인자는 분체의 특성과 호퍼의 특성(호퍼 벽의 구조와 건축 재료) 모두의 함수이다.

호퍼 흐름인자와 분체 흐름함수(σ_y 대 σ_C)를 알면 가교에서 임계 응력을 결정할 수 있으며 이 응력에 대응하는 배출구의 최소 크기를 구할 수 있다.

10.4 전단 상자 시험

위에서 정리한 자료는 분체에 관한 전단 상자 시험을 수행하면 구할 수 있다.

Jenike 전단 상자(그림 10.8)는 분체를 어느 정도까지 압축하여 제어된 하중 조건 하에서 전단이 가능하도록 되어 있으며 동시에 전단력(따라서 응력)을 측정할 수 있다.

일반적으로 분체는 전단이 일어나면 벌크 밀도가 변한다. 특정의 수직 하중에 대하여, 전단이 작용하면:

- 느슨하게 충전된 분체는 수축한다(벌크 밀도를 증가시킨다).
- 매우 단단히 충전된 분체는 팽창한다(벌크 밀도를 감소시킨다)
- 임계상태로 충전된 분체는 부피가 변하지 않는다.

특정의 벌크 밀도에 대하여 부피변화 없이 파손(항복)되는 임계 수직 하중이 존재한다. 호퍼에서 흐르는 분체는 이 임계조건에 있으며, 따라서 부피변화가 없는 항복이 설계에서 특별한 관심의 대상이다.

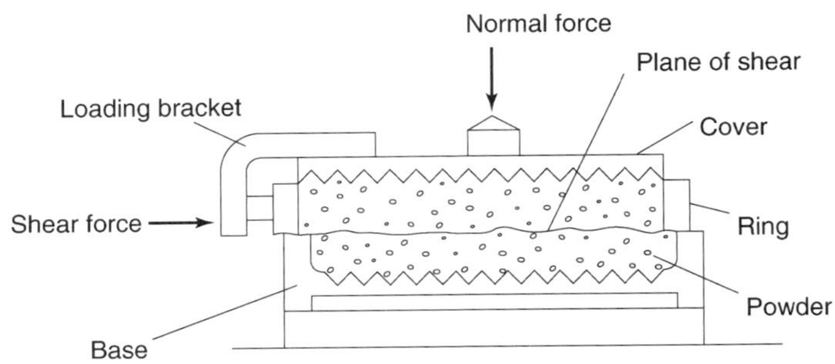

그림 10.8 Jenike의 전단 셀

표준화된 시험 순서에 따라 벌크 밀도가 모두 같은 다섯 또는 여섯 개의 시료를 준비한다. 그림 10.8에 나타낸 Jenike의 전단 상자 그림을 참고하여 상자의 뚜껑에 수직 하중을 가하고 까치발(bracket)과 부하 핀에 의하여 시료에 작용하는 수평 힘을 기록한다. 분체 시료가 전단흐름을 시작하는데 필요한 수평 힘에 주목한다. 각각 동일한 분체 시료에 대하여 이 과정을 반복하되 매번 더 큰 수직 하중을 뚜껑에 가한다. 이와 같이 이 시험은 수직하중과 전단력에 대한 한 세트로 다섯 또는 여섯 쌍의 값들을 생성하고 따라서 특정의 벌크 밀도를 갖는 분체에 대하여 압축응력과 전단응력에 관한 값들을 제공한다. 여러 쌍의 값들을 곡선으로 나타내어 항복궤적을 얻는다(그림 10.9). 항복궤적의 마지막 점이 벌크 밀도의 변화를 수반하지 않고 흐름이 시작되는 임계 흐름조건에 대응한다. 이 실험에 경험이 있는 기사는 임계조건을 얻을 수 있는 수직 힘과 전단력의 조합을 선정할 수 있다. 벌크밀도를 다르게 준비한 시료를 가지고 이와 같은 전 시험과정을 2 또는 3회 반복한다. 이와 같은 방법으로 일단의 항복궤적을 생성한다(그림 10.10).

이들 항복 궤적은 비통기(unaerated) 분체의 흐름 특성을 나타낸다. 다음 절에서는 일단의 항복궤적으로부터 분체 흐름함수의 생성에 관하여 다룬다.

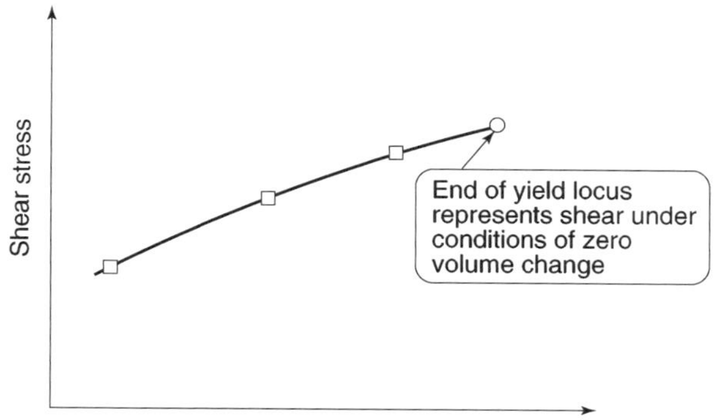

그림 10.9 단일 항복 궤적

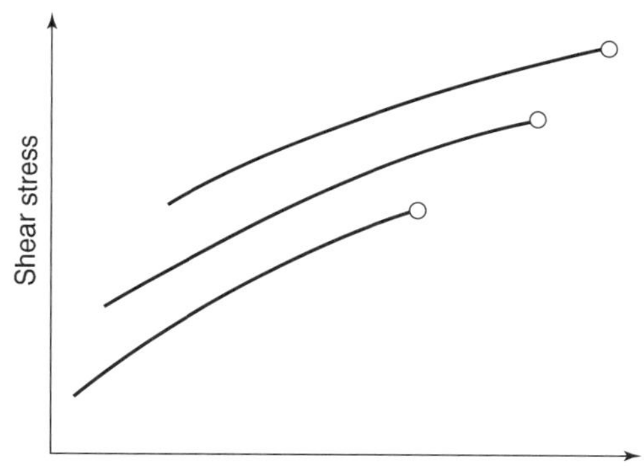

그림 10.10 여러 항복 궤적

10.5 전단 상자 시험 결과의 분석

호퍼에서 비통기 분체의 흐름에 관하여 수학적으로 응력 분석을 하려면 주응력(principal stresses)을 사용해야 한다. 따라서 전단 시험 결과로부터 주응력을 결정하기 위하여 Mohr의 응력원을 이용한다.

10.5.1 Mohr의 원

주응력 – 어떤 응력 계에서도 전단응력이 영인 서로 직각으로 놓인 두 개의 평면이 존재한다. 이들 평면에 작용하고 있는 수직응력을 주응력이라 부른다.

Mohr의 원은 응력을 받고 있는 물체(또는 분체)에서 모든 평면에 작용하고 있는 수직응력과 전단응력의 가능한 조합을 나타낸다. 그림 10.11은 Mohr의 원이 어떻게 응력 계와 관련되는가를 보여준다. Mohr의 원을 이용하는 배경에 대해서는 재료의 강도와 고체에서 응력과 변형에 관한 분석을 다룬 대부분의 교재에서 더 많은 정보를 얻을 수 있다.

10.5.2 Mohr의 원을 응용한 항복궤적의 분석

항복 궤적 상의 각 점은 특정한 Mohr의 원 상에 있는 점에서 분체의 파괴 또는 항복이 일어난다는 것을 나타낸다. 따라서 항복궤적은 분체가 파괴되는(흐르는) 응력 계를 나타낸 모든 Mohr의 원에 접한다. 예를 들면, 그림 10.12에서 Mohr의 원 (a)와 (b)는 그 영향 하에서 분체가 파괴되는 응력 계를 나타낸다. 원 (c)에서 응력은 흐름을 초래할 만큼 충분하지 못하다. 원 (d)는 고려하고 있는 계가 항복 궤적보다 위에서 응력 조합을 유지할 수 없기 때문에 관련이 없다. 따라서 이 분석에서 중요한 것은 항복궤적에 접한 Mohr의 원이다.

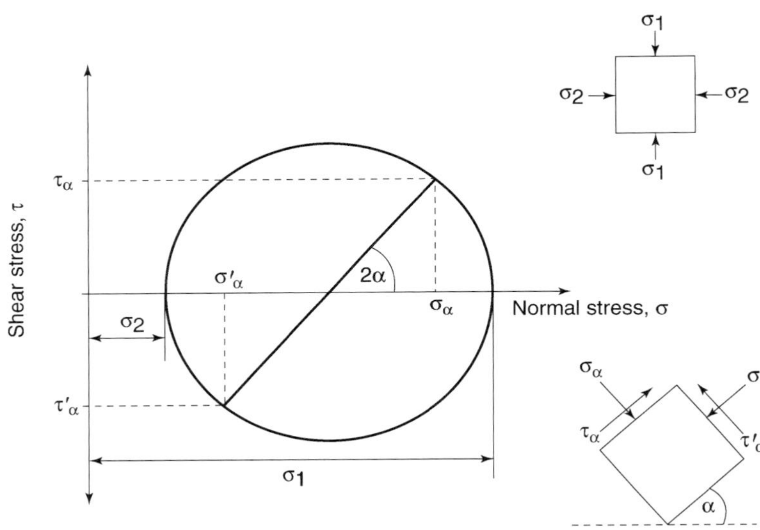

그림 10.11 Mohr의 원 작도

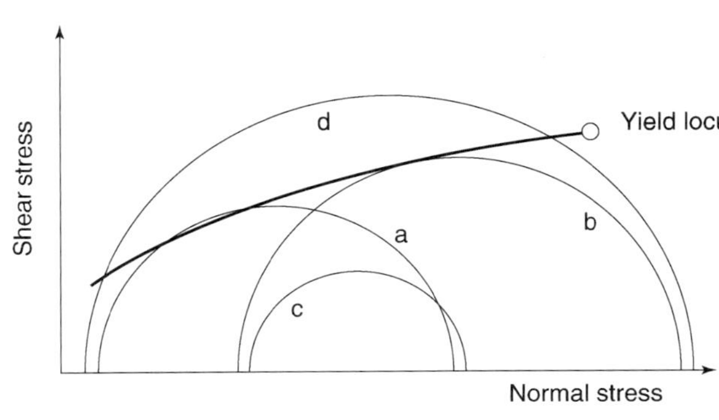

그림 10.12 Mohr원의 응용

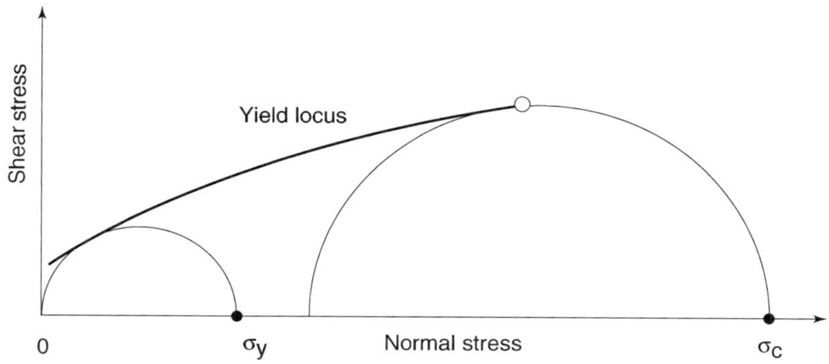

그림 10.13 불구속 항복응력 σ_y와 압축응력 σ_c의 결정

10.5.3 σ_y와 σ_C의 결정

두 개의 접한 Mohr의 원이 특히 관심의 대상이다. 그림 10.13에서 작은 Mohr의 원은 가교의 자유표면에서 조건을 나타낸다. 이 자유 표면은 전단응력과 수직응력이 영인 평면이며 따라서 이들 조건 하에서 흐름(파괴)을 나타내는 Mohr의 원은 전단응력 대 수직응력 도면의 원점을 통과해야 한다. 이 Mohr의 원에서 불구속 항복응력(최대 주응력)을 구할 수 있으며, 이 값을 σ_y로 사용한다. 더 큰 Mohr의 원은 항복궤적의 끝점에서 항복궤적에 접하고 따라서 임계파괴에 대한 조건을 나타낸다. 이 Mohr의 원으로부터 얻은 최대 주응력은 압축응력 σ_C의 값으로 취한다.

여러 쌍의 σ_y와 σ_C 값들을 각 항복궤적으로부터 얻고 서로에 대하여 곡선으로 나타내면 분체 흐름함수를 얻는다(그림 10.6).

10.5.4 전단 상자 시험으로부터 δ의 결정

수 백 개의 벌크 고체에 관하여 수행한 실험(Jenike, 1964)으로부터 호퍼에서 흐르는 분체 요소에 대하여 다음이 성립한다는 것이 입증되었다.

$$\frac{\sigma_1}{\sigma_2} = \frac{\text{요소에 작용한 최대 주응력}}{\text{요소에 작용한 최소 주응력}} = \text{일정}$$

벌크 고체의 이 특성은 다음 식으로 표현된다.

$$\frac{\sigma_1}{\sigma_2} = \frac{1+\sin\delta}{1-\sin\delta} \tag{10.6}$$

여기서 δ는 고체의 유효 내부 마찰각이다. Mohr의 응력원에 의하면 이 식은 임계 파괴에 대응하는 Mohr의 원들이 모두 원점을 지나 기울기가 $\tan\delta$인 직선에 접한다는 것을 의미한다(그림 10.14).

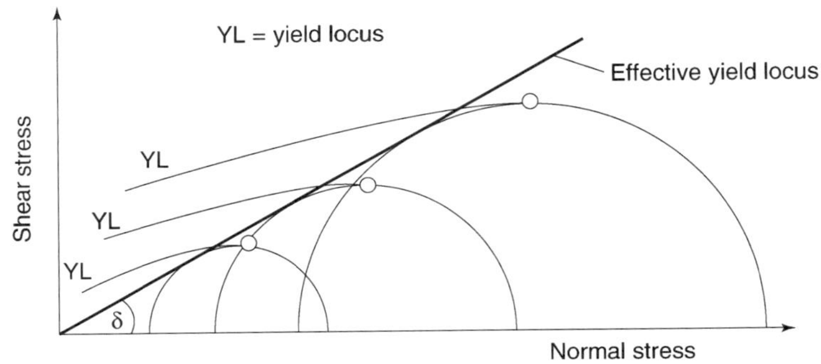

그림 10.14 유효 항복궤적과 유효 내부마찰각 δ 의 정의

이 직선을 분체의 유효 항복궤적이라 부른다. 이 선을 그리면 δ를 구할 수 있다. δ는 분체 내에서 실제로 물리적인 각이 아니라, 수직응력에 대한 전단응력 비의 탄젠트 값이라는 사실에 주의하기 바란다. 또한 압축해도 강도가 증가하지 않는 자유 흐름성 고체에 대해서는, 하나의 항복궤적만이 존재하고 이 궤적이 유효 항복궤적과 일치한다(그림 10.15). (수직응력과 전단응력 사이에 이러한 유형의 관계를 Coulomb 마찰이라 한다).

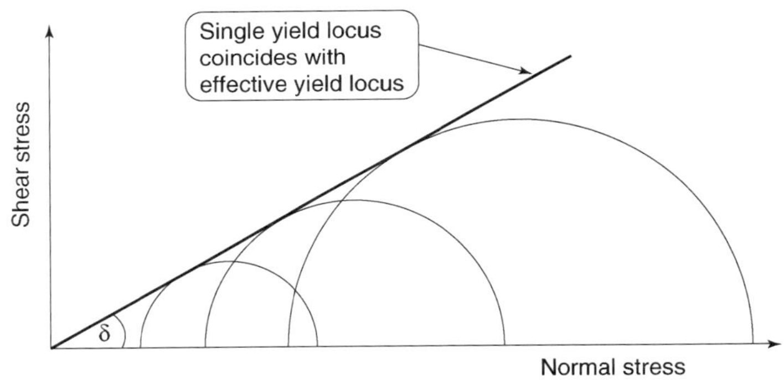

그림 10.15 자유흐름 분체에 대한 항복궤적

10.5.5 분체와 호퍼 벽 사이 마찰 운동각, Φ_w

분체와 호퍼 벽 사이의 마찰 운동각은 벽 마찰각, Φ_w라고도 한다. 이것은 분체와 벽 사이에 작용하는 수직응력과 흐름 조건에서 전단응력 사이 관계를 제공한다. Φ_w를 결정하기 위해서는, 전단 상자 시험으로부터 벽 항복궤적을 먼저 작도해야 한다. 벽 항복궤적은 여러 수직하중이 작용하고 있는 시료 벽 재료에 반해서 분체를 전단하여 구한다. 사용하는 장치를 그림 10.16에, 전형적인 벽 항복궤적을 그림 10.17에 나타낸다.

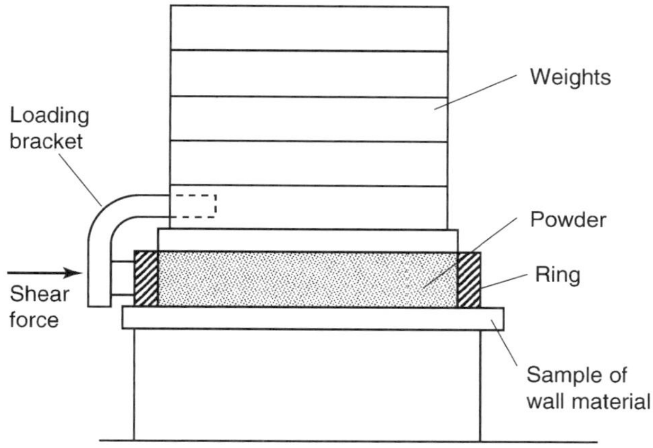

그림 10.16 벽마찰 운동각, Φ_w 의 측정장치

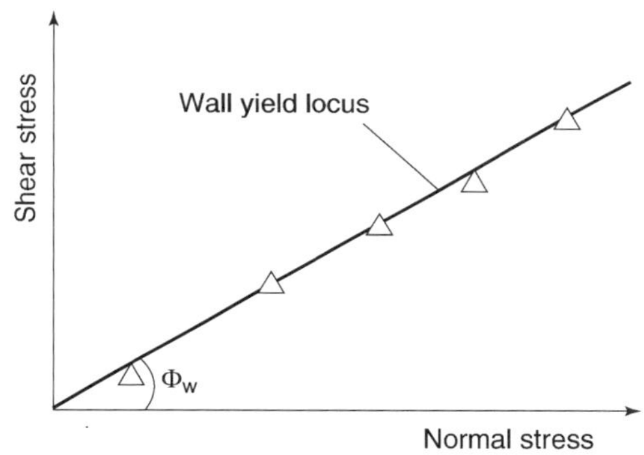

그림 10.17 벽마찰 운동각, Φ_w

벽 마찰 운동각은 벽 항복궤적의 기울기로 주어진다(그림 10.17). 즉,

$$\tan \Phi_w = \frac{\text{벽에서 전단응력}}{\text{벽에서 수직응력}}$$

10.5.6 호퍼 흐름인자 ff의 결정

호퍼 흐름인자 ff는 δ, Φ_w 및 θ의 함수이며 기본 원리로부터 계산할 수 있다. 그러나, Jenike(1964)는 원추형 호퍼와 출구 홈이 설치된 V자형 호퍼에 대해서 δ가 30°, 40°, 50°, 60° 및 70°일 경우에 대한 호퍼 흐름인자를 구하였다. 원추형 호퍼에 대한 흐름인자 도표의 예를 그림 10.18에 나타낸다. 삼각영역에서만 흐름인자의 값들이 존재한다는 것을 알게 될 것이다. 이 삼각영역은 집단흐름이 가능한 조건을 정의한다.

다음은 이들 흐름인자 도표의 사용 예이다. 전단 상자 시험에서 얻은 δ와 Φ_w가 각각

30°와 19°와 같다고 가정하고, 유효 마찰각이 $\delta = 30°$인 원추형 호퍼에 대한 도표를 조사하면 집단흐름을 보장하기 위한 벽 기울기의 한계 값, θ가 30.5°임을 알 수 있다(그림 10.19에서 x점). 실제로는 3°의 안전 여유를 허용하는 것이 보통이며, 따라서 이 경우에는 원추형 호퍼의 반각(semi-included angle), θ는 27.5°를 선택하면, 호퍼 흐름인자는 $ff = 1.8$을 얻는다(그림 10.19에서 y점).

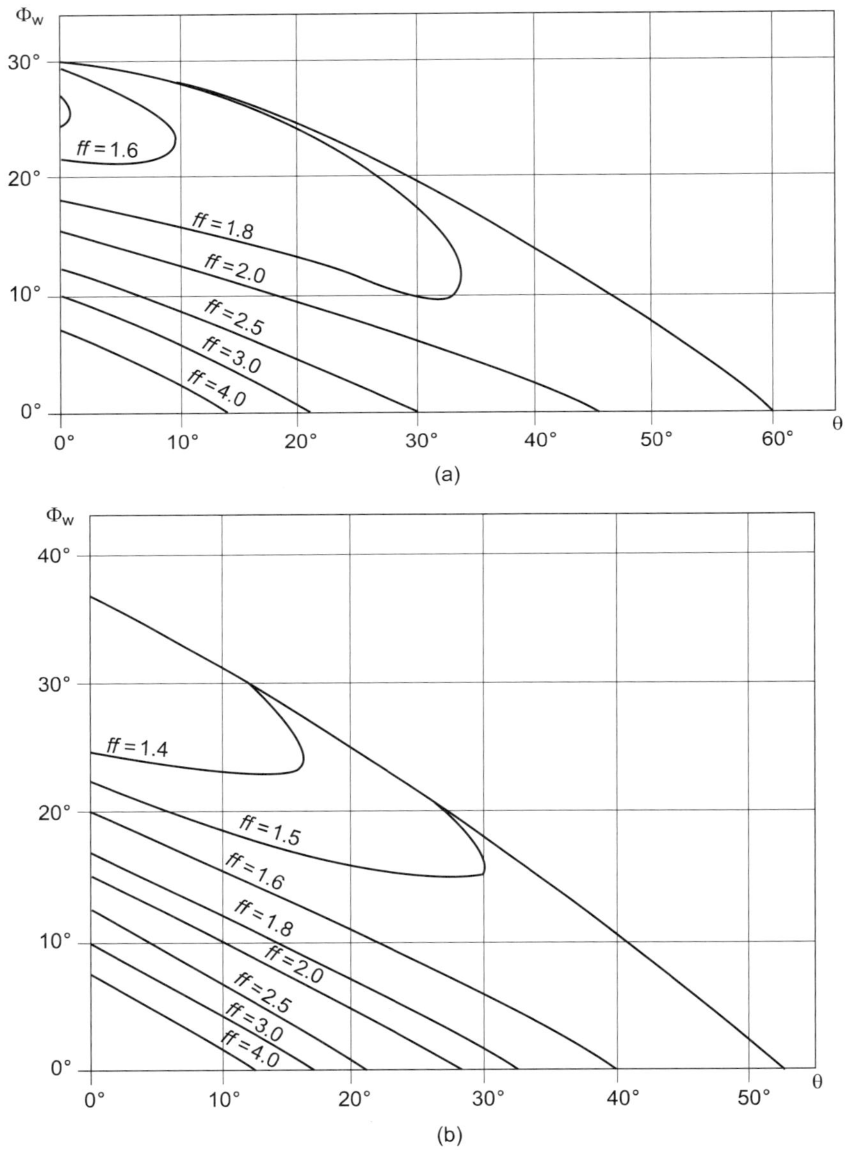

그림 10.18 원추형 통로에서 호퍼 흐름인자

(a) $\delta = 30°$; (b) $\delta = 40°$; (c) $\delta = 50°$; (d) $\delta = 60°$

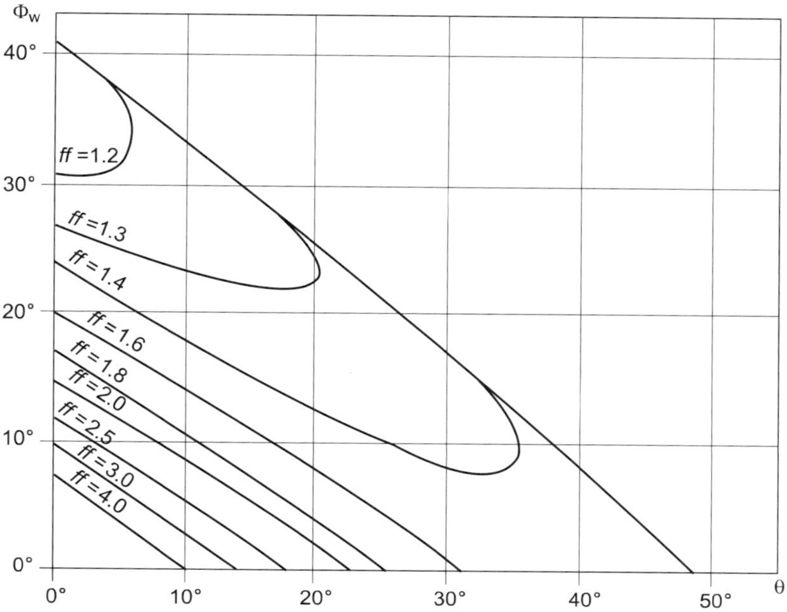
Φw
40°
30°
20°
10°
0°
ff =1.2
ff =1.3
ff =1.4
ff =1.6
ff =1.8
ff =2.0
ff =2.5
ff =3.0
ff =4.0
0°
10°
20°
30°
40°
50°
θ

(c)

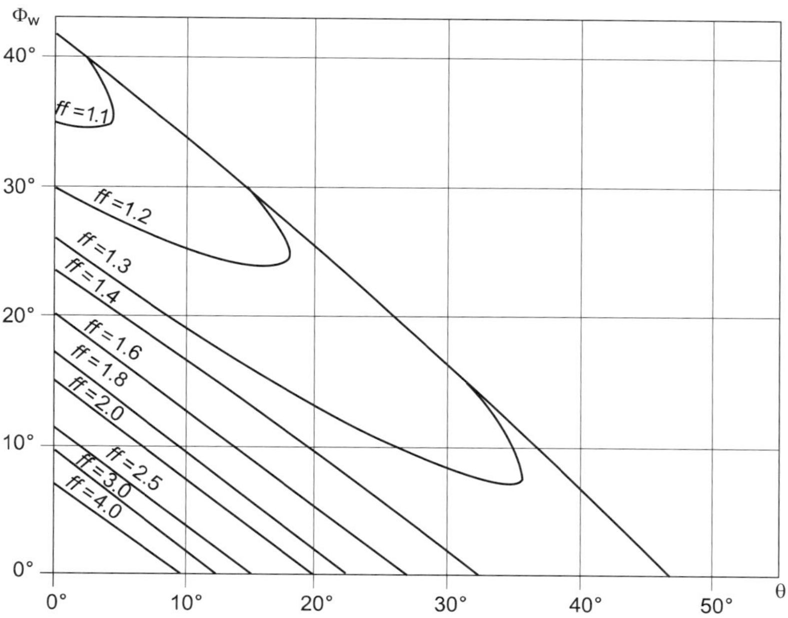
Φw
40°
30°
20°
10°
0°
ff =1.1
ff =1.2
ff =1.3
ff =1.4
ff =1.6
ff =1.8
ff =2.0
ff =2.5
ff =3.0
ff =4.0
0°
10°
20°
30°
40°
50°
θ

(d)

그림 10.18 계속

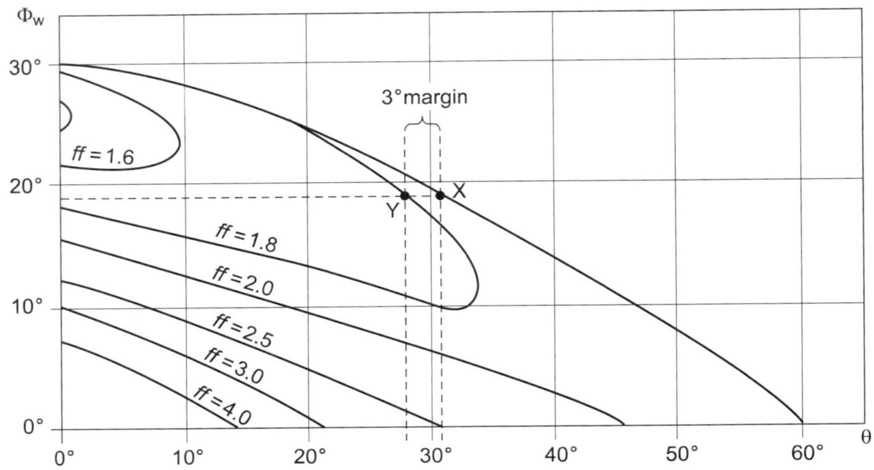

그림 10.19 호퍼 흐름인자 도표의 이용 예($\delta = 30°$)

10.6 설계 절차의 요약

다음은 집단흐름을 위한 원추형 호퍼의 설계 절차를 요약한 것이다.

(i) 분체에 관한 전단 상자 시험에서 일단의 항복궤적을 구한다.

(ii) Mohr의 원 응력 분석에 의하여 여러 쌍의 불구속 항복응력, σ_y와 압축응력, σ_C 및 유효 내부마찰각, δ의 값들을 얻는다.

(iii) 여러 쌍의 σ_y와 σ_C 값들로부터 분체 흐름함수를 구한다.

(iv) 분체와 호퍼 벽 재료에 관한 전단 상자 시험에 의하여 벽 마찰 운동각, $\varPhi_w$를 구한다.

(v) $\varPhi_w$와 δ를 사용하여 호퍼 흐름인자, ff와 원추형 호퍼 벽 경사면의 반각, θ를 얻는다.

(vi) 분체 흐름함수와 호퍼 흐름인자를 결합하여 임계흐름-비흐름 조건에 대응하는 응력, σ_{crit}을 얻는다.

(vii) σ_{crit}, $H(\theta)$ 및 벌크 밀도, ρ_B를 이용하여 원추형 호퍼 출구의 최소지름 B를 계산한다.

10.7 배출 보조기구

사일로와 호퍼로부터 분체의 흐름을 용이하게 하기 위하여 설계된 여러 가지 기구들이 시판되고 있다. 이들을 배출 보조기구 또는 사일로 활성기구라 한다. 그러나 이것들을 우수한 호퍼 설계의 대안으로 이용해서는 안 된다.

적절히 설계를 했는데도 불구하고 바로 하류에 있는 기구와 함께 사용할 수 없도록, 터무니없이 큰 호퍼 출구를 권장할 경우에는 배출 보조기구를 이용해도 좋다. 이 경우에 호퍼는 배출 보조기구의 입구까지 방해받지 않는 집단흐름이 이루어지도록 설계되어야 한다. 즉 호퍼 벽의 기울기와 배출 보조기구의 입구 크기는 이 장에서 설명한 절차에 따라 계산되어야 한다.

10.8 높은 원통형 빈의 바닥에 작용하는 압력

분체의 높이가 증가함에 따라 빈의 바닥에 미치는 응력의 변화를 조사해보자. 단순화를 위하여 분체는 비응집성(non-cohesive)이라 가정한다(즉 압축에 의하여 강도가 증가하지 않는다). 그림 10.20을 참고하여 분체의 표면 아래로 H 깊이에서 두께가 ΔH 인 얇은 요소를 생각해보자. 아래로 작용하는 힘은

$$\frac{\pi D^2}{4}\sigma_v \tag{10.7}$$

여기서 D 는 빈의 지름이고 σ_v 는 얇은 요소의 맨 위 표면에 작용하는 응력이다. 응력이 깊이에 따라 증가한다고 가정하면, 얇은 요소 아래에 있는 분체의 반작용은 위쪽으로 작용하고

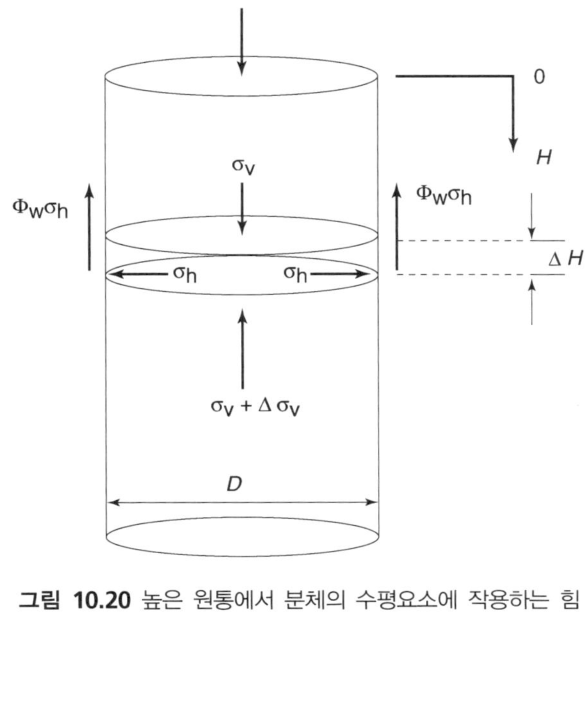

그림 10.20 높은 원통에서 분체의 수평요소에 작용하는 힘

$$\frac{\pi D^2}{4}(\sigma_v + \Delta\sigma_v) \tag{10.8}$$

분체 요소에 위쪽으로 작용하는 알짜 힘은

$$\frac{\pi D^2}{4}\Delta\sigma_v \tag{10.9}$$

분체 요소에서 분체에 의해서 벽에 미치는 응력을 σ_h , 벽 마찰을 $\tan\Phi_w$ 라 하면, 요소에 위쪽으로 작용하는 마찰력은

$$\pi D \Delta H \tan\Phi_w \sigma_h \tag{10.10}$$

요소에 작용하는 중력(아래로 작용)은

$$\frac{\pi D^2}{4}\rho_B g \Delta H \tag{10.11}$$

여기서 ρ_B는 분체의 벌크 밀도이며 분체 전체에서 일정하다고 가정한다(깊이에 무관).

분체 요소가 평형에 있다면, 위쪽과 아래쪽으로 작용하는 힘이 같게 되어,

$$D\Delta\sigma_v + 4\tan\Phi_w \sigma_h \Delta H = D\rho_B g \Delta H \tag{10.12}$$

수평응력이 수직응력에 비례하고 이 관계가 깊이에 따라 변하지 않는다고 가정하면,

$$\sigma_h = k\sigma_v \tag{10.13}$$

따라서 ΔH가 영에 접근하면,

$$\frac{d\sigma_v}{dH} + \left(\frac{4\tan\Phi_w k}{D}\right)\sigma_v = \rho_B g \tag{10.14}$$

이것을 다시 쓰면 다음과 같고,

$$\frac{d}{dH}\left[e^{(4\tan\Phi_w k/D)H}\sigma_v\right] = \rho_B g\, e^{(4\tan\Phi_w k/D)H} \tag{10.15}$$

적분하면 다음을 얻는다.

$$\sigma_v e^{(4\tan\Phi_w k/D)H} = \frac{D\rho_B g}{4\tan\Phi_w k}e^{(4\tan\Phi_w k/D)H} + \text{constant} \tag{10.16}$$

일반적으로 분체의 표면($H=0$)에 작용하는 응력을 σ_{v0}라 하면,

$$\sigma_v = \frac{D\rho_B g}{4\tan\Phi_w k}\left[1-e^{-(4\tan\Phi_w k/D)H}\right] + \sigma_{v0}e^{-(4\tan\Phi_w k/D)H} \tag{10.17}$$

이 결과는 Janssen(1895)에 의해서 처음으로 입증되었다.

분체의 자유 표면에 작용하는 힘이 없으면, $\sigma_{v0} = 0$ 이므로,

$$\sigma_v = \frac{D\rho_B g}{4\tan\Phi_w k}\left[1-e^{-(4\tan\Phi_w k/D)H}\right] \tag{10.18}$$

H 가 대단히 작을 때에는(대단히 작은 z 에 대하여, $e^{-z} \cong 1 - z$ 이므로)

$$\sigma_v \cong \rho_B H g \tag{10.19}$$

밀도가 ρ_B 인 유체의 깊이 H에서 정압과 같다. H가 클 때에는, 식 (10.18)을 보면

$$\sigma_v \cong \frac{D\rho_B g}{4\tan\Phi_w k} \tag{10.20}$$

따라서 발달된 수직응력은 위에 있는 분체의 깊이와 무관하게 된다. 분체의 자유 표면에 작용하는 힘이 없는 경우에($\sigma_{v0} = 0$) 분체의 깊이에 따른 응력의 변화를 그림 10.21에 나타낸다. 이와 같이 직관(주로 유체에 대한 경험에 근거한)과는 반대로, 분체 층에 의해서 가해진 힘은 깊이가 충분히 깊어지면 깊이에 무관하게 된다. 따라서 분체의 무게 대부분은 빈의 벽에 의해서 지지된다. 실제로 응력은 깊이가 약 $4D$ 이상이면 분체의 깊이에 무관하게 된다(분체 표면에 작용한 어떤 하중에도 또한 무관하다).

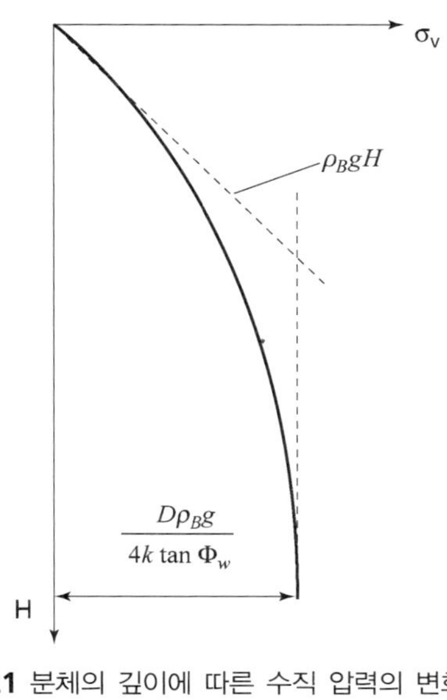

그림 10.21 분체의 깊이에 따른 수직 압력의 변화($\sigma_{v0} = 0$)

10.9 질량 유량

빈의 바닥에 있는 오리피스로부터 분체의 배출속도는 빈이 거의 비어있지 않으면 분체의 깊이에 무관하다. 이것은 분체에 의해서 가해진 압력이 깊은 정지된 분체에서는 깊이에 무관하다는 관찰결과가 움직이는 계에도 적용된다는 것을 의미한다. 즉 유체의 흐름 이론이 분체의 흐름에는 적용될 수 없다는 것을 확인해준다. 실험 결과로부터, 바닥이 평평한 원통에서 지름이 B인 원형 오리피스를 통한 질량 유량은 다음과 같다.

$$M_p \propto (B-a)^{2.5}$$

여기서 a는 입도에 의존하는 보정인자이다. 예를 들면, 바닥이 평평한 원통에서 원추형 구멍으로부터 고체의 배출에 대해서, Beverloo 등(1961)은 다음과 같은 관계식을 얻었다.

$$M_p = 0.58\,\rho_B\,g^{0.5}(B-kx)^{2.5}$$

응집성이 없는 굵은 입자들이 거리 h를 자유 낙하하는 경우에, 항력과 상호작용을 무시하면, 낙하 속도는 $u=\sqrt{2gh}$가 될 것이다. 만약 이들 입자가 벌크 밀도 ρ_B에서 지름이 B인 원형 오리피스를 통해 흐른다면, 이론적인 질량 유량은 다음과 같다.

$$M_p = \frac{\pi}{4}\sqrt{2}\,\rho_B\,g^{0.5}\,h^{0.5}\,B^2$$

실제적인 관찰 결과는 유량이 $B^{2.5}$에 비례하고, 실제로 입자들은 h가 오리피스 지름과 같은 크기일 때에만 자유낙하모델에 가까워진다는 것을 암시한다.

10.10 결 론

한 장의 범위 내에서는 비통기 분체의 흐름 분석에 관련된 원리를 개략적으로만 설명할 수 있을 뿐이다. 집단흐름을 위한 원추형 호퍼의 설계에 관한 예를 인용하여 이들 원리를 개략적으로 설명하였다. 호퍼의 설계에서 시간 압밀(time consolidation)의 영향과 호퍼와 빈의 벽에 작용하는 응력의 결정과 같은 다른 중요한 고려 사항들은 생략하였다. 이들 사항은 전단 상자 시험 절차의 세부 사항과 함께 이 주제를 세부적으로 다루고 있는 교재에서 다루고 있다. 입상 고체에서 파괴(흐름) 분석에 관하여 더 상세하게 알고 싶은 독자들은 토질역학에 관한 교재를 참고할 수 있다.

10.11 예제

예제 10.1

분체에 관한 전단 상자 시험 결과가 그림 10W1.1에 주어져 있다. 또 스테인레스 강철에서 이 분체에 대한 마찰각이 19°로 알려져 있고, 흐름 조건에서 분체의 벌크 밀도는 1,300 kg/m^{3}이다. 이 분체를 저장하기 위하여 원추형 스테인레스 강철 호퍼를 설계하려고 한다. 다음을 구하라.

(a) 유효 내부 마찰각
(b) 집단흐름을 보장할 수 있는 원추형 호퍼의 최대 반각
(c) 출구 미끄럼 밸브를 열었을 때 흐름을 보장할 수 있는 원형 호퍼 출구의 최소 지름

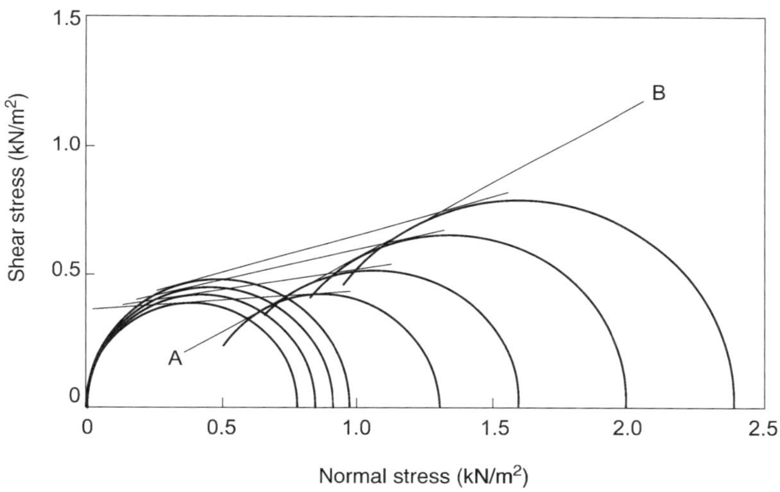

그림 10W1.1 전단 셀 시험 데이터

풀이.

(a) 그림 10W1.1로부터, 유효 항복궤적(선 AB)의 기울기를 구한다.

기울기 = 0.578
따라서, 유효 내부 마찰각은, $\delta = \tan^{-1}(0.578) = 30°$

(b) 그림 10W1.1로부터, 분체 흐름함수(그림 10W1.2)를 그리는데 필요한 σ_C와 σ_y 값들을 구한다.

σ_C	2.4	2.0	1.6	1.3
σ_y	0.97	0.91	0.85	0.78

$\delta = 30°$에 대한 흐름인자도표[그림 10.18(a)]를 사용하면, $\Phi_v = 19°$와 3°의 안전 여유로부터 호퍼흐름인자 $ff = 1.8$과 호퍼 벽의 반각 $\theta = 27.5°$를 얻는다(그림 10W1.3 참조).

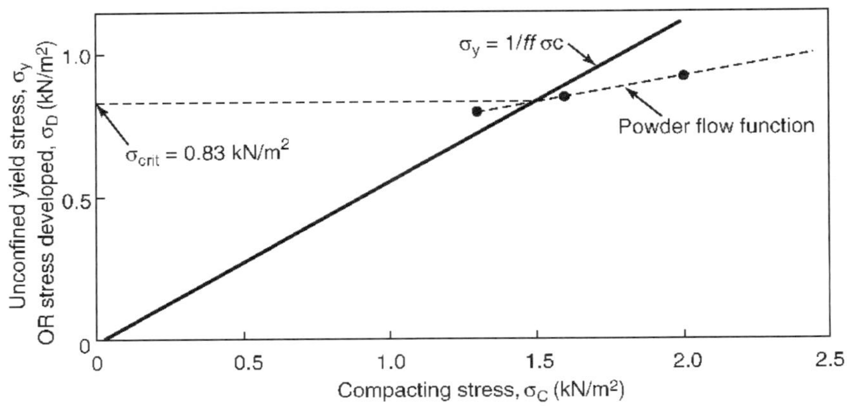

그림 10W1.2 임계응력의 결정

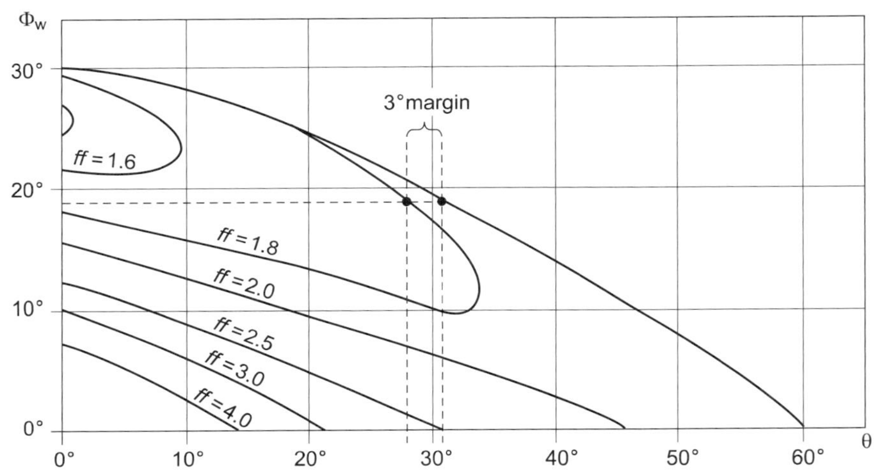

그림 10W1.3 θ 와 ff 의 결정

(c) 관계식 $\sigma_y = \sigma_C/ff$ 을 분체 흐름함수와 같은 좌표축에 그리고(그림 10W1.2) 이 선이 분체 흐름함수와 만나는 점에서 임계 불구속 항복응력의 값, $\sigma_{crit} = 0.83\ \mathrm{kN/m^2}$ 를 얻는다. 식 (10.5)로부터, $\theta = 27.5°$일 때,

$$H(\theta) = 2.46$$

그리고 식 (10.4)로부터, 집단흐름을 위한 최소 출구지름, B는,

$$B = \frac{2.46 \times 0.83 \times 10^3}{1300 \times 9.81} = 0.160\ \mathrm{m}$$

요약하면, 문제에 주어진 분체를 사용하여 막힐 위험이 없이 집단흐름을 달성하기 위해서는 원추의 최대 반각이 27.5°이고 최소한 16.0 cm 지름의 원형 출구를 가진 스테인레스 강철로 된 원추형 호퍼가 필요하다.

예제 10.2

분체에 관한 전단 상자 시험에서 다음과 같은 정보를 얻었다.

유효 내부 마찰각, $\delta = 40°$

연강(mild steel) 상에서 벽 마찰 운동각, $\Phi_w = 16°$

흐름 조건에서 벌크 밀도, $\rho_B = 2{,}000\ \mathrm{kg/m^3}$

분체 흐름함수 관계식은 $\sigma_y = \sigma_C^{0.6}$ 으로 나타낼 수 있고, 여기서 σ_y는 불구속 항복응력(kN/m^2)이고 σ_C는 압밀응력(kN/m^2)이다.

(a) 집단흐름을 확신할 수 있는 원추형 연강 호퍼의 최대 반각과, (b) 출구를 열었을 때 흐름을 보장할 수 있는 원형 출구의 최소 지름을 구하라.

풀이.

(a) 유효 내부 마찰각 $\delta = 40°$을 가지고 그림 10.18(b)에 있는 흐름인자도표를 적용하면, $\Phi_w = 16°$와 3°의 안전 여유에서 호퍼흐름인자 $ff = 1.5$와 집단흐름을 위한 호퍼 반각 $\theta = 30°$를 얻는다(그림 10W2.1 참조).

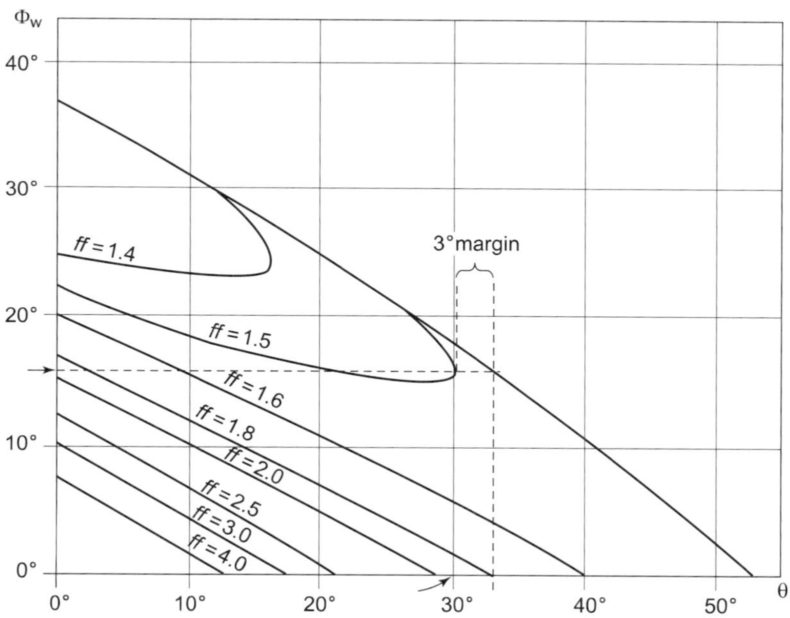

그림 10W2.1 θ와 ff의 결정

(b) 흐름을 위해서는, $\dfrac{\sigma_C}{ff} > \sigma_y$ [식 (10.3)]

그러나 문제의 분체에 대해서 σ_y와 σ_C는 재료 흐름함수에 의해서 $\sigma_y = \sigma_C^{0.6}$의 관계를 갖는다. 따라서 흐름을 위한 기준은

$$\left(\frac{\sigma_y^{1/0.6}}{ff}\right) > \sigma_y$$

이 된다. 그리고 불구속 항복응력의 임계값, σ_{crit}은 $\left(\dfrac{\sigma_y^{1/0.6}}{ff}\right) = \sigma_y$일 때,

$\sigma_{crit} = 1.837\ \mathrm{kN/m^2}$을 얻는다.

식 (10.5)로부터, $\theta = 30°$일 때 $H(\theta) = 2.5$, 따라서 식 (10.4)로부터, 원형 출구의 최소 지름은,

$$B = \frac{2.5 \times 1.837 \times 10^3}{2000 \times 9.81} = 0.234\ \mathrm{m}$$

요약하면, 원추의 최대 반각이 30°이고 최소한 23.4 cm 지름의 원형 출구를 가진 연강 호퍼를 사용하면 막힘이 없는 집단흐름이 보장된다.

자율학습문제

10.1 저장 호퍼에서 고체 흐름에 관하여 집단흐름과 중심흐름이 무엇을 의미하는지 개략도를 그려 설명하라.

10.2 이 장에서 설명한 설계 기본원리의 출발점은 흐름-비흐름 기준이다. 흐름-비흐름 기준은 무엇인가?

10.3 호퍼의 바닥으로부터 흐름을 방해하는 가교에서 분체에 의해 발달한 강도는 어느 양으로 설명하는가? 이 양은 호퍼흐름인자와 어떠한 관계가 있는가?

10.4 분체흐름함수란 무엇인가? 분체흐름함수는 (a) 분체특성, (b) 호퍼구조, (c) 분체특성과 호퍼구조 모두에 의존하는가?

10.5 호퍼흐름인자와 분체흐름함수로부터 응력의 임계값을 어떻게 구하는지 설명하라.

10.6 분체의 임계 파괴(항복)란 무엇을 의미하는가? 그 의미는 무엇인가?

10.7 전단응력 대 수직응력의 개략도를 그리고 일단의 항복궤적으로부터 분체의 유효 내부마찰각을 어떻게 구하는지 설명하라.

10.8 벽 마찰 운동각이란 무엇이며 어떻게 구하는가?

10.9 지름이 3 cm인 측정 실린더에 분체를 서서히 붓는다. 실린더의 바닥에는 분체에 의해서 작용하는 수직 힘을 측정하는 하중계가 설치되어 있다. 실린더 바닥에 작용하는 수직 힘이 18 cm 깊이까지 분체의 깊이에 따라 어떠한 변화가 예상되는지 개략도를 그려 설명하라.

10.10 바닥이 평평한 용기의 바닥에 있는 구멍으로부터 입상고체의 질량유량이 (a) 구멍 지름과 (b) 고체의 깊이에 따라 어떠한 변화가 예상되는가?

연습문제

10.1 분체에 관한 전단 상자 시험 결과 유효 내부 마찰각은 40°이고 분체 흐름함수는 식 $\sigma_y = \sigma_C^{0.45}$ 으로 나타낼 수 있으며, 여기서 σ_y는 불구속 항복응력, σ_C는 압축응력이고, 둘 다 kN/m^2의 단위이다. 분체의 벌크 밀도는 1,000 kg/m^3이고 연강 판에서 마찰각은 16°이다. 이 분체를 반각이 30°이고 지름이 0.30 m인 원형 배출구를 갖는 연강으로 된 원추형 호퍼에 저장하려고 한다. 집단흐름을 일으키는 임계출구지름은 얼마인가? 집단흐름이 일어나겠는가?

[답 : 0.355 m, 흐름이 일어나지 않음]

10.2 전단 상자 시험을 이용하여 분체의 유효 내부 마찰각을 어떻게 구하는지 설명하라. 분체가 유효 내부 마찰각이 60°이고 그림 10E2.1의 그래프로 나타낸 분체 흐름함수를 갖는다. 분체의 벌크 밀도가 1,500 kg/m^3이고 연강 판에서 마찰각이 24.5°일 경우, 연강 호퍼에 대하여, 집단흐름을 안전하게 보장하는데 필요한 원추의 최대 반각과 출구를 열었을 때 흐름을 보장할 수 있는 원형 출구의 최소 크기를 구하라.

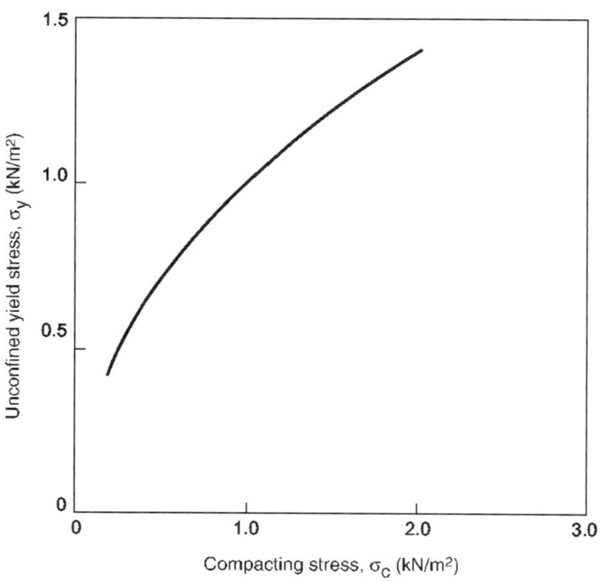

그림 10E2.1 분체 흐름함수

[답 : 17.5°, 18.92 cm]

10.3 (a) 출구 밸브를 열었을 때 출구로부터 흐름을 보장할 수 있는 원추형 호퍼의 설계에서 사용되는 원리를 요약하라.

(b) 분체에 관한 전단 상자 시험 결과로부터 어떻게 분체 흐름함수와 유효 내부 마찰각을 추출해 내는지에 관하여 설명하라.

(c) 심각한 호퍼 문제를 가지고 있는 회사가 화학공학 졸업생을 고용한다.
문제의 호퍼는 컨베이어 벨트에 원료를 공급하는데 주기적으로 출구를 차단하고 다시 공급이 시작되도록 해야 한다. 졸업생은 호퍼에 관하여 조사하고, 분체에 관한 전단 상자 시험을 의뢰하여, 호퍼에 약간의 수정을 권장한다. 수정 후에 호퍼는 더 이상의 문제가 생기지 않았으며 졸업생은 명성을 얻는다. 아래에 주어진 정보에 의하면, 졸업생이 권장한 수정사항은 무엇이었겠는가?

기존 설계	벽의 재료 – 연강
	원추형 호퍼의 반각 – 33°
	출구 – 원형, 25 cm 지름의 미끄럼 밸브가 설치됨.
전단상자 시험데이터	유효 내부 마찰각, $\delta = 60°$
	연강 상에서 벽 마찰각, $\Phi_w = 8°$
	벌크 밀도, $\rho_B = 1{,}250\ \mathrm{kg/m^3}$
	분체 흐름함수 : $\sigma_y = \sigma_c^{0.55}$ (σ_y와 σ_c는 $\mathrm{kN/m^2}$단위)

10.4 스테인레스 강으로 된 원추형 호퍼를 설계하기 위하여 분체에 관한 전단 상자 시험을 수행하였다. 시험 결과는 그림 10E4.1에 도식적으로 나타내었다. 또 스테인레스 강에서 분체 사이의 마찰은 11°의 벽 마찰각으로 나타낼 수 있으며 분체의 벌크 밀도는 900 kg/m^{3}이다.

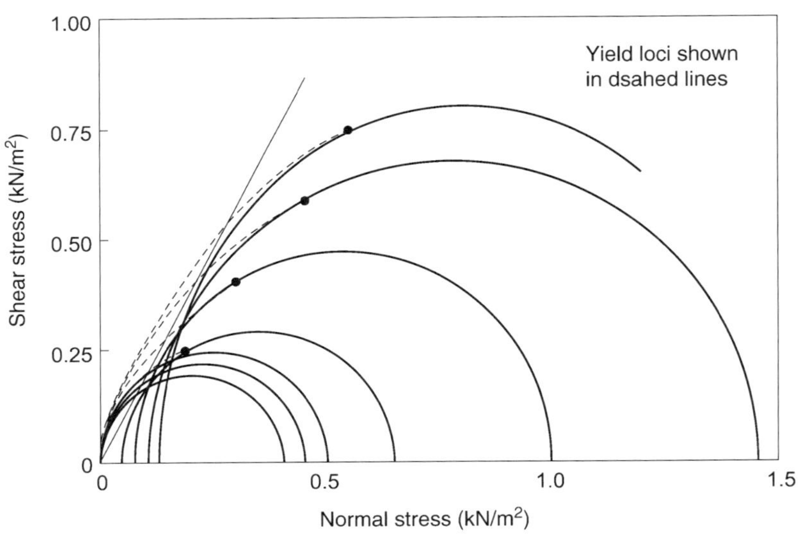

그림 10E4.1 전단 셀 시험 데이터

(a) 그림 10E4.1의 전단 상자 시험 결과로부터 분체의 유효 내부 마찰각 δ를 추론하라.

(b) 다음을 구하라.
  (i) 집단흐름을 안전하게 보장하는 호퍼의 반각
  (ii) 호퍼 흐름인자, ff.

(c) 이 정보를 그림 10E4.1로부터 수집한 추가 정보와 결합하여 필요할 때 흐름을 보장하기 위한 출구의 최소지름을 구하라.

(d) "벽 마찰각"과 "유효 내부 마찰각"을 무엇으로 이해하고 있는가?

[답 : (a) 60°, (b) (i) 32.5°, (ii) 1.29; (c) 0.110 m]

10.5 분체에 관한 전단 상자 시험 결과가 그림 10E5.1에 주어져 있다. 이 분체에 적합한 알루미늄 원추형 호퍼를 설계하려고 한다. 분체와 알루미늄 사이의 벽 마찰각은 16°이고 관련된 벌크 밀도는 900 kg/m^{3}이다.

(a) 그림 10E5.1로부터 분체의 유효 내부 마찰각을 구하라.

(b) 또 다음을 구하라.
  (i) 집단흐름을 안전하게 보장하는 호퍼의 반각
  (ii) 호퍼 흐름인자, ff.

(c) 이 정보를 그림 10E5.1로부터 수집한 추가 정보와 결합하여 필요할 때 흐름을 보장하기 위한 원형 출구의 최소지름을 구하라.(주의 : 이들 실험 결과의 외삽이 필요할 수도 있다.)

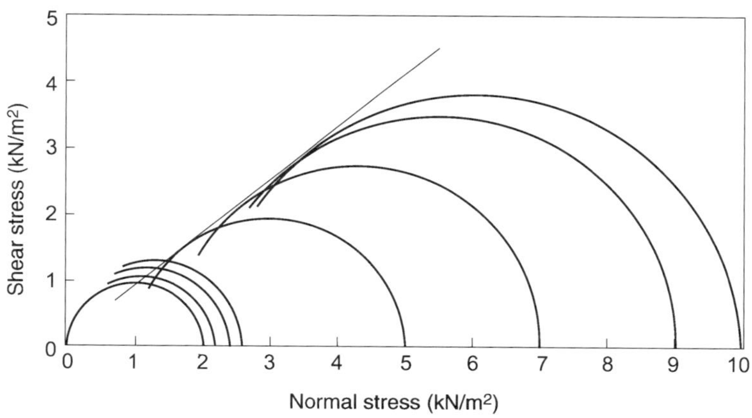

그림 10E5.1 전단 셀 시험 데이터

[답 : (a) 40°, (b) (i) 29.5°, (ii) 1.5 ;
(c) 0.5 m±외삽에 따라 약 7%]

11 Chapter

혼합과 편석

11.1 개 요

크기와 밀도가 다른 입상 고체를 잘 혼합하는 것은 많은 공정 산업에서 대단히 중요하다. 자유 흐름 분체에 대하여, 크기와 밀도가 다른 입자들의 우선된 상태는 편석 상태이다. 바로 이것이 진동의 결과로 큰 입자가 위로 올라오는 이유이다. 이러한 편석(segregation)의 극단적인 예는 비커를 단순히 위 아래로 흔들어서 커다란 강철 구를 모래가 담긴 비커의 위로 올라오게 할 수 있다는 것이다 – 이것을 믿을 수 있도록 보여 주어야 하는데! 자유 흐름 분체에 관한 우선된 상태가 크기와 밀도에 의하여 분리된 편석이기 때문에 많은 가공 처리 단계가 편석을 야기한다는 것은 놀라운 것이 아니다. 편석을 촉진하는 가공 처리 단계는 혼합을 촉진하는 단계 다음에 두어서는 안 된다. 이 장에서는 입상고체에서 편석과 혼합에 관한 메카니즘을 검토하고 실제로 혼합을 어떻게 수행하고 혼합물의 품질을 어떻게 평가하는지에 관하여 간단히 살펴보고자 한다.

11.2 혼합물의 유형

두 종류 입자에 대한 완전 혼합물은 혼합물의 어느 위치에서나 채취한 입자 집단이 모두 전체 혼합물 내에 존재한 비율과 같은 비율로 각 입자를 포함하는 혼합물이다. 실제로는, 완전 혼합물은 얻을 수 없다. 일반적으로, 혼합의 목적은 불규칙 혼합물, 즉 어떤 성분의 입자를 발견할 수 있는 확률이 모든 위치에서 동일하고 혼합물 전체에서 그 성분의 비율과 같은 혼합물을 얻는 것이다. 편석이 잘 일어나지 않는 입자를 혼합할 때는, 불규칙 혼합물이 일반적으로 도달할 수 있는 가장 좋은 품질의 혼합물이다. 혼합하려는 입자의 물리적 특성이 다르면 편석이 일어날 수 있다. 이 경우에는 한 성분의 입자들이 혼합물의 한 부분에서 발견될 수 있는 확률이 훨씬 더 크게 되며 따라서 불규칙 혼합물을 얻을 수 없다. 그림 11.1은 두 성분의 완전, 불규칙 및 편석 혼합물이 의미하는 예를 보여준다. 불규칙 혼합물은 동전을 던져서 얻어진 것과 같다. 즉 앞면은 주어진 위치에서 까만 입자를 나타내고 뒷면은 하얀 입자를 나타낸다. 편석 혼합물에 대해서는 동전을 주사위로 대체한다. 이 경우에는 까만 입자가 어떤 특성이 달라서 상자의 절반 아래에서 나타날 수 있는 확률이 더 크게 된다. 이 경우에 혼합물의 아래 절반에서 입자가 까만색일 확률이 3분의 2이고(즉 주사위 점수가 1, 2, 3, 또는 4) 반면에 위쪽 절반에서는 확률이 3분의 1이다(점수가 5 또는 6). 입자들 사이에 작용하는 자연적인 인력을 이용하면 불규칙 품질보다 더 좋은 혼합물을 생산하는 것이 가능하다. 그러한 혼합물은 "규칙(ordered)" 또는 "상호작용(interactive)" 혼합을 통해서 얻어진다(아래 참조).

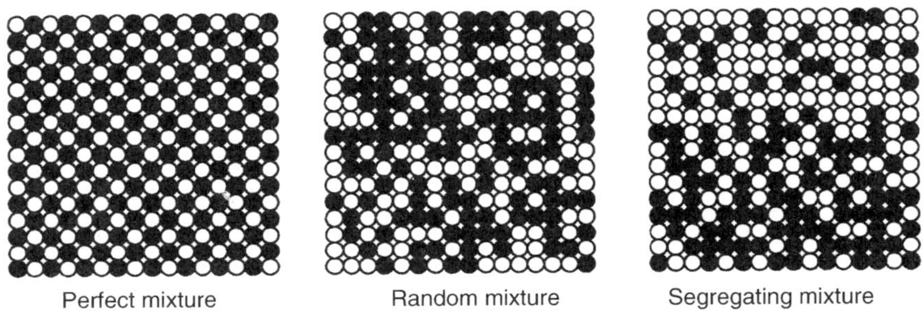

그림 11.1 혼합물의 종류

11.3 편 석

11.3.1 편석의 원인과 결과

혼합하려는 입자가 중요한 물리적 성질(입도분포, 모양, 밀도)이 같을 때에는, 혼합 공정이 충분히 오랫동안 계속되면, 불규칙 혼합물이 얻어진다. 그러나 보통의 많은 계에서는 혼합하려는 입자들이 다른 특성을 가지며 편석을 나타내는 경향이 있다. 물리적 특성이 같은 입자들이 혼합물의 한 부분에 함께 모이게 되고 이런 입자 계에서 불규칙 혼합물은 자연적인 상태가 되지 못한다. 비록 입자들이 처음에 어떤 수단에 의해서 혼합되어 있어도 취급하는(이동, 쏟음, 수송, 가공처리) 도중에 비혼합(unmix)이 일어나기 쉽다.

혼합물을 구성하고 있는 입자들의 크기, 밀도 및 모양의 차이가 편석을 일으킬 수 있지만 이들 중에서 입도의 차이가 가장 중요하다. 밀도 차이가 입도 차이보다 더 중요한 기체 유동화를 제외하고 밀도 차이는 비교적 덜 중요하다(모래에서 강철 구의 예 참조 - 아래). 많은 공업적 문제들이 편석으로부터 일어난다. 분체 혼합 장치에서 구성물의 혼합이 만족스럽게 이루어지더라도 대단한 주의를 기울이지 않으면 다음에 이어진 혼합물의 처리와 취급이 비혼합 또는 편석으로 끝나게 된다. 이것은 포장하려는 분체의 총괄 밀도에 변화를 줄 수 있으며(예를 들면, 25 kg짜리 포대에 25 kg을 담을 수 없다), 더 심각하게는 제품의 화학적 조성이 명세서에서 벗어날 수도 있다(예를 들면, 세제나 약품에 대한 구성성분의 혼합에서).

11.3.2 편석 메카니즘

크기에 따라 네 가지의 편석 메카니즘(Williams, 1990)이 확인되고 있다.

(1) 궤도편석(Trajectory segregation)

항력이 Stokes의 법칙에 지배를 받는, 지름이 x이고 밀도가 ρ_p인 작은 입자 하나를 점도가 μ이고 밀도가 ρ_f인 유체에 속도 U로 수평으로 발사하면 입자가 수평으로 이동할 수 있는 제한 거리는 $U\rho_p x^2/18\mu$이다.

따라서 지름이 $2x$인 입자는 정지하기 전까지 4배 만큼 더 멀리 이동한다. 이 메카니즘은 입자들이 공기를 통하여 이동하는 경우에 편석을 야기할 수 있다(그림 11.2). 분체가 컨베이어 벨트의 끝에서 떨어질 때 또한 이러한 편석이 일어난다.

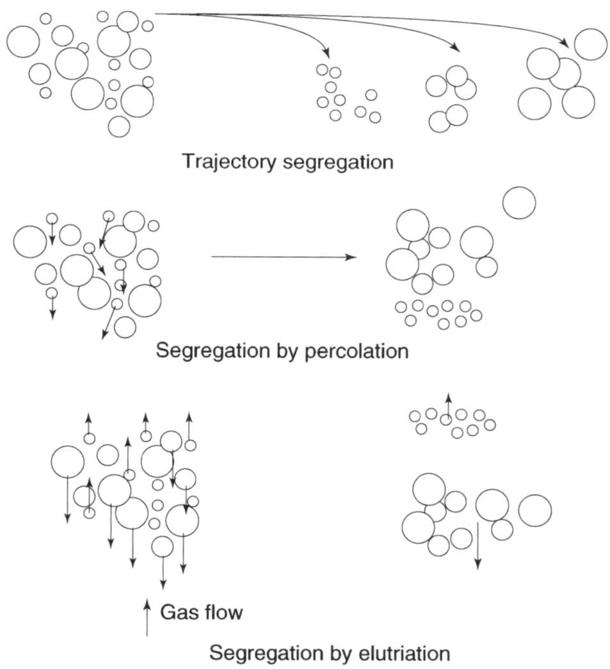

그림 11.2 편석 메카니즘

2장으로부터, 입자에 작용하는 저항력$= C_D \dfrac{\rho_f U^2}{2}\left(\dfrac{\pi x^2}{4}\right)$

입자의 감속도(deceleration)$= \dfrac{\text{저항력}}{\text{입자의 질량}}$

Stokes의 법칙 영역에서, $C_D = 24/Re_p$

따라서, 감속도$= \dfrac{18\,U\mu}{\rho_p x^2}$

운동방정식으로부터 초기속도 U와 일정한 감속도 $18U\mu/\rho_p x^2$을 갖는 입자는 정지하기 전까지 $U\rho_p x^2/18\mu$의 거리를 이동한다.

(2) 미세 입자의 기공관류(Percolation of fine particles)

개별 입자들이 움직일 수 있도록 입자 집단이 흐트러지면 입자의 충전에 재배열이 일어난다. 생성된 빈틈으로 입자들이 위에서 떨어지고, 약간 다른 위치에 있는 입자들은 위로 움직인다. 분체가 다른 크기의 입자들로 구성되어 있으면 작은 입자는 아래로 더 떨어지기 쉽고 따라서 작은 입자들은 아래로 이동하여 편석이 일어나려는 경향이 있다. 입도의 차이가 대단히 작을지라도 의미 있는 편석이 일어날 수 있다.

미세 입자의 기공관류에 의한 편석은 혼합물이 흐트러지면 언제나 일어날 수 있으며, 입자의 재배열을 일으킨다. 이것은 뒤섞거나, 흔들거나, 진동하는 동안에 또는 입자를 더미에 쏟을 때 일어날 수 있다. 뒤섞고, 흔들고, 진동하는 것은 액체나 기체에서는 모두 혼합을 촉진하는 것으로 예상되지만, 자유 흐름 입자 혼합물에서는 편석을 초래한다. 그림 11.3은 두

그림 11.3 두 가지 입도의 자유흐름 분체 혼합물을 더미에 쏟을 때 형성되는 편석 형태

가지 크기의 입자 혼합물을 쏟을 때 생성된 더미에서 편석을 보여준다. 입자 혼합물이 드럼 안에서 회전할 때 야기되는 전단변형도 또한 기공관류에 의한 편석을 일으킬 수 있다.

기공관류에 의한 편석은 저장 호퍼를 채우거나 배출하는 경우에 일어난다. 만약 입도 분포가 존재하고 분체가 자유 흐름성이면 입자들을 호퍼에 공급할 때 쏟아 부으면 일반적으로 더미에 편석이 일어난다. 특히 편석이 염려되면 이 영향을 최소화할 수 있는 몇 가지 효과적인 장치와 수단이 있다. 그러나, 중심흐름 호퍼(10장 참조)에서는 배출하는 동안에 경사면이 생성되고, 이 경사면을 따라 입자들이 구르게 되며 이것이 자유흐름 분체에서 편석을 일으킨다. 따라서 편석이 걱정되면 중심흐름 호퍼는 피해야 한다.

(3) 진동에 의한 굵은 입자의 상승

크기가 다른 입자 혼합물을 진동하면 굵은 입자가 위로 올라간다. 이것은 한 개의 커다란 구를 모래층의 바닥에 놓고 증명해 보일 수 있다(예를 들면, 해변의 모래를 담은 비커에 20 mm 강철 구 또는 유사한 크기의 조약돌). 비커를 위 아래로 흔들면, 강철 구가 표면으로 올라온다. 그림 11.4는 2차원 모형의 강철구 실험으로부터 찍은 일련의 사진을 보여준다. 이것은 소위 "Brazilnut 효과"라 하는데 최근 수년 동안 문헌에 많은 주의를 받아왔지만, 연구와 해설은 훨씬 이전으로 거슬러 올라간다. 작은 입자층 내에서 더 크고 더 무거운 "침입자"의 상승은 침입자 아래에 공간의 생성과 채움(Duran *et al.*, 1993; Jullien and Meakin, 1992; Rosato *et al.*, 1987, 2002; Williams, 1976) 또는 작은 입자층 내에서 대류 셀의 형성(Cooke *et al.*, 1996; Knight *et al.*, 1993, 1996; Rosato *et al.*, 2002)으로 설명하고 있다. 관찰에 의하면 침입자의 상승 시간은 침입자의 밀도가 증가할수록 줄어들며 (Liffman *et al.*, 2001; Mobius *et al.*, 2001; Shinbrot and Muzzie, 1998) 이것은 틀림없이 침입자의 관성이 일부 역할을 하고 있다 것을 암시한다. 그러나 Mobius 등(2001)은 대단히 작은 밀도의 침입자에 대해서는 이 경향이 역전된다는 것을 입증하였으며 이것은 어떤 다른 효과가 관여한다는 것을 암시한다. Rhodes 등(2003)은 진동하는 층에서 생성되는 압력이 이동하면서 일어나는 부력효과로 설명된다고 제안하였다. Mobius 등(2001)은 또한 틈새 기체가 침입자의 상승시간의 결정에 중요한 역할을 한다는 것을 입증하였다.

(4) 유출 편석(Elutriation segregation)

50 μm 이하의 입자를 상당 비율 포함하고 있는 분체를 저장 용기나 호퍼에 채울 때, 공기가 위로 치환된다. 이 공기의 상향 속도가 일부 미세 입자의 종말 자유낙하 속도(2장 참조)를 초과하여, 굵은 입자가 호퍼 내용물 표면에 침강된 후에도 이들 미세 입자가 부유 상태로 남아있게 된다(그림 11.2). 공기에서 이 크기 범위에 있는 입자들의 종말 자유낙하 속도는 전형적으로 몇몇 cm/s 정도의 크기이며 입자 지름의 제곱에 따라 증가한다(예를 들면, 30 μm의 모래입자에 대한 종말속도는 7 cm/s이다). 이와 같이 고체를 채울 때마다 호퍼에 미

세입자 포켓이 형성된다.

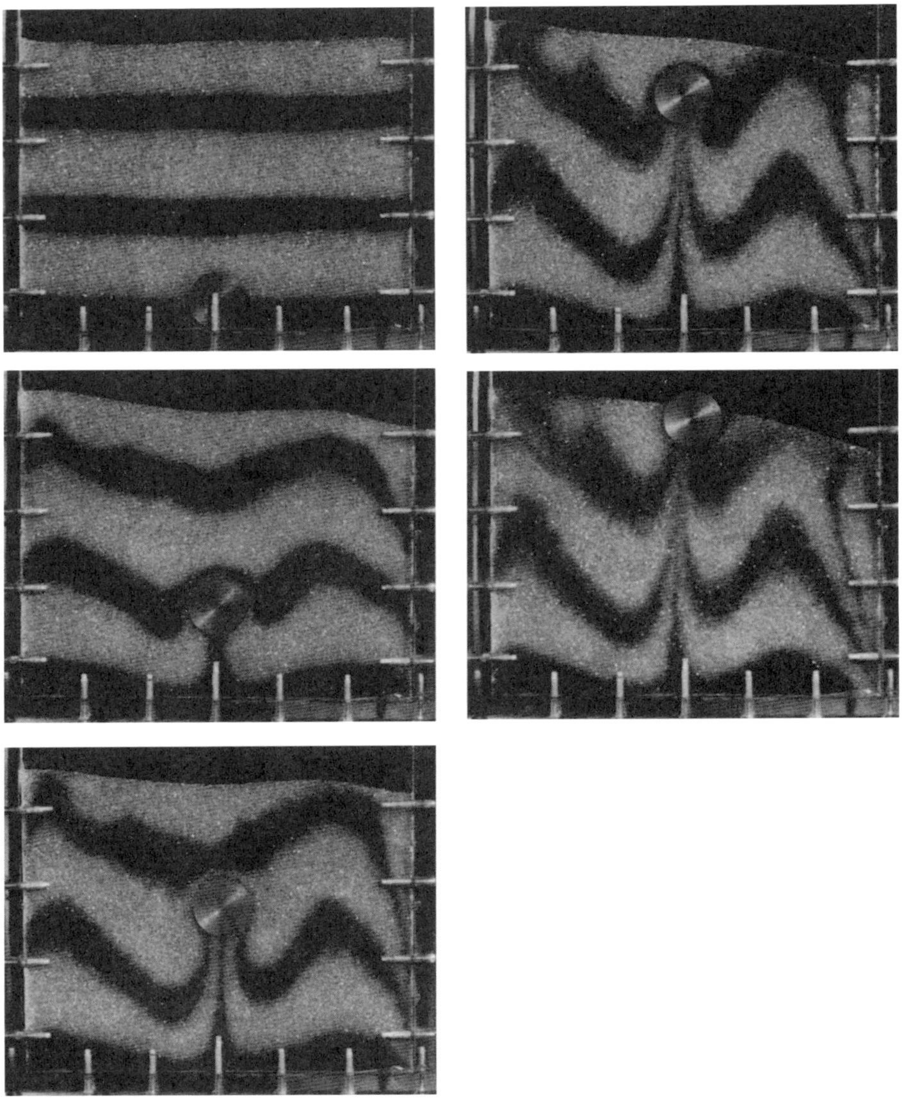

그림 11.4 진동에 의해 원형강판이 2mm 유리구 층을 통하여 상승하는 일련의 사진
(상승하는 강철구 실험의 2차원 모형)

11.4 편석의 방지

편석은 일차적으로 입도 차이 때문에 일어난다. 따라서 혼합하려는 두 성분의 크기를 가능한 한 유사하게 하고 절대 크기를 축소하면 혼합할 때 어려움을 경감할 수 있다. 편석은 일

반적으로 모든 입자들이 30 μm 보다 작을 때에는 심각한 문제가 되지 않는다(2000−3000 kg/m^3 범위의 입자밀도에 대하여). 이와 같은 미세 분체에서는 정전기 대전에 의하여 발생된 입자 사이 힘(13장 참조)과 반데왈스(van der Waals)힘 및 수분에 기인하는 힘이 입자에 작용하는 중력과 관성력에 비하여 더 크다. 이 때문에 입자들이 함께 들러붙어 서로 상대적으로 자유롭게 움직일 수 없기 때문에 편석이 방지된다. 이러한 분체를 응집성 분체라 한다(유동화에 대한 분체의 Geldart의 분류가 관련된다 − 7장 참조). 응집성 분체에서는 개별 입자의 이동도 부족이 혼합의 질을 더 좋게 하는 이유 중의 하나이다. 또 다른 이유로는 불규칙 혼합물에 가까워지면, 혼합물에서 채취한 시료의 조성 표준편차가 시료 속의 입자 수에 반비례하여 감소한다는 것이다. 따라서, 주어진 질량의 시료에 대해서 입도가 감소할수록 표준 편차는 감소하고 혼합물의 품질은 증가한다. 자유 흐름 분체에서 입자의 이동도는 약간의 액체를 첨가하면 줄일 수 있다. 이동도의 감소는 편석을 감소시키고 더 좋은 혼합을 허용한다.

불규칙 혼합물보다 더 좋은 품질의 혼합물을 생산하기 위하여 이와 같이 입자가 들러붙는 자연적인 경향을 이용할 수 있다. 이와 같은 혼합물을 규칙 또는 상호작용 혼합물이라 하는데, 그들은 통제된 방법으로 담체 입자의 표면에 부착된 작은 입자들(예를 들면 $< 5\,\mu$m)로 이루어져 있다(그림 11.5). 입도를 신중하게 선정하고 입자 사이 힘을 잘 처리하면 분산이 대단히 적은 고 품질의 혼합물을 얻을 수 있다. 이 기술은 품질 관리 표준이 엄격한 제약 산업에서 이용되고 있다. 규칙 혼합과 응집성 분체의 혼합에 관한 더 상세한 사항은 Harnby 등(1992)을 참고하기 바란다.

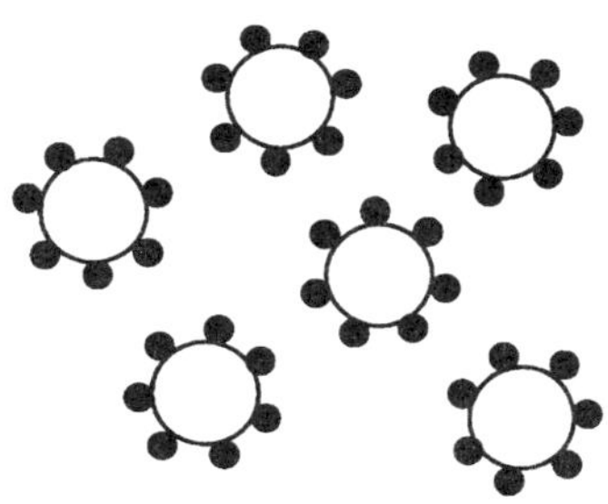

그림 11.5 담체 입자에 생성된 작은 입자의 규칙 혼합물

혼합물의 구성 성분의 크기를 변경하거나 액체를 첨가하는 것이 불가능하면, 심각한 편석을 피하기 위하여, 편석을 촉진하기 쉬운 상황들을 피하도록 주의해야 한다. 특히 쏟아 붓는 조작과 움직이는 경사진 분체 표면의 생성은 피해야 한다.

11.5 입상 혼합 장치

11.5.1 혼합 메카니즘

Lacey(1954)가 분체 혼합에 관한 세 가지 메카니즘을 확인하였다:

(1) 전단혼합(shear mixing);
(2) 확산혼합(diffusive mixing);
(3) 대류혼합(convective mixing).

전단혼합에서는, 전단응력에 의하여 미끄럼 지대가 생기고 이 지대 안에서 층 사이 입자들이 상호 교환되면서 혼합이 일어난다. 확산혼합은 입자가 경사면을 굴러 내릴 때 일어난다. 대류혼합은 분체 집단 주위로 여러 분체의 고의적인 벌크 이동에 의한다.

자유 흐름성 분체에서는 확산혼합과 전단혼합 모두 입도 편석을 일으키며 따라서 이와 같은 분체에 대해서는 대류혼합이 혼합을 촉진하는 주된 메카니즘이다.

11.5.2 혼합기의 종류

(1) 텀블링 혼합기

텀블링 혼합기는 축을 중심으로 회전하는 밀폐된 용기로 이루어져 있다. 용기의 일반적인 모양은 입방형, 이중 원추형 및 V자형이다(그림 11.6). 지배적인 메카니즘은 확산혼합이다. 확산혼합은 자유 흐름성 분체에서 편석을 일으킬 수 있기 때문에 텀블링 혼합기에서 자유 흐름성 분체로 얻을 수 있는 혼합물의 품질은 제한적이다. 편석을 줄이기 위하여 방해판을 설치할 수 있으나, 거의 효과가 없다.

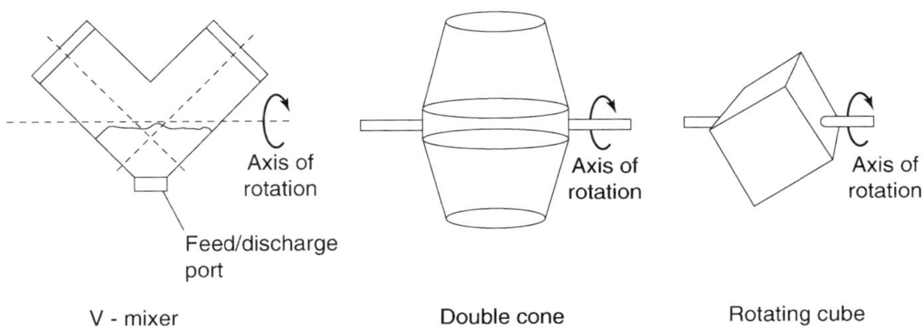

그림 11.6 텀블링 혼합기. V자형 혼합기, 이중원추형 혼합기, 회전입방형 혼합기

(2) 대류 혼합기

대류 혼합기에서는 정지된 용기 안에서 회전 날이나 노에 의해서 순환 형태가 이루어진다. 약간의 확산혼합과 전단혼합이 수반되지만, 주된 메카니즘은 이름이 암시하는 바와 같이 대류혼합이다. 가장 일반적인 대류 혼합기의 하나는 정지된 원통형이나 V자형 통 안에서 나선형 날이나 리본이 수평축을 중심으로 회전하는 리본 혼합기이다(그림 11.7). 회전 속도는 전형적으로 1회전/초 이하이다. 약간 다른 형태의 대류 혼합기로는 Archimedean 스크류가 원추형 호퍼의 바닥에서 재료를 위로 올리면서 호퍼 벽 주위로 회전하는 Nautamix(그림 11.8)가 있다.

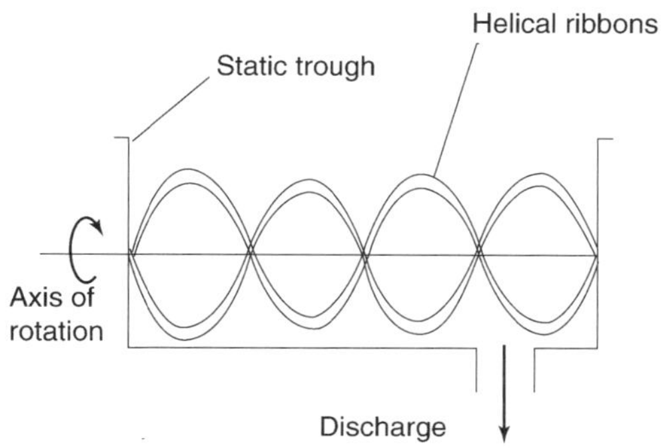

그림 11.7 리본 혼합기

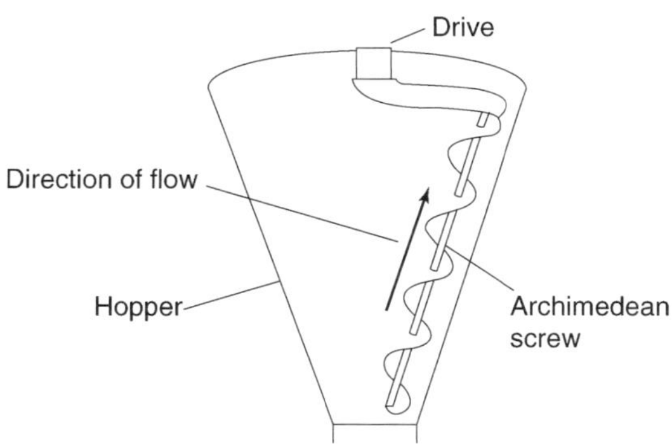

그림 11.8 Nautamixer 개략도

(3) 유동층 혼합기

유동층 혼합기는 유동층에서 입자를 유지할 수 있는 자연적인 이동도에 의존한다. 혼합은 층 내에서 기포 운동에 의하여 순환형태가 이루어지는 주로 대류혼합이다. 유동층 혼합기의 중요한 특징은 같은 용기 안에서 몇 가지 가공 처리 단계(예를 들면 혼합, 반응, 코팅, 건조 등)를 수행할 수 있다는 것이다.

(4) 고 전단 혼합기

분쇄에서 사용되는 것과 유사한 장치에 의하여 국부적인 높은 전단 응력이 생성된다. 예를 들면 고속 회전 날, 저속-고 압축 롤러(12장 참조). 고 전단 혼합기에서는 개별 입자보다는 오히려 응집성 분체의 응집 덩어리를 부수는데 역점을 둔다. 지배적인 메카니즘은 전단 혼합이다.

11.6 혼합물의 평가

11.6.1 혼합물의 품질

입자 혼합물의 최종 용도가 필요한 혼합물의 품질을 결정한다. 최종 용도에 따라 혼합물에 관한 정밀조사의 규모를 부여한다. "정밀조사의 규모"란 Danckwerts(1953)가 사용한 용어로 "불충분한 혼합으로 여겨질 수 있는 혼합물에서 편석 영역의 최대 크기"를 의미한다. 예를 들면, 입상의 활성 성분으로 구성된 분말 세제에 대한 정밀조사의 적합한 규모는 세탁기로 세제를 분배하는데 사용하는 작은 삽에 들어가는 세제의 양이다. 상자로부터 채취한 처음과 마지막 삽 사이에 조성이 심하게 변하지 않아야 한다. 또 다른 극단으로 의약품에 대한 정밀조사의 규모는 정제나 캡슐을 채우는 재료의 양이다. 혼합물의 품질은 극단적으로 개별 입자만을 조사하게 될 때까지 정밀조사의 규모가 감소함에 따라 감소한다. 이것에 관한 예는 정상적인 거리에서 보면 살아있는 것 같은 영상으로 보이지만, 가까이에서 정밀조사를 하면 빨강, 초록 및 파란 색의 작은 점들로 이루어져 있는 텔레비전 화면의 영상이다.

11.6.2 시료 채취

혼합물의 품질을 결정하기 위해서는 일반적으로 시료를 채취해야 한다. 입상 혼합물로부터 시료를 채취할 경우에 편중을 피하기 위하여 2장에서 설명한 분체 시료의 채취 지침을 따라야 한다. 혼합물의 품질을 결정하기 위하여 필요한 시료의 크기는 혼합물의 의도된 용도에 의하여 부과된 정밀조사의 규모에 의해 결정된다.

11.6.3 혼합에 관련된 통계학

혼합물의 시료 채취와 혼합물 품질의 분석은 분명히 통계적 방법의 응용을 필요로 한다. 임의의 2성분 혼합물과 관련된 통계학을 아래에 정리한다.

- **평균조성.** 혼합물의 실제 조성 μ는 대개 알려져 있지 않으나, 추산값 $\bar{y}$는 표본 추출에 의하여 구할 수 있다. 한 성분의 조성이 y_1 에서 y_N인 N개의 시료가 있다면, 혼합물 조

성의 추산값 $\bar{y}$ 는 다음과 같이 주어진다.

$$\bar{y} = \frac{1}{N}\sum_{i=1}^{N} y_i \tag{11.1}$$

- **표준편차와 분산.** 혼합물 조성의 실제 표준편차 σ 와 실제 분산 σ^2 은 혼합물의 품질을 결정하는 양적인 척도이다. 실제 분산은 보통 알려져 있지 않으나 추산값 S^2 은 다음과 같이 정의한다.

실제 조성 μ 가 알려져 있으면, $$S^2 = \frac{\sum_{i=1}^{N}(y_i - \mu)^2}{N} \tag{11.2}$$

실제 조성 μ 가 알려져 있지 않으면, $$S^2 = \frac{\sum_{i=1}^{N}(y_i - \bar{y})^2}{N-1} \tag{11.3}$$

표준편차는 분산의 평방근과 같다.

- **분산의 이론적 한계.** 2성분 계에 대하여 혼합물 분산의 이론적 상한과 하한은 다음과 같다.

(a) 상한(완전 편석) $$\sigma_0^2 = p(1-p) \tag{11.4}$$

(b) 하한(불규칙 혼합) $$\sigma_R^2 = \frac{p(1-p)}{n} \tag{11.5}$$

여기서 p와 $(1-p)$는 시료에서 결정한 두 성분의 비율이고 n은 각 시료에서 입자의 수이다. 혼합물 분산의 실제 값은 두 극한값 사이에 있다.

- **혼합지수.** 혼합의 정도를 나타내는 척도는 Lacey의 혼합지수이다(Lacey, 1954).

$$\text{Lacey mixing index} = \frac{\sigma_0^2 - \sigma^2}{\sigma_0^2 - \sigma_R^2} \tag{11.6}$$

실제로 Lacey의 혼합지수는 "가능한 혼합"에 대한 "달성된 혼합"의 비이다. Lacey의 혼합지수가 0인 것은 완전한 편석을 나타내고 1인 값은 완전한 불규칙 혼합을 나타낸다. 그러나, 이 혼합지수의 실제적인 값은 0.75에서 1.0 사이의 범위에 있으며 따라서 Lacey의 혼합지수는 혼합물 사이에 충분한 판별력을 제공하지 못한다.
Poole등(1964)에 의하여 제안된 또 다른 혼합지수는 다음과 같이 정의한다.

$$\text{Poole } et\ al. \text{ mixing index} = \frac{\sigma}{\sigma_R} \tag{11.7}$$

이 혼합지수는 실제 혼합물에 대해서 더 좋은 판별력을 제공하고 완전 불규칙 혼합물에 대해서는 1에 가까워진다.

- **표준오차.** 시료 조성이 정규분포를 보일 때는 시료의 분산 값 또한 정규분포를 나타낸다. 시료 조성에 관한 분산의 표준편차를 분산의 "표준오차" $E(S^2)$라 한다.

- **혼합물 조성과 분산의 정밀도에 대한 시험.** 표본 추출로부터 측정한 혼합물의 평균 조성과 분산은 그 혼합물에 대한 혼합물 조성과 분산 값의 정규분포로부터 얻은 표본일 뿐이다. 이 추산 값에 확실한 신뢰성을 부여하고 그 정밀도를 결정할 수 있어야 한다. (주: 널리 쉽게 접할 수 있는 표준 통계표에서 Student의 t-값과 χ^2 분포값을 얻을 수 있다.)

시료 조성이 정규분포를 나타낸다고 가정하고,

(1) 시료 조성

혼합물의 평균 조성이 $\bar{y}$이고 추산된 표준편차가 S인 N개의 시료에 근거하여 실제 혼합물 조성 μ는 다음과 같이 정밀도로 나타낼 수 있다.

$$\mu = \bar{y} \pm \frac{tS}{\sqrt{N}} \tag{11.8}$$

여기서 t는 통계학적 유의성에 대한 Student의 t시험에서 얻는다. t값은 요구되는 신뢰성 수준에 의존한다. 예를 들면, 95% 신뢰수준에서 $N = 60$에 대하여 $t = 2.0$이면 실제 혼합물의 평균 조성이 $\bar{y} \pm 0.258S$의 범위에 들어올 수 있는 확률이 95%이다. 다시 말해서 혼합물 분산의 추산값 20개중 하나가 이 범위를 벗어날 수 있다.

(2) 분산

(a) 50개 이상의 시료를 채취한 때는($N > 50$), 분산 값의 분포를 정규분포로 가정할 수 있으며 Student의 t시험을 이용할 수 있다. 이 때 실제 분산 σ^2의 가장 좋은 추산 값은 다음과 같이 주어진다.

$$\sigma^2 = S^2 \pm [t \times E(S^2)] \tag{11.9}$$

이 시험에서 필요한 혼합물 분산의 표준오차는 보통 알려져 있지 않으나 다음 식으로부터 추산한다.

$$E(S^2) = S^2 \sqrt{\frac{2}{N}} \tag{11.10}$$

표준오차는 $1/\sqrt{N}$ 에 따라 감소하고 따라서 정밀도는 $\sqrt{N}$ 에 따라 증가한다.

(b) 50개보다 적은 시료를 채취한 때는($N < 50$), 분산 분포곡선이 정규분포가 아닐 수 있으며 χ^2 분포일 가능성이 크다. 이 경우에 정밀도의 극한은 대칭이 아니다. 혼합물 분산 값의 범위는 하한과 상한으로 정의한다.

$$\text{하한} : \sigma_L^2 = \frac{S^2(N-1)}{\chi_\alpha^2} \tag{11.11}$$

$$\text{상한} : \sigma_U^2 = \frac{S^2(N-1)}{\chi_{1-\alpha}^2} \tag{11.12}$$

여기서 α는 유의 수준이다[90% 신뢰범위에 대하여, $\alpha = 0.5(1-90/100) = 0.05$; 95% 신뢰범위에 대하여, $\alpha = 0.5(1-95/100) = 0.025$]. 주어진 신뢰수준에서 χ^2 의 하한과 상한 값들, χ_α^2 과 $\chi_{1-\alpha}^2$ 는 χ^2 분포 표에서 구할 수 있다.

11.7 예제

예제 11.1(Williams, 1990)

불규칙 혼합물이 질량으로 각각 60%와 40%인 A와 B 두 성분으로 구성되어 있다. 입자는 구형이며 A와 B는 입자밀도가 각각 500과 700 kg/m^{3}이다. 두 성분의 통과물 누적 질량분포는 표11W1.1과 같다. 혼합물로부터 시료 1g을 채취하면, 시료 조성의 표준편차에 대한 기대 값은 얼마인가?

표 11W1.1 • 입자 A와 B의 입도분포

Size $x(\mu m)$	2057	1676	1405	1204	1003	853	699	599	500	422
$F_A(x)$	1.00	0.80	0.50	0.32	0.19	0.12	0.07	0.04	0.02	0
$F_B(x)$			1.00	0.88	0.68	0.44	0.21	0.08	0	

풀이.

먼저 A와 B의 단위 질량 당 입자의 수를 추산한다. 이것은 입도 분포를 미분 빈도수 분포로 전환하고 다음을 이용하여 얻는다.

$$\begin{pmatrix}\text{각 입도 범위에서} \\ \text{입자의 질량}\end{pmatrix} = \begin{pmatrix}\text{입도 범위에서} \\ \text{입자의 수}\end{pmatrix} \times \begin{pmatrix}\text{한 입자의} \\ \text{질량}\end{pmatrix}$$

$$dm = dn \quad \frac{\rho_p \pi x^3}{6}$$

여기서 ρ_p 는 입자밀도이며 x는 인접한 체 크기의 산술평균이다.

이들 계산 결과를 표 11W1.2와 11W1.3에 정리한다.

표 11W1.2 • A 입자

Mean size of range $x(\mu m)$	dm	dn
1866.5	0.20	117468
1540.5	0.30	334081
1304.5	0.18	309681
1103.5	0.13	369489
928	0.07	334525
776	0.05	408658
649	0.03	419143
549.5	0.02	460365
461	0.02	779655
Totals	1.00	3.51×10^6

표 11W1.3 • B 입자

Mean size of range $x(\mu m)$	dm	dn
1866.5	0	0
1540.5	0	0
1304.5	0.12	0.147×10^6
1103.5	0.20	0.406×10^6
928	0.24	0.819×10^6
776	0.23	1.343×10^6
649	0.13	1.297×10^6
549.5	0.08	1.315×10^6
461	0	0
Totals	1.00	5.33×10^6

따라서, $n_A = 3.51\times10^6$ particles/kg

그리고, $n_B = 5.33\times10^6$ particles/kg

그리고 시료 1g (0.001kg) 속에 전체 입자 수는 다음과 같이 예상된다.

$$n = 0.001\times(3.51\times10^6\times0.6 + 5.331\times10^6\times0.4) = 4238 \text{ particle}$$

따라서, 불규칙 혼합물에 대한 식 (11.5)로부터,

$$\text{표준편차, } \sigma = \sqrt{\frac{0.6\times0.4}{4238}} = 0.0075$$

예제 11.2(Williams, 1990)

2성분 혼합물로부터 16개의 시료를 채취하여 한 성분의 질량 백분율이 다음과 같았다.

41, 37, 41, 39, 45, 37, 39, 40
41, 43, 40, 38, 39, 37, 43, 40

혼합물의 표준편차에 대한 상위와 하위 95%와 90%의 신뢰한계를 구하라.

풀이.

식 (11.1)로부터, 시료 조성의 평균값은,

$$\bar{y} = \frac{1}{16}\sum_{i=1}^{16} y_i = 40\ \%$$

실제 혼합물 조성을 알 수 없기 때문에 표준편차의 추산값은 식 (11.3)으로부터 구한다.

$$S = \sqrt{\left[\frac{1}{16-1}\sum_{i=1}^{16}(y_i - 40)^2\right]} = 2.31$$

시료가 50개 이하이기 때문에 분산분포곡선은 χ^2 분포일 가능성이 더 크다. 따라서 식 (11.11)과 (11.12)로부터 :

$$\text{하한} : \sigma_L^2 = \frac{2.31^2(16-1)}{\chi_\alpha^2}$$

$$\text{상한} : \sigma_U^2 = \frac{2.31^2(16-1)}{\chi_{1-\alpha}^2}$$

90% 신뢰수준에서, $\alpha = 0.05$ 이고 따라서 χ^2 분포표를 참고하면 자유도가 15일 경우 $\chi_\alpha^2 = 24.996$ 과 $\chi_{1-\alpha}^2 = 7.261$ 이다. 따라서 $\sigma_L^2 = 3.2$ 이고 $\sigma_U^2 = 11.02$ 이다.

95% 신뢰수준에서, $\alpha = 0.025$ 이고 따라서 χ^2 분포표를 참고하면 자유도가 15일 경우 $\chi_\alpha^2 = 27.49$ 과 $\chi_{1-\alpha}^2 = 6.26$ 이다. 따라서 $\sigma_L^2 = 2.91$ 이고 $\sigma_U^2 = 12.78$ 이다.

예제 11.3

약제를 성형제와 혼합하는 동안 시료 100 mg에서 조성의 표준편차가 상수±0.005의 값을 가진다. 약제(D)와 성형제(E)의 입도분포는 표 11W3.1과 같다. 약제의 평균 질량 비율은 0.2이다. 약제와 성형제의 밀도는 각각 1100과 900 kg/m^{3}이다. 다음의 경우에 혼합이 충분한지 여부를 결정하라.

(a) 기준이 불규칙 혼합물일 경우

(b) 기준이 시료의 95%의 조성이 평균의 ±15%이내에 들어야하는 내부 명세일 경우

풀이.

각 시료에서 약제(표 11W3.2)와 성형제(표 11W3.3)의 입자 수를 예제 11.1에서와 같이 먼저 계산한다.

표 11W3.1 • 약제와 성형제의 입도분포

Size $x(\mu m)$	420	355	250	190	150	75	53	0
$F_D(x)$	1.00	0.991	0.982	0.973	0.964	0.746	0.046	0
$F_E(x)$	1.00	1.00	0.977	0.967	0.946	0.654	0.284	0

표 11W3.2 • 시료 단위 kg 속에 있는 약제 입자의 수

Mean size of range $x(\mu m)$	dm	dn
388	0.009	2.67×10^5
303	0.009	5.62×10^5
220	0.009	1.47×10^6
170	0.009	3.18×10^6
113	0.218	2.62×10^8
64	0.700	4.64×10^9
27	0.046	4.06×10^9
20	0.00	0
0	0.00	0
Totals	1.00	8.96×10^9

표 11W3.3 • 시료 단위 kg 속에 있는 성형제 입자의 수

Mean size of range $x(\mu m)$	dm	dn
388	0	0
303	0.023	1.75×10^6
220	0.010	1.99×10^6
170	0.021	9.07×10^6
113	0.292	4.29×10^8
64	0.374	3.03×10^9
27	0.28	3.02×10^{10}
20	0.00	0
0	0	0
Totals	1.00	3.37×10^{10}

따라서, $n_D = 8.96\times10^9$ particles/kg

그리고, $n_E = 3.37\times10^{10}$ particles/kg

그리고 시료 100 mg 속에 전체 입자 수는 다음과 같이 예상된다.

$$n = 100\times10^{-6}\times(8.96\times10^9\times0.2 + 3.371\times10^{10}\times0.8) = 2.88\times10^6 \text{ particles}$$

따라서, 불규칙 혼합물에 대한 식 (11.5)로부터,

$$\text{표준편차, } \sigma_R = \sqrt{\frac{0.2\times0.8}{2.88\times10^6}} = 0.000235$$

결론 : 혼합물의 실제 표준편차는 불규칙 혼합물에 대한 표준편차보다 더 크고 따라서 불규칙 혼합의 기준은 이루어지지 않는다.
정규분포에 대해서 시료의 95%가 평균의 ±15% 이내에 들어가야 한다는 내부 기준은 다음을 암시한다.

$$1.96\sigma = 0.15 \times 0.2$$

(정규분포에 대해서 값들의 95%가 평균의 ±1.96 표준편차 이내에 있기 때문에)
따라서, $\sigma = 0.0153$ 이다. 따라서 내부 기준은 달성된다.

자율학습문제

11.1 불규칙 혼합물과 완전 혼합물 사이 차이점을 설명하라. 이 두 종류의 혼합물 중 어느 것이 산업 공정에서 더 잘 일어나는가?

11.2 궤도편석이 어떻게 일어나는지 설명하라. 공정 공업에서 분체의 궤도편석을 일으키는 두 가지 실제적인 상황의 예를 들어라.

11.3 자유흐름 분체 혼합물을 더미에 쏟아 부으면 무슨 유형의 편석이 일어나는가? 생성된 전형적인 편석 유형을 설명하라.

11.4 자유흐름 입상 혼합물이 호퍼로부터 중심흐름으로 배출될 때 어떻게 입도편석이 일어나는지 설명하라.

11.5 Brazil Nut 효과란 무엇인가? 공정 공업과 관련하여 어느 조건에서 이 효과가 일어나는가?

11.6 입상 혼합물의 모든 성분들이 약 30 μm 보다 작으면 왜 입도편석이 일반적으로 문제가 되지 않는지 이유를 설명하라.

11.7 산업적으로 적절한 두 종류의 혼합기를 설명하라. 각 혼합기에서는 어느 혼합 메카니즘이 지배하는가?

11.8 입상 혼합물의 정밀조사 규모는 무엇을 의미하는지 설명하라. (a) 알약 제조기에 공급하는 분체 혼합물에서 활성 약제 (b) 아침 시리얼 (c) 병아리에게 먹이는 건강보조제에 대한 정밀조사의 규모는 어느 것이 적합한가?

11.9 이성분 혼합물에 대하여 (a) 평균 조성, (b) 실제 평균을 모를 때 추산된 분산, (c) 혼합물 분산의 이론적 상한과 하한에 대한 식을 적어라. 사용한 모든 부호를 정의하라.

11.10 공업적 공정에서 생산된 혼합물이 잘 혼합되었는지 여부를 어떻게 결정하는지 설명하라.

연습문제

11.1 2성분 혼합물로부터 31개의 시료를 채취하여 한 성분의 질량 백분율이 다음과 같았다.

19, 22, 20, 24, 23, 25, 22, 18, 24, 21, 27, 22, 18, 20, 23, 19,
20, 22, 25, 21, 17, 26, 21, 24, 25, 22, 19, 20, 24, 21, 23

혼합물의 표준편차에 대한 상위와 하위 95%의 신뢰한계를 구하라.

[답 : 0.355에서 0.595]

11.2 불규칙 혼합물이 질량백분율로 각각 30%와 70%인 A와 B 두 성분으로 구성되어 있다. 입자는 구형이며 A와 B는 입자밀도가 각각 500과 700 kg/m^{3}이다. 두 성분의 통과물 누적 질량분포는 표 11E2.1과 같다. 혼합물로부터 시료 5 g을 채취하면, 시료 조성의 표준편차에 대한 기대 값은 얼마인가?

표 11E2.1 • 입자 A와 B에 대한 입도분포

Size $x(\mu m)$	2057	1676	1405	1204	1003	853	699	599	500	422	357
$F_A(x)$	1.00	1.00	0.85	0.55	0.38	0.25	0.15	0.10	0.07	0.02	0.00
$F_B(x)$			1.00	0.80	0.68	0.45	0.25	0.12	0.06	0.00	0.00

[답 : 0.0025]

11.3 약제를 성형제와 혼합하는 동안 시료 10 mg에서 조성의 표준편차가 상수±0.005의 값을 가진다. 약제(D)와 성형제(E)의 입도분포는 표 11E3.1과 같다. 약제의 평균 질량 분율은 0.1이다. 약제와 성형제의 밀도는 각각 800과 1000 kg/m^{3}이다. 다음의 경우에 혼합이 충분한지 여부를 결정하라.
(a) 기준이 불규칙 혼합물일 경우
(b) 기준이 시료의 99%의 조성이 평균의 ±20% 이내에 들어야하는 내부 명세일 경우

표 11E3.1 • 약제와 성형제의 입도분포

Size $x(\mu m)$	499	420	355	250	190	150	75	53	0
$F_D(x)$	1.00	0.98	0.96	0.94	0.90	0.75	0.05	0.00	0.00
$F_E(x)$	1.00	1.00	0.97	0.96	0.93	0.65	0.25	0.05	0.00

[답 : (a) 0.00118, 기준에 도달하지 못함;
(b) 0.00775, 기준에 도달함]

12 Chapter

입도축소

12.1 개 요

크기축소, 또는 분쇄는 많은 고체 재료의 가공 처리에서 중요한 단계이다. 분쇄는 특정한 크기와 모양의 입자를 생성하거나, 화학반응에 유효한 표면적을 증가시키거나 또는 입자 내에 포함된 귀중한 광물을 분리하기 위하여 사용된다.

고체의 크기축소는 에너지 집약적이며 고도의 비효율적 공정이다. 발전된 모든 전기의 5%가 분쇄에 이용된다. 새로운 표면의 생성에 필요한 에너지에 근거하면, 공업적 규모의 공정은 효율이 일반적으로 1% 미만이다. 이 두 가지 사항은 분쇄공정의 효율을 향상시키기 위하여 대단한 동기를 부여하고 있다. 그러나 수년 동안의 상당한 연구노력에도 불구하고 분쇄공정은 아직도 끈질기게 비효율적이다. 또한 고체의 강도와 파괴 메카니즘에 대한 잘 개발된 이론이 존재함에도 불구하고 분쇄공정의 설계와 규모 확대는 보통 과거의 경험과 시험에 근거하고 있으며 분쇄장치 제조업자의 손에 훨씬 더 의존하고 있다.

이 장에서는 분쇄 주제에 대한 소개로서 관련된 개념과 모델을 다루고 실제 장치와 장비에 관한 폭넓은 조사를 포함하고자 한다. 이 장은 다음과 같은 절로 나누어 설명한다.

- 입자 파쇄 메카니즘 ;
- 에너지 소요량과 제품의 입도분포를 예측하기 위한 모델 ;
- 장치 : 재료와 효율에 적합한 기계

12.2 입자 파쇄 메카니즘

깨지기 쉬운 재료의 간단하고 편리한 모델로 염화나트륨(일반 소금) 결정을 생각해보자. 이 결정은 양으로 대전된 나트륨 이온과 음으로 대전된 염소이온의 격자로 구성되어 있으며 각 이온은 6개의 반대 부호의 이온으로 둘러싸여 있도록 배열되어 있다. 반대로 대전된 이온들 사이에는 그 크기가 이온의 분리 거리 제곱에 반비례하는 인력이 존재한다. 또한 이들 이온의 음으로 대전된 전자구름 사이에는 반발력이 존재하며 이 반발력은 원자간 거리가 매우 작을 경우에 중요해진다. 따라서 반대로 대전된 두 이온은 이들 사이의 인력과 반발력이 서로 같고 정반대인 평형 분리 거리를 갖는다. 그림 12.1은 인력과 반발력의 합이 이온의 분리 거리가 변함에 따라 어떻게 변하는가를 보여준다. 이온의 분리 거리가 평형 분리에서 조금씩 증가 또는 감소하면 이온을 평형 위치로 복귀시키려는 알짜 합력이 존재한다는 것을 알 수 있다. 염화나트륨 결정격자에서 이온들은 인력과 반발력 사이의 균형에 의해서 지배되는 평형위치에 놓여있다. 좁은 범위의 원자간 거리에서 작용한 인장력이나 압축력과 결과적인 이온의 분리 거리 사이 관계는 선형이다. 즉, 이 범위(그림 12.1에서 AB)에서는 변형이 작용한 응력에 비례하는 Hooke의 법칙이 적용된다. 재료의 Young율(응력/변형)은 이 비례관계를 나타낸다. 이 Hooke의 법칙 범위에서는 결정의 변형이 탄성적이다. 즉, 응력을 제거하면 결정의 원래 모양이 회복된다.

결정을 깨뜨리기 위해서는 결정 내에 있는 인접한 이온층을 분리해야 하며 이것은 인접한 이온의 분리거리를 Hooke의 법칙이 적용되는 범위 이상으로 – 즉 그림 12.1에서 점 B를 넘어서 소성 변형 범위까지 증가시키는 것이다. 이 소성 거동을 일으키는데 필요한 응력을 탄성한계 또는 항복응력이라 하고, 때로는 재료의 강도라고 정의한다. 따라서, 이러한 결정에서 이온 사이의 인력과 반발력의 크기를 알면, 소금 결정의 강도를 예측할 수 있다. 첫째로는, 인장응력이 작용하면 작용한 응력에 수직인 결정면 내의 모든 결합들이 동시에 파괴

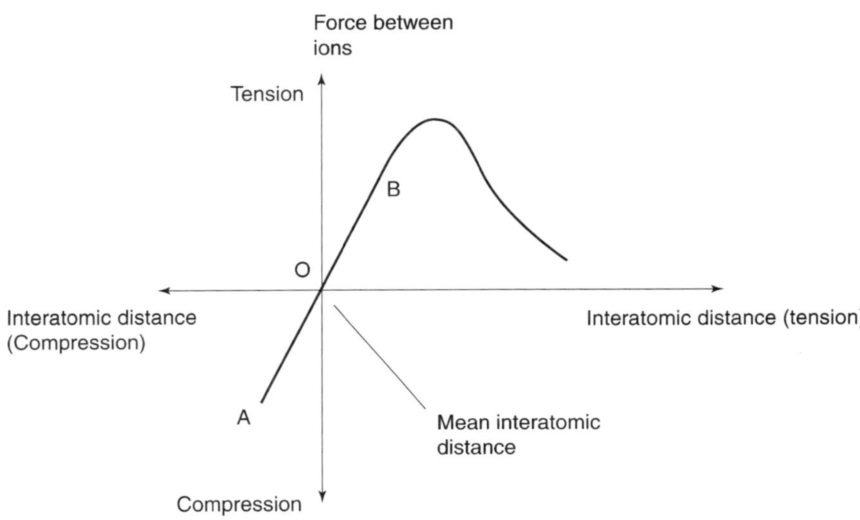

그림 12.1 원자 규모의 거리에 따른 힘

될 때까지 신장되고 재료가 한 원자 두께의 여러 면으로 분열된다고 가정한다. – 이것은 실제에서 보다 훨씬 더 강한 이론적 강점을 가지고 있다. 다른 대안으로는, 깨어질 결합들만이 신장된다고 가정한다. – 이것은 실제보다 훨씬 더 약한 이론적 강점을 가진다. 실제로 이들 재료에 대한 진정한 파쇄 메카니즘은 훨씬 더 복잡하고 흥미 있는 것으로 밝혀지고 있다.

장력을 받은 물체는 에너지 즉 변형 에너지를 저장한다. 장력을 받아 깨지기 쉬운 물질에 의해서 저장된 변형 에너지의 양은 고유의 응력-변형 곡선 아래 면적으로 주어진다. 이 변형 에너지는 물체 전체에 균일하게 분포되지 않고 구멍이나, 모서리 및 균열된 틈 주위에 집중된다. Inglis(1913)는 구멍이나 균열된 틈 또는 모서리 주위에서 응력집중인자, K를 다음 식으로 계산할 수 있다고 제안하였다.

$$K = \left(1 + 2\sqrt{\frac{L}{R}}\right) \tag{12.1}$$

여기서 L은 균열 길이의 절반이고, R은 균열 끝이나 구멍의 반경이며 K는 응력집중인자(국부응력/물체 내의 평균응력)이다. 따라서 둥근 구멍에 대해서는, $K = 3$이고, 끝의 반경이 원자 사이 거리의 절반($R = 10^{-10}$ m)과 같은 $2\,\mu m$ 길이의 균열에 대해서는, $K = 201$이다.

Griffith(1921)는 물체의 표면에서 균열이 전파되기 위해서는 다음과 같은 기준을 만족시켜야 한다고 제안하였다.

(1) 방출될 변형 에너지는 생성된 표면 에너지보다 커야 한다.
(2) 유효한 균열 전파 메카니즘이 있어야 한다.

Griffith는 또한 물체에 작용한 주어진 평균 응력에 대하여 균열 끝에서 응력 집중이 균열을 전파시킬 수 있을 만큼 충분한 임계 최소 균열 길이가 존재해야 한다고 지적하였다. 이 평균 응력이 작용하면 초기에 이 응력에 대한 임계 균열 길이보다 더 긴 균열은 더 길게 성장하고, L이 증가함에 따라 K가 증가하기 때문에, 물체가 깨어질 때까지 균열 성장이 증가한다. 평균 응력이 일정하게 유지되면, 균열이 성장함에 따라 그 균열을 전파시키는데 필요한 것보다 과잉의 변형 에너지가 존재한다(K가 증가하기 때문). 이 과잉 변형 에너지는 물질 내에서 음속으로 소산되어 다른 균열들의 끝에 집중되면서 이들 균열을 전파시킨다. 균열 전파 속도는 물질에서 음속보다 낮으며 따라서 처음 균열이 파괴되기 전에 다른 균열들이 전파되기 시작한다. 이와 같이 깨지기 쉬운 물질에서는 다중 파쇄가 일반적이다. 깨지기 쉬운 물질의 표면에서 균열을 피할 수 있으면 물질의 강도가 이론값에 가깝다. 이것은 유리 막대를 부드러워질 때까지 가열한 다음 꺼내어 새로운 표면을 생성해보면 입증할 수 있다. 막대를 굽혀보면 입증되는 바와 같이, 막대는 냉각되자마자 곧 놀랄 만큼 높은 인장응력을 견딜 수 있다. 새로운 표면을 한번 처리하거나 짧은 기간 동안 정상적인 환경에 노출되어도,

표면에 미시적인 균열이 생성되기 때문에 인장 강도가 감소한다. 모든 물질의 표면은 그 안에 균열을 가지고 있는 것으로 알려져 있다.

Gilvary(1961)는 분쇄 생성물의 입도 분포를 계산하기 위하여 부피, 면 및 모서리 흠(균열)의 개념을 제안하였다. 모든 균열은 불규칙하게 분포되며 서로 독립적이라는 것과 첫 번째 균열이 한번 전파되기 시작하면 초기 응력계가 제거된다는 것을 가정하고, Gilvary는 분쇄된 물질에 공통적으로 제품의 입도분포를 예측할 수 있다는 것을 보여주었다. 예를 들어, 모서리 균열이 지배적이면 일반적인 Rosin-Rammler 분포가 얻어진다.

Evans 등(1961)은 직경과 반대 방향의 하중이 작용하는 디스크에는, 직경에 90°로 작용하는 균일한 인장 응력이 존재한다는 것을 제시하였다. 따라서, 충분히 큰 압축 하중이 작용하면, 결과로 생긴 인장 응력이 재료의 응집 강도를 초과할 수 있고 디스크는 직경을 가로질러 파열된다. Evans는 이 분석을 3차원 입자로 확장하여 입자들이 압축응력을 받을 때에도 입자의 모양에 의해서 형성되는 응력 형태가 균열의 존재 여부에 관계없이 장력에 의해서 입자를 파괴한다고 설명하였다.

균열은 질긴 물질(예: 고무, 플라스틱 및 금속)의 경우에는 별로 중요하지 않다. 왜냐하면 과잉 변형 에너지가 균열 전파보다는 오히려 물질의 변형에 사용되기 때문이다. 따라서 연성이 있는 금속에서는, 예를 들면 균열의 정점에서 응력 집중이 균열의 끝 주위에서 물질의 변형을 초래하여 끝의 반경이 더 커지면서 응력 집중이 낮아진다.

작은 입자가 큰 입자보다 깨지기가 더 어렵다는 관찰 결과는 균열 전파에 의한 파괴의 개념을 이용하여 설명할 수 있다. 첫째로, 균열의 길이가 입자의 크기에 의하여 제한되고 따라서 작은 입자에서는 최대 응력집중인자가 더 낮아질 것으로 예측된다. 더 낮은 응력집중은 입자를 파괴하기 위하여 더 높은 평균응력이 작용해야 한다는 것을 의미한다. 두 번째로는, 작은 입자의 경우에 Inglis식[식 (12.1)]이 K를 과다하게 예측한다. 왜냐하면 이들 입자에서는 응력분포 형태가 발전할만한 공간이 없기 때문이다. 이것은 가능한 최대 응력 집중을 효과적으로 제한하고 있으며 균열 전파를 일으키기 위해서는 더 높은 평균 응력이 필요하다는 것을 의미한다. Kendal(1978)은 입도가 감소함에 따라 균열 전파가 불가능해지는 임계 크기에 도달할 때까지 파쇄 강도가 증가한다는 것을 증명하였으며 이 임계 입도를 예측하는 방법도 제안하였다.

12.3 에너지 소요량과 생성물 입도분포 예측 모델

12.3.1 에너지 소요량

분쇄에 필요한 에너지 소요량을 예측하는 세 가지 잘 알려진 가설이 있다. 이들 가설을 제안된 연대순으로 설명한다. Rittinger(1867)는 분쇄에 필요한 에너지는 생성된 새 표면적에 비례한다고 제안하였다. 따라서 처음과 마지막 입도가 각각 x_1과 x_2라 하고, 부피 형상계수 k_v가 입도에 무관하다고 가정하면,

$$\text{처음 입자의 부피} = k_v x_1^3$$

$$\text{마지막 입자의 부피} = k_v x_2^3$$

이 되고 입도가 x_1인 각 입자는 입도가 x_2인 입자를 x_1^3/x_2^3개 생성한다.

만약 표면 형상계수 k_s가 크기에 무관하면, 처음의 각 입자에 대하여, 분쇄에 의해서 생성된 새 표면은 다음 식으로 주어진다.

$$\left(\frac{x_1^3}{x_2^3}\right) k_s x_2^2 - k_s x_1^2 \tag{12.2}$$

이 식을 간단히 하면

$$k_s x_1^3 \left(\frac{1}{x_2} - \frac{1}{x_1}\right) \tag{12.3}$$

따라서 원래 입자의 단위 질량 당 생성된 새 표면은

$$= k_s x_1^3 \left(\frac{1}{x_2} - \frac{1}{x_1}\right) \times (\text{단위 질량 당 원래 입자의 수})$$

$$= k_s x_1^3 \left(\frac{1}{x_2} - \frac{1}{x_1}\right) \times \left(\frac{1}{k_v x_1^3 \rho_p}\right)$$

$$= \frac{k_s}{k_v} \frac{1}{\rho_p} \left(\frac{1}{x_2} - \frac{1}{x_1}\right)$$

여기서 ρ_p는 입자밀도이다. 따라서 형상계수와 밀도가 일정하다고 가정하면, Rittinger의 가설은 다음과 같이 나타낼 수 있다.

$$\text{원료 단위 질량 당 분쇄 에너지, } E = C_R \left(\frac{1}{x_2} - \frac{1}{x_1}\right) \tag{12.4}$$

여기서 C_R은 상수이다. 이것이 적분 형이라면, 미분 형으로, Rittinger의 가설은

$$\frac{dE}{dx} = -C_R \frac{1}{x^2} \tag{12.5}$$

그러나 실제로 에너지 소요량은 보통 새 표면의 생성에 필요한 량의 200－300배이기 때문에, 에너지 소요량과 생성된 표면을 관련짓는 것이 쉽지 않다.

플라스틱 변형에 대한 응력 분석 이론에 근거하여, Kick(1885)은 모든 분쇄 공정에서 필요한 에너지는 생성입자에 대한 원료입자의 부피 비에 비례한다고 제안하였다. 이 가정을

출발점으로 하면, 부피 비, x_1^3/x_2^3가 에너지 소요량을 결정한다는 것을 알게 된다(형상계수는 일정하다고 가정함). 따라서 입도 비, x_1/x_2가 에너지 소요량을 결정하는 부피 비, x_1^3/x_2^3를 고정시킨다. 그리고 Δx_1을 입도 변화라 하면,

$$\frac{x_2}{x_1} = \frac{x_1 - \Delta x_1}{x_1} = 1 - \frac{\Delta x_1}{x_1}$$

이것이 부피 비, x_1^3/x_2^3를 고정시키고, 에너지 소요량을 결정한다.

따라서, $\Delta x_1/x_1$이 x_1에서 $x_1 - \Delta x_1$까지 분쇄하는데 필요한 에너지를 결정한다. 즉

$$\Delta E = C_K\left(\frac{\Delta x}{x}\right)$$

$\Delta x_1 \rightarrow 0$에 따라,

$$\frac{dE}{dx} = C_K \frac{1}{x} \tag{12.6}$$

이것이 미분 형으로 나타낸 Kick의 법칙이다(C_K는 Kick의 법칙 상수이다). 적분하면 다음을 얻는다.

$$E = C_K \ln\left(\frac{x_1}{x_2}\right) \tag{12.7}$$

이 제안은 대부분의 경우에 비현실적이다. 왜냐하면 이 법칙은 10 μm 입자를 1 μm 입자로 분쇄하는데 필요한 에너지가 1 m 돌을 10 cm 덩어리로 줄이는 데 필요한 에너지와 똑 같은 것으로 예측하기 때문이다. 이것은 분명히 옳지 않으며 입도가 큰 생성물에 관하여 수집한 자료를 외삽하여 입도가 작은 생성물에 필요한 에너지를 예측하면 Kick의 법칙은 형편없이 작은 값을 제공한다.

Bond(1952)는 식 (12.8a)을 기본형으로 나타낸 좀 더 유용한 공식을 제안하였다.

$$E = C_B\left[\frac{1}{\sqrt{x_2}} - \frac{1}{\sqrt{x_1}}\right] \tag{12.8a}$$

그러나 Bond의 법칙은 주로 식 (12.8b)의 형태로 나타낸다. 이 법칙은 수많은 재료에 관하여 공업적 규모와 실험실 규모의 공정에서 Bond가 얻은 데이터에 근거하고 있다.

$$E_B = W_1\left[\frac{10}{\sqrt{X_2}} - \frac{10}{\sqrt{X_1}}\right] \tag{12.8b}$$

여기서 E_B는 재료의 최대 입도를 x_1에서 x_2로 줄이는데 필요한 에너지이고 W_1은 Bond의 일지수(work index)이다.

최대 입도를 정의하기가 어렵기 때문에, 실제에서는 X_1과 X_2를 각각 원료와 생성물에서 재료의 80%가 통과하는 μm 단위의 체 크기로 나타낸다. Bond는 이와 같이 80% 통과 크기에 특별한 의미를 부여하였다.

식 (12.8b)을 잘 보면 W_1은 단위 질량의 물질을 무한 크기에서 100 μm의 크기로 축소하는데 필요한 에너지로 정의된다는 것을 알게 된다. 일지수는 이와 같이 정의하지만, 실제로는 실험실 규모의 실험을 통해서 결정되고 최종 제품의 크기에 무관한 것으로 가정한다.

E_B와 W_1은 모두 단위 질량 당 에너지의 차원을 가지며 보통 kWh/ton (1ton = 2000 lb)의 단위로 나타낸다(1 kWh/ton ≈ 4000 J/kg). Bond의 일지수, W_1은 실험으로 결정해야 한다. 몇 가지 예를 들면: bauxite, 9.45 kWh/ton; coke, 20.7 kWh/ton; gypsum rock, 8.16 kWh/ton 등이다.

Bond의 공식은 제품의 최대 입도가 100 μm 보다 작지만 않으면 충분히 신뢰할 수 있는 최상의 근사 값으로 에너지 소요량을 제공한다. Bond의 공식을 미분 형으로 나타내면 다음과 같다.

$$\frac{dE}{dx} = C_B \frac{1}{x^{3/2}} \tag{12.9}$$

Rittinger, Kick 및 Bond의 공식이 각각 특별한 경우에 해당되는 일반 공식을 찾아내려는 시도(예, Holmes, 1957; Hukki, 1961)가 있어 왔다. 위의 분석 결과로부터 이들 세 가지 제안을 다음과 같이 하나의 동일한 미분방정식의 적분으로 생각할 수 있다는 것을 알 수 있다.

$$\frac{dE}{dx} = -C \frac{1}{x^N} \tag{12.10}$$

Rittinger : $N = 2, \ C = C_R$

Kick : $N = 1, \ C = C_K$

Bond : $N = 1.5, \ C = C_B$

위에서 설명한 에너지 소요량을 예측하는 세 가지 방법은 각각 제품의 특정한 입도 범위에서 더 잘 적용된다. Kick의 제안은 큰 입도에 적용되며(조분쇄), Rittinger의 공식은 대단히 작은 입도에 적용되고(초미세 분쇄) Bond의 공식은 많은 공업적 분쇄 공정에서 가장 일반적인 범위의 중간 입도에 적합한 것으로 가정하는 것이 일반적인 관례이다. 이것을 대수 눈금 상에 비에너지 소요량을 입도에 대하여 그린 선으로 그림 12.2에 나타낸다. Rittinger의 가설에 대해서는, $E \propto 1/x$ 이므로 $\ln E \propto -\ln x$ 이고 따라서 기울기가 -1이다. Bond의 공식에서는, $E \propto 1/x^{0.5}$ 이므로 $\ln E \propto -0.5 \ln x$ 이고 따라서 기울기가 -0.5이다. Kick의 법칙에서는, 비에너지 소요량이 실제 입도와 관계없이 축소비 x_1/x_2에 의존하기 때문에 기울기가 0이다.

그러나 실제로는, 특정한 물질의 분쇄에 필요한 에너지를 예측하기 위해서는 장치 제조업자의 과거 경험과 시험에 의존하는 것이 일반적으로 바람직하다.

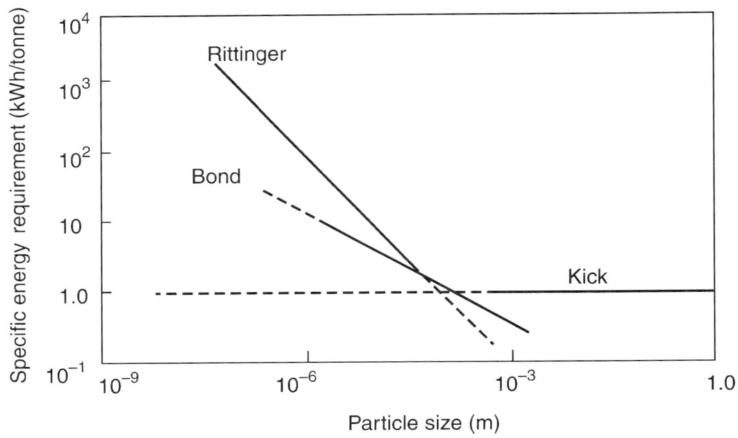

그림 12.2 파괴에 필요한 비에너지 소요량 : Rittinger, Bond 및 Kick의 법칙과 관계

12.3.2 제품의 입도분포 예측

분쇄장치에서 파괴공정은 두 가지 함수, 즉 비파괴속도와 파괴분포함수에 근거하여 모델링하는 것이 일반적인 관례이다. 비파괴속도 S_j는 입도가 j인 입자가 단위시간에 파괴되는 확률이다(실제로 "단위시간"은, 예를 들면, 분쇄기의 특정한 회전수를 의미할 수 있다). 파괴분포함수(breakage distribution function) $b(i, j)$는 주어진 입도의 입자를 분쇄하여 얻어진 제품의 입도분포를 나타낸다. 예를 들면, $b(i, j)$는 입도간격 j로부터 얻어진 분쇄 생성물이 입도간격 i에 들어가는 분율이다. 그림 12.3은 입도 간격 1인 단일크기의 입자 10 kg을 처리할 때 S_j와 $b(i, j)$의 의미를 입증하는데 도움을 준다. 만약 $S_1 = 0.6$이면 단위시간 후에 4 kg의 물질이 입도 간격 1에 남아있을 것으로 예상된다. 분쇄생성물의 입도분포는 일련의 $b(i, j)$값으로 나타낸다. 따라서, 예를 들면, 만약 $b(4, 1) = 0.25$이면 입도간격 1로부터 25질량%가 입도간격 4에 들어갈 것으로 예상된다. 파괴분포함수는 입도간격 j로부터 분쇄생성물이 입도간격 j에서 n까지 들어간 분율을 누적형태 $B(i, j)$로 나타낼 수도 있다. 여기서 n은 입도간격의 전체 수이다. [$B(i, j)$는 누적 통과물 분포이다.]

따라서, S가 파괴속도라는 것을 생각하면, 입도 간격 i에서 시간에 따른 입자의 질량변화를 나타내는 식 (12.11)을 얻는다.

$$\frac{dm_i}{dt} = \sum_{j=1}^{j=i-1} [b(i, j)S_j m_j] - S_i m_i \tag{12.11}$$

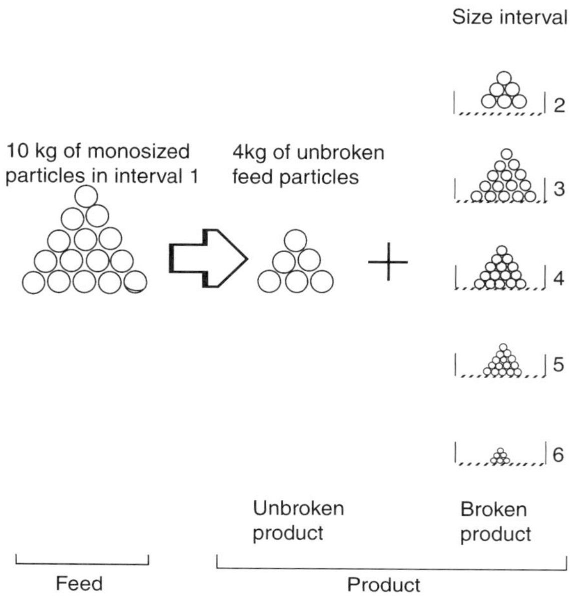

Mass (kg)	b (i, j)	B (i, j)
0.9	0.15	1
1.8	0.3	0.85
1.5	0.25	0.55
1.2	0.2	0.3
0.6	0.1	0.1

그림 12.3 비파괴속도와 파괴 분포함수의 의미

여기서 $\sum_{j=1}^{j=i-1}[b(i,\, j)S_j\, m_j] \;=\; j > i$ 의 모든 간격으로부터 간격 i 로 분쇄된 질량

$S_i m_i \;=$ 간격 i 에서 분쇄된 질량

원료물질의 전체질량을 M 이라 하고 입도간격 i 에서 질량 분율을 y_i 라 하면, $m_i = y_i M$ 이고 $m_j = y_j M$ 이기 때문에, 입도 간격 i 에 있는 물질의 시간에 따른 질량 분율의 변화속도를 유사한 식으로 쓸 수 있다.

$$\frac{dy_i}{dt} = \sum_{j=1}^{j=i-1}[b(i,\, j)S_j\, y_j] - S_i y_i \tag{12.12}$$

이와 같이 주어진 원료 물질에 대한 일련의 S와 b값들을 가지면, 분쇄기에서 주어진 시간 후에 제품의 입도분포를 결정할 수 있다. 실제로, S와 b 모두는 입도와 물질 및 분쇄기에 의존한다. 앞에서 설명한 입자의 파쇄 메카니즘으로부터 비파괴속도는 입도가 감소할수록 감소해야하는 것으로 예상되며 이것이 사실인 것으로 밝혀져 있다. 이 예측법의 목적은 작은 규모의 시험에서 결정된 S와 b값을 사용하여 큰 규모의 생성물 입도분포를 예측할 수 있다는 것이다. 이 방법은 상당히 신뢰할만한 예측 값을 제공하는 것으로 알려져 있다.

12.4 분쇄장치의 종류

12.4.1 분쇄기 선택에 미치는 인자

특정한 분쇄 조작에 알맞은 분쇄기의 선택은 다음과 같은 변수에 의존한다.

- 응력 메카니즘 ;
- 원료와 생성물의 크기 ;
- 재료 특성 ;
- 운반 매체 ;
- 운전 방식 ;
- 용량 ;
- 다른 단위조작과 결합.

12.4.2 응력 메카니즘

분쇄기에서 입도축소를 위한 세 가지 응력 메카니즘을 확인할 수 있다.

(1) 두 표면(표면－입자 또는 입자－입자) 사이에 0.01－10 m/s의 낮은 속도로 작용한 응력. 파쇄 더하기 마모, 그림 12.4.

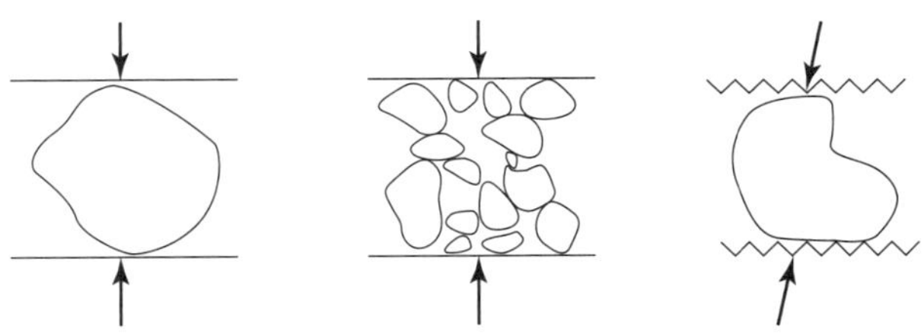

그림 12.4 두 표면 사이에 가해진 힘

(2) 단일 고체 표면(표면－입자 또는 입자－입자)에 10－200 m/s의 높은 속도로 작용한 응력. 충격 파괴 더하기 마모, 그림 12.5

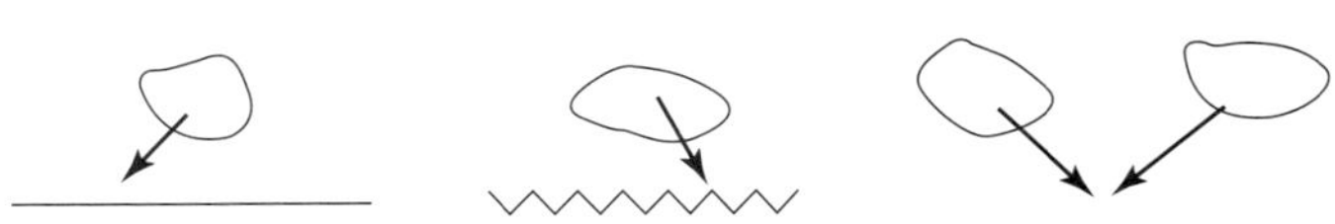

그림 12.5 단일 고체 표면에 가해진 힘

(3) 운반 매체에 의하여 작용한 응력 － 흔히 응집을 방지하기 위한 습식 분쇄에서.

분쇄장치는 사용된 응력 메카니즘에 따라 다음과 같이 분류할 수 있다.

메카니즘 1(파쇄)을 주로 이용하는 기계

아귀조쇄기(jaw crusher)는 한 쌍의 거대한 호두 까는 기구와 같다(그림 12.6). 한 아귀는 고정되어 있고 다른 한 아귀는, 윗부분이 돌쩌귀에 매달려 있는데, 편심으로 추진되는 이음쇠에 의하여 고정된 아귀까지 왕복운동을 한다. 원료 덩어리는 아귀 사이에서 분쇄되어 바닥에 있는 철망을 통과할 수 있을 때 분쇄기를 빠져나간다.

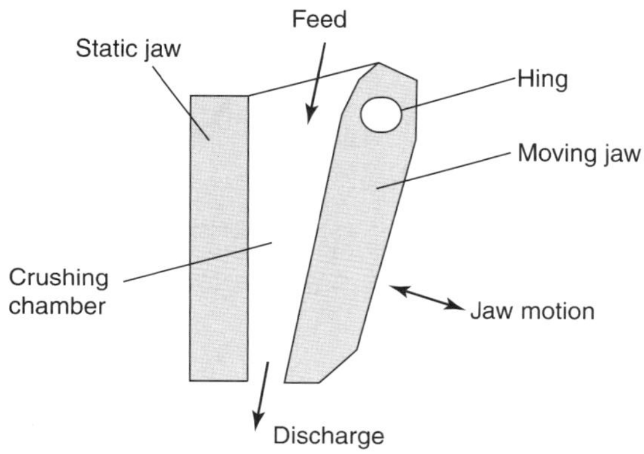

그림 12.6 아귀 조쇄기 개략도

선동조쇄기(gyratory crusher)는, 그림 12.7에 나타낸 바와 같이, 끝이 잘린 원뿔모양의 고정된 턱이 있다. 다른 턱은 편심 거치 위에 고정된 턱 내부에서 회전하는 원뿔이다. 분쇄물은 턱 사이의 틈을 통과할 수 있을 만큼 충분히 작을 때 배출된다.

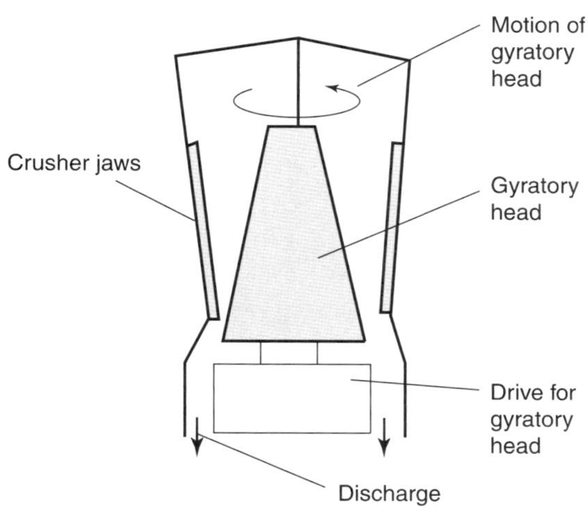

그림 12.7 선동 조쇄기 개략도

롤조쇄기(crushing roll)는 두 개의 원통형 롤이 평행한 수평축에 맞물려 반대 방향으로 회전하고 롤 사이의 틈은 조절이 가능하다(그림 12.8). 롤이 회전하면서 중력에 의하여 메워 들어가는 분쇄물이 롤 사이의 틈을 통과하면서 항력이 작용하여 입자 파편이 생성된다. 롤은 분쇄물과 롤 사이에 분쇄 능력을 개선하기 위하여 늑재로 보강할 수도 있다.

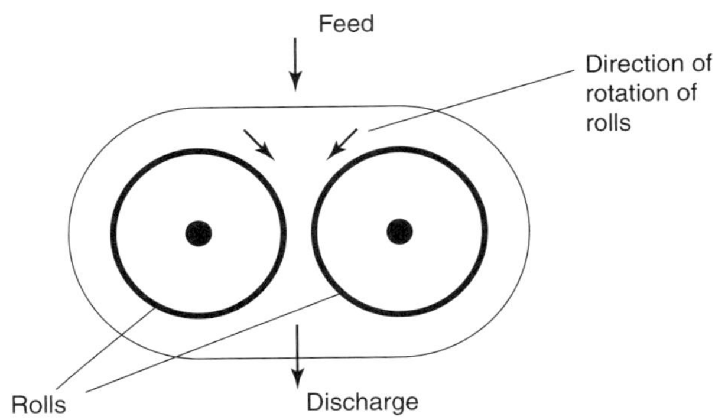

그림 12.8 롤 조쇄기 개략도

그림 12.9에 나타낸 수평판 밀(horizontal table mill)은 원료물질이 회전하는 원형 판의 중심에 떨어져서 원심력에 의하여 밖으로 던져진다. 밖으로 이동하면서 분쇄물이 롤러 밑을 통과하면서 분쇄된다.

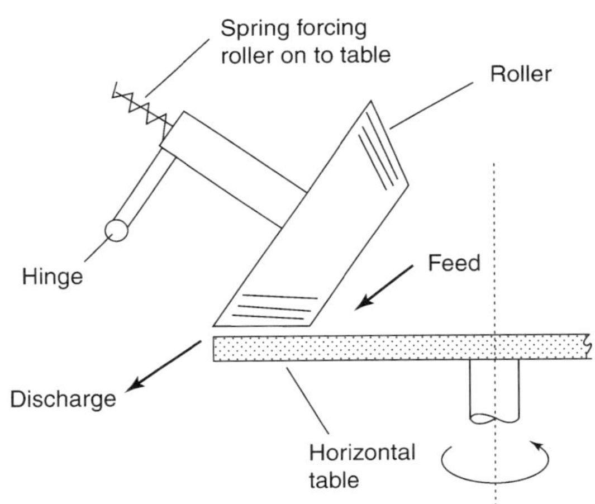

그림 12.9 수평판 밀 개략도

메카니즘 2(고속 충격)을 주로 이용하는 기계

그림 12.10에 나타낸 해머 밀(hammer mill)은 고정 또는 선회하는 해머가 부착된 회전축으

로 구성되어 있다. 이 장치는 원통 내부에서 회전한다. 입자들은 중력이나 기체 흐름에 의해서 원통에 공급된다. 중력으로 공급하는 장치에서는 입자들이 바닥에 있는 철망을 통과할 만큼 충분히 작아지면 분쇄실을 빠져나온다.

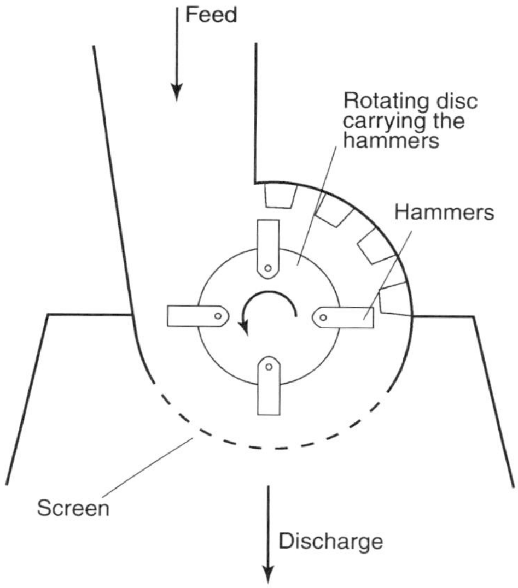

그림 12.10 해머 밀 개략도

핀 밀(pin mill)은 두 개의 평행한 원판으로 구성되어 있으며 각 원판에는 일련의 돌출된 핀이 있다(그림 12.11). 원판 하나는 고정되어 있고 다른 원판은 고속으로 회전하면서 회전 원판에 있는 핀들이 고정된 원판에 있는 핀들과 가깝게 통과한다. 입자들은 공기와 함께 중심으로 들어와서 반경방향으로 바깥쪽으로 이동하면서 충격 또는 마모에 의해서 분쇄된다.

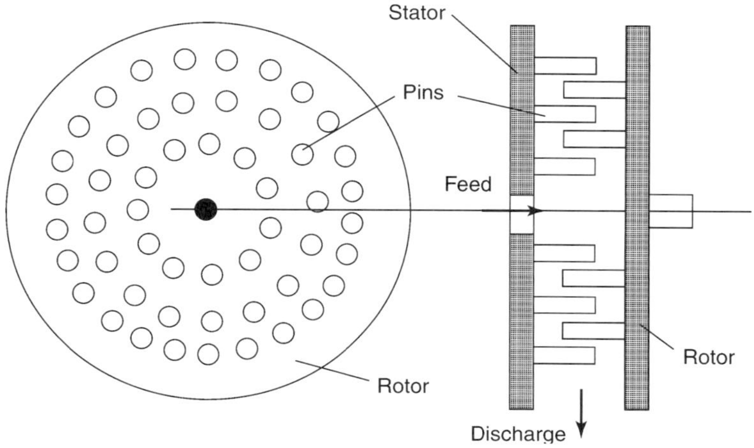

그림 12.11 핀 밀 개략도

유체 에너지 밀(fluid energy mill)은 입자를 분쇄시키는 입자 사이 충돌 조건을 만들기 위하여 공기나 수증기의 고속 분출 흐름에서 생성된 난류에 의존한다. 제2차 세계대전 이후에 개발된 유체 에너지 밀의 일반적인 형상은 그림 12.12에 나타낸 고리형 또는 타원형 젯트 밀이다. 이들 밀(mill)은 대단히 높은 비에너지를 소모하고 마모성 재료를 취급할 때는 극심한 마모를 초래한다. 이러한 문제들은 최근에 개발된 유동층 젯트 밀에서 어느 정도 극복하게 되었다. 유동층 젯트 밀은 분쇄지대로부터 분출된 고속 입자로부터 에너지를 흡수하기 위하여 유동층을 사용한다.

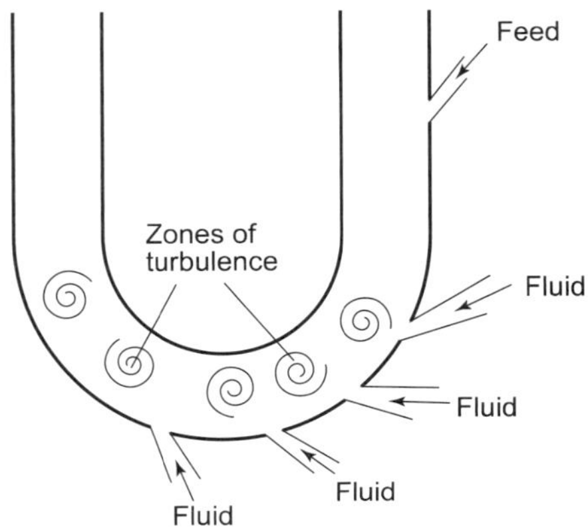

그림 12.12 유체 에너지 밀 개략도

메카니즘 1과 2의 결합(마모와 함께 파쇄와 충격)을 이용하는 기계

그림 12.13에 나타낸 샌드밀(sand mill)은 모래나 유리구 교반 층이 있는 수직 원통이다. 슬러리 형태의 원료는 펌프로 층의 바닥으로 공급하고 제품은 층 물질을 유지하는 망을 통과하여 맨 위에서 빠져 나간다.

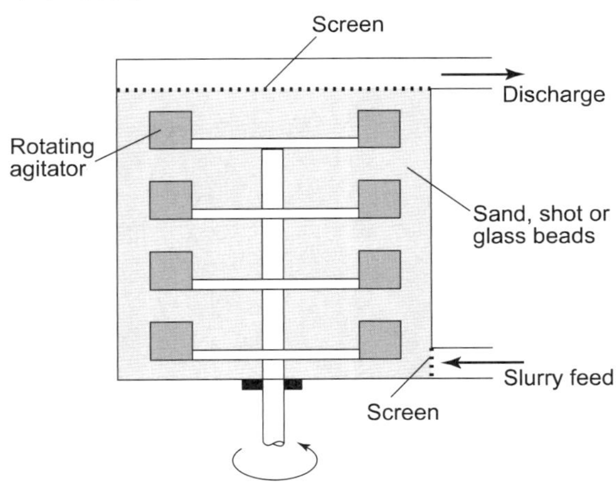

그림 12.13 샌드밀 개략도

콜로이드 밀(colloid mill)에서는 슬러리 형태의 원료가 고속으로 회전하는 늑재가 있는 수컷 원추와 정지되어 있는 암컷 원추 사이의 좁은 공간을 통과한다(그림 12.14).

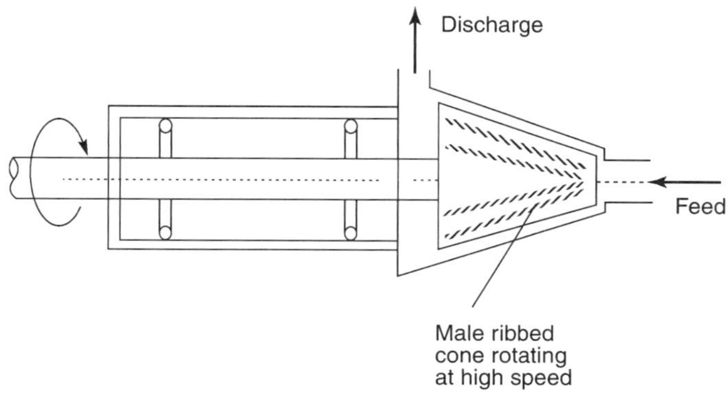

그림 12.14 콜로이드 밀 개략도

그림 12.15에 나타낸 볼밀(ball mill)은 강철 또는 세라믹 볼로 절반 정도가 채워진 회전하는 원통형 또는 원통-원추형 통이다. 원통의 회전 속도는 볼이 한꺼번에 떨어지지 않고 서로 위에 굴러 떨어지도록 한다. 이 속도는 보통 채워진 볼과 원료물질이 정확히 원심작용을 받는 임계속도의 80% 이하이다. 연속 분쇄에서는 운반 매체는 공기이고, 이 공기는 막힘을 초래하는 경향이 있는 습기를 제거하기 위하여 가열되기도 한다. 볼밀은 또한 운반 매체로 물을 사용하는 습식 분쇄에서도 사용된다. 볼의 크기는 원하는 제품의 입도에 맞추어 선택한다. 그림 12.15에 나타낸 밀의 원추부분은 작은 볼을 배출구 끝 쪽으로 이동시켜 미분쇄를 수행한다. 튜브 밀(tube mill)은 격막으로 칸이 구분된 대단히 긴 볼밀이며, 원료 입구에는 큰 볼로부터 배출구에는 작은 볼까지 길이에 따라 볼의 크기가 등급화 되어 있다.

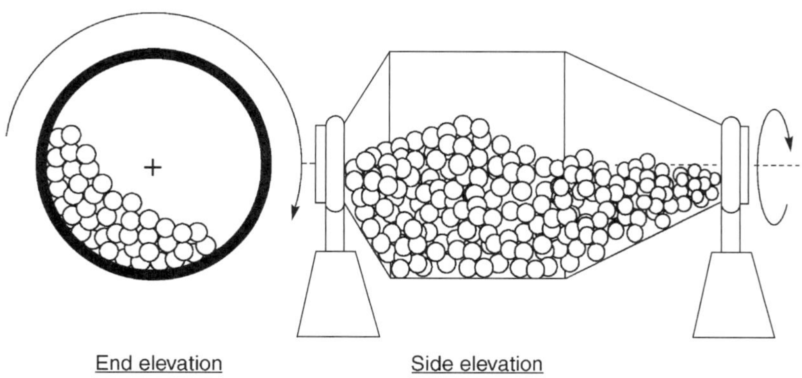

그림 12.15 볼밀 개략도

12.4.3 입도

분쇄기를 응력 메카니즘에 따라 분류하는 것이 기술적으로 흥미는 있지만, 대부분의 경우 적합한 분쇄기의 선택을 결정하는 것은 원료의 크기와 필요한 제품의 입도분포이다. 일반적으로, 표 12.1에 나타낸 용어를 사용한다.

표 12.2는 제품의 입도에 따라 사용하는 분쇄기의 종류를 어떻게 결정하는가를 보여준다.

표 12.1 • 분쇄에 사용되는 용어

Size range of product	Term used
1−0.1 m	Coarse crushing
0.1 m	Crushing
1 cm	Fine crushing, coarse grinding
1 mm	Intermediate grinding, milling
100 μm	Fine grinding
10 μm	Ultrafine grinding

표 12.2 • 생성물 크기에 따른 분쇄장치의 분류

Down to 3 mm	3 mm−50μm	< 50μm
Crushers Table mills Edge runner mills	Ball mills Rod mills Pin mills Tube mills Vibration mills	Ball mills Vibration mills Sand mills Perl mills Colloid mills Fluid energy mills

12.4.4 재료 특성

재료의 특성이 분쇄기 유형을 선택하는데 영향을 미치나, 원료와 제품의 입도에 비해서는 미치는 영향이 더 적다. 분쇄기를 선정할 때에는 다음의 재료 특성을 고려할 필요가 있다.

경도(hardness). 경도는 보통 흑연(graphite)이 1이고 금강석(diamond)을 10으로 분류한 Mohs의 경도로 측정한다. 경도 특성은 마모에 대한 저항의 척도이다.

마모성(abrasiveness). 이 특성은 경도와 밀접한 관계가 있으며 일부에서는 시판되는 분쇄기의 선정에 있어서 가장 중요한 인자로 고려된다. 마모성이 큰 재료는 재료와 접촉하는 기계 부품의 손상을 줄이기 위하여 일반적으로 낮은 속도로 운전하는 분쇄기에서 분쇄하여야 한다(예, 볼밀).

질김성(toughness). 이 특성은 재료가 균열의 전파에 저항하는 성질이다. 질긴 재료에서는 과잉 변형 에너지가 새로운 균열의 전파보다는 오히려 탄성 변형을 일으킨다. 취약성(brittleness)이 질김성의 반대이다. 질긴 재료는 분쇄에서 문제점이 있으나, 경우에 따라 재료의 온도를 떨어뜨려서 소성 흐름 성향을 줄이고 재료를 더 취약하게 할 수 있다.

응집성/부착성(cohesivity/adhesivity). 재료의 입자들이 어떻게 해서 서로 들러붙거나 다른 표면에 붙는 성질. 응집성과 부착성은 함수율과 입도에 관련된다. 입도가 감소하거나 함수율이 증가하면 재료의 응집성과 부착성이 증가한다. 입도에 기인한 응집성/부착성 때문에 야기되는 문제들은 습식 분쇄에 의해서 극복할 수 있다.

섬유특성(fibrous nature). 섬유특성을 갖는 재료는 특수한 경우이며 해머 밀 설계에 기초한 절단기로 분쇄해야 한다.

낮은 융점(low melting point). 분쇄기에서 발생되는 열은 재료를 용융시킬 만큼 충분할 수 있으며 따라서 재료의 질김성을 증가시키고 응집성/부착성을 증가시키는 문제점을 초래한다. 어떤 경우에는 운반 매체로 찬 공기를 사용하여 문제점을 극복할 수 있다.

다른 특이특성(other special properties). 열적으로 민감한 재료와 자발적인 연소성이나 높은 가연성을 갖는 재료는 불활성 운반 매체(예, 질소)를 사용하여 분쇄해야 한다. 독성 또는 방사능 물질은 폐쇄회로 상에서 운전하는 운반매체를 사용하여 분쇄해야 한다.

12.4.5 운반 매체

운반 매체는 기체나 액체이다. 가장 일반적으로 사용되는 기체는 공기이지만, 위에서 설명한 바와 같이 어떤 경우에는 불활성 기체가 사용된다. 습식 분쇄에서 가장 일반적으로 사용되는 액체는 물이며 기름이 가끔 사용되기도 한다. 운반 매체는 분쇄기를 통과하는 재료를 운반하는 역할을 할 뿐만 아니라, 일반적으로, 힘을 입자에 전달하고, 마찰과 마모에 영향을 주고, 균열 생성과 응집성/부착성에 영향을 미친다. 운반 매체는 또한 정전기 대전과 재료의 인화성에 영향을 끼칠 수도 있다.

12.4.6 운전 방식

분쇄기는 회분식 또는 연속식으로 운전한다. 운전 방식의 선택은 처리량과 공정 및 경제성에 근거한다. 회분식 분쇄기의 용량은 실험실 규모의 몇몇 그람에서 부터 상업적 규모의 몇몇 톤까지 다양하다. 연속식 분쇄 장치의 처리량은 실험실 규모의 시간당 몇 백 그람에서부터 산업적 규모의 시간당 몇 천 톤에 이른다.

12.4.7 다른 조작과 결합

작은 분쇄기는 이중의 목적을 가지며 따라서 크기 축소 이 외에 건조, 혼합 또는 재료의 분급 등을 수행하기도 한다.

12.4.8 분쇄회로의 유형

분쇄회로는 "개방회로" 또는 "폐쇄회로" 중의 하나이다. 개방회로 분쇄(그림 12.16)에서는 재료가 분쇄기를 단 한번만 통과한다. 따라서 유일한 제어 변수는 분쇄기에서 재료의 체류시간이다. 제품의 입도와 입도분포는 재료의 체류시간(처리량)을 변화시켜 특정한 범위에서 조절될 수 있다. 즉 공급 속도가 제품의 입도를 지배하며 따라서 장치가 가변성이 없다.

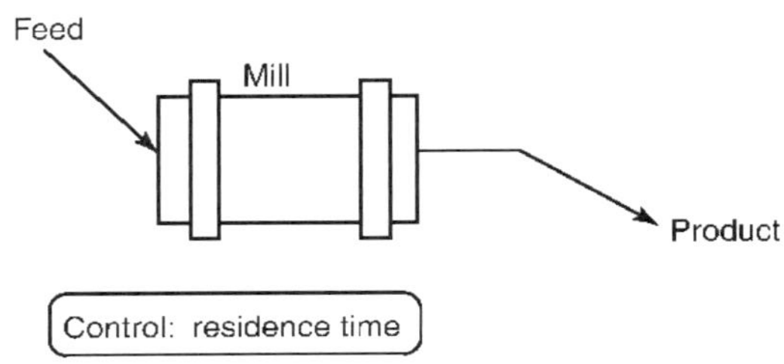

그림 12.16 개방 회로 분쇄

폐쇄회로 분쇄(그림 12.17)에서는 분쇄기를 나오는 재료가 어떤 형태의 분급(입도에 따른 분리)을 거친 다음 큰 입자는 원료와 함께 다시 분쇄기로 돌아간다. 이와 같은 장치는 제품의 평균 입도와 입도 분포를 조절할 수 있기 때문에 훨씬 더 융통성이 있다.

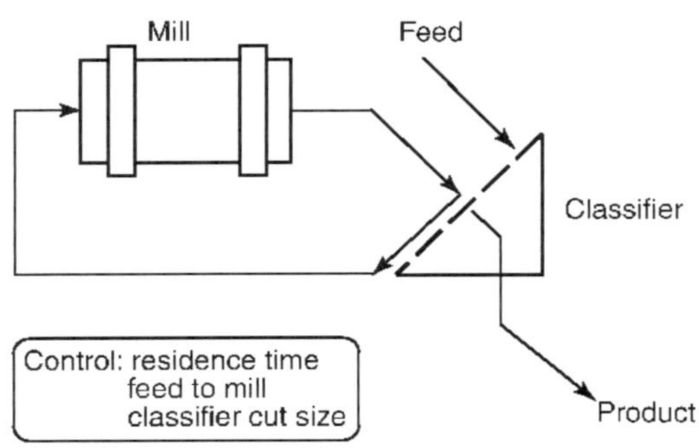

그림 12.17 폐쇄 회로 분쇄

그림 12.18과 12.19는 각각 건식과 습식 폐쇄 분쇄회로에서 분쇄기에 원료를 공급하고, 분쇄물을 배출하고, 분류하여, 큰 재료를 재순환하고, 제품을 이동시키기 위하여 필요한 장

치를 보여준다.

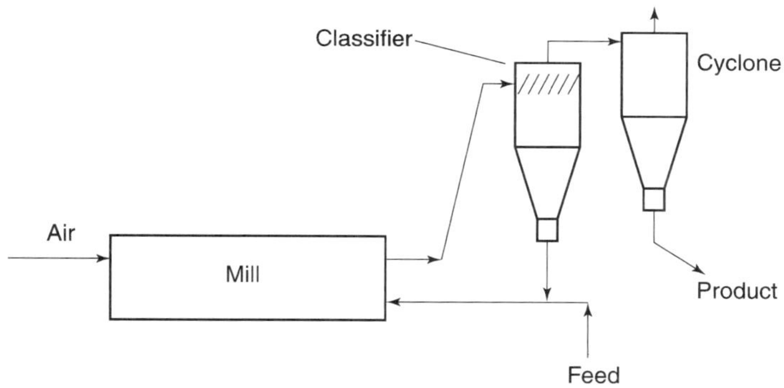

그림 12.18 건식 분쇄 : 폐쇄회로 운전

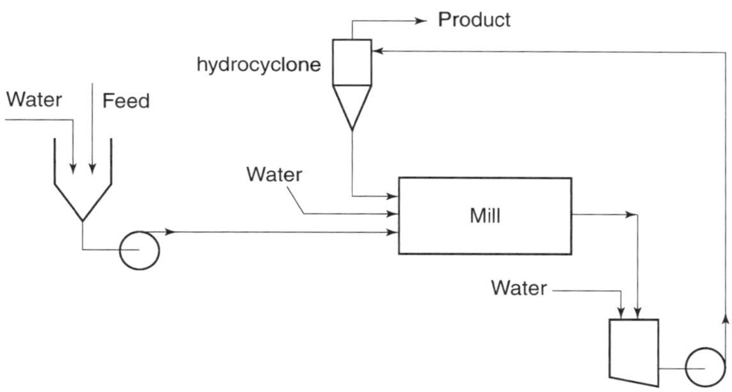

그림 12.19 습식 분쇄 : 폐쇄회로 운전

12.5 예제

예제 12.1

처음에 25 mm 입자로 이루어진 물질을 평균입도 7 mm까지 분쇄하는데 20 kJ/kg이 필요하다. 이 물질을 25 mm에서 3.5 mm까지 분쇄하는데 필요한 에너지를 (a) Rittinger의 법칙, (b) Kick의 법칙 및 (c) Bond의 법칙을 가정하여 구하라.

풀이.

(a) 식 (12.4)로 나타낸 Rittinger의 법칙을 적용하면:

$$20 = C_R\left(\frac{1}{7} - \frac{1}{25}\right)$$

따라서 $C_R = 194.4$ 이고 $x_2 = 3.5\,\mathrm{mm}$ 를 사용하면,

$$E = 194.4\left(\frac{1}{3.5} - \frac{1}{25}\right) = 47.8\ \mathrm{kJ/kg}$$

(b) 식 (12.7)로 나타낸 Kick의 법칙을 적용하면:

$$20 = -C_K \ln\left(\frac{7}{25}\right)$$

따라서 $C_K = 15.7$ 이고 $x_2 = 3.5\,\mathrm{mm}$ 를 사용하면,

$$E = -15.7\ \ln\left(\frac{3.5}{25}\right) = 30.9\ \mathrm{kJ/kg}$$

(c) 식 (12.8a)로 나타낸 Bond의 법칙을 적용하면:

$$20 = C_B\left(\frac{1}{\sqrt{7}} - \frac{1}{\sqrt{25}}\right)$$

따라서 $C_B = 112.4$ 이고 $x_2 = 3.5\,\mathrm{mm}$ 를 사용하면,

$$E = 112.4\left(\frac{1}{\sqrt{3.5}} - \frac{1}{\sqrt{25}}\right) = 37.6\ \mathrm{kJ/kg}$$

예제 12.2

볼밀에서 어떤 물질에 대한 파괴분포함수 $b(i, j)$ 와 비파괴속도 S_j 의 값들을 표 12W2.1에 나타내었다. 이 값들의 유효성을 시험하기 위하여, 표 12W2.2에 주어진 입도분포를 갖는 시료 물질을 볼밀에서 분쇄하려고 한다. 이들 표에 있는 정보를 이용하여 볼밀에서 1분간 분쇄 후에 제품의 입도분포를 예측하라. 단 표 12W2.1에 있는 S_j 값은 1분의 분쇄 시간을 근거로 한 것이다.

표 12W2.1 • 볼밀에 대한 비파괴속도와 파괴분포함수

Size interval(μm)	212–150	150–106	106–75	75–53	53–37	37–0
Interval No.	1	2	3	4	5	6
S_j	0.7	0.6	0.5	0.35	0.3	0.3
$b(1,\ j)$	0	0	0	0	0	0
$b(2,\ j)$	0.32	0	0	0	0	0
$b(3,\ j)$	0.3	0.4	0	0	0	0
$b(4,\ j)$	0.14	0.2	0.5	0	0	0
$b(5,\ j)$	0.12	0.2	0.25	0.6	0	0
$b(6,\ j)$	0.12	0.2	0.25	0.4	1.0	0

표 12W2.2 • 공급물 입도분포

Interval No.(j)	1	2	3	4	5	6
Fraction	0.2	0.4	0.3	0.06	0.04	0

풀이.

식 (12.12)를 적용하면:

구간 1에서 분율 변화

$$\frac{dy_1}{dt} = 0 - S_1 y_1 = 0 - 0.7 \times 0.2 = -0.14$$

따라서 새로운 $y_1 = 0.2 - 0.14 = 0.06$

구간 2에서 분율 변화

$$\frac{dy_2}{dt} = b(2,1)S_1 y_1 - S_2 y_2$$

$$= (0.32 \times 0.7 \times 0.2) - (0.6 \times 0.4) = -0.1952$$

따라서 새로운 $y_2 = 0.4 - 0.1952 = 0.2048$

구간 3에서 분율 변화

$$\frac{dy_3}{dt} = [b(3,1)S_1 y_1 + b(3,2)S_2 y_2] - S_3 y_3$$

$$= [(0.3 \times 0.7 \times 0.2) + (0.4 \times 0.6 \times 0.4)] - (0.5 \times 0.3) = -0.012$$

따라서 새로운 $y_3 = 0.3 - 0.012 = 0.288$

구간 4, 5 및 6에 대해서도 똑 같이 하면:

새로운 $y_4 = 0.1816$

새로운 $y_5 = 0.1429$

새로운 $y_6 = 0.1227$

검산 :

예측한 제품 구간의 질량 분율의 합 = $y_1 + y_2 + y_3 + y_4 + y_5 + y_6 = 1.000$

따라서 제품의 입도 분포는:

Interval No. (j)	1	2	3	4	5	6
Fraction	0.06	0.2048	0.288	0.1816	0.1429	0.1227

자율학습문제

12.1 깨지기 쉬운 물질에서 왜 다중 파쇄가 일반적인지 설명하라.

12.2 균열 전파에 의한 파괴의 개념을 사용하여, 왜 작은 입자가 큰 입자보다 분쇄하기가 더 어려운지 설명하라.

12.3 입도축소와 관련하여 에너지 소요량을 예측하는 세 가지 다른 모델을 요약 설명하라. 각 모델은 어느 입도 범위에서 가장 잘 적용되는가?

12.4 입도축소 공정에서 제품의 입도분포를 예측하는데 사용되는 함수인 선택함수와 파괴함수를 정의하라.

12.5 다음 식의 의미를 말로 설명하라.

$$\frac{dy_i}{dt} = \sum_{j=1}^{j=i-1} [b(i, j)S_j y_j] - S_i y_i$$

12.6 해머 밀, 유체 에너지 밀 및 볼밀의 운전에 관하여 설명하라. 각 경우에 입자 분쇄를 수행하는데 지배적인 응력 메카니즘을 확인하라.

12.7 습식 분쇄는 어느 조건에서 사용하는가?

12.8 분쇄기의 종류를 선택하는데 영향을 주는 재료의 특성 다섯 가지를 열거하라.

연습문제

12.1 (a) Rittinger의 에너지 법칙은 분쇄에 소비되는 에너지는 생성된 새로운 표면적에 비례한다고 가정한다. 이 법칙에 따라 입자의 크기를 x_1에서 x_2까지 줄이는데 소모되는 비에너지(specific energy)를 나타내는 식을 유도하라.
(b) 아래의 표 12E1.1은 해머 밀(hammer mill)에서 석회석을 분쇄하기 위한 비파괴속도와 파괴분포함수의 값들을 나타낸다. 비파괴속도의 값들이 특정 속도의 분쇄기에서 30 s 동안의 분쇄에 근거한다면, 표 12E1.2에 주어진 원료로부터 같은 속도의 분쇄기에서 30 s 후에 얻어진 제품의 입도분포를 구하라.

표 12E1.1 • 해머 밀에 대한 비파괴속도와 파괴분포함수

Interval (μm) Interval No. (j)	106–75 1	75–53 2	53–37 3	37–0 4
S_j	0.6	0.5	0.45	0.4
$b(1, j)$	0	0	0	0
$b(2, j)$	0.4	0	0	0
$b(3, j)$	0.3	0.6	0	0
$b(4, j)$	0.3	0.4	1.0	0

표 12E1.2 • 공급물 입도분포

Interval	1	2	3	4
Fraction	0.3	0.5	0.2	0

[답 : 0.12, 0.322, 0.314, 0.244]

12.2 표 12E2.1은 볼밀에서 석탄의 분쇄에 관한 시험으로부터 수집한 정보를 나타낸다. 비파괴속도, S_j의 값들이 특정 속도에서 밀의 25회전에 근거하고 있다고 가정하고, 입도분포가 표 12E2.2에 주어져 있는 원료로부터 같은 속도의 밀에서 25회전 후에 얻어진 제품의 입도분포를 예측하라.

표 12E2.1 • 석탄에 관한 볼밀 시험 결과

Interval(μm) Interval No. (j)	300–212 1	212–150 2	150–106 3	106–75 4	75–53 5	53–37 6	37–0 7
S_j	0.5	0.45	0.42	0.4	0.38	0.25	0.2
$b(1, j)$	0	0	0	0	0	0	0
$b(2, j)$	0.25	0	0	0	0	0	0
$b(3, j)$	0.24	0.29	0	0	0	0	0
$b(4, j)$	0.19	0.27	0.33	0	0	0	0
$b(5, j)$	0.12	0.2	0.3	0.45	0	0	0
$b(6, j)$	0.1	0.16	0.25	0.3	0.6	0	0
$b(7, j)$	0.1	0.08	0.12	0.25	0.4	1.0	0

표 12E2.2 • 공급물 입도분포

Interval	1	2	3	4	5	6	7
Fraction	0.25	0.45	0.2	0.1	0	0	0

[답 : 0.125, 0.2787, 0.2047, 0.1661, 0.0987, 0.0779, 0.04878]

12.3 표 12E3.1은 볼밀에서 모래와 같은 재료의 분쇄에 관한 정보를 나타낸다. 비파괴속도, S_j의 값들이 밀의 5회전에 근거하고 있다면, 밀의 5회전 후에 표 12E3.2에 나타낸 원료로

부터 얻어진 제품의 입도분포를 구하라.

표 12E3.1 • 볼밀 시험 결과

Interval (μm) Interval No. (j)	150–106 1	106–75 2	75–53 3	53–37 4	37–0 5
S_j	0.65	0.55	0.4	0.35	0
$b(1,\ j)$	0	0	0	0	0
$b(2,\ j)$	0.35	0	0	0	0
$b(3,\ j)$	0.25	0.45	0	0	0
$b(4,\ j)$	0.2	0.3	0.6	0	0
$b(5,\ j)$	0.2	0.25	0.4	1.0	0

표 12E3.2 • 공급물 입도분포

Interval	1	2	3	4	5
Fraction	0.25	0.4	0.2	0.1	0.05

[답 : 0.0875, 0.2369, 0.2596, 0.2115, 0.2045]

12.4 분쇄공정은 일반적으로 효율이 1% 미만이다. 낭비된 에너지는 모두 어디로 가는가?

13 Chapter 크기 확대

13.1 개 요

크기 확대(size enlargement)는 작은 입자들을 모아서 원래의 입자들이 여전히 확인될 수 있는 더 큰 덩어리를 형성하는 공정이다. 크기 확대는 공정 산업에서 입상 고체를 취급하는 가장 중요한 공정 단계 중의 하나이다. 크기 확대는 주로 제약, 농업 및 식품 산업과 관련이 있으나, 광물, 야금 및 세라믹을 포함한 다른 산업에서도 중요한 역할을 한다.

제품이나 중간 생성물의 평균 크기를 키우고자 하는 많은 이유가 있다. 이들 이유에는 먼지 위험(폭발 위험 또는 보건 위험)을 줄이고, 케이크 형성과 괴상 덩어리 생성을 감소시키고, 흐름 특성을 향상시키며, 저장을 위하여 벌크 밀도를 증가시키고, 원래 크기가 다른 성분들의 편석이 없는 혼합물을 생성하고, 활성성분의 정확한 정량을 공급하고(의약품의 정량화), 부피에 대한 표면적 비를 조절하는 것(예, 촉매 담체에서)을 포함한다.

크기 확대를 가져오는 방법에는 입자제조(granulation), 가압성형(compaction)(예: 정제화), 압출성형(extrusion), 소결(sintering) 및 분무건조(spray drying) 등이 있다. 응집(agglomeration)은 작은 입자들을 함께 붙여 응집체 또는 집합체를 생성하는 것이고 입자제조는 교반법에 의한 응집이다. 모든 크기 확대 방법을 한 장의 범위 안에서 충분히 설명하는 것이 불가능하기 때문에 이 장에서는 예로서 입자제조에 초점을 맞추어 설명한다.

이 장에서는 여러 가지 입자 사이 힘과 입도의 함수로서 그 힘들의 상대적인 중요성을 요약한다. 입자제조 공정에서 특히 중요한 액체 가교 힘에 관하여 좀 더 상세하게 다룬다. 입자제조에 중요한 율속 공정을 검토하고(젖음, 성장, 압밀 및 마모) 입자제조 공정을 모사하기 위한 단순 모델을 개발하기 위하여 모집단 수지를 포함시킨다. 마지막으로, 공업적인 입자제조 장치에 관하여 간단하게 개관한다.

13.2 분자간 힘

13.2.1 반데왈스 힘

모든 고체 사이에는 반데왈스(van der Waals) 힘으로 알려진 분자에 근거한 인력이 존재한다. 이 힘의 에너지는 0.1 eV (electron-volt) 크기이며 분자 사이 거리의 6승에 따라 감소한다. 반데왈스 힘의 범위는 화학 결합의 범위에 비하여 크다. 반데왈스 힘의 결과로서 구와 평면 사이의 인력, F_{vw}는 Hamaker(1937)에 의하여 유도되었으며 보통 다음과 같이 주어진다.

$$F_{vw} = \frac{K_H R}{6y^2} \tag{13.1}$$

여기서 K_H는 Hamaker 상수이고, R은 구의 반지름이며 y는 구와 평면 사이의 거리이다.

13.2.2 흡착 액체 층에 기인한 힘

응축성 증기 속에서 입자는 표면에 흡착된 증기 층을 가진다. 이들 입자들이 서로 접촉하면 흡착 층이 중첩되면서 결합력이 생긴다. 결합의 강도는 접촉 면적과 흡착 층의 인장강도에 의존한다. 흡착 층의 두께와 강도는 주변의 대기 속에서 증기의 분압이 증가함에 따라 증가한다. Coelho와 Harnby(1978)에 의하면 흡착 층 결합이 액체 가교결합으로 바뀌는 임계분압이 존재한다.

13.2.3 액체 가교에 기인한 힘

흡착 액체 층에서 생긴 입자 사이 힘 외에, 위에서 설명한 바와 같이, 입자 표면에 대단히 적은 비율로 액체가 존재하더라도 표면 결함을 평활하게 하는 효과(입자-입자 접촉을 증가시킴)와 입자간 거리를 감소시키는 효과에 의해서 입자 사이 힘에 영향을 미친다. 그러나, 이들 힘은 존재하는 액체의 비율이 충분하여 입자간 액체 가교를 형성할 때 생기는 힘에 비하면 보통은 크기를 무시할 수 있다. Newitt과 Conway-Jones(1958)은 입자들 집단 사이에 존재하는 액체의 비율에 따라 네 가지 유형의 액체 상태를 확인하였다. 이 네 가지 상태는 pendular, funicular, capillary 및 droplet로 알려져 있으며 그림 13.1에 나타낸다. Pendular 상태에서 액체는 입자 사이 가교 목에서 점접촉으로 유지된다. 액체 가교는 모두 분리되어 있으며 서로 독립적이다. 액체의 표면장력에서 생긴 강한 경계 힘은 입자를 함께 끌어당긴다. 더구나 가교의 액체 곡면에서 생긴 모세관 압력이 존재한다. 모세관 압력은 다음 식으로 주어진다.

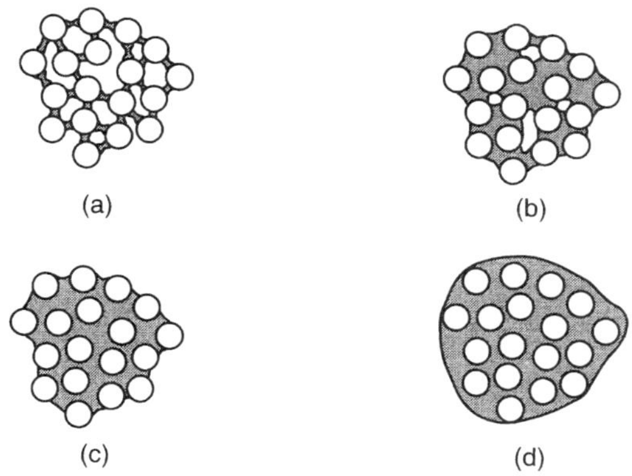

그림 13.1 입자 사이 액체 결합
(a) pendular; (b) funicular; (c) capillary; (d) droplet

$$p_c = \gamma\left(\frac{1}{r_1} - \frac{1}{r_2}\right) \tag{13.2}$$

여기서 γ는 액체의 표면장력이고 r_1과 r_2는 액체 표면의 곡률반경이다. 액체 가교에서 압력이 주위의 압력보다 작으면 모세관 압력과 표면장력에 의한 경계 인력은 가법성(additive)이다.

입자에 액체의 비율이 증가함에 따라 액체는 자유롭게 이동하고 입자 사이 인력이 감소한다(funicular). 입자들 사이의 공간을 완전히 채울 만큼 충분한 액체가 있으면(capillary) 표면 장력이 작용하는 액체 곡면과 경계가 점점 줄어들면서 과립 강도는 훨씬 더 떨어진다. 분명히 입자들이 액체 속에 완전히 분산되면(droplet) 구조의 강도는 매우 낮아진다.

Pendular 상태에서는 존재하는 액체의 양을 증가시켜도 funicular 상태에 도달할 때까지 입자 사이의 결합 강도에 거의 영향을 미치지 않는다. 그러나 액체의 비율을 증가시키면 가교를 파열시키지 않고 입자들을 훨씬 더 멀리 떼어놓을 수 있기 때문에 결합의 파열 저항이 증가한다. 이것이 입자제조공정에서 실질적으로 밀접한 관계를 갖는다. 즉 pendular 가교는 강한 과립을 생성하는데 이 경우에 액체의 양은 중요하지 않으나 funicular와 capillary 상태로 전이하는데 필요한 양보다는 적어야 한다.

공극률이나 세공률을 줄이고 입자들을 더 가까이 합쳐주면(즉 과립을 밀집시키면) 포화량을 증가시킬 수 있다. 이렇게 하면 액체가 접근할 수 있는 열린 세공 공간이 줄어들고 과립 포화량이 그림 13.1에 나타낸 바와 같이 funicular 상태에서 droplet 상태에 이르기까지 점차 증가한다.

13.2.4 정전기력

입자와 표면의 정전기 대전은 가공하는 동안에 입자들 사이의 충돌과 입자와 장치 표면의 빈번한 접촉에 의해서 야기된 마찰의 결과로 일어난다. 전하는 물체 사이에서 전자의 이동에 의해서 생긴다. 대전된 두 개의 구 사이 힘은 전하량의 곱에 비례한다. 정전기력은 끌어당기거나 반발할 수 있고, 입자들 사이 접촉을 필요로 하지 않으며 접촉을 필요로 하는 부착력에 비하여 비교적 먼 거리에서도 작용할 수 있다.

13.2.5 고체 가교

입자 제조 공정에서 액체 가교에 의해서 형성된 과립(granules)은 일반적으로 최종 제품이 아니다. 과립 내에 좀 더 영구적인 결합은 본래의 과립으로부터 액체가 제거됨에 따라 형성된 고체 가교에 의해서 생성된다. 입자들 사이 고체 가교는 세 가지 유형을 가질 수 있다: 결정 가교, 액체 접합제 가교, 고체 접합제 가교. 입자의 물질이 과립을 생성하기 위하여 첨가한 액체에 녹으면, 액체가 증발할 때 결정 가교가 형성된다. 증발 공정에 의하여 과립에 있는 액체의 비율을 감소시키면 결정을 생성하기 전에 고강도의 pendular 가교를 형성한다. 또 다른 방법으로는 과립을 형성하기 위하여 처음에 사용한 액체가 용매의 증발에 영향을 미치는 접합제나 접착제를 함유할 수 있다.

어떤 경우에는 고체 접합제가 사용되기도 한다. 이것은 입자를 결합시키는 고체 시멘트를 생성하기 위하여 첨가한 액체와 반응하는 미세하게 분쇄된 고체이다.

13.2.6 힘의 비교와 상호작용

실제로 모든 분자 사이 힘은 동시에 작용한다. 힘의 상대적인 중요성은 입자의 특성 변화와 주변 대기의 습도 변화에 따라 달라진다. 결합력 사이에는 상당한 상호 작용이 존재한다. 예를 들면, 수용성 계에서 흡착된 수분이 반데왈스 힘을 상당히 증가시킬 수 있다. 흡착된 수분은 또한 분자 사이 마찰과 서로 엇물릴 가능성을 감소시켜 분체를 더 쉽게 흐르게 한다. 정전기력은 주변 공기의 습도가 증가하면 빠르게 소멸된다.

건조한 대기에서 정전기 대전에 의하여 응집성을 나타내는 분체는 대기의 습도를 증가시키면 자유 흐름이 증가한다. 습도를 훨씬 더 증가시키면 액체 가교가 형성되어 응집성 거동으로 되돌아갈 수 있다. Coelho와 Harnby(1978) 및 Karra와 Fuerstenau(1977)은 분체혼합 연구에서 이러한 영향들에 관하여 보고하였다.

그림 13.2는 Rumpf(1962)의 연구 결과로, 위에서 설명한 여러 가지 결합의 상대적인 크기를 입도의 함수로 나타낸 것이다. 반데왈스 힘은 크기가 $1\,\mu m$ 이하의 입자에 대해서만 중요하고, 흡착 증기의 힘은 $80\,\mu m$ 이하에서 관련되며 액체 가교 힘은 약 $500\,\mu m$ 이하에서 유효하다는 것을 알 수 있다.

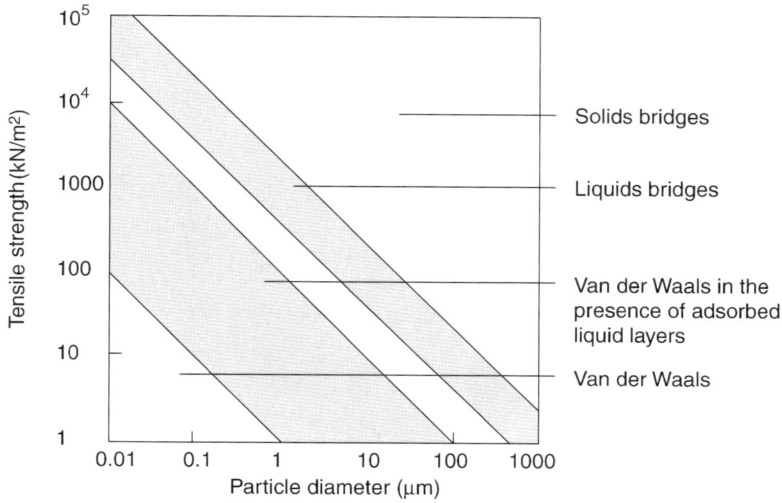

그림 13.2 결합 메카니즘이 다른 응집체의 이론 인장 강도(Rumpf, 1962)

13.3 입자제조

13.3.1 개요

입자제조는 에너지가 입자와 과립에 전달되도록 교반법을 이용하여 작은 입자들을 함께 점착시켜 입자의 크기를 확대하는 것이다. 가장 일반적인 유형의 입자제조 방법은 과립생성을 개시한 층상에 액체 접합제를 분산시키는 습식제조이다. 생성된 입자의 집합을 '과립(granule)'이라 하고 원래의 입자들이 3차원 세공구조로 배열되어 있다. 과립의 중요한 특성은 입도, 세공률, 강도, 흐름특성, 용해도 및 조성의 균일성 등이다.

입자 제조기에서 입자와 과립의 운동은 충돌을 일으켜 합체와 코팅에 의하여 입자가 성장하도록 한다. 일반적으로 개별 성분의 입자들은 입자 제조기에서 교반된 입자에 분무한 액체(아교 같은)나 고체(시멘트 같은) 접합제에 의해서 결합된다. 혼합공정으로 용융 입자제조가 있는데, 이 공정에서는 고분자 접합제를 가열하여 액체 상태로 분체에 분무한 다음 입자 사이 고체 결합이 형성되도록 냉각하여 입자를 제조한다. 다른 방법으로는, 입자를 구성하고 있는 재료의 용해와 재결정을 유도하기 위하여 용매가 사용될 수 있다.

13.3.2 입자제조 속도 공정

입자 제조에서 과립이나 응집체의 생성은 그림 13.3에 설명한 세 가지 속도 공정에 의해서 제어된다. 이들은 (1) 접합 액체에 의한 원시 입자의 젖음(wetting)과 핵생성(nucleation),

(2) 과립을 생성하는 합체(coalescence) 또는 성장과 과립의 압밀(consolidation) 및 (3) 과립의 마모 또는 파손이다. 핵생성은 새로운 과립 또는 핵을 생성하기 위하여 원시 고체입자를 액적과 결합시키는 초기공정을 말한다. 합체는 더 큰 과립을 생성하기 위하여 두 과립(또는 과립과 원시입자가)이 결합하는 것이다. 이들 공정이 결합하여 생성된 과립의 특성(입도분포, 세공률, 강도, 분산도 등)이 결정된다. 입자 제조 공정에서 최종 과립의 크기는 성장과 파손 및 압밀의 경쟁적인 메카니즘에 의하여 조절된다.

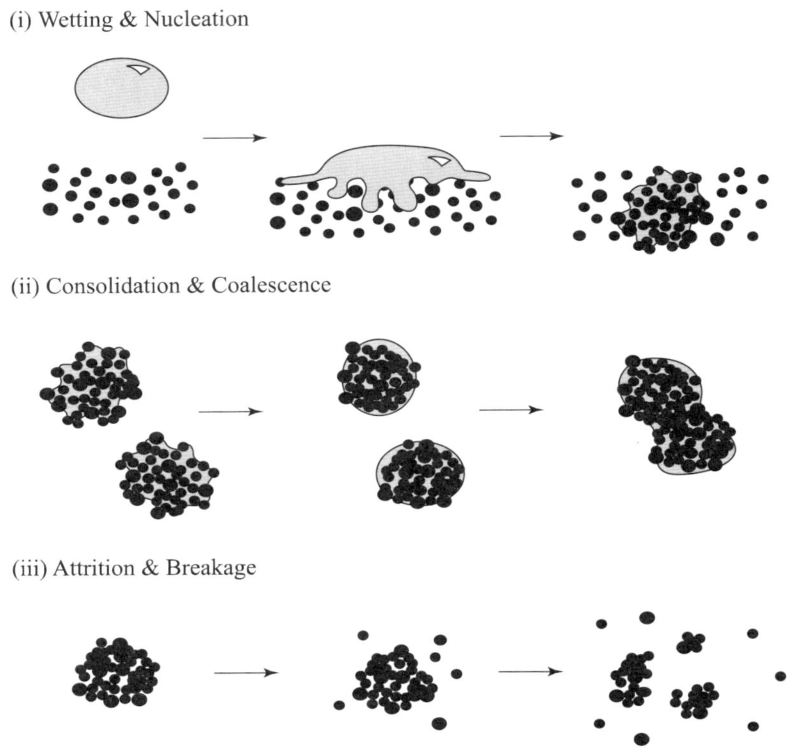

그림 13.3 세 가지 입자제조 메카니즘 [출처: *Powder Technology*, 117 (1–2), Iveson *et al.*, "Nucleation, growth and breakage phenomena in agitated wet granulation processes: a review", pp. 3–39, 판권(2001), Elsevier의 허락을 얻고 게재함]

젖음과 핵생성

젖음(wetting)은 입자 사이의 공간에 있는 공기를 액체로 대체하는 공정이다. Ennis와 Litster(1997)는 젖음의 정도와 속도가 입자 제조 공정에서 제품의 질에 중대한 영향을 미친다는 것을 강조한다. 예를 들면, 젖음이 불충분하면 많은 물질이 성형되지 않은 상태로 남아 있어 재순환을 필요로 할 수 있다. 성분들을 결합하기 위하여 입자를 제조할 때는, 최종 과립의 성분들이 가지고 있는 각각 다른 젖음 특성을 고려해야 한다.

젖음은 액체의 표면장력과 액체가 입자 재료와 이루는 접촉각에 의해서 지배된다. 젖음이 일어나는 속도는 입자 제조에서 중요하다. 이 속도의 영향은 Washburn식[식 (13.3)]으로 주어지는데 이 식은 중력이 중요하지 않을 때 점도가 μ이고 표면장력이 γ인 액체가 분체층으로 침투하는 속도를 나타낸다.

$$\frac{dz}{dt} = \frac{R_p\,\gamma\cos\theta}{4\,\mu\,z} \tag{13.3}$$

여기서 t는 시간이고, z는 분체로 들어가는 액체의 침투 거리이며 θ는 고체와 액체가 이루는 동적 접촉각이다. R_p는 충전 밀도와 분체의 입도 분포에 관련이 있는 평균 세공 반경이다. 이와 같이, 입자 제조에서 젖음 속도를 제어하는 인자는 부착 장력($\gamma\cos\theta$), 액체 점도, 충전 밀도 및 입도 분포이다.

Washburn시험은 몇 가지 특수하게 제작된 시험 장치를 필요로 한다. 다른 시험으로는 분무액적이 제조 분체에 젖어 들어가는 것과 더 직접적으로 관련이 있는 액적침투시간시험이 있다(Hapgood *et al.*, 2003). 부피가 V_d인 액적을 공극률이 ϵ_b인 작은 분체층에 서서히 떨어뜨리고 액적이 분체층으로 완전히 스며들어가는데 걸리는 시간을 측정한다. 액적 침투 시간, t_p는 다음과 같다.

$$t_p = 1.35\frac{V_d^{2/3}\,\mu}{\epsilon_b^2\,R\gamma\cos\theta} \tag{13.4}$$

Washburn 시험과 액적침투시간시험은 밀접하게 관련되어 있으나, 입자제조공정을 개발하거나 문제점을 추적하여 해결할 때 선별 또는 연구 시험으로 후자가 수행이 더 간편하다.

일반적으로, 젖음성이 좋은 것이 바람직하다. 젖음성이 좋으면 입자 제조 공정의 제어가 용이하여 과립의 입도분포를 좁게 하고 제품의 품질을 향상시킬 수 있다. 특히 접합제 용매의 증발이 젖음과 동시에 일어날 경우에는, 실제로 젖음 속도가 분체 집단의 젖음 정도에 중대한 영향을 미치게 된다. 위의 단순 분석에 의하면 점도를 줄이거나 표면장력을 증가시키거나 접촉각을 최소화하고 분체 내의 세공 크기를 증가시키면 젖음 속도가 증가한다는 것을 알게 된다. 점도는 접합제 농도와 조작 온도에 의해 결정된다. 용매의 증발에 따라 농도가 변하면 접합제의 점도는 증가한다. 입자들이 작으면 세공이 작고 입자들이 크면 세공도 커진다. 또한, 입자의 입도분포가 넓을수록 세공은 더 작아진다. 세공이 크면 액체의 침투속도는 높아지지만 젖음 정도는 낮아진다.

젖음 특성 외에 액적의 크기와 총괄 분포가 입자제조에서 중요한 매개변수이다. 입자제조기에 한 액적을 첨가하면 단 하나의 핵 과립이 생성되고 핵 과립의 크기는 액적의 크기에 비례한다(Waldie, 1991). 유체를 분체에 분무하는 동안 분무지대에서 조건은 유체방울의 유입속도가 분체로 침투속도 및/또는 분무지대로부터 젖은 분체의 제거속도와 같게 하는 것이 중요하다. 이상적으로는 각 분무 액적이 다른 액적과 접촉하지 않고 분체에 도달하여 분체에 빠르게 스며들고 새로운 핵 과립을 생성해야한다. 이와 같은 이상적인 조건을 "액적제어핵생성체제"라 하며 낮은 침투시간과 다음에 주어진 낮은 무차원 분무플럭스, Ψ_a에서 일어난다(Litster *et al.*, 2001) :

$$\Psi_a = \frac{3Q}{2 v_s w_s d_d} \tag{13.5}$$

여기서 Q는 용액 유량이고, v_s는 분무지대에서 분체속도이며, d_d는 액적의 평균지름이고, w_s는 분무 폭이다. 무차원 분무 플럭스는 분체표면에 떨어지는 액적의 밀도를 나타내는 척도이다. 낮은 분무플럭스($\Psi_a \ll 1$)에서 액적의 자국은 중첩되지 않고 각 액적은 각기 다른 핵 과립을 생성한다. 높은 분무 플럭스($\Psi_a \approx 1$)에서는 분체층에 닿는 액적의 상당부분이 중첩된다. 생성된 핵 과립은 훨씬 더 크고 그 크기는 이미 처음 액적의 크기와 단순한 함수관계가 아니다. 주어진 분무 플럭스 값에서 분무지대 아래를 통과하면서 분무 액적에 의해 젖은 분체 표면의 분율(f_{wet})은 다음과 같으며(Hapgood *et al.*, 2004):

$$f_{wet} = 1 - \exp(-\Psi_a) \tag{13.6}$$

n개의 액적에 의해서 생성된 핵의 분율, f_n은 다음 식으로 계산할 수 있다(Hapgood *et al.*, 2004):

$$f_n = \exp(-4\Psi_a)\left[\frac{(4\Psi_a)^{n-1}}{(n-1)!}\right] \tag{13.7}$$

무차원 분무 플럭스 매개변수는 규모 확대 매개변수로 사용될 수 있으며 개체수지 모사를 위한 핵의 출발 크기를 추산하는 매개변수로도 사용될 수 있다(13.3.3절 참조). 액적침투시간과 결합할 때, Ψ_a는 핵생성 체제지도의 일부를 생성한다(그림 13.4 참조)(Hipgood *et al.*, 2003). 세 가지 핵 생성체제가 정의되어 있다: 액적제어, 전단제어 및 중간지대. 액적제어 핵생성은 한 액적이 한 핵을 생성할 때 일어나며 둘이 모두 있을 때 일어나야 한다:

(1) 낮은 분무 플럭스 Ψ_a – 분무 밀도가 낮고 액적이 비교적 적게 중첩된다.

(2) 빠른 침투시간 t_p – 액적이 분체표면에서 다른 액적과 접촉하거나 새 액적이 도달하기 전에 액적이 분체층으로 완전히 침투해 들어가야 한다.

어느 한 기준을 만족시키지 못하면 분체 혼합과 전단 특성이 지배한다. 이것이 기계적 분산체제이다. 점성이 있거나 젖음성이 나쁜 접합제는 분체 세공 속을 느리게 흐르면서 핵을 생성한다. 분체 표면에서 액적 합체가 일어나면 대단히 넓은 핵 크기 분포를 생성할 수 있다. 기계적 분산 체제에서는 액체 접합제가 분체 전단과 교반에 의해서만 분산될 수 있다.

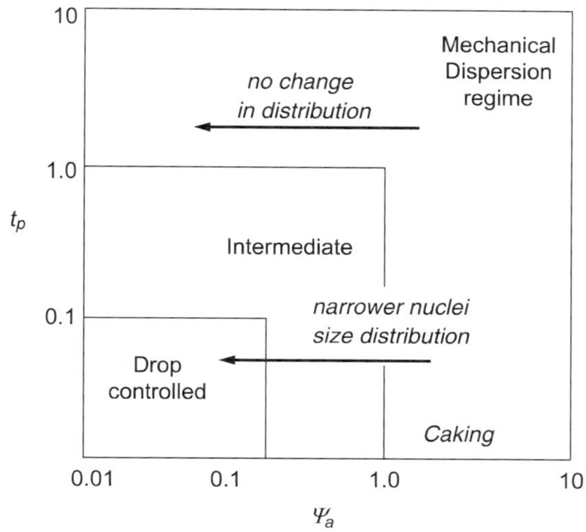

그림 13.4 핵생성 체제지도. 방울제어체제에서 이상적인 핵생성을 위하여 낮은 Ψ_a 와 낮은 t_p 가 필요함. [출처: *AIChE Journal*, 49 (2), Hapgood *et al.*, "Nucleation regime map for liquid bound granules", pp. 350–361. 허락을 얻고 게재함. 판권 2003 American Institute of Chemical Engineers (AIChE)]

과립 압밀

압밀(consolidation)은 충돌의 결과로 액체가 압착되어 나오면서 원래의 입자가 좀 더 치밀하게 충전되고 이에 따른 과립 밀도의 증가를 설명하는 용어이다. 압밀은 접합제가 아직도 액체일 동안에만 일어날 수 있다. 압밀은 최종 과립의 공극률과 밀도를 결정한다. 압밀 속도와 정도에 영향을 미치는 인자는 입도와 입도 분포 및 접합제의 점도를 들 수 있다. 과립 공극률 ϵ 과 액체 함량 w 가 과립 포화도 s 를 제어하는데 여기서 과립 포화도는 액체로 채워진 세공 공간의 분율이다.

$$s = \frac{w\,\rho_s(1-\epsilon)}{\rho_l\,\epsilon} \tag{13.8}$$

여기서 ρ_s 는 고체 밀도이며 ρ_l 은 액체 밀도이다. 공극률이 감소함에 따라 포화도는 증가하고 일단 100%를 초과하면 한층 더한 압밀에 의해 액체가 과립표면으로 밀려나면서 표면을 젖게 한다. 표면 젖음은 과립성장 속도에 중대한 변화를 가져온다(아래 참조).

성장

충돌하는 두 개의 원시 과립이 합체되기 위해서는 그들의 운동에너지가 소산되어야 하고 결과로 생성된 결합의 강도는 입자 제조기에서 분체 집단의 교반에 의해서 가해진 외력에 저항할 수 있어야 한다. 쉽게 변형할 수 있는 과립은 충돌 에너지를 흡수하여 결합에 필요한 표면적이 증가한다. 과립이 성장함에 따라 과립을 떼어놓으려 하는 내부 힘도 증가한다. 충돌하는 동안에 합체가 불가능한 과립의 임계 최대 크기를 예측할 수 있다(아래 참조).

Ennis와 Litster(1977)는 관찰된 과립 성장 체계를 충돌 물리학으로 해석하기 위한 이론적 근거를 제시하였다. 밀도가 ρ_g인 두 개의 단단한 과립(낮은 변형도를 가정) 사이의 충돌을 생각해보자. 각 과립은 점도가 μ이고 두께가 h인 액체 층으로 코팅되어 있으며 지름은 x이고 접근속도는 V_{app}이다. 합체가 일어날 것인지 여부를 결정하는 매개변수는 Stokes수, Stk이다.

$$Stk = \frac{\rho_g V_{app}\, x}{16\mu} \tag{13.9}$$

이 Stokes수는 9장의 사이클론 규모 확대에서 사용한 것과 다르다. 사이클론 규모 확대 Stokes 수, Stk_{50}은 사이클론 지름에 대한 입도의 무차원 비를 포함한다, 즉:

$$Stk_{50} = \frac{\rho v x_{50}^2}{18\mu D} = \left(\frac{x_{50}}{D}\right)\frac{\rho v x_{50}}{18\mu}$$

여기서 v는 특성 기체 속도이다.

Stokes 수는 점성 소산을 통하여 소산된 에너지에 대한 충돌 운동 에너지의 비를 나타내는 척도이다. 합체가 일어나기 위해서는 Stokes 수는 다음과 같이 주어진 임계값 Stk^* 보다 작아야 한다.

$$Stk^* = \left(1 + \frac{1}{e}\right)\ln\left(\frac{h}{h_a}\right) \tag{13.10}$$

여기서 e는 충돌을 위한 복원계수이고 h_a는 과립의 표면 거칠기(roughness)를 나타내는 척도이다.

이 기준에 근거하면, 비교적 교반 강도가 낮은 회분식 장치에 대하여 세 가지 영역의 과립성장이 확인된다. 이들은 비관성영역, 관성영역 및 코팅영역이다. 입자 제조기 내에는 충돌을 위한 Stokes수 분포를 생성하는 과립 크기 분포와 속도 분포가 항상 존재하게 된다. 비관성 영역에서 Stokes수는 모든 과립과 원시 입자에 대한 Stk^* 보다 더 작고 실제로 모든 충돌은 합체로 귀결된다. 따라서 이 영역에서 성장속도는 대부분 액체의 점도, 과립 또는 원시 입자의 크기 및 충돌 운동에너지에 무관하고, 입자의 젖음 속도가 성장속도를 지배한다.

과립이 성장함에 따라 Stokes수가 임계값을 초과하는 충돌이 약간 일어난다. 이제 성장속도가 액체의 점도, 과립 크기 및 충돌 에너지에 의존하는 관성 영역으로 들어간다. Stokes수가 임계값을 초과하는 충돌 비율은 이 영역 전체에서 증가하고 성공적인 충돌 비율은 감소한다. 입자 제조기에서 분체 집단에 대한 평균 Stokes수가 일단 임계값에 근접하면, 과립

성장은 파손과 균형을 유지하고 기존 과립에 원시 입자가 코팅되면서 성장이 계속된다. 왜냐하면 이들이 우리 기준에 따른 유일한 가능한 성공적인 충돌이기 때문이다. 교반 강도가 높은 장치에서와 같이 과립 변형이 무시될 수 없을 때에는 이와 같은 단순 분석은 적용되지 않는다(Ennis와 Litster, 1997 참조).

과립 변형에 의존하여 일어나는 두 가지 유형의 성장거동을 그림 13.5(Iveson *et al.*, 2001)에 나타낸다. 과립 크기 증가가 입자 제조 시간에 대략적으로 비례할 때, 즉 시간에 대한 과립크기 곡선이 선형일 때는 정상 성장이 일어난다. 유도성장은 오랜 기간 크기 증가가 일어나지 않을 때 일어난다. 과립이 생성되고 압밀되지만 액체를 표면으로 밀어낼 만큼 충분하게 과립 공극률이 감소할 때까지 더 이상 성장하지 않는다. 과립 표면에서 이 과잉 자유 액체는 수많은 과립의 갑작스런 합체를 일으키고 과립 크기의 빠른 증가를 가져온다(그림 13.5).

과립 충돌 중에 일어나는 변형은 충돌 운동 에너지를 과립 변형 중 소산되는 에너지와 관련시킨 변형 Stokes수, St_{def}로 특성화할 수 있다(Tardos *et al.*, 1997):

$$St_{\mathrm{def}} = \frac{\rho_g U_c^2}{2Y_d} \tag{13.11}$$

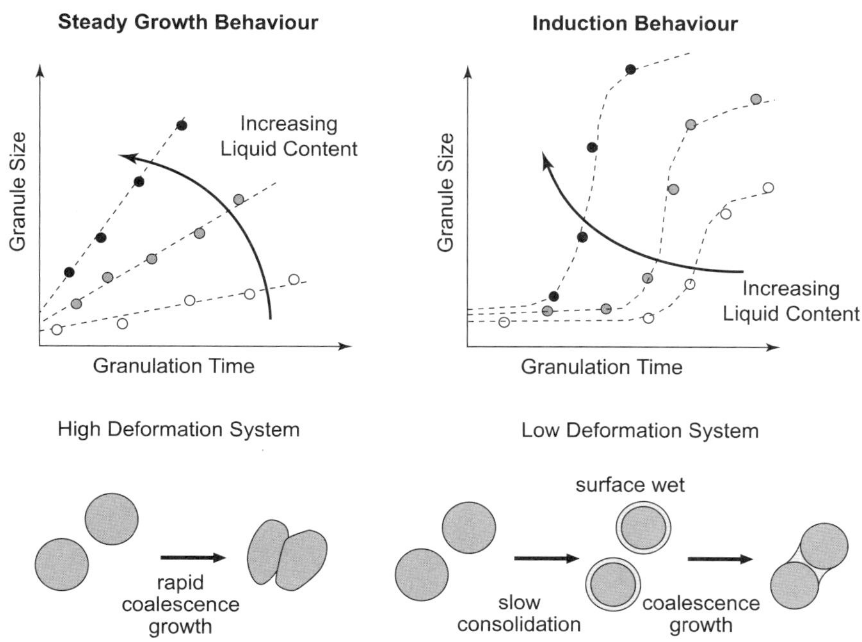

그림 13.5 두 가지 중요한 유형의 과립 성장과 그들이 과립 변형에 의존하는 방식 [출처: *Handbook of Powder Technology*, Vol. 11, eds Salman *et al.*, "Granule rate processes", Hapgood *et al.*, p. 933, 판권 (2007) Elsevier]

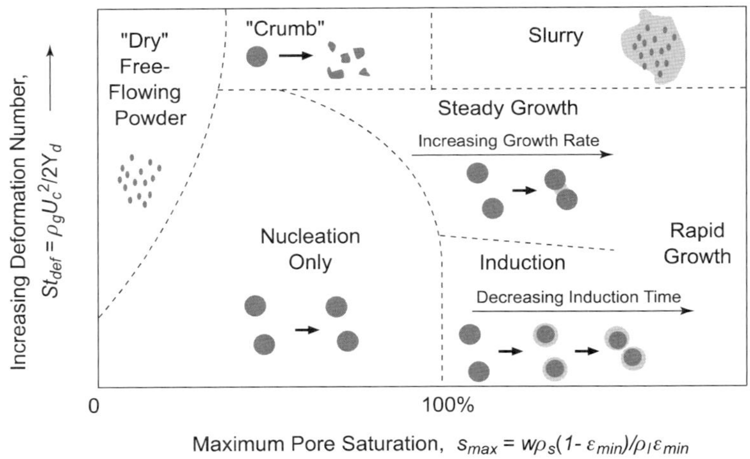

그림 13.6 과립성장체제지도 [출처: *Handbook of Powder Technology*, Vol. 11, eds Salman *et al.*, "Granule rate processes", Hapgood *et al.*, p. 933, 판권 (2007) Elsevier]

여기서 U_c는 제조기에서 대표충돌속도이며 ρ_g는 평균 과립밀도이고 Y_d는 과립의 역학적 항복응력이다. Y_d와 ρ_g는 모두 과립 공극률과 입자제조 제제 특성의 강한 함수이며, 과립이 가장 강한 최대 과립밀도에서 주로 구한다. 이것은 과립 공극률이 최소값 ϵ_m에 도달하여 이 후로는 과립밀도가 일정하게 유지되는 때이다.

모든 유형의 과립 성장은 포화도와 변형 St_{def} 및 그림 13.6에 나타낸 과립성장체제지도(Hapgood *et al.*, 2007)를 이용하여 설명할 수 있다. 액체 함량이 대단히 낮을 때 제품은 건조 분체와 유사하다. 과립 포화보다 약간 더 높을 때는 과립 핵이 생성되나 이들 핵이 더 이상 성장할 만큼 수분이 충분치 못하다.

액체 함량이 높은 계에서 거동은 과립 강도와 St_{def}에 의존한다. 강도가 약한 계는 슬러리를 생성하고, 중간 강도 계는 정상 성장을 나타내며 강한 계(낮은 St_{def})는 유도시간 거동을 나타낸다. 대단히 높은 액체 포화도에서는 빠른 성장이 일어나서 과립의 크기가 극도로 빠르게 성장하며 모든 유도시간은 영으로 줄어든다. 과립성장체제지도가 혼합기와 유체층 및 텀블링 제조기에서 몇 가지 제제에 대하여 성공적으로 확인되었다(Iveson *et al.*, 2001).

과립 파괴

입자 제조 공정 중에는 과립 파괴도 일어난다. 파괴[또는 분열(fragmentation)이라 함]는 과립이 파손되어 두 개 이상의 조각을 생성하는 것이다. 마모[또는 침식(erosion)이라 함]는 원시 입자의 표면이 손실되어 과립의 크기가 줄어드는 것이다. 다른 파괴 메카니즘을 모형화하기 위한 실험적 및 이론적 접근법이 있다(Ennis와 Litster, 1997). 실제로 파괴는 과립의 특성을 바꾸거나(예: 파괴 강도를 증가시키고 마모에 대한 저항을 증가시킴) 공정에 변화(예: 교반 강도를 줄임)를 주면 제어할 수 있다.

13.3.3 입자제조 공정의 모사

분쇄와 결정화 공정에서처럼, 입자 제조의 모사는 모집단 수지에 의해 결정된다. 모집단 수지는 공정이 진행됨에 따라 시간에 따른 입도분포(수, 부피 또는 질량에 의한)를 추적한다. 입도분포는 어떤 주어진 순간에 공정에 대한 물질수지를 나타낸다. 입자 제조에서 순간적인 모집단 수지 식은 주로 과립 부피의 수 분포, $n(v, t)$로 나타낸다(부피는 모든 합체에서 보존된다고 가정되기 때문에 과립 지름보다 오히려). $n(v, t)$는 시간 t에서 과립 부피의 수 빈도분포이다. 그 단위는 입자 제조기 단위 부피 V당, 단위 부피 크기 증분, v당 과립의 수이다. 말하자면 다음과 같이 쓸 수 있다.

$$\begin{bmatrix} v\text{에서 } v+dv\text{까지} \\ \text{크기 사이에 있는} \\ \text{과립 수의 증가속도} \\ (1) \end{bmatrix} = \begin{bmatrix} v\text{에서 } v+dv\text{까지} \\ \text{크기 사이에 있는} \\ \text{과립의 유입속도} \\ (2) \end{bmatrix} - \begin{bmatrix} v\text{에서 } v+dv\text{까지} \\ \text{크기 사이에 있는} \\ \text{과립의 유출속도} \\ (3) \end{bmatrix}$$

$$+ \begin{bmatrix} \text{과립이 성장에 의해서} \\ v\text{에서 } v+dv\text{까지} \\ \text{크기 범위에} \\ \text{들어가는 속도} \\ (4) \end{bmatrix} - \begin{bmatrix} \text{과립이 파손에 의해서} \\ v\text{에서 } v+dv\text{까지} \\ \text{크기 범위를} \\ \text{벗어나는 속도} \\ (5) \end{bmatrix} \tag{3.12}$$

(4)번 항은 다른 성장 메카니즘을 고려하여 확장될 수 있고 (5)번 항은 파괴가 일어나는 다른 메카니즘을 포함시키기 위하여 확장될 수 있다.

부피가 일정한 입자제조기에 대하여 모집단 수지 식의 항들은 다음과 같다:

(1)번 항 $$\frac{\partial n(v, t)}{\partial t} \tag{13.13}$$

(2)번 항−(3)번 항 $$\frac{Q_{in}}{V} n_{in}(v) - \frac{Q_{out}}{V} n_{out}(v) \tag{13.14}$$

(4)번 항 $$\begin{bmatrix} \text{코팅에 의한} \\ \text{순 성장속도} \end{bmatrix} + \begin{bmatrix} \text{핵생성에 의한} \\ \text{성장속도} \end{bmatrix} + \begin{bmatrix} \text{합체에 의한} \\ \text{성장속도} \end{bmatrix}$$

코팅에 의한 성장은 과립을 v 에서 $v + dv$ 의 크기 범위로 또는 넘어서 까지 성장시킨다. 따라서,

$$\text{코팅에 의한 순 성장속도} = \frac{\partial G(v)\, n(v,t)}{\partial v} \tag{13.15}$$

$$\text{핵생성에 의한 성장속도} = B_{nuc}(v) \tag{13.16}$$

$G(v)$는 코팅에 대한 부피 성장 속도 상수이고, $B_{nuc}(v)$는 핵생성에 대한 속도 상수이다. $G(v)$는 유효한 과립 표면적에 비례한다고 주로 가정하는데 이것은 일정한 선형 성장속도, $G(x)$를 가정한 것과 같다. 입자 제조 공정에 관련하여, "핵생성" 이란 용어의 사용이 가끔은 혼란을 야기한다. Sastry와 Loftus(1989)는 입자제조공정에는 연속상과 입자상이 일반적으로 존재한다고 제안하고 있다. 예를 들면, 연속상은 용액, 슬러리 또는 대단히 작은 입자들일 수 있고, 입자상은 원래의 입자와 과립으로 구성된다. 핵은 연속상에서 생성되어 입자상의 일부가 된다. 연속상을 구성하는 것은 입자 제조의 특성에 따라 다르고 연속상과 입자상의 구분도 임의적일 수 있다. 따라서 입자 제조 속도 상수의 형태는 연속상과 입자상의 정의에 따라 상당히 달라질 수 있다.

합체에 의한 과립의 성장속도는 다음과 같이 쓸 수 있다(Randolph와 Larson, 1971):

$$\left\{\underbrace{\frac{1}{2}\int_0^v \beta(u, v-u, t)\, n(u,t)\, n(v-u,t)\, du}_{\text{(i)}}\right\} + \left\{\underbrace{\int_0^\infty \beta(u, v, t)\, n(u,t)\, n(v,t)\, du}_{\text{(ii)}}\right\} \tag{13.17a}$$

(i)항은 더 작은 과립의 합체에 의하여 생성된 크기가 v인 과립의 생성 속도이다. (ii)항은 합체에 의해서 더 큰 과립을 생성함에 따라 크기가 v인 과립이 손실되는 속도이다. β는 합체 핵(coalescence kernel)이라 부른다. 부피가 u와 $(v-u)$인 두 과립이 부피가 v인 새로운 과립을 형성하는 합체 속도는 출발 과립의 수밀도의 곱에 비례하는 것으로 가정한다.

$$\begin{bmatrix}\text{부피가 } u\text{와 } (v-u)\text{인} \\ \text{과립의 충돌속도}\end{bmatrix} \propto \begin{bmatrix}\text{부피가 } u\text{인} \\ \text{과립의 수밀도}\end{bmatrix} \times \begin{bmatrix}\text{부피가 } (v-u)\text{인} \\ \text{과립의 수밀도}\end{bmatrix}$$

수밀도는 일반적으로 시간 의존성이므로 $n(u,t)$는 시간 t에서 부피가 u인 과립의 수밀도이고 $n(v-u,t)$는 시간 t에서 부피가 $(v-u)$인 과립의 수밀도이다. 여기서 비례상수는 β, 즉 합체 핵 또는 합체 속도상수이며 일반적으로 충돌하는 과립의 부피에 의존하는 것으로 가정한다. 따라서, $\beta(u, v-u, t)$는 시간 t에서 부피가 u와 $(v-u)$인 과립 사이 충돌에 대한 합체 속도상수이다.

위에서는 모든 과립이 모든 다른 입자와 균등한 충돌 기회를 갖는 유사2차(pseudo-second) 합체 공정을 가정한다. 실제 입자제조 장치에서는 이 가정은 성립하지 않고 충돌 기회가 국지 과립에 제한된다. Sastry와 Fuerstenau(1970)는, 공간이 효과적으로 제한된 회분식 입자 제조 장치에 대하여, (i)항과 (ii)항에 적합한 식을 다음과 같이 제안하였다.

$$\left[\frac{1}{2N(t)}\int_0^v \underset{\text{(i)}}{\beta(u, v-u, t)n(u,t)n(v-u,t)du}\right] + \left[\frac{1}{N(t)}\int_0^\infty \underset{\text{(ii)}}{\beta(u, v, t)n(u,t)n(v,t)du}\right] \tag{13.17b}$$

여기서 $N(t)$는 시간 t에서 장치에 있는 전체 과립의 수이다.

식 (13.17b)에서 적분은 모든 가능한 충돌을 설명하고 있으며 (i)항에서 1/2은 충돌을 한 번만 고려한다는 것을 보증한다.

실제로 합체 핵은 실험적으로 결정되며 입자제조공정과 제품에 특유한 실험실이나 공장 데이터에 근거한다. 최근에는 물리학적으로 유도한 핵을 실험실에서 시험하고 있으며 시간이 지나면 산업적 모델에서 실험적으로 유도된 핵이 서서히 대체될 것으로 예상된다.

Sastry(1975)에 의하면 합체 핵은 두 부분으로 가장 잘 표현된다.

$$\beta(u, v) = \beta_0\beta_1(u, v) \tag{13.18}$$

β_0는 성공적인 충돌이 일어나서 평균 과립 크기를 좌우할 속도를 결정하는 합체속도상수이다. 그것은 고체와 액체의 특성 및 교반 강도에 의존한다. $\beta_1(u, v)$는 합체하는 과립의 크기, u와 v에 의존하는 핵의 함수를 좌우한다. $\beta_1(u, v)$는 과립의 크기 분포의 모양을 결정한다. 여러 가지 유형의 β가 보고되어 있다. Ennis와 Litster(1997)는 식 (13.19)에 나타낸 유형을 제안하고 있는데, 이것은 앞에서 설명한 입자 제조 영역 분석과 일관성이 있다.

$$\beta(u, v) = \begin{cases}\beta_0, & w < w^* \\ 0, & w > w^*\end{cases} \quad \text{여기서} \quad w = \frac{(uv)^a}{(u+v)^b} \tag{13.19}$$

w^*는 충돌에서 임계 평균 과립 부피이며 임계 Stokes수의 값 Stk^*에 대응한다. 식 (13.10)으로 주어진 Stokes수의 정의로부터, 임계지름 x^*는 다음과 같다.

$$x^* = \frac{16\mu Stk^*}{\rho_{gr} V_{app}} \tag{13.20}$$

따라서 구형 과립을 가정하면,

$$w^* = \frac{\pi}{6}\left(\frac{16\mu Stk^*}{\rho V_{app}}\right)^3 \tag{13.21}$$

식 (13.19)에서 지수 α와 β는 과립 변형도와 과립의 부피 u와 v에 의존한다. 비관성 영역에서 작은 원료 입자의 경우에, β는 크기에 무관한 속도상수 β_0로 줄어들고 합체속도는 과립 크기에 무관하다. 이들 조건에서 평균 과립 크기는 시간에 따라 지수함수로 증가하고 합체는 임계 Stokes수에 도달할 때 정지한다($\beta = 0$).

이 방법을 사용하여, Adetayo와 Ennis(1997)는 드럼 입자 제조기에서 전통적으로 관찰된 세 가지 유형(핵생성, 전이 및 코팅)의 입자제조를 입증하고 외관상 상반된 여러 가지 관찰 결과를 모델화하였다.

(5)번 항 $$\begin{bmatrix}\text{마모에 의한}\\\text{파손속도}\end{bmatrix}+\begin{bmatrix}\text{분열에 의한}\\\text{파손속도}\end{bmatrix}$$

$$\text{마모에 의한 파손속도} = \frac{\partial A(v)n(v,t)}{\partial v} \tag{13.22}$$

$A(v)$는 마모에 대한 속도상수이다. 마모 속도는 입자를 제조하는 재료, 접합제, 입자제조에 사용된 장치의 유형 및 교반 강도에 의존한다. 또한 파손 속도는 분쇄에서 모집단 수지의 모사에 사용한 바와 같이 선택함수와 파괴함수를 사용하여 설명할 수도 있다(12장 참조).

13.3.4 입자제조장치

세 가지 범주의 입자제조기(성형기)가 일반적으로 사용된다. 텀블링 입자제조기, 교반식 입자제조기 및 유동화 입자제조기. 이들 입자제조기 각각에 대한 전형적인 제품 특성, 규모 및 응용 분야를 표 13.1에 요약하여 정리한다(Ennis와 Litster, 1997).

표 13.1 • 입자제조기의 종류와 특징 및 응용(Ennis와 Litster, 1997)

Method	Product granule size(mm)	Granule density	Scale/ throughput	Comments	Typical applications
Tumbling (disc, drum)	0.5–20	Moderate	0.5–800 tonnes/h	Very spherical granules	Fertilizers, iron ore, agricultural chemicals
Mixer (continuous and batch high shear)	0.1–2	Low	<50 tonnes/h	Handles cohesive materials well	Chemicals, detergents, pharmaceuticals, ceramics
Fluidized (bubbling beds, spouted beds)	0.1–2	High	<500 kg batch	Good for coating, easy to scale up	Continuous(fertilizers, detergents) batch(pharmaceuticals, agricultural chemicals)

텀블링 성형기

텀블링 성형기(tumbling granulators)에서는 텀블링 운동에 의하여 입자들을 경사진 원통(드럼 성형기)이나 팬(디스크 성형기, 그림 13.7)에 분배한다. 텀블링 성형기는 연속식으로 운전하고 대량의 원료를 처리할 수 있다(표 13.1 참조). 고체와 액체 원료는 연속적으로 성형기에 공급된다. 디스크 성형기의 경우에는 텀블링 작용에 의하여 내용물이 크기에 따라 자연적으로 분류된다. 이러한 효과가 장점으로 취급되며 결과적으로 좁은 입도 범위의 제품을 얻을 수 있다.

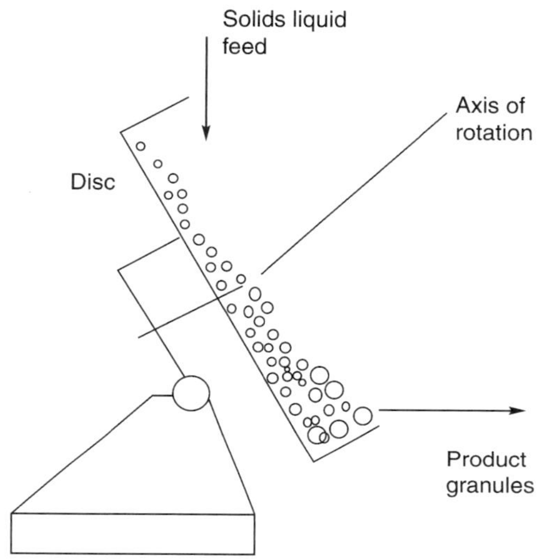

그림 13.7 디스크 성형기 개략도

교반식 성형기

교반식 성형기(mixer granulators)에서는 수직 또는 수평축 상에서 저속 또는 고속으로 회전하는 몇 가지 유형의 교반기에 의해서 입자의 운동이 일어난다. 회전 속도는 비료 입자 제조에 사용되는 수평 퍼그 혼합기의 경우에 분당 50회전(rpm)에서부터 세제와 농약 제조

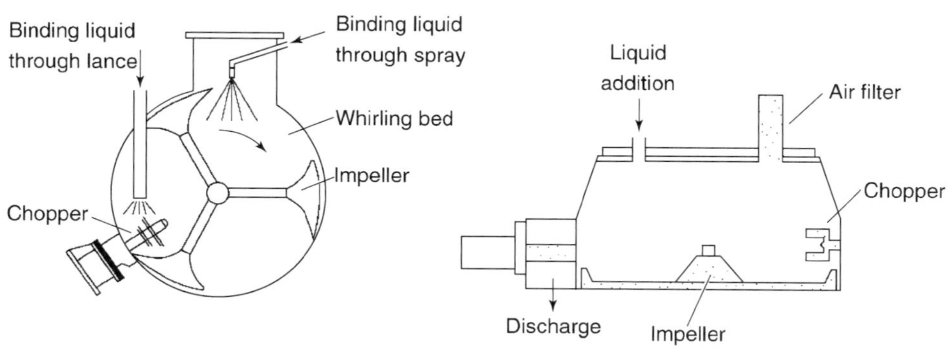

그림 13.8 수평축(a) 혼합과 수직축(b) 혼합 성형기의 개략도 [출처: *Perry Chemical Engineers' Handbook*, 7th Edition, "Section 20: size enlargement", Ennis and Litster, pp. 20-77. 판권 (1977) The McGraw-Hill Companies로부터 허락 받음]

에 사용되는 수직 Schugi 고전단 연속 입자제조기의 경우에는 분당 3000회전 이상까지 변한다. 제약 산업에 사용되는 수직축 혼합기(그림 13.8)에서 임펠러 속도는 지름이 30 cm 이하 혼합기에 대해서는 500~1500 rpm 범위이며 지름이 1 m보다 큰 혼합기에 대해서는 50~200 rpm으로 줄어든다. 일반적으로 교반기 속도는 (a) 날 끝에서 일정한 최대속도를 유지하기 위해서 또는 (b) 일정한 혼합 패턴과 Froude수를 유지하기 위하여 혼합기 규모가 클수록 감소한다.

유동층 성형기

유동층 성형기(fluidized bed granulators)에서 입자들은 유동화 공기에 의해서 움직인다. 유동층은 기포 또는 분출층(7장 참조)이며 회분식 또는 연속식으로 운전할 수 있다. 액체 접합제와 침윤제는 층 위나 내부에서 미립자 형태로 분무된다. 다른 성형기보다 이 입자 제조기가 갖는 이점은 우수한 열 및 물질 전달, 기계적인 단순함, 건조단계를 성형단계와 결합할 수 있는 능력 및 분체 원료로부터 작은 과립을 생산할 수 있는 능력들이다. 반면에 운전비와 마모속도가 다른 장치에 비하여 높을 수 있다. 전형적인 분출층 성형기 계통도를 그림 13.9에 나타낸다.

입자제조를 위한 공업적인 장치와 크기 확대의 다른 방법들에 대해서 좀 더 상세한 내용을 알고 싶은 독자는 Capes(1980), Ennis와 Litster(1997) 또는 Litster와 Ennis(2004)를 참조하기 바란다.

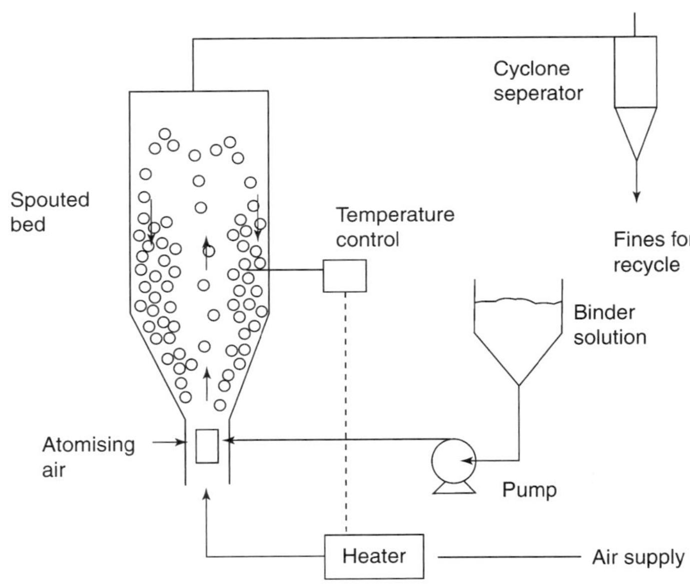

그림 13.9 분출 유동층 입자제조기의 계통도 (Liu and Litster, 1993)

13.4 예제

예제 13.1

제약 생산품을 회분식 크기가 15 kg인 파일럿 규모의 혼합식 성형기로부터 75 kg의 회분식 크기를 갖는 실물 크기의 혼합식 성형기로 규모를 확대하고 있다. 파일럿 규모 혼합기에서는 0.2 m 폭의 분무지대를 가로질러 지름이 200 μm 인 분무방울을 생성하는 노즐을 통하여 3 kg의 물을 6 min 동안 혼합기에 첨가한다. 규모 확대를 하는 동안 건조분체에 대한 액체의 비는 일정하게 유지하지만, 용액 유량은 노즐을 통하여 일정한 분무시간 또는 일정한 분무속도를 유지하도록 축척이 되어 있다. 일정한 분무시간을 유지하기 위하여 유량을 증가시키면 새 노즐은 0.3 m 넓이의 분무지대를 지나 400 μm 의 방울을 생성한다. 파일럿 규모의 분무지대에서 분체속도는 0.7 m/s이다. 실물 크기 규모에서 분체속도는 저속과 고속 임펠러 속도에서 각각 0.55 m/s와 1 m/s이다. 다음의 경우에 대하여 무차원 분무 플럭스의 변화를 계산하라.

(a) 파일럿 규모에서 기본 사례
(b) 6 min의 분무시간과 저속 임펠러를 사용한 실물크기로 규모 확대
(c) 일정한 분무속도와 저속 임펠러를 사용한 실물규모
(d) 일정한 분무속도와 고속 임펠러를 사용한 실물규모

풀이.

식 (13.5)에 일관성 있는 단위를 사용하여 계산한 결과를 표 13W1.1에 요약 정리한다.

표 13W1.1 •

Scale-up approach	(a) Pilot scale base case	(b) Constants spray time, low impeller	(c) Constant spray rate, low impeller	(d) Constant spray rate, high impeller
Batch size(kg)	15	75	75	75
Spray amount(kg)	3	15	15	15
Spray time(min)	6	6	30	30
Flow rate(kg/min)	0.5	2.5	0.5	0.5
Drop size(μm)	200	400	200	200
Spray width(m)	0.2	0.3	0.2	0.2
Impeller speed(rpm)	216	108	108	220
Powder velocity(m/s)	0.7	0.55	0.55	1
Spray flux ψ_a	0.45	0.95	0.57	0.31

예제 13.2

분무 플럭스가 0.1, 0.2, 0.5 및 1.0일 때:
(a) 젖은 분무지대의 분율을 계산하라.
(b) 단 하나의 방울로부터 생성된 핵의 수(f_1)를 계산하라.

(c) 액적제어영역을 하나의 방울로부터 50% 또는 이상의 핵을 생성한 분무 플럭스로 정의하면, 분무 플럭스의 임계값은 얼마이며 분무지대의 몇 분율이 젖겠는가?

풀이.

(a)와 (c)에 대하여 식 (13.6)을 사용하여 구한 해를 표 13W2.1에 나타낸다. (b)에 대하여 하나의 방울로부터 생성된 핵의 분율을 계산하기 위하여 식 (13.7)에 $n=1$을 사용하면, $f_1 = \exp(-4\Psi_a)$으로 단순화 된다.

표 13W2.1 •

Ψ_a	f_{wet}(%)	f_1(%)
0.1	10	67
0.17	16	51
0.2	18	45
0.5	39	14
1	63	2

자율학습문제

13.1 과립의 공극률이 감소함에 따라 포화도가 어떻게 증가하는가를 나타내는 그림 13.1을 다시 그려라.

13.2 젖음 속도와 방울침투시간은 (a) 점성의 증가, (b) 표면장력의 감소, (c) 접촉각의 증가에 따라 어떻게 변하는가?

13.3 성형기에 첨가하는 용액의 유량이 배가되면 일정한 분무플럭스를 유지하기 위하여 분무지대는 얼마나 더 넓어져야 하는가? 분무를 조절할 수 없으면 일정 분무 플럭스를 유지하려면 층속도는 얼마이어야 하는가?

13.4 분무 플럭스 0.1에서 방울 하나, 둘 , 셋 등에 따라 생성된 핵의 수를 계산하라. 분무에 의해서 젖은 분체표면의 분율은 얼마인가?

13.5 과립 성장의 비관성, 관성 및 코팅 영역을 설명하라. (a) 접근 속도가 증가함에 따라, (b) 점도가 증가함에 따라 최대 과립크기는 어떻게 되는가?

13.6 과립성장 체계지도에서 정상성장과 유도성장 체계 사이 차이를 설명하라.

13.7 유도성장이 과립 공극률과 포화도에 어떻게 관련되는가를 설명하라.

13.8 입자제조 모집단 수지에서 다섯 항을 설명하라.

연습문제

13.1 제약 산업에서, 설정 매개변수로부터 벗어난 회분량을 "비정형(atypical)" 회분량이라 부르고 제품을 방출하기 전에 조사해야 한다. 당신이 건조 분체 150 kg이 들어있는 600 L 혼합기에서 의약품을 성형하는 책임을 맡고 있는 제약공정 기술자라 하자. 새롭게 한 회분을 제조하는 동안 액체 수송단계가 평상시 보다 일찍 끝나고 이 회분량에 정상보다 더 큰 과립이 들어있다는 보고를 받았다. 정상 생산을 하는 동안 임펠러 속도는 90 rpm으로 설정되어 있으며 물은 평균 400 μm 크기의 방울을 생성하는 노즐을 통하여 2 L/min의 유량으로 더해진다. 잘못된 설정 때문에 비정형 회분에서 사용된 실제 유량은 3.5 L/min 이었으며 실제 방울크기는 250 μm로 추산되었다. 분무 폭과 분체 표면속도는 영향을 받지 않고 각각 40 cm와 60 cm/s로 일정하게 유지되었다. 정상적인 경우와 비정형 회분에 대하여 무차원 분무 플럭스를 계산하고 비정형 회분에서 왜 더 큰 과립이 생성되는지를 설명하라.

[답 : 정상 0.52 ; 비정형 ; 1.46]

13.2 분무 플럭스 값이 (a) 0.05, (b) 0.3, (c) 0.8일 때 방울 하나, 둘, 셋 등으로부터 생성된 핵의 분율 또는 백분율을 계산하라. 분무에 의해서 젖은 분체 표면의 분율은 얼마인가?

[답 : (a) 0.82, 0.16, 0.02, 0.0, 0.0; (b) 0.30, 0.36, 0.22, 0.09, 0.03; (c) 0.04, 0.13, 0.21, 0.22, 0.18]

미세 분체의 보건 영향

14 Chapter

14.1 개 요

미세분체의 보건 영향을 생각할 때 우리는 폐와 신체에 급성 또는 만성적(석면 섬유, 석탄분진) 영향을 미치는 입자의 흡입과 관련된 부정적 영향을 먼저 생각하게 된다. 그러나 1955년 정량 흡입기의 발명과 함께 천식 치료를 위해 폐로 직접 전달되는 미세입자로 된 약제를 널리 사용하기 시작하였다. 폐 전달이라 불리는 이 방법은 이제 널리 보급되어 있는 약물전달의 한 방법이다. 따라서 이 장에서는 호흡기관을 먼저 설명하고 미세입자와 호흡기관의 상호작용을 분석한 다음 미세입자의 부정적이고 긍정적인 보건영향을 모두 살펴본다.

14.2 인간의 호흡기관

14.2.1 작용

사람의 몸이 산소와 이산화탄소를 주위 환경과 교환하기 위한 필요조건은 호흡기관에 의해서 실현된다. 공기는 코와 입, 인두와 후두 및 호흡관을 통해서 폐에 전달된다. 호흡관을 지나면 하나의 공기통로가 두 폐로 각각 공기를 전달하는 두 개의 주 기관지로 갈라진다. 각 폐 안에서 기관지는 기관세지라고 불리는 수많은 더 작은 통로로 반복해서 갈라지고 거꾸로 된 나무 같은 구조를 이룬다(그림 14.1). 상부 기관세지와 기관지는 특수한 세포로 덮여있는데 그 세포 중 일부는 점액을 분비하고 나머지는 벽을 따라 점액이 위로 흐르도록 부딪치는 털이나 섬모를 가지고 있다. 기관세지는 폐포낭에서 끝나는 폐포관으로 통하여 있다. 성인 남자에게는 약 300만개의 폐포관이 있으며 각 폐포관의 지름은 대략 0.2 mm이다. 폐포관의 벽에는 수많은 혈관이 있다. 공기로부터 산소가 폐포낭 주위의 얇은 막을 통하여 혈액으로 확산해 들어가고 이산화탄소가 혈액으로부터 반대방향으로 확산한다.

공기는 흉곽 아래에 있는 횡격막 근육의 운동에 의해서 폐로 출입한다. 폐는 흉곽 내부에 밀폐되어 있어서 횡격막 근육이 내려가면 흉곽 내부 압력이 대기압 이하로 떨어져서 공기를 폐 속으로 끌어들인다. 폐는 팽창하고 흉곽이 가득 차게 된다. 횡격막이 위로 움직이면 폐는 압착되고 안에 있는 공기가 대기로 방출된다.

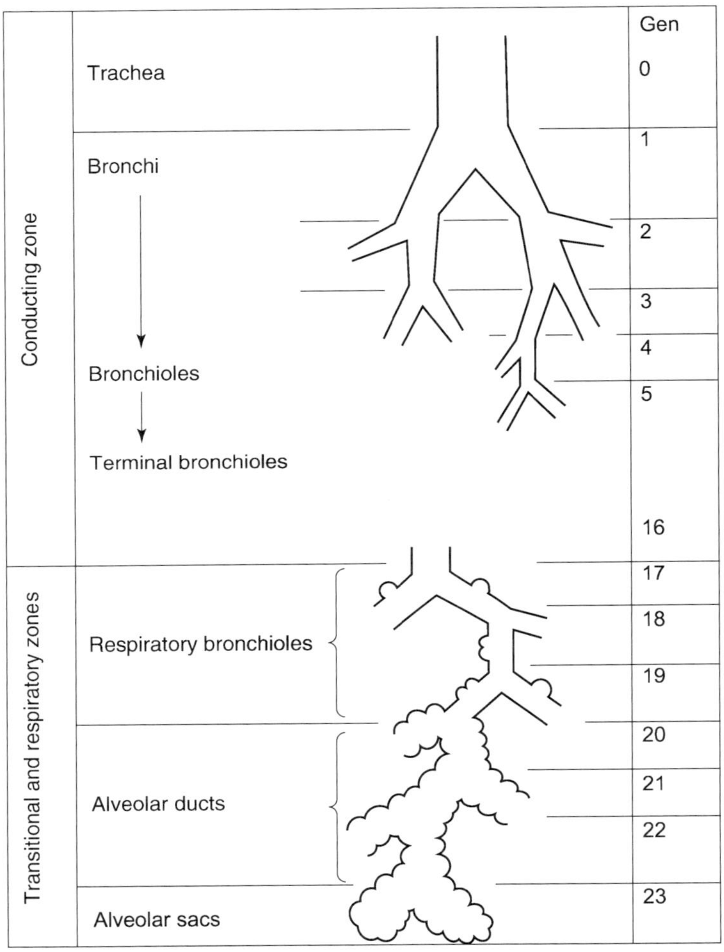

그림 14.1 인간의 기관지 나무 [출처: *Particulate Interactions in Dry Powder Formulations of Inhalation*, Xian Ming Zeng, Gary Martin and Christopher Marriott, 판권 2001, Taylor & Francis로부터 허락 받음]

14.2.2 크기와 흐름

일반적으로 인용되는 체계적인 설명은 Weibel(1963)의 해설이다. 이 설명에서 호흡기관은 연속적인 일련의 두 갈래 분기로 간주한다. 나무는 0 "세대"인 호흡관으로 시작해서 1 "세대"인 두 개의 주 기관지로 연결된다. 폐 안에서 분기는 폐포낭을 나타내는 23세대까지 계속된다. Weibel의 모델에 따르면 n 세대에는 2^n 개의 관이 존재한다. 따라서 예를 들면 16세대(마지막 기관세지)에는 0.6 mm 지름의 관이 65536개 존재한다.

표 14.1은 직접 측정에 더 근거하고 있으며 전형적인 공기 속도 및 체류시간과 함께 공기 통로 구성기관의 전형적인 크기를 제공한다.

코의 통로는 아주 굴곡지고 경로 내에서 지름이 몇 번씩 변한다. 아래 부분은 털로 덮여 있다. 가장 좁은 부분은 코 밸브이며 단면적이 20−60 mm^2(지름이 5−9 mm와 같음)이고 전형적으로 코 통로에서 흐름 저항의 50%를 차지한다. 성인 코에서 대표적인 공기 유량은 정상호흡 중 180 mL/s에서 강한 호흡 중 1000 mL/s 범위이다. 이것은 코 통로에서 속도가 정상호흡 중 9 m/s와 강한 호흡 중 50 m/s만큼 높은 것에 해당한다.

인두와 후두에 연결된 입은 공기 흐름에 훨씬 더 평활한 경로를 제공하고 저항이 더 낮다. 그러나 인두와 후두를 통하여 이동하는 동안 공기 흐름은 갑작스런 방향전환이 필요하다. 입을 통한 전형적인 공기속도는 정상호흡에서 3 m/s이다.

표 14.1에서 보면 주로 연속적으로 분기하기 때문에 통로에서 공기속도가 기관세지의 출발점에서 감소한다. 결과적으로 통로의 다른 부위에서 체류시간은 폐포 부위에 도달할 때까지 같은 차수의 크기지만 폐포 부위에서는 체류시간이 상당히 증가한다.

표 14.1 • 60 L/min의 정상 흐름에 근거한 호흡계의 특성 [출처: *Particulate Interactions in Dry Powder Formulations of Inhalation*, Xian Ming Zeng, Gary Martin and Christopher Marriott, 판권 2001, Taylor & Francis로부터 허락 받음]

Part	Number	Diameter (mm)	Length (mm)	Typical air velocity(m/s)	Typical residence time(s)
Nasal airways		5−9		9	0.022
Mouth	1	20	70	3.2	0.021
Pharynx	1	30	30	1.4	0.027
Trachea	1	18	120	4.4	0.01
Two main bronchi	2	13	37	3.7	0.007
Lobar bronchi	5	8	28	4.0	0.021
Segmental bronchi	18	5	60	2.9	0.032
Bronchioles	504	2	20	0.6	0.036
Secondary bronchioles	3024	1	15	0.4	0.023
Terminal bronchioles	12100	0.7	5	0.2	0.44
Alveolar ducts	8.5×10^5	0.8	1	0.0023	0.75
Alveolar sacs	2.1×10^7	0.3	0.5	0.0007	4
Alveoli	5.3×10^8	0.15	0.15	0.00004	

14.3 호흡기관과 미세분체의 상호작용

공기와 함께 호흡계로 들어간 입자들은 그들이 접촉하는 모든 통로의 표면에 퇴적한다. 통로의 표면은 항상 젖어있기 때문에 입자가 표면에 한번 접촉하면 다시 공기와 동반될 가능성은 거의 없다. 통로 표면과 접촉하지 못한 입자들은 밖으로 빠져나간다. 통로에서 입자의 퇴적은 복잡한 공정이다. Zeng등(2001)은 호흡계로 들어간 입자들의 퇴적에 기여하는 다섯 가지 가능한 메카니즘을 확인한다. 이들은 침강, 관성 충돌, 확산, 차단, 및 정전기 침전이다. 각 메카니즘을 소개한 다음 호흡계의 각 부위에서 상대적인 중요성에 관하여 설명한다.

14.3.1 침강

입자는 중력의 영향을 받아 공기 속에서 침강한다. 2장에서 설명한 바와 같이 무한양의 정지 유체에서 입자는 중력과 부력(일정함) 및 유체 항력의 영향을 받아 정지 상태로부터 가속되고 유체 항력은 입자와 유체 사이 상대속도에 따라 증가한다. 위로 작용하는 항력과 부력이 중력과 균형을 이룰 때 일정한 종말속도에 도달한다. 여기서 관련된 크기(40 μm 이하)의 입자가 공기 속에서 낙하할 때 항력은 Stokes의 법칙[식 (2.3)]으로 주어지고 종말속도는 식 (2.13)으로 주어진다.

$$U_T = \left[\frac{x^2(\rho_p - \rho_f)g}{18\mu}\right] \tag{2.13}$$

(공기의 평균 자유경로, 0.0665 μm 보다 더 작은 지름의 입자에는 보정인자를 적용해야 한다. 이처럼 작은 입자들은 여기서 고려하지 않는다.) 고려하고 있는 크기 범위의 입자들은 공기 속에서 종말속도까지 빠르게 가속된다. 예를 들면, 밀도가 1000 kg/m^{3}인 40 μm 입자는 20 ms 이내에 종말속도(47 mm/s)의 99%까지 가속되고 가속되는 동안 1 mm보다 더 작은 거리를 이동한다. 따라서 공기 속에서 이러한 입자들은 침강속도를 종말속도와 대등하게 취할 수 있다. 위의 분석은 정지한 공기나 층류로 흐르는 공기 속에서 낙하하는 입자에 적용된다. 호흡속도가 높을 경우, 어떤 통로에서 일어날 수 있는 바와 같이, 공기 흐름이 난류가 되면 특성속도의 요동이 입자가 퇴적하는 경향을 증가시킨다.

14.3.2 관성 충돌

흡입한 공기는 통로를 통하여 나아가면서 굴곡진 경로를 따라간다. 공기로 운반된 입자들이 각 전환점에서 공기가 흘러가는 경로를 따라갈 것인지의 여부는 입자가 방향 전환을 하는데 필요한 힘과 그 힘을 제공할 수 있는 유체항력 사이 균형에 의존한다. 항력이 방향전환을 일으키기에 충분하면 입자는 기체를 따라가고 퇴적하지 않는다.

지름이 D인 통로에서 점도가 μ 인 공기 속을 속도 U_p 로 이동하는 지름이 x 인 입자를 생각해보자. 이 입자는 90° 방향전환이 필요한 극단적인 경우를 생각하자. 필요한 힘 F_R은 입자를 정지시킨 다음 속도 U_p 까지 다시 가속시키는데 필요한 힘이다. 입자가 이내에서 정지해야 하는 거리는 통로의 지름 크기와 같다고 하면;

행한 일 = 힘 TIMES 거리 = 입자 운동에너지

$$F_R D = 2\left(\frac{1}{2} m U_p^2\right) \tag{14.1}$$

(우변에 2는 입자를 다시 가속해야 하기 때문이다.)
따라서 필요한 힘은

$$F_R = \frac{\pi}{6} x^3 \rho_p U_p^2 \frac{1}{D} \tag{14.2}$$

가능한 힘은 유체 항력이다. 고려하고 있는 입자에 Stokes 법칙[식 (2.3)]을 적용하면 가능한 힘은,

$$F_D = 3\pi\mu x U_p$$

관련된 상대속도로 U_p 를 사용한 이론적 근거는 이것이 입자가 직선으로 계속 가면서 경험하는 최대 상대속도를 나타낸다는 것이다.

가능한 힘 F_D에 대한 필요한 힘 F_R의 비는:

$$\frac{x^2 \rho_p U_p}{18\mu D} \tag{14.3}$$

이 비의 값이 1보다 더 크면 클수록 입자가 통로 벽에 충돌하여 퇴적할 경향이 더 커진다. 이 값이 1보다 훨씬 작아지면 입자가 기체를 따라갈 경향이 더 커진다. 이 무차원 비를 Stokes수라 한다:

$$Stk = \frac{x^2 \rho_p U_p}{18\mu D} \tag{14.4}$$

9장에서도 Stokes수를 만났는데 거기서는 기체로부터 입자를 분리하기 위한 사이클론의 규모 확대에서 사용하는 무차원수 중의 하나였다. 기체 사이클론에서 입자의 수집과 호흡기관의 통로에서 입자의 "수집" 사이에 분명한 유사성이 존재한다. 13장에서 만난 Stokes수는 과립 사이 충돌을 설명하는데 여기서 사용한 것과는 쉽게 비교할 수 없다.

14.3.3 확산

공기로 운반된 더 작은 입자들의 운동은 공기분자들과 충돌에 의하여 영향을 받는다. 이것을 Brown 운동이라 하며 입자들의 불규칙 운동을 일으킨다. 운동이 불규칙하기 때문에 입자의 변위는 제곱평균제곱근으로 나타낸다. t시간 동안 제곱 평균 제곱근 변위는,

$$L = \sqrt{6\alpha t} \tag{14.5}$$

여기서 α는 확산계수이며 온도 T이고 점도가 μ인 유체에서 지름이 x인 입자에 대하여 다음과 같다.

$$\alpha = \frac{kT}{3\pi\mu x} \tag{14.6}$$

여기서 k는 Boltzmann 상수로 1.3805×10^{-23} J/K의 값을 갖는다.

14.3.4 차단

차단(interception)은 통로의 크기와 비교하여 입자의 크기와 모양 때문에 일어나는 입자의 퇴적이다.

14.3.5 정전기 침전

입자와 작은 방울들은 특히 분산 단계에서 서로 또는 근처 표면과 상호작용에 의해서 정전기로 대전될 수 있다. 대전된 입자는 통로의 벽에 반대 전하를 유도하여 결과적으로 입자가 벽에 끌려가서 퇴적한다고 생각한다.

14.3.6 호흡계에서 메카니즘의 상대적 중요성

호흡계와 같이 습한 조건 하에서는 입자에 있는 모든 전하들이 빠르게 소산되기 때문에 정전기 침전은 통로의 어디에서나 입자의 퇴적에 의미 있는 역할을 할 수 없다.

차단에 의한 퇴적도 관심의 대상 입자가 통로보다 훨씬 작기 때문에 역시 중요하지 않다.

이제 호흡계의 여러 부분에서 다른 세 가지 메카니즘, 즉 침강, 관성 충돌 및 확산의 상대적 중요성을 생각해보자. 먼저 호흡계에서 전형적으로 나타나는 조건에서 크기가 다른 입자들에 대해 침강과 확산에 기인한 변위를 비교해보자. 표 14.2는 온도가 30℃인 공기에서 밀도가 1000 kg/m^{3}인 입자에 대해서 비교한 것이다.

표 14.2 • 30℃ 공기(밀도 1.21 kg/m³, 점도 1.81×10⁻⁵ Pa s)에서 밀도가 1000 kg/m³인 입자에 대한 침강과 확산에 의한 변위의 비교

Particle diameter(μm)	Particle terminal velocity(m/s)	Displacement in 1s due to sedimentation(μm)	Displacement in 1s due to Brownian motion(μm)
50	7.5×10^{-2}	75000	1.7
30	2.7×10^{-2}	27000	2.2
20	1.2×10^{-2}	12000	2.7
10	3.0×10^{-3}	3000	3.8
5	7.5×10^{-4}	750	5.4
2	1.2×10^{-4}	120	8.5
1	3.0×10^{-5}	30	12.0
0.5	7.5×10^{-6}	7.5	17.0
0.3	2.7×10^{-6}	2.7	21.9
0.2	1.2×10^{-6}	1.2	26.8
0.1	3.0×10^{-7}	0.3	37.9

표 14.2로부터 입자가 1 μm 이하로 작아질 때까지 확산은 침강에 비하여 중요하지 않다는 것을 알 수 있다. Brown 운동이 침강과 함께 아래로 작용할 경우에 최소변위는 지름이 약 0.5 μm인 입자에서 일어난다. 이것은 이 지름 근처의 입자들은 이들 메카니즘에 의해 퇴적될 가능성이 거의 없다는 것을 암시한다. 약 10 μm보다 더 작은 입자들은 퇴적될 만큼 충분하게 멀리 이동하기 위해서는 상당한 체류시간을 필요로 한다. 예를 들면 침강과 확산이 결합된 영향에 의해서 입자가 통로 지름에 상당한 거리를 이동하는데 필요한 시간을 표 14.3에서 볼 수 있다. 실제로 침강은 적은 통로와 폐포 부근에서만 퇴적에 중요한 메카니즘이 되며 폐포 부근에서는 공기속도가 낮고 통로 크기가 작으며 공기 체류시간이 비교적 높다.

표 14.3 • 침강과 확산이 합쳐진 영향에 의해서 지름이 다른 입자들이 통로 지름에 상당한 거리를 이동하는데 필요한 시간

Airway component	Diameter (mm)	Typical air residence time(s)	Required particle component residence time(s)		
			5μm	1μm	0.5μm
Two main bronchi	13	0.01	17.2	309	580
Bronchioles	2	0.032	2.6	48	90
Secondary bronchioles	1	0.036	1.3	24	45
Terminal bronchioles	0.7	0.023	1	17	30
Alveolar ducts	0.8	0.44	1	19	35
Alveolar sacs	0.3	0.75	0.4	7	13
Alveoli	0.15	4	0.2	3.5	6.6

표 14.4 • 호흡계의 각 부분에서 크기가 다른 입자의 Stokes수와 흐름에 대한 전형적인 Reynolds수

Region	Stokes number for particles of different sizes						Re flow
	1μm	5μm	10μm	20μm	50μm	100μm	
Nose	3.1×10^{-3}	7.7×10^{-4}	0.31	1.2	7.7	31	5415
Mouth	4.9×10^{-4}	1.2×10^{-4}	0.05	0.2	1.2	5	4254
Pharynx	1.5×10^{-4}	3.7×10^{-5}	0.01	0.1	0.4	1	2865
Trachea	7.6×10^{-4}	1.9×10^{-4}	0.08	0.3	1.9	8	5348
2 main bronchi	8.7×10^{-4}	2.2×10^{-4}	0.09	0.3	2.2	9	3216
Lobar bronchi	1.5×10^{-3}	3.8×10^{-4}	0.15	0.6	3.8	15	2139
Segmental bronchi	1.8×10^{-3}	4.4×10^{-4}	0.18	0.7	4.4	18	955
Bronchioles	9.6×10^{-4}	2.4×10^{-4}	0.10	0.4	2.4	10	84
Secondary bronchioles	1.3×10^{-3}	3.2×10^{-4}	0.13	0.5	3.2	13	28
Terminal bronchioles	9.5×10^{-4}	2.4×10^{-4}	0.10	0.4	2.4	10	10
Alveolar ducts	8.7×10^{-6}	2.2×10^{-6}	0.0009	0.003	0.022	0	0
Alveolar sacs	6.8×10^{-6}	1.7×10^{-6}	0.0007	0.003	0.017	0	0
Alveoli	7.7×10^{-7}	1.9×10^{-7}	0.0001	0.003	0.002	0	0

이제 퇴적의 원인이 되는 메카니즘으로 관성 충돌의 중요성을 생각해 본다. 표 14.1에 제공한 정보에 근거하여 호흡계의 여러 부분에서 크기가 다른 입자에 대하여 계산한[식 (14.4)를 이용] Stokes수를 표 14.4에 정리한다. 이 계산은 입자속도가 호흡계의 관련된 부분에서 공기속도와 같다는 것을 가정한다.

Stokes수의 값이 1이상 더 크면 클수록 입자가 통로 벽에 부딪쳐 퇴적할 경향이 더 크다는 것을 상기하면, 50μm만큼 작은 입자들은 입이나 코, 인두, 후두 및 호흡관에서 쉽게 퇴적될 수 있다는 것을 알 수 있다. 이들 수치는 정상 호흡에 대한 것이고, 속도가 더 크면 Stokes수가 더 커지고 따라서 호흡계의 주어진 부분에서 더 작은 입자들이 퇴적된다.

입이나 코, 인두 및 후두를 통하여 이동하는 동안 공기 흐름은 다소의 갑작스런 방향 전환에 노출된다. 이것은 난류와 불안정을 유도하여 관성 충돌에 의해 입자가 퇴적할 수 있는 가능성을 증가시킨다.

요약하면, 관성 충돌은 공기로 운반되는 좀 더 큰 입자들의 퇴적에 책임이 있고 주로 상부 통로에서 일어난다. 따라서 실제로는 약 10μm보다 작은 입자들만 주 기관지를 넘어서 이동한다는 것을 알 수 있다. 이러한 입자들은 관성 충돌에 의하여 퇴적될 경향이 줄어들고 폐 속으로 훨씬 더 멀리 이동해 들어가지만, 더 작은 통로와 폐포 부근에 도달함에 따라 침강과 확산 작용에 의하여 쉽게 퇴적된다. 폐포 부근에서는 공기속도가 낮고 통로 크기가 작으며 공기 체류시간이 비교적 높다.

14.4 약물의 폐 전달

표적 부위 : 폐로 직접 에어로졸에 의해서 폐질환(천식, 기관지염, 등) 치료를 위한 약물전달은 여러 가지 이유 때문에 관심을 불러일으킨다. 약물 전달의 다른 방법(경구, 주사)과 비교하여 폐를 통한 전달은 최소 복용량과 최소 부작용으로 약물작용이 빠르게 시작되며 예측이 가능하다. 성인의 폐는 약물을 흡수할 수 있는 대단히 큰 표면적(전형적으로 120 m^2)을 가지고 있다. 폐포 벽 막은 많은 약물분자가 투과할 수 있으며 풍부한 피가 공급된다. 이 때문에 소위 에어로졸 약물전달이 다른 질병의 치료에도 관심을 불러일으킨다. (에어로졸은 공기나 다른 기체에 액적 또는 고체입자의 현탁물이다.) 에어로졸을 이용한 폐 전달에서 에어로졸 입자에 대한 주 표적은 흡수 조건이 가장 좋은 폐포이다. 실제로 약 2 μm 보다 더 큰 입자들은 폐포까지 거의 도달하지 못하며 약 0.5 μm 보다 더 작은 입자들은 폐포에 도달할 수 있지만 퇴적되지 않고 배출된다(Smith와 Bernstein, 1996; 또는 전술한 분석 참조).

놀랍게도 의약 용도로 에어로졸을 인간에게 사용한 것은 수천 년을 거슬러 올라간다. 이들에는 티몰(thymol), 멘톨(menthol) 및 유칼립투스(eucalyptus)와 같은 휘발성 방향족 물질이 있으며 잎을 태워 연기를 생성한다. 분무기(nebulizer)는 − 약물 수용액으로부터 미세한 연무를 생성하는 기구 − 최신 분무기가 옛날 기구와는 거의 비슷하지도 않지만 서양의 병원에서 100년 이상 동안 사용되어 왔다. 최신 분무기(그림 14.2)는 환자가 다른 기구를 사용할 수 없을 경우나 많은 양의 약물 복용이 필요할 때 사용한다. 비록 공기 압축용 동력원이 아직도 필요하지만 휴대용 분무기가 개발되어 있다.

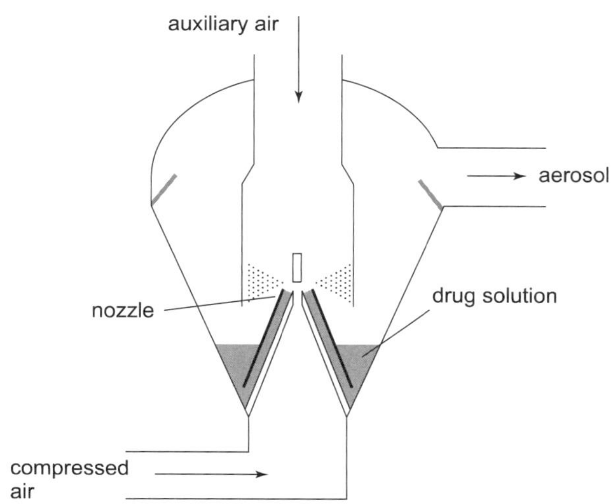

그림 14.2 분무기 개략도. 압축공기가 노즐을 떠나면서 팽창하고 이것이 압력을 떨어뜨려 약물용액을 위로 흐르게 한다. 약물이 노즐을 떠나면서 공기흐름과 접촉하여 미세입자로 분무된다. [출처: *Lung Biology in Health and Disease*, Vol. 94, Dalby *et al.*, *Inhalation Aerosols*, p. 452. 판권(1996), Routledge/Taylor & Francis Group, LLC로부터 허락받고 게재함]

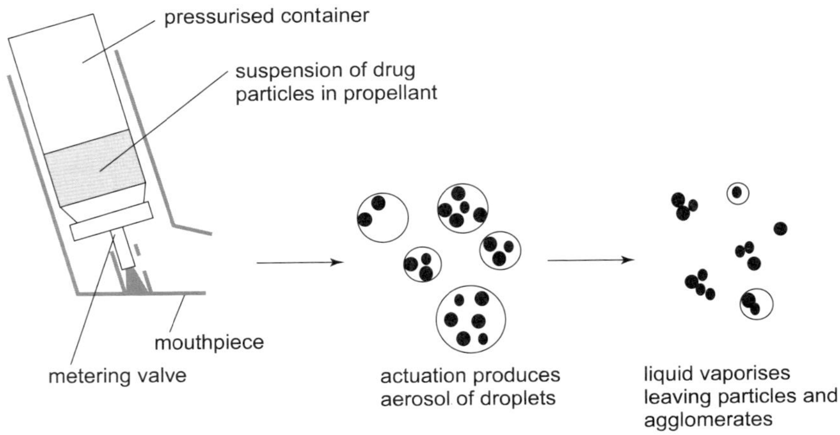

그림 14.3 정량 흡입기. [출처: *Lung Biology in Health and Disease*, Vol. 94, Dalby *et al.*, Inhalation Aerosols, p.452. 판권(1996), Routledge/Taylor & Francis Group, LLC의 허락을 받고 게재함]

1950년대에 정량 흡입기(metered-dose inhaler; MDI)가 발명되었다. 이것이 수년 동안 천식환자들에 의해서 – 단점에도 불구하고 – 널리 사용되어 온 최신 MDI의 전조이다(Zeng *et al.*, 2001). MDI에서 약물은 액체 추진제에 분산 또는 용해되어 있으며 작은 가압 용기 내에 들어있다(그림 14.3). 장치를 활성화할 때마다 미리 정해진 약물 복용량을 운반하도록 정량의 추진제를 방출한다. 액적에 있는 액체는 고체입자를 떠나 빠르게 증발한다. 용기로부터 배출 속도가 크면 많은 입자들이 목구멍의 뒷부분에 충돌하기 때문에 효과가 없어진다는 것을 의미한다. 또 다른 단점은 환자가, 주로 긴장된 조건에서, MDI의 활성화를 흡입으로 조정해야 한다는 것이다.

폐 약물전달에 사용하는 세 번째 일반적인 기구는 건식 분말 흡입기(dry powder inhaler, DPI)이다. 이 기구는 현재 여러 유형이 있으며, 일부는 아주 단순하게 설계되어 있다(그림

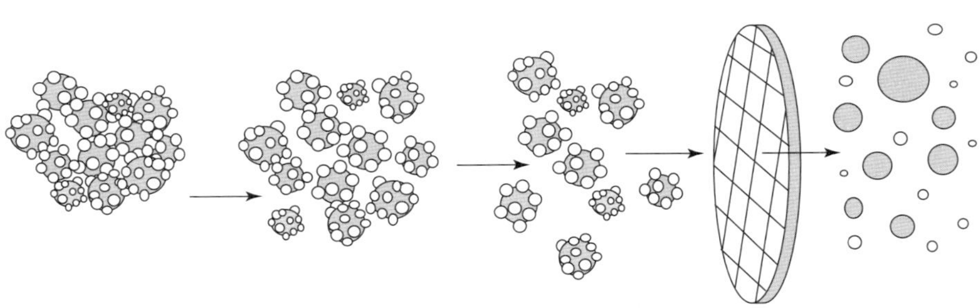

그림 14.4 건식 분말 흡입기에서 담체입자들. 분말은 처음에 느슨하게 압축되어 있으나, 공기흐름과 체에서 충돌이 함께 작용하여 응집물이 분산되고 약제 입자는 담체입자로부터 떨어져 나간다. [출처: *Lung Biology in Health and Disease*, Vol. 94, Dalby *et al.*, Inhalation Aerosols, p. 452. 판권(1996), Routledge/Taylor & Francis Group, LLC의 허락을 받고 게재함]

14.4). 분말의 제제화에 특별한 노력을 기울여왔다. 대부분의 경우 약제는 몇 μm 크기이며 훨씬 더 큰(100 μm 이상) 불활성 “담체입자”에 – 주로 자연적인 힘에 의해서 – 부착되어 있다. 담체입자는 두 가지 이유 때문에 필요하다. 이는 약제의 필요한 양이 너무 작아서 정제화가 어렵기 때문이며, 이와 같은 미세입자는 응집성이 커서 취급이 어렵고 공기 중에 쉽게 분산되지 않기 때문이다. 의도대로 담체 입자는 기구 내에나 입의 뒷부분 또는 상부통로에 남아 있어야 하고 약제 입자는 흡입하는 동안에 떨어져서 퇴적하기 전에 하부통로까지 이동해야 한다.

14.5 미세입자의 악영향

폐 속으로 길을 찾아 들어간 입자들은 건강에 부정적인 영향을 미칠 수 있다. 작업장과 일상생활에서는 미세 입자 에어로졸에 노출되는 것을 피해야 한다. 역사적으로 예를 들면 석탄먼지, 실리카 먼지 및 석면 먼지에 노출은 수년 후에 작업자의 건강에 비참한 결과를 가져올 수 있다는 것을 보여준다. 잘 알려져 있지 않지만 많은 다른 작업장 먼지들이 건강에 부정정인 영향이 있는 것으로 밝혀지고 있다.

전술한 바와 같이, 10 μm보다 작은 입자들은 폐 속으로 깊숙이 침투할 수 있기 때문에 가장 큰 위해를 가지고 있으며, 폐와 물리적인 상호 작용뿐만 아니라 혈액 속으로 화학적 흡수의 가능성이 가장 크다.

작업장에서 먼지 위해가 의심스러우면 첫 번째 단계는 작업자의 노출을 확인하기 위하여 작업환경을 감시하는 것이다. 이것을 달성하기 위한 더 좋은 방법 중의 하나는 작업자가 휴대용 시료채취 기구를 착용하고 작업자 바로 주변의 공기에서 입자의 유형과 입자크기분포를 측정하는 것이다. 이러한 기구들은 보통 전형적인 호흡 유량과 속도로 시료를 채취하며 일부 기구들은 호흡할 수 있는 입자들(폐포에 도달할 수 있는 입자들) 또는 흡입할 수 있는 입자들(들이마실 수 있는 입자들)만 직접 포획하도록 설계되어 있다.

잠재적 먼지 위해를 취급하는 두 번째 단계는 감시 공정의 결과를 문제의 입상물질에 대한 작업장 허용 기준과 비교하는 것이다. 호흡 입자의 농도가 대상 물질에 대한 허용한계를 초과한 것으로 밝혀지면 세 번째 단계인 제어단계로 진행한다.

어느 위해를 취급할 때는 적절한 곳에 들어갈 제어 수단의 분류 단계가 있다. 현대의 작업장에서 목적은 안전한 사람보다 오히려 안전한 환경을 조성하는 것이다. 이것이 의미하는 것을 이해하기 위해서 제어수단의 분류 단계를 생각해보자.

사양(specification);
대체(substitution);
봉쇄(containment);

환기(ventilation);
노출시간 줄이기;
보호 장비.

공정을 설계하면서 공학자나 과학자는 분류 단계의 상단에 있는 제어수단을 목표로 해야 한다. 분류단계에서 아래에 있는 제어수단은 마지막 수단으로만 사용해야 한다.

사양 : 대상 위해가 없는 대체 공정을 고안하는 것. 먼지 위해의 경우에 이것은 완전히 다른 습식 공정을 사용하는 것을 의미할 수 있다. 예를 들면 건식 제분 대신 습식 제분을 사용하는 것. 입자제조는 선택사양일 수 있다 – 느슨한 과립으로, 미세 입자에 의해서 제공되는 큰 표면적이 아직도 가능할 수 있으나, 관련된 먼지 위해 없이.

대체 : 위해 물질을 위해가 없는 물질로 바꾸는 것, 예를 들면, 건축 자재의 제조에서 석면 대신 목재 섬유를 사용.

봉쇄 : 위해 물질을 수용하여 정상 조작에서는 주위로 탈출할 수 없는 장비를 사용하여 공정을 설계하는 것. 예를 들면 작업장 내의 분체 수송에서 컨베이어 벨트나 다른 기계적 컨베이어 대신 공기 수송을 사용하는 것. 또는 완전히 둘러싸인 컨베이어 벨트를 사용하는 것.

환기 : 작업장 환경에 위해 물질이 있는 것을 인정하고 공기 흐름을 생성하여 위해 물질을 작업자로부터 떼어놓거나 환경에서 그 농도를 줄이는 것.

노출시간 줄이기 : 작업장 환경에 위해 물질이 있는 것을 인정하고 그 환경에서 각 작업자가 보내는 시간을 줄이는 것.

보호 장비 : 작업자가 위해 물질이 있는 환경에서 일해야 한다는 것을 인정하고 작업자가 착용할 적당한 보호 장비를 제공하는 것. 먼지 위해를 제어하기 위한(효력을 떨어뜨리기 위한) 예를 들면: 공기 공급선이 있는 헬멧 – 깨끗한 공기를 가압하여 구부릴 수 있는 관을 통해서 작업자가 착용하고 있는 헤드셋에 공급한다. 정압 세트 – 작업자가 착용한 펌프와 여과기가 작업자의 머리를 부분적으로 또는 완전히 덮은 헤드셋에 공기를 공급한다. 공기흐름 헬멧 – 여과된 공기를 작업자의 얼굴에 불어주는 펌프와 여과기가 차양이 있는 단단한 모자에 장착되어 있다. 입–코 호흡기 – 코와 입을 덮도록 잘 맞춰진 고무 또는 플라스틱 마스크에 문제의 물질에 알맞게 효능이 좋은 여과기가 장착되어 있다. 폐기할 수 있는 얼굴 마스크 – 코와 입을 덮지만 보통 잘 맞지 않는 여과 물질로 만든 마스크.

자율학습문제

14.1 인간 폐의 개략도를 도해적으로 그리고 다음 부위를 표시하라.
폐포낭, 기관지, 호흡관, 호흡 기관세지

14.2 인간의 호흡기관에서 호흡관, 최종 기관세지 및 주 기관지의 전형적인 지름과 공기속도는 얼마인가?

14.3 흡입된 입자가 호흡기관의 통로 벽에 퇴적될 수 있는 메카니즘을 열거하라. 어느 메카니즘이 상부 통로에서 약 10 μm 보다 작은 입자에 대하여 지배적인가? 그 이유는?

14.4 Stokes수는 무엇이며 호흡기관의 벽에 입자가 퇴적될 수 있는 가능성에 관하여 무엇을 알려주는가?

14.5 호흡기관의 어느 부위에서 침강이 입자의 퇴적 메카니즘으로 중요한가?

14.6 폐를 통한 약물 전달을 위해 입자의 어느 크기 범위가 바람직하며 그 이유는?

14.7 호흡 약물 전달에 사용되는 세 가지 유형의 기구의 구조와 조작에 대해서 설명하라.

14.8 담체입자는 무엇이며 왜 필요한가?

14.9 작업장에서 먼지가 흡입을 통해 보건 위해를 야기할 가능성이 있는지 여부를 결정하기 위해서 취해야 할 단계는 무엇이 있는가?

14.10 먼지 위해의 제어에 적용할 때 제어수단의 분류단계가 무엇을 의미하는지 설명하라.

연습문제

14.1 호흡기관의 부위에서 다음과 같은 속도로 인간이 흡입한 공기 속에 부유하고 있는 밀도가 2000 kg/m^3인 20 μm 입자의 가능한 운명을 계산에 의해서 결정하라.

Part	Number	Diameter (mm)	Length (mm)	Typical air velocity (m/s)	Typical residence time (s)
Mouth	1	20	70	3.2	0.022
Pharynx	1	30	30	1.4	0.021
Trachea	1	18	120	4.4	0.027
Two main bronchi	2	13	37	3.7	0.01

14.2 다음과 같은 정보가 주어졌을 때 밀도가 1500 kg/m^3인 3 μm 입자가 호흡기관의 어느 부위에서 가장 퇴적되기 쉬운가? 그리고 어느 메카니즘에 의한가? 계산으로 당신의 결론을 뒷받침하라.

Part	Diameter (mm)	Length (mm)	Typical air velocity (m/s)	Typical residence time (s)
Trachea	18	120	4.4	0.027
Bronchioles	2	20	0.6	0.032
Terminal bronchioles	0.7	5	0.2	0.023
Alveolar ducts	0.8	1	0.0023	0.44
Alveoli	0.15	0.15	0.00004	4

14.3 코를 통과하는 공기에서 밀도가 1200 kg/m^3인 2, 5, 10 및 40 μm 입자에 대한 Stokes수를 비교하라. 이들 입자가 코에서 퇴적될 가능성에 관하여 어떠한 결론을 도출하겠는가?
데이터
코에서 특성 속도 : 9 m/s
코에서 통로의 특성 지름 : 6 mm
공기의 점도 : 1.81×10^{-5} Pa·s.
공기의 밀도 : 1.21 kg/m^3

14.4 건식 분말 흡입기에 담체입자를 사용한다. 담체입자란 무엇인가? 담체입자의 역할은 무엇인가? 이들 흡입기에 왜 담체입자가 필요한가?

14.5 건강 위해가 있는 먼지 제어에 관하여 제어의 분류단계가 무엇을 의미하는지 설명하라.

14.6 입도가 3 μm이고 입자밀도가 1000 kg/m^3인 입상약제의 필요한 복용량이 10 μg이다. 공극률이 0.6이라 가정하고 이 복용량에서 입자의 수와 복용량이 차지하는 부피를 추산하라.

[답 : 7×10^5 ; 0.25 mm^3]

15 Chapter

미세 분체의 화재와 폭발 위험

15.1 개 요

공기 속에 분산된 미세하게 분쇄된 가연성 고체나 먼지는 가연성 기체와 똑같이 폭발을 일으킬 수 있다. 가연성 기체의 경우에는 연료 농도, 국지 열전달 조건, 산소 농도 및 초기 온도 모두가 발화에 영향을 미치며 결과로 일어난 폭발 특성에도 영향을 미친다. 그러나 먼지의 경우에는 더 많은 변수(예: 입도분포, 함수율)들이 관여하기 때문에 가연성 기체보다 먼지의 폭발 특성을 분석하고 예측하는 것이 훨씬 더 복잡하다. 먼지 폭발은 심각한 재산의 손상과 생명의 손실을 초래한다. 대부분의 사람들은 아마도 먼지 폭발이 곡물 사일로나 밀가루 공장 및 석탄 처리 공정에서 일어나는 것으로 알고 있을 것이다. 그러나 금속(예: 알루미늄), 플라스틱, 설탕 및 의약품 등과 같은 미세한 입자의 분산에서 일어난 폭발이 특히 강력할 수 있다. 미세한 가연성 분말을 사용하면서 먼지 폭발 위험 제어에 특별한 주의를 기울여야 하는 공정 산업에는 플라스틱, 식품처리, 금속처리, 제약, 농약 및 석탄 등이 있다. 미세한 분체를 가열하는 공정이 먼지 폭발과 밀접한 관련이 있으며, 예를 들면 열과 희박한 부유물을 다루는 희박상 공기수송과 분무 건조를 들 수 있다.

이 장에서는, 연소의 기초를 간단히 설명하고 먼지 폭발에 한정된 기본 원칙을 다루고자 한다. 발화온도, 가연 농도 범위 및 최소 발화 에너지 등과 같은 먼지 폭발 특성의 측정과 응용에 대하여 설명한다. 마지막으로 먼지 폭발 위험을 제어할 수 있는 가능한 방법들에 대하여 고찰한다.

15.2 연소 기초

15.2.1 화염

화염은 화학 반응에 의해 생성된 에너지가 발산하면서 발광하는 기체이다. 정상화염(예를 들면 촛불 화염이나 기체 스토브 화염)에서는 연소 생성물이 화염 면으로부터 흘러나가고 미연소된 연료와 공기가 화염 면으로 흘러 들어간다. 정상화염은 공기구멍이 열려있는 Bunsen 버너에서 관찰되는 것처럼 미리 혼합된 연료와 공기로부터 생성되거나, 공기구멍이 닫혀있는 Bunsen 버너에서처럼 연소영역으로 공기의 확산에 의해서 생성된다.

화염 면이 정지되어 있지 않을 때 폭발 화염이라고 부른다. 이 경우에는 화염 면이 미리 혼합된 균일한 연료-공기 혼합물을 통과한다. 방출된 열과 생성된 기체는 제어되지 않는 팽창 효과를 나타내거나, 팽창이 제한된다 해도 급격한 압력의 상승을 가져온다.

15.2.2 폭발과 폭렬

폭발화염은 초당 몇 미터에서 수백 미터 범위의 속도로 연료-공기 혼합물을 통하여 이동하며 이러한 형태의 폭발을 폭연(deflagration)이라 한다. 화염 속도는 연료의 연소열, 혼합물에서 난류도 및 발화를 유도하기 위하여 공급된 에너지의 양 등을 포함한 여러 가지 인자에 의하여 지배된다. 어떤 상황에서는 화염이 초음속에 도달할 수도 있다. 이와 같은 폭발은 압력 충격파를 수반하며, 훨씬 더 파괴적이고 폭렬(detonation)이라 부른다. 압력 파에 의해 기체의 밀도가 증가하면 속도가 증가한다. 어떤 조건이 폭렬을 일으키는지에 대해서는 아직 잘 알려져 있지 않으나, 실제로 모든 폭렬은 폭연으로 시작한다.

15.2.3 발화, 발화에너지, 발화온도 – 단순 분석

발화는 에너지가 처음으로 공급된 후 연료-공기 혼합물을 통한 연소 반응의 자체 전파이다. 연료-공기 혼합물의 발화는 급등 반응(열적 폭발)에 사용한 것과 유사한 방법으로 분석할 수 있다. 부피가 V이고 표면적이 A인 연료-공기 혼합물 요소를 생각해보자. 이 요소에서 연료의 부피농도는 C이다. 만약 이 요소에서 연료-공기 혼합물의 온도가 T_i이고 요소로부터 외계(온도 T_s)로 열을 잃는 속도가 열전달계수 h에 의해 지배된다면, 외계로 열손실 속도 Q_s는

$$Q_s = h A (T_i - T_s) \tag{15.1}$$

온도에 따른 연소반응속도의 변화는 Arrhenius식으로 나타낸다. 연료 농도에 1차인 반응에 대하여,

$$V\frac{dC}{dt} = C\rho_{m,\,\text{fuel}}\, Z\exp\!\left(-\frac{E}{RT}\right) \tag{15.2}$$

여기서 Z는 지수함수 앞에 붙는 계수이고, E는 반응 활성화 에너지, R는 이상기체상수이며 $\rho_{m,\,\text{fuel}}$은 연료의 몰밀도이다.

이 요소에서 연료-공기 혼합물에 의해 열이 흡수된 속도 Q_a는,

$$Q_a = V\frac{dT}{dt}\left[C\rho_{m,\,\text{fuel}}\, C_{p,\,\text{fuel}} + (1-C)\rho_{m,\text{air}}\, C_{p,\text{air}}\right] \tag{15.3}$$

여기서 $C_{p,\,\text{fuel}}$과 $C_{p,\text{air}}$는 연료와 공기의 비열용량이고 $\rho_{p,\,\text{fuel}}$과 $\rho_{p,\text{air}}$는 각각 연료와 공기의 몰밀도이다.

외부로부터 요소로 열에너지가 공급되는 속도를 Q_{input}이라 하면, 요소에 대한 열 수지는 다음과 같다.

$$\underset{(1)}{Q_{\text{input}}} + \underset{(2)}{(-\Delta H)\, C\rho_{m,\,\text{fuel}}\, Z\exp\!\left(-\frac{E}{RT_R}\right)}$$

$$= \underset{(3)}{V\frac{dT_R}{dt}\left[C\rho_{m,\,\text{fuel}}\, C_{p,\,\text{fuel}} + (1-C)\rho_{m,\text{air}}\, C_{p,\text{air}}\right]} + \underset{(4)}{hA(T_{Ri} - T_s)} \tag{15.4}$$

이 열 수지를 정상상태 조건[(3)항은 0이다]에서 도식적으로 분석하면 도움이 된다. 이것은 외계로 열 손실 속도와 연소반응에 의한 열 생성속도를 온도의 함수로 곡선을 그려 수행한다. 열 손실 속도는 물론 기울기가 hA이고 온도 축과 교점이 T_s인 직선이 된다. 요소

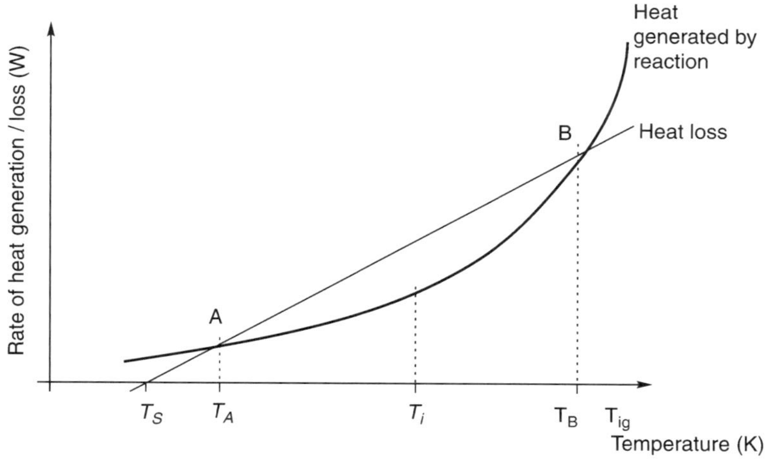

그림 15.1 요소의 온도에 따른 열 생성과 손실 속도의 변화

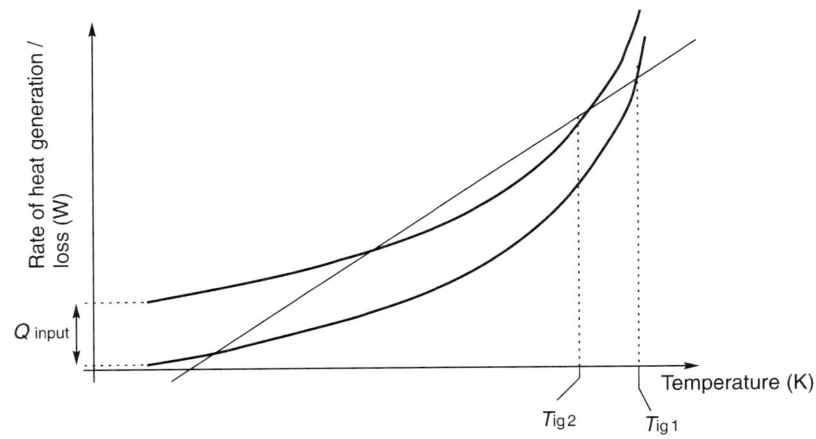

그림 15.2 요소의 온도에 따른 열 생성과 손실 속도의 변화; 발화온도에 미치는 추가 에너지의 영향

내에서 반응에 의한 열 생성 속도는 (2)항으로 주어지며 지수함수 곡선이 된다. 전형적인 곡선을 그림 15.1에 나타낸다. 이러한 유형의 곡선을 분석하면 발화, 발화 에너지 및 발화 온도 등에 관한 의미를 알게 된다.

먼저 Q_{input}가 0인 경우를 생각해보자. 그림 15.1에 나타낸 경우를 참고하면, 초기의 요소온도 T_i에서는 요소로부터 열 손실속도가 열 생성속도보다 더 크고 따라서 요소의 온도는 A점에 도달할 때까지 감소하게 될 것이다. T_B와 T_A사이의 어떠한 초기 온도도 T_A까지 요소의 냉각을 가져올 것이다. 이것이 안정한 조건이다.

그러나, 만일 초기 온도가 T_B보다 크면, 요소 내에서 열 생성속도가 외계로 열 손실속도보다 항상 크게 되고 따라서 요소 온도는 지수함수로 상승할 것이다. 이와 같이 T_B를 넘은 초기온도는 불안정한 조건을 야기한다. T_B가 요소에 있는 연료-공기 혼합물에 대한 발화온도, T_{ig}이다. 발화에너지는 혼합물을 초기온도 T_i로부터 발화온도 T_{ig}까지 올리기 위하여 외부로부터 공급해 주어야 할 에너지이다. 요소가 외계로 에너지를 연속적으로 잃고 있기 때문에 발화에너지는 실제로 에너지 유입속도, Q_{input}이 될 것이다. 이것은 열 생성곡선을 Q_{input}만큼 올려주고 T_{ig}값을 감소시킨다(그림 15.2). 요소로부터 외계로 열전달 조건은 분명히 발화온도와 에너지를 결정하는데 중요하다. 열 손실곡선이 열 생성곡선보다 항상 낮은 위치에 있는 경우가 있다(그림 15.3). 이런 상황에서 혼합물은 자연 점화될 수 있으며, 이것을 자동점화 또는 자발점화라 한다.

많은 연소 장치에서는 발화온도에 도달할 때와 발화가 시작될 때 사이에 상당한 간격(1000분의 1초에서 몇 분까지)이 있다. 이것을 발화지연(ignition delay)이라 한다. 발화지연은 잘 알려져 있지 않으나, 전술한 분석에 근거하면 발화온도에 일단 도달한 다음 요소에서 반응이 완결되기까지 필요한 시간과 관련이 있다.

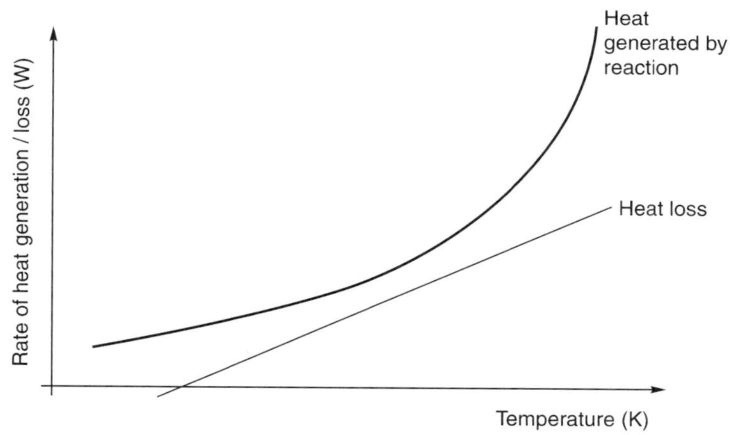

그림 15.3 요소의 온도에 따른 열 생성과 손실 속도의 변화; 열 생성속도가 열 손실속도보다 항상 크다.

연소에 충분한 산소가 있고 요소 내에서 연료 농도가 증가하면 연소에 의한 열 생성속도 역시 증가할 것이다. 발화온도와 에너지가 영향을 받게 될지 어떨지는 연료와 공기의 상대적인 물리적 특성(비열용량과 전도도)에 의존한다.

15.2.4 인화한계

앞에서 설명한 분석으로부터 어떤 연료 농도 이하에서는 발화가 일어나지 않을 것이라는 것을 알 수 있다. 왜냐하면 요소 내에서 열 생성속도가 외계로 나가는 열 손실속도에 필적할 만큼 충분하지 못하기 때문이다(T_{ig}에 결코 도달하지 못함). 이 농도를 연료-공기 혼합물의 인화하한, C_{fL}이라 한다. 이 농도는 재현성 있는 열전달 조건을 제공하기 위하여 일반적으로 표준조건에서 측정한다. C_{fL}에서 산소는 과잉으로 존재한다. 연료농도가 C_{fL}을 지나 증가하면 혼합물 단위부피당 반응하는 연료의 양과 단위부피당 방출하는 열량이 반응에 대한 화학 양론비에 도달할 때까지 증가한다. 연료농도가 화학 양론비를 넘어 증가하면 산소가 제한 반응물이 되며 따라서 혼합물 단위부피당 반응하는 연료의 양과 단위부피당 방출하는 열량이 연료농도에 따라 감소한다. 혼합물 단위부피당 방출하는 열이 너무 낮아 화염을 유지할 수 없는 시점에 도달한다. 이점이 인화상한, C_{fU}이다. 인화상한은 그 이상에서는 화염이 전파될 수 없는 연료-공기 혼합물에서 연료의 농도이다. 많은 연료에 대하여 C_{fL}에서 연료-공기 혼합물 단위부피당 반응하는 연료의 양(따라서 단위부피당 방출하는 열)은 C_{fU}에서 연료-공기 혼합물 단위부피당 방출하는 열과 같이 화염이 전파될 것인지 여부를 결정하는데 중요하다. C_{fL}과 C_{fU}에서 이들 값의 차이는 이들 조건에서 연료-공기 혼합물의 물리적 특성이 다르기 때문이다.

이와 같이, 일반적으로, 공기 속에서 화염이 전파될 수 있는 연료 농도의 범위가 존재한다. 전술한 설명에 의하면, 이 범위는 혼합물의 초기 온도가 증가함에 따라 넓어진다는 것이 확실하다(C_{fL}은 감소하고 C_{fU}는 증가한다). 따라서 실제로 인화한계는 표준온도(보통 20 ℃)에서 측정하여 인용한다.

연소를 위한 최소산소

인화 하한에서도, 연료의 화학 양론적 연소에 필요한 것보다 더 많은 산소가 존재할 수 있다. 예를 들면, 20℃ 공기 중에서 프로판의 인화하한은 2.2부피%이다.

다음 반응에 따라 프로판의 완전 연소를 위해서는 연료 프로판 1부피당 5부피의 산소가 필요하다.

$$C_3H_8 + 5O_2 \rightarrow 3CO_2 + 4H_2O$$

프로판 2.2%를 함유한 연료-공기 혼합물에서 프로판에 대한 공기의 비는

$$\frac{100-2.2}{2.2} = 44.45$$

이고 공기는 근사적으로 21%의 산소를 함유하고 있기 때문에 프로판에 대한 산소의 비는 9.33이다. 이와 같이 프로판의 경우에 인화하한에서 산소는 약 87%가 과잉이다.

따라서 화염을 전파할 수 있는 능력을 그대로 유지하면서 연료-공기 혼합물에서 산소의 농도를 줄일 수 있다. 만일 산소를 물리적 특성이 유사한 다른 기체(예를 들면 질소)로 대체하면 연료에 대한 산소의 화학 양론적 비에 도달할 때까지 화염을 유지할 수 있는 혼합물의 능력에 미치는 영향은 극히 미미할 것이다. 이들 조건에서 혼합물 중의 산소농도를 연소를 위한 최소산소(minimum oxygen for combustion; MOC)라 한다. 따라서 연소를 위한 최소산소는 인화하한에 대응하는 화학양론 산소이다. 즉,

$$\text{MOC} = C_{fL} \times \left[\frac{\text{moles } O_2}{\text{moles fuel}}\right]_{\text{stoich}}$$

프로판에 대하여 예를 들면, 화학 양론적 조건 하에서 연료 프로판 1부피 당 5부피의 산소가 필요하기 때문에,

$$\text{MOC} = 2.2 \times 5 = 11 \text{ 부피\% 산소}$$

15.3 먼지구름에서 연소

15.3.1 먼지 구름 폭발의 기초

공기 속에서 고체의 연소속도는 대부분의 경우 공기에 노출된 고체의 표면적에 의해 제한된

다. 비록 가연성 고체가 수 mm 크기의 입상 형태일지라도 여전히 같은 제한을 받는다. 그러나 고체 입자가 침강하지 않고 공기 속에 분산될 만큼 충분히 작으면, 반응속도가 폭발화염의 전파를 허용할 수 있을 만큼 충분히 크게 될 것이다. 먼지 폭발이 일어나기 위해서는 입자를 구성하고 있는 고체 물질이 가연성이어야 한다, 즉 공기 속의 산소와 발열반응을 해야 한다. 그러나 모든 가연성 고체가 먼지폭발을 일으키지는 않는다.

앞에서 고찰한 연소의 기본 원리를 먼지 폭발에 응용하기 위하여 반응 속도에 미치는 입도의 영향을 추가한다. 이제 연소반응속도가 공기에 노출된 고체 연료 입자(구를 가정)의 표면적에 의해서 결정된다고 가정하면, 식 (15.4)에서 (2)항의 열 방출은 다음과 같아진다.

$$(-\Delta H)\left(\frac{6C}{x\,\rho_{m,\,\mathrm{fuel}}}\right)Z'\exp\left[-\frac{E}{RT_R}\right] \tag{15.5}$$

여기서 x는 입도이고 $\rho_{m,\,\mathrm{fuel}}$은 고체 연료의 몰밀도이다.

따라서, 연소반응에 의한 열 생성속도는 먼지 입도에 반비례한다. 이와 같이, 화염전파와 폭발의 가능성은 입도가 감소함에 따라 증가한다. 정성적으로, 이것은 연료 입자가 더 미세할수록 다음과 같은 이유가 있기 때문이다.

- 공기 속에서 더 쉽게 분산된다.
- 연료 단위 질량 당 표면적이 더 크다.
- 반응을 위한 더 큰 표면적을 제공한다(더 높은 반응속도).
- 결국은 연료 단위 질량 당 더 많은 열을 생성한다.
- 가열되는 속도가 더 크다.

15.3.2 먼지폭발의 특성

공장을 설계하면서 입상 고체와 관련된 잠재적인 화재와 폭발 위험을 알고 싶어 하는 설계기술자를 생각해보자. 그들은 입상 고체의 특성에 관한 자료를 수집하면서 만나게 되는 것과 똑같은 문제에 당면하게 된다. 액체나 기체와 달리 발표된 자료가 거의 없고 있는 것도 별로 관련이 없다. 입도분포, 표면 특성 및 함수율 모두가 분체의 잠재적인 화재 위험에 영향을 미친다. 따라서 설계기술자는 공장에서 취급할 분체가 발표된 자료에서 사용한 분체와 모든 면에서 같다는 것을 확신할 수 없으면 분체의 폭발 특성을 시험해야 한다. 결정을 내리면, 기술자는 실험실로 보낼 시료가 최종 공장에서 생산 또는 사용하게 될 재료를 정말로 대표할 수 있는지 확인해야 한다.

최근 가연성 고체에 대하여 일률적인 국제적 표준 시험법을 제정하려는 진전이 있었지만, 아직도 몇 가지 차이가 남아있다. 그러나 대부분의 시험은 다음과 같은 폭발특성의 평가를 포함한다.

- 폭발을 위한 최소 먼지 농도;
- 최소 발화 에너지;
- 최소 발화 온도;
- 최대 폭발 압력;
- 폭발하는 동안 최대 압력 상승 속도;
- 연소를 위한 최소 산소.

때로는 분류 시험이 추가된다. 이것은 시험 장치에서 단순히 폭발성에 대한 시험을 수행하고, 시험 조건과 실온의 공기 속에서 먼지가 발화할 수 있는지 여부와 화염을 전파할 수 있는지 여부를 분류한다. 특히 시험 조건이 공장 조건과 상당히 다를 경우에는 이 시험 자체는 별로 효용성이 없다.

15.3.3 먼지 폭발 특성의 측정 장치

먼지의 폭발 특성을 측정하기 위한 몇 가지 다른 장치가 있다. 모든 장치는 개방 또는 폐쇄된 용기와 전기 불꽃이나 전기 열선코일인 발화원과 먼지 분산용 공기 공급기를 가지고 있다. 가장 간단한 장치는 수직관 장치로 알려져 있으며 그림 15.4에 도식적으로 나타낸다. 시료 먼지는 분산 컵에 장착하고, 분산 공기는 솔레노이드 밸브를 통하여 분산 컵에 공급된다. 발화는 전극을 가로지른 전기 불꽃이나 열선 코일에 의해서 일어난다. 수직관 장치는 분류 시험과 폭발을 위한 최소먼지농도, 최소 발화 에너지 및 수정된 형태의 연소를 위한 최소산소를 결정하는데 사용된다.

20리터 구로 알려진 두 번째 장치는 최대 폭발압력과 폭발하는 동안 최대 압력상승속도를 측정하는데 사용된다. 이들 특성은 폭발의 격렬성을 나타내는 지표이며 폭발 방지 장치

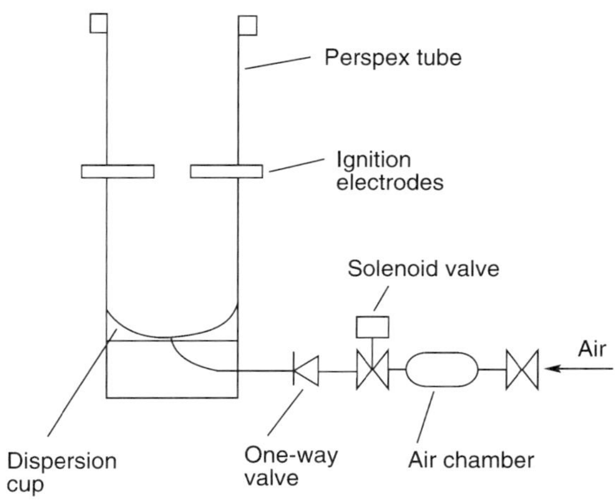

그림 15.4 먼지폭발 특성을 측정하기 위한 수직관 장치

의 설계에 도움을 줄 수 있다. 그림 15.5에 도식적으로 나타낸 이 장치는 압력 변환기가 부착된 구형의 20 L 압력 용기로 되어있다. 시험하려는 먼지를 먼저 통에 장착한 다음, 구멍이 뚫린 분산 링을 통하여 공기를 구 안으로 불어넣는다. 용기 압력은 시험 전에 약 0.4 bar까지 감압시켜 먼지 주입 시에 압력이 대기압까지 오르도록 한다. 발화는 구의 중심부에 위치하면서 표준 총괄 에너지(전형적으로 10 kJ)를 가진 불꽃 제조 장치에 의해서 시작된다. 먼지의 분산과 발화원의 개시 사이 지연이 시험 결과에 영향을 미치는 것으로 밝혀지고 있다. 공기 주입에 의해서 생기는 난류가 연소 반응속도에 영향을 미친다. 따라서 시험의 재현성을 보장하기 위하여 전형적으로 60 ms의 표준 지연을 이용한다. 이 장치는 1 m^3으로 변형된 것도 나와 있다.

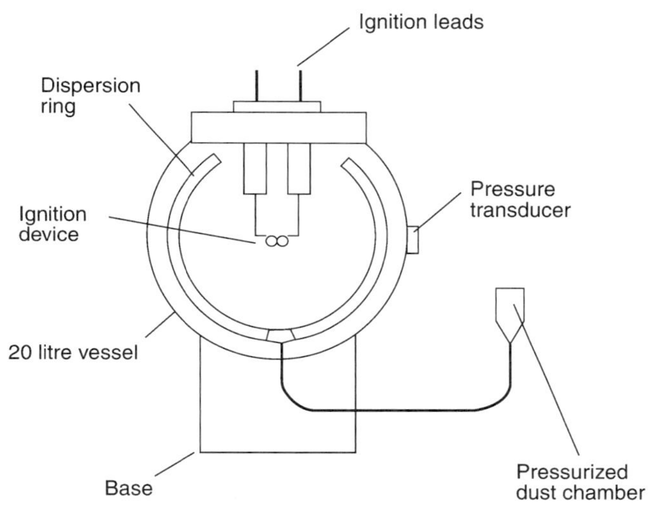

그림 15.5 먼지폭발 특성을 측정하기 위한 20리터 구 장치(Lunn, 1992)

세 번째 기본적인 시험 장치는 최소 발화온도와 높은 온도에서 폭발특성을 측정하기 위하여 사용하는 Godbert-Greenwald로 장치이다. 이 장치에는 1000℃까지 제어 온도를 올릴 수 있는 수직 전열로 관이 있다. 시험하려는 먼지를 통에 장착한 다음 관을 통하여 분산시킨다. 발화가 일어나면 발화가 일어나지 않을 때까지 로 온도를 10℃씩 단계로 떨어뜨린다. 발화가 일어나는 가장 낮은 온도를 발화온도로 채택한다. 사용한 먼지의 양과 분산 공기의 압력 모두가 결과에 영향을 미치기 때문에, 이것들을 모두 변화시켜 최소 발화 온도를 얻는다.

15.3.4 시험 결과의 응용

폭발을 일으키는 최소 먼지농도는 수직관 장치에서 측정하고 가연성 먼지에 대한 적출 장치에 사용될 공기의 양을 나타내기 위하여 사용된다. 먼지농도는 공장 내에서 위치와 시간에 따라 크게 변할 수 있기 때문에, 먼지 폭발에 대한 유일한 방지법으로 농도제어를 사용하는 것은 현명하지 못하다.

최소발화 에너지는 주로 먼지 구름이 정전기 불꽃에 의해서 발화될 수 있는지 여부를 결정하기 위하여 측정한다. 먼지의 발화 에너지는 15 mJ 정도로 낮을 수 있으며, 이 에너지는 정전기 방전에 의해서 공급될 수 있다.

최소발화온도는 분체와 접촉하고 있는 장치 표면에 대한 최대온도를 나타낸다. 새로운 재료에 대해서는 설계를 목적으로 잘 알려진 먼지와 비교를 허용할 수도 있다. 표 15.1은 일반적인 재료에 대한 폭발 매개변수의 값들을 나타낸다.

최대폭발압력은 보통 8~13 bar의 범위이며 주로 먼지 폭발 제어 방법으로 폭발을 봉쇄 또는 방지할 장치의 설계압력을 결정하는데 사용된다.

폭발하는 동안 최대압력상승속도는 폭발 경감 설계에 이용된다. 먼지 폭발에서 최대압력상승속도는 용기 부피의 세제곱근에 반비례하는 것으로 입증되고 있다. 즉,

$$\left(\frac{dP}{dt}\right)_{\max} = V^{1/3} K_{St} \tag{15.6}$$

K_{St} 값은 주어진 분체에 대해서 일정하며, 전형적인 값들을 표 15.1에 정리한다. 먼지 폭발의 격렬성은 K_{St} 값에 근거한 St 등급으로 분류한다(표 15.2 참조).

표 15.1 • 일반적인 재료의 폭발 매개인자(Schofield, 1984)

Dust	Mean particle size(μm)	Maximum explosion pressure(bar)	Maximum rate of pressure rise (bar/s)	K_{St}
Aluminium	17	7.0	572	155
Polyester	30	6.1	313	85
Polyethylene	14	5.9	494	134
Wheat	22	6.1	239	65
Zinc	17	4.7	131	35

표 15.2 • 먼지 폭발 등급(1 m^3시험 장치에 기초한)

Dust explosion class	K_{St}(bar m/s)	Comments
St 0	0	Non-explosible
St 1	0~200	Weak to moderately explosible
St 2	200~300	Strongly explosible
St 3	>300	Very strongly explosible

연소를 위한 최소산소(MOC)는 먼지 폭발을 제어하는 수단으로 불활성화를 선택했을 때 최대 허용 산소농도를 결정하는데 사용된다. 유기 먼지는 질소를 희석제로 사용하면 MOC가 약 11%이며 이산화탄소의 경우에는 13%이다. 금속에 대한 MOC값은 훨씬 더 낮을 수 있기 때문에 금속 먼지에 대한 불활성화 필요조건은 더 엄격하다.

15.4 위험 제어

15.4.1 개요

어떤 공정의 위험 제어에는, 먼지 폭발 위험을 제어하기 위하여 채택할 수 있는 단계별 접근법이 있다. 이것들은 위험한 먼지를 완전히 제거하기 위하여 공정을 변경시키는 가장 바람직한 전략적 방법에서부터 발화원만을 차단하는 단순히 전술적인 방법까지 걸쳐있다. 전략상 중요한 성분을 감소시키는 개략적인 순서 중에서, 중요한 방법들을 아래에 열거한다.

- 먼지를 제거하기 위하여 공정을 변경한다.
- 어떠한 폭발에 의해 발생된 압력에도 견딜 수 있는 공장을 설계한다.
- 완전한 불활성화에 의해 산소를 제거한다.
- MOC 아래까지 산소를 줄인다.
- 먼지에 수분을 추가한다.
- 먼지에 희석 분체를 추가한다.
- 폭발의 시작을 감지하여 억제제를 주입한다.
- 폭발에 의해 생성된 압력을 완화하기 위하여 용기에 통풍구를 설치한다.
- 인화한계 밖으로 먼지농도를 제어한다.
- 먼지 구름 생성을 최소화한다.
- 발화원을 차단한다.

15.4.2 발화원

발화원을 차단하는 것은 의미 있는 수단으로 들린다. 그러나 먼지 폭발의 통계자료는 대부분의 사고에서 발화원은 알려지지 않은 것으로 나타난다. 따라서 가능한 한 발화원을 차단하는 것이 좋은 수단이지만 유일한 방어 메카니즘으로 신뢰해서는 안 된다. 먼지 폭발과 관련된 발화원을 간단히 살펴보자.

- **화염**

기체나 액체 또는 고체가 타면서 생기는 화염은 가연성 먼지 구름에 대해 유효한 발화원이다. 몇 가지 화염의 근원을 정규 운전(예. 버너, 파일럿 화염 등)과 정비 기간(예. 용접과 절단 화염) 동안에 가공 공장에서 발견할 수 있다. 이들 화염은 보통 먼지가 들어있는 용기와 장치의 외부에서 발생한다. 따라서 먼지 구름이 화염에 노출되는 것을 차단하기 위하여 구름을 생성할 수 있는 먼지가 축적되지 않도록 성실한 관리가 필요하고 정비를 시작하기 전에 안전한 환경을 보장하기 위하여 빈틈없는 작업 허가 체계가 이루어져야 한다.

- **뜨거운 표면**

먼지와 쉽게 접촉할 수 있는 표면이 발화를 야기할 수 있는 온도에 도달되지 않도록 면밀한 설계가 필요하다. 세부 사항에 각별한 주의를 기울이는 것이 중요하다. 예를 들면 장치의 내부에는 먼지의 침적과 가능한 자체 발화를 방지하기 위하여 돌출부가 없어야 한다. 먼지가 뜨거운 표면이나 가열 표면에 축적되어서는 안 되며, 먼지가 축적되면 표면으로부터 열 소산이 감소함에 따라 표면 온도가 상승하게 된다. 용기 외부에도 주의를 기울려야 한다. 예를 들면 먼지가 전기 모터 케이스에 침적되면 과열에 의한 발화가 일어날 수 있다.

- **전기 불꽃**

전력원(스위치, 접촉 절단기 및 전기 모터에 의한)의 정상적인 운전에서 생성된 불꽃이 먼지 구름을 발화시킬 수 있다. 먼지 폭발 위험에 대한 가능성이 있는 분야에는 특수한 전기 장치를 이용할 수 있다. 정전기 방전에서 생긴 불꽃도 먼지 구름을 발화시킬 수 있다. 많은 처리 조작(특히 건조한 분체를 다루는 조작)에서는 정전기 대전이 전개되며 따라서 이와 같은 정전기 전하가 축적되어 방전되는 것을 방지하기 위하여 접지되도록 주의해야 한다. 공정 운전자에게 대전된 전하의 에너지까지도 먼지 구름을 발화시키기에 충분할 수 있다.

- **기계적 불꽃과 마찰**

우연히 공장에 유입된 두 금속 표면 사이나 금속 표면과 다른 물체 사이의 마찰이나 충격에 의해서 야기된 불꽃과 국지 열이 먼지 구름을 발화시키는 것으로 알려져 있다.

15.4.3 배기

1기압 하의 밀폐된 용기에서 먼지 폭발이 일어나면, 압력은 최대 약 10 bar까지 급속하게 (600 bar/s까지 때로는 더 빠르게) 상승할 것이다. 만일 용기가 이 압력에 견딜 수 있도록 설계되어 있지 않으면 변형과 파열이 일어날 수 있다. 폭발 배기의 원리는 용기 설계 압력 이상으로 압력 상승을 방지하기 위하여 용기 내용물을 구멍이나 배기구를 통해 배출하는 것이다. 배기는 비교적 단순하고 비용이 적게 드는 먼지 폭발 제어 방법이지만, 먼지나 기체 또는 연소 생성물이 유독하거나 또 다른 위험성이 있을 때에나 압력 상승속도가 600 bar/s

이상 일 때에는 사용할 수 없다(Lunn, 1992). 배기구의 설계는 보고된 지침(Lunn, 1992)이 있지만 전문가에게 맡기는 것이 가장 좋다. 배기구의 수와 형태는 배기구가 열렸을 때 압력과 완전히 열리기 전까지 지연 시간을 결정한다. 이들 인자는 배기구의 크기와 함께 압력 상승속도와 배기구가 열린 후에 도달하는 최대압력을 결정한다. 그림 15.6은 배기가 없는 용기와 배기구의 크기가 다른 용기 내에서 폭발에 대한 전형적인 압력상승 분포를 보여준다.

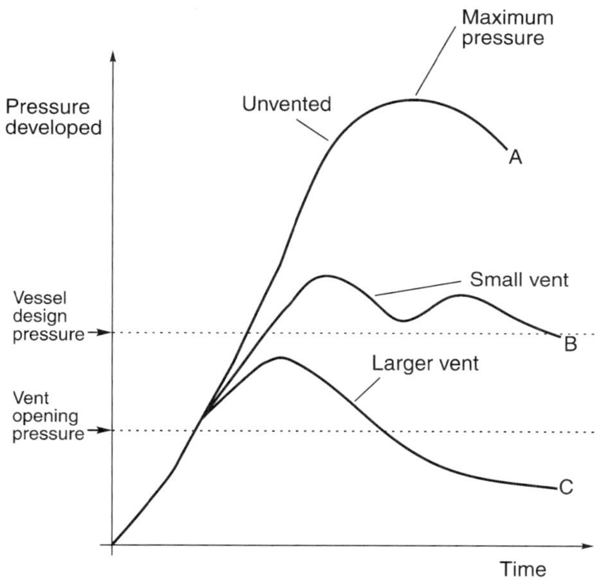

그림 15.6 먼지폭발에 대한 시간에 따른 압력 변화(Schofield, 1985)
(A) 배기 없이 (B) 불충분한 배기 면적 (C) 충분한 배기 면적

15.4.4 억제

먼지 폭발을 수반하는 압력상승은 빠르지만 미리 감지하여 폭발을 억제하기 위한 어떤 행동을 시작할 수 있다. 억제(suppression)는 불활성 기체나 분체를 폭발이 이미 시작된 용기에 배출하는 것이다. 폭발의 시작과 함께 압력 상승에 의해서 작동되는 최근의 억제장치는 1000분의 몇 초 크기의 응답시간을 가지며 폭발을 효과적으로 소멸시킬 수 있다. 폭발을 배기시키거나 공장 설비를 격리하거나 필요하다면 공장을 폐쇄하기 위하여 빠르게 작동하는 제동 장치도 사용할 수 있다.

15.4.5 불활성화

공기의 산소농도를 연소를 위한 최소산소(MOC) 이하로 줄이기 위하여 질소와 이산화탄소가 일반적으로 사용된다. 비록 산소농도가 MOC 값까지 줄어들지 않더라도, 최대 폭발 압력과 최대 압력 상승속도를 상당히 줄일 수 있다(Palmer, 1990). 산소를 완전히 대체하는 것은 비용이 훨씬 많이 드는 선택이지만, 안전도를 더 높일 수 있다.

15.4.6 먼지구름 생성의 최소화

이것은 본래 제어 수단으로 신뢰할 수는 없으나, 가연성 먼지를 다루는 공장의 일반적인 설계 원리에 포함시켜야 한다. 예를 들면, (1) 희박상의 대안으로 밀집상 수송의 사용, (2) 수송된 분체를 공기로부터 분리하기 위하여 침강용기 대신 사이클론 분리기와 여과기의 사용, (3) 분체 흐름이 공기 속을 자유 낙하하는 상황의 탈피(예. 저장 호퍼를 채울 경우에) 등이다. 공정의 용기 밖에는 빈틈없는 관리 실습을 통해서 분체의 침적물이 건물 내부의 돌출부와 표면에 쌓이지 않도록 보장해야 한다. 이렇게 하는 것이 일차적인 폭발이나 충격파에 의해서 이들 침적물이 흩어져 분산될 때 야기되는 부수적인 먼지 폭발을 피하는 길이다.

15.4.7 봉쇄

공장 용기들이 작은 규모인 경우에는 먼지 폭발에 의해서 생성되는 최대압력을 지탱할 수 있도록 설계하는 것이 경제적일 수 있다(Schofield and Abbott, 1988). 용기는 폭발을 봉쇄하고 사후에 대체하거나 폭발을 견디어 내어 재사용할 수 있도록 설계할 수 있다. 어느 경우에도 용기와 수반되는 연결부의 설계와 배관 작업은 전문가의 업무이다. 큰 용기에 대해서 먼지 폭발을 봉쇄할 수 있는 설계와 건설비용은 보통 엄청나게 들어간다.

15.5 예제

예제 15.1

플라스틱 분체를 공기로 기력 수송하기 위하여 사용하는 배관 부분에 질소 흐름을 추가하여 보호하자는 제안이 있다. 현 장치에서 공기의 유량은 1.6 m^3/s이고 공기는 3부피%의 분체를 운반한다. 이 분체의 연소를 위한 최소산소(질소로 산소의 치환에 의한)가 11부피%라면, 안전운전을 보장하기 위해 추가해야할 질소의 최소 유량은 얼마인가?

풀이.

현재의 전체 공기 흐름 1.6 m^3/s은 3부피%의 플라스틱 분체와 97%의 공기(21부피%의 산소와 79부피%의 질소로 이루어짐)를 포함한다. 따라서 이 흐름에서 유량은:

분체 : 0.048 m^3/s
산소 : 0.3259 m^3/s

질소 : $1.226\ m^3/s$

하한에서, 혼합물 흐름의 최종 농도는 11부피%이어야 한다. 따라서 밀도가 일정하다고 가정하고 간단한 물질 수지를 이용하면,

$$\frac{O_2\text{의 부피흐름}}{\text{전체부피흐름}} = \frac{0.3259}{1.6+n} = 0.11$$

이로부터, 추가해야 할 질소의 최소유량은, $n = 1.36\ m^3/s$.

예제 15.2

어떤 가연성 먼지의 인화하한농도가 20℃의 공기에서 0.9부피%이다. $2\ m^3/s$에서 운전하는 먼지 추출 장치가 2부피%의 먼지농도를 갖는다. 안전 운전을 보장하기 위하여 유입해야 할 부수적인 공기의 최소유량은 얼마인가?

풀이.

추출물에서 먼지농도를 인화하한 이하로 떨어뜨리면 먼지 폭발 위험이 줄어든다고 가정하자. $2\ m^3/s$의 추출물에서, 공기와 먼지의 유량은

공기 : $1.96\ m^3/s$
먼지 : $0.04\ m^3/s$

하한에서, 희석 공기를 추가한 후에 먼지농도는 0.9%이므로,

$$\frac{\text{먼지의 부피}}{\text{전체부피}} = \frac{0.04}{2+n} = 0.009$$

이로부터 추가해야 할 희석공기의 최소 유량은, $n = 2.44\ m^3/s$.

예제 15.3

가연성 먼지가 인화한계 내의 농도로 공기 속을 부유하고 있으며 산소농도는 연소를 위한 최소산소 이상이다. 제분기 바퀴에 의해 발생된 불꽃이 고속으로 부유물을 통과하지만, 화재나 폭발은 일어나지 않는다. 이유를 설명하라.

풀이.

이 경우에는 불꽃의 온도가 측정된 최소 발화온도보다 위에 있으며 얻을 수 있는 에너지도 최소 발화에너지보다 클 것 같다. 그러나 열전달 조건이 적합하지 않는 것으로 설명할 수 있다. 고속 불꽃은 연료-공기 혼합물의 어떠한 요소와도 충분한 접촉 시간을 가지지 못하여 발화에 필요한 에너지를 공급하지 못한다.

예제 15.4

미세한 인화성 먼지가 고압 용기로부터 2 L/min의 속도로 부피가 6 m^3인 방으로 새어 들어와 공기 속에 부유물을 형성하고 있다. 실온의 공기에서 먼지의 최소폭발농도는 2.22부피%이다. 먼지가 부유물로부터 대단히 느리게 침강할 만큼 충분히 미세하다고 가정하고, (a) 방에서 공기의 환기속도가 4 m^3/h라면, 새기 시작할 때부터 방에서 폭발이 일어나기 전까지 시간은 얼마이겠는가? (b) 이러한 상황에서 최소 안전 환기속도는 얼마일까?

풀이.

(a) 방에서 먼지에 관한 물질수지:

$$[\text{축적 속도}] = \begin{bmatrix} \text{방으로 흘러} \\ \text{들어가는 속도} \end{bmatrix} - \begin{bmatrix} \text{방으로부터 공기와 함께} \\ \text{흘러나오는 속도} \end{bmatrix}$$

기체의 밀도가 일정하다고 가정하면,

$$V\frac{dC}{dt} = 0.12 - 4C$$

여기서 0.12는 m^3/h로 나타낸 새는 속도이고, V는 방의 부피이며 C는 시간 t에서 방에서 먼지농도이다.
다시 정리한 다음 $t=0$에서 $C=0$인 초기조건을 사용하여 적분하면,

$$t = -1.5\ \ln\left(\frac{0.12 - 4C}{0.12}\right) h$$

먼지농도가 인화하한, 2.22%에 도달할 때 폭발이 일어난다고 가정하면,

필요한 시간 = 2.02 h

(b) 안전을 보장하기 위하여, 한계환기속도는 정상상태에서 방의 먼지농도가 2.22%가 되는 속도이다(즉, $dC/dt = 0$일 때). 이 조건에서,

$$0 = 0.12 - FC_{fL}$$

따라서 최소환기속도는, $F = 5.4\ \text{m}^3/\text{h}$.

예제 15.5

표 15W5.1에 있는 자료를 이용하여 인화하한과 상한에서 각 연료의 단위 부피당 방출된 열을 계산하라. 계산 결과에 대하여 설명하라.

풀이.

연료-공기 혼합물에서 연료의 농도가 증가함에 따라 혼합물 단위 부피당 타버린 연료가 증가하고, 따라서 연료와 공기가 화학양론비 $C_{F\,\text{stoic}}$가 되는 시점에 도달할 때까지 혼합물 단위부피당 방출한 열도 증가한다. 이 시점을 지나면 산소가 불충분하여 혼합물에 있는 모든 연료를 연소시킬 수 없다. 따라서 $C_{F\,\text{stoic}}$ 이상의 연료농도에 대해서 탄 연료의 양과 혼합물 단위 부피당 방출한 열을 지배하는 것은 혼합물 단위 부피당 산소의 양이다.

표 15W5.1 • 여러 연료에 대한 연소 데이터

Substance	Lower flammability limit (vol% of fuel in air) (20℃ and 1 bar)	Upper flammability limit (vol% of fuel in air)	Standard en-thalpy of reaction (MJ/kmol)
Benzene	1.4	8.0	−3302
Ethanol	3.3	19	−1366
Methanol	6	36.5	−764
Methane	5.2	33	−890

$C_{F\,\text{stoic}}$ 이하에서

화염 전파가 일어나지 않기 때문에 인화하한 C_{FL}이하에서는 열 방출이 일어나지 않는다.

C_F에서 혼합물 1 m^3내에 있는 연료의 부피 = C_F

이상기체 거동을 가정하면, 몰밀도 $= \frac{n}{V} = \frac{P}{RT}$

20℃와 1 bar 압력에서, 몰밀도는 0.0416 $kmol/m^3$이므로

$$\text{혼합물 } m^3\text{당 방출된 열} = (-\Delta H_c) \times C_F \times 0.0416 \qquad (15W5.1)$$

따라서 C_{FL}에서 혼합물 m^3당 방출된 열 $= (-\Delta H_c) \times C_{FL} \times 0.0416$

각 연료에 대한 결과를 표 15W5.2에 나타낸다.

표 15W5.2에 실린 연료에 대하여 인화하한에서 혼합물 단위 부피당 방출된 열이 아주 비슷한데(1.91 MJ/m^3±2%), 이것은 연료-공기 혼합물에서 화염이 전파될 것인지의 여부를 결정하는 것은 단위부피당 방출된 열이라는 것을 입증하고 있다.

표 15W5.2 • 여러 연료에 대한 C_{FL}에서 연료–공기 혼합물 단위 m^3 당 방출된 열

Fuel	C_{FL}	$-\Delta H_c$ (MJ/kmol)	Heat released per m^3 mixture (MJ/m^3)
Benzene	0.014	3302	1.92
Ethanol	0.033	1366	1.87
Methanol	0.06	764	1.91
Methane	0.052	890	1.93

$C_{F\,\text{stoic}}$ 이상에서

C_F가 $C_{F\,\text{stoic}}$이상으로 증가하면 산소가 제한물질이 된다. 따라서 첫 단계는 주어진 C_F에 대한 산소농도($kmol/m^3$)를 결정하는 것이다.

혼합물 1 m^3에 대하여: 연료의 부피 = C_F

공기의 부피 = $1 - C_F$

공기가 부피로 21%산소와 79%질소로 이루어져 있다고 하면,

$$\text{산소의 부피} = 0.21(1 - C_F)$$

이상기체 거동을 가정하면, 20℃와 1 bar에서 1 m^3은 0.0416 kmol에 해당된다.

C_F에서 연료-공기 혼합물 m^3당 산소의 몰수는, $n_{O_2} = 0.0416 \times 0.21(1 - C_F)\ \text{kmol/m}^3$

따라서 C_F에서 연료-공기 혼합물 m^3당 반응하는 연료의 몰수

$$= n_{O_2} \times (\text{산소 각 몰과 반응하는 연료의 몰})$$

$$= n_{O_2} \times \frac{\text{연료의 화학 양론계수}}{\text{산소의 화학 양론계수}}$$

따라서 $C_{F\,\text{stoic}}$ 이상에서 연료-공기 혼합물 m^3당 방출된 열

$$= 0.0416 \times 0.21(1 - C_F) \times R_{ST} \times (-\Delta H_c) \qquad (15W5.2)$$

여기서 $R_{ST} = \dfrac{\text{연료의 화학 양론계수}}{\text{산소의 화학 양론계수}}$

화학 양론계수 :

벤젠 $C_6H_6 + 7.5O_2 \rightarrow 6CO_2 + 3H_2O$, $R_{ST} = 0.1333$

에탄올 $C_2H_5OH + 3O_2 \rightarrow 2CO_2 + 3H_2O$, $R_{ST} = 0.3333$

메탄올 $CH_3OH + 1.5O_2 \rightarrow CO_2 + 2H_2O$, $R_{ST} = 0.6666$

메탄 $CH_4 + 2O_2 \rightarrow CO_2 + 2H_2O$, $R_{ST} = 0.5$

이들 연료에 대한 인화상한에서($C_F = C_{FU}$) 연료-공기 혼합물 m^3당 방출된 열을 계산하여[식 (15W5.2)에 근거하여] 표 15W5.3에 정리한다.

표 15W5.3 • 여러 연료에 대한 C_{FU}에서 연료–공기 혼합물 단위 m^3 당 방출된 열

Fuel	C_{FU}	$-\Delta H_c$ (MJ/kmol)	R_{ST}	Heat released per m^3 mixture (MJ/m^3)
Benzene	0.08	3302	0.1333	3.54
Ethanol	0.19	1366	0.3333	3.22
Methanol	0.365	764	0.6666	2.83
Methane	0.33	890	0.50	2.60

이들 연료 사이도, 인화상한에서 연료-공기 혼합물 m^3당 방출된 열의 값들이 같은 차수의 크기(3.05±16%)이다. 또한 인화상한에서 값들이 인화하한에서 값들보다 다소 크다는 것을 알 수 있다(분명히 같은 차수의 크기이지만). 이 차이는 높은 연료농도에서 물리적 특성과 비교하여 낮은 연료농도에서 연료-공기 혼합물의 물리적 특성(예를 들면 전도도, 비열용량)이 다르기 때문인 것 같다.

예제 15.6

표 15W5.1에서 메탄에 대한 자료를 근거로 하여, 대기압과 20℃에서 메탄올-공기 혼합물에 대한 연료농도의 함수로 혼합물 m^3당 방출된 열에 대한 곡선을 그려라. 이 그림에 비추어 연료가 왜 인하상한이 있는지 설명하라.

풀이.

$C_F < C_{FL}$과 $C_F > C_{FU}$인 경우에는 연소가 일어나지 않기 때문에 열이 방출되지 않는다. $C_{FL} < C_F < C_{F\,\mathrm{stoic}}$(연료-제한 범위)인 경우에 연료-공기 혼합물 m^3당 방출된 열은 다음과 같다(예제 15.5 참조).

$$(-\Delta H_c) \times C_F \times 0.0416 \qquad (15W5.1)$$

메탄에 대하여, 연료-공기 혼합물 m^3당 방출된 열은 $37.02\,C_F$ MJ/m^3이다.
$C_{F\,\mathrm{stoic}} < C_F < C_{FU}$(산소-제한 범위)인 경우에 연료-공기 혼합물 m^3당 방출된 열은 다음과 같다(예제 15.5 참조).

$$0.0416 \times 0.21(1 - C_F) \times R_{ST} \times (-\Delta H_c) \qquad (15W5.2)$$

메탄에 대하여, 연료-공기 혼합물 m^3당 방출된 열은 $3.89(1-C_F)$ MJ/m^3이다.

$C_{F\,\mathrm{stoic}}$의 결정:

$$1\ \mathrm{m}^3\text{에 대해}\quad C_F = \frac{\text{연료의 부피}}{\text{혼합물의 전체 부피}} = \frac{\text{vol fuel}}{\text{vol fuel} + \text{vol}O_2 + \text{vol}N_2}$$

공기가 부피로 21%산소와 79%질소로 이루어져 있다고 하면,

$$C_F = \frac{\text{vol fuel}}{\text{vol fuel} + \text{vol}O_2 + \text{vol}N_2} = \frac{\text{vol fuel}}{\text{vol fuel} + 4.762\,\text{vol}O_2}$$

화학 양론 조건에서(이상기체 거동을 가정),

$$\frac{\text{vol fuel}}{\text{vol}O_2} = \frac{\text{mol fuel}}{\text{mol}O_2} = R_{ST}$$

$$\text{따라서}\quad C_{F\,\mathrm{stoic}} = \frac{\text{vol fuel}}{\text{vol fuel} + 4.762\left(\dfrac{\text{vol fuel}}{R_{ST}}\right)} = \frac{R_{ST}}{R_{ST} + 4.762}$$

메탄의 경우 $C_{F\,\mathrm{stoic}} = 0.095$

이 값들을 곡선으로 그리면 그림 15W6.1과 같다.

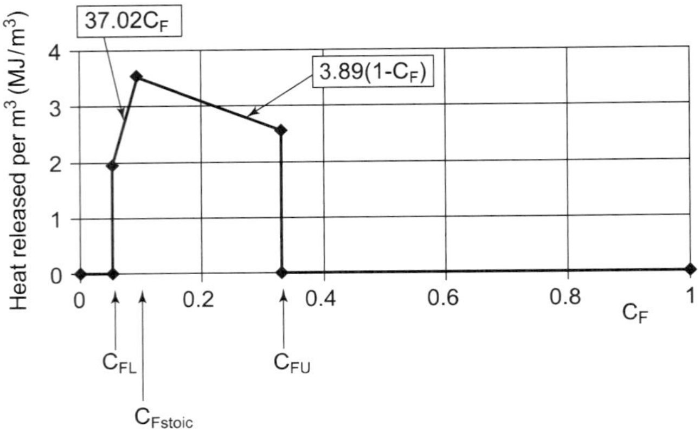

그림 15W6.1 메탄 농도 C_F의 함수로서 메탄-공기혼합물 m^3당 배출되는 열

자율학습문제

15.1 연소성 입상 물질을 처리하고 따라서 먼지 폭발 가능성이 있는 공정 산업 다섯 가지를 열거하라.

15.2 인화하한과 인화상한은 무엇을 의미하는가?

15.3 벤젠, 메탄올 및 메탄의 인화하한은 각각 1.4, 6.0 및 5.2 부피%이다. 그러나 이들 각 연료에 대하여 인화하한에서 연료-공기 혼합물 단위부피당 생성된 열은 근사적으로 1.92 MJ/m^3이다. 이것의 의미를 설명하라.

15.4 공기 속에서 연소성 먼지의 부유물에 대한 화염 전파와 폭발 가능성이 입도 감소에 따라 왜 증가하는지 이유를 설명하라.

15.5 20리터 구 시험장치에서 실험으로 구할 수 있는 다섯 가지 폭발특성을 열거하고 정의하라.

15.6 바람직함이 감소하는 순서로, 먼지구름 폭발의 위험성을 줄이는 다섯 가지 접근법을 열거하라.

15.7 가연성 분말을 취급하는 공정 공장으로부터 발화원을 제거하는 정책이 먼지폭발을 방지하기 위하여 취한 유일한 수단으로 왜 신뢰할 수 없는지 그 이유를 설명하라.

15.8 먼지폭발의 영향으로부터 용기를 보호하기 위하여 배기를 설계할 때 무슨 인자를 고려해야 하는가?

연습문제

15.1 분체 형태의 식품을 공기로 기력 수송하기 위하여 사용하는 배관 부분을 이산화탄소 흐름을 추가하여 보호하자는 제안이 있다. 현 장치에서 공기의 유량은 3 m^3/s이고 공기는 2 부피%의 분체를 운반한다. 이 분체의 연소를 위한 최소산소(산소를 이산화탄소로 대체)가 13부피%라면, 안전 운전을 보장하기 위해 추가해야 할 이산화탄소의 최소유량은 얼마인가?

[답 : 1.75 m^3/s)

15.2 어떤 가연성 먼지의 인화하한농도가 20℃의 공기에서 1.2부피%이다. 3 m^3/s에서 운전하는 먼지 추출 장치가 1.5부피%의 먼지농도를 갖는다. 안전 운전을 보장하기 위하여 유입해야 할 부수적인 공기의 최소유량은 얼마인가?

[답 : 0.75 m^3/s]

15.3 인화성 약품 분말이 인화한계 내의 농도로 공기 속을 부유하고 있으며 산소농도는 연소를 위한 최소산소 이상이다. 이 분말이 관 벽 온도가 먼지의 측정된 발화온도보다 높은 관을 통하여 40 m/s로 흐른다. 발화가 반드시 일어나지는 않는 이유를 설명하라.

15.4 미세한 인화성 플라스틱 분체가 고압상태의 용기로부터 0.5 L/min의 속도로 부피가 2 m^3인 다른 용기로 새어 들어와 공기 속에서 부유물을 형성한다. 실온의 공기에서 먼지의 최소 폭발농도는 1.8부피%이다. 모든 가정을 설명하고, 다음을 추산하라:

(a) 환기가 없다면, 새기 시작할 때부터 폭발이 일어나기 전까지 지연 시간;
(b) 두 번째 용기에서 공기의 환기속도가 0.5 m^3/h라면, 새기 시작할 때부터 폭발이 일어나기 전까지 지연 시간;
(c) 이러한 상황에서 최소 안전 환기속도.

[답 : (a) 1.2 h; (b) 1.43 h; (c) 1.67 m^3/h]

15.5 표 15E5.1에 있는 자료를 이용하여 인화하한과 상한에서 각 연료의 단위 부피당 방출된 열을 계산하라. 계산 결과에 대하여 설명하라.

표 15E5.1 • 여러 연료에 대한 연소 데이터

Substance	Lower flammability limit (vol% of fuel in air) (20℃ and 1 bar)	Upper flammability limit (vol% of fuel in air)	Standard enthalpy of reaction (MJ/kmol)
Cyclohexane	1.3	8.4	−3953
Toluene	1.27	7	−3948
Ethane	3	12.4	−1560
Propane	2.2	14	−2220
Butane	1.8	8.4	−2879

15.6 표 15E5.1에서 프로판에 대한 자료를 근거로 하여, 대기압과 20℃에서 프로판−공기 혼합물에 대한 연료농도의 함수로 혼합물 m^3당 방출된 열에 대한 곡선을 그려라. 이 그림에 비추어 연료가 왜 인하상한이 있는지 설명하라.

16 Chapter 사례연구

16.1 사례연구 1

유동층 배소로의 고압 바람상자

무기 광석을 배소하는 유동층이 광석 A를 연속적으로 공급할 때에는 만족스럽게 작동한다. 그러나 원료를 광석 B로 바꾸면 바람상자 압력이 점점 올라가서 가끔은 허용할 수 없는 수준까지 도달한다. 이러한 상황이 발생하면 유동화 공기를 공급하는 송풍기가 과부하 되어 멈추지 않도록 조치를 취한다. 흔히 취하는 조치는 원료를 광석 A로 다시 바꾼다. 이렇게 하면 바람상자 압력이 점점 떨어져서 원래의 값으로 돌아간다.

고체는 둑을 넘쳐흘러서 유동층을 빠져나간다. 유동층의 내부 배열을 그림 16.1에 도해적으로 나타낸다.

광석 A와 B는 배소 공정 중에 입도가 변하고 따라서 입자 특성의 대표적인 측정값은 둑을 넘쳐흐르는 배소된 제품을 채취하여 얻을 수밖에 없다. 이 지점에서 측정한 광석의 입자 특성을 표 16.1에 싣는다. 광석 A와 B 입자들은 유사한 형상을 가질 뿐만 아니라 입도분포도 유사하다.

유동층 조작조건은 배소하고 있는 광석과는 관계가 없다(표 16.2 참조). 더 상세한 유동층 구조를 표 16.3에 나타낸다.

표 16.1 • 광석 A와 B의 입자 특성

Ore	Mean size(μm)	Particle density(kg/m^3)
A	130	3500
B	350	3500

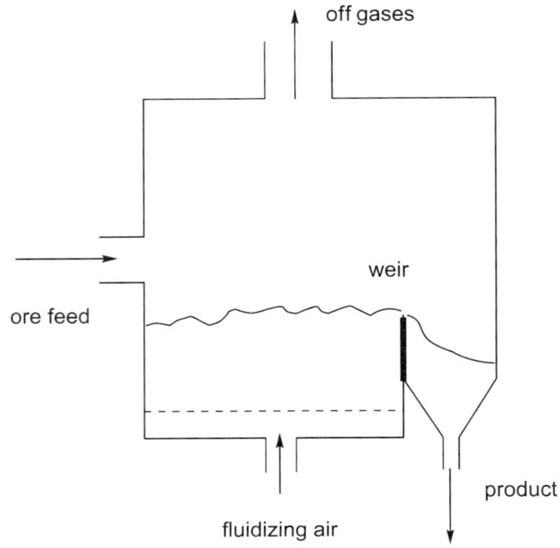

그림 16.1 유동층의 배열

표 16.2 • 유동층 운전 조건

Bed temperature(℃)	877
Superficial gas velocity(m/s)	0.81
Gas viscosity(kg/ms)	4.51×10^{-5}
Gas density(kg/m^3)	0.307

표 16.3 • 유동층 상세 규격

Bed diameter(m)	6.4
Nozzle diameter(mm)	6
Number of nozzles	3000
Air velocity in bed(m/s)	0.78
Bed height(weir setting) (mm)	1200

바람상자 압력이 증가하는 원인

바람상자 압력은 바람상자의 하류 기체 흐름에 대한 압력강하에 의해 결정된다. 바람상자의 하류에는 분배기, 유동층, 기체 사이클론 및 백 필터가 있다. 기체 사이클론과 백 필터를 통한 입력강하 측정값은 광석 원료가 A에서 B로 변경되더라도 거의 변화가 없는 것으로 밝혀져서 여기에는 원인이 없다.

분배기에는 6 mm 노즐 3000개가 설치되어 있다. 만약 노즐의 일부가 완전히 또는 부분적으로 막히게 되면 층에 공급되는 기체부피흐름이 실제로 일정하기 때문에 분배기 압력이 올라가게 될 것이다. 그러나 원료가 광석 A로 바뀌면 바람상자 압력이 점차 정상으로 되돌아간다는 사실은 노즐 막힘이 문제의 가장 분명한 원인(있을 법하지 않지만 막힘이 가역적이지 않으면)은 아니라는 것을 암시한다.

이제 관측된 바람상자 압력 증가의 가장 가능한 원인으로는 층 압력강하의 증가가 남아있다. 층 압력강하를 좀 더 면밀히 검토해보자.

유동층에서 부력을 받은 입자의 무게는 위쪽으로 흐르는 기체에 의해서 지지되는데, 이것을 식으로 나타내면:

$$\Delta p_{bed} = H(1-\epsilon)(\rho_p - \rho_f)g \tag{7.2}$$

층이 입자를 전혀 포함하지 않은 기포상과 치밀하게 접촉하고 있는 고체와 기체로 이루어진 밀집 유탁상(유동화의 2상 이론으로부터 – 7장 참조)의 혼합물로 구성된 것을 고려하여 좀 더 상세하게 설명한다. 총괄 층 밀도는 입상 고체의 밀도, 유탁상에서 고체와 기체의 비율 및 기포가 차지한 층의 비율과 함수관계이다.

$$\Delta p_{bed} = H(1-\epsilon_p)(1-\epsilon_B)(\rho_p - \rho_f)g \tag{16.1}$$

여기서 ϵ_p는 평균 입자상 공극률이고 ϵ_B는 기포가 차지한 층의 분율이다.

고려하고 있는 사례의 특수한 상황에서 위의 문제를 두 가지로 단순화할 수 있다. 넘침둑을 고정시켜 층 높이 H를 고정한다. 따라서 바람상자 압력은 계속 증가하지만 층은 최소 높이에서 고정된다. 이것은 분석을 위해 고정층 높이를 가정할 수 있다는 것을 의미한다(이 경우에는 1.2 m). 더나가 광석 A와 B 모두 입자 밀도가 같다고 단순화한다(3500 kg/m^3).

따라서 바람상자 압력 증가의 원인이 되는 인자로 층높이와 입자밀도가 두 광석에 대해서 같기 때문에 이들을 소거할 수 있다. 이제 유동층에서 기포 분율과 입자상 공극률로 주의를 돌려보자. 이들 특성은 층을 통과하는 기체유량과 입자 모양, 입도 및 입도분포의 복합된 함수이다.

정상 운전 기간과 과도한 바람상자 압력 기간 동안에 유동층으로 들어가는 공기의 부피흐름과 층 온도를 모두 일정하게 유지하기 때문에, 공탑 기체속도와 기체 전달특성들이 광석 A와 B 모두에 대하여 같다(표 16.2 참조). 층 밀도(따라서 층 압력강하)에 영향을 미치는 남아있는 변수들은 입도와 입자 모양에 직접 관계가 있다.

위에서 지적한 바와 같이 광석 A 또는 B로 운전하든 넘침흐름에서 입도분포는 근사적으로 같은 모양을 갖는다. 그러나 바람상자 압력이 고압으로 유지되는 동안 넘침에서 평균입도는 전형적으로 약 130 μm에서 350 μm까지 증가한다.

따라서 식 (16.2)를 참고하여 평균입도의 증가(즉 평균입도 130 μm에서 350 μm까지)가 ϵ_p(평균 입자상 공극률)와 ϵ_B(기포 분율)에 미치는 영향을 평가할 필요가 있다.

첫 번째 근사법으로 유동화의 단순 2상이론(7장 참조)을 적용하면, 평균 입자상 공극률은 최소 유동화에서 공극률 ϵ_{mf}로 취하고 기포 분율은 식 (7.28)로 주어진다는 것을 의미한다.

$$\epsilon_B = \frac{(U - U_{mf})}{\overline{U}_B} \tag{7.28}$$

여기서 $\overline{U}_B$는 층에서 평균 기포상승속도이다.

$\overline{U}_B$는 분배기($L=0$)와 층 표면($L=H$)에서 그룹 B 분체에 대한 식 (7.31)과 (7.32)로 계산한 기포상승속도의 산술평균으로 취한다.

$$d_{Bv} = \frac{0.54}{g^{0.2}}(U - U_{mf})^{0.4}(L + 4N^{-0.5})^{0.8} \quad \text{(Darton } et\ al.\text{, 1977)} \tag{7.31}$$

$$U_B = \Phi_B (g\, d_{Bv})^{0.5} \quad \text{(Werther, 1983)} \tag{7.32}$$

여기서 $D \le 0.1$ m 이면, $\Phi_B = 0.64$

$0.1 < D \le 1$ m 이면, $\Phi_B = 1.6D^{0.4}$ (7.33)

$D > 1$ m 이면, $\Phi_B = 1.6$

이고 N은 분배기의 오리피스 밀도이다(이 경우에는 m^2당 93노즐). D는 층 지름 또는 가장 작은 단면의 크기이다(이 경우에는 6.4m). 정상 운전에서 층의 깊이는 1.2 m이다(둑을 고정하면 결정됨).

이것을 계산하기 위해서는 U_{mf}와 ϵ_{mf}에 대한 값이 필요하다. U_{mf}는 Wen과 Yu식(Wen and Yu, 1966)을 사용하여 추산하는데, 이 식은 두 광석이 그룹 B 분체이기 때문에 두 광석에 모두 적합하다. ϵ_{mf}는 입도와 모양이 다른 입자 범위에 대하여 Kunii와 Levenspiel(표 C1.3, 1990)에 주어진 자료를 이용하여 추산한다. 유동층의 정상 운전 온도에서 수행한 이들 측정값은 표 16.4에 나타낸 결과와 같다.

표 16.4 • 광석 A와 B에 대한 U_{mf}와 ϵ_{mf}의 추산값

Ore	U_{mf}(m/s)	ϵ_{mf}
A	0.008	0.56
B	0.056	0.495

결과로 얻은 계산 값들을 표 16.5에 나타낸다.

원료 광석을 A에서 B로 바꿀 때 층 압력강하의 예측된 증가는 2074 Pa임을 알 수 있다. 실제 증가는 예측된 값보다 약간 더 많고 송풍기의 출력이 낮게 평가되어 있는 것으로 밝혀졌다. 결과적으로 송풍기는 많은 경우에 상부 한계 값에 가까웠다. 분석에 의하면 광석을 A에서 B로 바꿀 때 층 압력강하가 증가하는 가장 가능한 원인으로는 평균 층 밀도의 증가때문에 층 압력강하가 증가한다는 것이다.

표 16.5 • 층 압력강하 계산 결과

Value	Ore A	Ore B
Bubble size at distributor(L=0) (m)	0.155	0.151
Bubble size at distributor(L=1.0) (m)	0.459	0.448
Bubble velocity at distributor(L=0) (m/s)	1.97	1.95
Bubble velocity at distributor(L=1.0) (m/s)	3.40	3.36
Mean bubble rise velocity, U_B (m/s)	2.68	2.65
Bubble fraction	0.299	0.284
Mean bed density (kg/m^3)	1234	1446
Particulate phase voidage	0.56	0.495
Bed pressure drop(Pa)	12107	14181

그렇다면 해결책은 무엇인가? 하나의 선택은 광석 B를 공급할 때 층 압력강하를 2074 Pa만큼 줄이는 것이다. 이것은 층 깊이가 줄어들도록 둑 높이를 줄이면 된다. 즉 층 높이를 14.6%(2074/14181) 줄인다는 것을 의미한다. 물론 이렇게 변경하면 층에서 광석의 체류시간이 감소하기 때문에 수용할 수 없을 수도 있다. 그러나 변경한 다음 제품을 시험할 수도 있다. 만약 시험 결과 체류시간의 감소를 수용할 수 없는 것으로 밝혀지면, 약간의 여유분과 함께 필요한 압력강하(14181 Pa)를 배출할 수 있도록 송풍기의 출력을 높여야 한다.

16.2 사례연구 2

L-밸브의 부적절한 이용

고순도 탄산칼슘을 필요로 하는 시장이 있고 이것을 제조하는 한 방법은 석회석을 800℃와 900℃ 사이까지 가열 소성하여 CO_2를 제거하고 순수한 석회를 제조한 다음 탈염수가 들어있는 탱크에 넣어 둔다. CO_2가 농후한 연소기체는 사이클론을 통과시켜 먼지를 제거하고 냉각한 다음 백 필터에서 최종적으로 세정하여 소석회가 들어있는 탱크 바닥으로 분산기를 통하여 도입하면 의약품이나 식품의 첨가제로 사용하기에 알맞은 고순도의 $CaCO_3$가 생성된다.

천연가스를 태워 가열한 유동층에 분쇄한 석회석을 공급하여 소성하기 위해 이 공정(그림 16.2)을 이용하는 새 공장을 설계한다. 이렇게 생산된 석회는 찬 공기로 유동화된 긴 장방형 냉각기로 이동시킨다. 소성기(calciner)에서 나온 농후한 CO_2의 뜨거운 연소기체는 사이클론에서 먼지를 제거하고 석회와 석회석 층을 유동화한 공기로 열교환기에서 냉각한다. 냉각된 기체는 이제 백 필터를 통과시킨다. 유동층 석회 냉각기에서 석회입자의 마모가 약간 일어나고 이들 동반된 입자들은 따뜻해진 공기가 굴뚝으로 배출되기 전에 다른 백 필터에서 제거된다. 석회제품은 공급지점에서 멀리 떨어진 냉각기의 끝에서 연속적으로 제거되고 온도가 200℃ 이하이기 때문에 제거속도를 제어하기 위하여 로타리 밸브를 사용할 수 있다. 뜨거운 석회입자는 소성기에서 넘쳐흘러 냉각기로 연결된 경사진 슈트로 보내지만 고체온도가 높기 때문에(800－900℃) 흐름을 제어하기 위하여 모터가 달린 로타리 밸브를 사용해야 하고 기체 밀폐가 불가능하다. 따라서 설계자는 유동화 냉각기를 통과하는 뜨거운 기체를 밀폐하고 고체 배출속도를 제어하기 위하여 L-밸브를 사용하기로 결정하였다.

L－밸브의 작동에 관한 간단한 설명

L-밸브의 원리는 오랫동안 잘 알려져 왔다. 단지 적은 양의 기체유량을 사용하여 한 용기에서 다른 용기 또는 수송관으로 입상고체의 흐름을 제어하기 위한 수단으로 첫 번째 특허는 1930년대에 ICI가 취득하였다. 유동층 촉매 분해의 출현과 함께 희박상 수송 장치에서 미세 분말 흐름의 제어에 관한 관심이 상당히 많아졌지만, 높은 온도에서 비교적 굵은 고체의 흐름 제어에 관한 관심을 자극하기 위하여 1970년대 후반과 1980년대에 미국에서 대형 합성연료 R&D 프로그램을 수행하였으며 이것이 L-밸브의 재발명을 유도하였다.

시카고에 있는 기체기술원에서 Knowlton과 동료들(Knowlton and Hirsan, 1978)이 수행한 실험에 의해서, 때로는 비기계적 밸브라고 부른, L-밸브의 몇 가지 실험적 원리를 확립하였다. 그러나 단계적인 설계과정(40, 70, 및 100μm 지름의 밸브에서 모래로 행한 실험을 근거로)을 설명한 맨 첫 논문은 Geldart와 Jones(1991)에 의해서 작성되었다. Arena 등(1998)이 문헌에 더 많은 자료를 추가하고 이전 연구가들의 기본 접근법이 건전하다는 것을 확인하였다.

비록 L-밸브가 아주 단순한 기구처럼 보이지만, 그 유체역학은 아주 복잡해서 기본적인 설명만을 아래에 제공한다.

Knowlton과 Hirsan (1978)이 통기기체의 가장 좋은 주입 위치는 수평 다리의 중심선에서 관 지름의 약 1.5배 위의 수직 다리(하강관 또는 배출관이라고도 함)에 있다는 것을 입증하였다. 이것은 엘보우 내부 모퉁이에서 입자들과 관 사이 마찰을 줄이기 위하여 기체가 필요하기 때문이며 중심선상이나 아래에서 기체를 주입하면 이 기능을 수행할 수 있는 가능성이 훨씬 줄어든다. 이 기체는 밀집상 공기수송과 유사한 수송 형태로 기체와 함께 분체를 운반하는 수평다리에 놓여있는 분말 층의 최상단을 따라 흐른다. 통기기체 흐름이 증가함에 따라 분체 흐름의 깊이가 증가하고 고체의 질량 유량이 증가한다. 결국 수평 다리의 바닥에서 꼭대기까지 고체속도가 증가함에 따라 분체의 전체 깊이가 활성화된다.

고체를 움직이려면 마찰을 극복할 수 있는 힘이 필요하고 이 힘은 수평 관에서 압력강하에 의해서 제공된다. 이 압력강하는 고체속도, 관 지름 및 분체의 평균입도와 벌크밀도의 함수이다. 압력은 기체 주입지점에서 최대가 된다. 고체 흐름이 시작될 수 있는 최소 기체유량은 분체의 최소유동화속도, U_{mf}에 의존하고 이 최소 기체유량을 넘어설 때 최소 제어가능

고체플럭스, G에서 고체 흐름이 시작된다. 이 때 고체 플럭스는 U_{ext}/U_{mf}비에 따라 선형으로 증가한다. 여기서 U_{ext}는 통기기체의 부피유량을 수평 다리의 단면적으로 나눈 것이다. 그러나 도달할 수 있는 최대 고체유량에 한계가 있으며 이 한계는 압력 수지에 의존한다. 만약 기체가 배출관에서 고체층을 통하여 위로 흐르는 것이 더 용이하면 기체는 그렇게 흘러가고 고체를 수평으로 수송하려는 기체는 적어진다. 수직 다리나 수평 다리에 있는 입자의 특성이 같기 때문에 배출관에서 기체흐름에 대한 저항은 일차적으로 배출관에서 분체의 깊이에 의존한다. 경험적으로 배출관의 높이는 최소한 수평 다리의 길이와 같아야 한다. 실제로 기준은 수평 부분에서 압력강하를 배출관에서 고체의 깊이로 나눈 것이 최소 유동화에서 유동층의 압력구배보다 낮아야 한다는 것이다. 만약 전자가 후자와 같거나 크면 수직 다리에 있는 고체가 유동화하기 시작하여(작용한 압력구배가 유동화에 필요한 값보다 더 크기 때문에) 불안정한 흐름이 일어난다. 이 불안정은 고체의 흐름이 중단되었다가 L-밸브를 통하여 고체가 분출되는 형태로 나타난다.

L-밸브 장치를 조작하는 문제점의 하나는 통기기체 유량을 조금만 변경시켜도 고체의 유량변화가 아주 커질 수 있으며 따라서 고체의 유출속도를 고체가 배출관으로 들어가는 속도에 맞추기 위해 제어수단이 필요하다. 이것은 통기기체의 흐름 조절기에 연결된 배출관에서 압력을 측정하여 해결할 수 있다. 다행히 배출관이 충분히 길면 L-밸브를 자동방식으로 조작할 수 있다. 통기속도는 통기지점 위의 고체를 유동화할 수 있도록 충분히 높은 값에 맞추고 반면에 아래의 고체는 충전층으로 있도록 한다. 배출관으로 들어가는 고체 유량이 증가하면 배출관에서 유동화된 고체의 높이가 올라가고 더 많은 기체가 아래로 흘러 고체의 배출속도를 증가시킨다. 고체속도가 감소하면 배출관에서 고체의 높이가 내려가고 더 많은 기체가 위로 흐르고 아래로는 감소하여 고체의 배출속도를 감소시킨다.

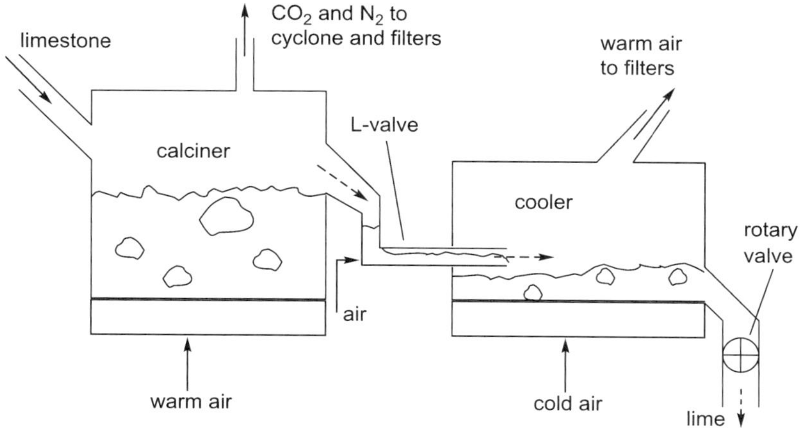

그림 16.2 L-밸브가 있는 소성기와 냉각기의 원배치도

불행하게도, 그림 16.2에 나타낸 응용에서, 소성기 측면에 있는 넘침 둑과 석회 냉각기 사이에 가능한 수직 높이의 제한 때문에 설치된 고체 수송장치가 안정한 L-밸브와 함께 운전될 수 없었다. 그 이유는 (a) 수직 다리가 수평 다리보다 짧았고 (b) 통기지점이 엘보우 중심선 위에 놓여있지 않았기 때문이다. 더구나 수평부분의 배출 끝이 냉각기에서 유동층의 높이보다 더 위에 있었다. 또한 밸브 지름(200 mm)이 너무 커서 최소 제어가능 고체유량이 거의 설계생산속도의 7배에 달하였다. 통기속도를 최소값 이하로 줄였더니 고체흐름이 전혀 없었고 따라서 장치가 조금이라도 작동되도록 하기 위해서 공장의 운전자가 수평 다리의 중심선상에 부수적인 통기관을 설치하고 나서 간헐적으로 통기장치를 작동하였다. 소성기에서 층 높이가 너무 높아지고 빨갛게 달궈진 고체가 넘침 관을 가득 채울 때 통기 공기를 완전히 열면 짧은 수직 다리에 있는 고체들이 유동화 되었다. 이렇게 되면 장치내의 압력수지가 변하고 L-밸브 내의 모든 내용물이 갑자기 냉각기로 분출되어 통로를 깨끗이 비우고 뜨거운 연소기체가 냉각기 층 위의 공간으로 휘몰아쳐 들어간다. 이 결과 백 필터에 불이 붙으면 백 필터가 파괴된다.

이 문제에 대한 해결책은 L-밸브를 고리 밀폐장치(그림 16.3)로 대체하는 것이다. 고리 밀폐장치는 근본적으로 두 개의 나란한 층 사이로 고체가 통과할 수 있도록 바닥에 있는 간격을 제외하고 수직 방해판으로 분리된 유동층이며, 두 유동층은 다른 공기 공급기에 의해 유동화 된다. 뜨거운 석회입자들은 소성기에 가까운 층으로 떨어지고 수직 방해판 밑을 통과하여 첫째 다리에서 보다 더 높은 압력으로 운전되고 있는 냉각기에 인접한 두 번째 층으로 들어간다. 그리고 나서 두 번째 층에서 고체는 넘쳐흘러 냉각기로 들어간다. 이 장치는 마노미터의 두 가지처럼 작동하고 고리에는 유동화된 고체가 항상 존재하기 때문에 뜨거운 기체가 직접 냉각기로 들어가는 것을 방지할 수 있다.

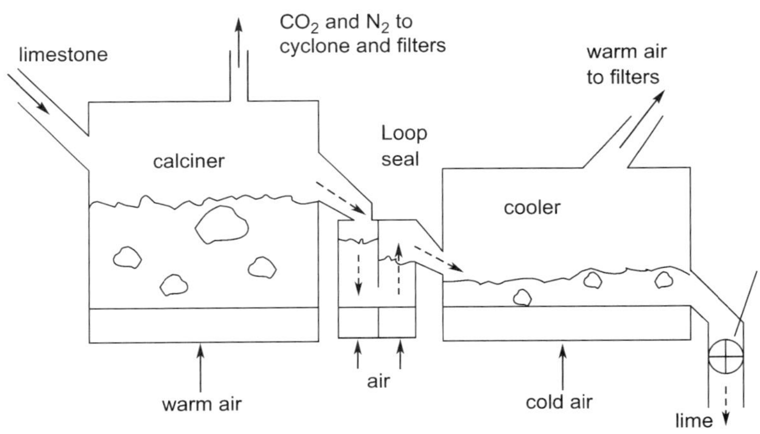

그림 16.3 고체를 이동하고 냉각기에서 소성기로 기체흐름을 방지하기 위하여 고리 밀폐장치를 사용한 개선된 소성기와 냉각기 배치도

16.3 사례연구 3

유동층 건조기

한 문제를 해결하면 예상하지 못했던 다른 문제를 야기할 수 있다.

수처리 화학약품의 제조에서 입방체 모양의 약간 축축한 입자를 유동층 건조기에 공급하는 단계가 있다. 분배기는 평면도에서 장방형으로 길이가 약 3 m이고 폭이 1 m이며 많은 구멍이 뚫려있다. 유동화 공기는 원심 팬으로 공급하고 고압기체실로 들어가기 전에 고체 공급지점으로부터 약 1 m 떨어진 곳에 있는 관을 지나 열교환기를 통과한다. 유동화 고체는 약 1 cm 깊이의 층을 이룬다. 따뜻한 제품은 층의 맨 끝에서 슈트로 넘쳐흐르고 한 묶음에 50 kg을 자루에 넣어 포장하는 기계로 보내진다. 고객 창고에는 사용하기 전의 종이나 플라스틱 부대를 각각 다른 부대위에 쌓아 저장하고 어떤 부대에는 제품 입자들이 서로 단단히 달라붙어 묘석과 같은 고체 덩어리를 형성하고 있어 입자들을 쏟아낼 수 없었다.

축축한 원료를 건조기에 공급하고 연속적으로 제거하지만 고체 출구에서 채취한 시료는 수분함량이 수용할 수 없을 정도로 변화하였다. 층 표면 위에 강철로 된 확장 부분의 벽에 있는 몇 개의 창구를 통해서 유동층을 육안 검사한 결과 층이 고르지 못하게 유동화되어 판 위의 많은 면적에서 유동화되지 않은 고체가 실제로 움직이지 않은 채로 있었다.

불완전한 유동층에서는 유동화가 나쁜 영역과 좋은 영역이 임의로 뒤바뀌는 것이 일반적이며 때때로 수분함량이 높은 정지된 영역이 갑자기 움직이며 층 출구로 분출하기도 한다. 고체층이 없는 상태에서 공기 분배판을 통한 압력강하를 측정한 결과 겨우 게이지압으로 5 mmH_2O(~49 Pa)이었으며, 이것은 대단히 작은 가로-세로비(층높이/층길이 또는 원통형 층에서 층높이/층지름)를 가진 장치의 경우 너무 낮은 값이었다. 상담자는 분배판의 압력강하가 최소한 유동화 고체를 통한 압력강하와 같은 분배판으로 교체해야 한다고 권장하였다.

권장한 대로 교체하고 건조기를 다시 작동하였을 때 육안 관찰에 의하면 전체 층이 균일하게 잘 유동화하였다. 그러나 실제로 시료 제품의 어느 것도 명세서 내의 수분 함량을 나타

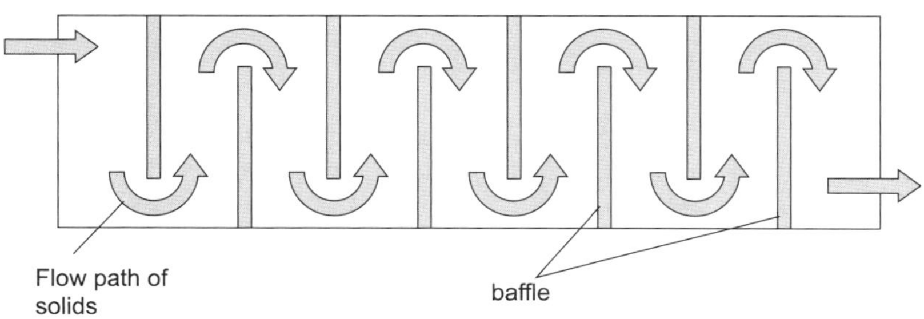

그림 16.4 방해판이 삽입된 건조기의 평면도

내지 못하였다. 나중에 생각해보니 비유동화 영역이 방해판과 같이 작동하여 잘 유동화된 고체가 판을 따라 굴곡진 경로를 취하기 때문에 장치 내에서 체류시간을 증가시켜 일부 고체들을 완전히 건조시킨다는 생각이 들었다. 유동화가 정말 잘 되도록 분배판을 교체했더니 모든 입자들이 장치를 너무 빠르게 통과하여 수분 함량이 낮아지지 않았다. 하나의 해결책으로 고체 흐름 방향에 직각으로 일연의 방해판을 삽입하였더니(그림 16.4) 층이 플러그 흐름에 가깝게 작동하여 평균 체류시간을 증가시키고 체류시간의 변화 범위가 줄어들었다. 다른 대안으로는 건조기에서 평균 체류시간을 증가시키기 위하여 고체 출구에 둑을 삽입하고 고체 흐름방향과 반대로 고체의 역혼합을 최소화하기 위하여 층의 길이 대 폭의 비를 조절하는 것이다. 이렇게 하면 체류시간의 범위를 줄일 수 있다.

16.4 사례연구 4

호퍼의 통기가 석탄 공장에서 공기 결핍을 유도한다.

Peter Arnold, University of Wollongong, Australia

석탄 제조 공장에서 세 개의 "미세" 석탄원료 사일로에서 일반 회전식 가래모양의 공급기(사일로에서 석탄을 규정 속도로 공급하는 장치)로 원료를 공급한다. 호퍼출구에서 석탄의 가교(arching)가 사일로의 안정한 배출을 달성하는데 문제를 일으킨다. 호퍼 출구에서 가교 문제를 극복하기 위하여 정교한 통기장치를 출구 구멍에 설치하였다. 석탄의 입도가 "−12 mm"(12 mm 체를 통과한 것)이기 때문에 통기 장치에는 많은 공기가 필요하였다. 결과적

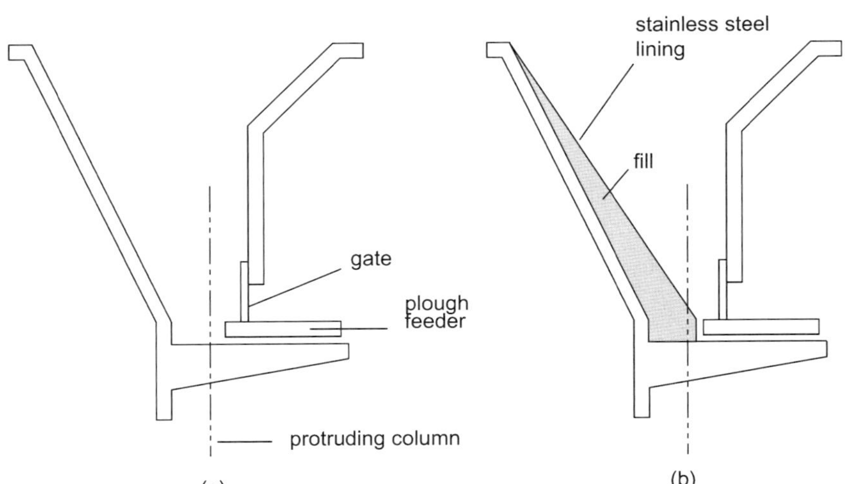

그림 16.5 (a) 잘못된 세로공간을 보여주는 호퍼 출구 측면도와 (b) 변경된 구조

으로 석탄 공장의 다른 곳에는 공기가 부족하여 압축공기의 용량을 증가시키기 위한 계획을 세워야만 했다. 주입한 공기는 실제로 가교문제에 거의 영향을 미치지 않았다. 문제는 출구면으로 돌출한 여러 개의 구조적 세로공간 때문에 단순히 호퍼출구와 공급기가 꼭 들어맞지 않은 결과였다. 출구 구멍을 따라 군데군데 세로공간이 호퍼 뒷벽 밖으로 튀어나와 공급기로 호퍼출구 구멍을 제대로 작동할 수 없었다. 가래모양 칼날에는 세로공간이 없어야 했는데 즉 공급기가 전체 선반 폭에 있는 석탄을 갈고나갈 수 없기 때문에 결과적으로 돌출한 세로공간 사이 선반에 갈고나갈 수 없는 석탄이 쌓이게 되었다. 해결책은 "호퍼의 뒷벽까지 가래가 닿지 않으면 뒷벽을 가래까지 가져와라"는 철학을 이행하는 것이었다(그림 16.5). 뒷벽을 가래 공급기까지 가져오면 호퍼 벽의 경사가 줄어들어 또 다른 조치를 취하지 않으면 가교문제를 다시 일으킬 위험이 있게 된다. 그러나 이러한 잠재적 위험을 극복하기 위해서 새로운 호퍼 벽을 원래의 콘크리트 벽보다 벽 마찰이 훨씬 작은 스테인레스 강으로 입혔다. 이와 같이 단순한 개조의 결과 흐름이 안정화되고 통기 공기가 더 이상 필요하지 않게 되었다.

16.5 사례연구 5

석회석 호퍼 확장이 공급기를 과부하에 걸리게 한다.

Peter Arnold, University of Wollongong, Australia

시멘트 공장에서 석회석 호퍼를 두 배로 증설하고 출력을 높였다(배출 속도를 증가시키기 위하여 호퍼 구멍을 길게 하였다.) 그림 16.6에 나타낸 바와 같이 호퍼는 V자 형이고 에이프런 공급기로 공급하였다. 호퍼는 공급기의 뒤에서부터 공급하고 "사각" 또는 정지 구역에 있는 원료물질을 끌어내야 하기 때문에 공급기에 과부하가 걸렸다. 이 문제를 해결하기 위한 첫 시도로 용량이 큰 전동기와 기어박스를 시험한 결과 에이프런 공급기 자체에 지나친 응력이 가해졌다. 최종적으로 채택한 해결책은 호퍼 출구가 완전하게 작동하도록 호퍼-공급기 인접 면을 재설계하는 것이었다(그림 16.7). 출구 구멍이 그 길이에 따라 넓어지도록 다시 설계하였다. 이렇게 했더니 정지된 고체 영역이 없어지고 공급기에 작용하는 힘도 감소하였으며 따라서 에이프런 공급기의 과부하 문제를 해결하였다. 변경 후에 필요한 공급기 동력도 처음 명시된 것보다 줄어들었다.

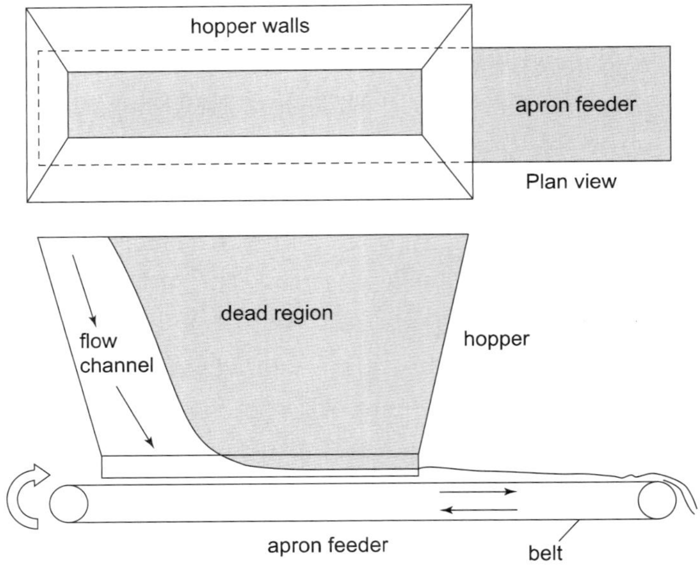

그림 16.6 에이프런 공급기가 있는 석회석 호퍼의 초기 설계. 긴 호퍼 출구의 많은 부분이 작동하지 않는다.

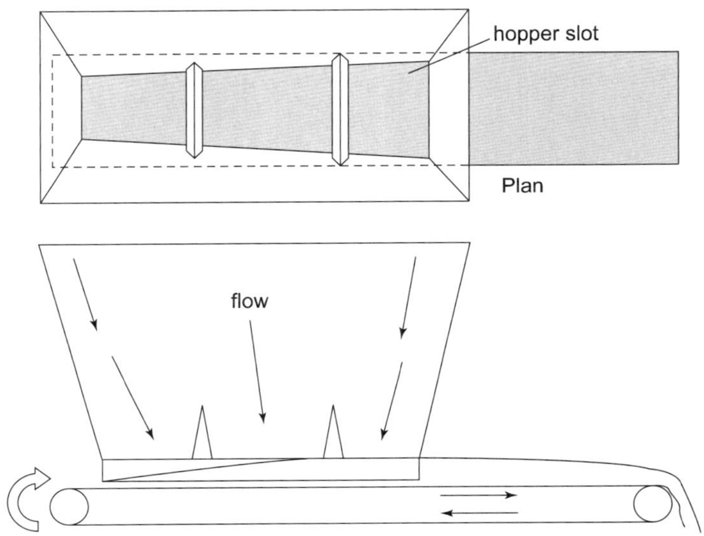

그림 16.7 문제 해결의 평면도. 출구 구멍의 폭이 길이에 따라 커지도록 다시 설계하였다. 이렇게 함으로써 사각지역이 없어지고 에이프런 공급기의 과부하 문제를 극복하였다.

16.6 사례연구 6

호퍼에서 삽입물의 사용

Lyn Bates, Ajax Equipment, UK

벌크 고체의 흐름 경로에 장애물을 설치하면 어떤 유형이든 이점이 있을 수 있다는 것은 이상하게 보일지 모르지만, 실제로 벌크 저장 설비에 삽입물을 사용하여 수많은 운전상의 편의를 얻을 수 있다. 삽입물로 흐름 경로를 변경하면 원래보다 더 유리한 흐름특성을 나타내는 새로운 흐름 경로가 형성된다. 어떤 변경은 덩어리가 사일로 출구에 도달하여 출구를 막기 전에 덩어리를 포집하는 기구를 삽입하는 것과 같이 단순하고 자명하다. 또 다른 것은 기술에 관한 기본 평가로부터 관련된 원리들을 쉽게 이해할 수 있지만 더 정교하고 높은 기술적 경쟁과 전문성을 요구한다. 저장 사일로에 삽입물을 설치하는 많은 이유들이 있는데, 중요한 이유를 표 16.6에 요약하여 정리한다. 이것은 분명히 비전문가를 위한 영역이 아니라는 것을 강조한다. 필요한 성능을 확실하게 보장하는 업무 자체가 전문성을 필요로 한다. 삽입물의 설치가 장치의 운전이나 보전에, 제품의 조건이나 용도에 대한 적합성에, 위생에, 정비에 또는 공장의 총괄효율과 경제성을 떨어뜨릴 수 있는 다른 요인들에게 불리한 결과를 초래하지 않는다고 확신하는 것이 한층 더 중요하다.

표 16.6 • 호퍼 삽입물을 설치하는 이유

In the hopper outlet region
to aid the commencement of flow
to secure reliable flow through smaller outlets
to increase flow rates
to improve the consistency of density of the discharged material
to secure mass flow at reduced wall inclinations
to expand the flow channel
to improve the extraction pattern
to reduce overpressures on feeders
to save headroom/ secure more storage capacity
to counter segregation
to blend the contents on discharge
to improve counter-current gas flow distribution
to prevent blockages by lumps or agglomerates
In the body of the hopper
to accelerate the de-aeration of dilated bulk material
to reduce compaction pressure
to alter the flow pattern
to counter "caking" tendencies
At the hopper inlet
to reduce segregation
to reduce particle attrition

벌크 저장 설비에 적합한 흐름 체계를 결정하는 예비 호퍼 선택 과정에서, 비록 이 단계에서 통합 설계의 최적화 범위를 확대할지라도, 원 설계에 삽입물을 결합하는 것의 경제적 이득은 거의 고려하지 않는다. 반면에 구식 장치의 개조는 설치되어 있는 공장의 제한조건에 의하여 절충된다. 이 조건들이 가능한 선택을 제한할 수 있지만, 일반적으로 삽입물이 벌크 저장 응용에서 마주치는 수많은 문제들을 해결하기 위하여 사용할 수 있는 가장 유망한 수단중의 하나로 알려져 있다.

흐름 체계의 이해 즉, 응력계의 메카니즘과 느슨한 고체의 거동특성은 특수한 기능에 적합한 삽입물의 유형 선택에 대한 배경이 되고 튼튼한 설계를 위한 기초가 된다. 삽입물의 성능은 호퍼의 구조, 공급기나 배출 제어의 유형, 주변 및 운전 조건과 상호 관련된다. 따라서 삽입물, 호퍼 및 공급기에 대한 설계를 고려하려면 총괄 장치에 대한 접근이 필요하다. 거의 예외 없이 대부분의 삽입물 기술은 기초연구로부터 나오기보다 오히려 산업에 의해서 개발되고 도입되었다. 어떤 유형의 삽입물은 특허, 등록 설계 또는 유사한 제한조건으로 보호되고 있다. 따라서 설계 자료를 응용에 활용하는 것도 어느 정도 제한되어 있다. 여러 기술의 설계를 최적화하고 그들을 선택하여 호퍼 유형 및 흐름보조기술과 결합에 필요한 개선된 기초를 개발하려는 연구의 길은 널리 열려있다.

호퍼의 출구 부분에 삽입물의 설치가 많은 관심을 불러일으킨 것으로 보인다. 이것은 호퍼 내에서 물질의 거동을 지배하는 흐름 유형이 바로 이 영역에서 시작되기 때문이다. 출구 영역은 비교적 작은 반면에 호퍼 벽은 발산하여 흐름 문제가 쟁점이 되지 않는 단면적 크기까지 빠르게 도달한다. 따라서 어떠한 흐름 방해도 일으키지 않고 호퍼 내에서 흐름 유형을 유용하게 변경시켜 필요한 지점을 개선할 수 있도록 흐름-개선 삽입물을 보통 출구 위의 큰 단면에 설치할 수 있다.

비교적 작은 삽입물에 의해서 저장 물질의 총괄 거동이 어떻게 극적으로 변경될 수 있는지 두 가지 상황을 예로 들어 설명한다. 특이하게도 배출된 제품의 특성이 특정한 필요조건에 더 적합하게 된다.

무게 손실 보충

공정 중의 한 단계에 고체를 공급하는 속도 제어 수단의 하나로 무게손실 공급이라는 것이 있다. 고체가 들어있는 저장 사일로를 하중 셀 위에 올려놓고 고체가 배출됨에 따라 용기 내에 있는 고체의 무게를 연속적으로 관찰하여 배출량 또는 배출 속도를 알아낸다.

무게손실 공급기는 짧은 기간 내에 정기적인 보충을 필요로 한다. 이와 같이 특수한 경우에는, 약 2분 동안 무게제어를 하면서 미세분말 원료를 배출하는 장치는 10－15초 동안에 신속하게 작동하는 미끄럼 밸브가 있는 원추형 집단흐름 호퍼로부터 재충전해야 한다. 문제는 재충전이 대단히 느리게 시작된다는 것이다: 분말이 나오는데 1분 이상이 걸렸다(그림 16.8). 또한, 분말이 나올 때 통기가 너무 심하여 분말이 공급기에서 분출되어 나오고 분체

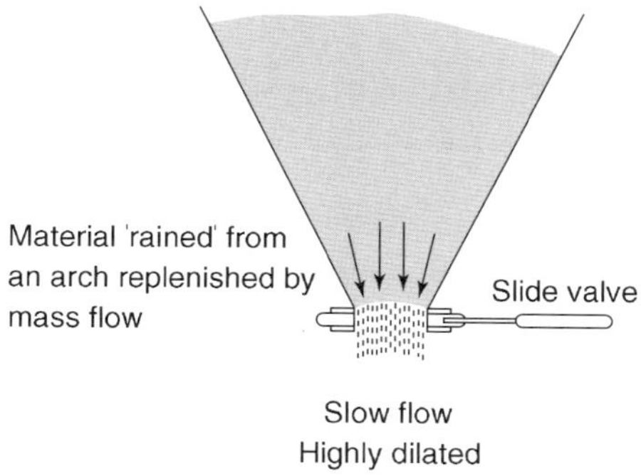

그림 16.8 무게-손실 보충 호퍼의 초기 배열

의 조건이 공정의 다음 단계에 적합하지 않았다. 공간 높이, 용량, 공급 루트 및 일반적인 공장 구조는 물론 고정되어 있고 따라서 기존 장치의 구조 내에서만 변경이 가능하였다.

미세 분말들은 보통 아주 변하기 쉬운 흐름 조건을 갖는다. 정지해 있을 때는 응집성이 있으며 가끔은 흐름을 시작하기가 어렵다. 입자들이 밀접하게 접근해 있으면 여러 가지 분자 규모의 힘들이 중요해져서 입자분리에 저항한다는 것이 한 이유이다. 따라서 미세한 응집성 분말은 압축작용이 증가함에 따라 상당한 강도를 나타낼 수 있다. 또한 미세한 분말 입자 사이 미세한 틈새를 통하여 공기가 침투해나갈 수 있는 속도에 의해서 팽창이 억제된다. 그러나 미세한 분말이 한번 팽창되어 흐름이 일어나면 통기가 과도해지는 경향이 있어 분체가 자체적으로 유동화될 수 있다. 다시 탈출 경로의 미세한 크기 때문에 이 상태에서 분체의 탈통기(de-aeration)가 느리게 진행되고 따라서 전체가 안정한 조건으로 진정되기 위해서는 약간의 시간이 걸리게 된다. 유동화 제품은 변형에 저항하는 강도는 없으나 정력학 압력에 취약하여, 자신의 느슨한 특성과 함께, 흐름 경로를 잘 찾아가게 한다.

집단 흐름 통로에서도, 벽 쪽에 있는 제품이 출구를 향해서 대각선으로 움직이는 것보다 출구 바로 위에 있는 물질이 내려가는 것이 훨씬 더 용이하기 때문에 모든 수렴 흐름 통로에서는 그 단면에 속도구배가 발달한다. 원료 호퍼에서 이처럼 빠르게 움직이는 영역은 국지 표면에 침하가 일어나서 무게손실 호퍼에 이미 채워진 더 안정한 물질보다 새로운 분말에 의해서 더 쉽게 충전된다. 이와 같이 느슨한 물질이 출구를 향해 내려감에 따라 그 정력학 압력 때문에 약한 자유흐름 제품이 더 빠른 흐름 영역으로 들어가지 못하게 되어 흐름 속도차가 한층 더 증가한다. 결과적으로 작은 단면에서 빠르게 이동하는 유체 물질은 분체층의 높이를 빠르게 침투하여 기계 출구로부터 제멋대로 분출한다.

개선 작업은 두 가지이다. 재충전을 가속화하여 분체를 더 빠르게 배출해야 하고 동시에 더 안정한 조건에서 물질을 배출해야 한다. 먼저 알아야 할 사항은 흐름이 생기면 집단흐름 호퍼에서 유량이 집단흐름이 아닌 같은 크기의 출구를 가진 호퍼에서 보다 항상 더 느리다는 것이다. 그 기본 이유는 집단흐름이 아닌 호퍼에서는 입자들이 집단으로부터 이탈하여 높은 역학적 가교다리에서부터 "자유낙하"하여 가속되기 때문에 출구를 통과할 때 더 빠르게 이동한다는 것이다. 불구속 조건에서 이동하는 흐름이 높은 속도에 도달할 수 있고 따라서 비교적 작은 오리피스를 통하여 큰 유량을 얻을 수 있다는 것도 알아야 한다. 같은 크기의 구멍을 통하여 덜 팽창된 조건에서 훨씬 더 큰 유량을 보장하기 위해서는 벌크 상태가 초기에 파괴되도록 초기 흐름 출구의 면적을 증가시키고/거나 정지된 벌크를 동요시켜야 한다.

채택한 해결책은 빠른 작동 미끄럼 밸브를 내부 "원통과 원추" 밸브로 교체하여 호퍼 출구 위로 약간 떨어진 원추형 호퍼 안에 설치하는 것이었다(그림 16.9). 이것은 원추를 위에 덧붙인 짧은 원통으로 구성되어 있으며 그 바닥 모서리가 호퍼의 원추형 내벽에 얹혀있다. 이 부속물은 호퍼의 꼭대기에 부착된 공기통에 의해서 들어올린다. 삽입물을 올리면 원형 고리 모양의 틈이 노출된다. 이 원형 구멍 위의 즉석 흐름 통로는 안쪽의 수직표면과 바깥쪽의 원추모양 표면이 있다. 밸브를 올리면 수직 벽 위의 원추부분에 정지해 있는 벌크가 분열되고, 반면에 원통표면이 움직이면 국지적 벽 미끄럼을 감소시키고 제품이 국지 V모양 고리가 되어 내부 지지가 일어나지 않고 최소 변형으로 자유 낙하한다.

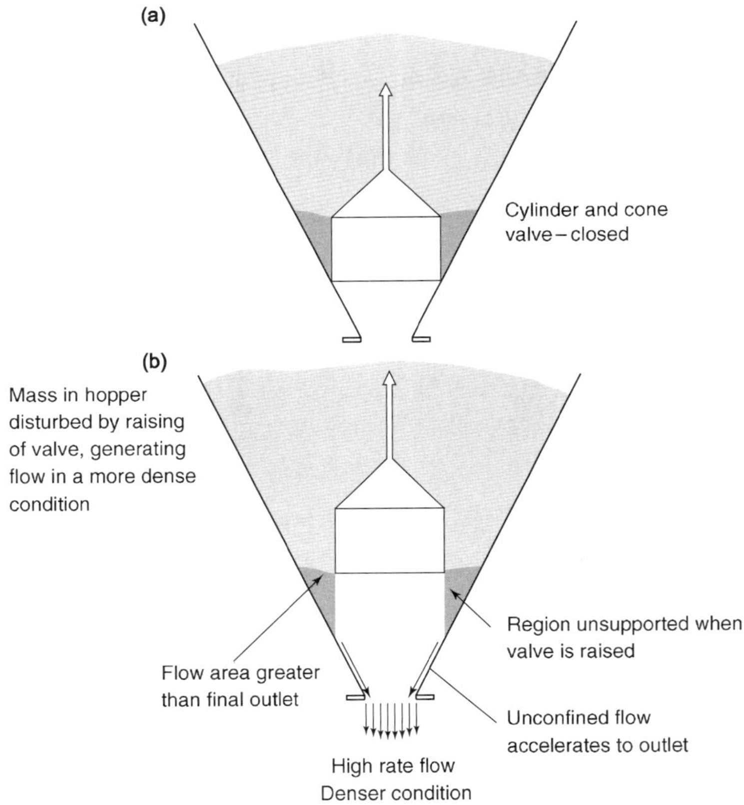

그림 16.9 원통과 원추 삽입물이 있는 개선된 무게-손실 보충 호퍼
(a) 닫힌 경우 (b) 열린 경우

고리 모양 틈새의 면적이 지름의 제곱으로 증가하기 때문에 실제로는 최종 출구에 의해서 보다 고리 모양에서 더 큰 흐름면적을 제공한다. 밸브가 위로 이동하면 호퍼 벽과 밸브의 원추부분 바닥 사이에 있는 물질을 분열시켰다. 따라서 이 틈새 주위에 있는 벌크의 붕괴가 촉진되었고 노출된 흐름 고리보다 더 큰 길이와 단면적에서 붕괴가 일어나서 물질이 더 치밀한 조건에서도 흐르고 원래 구멍에서 보다 훨씬 더 큰 속도로 흘러나갔다. 결국은 사실상 제한받지 않은 흐름으로 최종 호퍼 출구를 통하여 흐름이 집중되었고 방해나 지나친 팽창 없이도 통과할 수 있는 허용된 속도까지 가속되었다. 결과적으로 무게손실 호퍼에 보충양이 안정한 무유체(non-fluid) 흐름조건에서 몇 초안에 대량으로 공급되었다.

집단흐름 호퍼에서 편석

집단흐름 호퍼가 편석문제를 극복할 것이라고 보통 제안한다. 이 생각은 집단흐름 호퍼를 채우는 동안 일어나는 어떠한 편석도 호퍼가 배출하면서 모든 단면에서 고체가 다시 혼합되어 제거된다는 것이다. 집단흐름은 사일로 단면의 혼합을 복원하고 사일로의 평행 본체로부터 물질을 배출하여 표면 높이가 균일하게 내려간다. 내용물의 높이가 원추형으로 바뀌는 부분까지 떨어지면 문제가 발생한다. 이 지점 근처에서는 중심속도가 더 크기 때문에 표면이 가라앉고 중심부 위에는 더 이상 보충할 어떠한 제품도 없다. 배출된 물질의 마지막 부분이 최대 편석 상태로 꼭대기 주변에 이미 쌓여 있는 더 굵은 제품으로 대부분 구성될 때까지 점차적으로 중심부가 먼저 빠져나간다. 이 효과는 저장된 내용물의 대부분이 본체부분에 들어있는 큰 사일로에서는 편석의 규모나 강도 면에서 그다지 중요하지 않을지도 모른다. 그러나 집단흐름의 특징은 수렴부분의 호퍼 벽이 비교적 경사가 급하고 어떤 경우에는 수렴부분이 전체 호퍼 내용물의 대부분을 차지하고 있다는 것이다. 이것은 내용물의 더 많은 부분이 이와 같은 유형의 편석에 취약하다는 것을 의미한다.

배출 제품의 입도분포가 좁은 범위 안에 들어야하는 미세광석 20톤 저장을 응용 예로 든다. 호퍼는 전체 부피의 90%가 가파른 벽의 원추부분에 포함되도록 설계하였다. 투입 공급흐름은 엄격한 제품 명세를 따랐는데 호퍼에서 배출된 제품 중 마지막 2톤에 수용할 수 없는 분율의 굵은 제품이 들어있어 품질관리에서 불합격되었다. 사실 사일로로 연결된 벨트 컨베이어 상에서 공급 흐름의 단면은 아래 중심부에 미세입자가 바깥 가장자리에는 굵은 입자가 더 높은 분율로 들어 있었는데 이것이 불량 분포의 기여 인자는 아니었다.

단일지점 충전이 안식 경사면 편석의 근본 원인이었으며 따라서 사일로 단면 전체로 충전물이 분포되도록 오랫동안 노력하였다(더미로 쏟아 붓는 자유흐름 분체의 편석 – 11장 참조). 첫 번째 단계로 입구 아래에 역 원추를 설치하였다. 원추로 공급된 고체가 큰 원둘레로부터 균등하게 넘쳐흘러 – 이렇게 단일지점 충전의 단점을 피하여 – 호퍼로 들어가도록 할 생각이었다. 원추는 자체 배출이 가능하도록 중앙에 구멍을 뚫었다. 직면한 문제는 역 원추에서 고체의 안식 더미가 거의 동심원의 원추 더미를 형성하지만, 둑에서 액체와 같이 예상했던 것처럼 원형 마루를 균등하게 흘러넘치지 않는다는 것이었다. 첫째로 원둘레의 편향은 충전지점의 편심 때문이라는 생각이 들었다. 그러나 원료를 정확히 중심 위치로 향하도록 세심하게 작업한 결과 원추의 안식표면이 평활한 속도로 성장하지 않고 저항이 가장 작은 경로를 따라 쏟아져 내리며 반경방향으로 파도처럼 성장한다는 것을 알게 되었다.

각 파도 모양 침전물은 더미 형성 단계에서 국지 저항을 증가시키기 때문에 다음 파도는 더미의 주위에서 다른 경로를 찾아 성장하였다. 더구나 더미가 역 원추를 가득 채웠을 때 테두리를 처음 넘쳐흐른 파도가 국지표면을 쌓아올려 저항을 증가시키지 않았고 따라서 다음 파도가 같은 편향된 경로를 취하였다.

성곽모양의 둘레에 둑 조절 문을 설치하고 그 설비를 연속적으로 잡아당겨 원둘레를 고르게 넘쳐흐르도록 하기 위하여 장기간에 걸친 노력을 기우렸다. 수많은 참혹한 먼지투성이의 시간을 보낸 후에야 최소저항을 나타내는 경로가 항상 다음 파도를 안식 경사면의 같은 부분으로 내려가도록 유인하기 때문에 원추로부터 넘침이 결코 고르지 않다는 것을 공학기술자들이 서서히 알게 되었다.

전문가를 부를 시간!

장치의 배치가 편석을 방지할 수 있도록 효과적인 충전 구조를 채택할 수 없었기 때문에 배출 형태를 변경하는데 주의를 집중하였다. 중심 배출을 방지하고 대신 "지류" 집합장치가 있는 삽입장치(그림 16.10)를 개발하였다. 이 장치는 작용하는 사일로의 관련 단면에 비례하여 여러 반경과 원주 상에 다중흐름 경로가 발달되도록 하였다. 이 구조물의 중요한 특징은 출구 위에 있는 방해판이 어떠한 방면으로도 선택적 흐름이 발달되는 것을 방지한다는

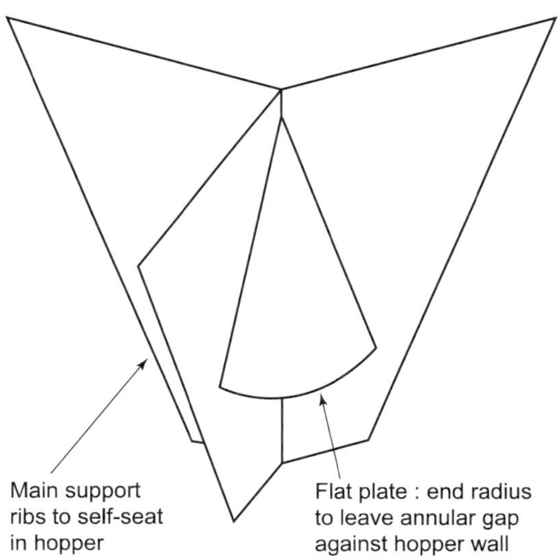

그림 16.10 흐름 경로를 확대하기 위한 중앙 삽입물

것이었다. 이 장치에는 출구 위 호퍼의 원추형 바닥에 스스로 자리 잡을 수 있도록 세 개의 격자 살이 있는 삼각 피라미드 모양의 삽입물이 들어있다. 피라미드 벽은 배출흐름의 3분의 1씩 각 구멍을 통과할 수 있도록 바닥에 공간이 남겨있다.

세 장의 판을 호퍼 원추 위에 설치하였는데, 판 아래로 배출이 가능하도록 판 아래쪽 모서리를 중앙 피라미드 삽입물의 면에 기대어 놓았다. 이들 판은 격자 살로 분리되어 간격을 유지하고 있으며 호퍼 내용물이 호퍼 단면의 여러 반경으로 통과하여 삽입물에 의해 제공된 구멍으로 향하도록 별도의 흐름 경로를 제공한다.

초기 배출 유형은 내용물 표면이 원추 부분의 꼭대기에 도달할 때까지 완전히 균일하였다. 그 후에는 표면 윤곽이 사일로 단면의 여러 부분에서 다중의 선택적 배출점을 나타내었으나 이들이 다른 등급의 분율을 정확한 비율로 나타냄에 따라 배출된 제품이 요구된 입도 분포에 들었다.

유사한 구조의 두 번째 호퍼에 똑같이 적용하였을 때 상세하고 포괄적인 경로의 재검토가 대단히 중요하였다. 처음 결과들은 놀라울 정도로 만족스럽지 못하였으며, 내용물이 호퍼배출의 마지막에 가까워짐에 따라 현저한 편석 현상을 나타내었다. 첫 번째 호퍼에는 완전히 열리는 밸브가 설치되어 있는 반면에 두 번째 호퍼에는 부분만 열리는 다른 밸브가 있다는 것을 알게 되었다. 부분만 열리는 이 밸브가 호퍼 내용물을 한 쪽만 우선적으로 비우게 하였고 이것이 특히 호퍼에서 배출되는 마지막 부분의 물질에 편석 문제를 또 다시 일으켰다. 이 문제는 밸브 메카니즘을 변경하여 해결하였다.

16.7 사례연구 7

탱크차 하역 운전에서 먼지 방출 문제

한 회사가 28 m^3의 운반 탱크차로부터 그림 16.11에 나타낸 저장고까지 소다회(탄산소다)를 공기수송으로 올리는 동안 먼지 방출문제에 직면하고 있다. 예를 들면 많은 양의 먼지가 출입문과 사일로 안전판(압력 안전밸브) 및 여과백 플랜지로부터 새어나오고 있다. 더구나 저장고가 가끔 넘치기도 한다(더 많은 먼지 방출을 초래함). 하역 장치에 대한 명세서를 아래에 요약한다:

- 고체 이송 속도, $m_s \approx 22\ \mathrm{t/h}$;
- 공기 질량 유량, $m_f \approx 0.433\ \mathrm{kg/s}$ (송풍기 성능곡선으로부터, 이것은 공기밀도 $\rho_f = 1.2\ \mathrm{kg/m^3}$ 에서 흡입부피 $\approx 21.7\ \mathrm{m^3/min}$ 를 나타냄);
- 관의 내부 지름, $D = 150\ \mathrm{mm}$; 수송관의 전체 길이, $L = 35\ \mathrm{m}$ (수직관의 전체길이, $L_v = 20\ \mathrm{m}$ 를 포함하여);
- 공기의 최고 온도(저장고 내부까지), $t \approx 70℃$;

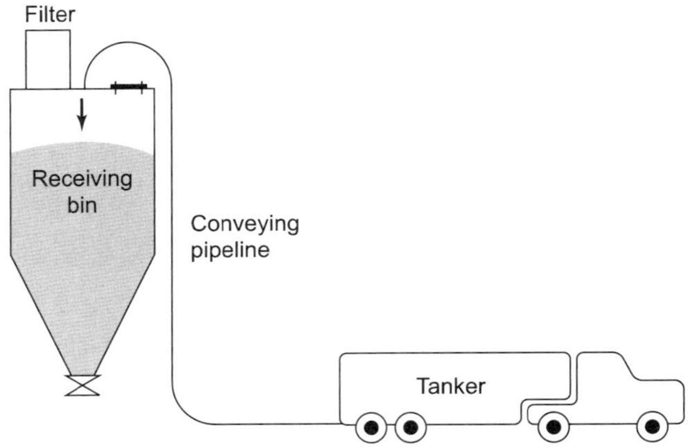

그림 16.11 운반 탱크차의 공기 하역

- 소다회의 입도범위, $50 \leq d \leq 1000\,\mu\text{m}$;
- 중앙값 입도, $d_{50} = 255\,\mu\text{m}$;
- 고체 입자 밀도, $\rho_s = 2533\,\text{kg/m}^3$;
- 느슨하게 부은 벌크 밀도, $\rho_{bl} = 1040\,\text{kg/m}^3$;
- 탱크차의 부피 용량 $= 28\,\text{m}^3$;
- 탱크차 안의 초기 압력 $= 100\,\text{kPa}\,g$(즉, 배출 밸브를 열기 전);
- 정상상태 압력강하= 70 kPa(송풍기에 의해서 알게 된);
- 송풍기는 부지에 놓여있으며 탱크차 용기를 가압하고 송풍탱크처럼 작용하게 한다.

기존의 먼지 여과기는 여과면적이 15 m^2이고(그림 16.12) 송풍기와 폴리에스테르 바늘뜨개 펠트 천으로 된 백이 설치되어 있다. 성능곡선으로부터, 송풍기는 150 mmH_2O(=1.5 kPa)에서 약 33.3 m^3/min의 공기를 배출할 수 있다. 얼핏 보면, 이것은 21.7 m^3/min의 송풍기 용량을 아주 적절하게 감당할 수 있는 것처럼 보인다. 그러나 과도 효과와 여과 효율도 평가해야 한다.

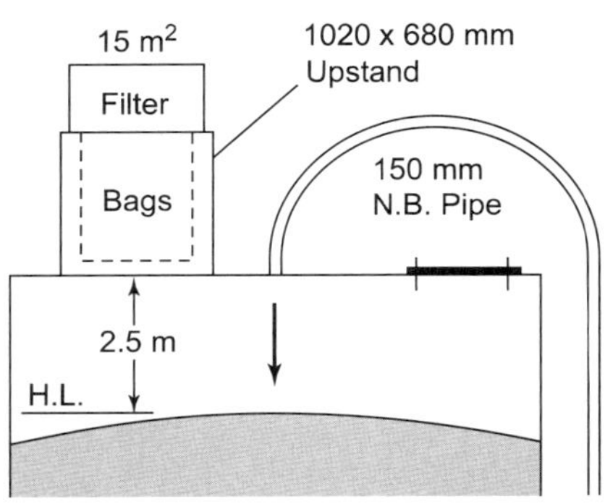

그림 16.12 기존의 15 m^2 여과기가 있는 저장 빈

하역 작업의 평가

사이클 마지막의 퍼지 단계와 특히 다음에 이어지는 청정 송풍 사이클(탱크차를 청소해야 함) 중에 먼지 방출이 일어난다. 주의:

- 정상상태 조업(즉, 일정한 압력, 공기 흐름 및 이송 속도) 중에는 먼지 방출이 일어나지 않는다.
- 둘 다 "공기만으로" 운전은 불가피하다(다시 말하면, 새로운 "자동청정" 탱크차는 이용할 수 없다).

회사는 시간에 따라 압력을 측정하도록 부탁을 받았다. 탱크차에서 압력 감소(공기만으로 운전하는 동안에도)는 거의 직선적이었으며 최대 속도는 $\approx (90\,\mathrm{kPa}\ g - 35\,\mathrm{kPa}\ g)/(11\,\mathrm{s})$ = 5 kPa/s와 같았다. 주, 공기의 "공급"은 사이클의 마지막 퍼지 과정 중에 일어날 수 있으며 따라서 정상상태 공기 유량 0.433 kg/s에 추가된다. 여과기는 이와 같은 최대 허용 공기 유량(동반된 먼지를 포함하여)을 처리해야 한다.

정상상태 운전 조건

다음의 정상상태 매개변수들은 위에 주어진 명세 사항으로부터 계산된다.

- 빈에서 공기의 밀도, $\rho_{fe} = 1.028\ \mathrm{kg/m^3}$;
- 공기 유량, $m_f = 0.433\ \mathrm{kg/s}$;
- 빈으로 들어가는 공기 유량, $Q_{fe} = 25.3\ \mathrm{m^3/min}$;
- 빈으로 들어가는 공기 속도, $V_{fe} = 23.8\ \mathrm{m/s}$. 이것은 공기가 팽창하여 빈에서 충분한 부피 용량을 얻을 수 있는 한 소다회의 희박상 수송에 과잉으로 생각되지 않는다.
- 기존의 여과기 면적(구멍) = $0.7\ \mathrm{m^2}$

따라서 직립 여과기로 들어가는 공기의 속도는, $V_{up} = 0.6\,\mathrm{m/s}$. 유사한 물질로 얻은 경험과 자유침강시험 결과에 근거하면 이것은 아주 만족스러우며 먼지 부하량도 적절하다. 그러나 빈의 꼭대기에서 2.5m 에 있는 높이 표시 위까지 빈이 채워지면 난류가 증가하여 여과기에 부하를 증가시킬 수 있다. − 이것에 관해서는 나중에(새로운 여과기를 선택할 때) 더 상세하게 고찰한다. 본 연구를 위해서 높이표지에 도달할 때 채우는 것을 중단하는 것으로 가정한다(즉, 이상적인 상황). 이상적인 여과속도와 온도 보정인자, 입도, 먼지부하 등등의 적합한 값을 사용하면,

- 유효여과속도, $V_{\mathrm{filt}} = 2.0\ \mathrm{m^3/min/m^2}$ = "공기 대 여과 천"의 비;
- 최소 여과면적, $A_{\mathrm{filt}} = 13\ \mathrm{m^2}$.

따라서 기존의 송풍기와 여과기($A_{filt} = 15\ m^2$)는 정상상태 운전에 적합해야 한다(저장 빈이 높이표지 위까지 채워지지 않는 한).

공기만의 운전과 새로운 여과기

최대 압력감소= $5\ kPa/s$ (정상상태 흐름 외에 - 최악의 경우 시나리오). 이것은 부가적인 공기 흐름 $\approx 1.42\ kg/s$ 와 같다.

따라서 최대 $Q_{fe} = 108\ m^3/min$ > 기존 여과기 용량(즉, 더 큰 여과기가 필요함).

송풍기(150 mmH_2O = 1.5 kPa에서 108 m^3/min)가 있는 새 여과기 면적을 45 m^2로 가정하라.

표준 구멍 크기 = 1.84 m^2

이것은 $V_{up} \approx 1\ m/s$ 를 발생시키는데, 적당한 먼지 부하 이상을 제공할 만큼 충분해야 한다(특히 빈이 표시된 높이표지 이상으로 채워지면). 또한 고속 퍼지(그리고 입자 마모) 때문에 먼지 수준이 5%까지 올라갈지도 모른다(특히 $3-10\ \mu m$ 범위에 있는).

이상적인 여과속도의 적당한 값과 보정인자를 사용하면,

- 유효여과속도, $V_{filt} = 1.6\ m^3/min{\cdot}m^2$;
- 최소 여과면적, $A_{filt} = 68\ m^2$ (최악의 경우 시나리오).

따라서 최소한 50 또는 바람직하게는 60 m^2의 여과면적이 필요하다(용량이 큰 송풍기와 함께). 그러나 다음과 같이 개선하면 더 작은 여과기를 선택할 수 있다.

여과기와 저장고의 개조

먼지부하를 줄이고 여과효율을 개선하기 위하여 다음과 같은 변경을 권장한다.

새 여과기에 맞게 가능한 한 큰 구멍을 가진 상부 스탠드를 주문하여 제작해야 한다(예: 45 m^2 여과기에 대해서, 제시된 2005 mm × 1220 mm의 구멍은 여과백과 상부 스탠드의 측벽사이에 약 200 mm의 틈새를 제공한다). 또 상부 스탠드는 여과백의 밑바닥과 저장고의 꼭대기 사이에 최소 1.5 m의 공간이 유지되도록 충분히 높아야 한다. 이송 속도를 줄이기 위해 수송관의 끝부분에 지름이 더 큰 T-벤드를 함께 설치하고 이와 같이 변경하면 먼지 부하가 줄어든다(상승흐름 속도를 줄이고 입자가 침강하도록 더 많은 시간을 허용하고 상부 스탠드에서 새로운 속도분포가 발달되도록 공간을 허용하여). 이것은 또 난류에 의해서 초래될 수 있는 여과백의 모든 손상을 감소시킨다(입자들이 위로 여과기 표면에 튀어 흩어짐 – 수송관을 떠나는 고속 입자 흐름이 저장고의 물질 표면에 충돌하기 때문에).

적합한 (그리고 믿을 수 있는) 사일로-안전기를 설치할 수 있도록 저장고의 최대 설계압력도 구해야 한다. 최대 가능압력을 5 kPa로 가정하면(휘기 전) 사일로-안전기는 4 kPa로 맞추어야 한다. 큰 흐름 단위를 선택해야 한다는 것에 주의하기 바란다(예 150 또는 200 mm 호칭 구경).

위의 개선을 근거로 하여 여과기 필요조건을 다시 계산하였다: 더 큰 구멍 통로 2.45 m^2. 이렇게 하면 $V_{up} \approx 0.7\,\mathrm{m/s}$ (최대)가 되고 이 값은 아주 만족스럽다. 먼지 부하는 적당해야 한다.

이상적인 여과 속도와 보정인자의 적당한 값을 사용하면:

- 유효여과속도, $V_{\text{filt}} = 2.22\ \mathrm{m^3/min/m^2}$;
- 최소 여과면적, $A_{\text{filt}} = 49\ \mathrm{m^2}$ (최악의 경우 시나리오).

따라서 150 mmH_2O = 1.5 kPa에서 108 m^3/min으로 정해진 송풍기를 사용하고, 앞에서 설명한 상부 스탠드와 수송관의 변경을 포함하여 그림 16.13과 16.14에 나타낸 바와 같이, 45 m^2의 여과기가 적합하다. 그러나 저장고가 넘칠 정도로 채워지면 물질이 막히거나 공기의 흐름 경로가 제한될 수 있는 모든 가능성이 아직도 존재하기 때문에 저장고에 과도한 압력(결과적으로 먼지 방출)을 초래할 수 있다. 이러한 상황을 완화하기 위해서는 이러한 관행을 중단하거나 피해야 하며(탱크차가 도착하기 전에 충분한 용량이 있는지 확인하여) 또는 저장고의 부피 용량을 키워야 한다.

최종적으로 하나 고려해야할 사항은 여과기 재료의 선택이다. 그림 16.13에 나타낸 대형 상부 스탠드에는 테플론으로 코팅된 백의 사용을 권장하는데, 고온에 훨씬 더 적합해야 하고 청소와 여과 효율도 또한 더 좋아야 한다. 백의 밑바닥이 저장고 꼭대기로부터 최소한 1.5 m에 있도록 하고 저장고를 넘치도록 채우지 않는다고 가정했을 때 여과기 표면은 입자와 충돌에 기인한 손상으로부터 "안전"해야 한다.

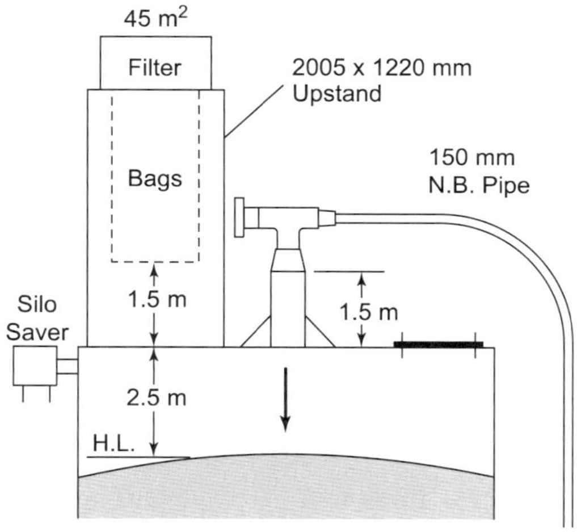

그림 16.13 새로운 45 m^2 여과기가 있는 개선된 저장 빈

그림 16.14 수송관 끝에 설치한 대형 T-벤드

그림 16.15 새로운 생산 공장에 있는 탱크차 공기 하역 장치

결과

위의 변경과 권장사항을 회사가 수행하여 먼지 방출이 완전하게 제거되었다. 소다회 사일로 근처에서 작업을 이제 아무 지장 없이(탱크차의 하역작업에 관계없이) 진행할 수 있게 되었다. 이 과제가 성공적이었기 때문에 회사는 그림 16.15에 나타낸 바와 같이 새로운 생산 공장의 설계에 같은 원리와 기준을 적용하였다.

16.8 사례연구 8

분쇄기 폐가루의 공기이송과 분사

뜨거운 금속의 전처리를 위해 제강공장에서 산소 창을 가끔 사용한다. 이 응용에 압축산소를 공급하는 비용이 증가하여 한 회사가 분쇄기 폐가루(압연 작업에서 발생하는 폐기물)를 고온 금속 홈통이나 쇳물목으로 재순환과 분사 가능성을 연구하였다. 화학 시험에 의해서 분쇄기 폐가루가 이러한 목적에 알맞게 충분한 산소를 함유하고 있다는 것이 입증되었다. 따라서 다음과 같은 명세서에 따라 공기이송장치를 설계해야 했다.

- 분쇄기 폐가루(10 mm 이하; 느슨한 벌크밀도, $\rho_{bl} = 3500\ \mathrm{kg/m^3}$; 입자밀도, $\rho_s = 6000\ \mathrm{kg/m^3}$);
- 각 태핑 조작에 필요한 분쇄기 폐가루의 질량, 300 − 3000 kg(뜨거운 금속의 특성에 의존함) ;

그림 16.16 시험 프로그램에 사용한 0.9 m^{3}의 두 직렬 송풍 탱크

- 태핑 조작을 하는 동안(보통 8 min) 각 회분 양은 균등하게 운반된다.
- 수송하는 동안 발생하는 소음은 1 m 거리에서 80 dBA 이하이어야 한다(제어실을 따라 이동해야 할 배관 작업 때문에).

위에 설명한 재료 전달 필요조건들은 정상상태 고체수송 질량 유량, $m_s = 2.25 - 22.5\ \mathrm{t/h}$와 같았고, 이는 필요한 산화정도에 의존한다. 신뢰할 수 있는 운전 조건(예를 들면 최소공기 유량과 조작압력)을 결정하고 모델링을 목적으로 충분한 정상상태 자료를 생성하기 위하여 다음과 같은 시험 채비를 사용하여 분쇄기 폐가루의 신선한 시료로 몇 가지 시험을 수행하였다: 0.9 $\mathrm{m^3}$의 두 직렬 바닥-배출 송풍 탱크(그림 16.16); 연강 수송관(관의 내경, $D = 105\ \mathrm{mm}$; 수송관의 전체 길이, $L = 108\ \mathrm{m}$; 전체 수직 승강 길이, $L_v = 7\ \mathrm{m}$; 90° 벤드의 수, $N_b = 5$).

다음을 주의하라. 이 시험 프로그램에 사용한 바닥-배출 송풍 탱크는 최종 응용에는 적합하지 않는 것으로 고려되었다(예를 들면 이 재료의 무게와 넘침에 대처하기 위하여 높은 공기 유량이 필요함; 공급 속도 제어의 부정확성). 그러나 정상상태 운전 조건을 생성할 목적에는 적합한 것으로 밝혀졌다.

시험 프로그램을 수행하는 동안 음향 측정기를 사용하여 여러 단계에서 소리 수준도 기록하였다. 측정값들은 수송관으로부터 약 1 m 떨어진 실험실 지붕 꼭대기의 옥외에서 읽었으며 66 dBA(수송 이전의 주변 소음)와 72 dBA(수송하는 동안)로 밝혀졌다. 후자의 수준은 최종 응용에 적합할 만큼 충분히 낮은 것으로 생각되었다.

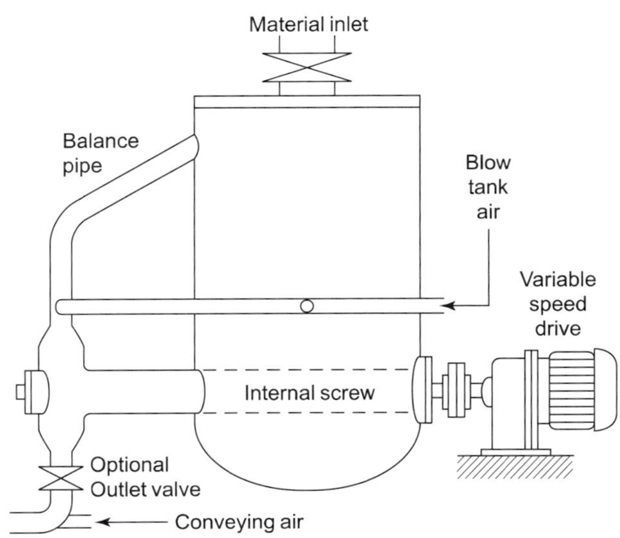

그림 16.17 나사형-공급 송풍탱크의 일반 배열

Pan과 Wypych(1992)가 설명한 시험 설계 순서를 이용하여 모델들을 개발하였다: 관의 수평 직선 부분; 관의 수직 직선 부분; 1 m 반경의 90° 벤드. 결과적으로 "PCC 모델"과 Weber A4 모델(Wypych *et al.*, 1990)을 사용하여 두 개의 수중 아크로에 알맞게 고려한 시험 채비 수송관과 다양한 수송관 배열에 대해서 m_s가 일정하도록 배관을 예측하였다.

최적 운전 조건을 수립하기 위하여 배관으로 들어가는 재료의 유량을 측정하고 제어하면 공기 흐름을 최소화할 수 있다는 것을 알게 되었다. 이것은 이송속도(즉, $m_s = 22.5 - 2.25\ \text{t/h}$)에서 10 : 1의 부하 조정비(turndown ratio)를 달성해야 하는 필요조건에도 부응하였다. 그림 16.17에 나타낸 나사형-공급 송풍탱크(Wypych, 1995)가 이 재료와 응용에 적합한 것으로 밝혀졌다.

위의 모델과 공급 방법을 사용하여 최대 수송관 길이와 최대 처리량의 극단적인 경우에 대하여 다음과 같은 최적 운전 조건을 예측하였다. 압력강하와 공기 질량 유량 즉 수송 공기 속도를 최소화하기 위하여 지름이 점점 커지는 수송관을 선택하였다는 것에 주의하기 바란다.

$D = 102/128\ \text{mm}$; $L = 120\ \text{m}$; $L_v = 22\ \text{m}$; $N_b = 5$; $t = 20℃$

$m_s = 22.5\ \text{t/h}$; 공기 질량유량, $m_f = 0.46\ \text{kg/s}$

전체 수송관 공기압력 강하, $\Delta p_t = 180\ \text{kPa}$ (PPC Model) − 205 kPa(Weber A4 Model)

공탑 공기 속도, $V_f = 16 - 38\ \text{m/s}\ (D = 102\ \text{mm})$와 $24 - 30\ \text{m/s}\ (D = 128\ \text{mm})$

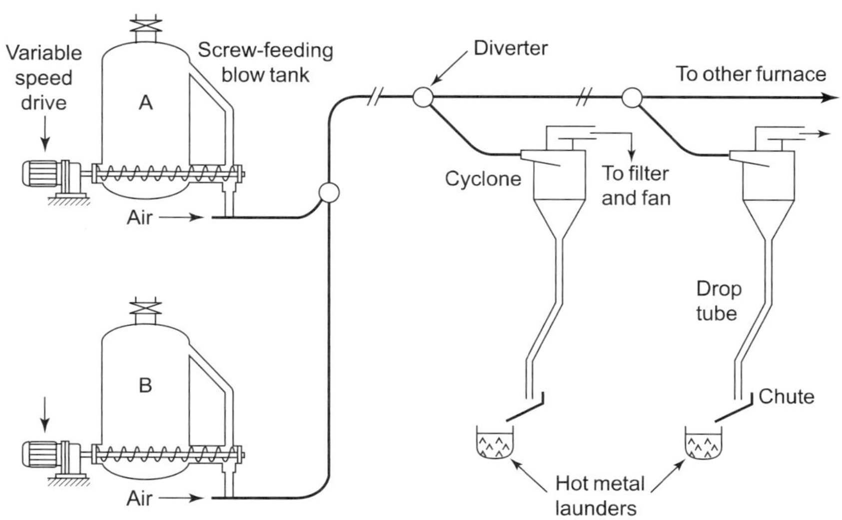

그림 16.18 공장 규모의 공기 주사장치 배치도

이러한 개념 설계 매개변수를 근거로 하여 공장을 설계하고 건설하고 또 위탁하였으며 그 이후로 계속하여 성공적으로 운전되어 왔다. 운전자는 가장 먼 태핑지점(즉, $L = 120$ m)에 대하여 $m_s = 22.5$ t/h 을 선택했을 때 송풍탱크 압력이 근사적으로 200 kPa g에 도달한다는 것을 확인하였다.

공장의 도식적인 배치도를 그림 16.18에 나타내고 나사형-공급 송풍탱크 중의 하나를 그림 16.19에 나타내었다. 이처럼 대단히 치밀하고 마모성인 재료를 취급하기 위하여 특수하게 용융시킨 알루미나-지르콘 벤드(그림 16.20)를 선택하였다.

그림 16.19 나사형-공급 송풍탱크

그림 16.20 용융 알루미나-지르콘 벤드

기호설명

a	식 (13.13)의 지수	–
a	단위 층 부피 당 입자의 표면적	m^2/m^3
A	단면적	m^2
A	사이클론 본체 길이(그림 9.5)	m
A	연료－공기 혼합물 요소의 표면적	m^2
A_f	유체가 차지한 흐름 면적	m^2
A_p	입자가 차지한 흐름 면적	m^2
$A(v)$	과립 마모 속도 상수	m^3/s
Ar	Archimedes 수 $\left\{Ar = \dfrac{\rho_f(\rho_p - \rho_f)gx^3}{\mu^2}\right\}$	–
b	식 (13.13)의 지수	–
B	사이클론 원추의 길이 (그림 9.5)	m
B	원형 호퍼 출구의 최소 지름	m
$B_{nuc}(v)$	핵생성에 의한 과립 성장 속도	$m^{-6}s^{-1}$
c	입자 현탁액 농도	kg/m^3
C	연료－공기 혼합물에서 연료 농도	m^3 fuel/m^3
C	사이클론의 원통부 길이 (그림 9.5)	m
C	입자 부피 분율	–
C	현탁액 농도	–
C_B	높이 h에 있는 기포상에서 반응물의 농도	mol/m^3
C_B	농축기의 하향흐름 단면에서 현탁액 농도	–
C_{BH}	기포상을 떠나는 반응물의 농도	mol/m^3
C_D	항력계수 (식 (2.5))	–
C_F	공급 현탁액의 농도	–
C_{fL}	인화하한	m^3 fuel/m^3
C_{fU}	인화상한	m^3 fuel/m^3
C_g	기체의 비열용량	J/kgK
C_H	반응기를 떠나는 반응물의 농도	mol/m^3
C_L	농축기의 하부흐름에서 현탁액 농도	–
C_P	입자상에서 반응물의 농도	mol/m^3
C_{Pair}	공기의 몰 비열용량	J/molK
C_{Pfuel}	연료의 몰 비열용량	J/molK
C_S	침전물 농도	–
C_T	농축기의 상향흐름 단면에서 현탁액 농도	–

C_V	농축기의 상부흐름에서 현탁액 농도	–
C_0	분배기에서 반응물의 농도	mol/m^3
C_0	현탁액의 초기 농도	–
C_1	상수 (식 (6.22))	s/m^6
D	층, 빈, 사이클론(그림 9.5), 관, 튜브(식 (6.2)), 용기의 지름	m
d_{B_V}	기포의 상당 부피 지름	m
$d_{B_{Vmax}}$	기포의 상당 부피 지름(최대)	m
$d_{B_{VS}}$	표면에서 기포의 상당 부피 지름	m
d_d	액적의 평균지름	m
D_e	튜브의 상당지름 (식 (6.3))	m
$(dp/dt)\max$	먼지 폭발에서 최대 압력상승속도	bar/s
e	과립충돌에 대한 복원계수	–
E	사이클론에서 고체 출구의 지름 (그림 9.5)	m
E	Arrhenius 식[식 (15.2)]에서 반응 활성화 에너지	s^{-1}
$E(S^2)$	표준오차 (시료 분산의 표준편차)	–
E_T	총괄 분리 효율	–
Eu	Euler 수	–
F	통과물의 누적빈도	μm^{-1}
F	농축기에 공급 현탁액의 부피유량	m^3/s
f^*	충전층 흐름에 대한 마찰계수	–
F_D	전체 항력	N
ff	호퍼 흐름인자	–
f_g	Fanning 마찰계수	–
F_{gw}	관 단위부피 당 기체－벽 마찰력	Pa/m
F_N	관 단위부피 당 입자의 수	m^{-3}
f_P	고체－벽 마찰계수, 식 (8.19)로 정의된	–
f_n	n개의 액적에 의해서 생성된 핵의 분율	–
F_P	형태 항력	N
F_{pw}	관의 단위부피 당 고체－벽 마찰력	Pa/m
F_S	전단에 기인한 항력	N
F_V	관 단위부피 당 입자에 의해서 관 벽에 작용하는 힘	N/m^3
F_{VW}	구와 평면 사이 반데왈스(van der Waals) 힘	N
f_W	벽 인자, U_D/U_∞	–
f_{wet}	분무액적에 의해 젖은 분체 표면의 분율	m^2/m^2
$f(x)$	미분 입도 분포 dF/dx	m^{-1} or μm^{-1}
g	중력 가속도	m/s^2
G	고체의 질량 플럭스$=M_P/A$	kg/m^{2}s
$G(v)$	코팅에 대한 부피성장속도상수	m^3/s
$g(x)$	가중 함수 [(식 1.5)]	–

$G(x)$	등급 효율	–
$G(x)$	코팅에 대한 선형 성장 속도상수	m/s
h	표면 아래로 시료 채취관의 길이 [(식 1.15)]	m
h	열전달 계수	W/m^2K
h	용기의 바닥으로부터 계면의 높이	m
h	과립에 액체 코팅의 두께	m
H	층 높이	m
H	빈에서 분체의 높이	m
H	배출관에서 고체의 높이	m
h_a	과립표면의 조도	m
H_c	여과 케이크의 깊이	m
H_e	충전층을 통한 흐름 경로의 상당길이 (식 (6.3))	m
H_{eq}	매체 저항에 상당한 케이크 깊이	m
h_{gc}	기체 대류 열전달 계수	W/m^2K
h_{gp}	기체－입자 열전달 계수	W/m^2K
H_m	여과 매체의 두께	m
h_{max}	최대 층－표면 열전달 계수	W/m^2K
H_{mf}	초기 유동화에서 층 높이	m
h_{pc}	입자 대류 열전달 계수	W/m^2K
h_r	복사 열전달 계수	W/m^2K
h_0	용기의 바닥으로부터 계면의 초기 높이	m
h_1	그림 3.9에서 정의된 높이	m
$H(\theta)$	$H(\theta) = 2.0 + \theta/60$로 주어진 함수(식 (10.5))	–
j	반응차수	–
J	사이클론에서 기체 출구관의 길이(그림 9.5)	m
k	고체 단위 부피 당 반응속도상수	mol/m^3s
K	사이클론에서 입구의 높이 (그림 9.5)	m
K_C	기포 단위 부피당 계면 물질 전달 계수	s^{-1}
k_g	기체 전도도	W/mK
K_H	Hamaker 상수 (식 (13.1))	Nm
K_{ih}^*	유출상수 (분배기 위로 높이 h에서 입도범위 x_i에 대한)	kg/m^2s
$K_{i\infty}^*$	유출상수 (TDH 위로 입도범위 x_i에 대한)	kg/m^2s
K_{St}	식 (15.6)의 비례상수	bar · m/s
K_1	상수 (식 (6.3))	–
K_2	상수 (식 (6.5))	–
K_3	상수 (식 (6.8))	–
L	분배기 위 높이	m
L	관의 길이	m
L	농축기로부터 나오는 하부흐름 현탁액의 부피유량	m^3/s
L	사이클론에서 입구의 폭 (그림 9.5)	m

L_H	수평관의 길이	m
L_v	수직관의 길이	m
M	분리기로 공급되는 고체의 질량 유량	kg/s
M	층에서 고체의 질량	kg
M_B	층에서 고체의 질량	kg
m_{Bi}	층에서 입도범위 x_i의 질량분율	−
M_C	고체 배출구에서 굵은 제품의 질량 유량	kg/s
M_f	기체 배출구에서 가는 제품의 질량 유량	kg/s
M_f	기체 질량 유량	kg/s
MOC	연소를 위한 최소 산소	$m^3 O_2/m^3$
M_P	고체 질량 유량	kg/s
n	Richardson−Zaki 식(식 (3.24))의 지수	−
n	병렬 사이클론의 수	−
n	시료에서 입자의 수	−
N	사이클론에서 기체 출구의 지름 (그림 9.5)	m
N	장치의 단위 부피 당 과립의 수	−
N	분배기에서 단위 면적 당 구멍의 수	m^{-2}
N	시료의 수	−
$N(t)$	시간 t에서 장치에 있는 전체 과립의 수	−
Nu	Nusselt 수 $(h_{gp}x/k_g)$	−
$Nu_{\max}$	$h_{\max}$에 대응하는 Nusselt 수	−
$n(v,t)$	시간 t에서 과립 부피 v의 수 밀도	m^{-6}
p	압력	Pa
p	2성분 혼합물에서 성분의 비율	−
p_c	모세관 압력 (식 (13.2))	Pa
p_r	Prandtl 수 $(C_g\mu/k_g)$	−
p_s	압력차 (식 (6.29))	Pa
q	기체 유량	m^3/s
Q	부피 유량	m^3/s
Q	층으로 들어가는 기체의 부피 유량 $(=UA)$	m^3/s
Q	농축기로 들어가는 현탁액의 부피 유량	m^3/s
Q_a	연료−공기 혼합물 요소에 의한 열 흡수속도	W
Q_f	기체/유체의 부피 유량	m^3/s
Q_{in}	입자제조기로 들어가는 부피 흐름	m^3/s
Q_{input}	연료−공기 혼합물 요소로 들어가는 열 유입속도	W
Q_{mf}	U_{mf}에서 층으로 들어가는 기체의 부피유량$(=U_{mf}A)$	m^3/s
Q_{out}	입자제조기에서 나오는 부피 흐름	m^3/s
Q_p	입자/고체의 부피 유량	m^3/s
Q_s	외계로 열손실 속도	W
r	액체 곡면의 반경	m

R	사이클론 본체의 반경	m
R	구의 반경	m
R	기체 상수	J/molK
R'	입자의 단위 투영면적 당 항력	N/m^2
r_c	여과 케이크 저항 (식 (6.17))	m^{-2}
r_1, r_2	두 액체 표면의 곡률반경	m
Re^*	충전층 흐름에 대한 Reynolds 수 (식 (6.12))	–
Re_{mf}	초기 유동화에서 Reynolds 수 ($U_{mf}\, x_{sv}\, \rho_f/\mu$)	–
Re_p	단일입자 Reynolds 수 (식 (1.4))	–
R_i	입도범위 x_i에 있는 고체의 동반속도	kg/s
r_m	여과매체저항 (식 (6.24))	m^{-2}
R_p	평균 세공 반경	m
s	과립포화도	–
S	입자 모집단의 전체 표면적	m^2
S	혼합물 조성의 추산 표준편차	–
S_v	입자 단위 부피 당 입자의 표면적	m^2/m^3
S^2	혼합물 조성의 추산 분산	–
S_B	입자 단위 부피당 입자의 표면적	m^2/m^3
St_{def}	변형 stokes 수	–
Stk	Stokes 수 (식 (13.4)로 정의된)	–
Stk^*	합체를 위한 임계 Stokes 수	–
Stk_{50}	x_{50}에 대한 Stokes 수	–
t	시간	s
t_p	액적침투시간	s
T	반응온도	K
TDH	수송이탈높이	m
T_g	기체온도	K
T_{ig}	발화온도	K
T_s	고체온도	K
u	과립부피	m^3
u, v	두 합체 과립의 크기	m
U	기체의 공탑 속도 ($=Q_f/A$)	m/s
U_B	평균 기포 상승 속도	m/s
U_c	입자 제조기에서 대표충돌속도	m/s
U_{CH}	쵸킹속도(공탑)	m/s
U_D	지름이 D인 관에서 속도	m/s
U_f	기체의 실제 또는 틈새속도	m/s
U_{fH}	수평관에서 기체의 틈새속도	m/s
U_{fs}	유체의 공탑속도	m/s

U_{fv}	수직관에서 기체의 틈새속도	m/s
U_i	유체의 실제 틈새속도	m/s
U_{int}	계면속도	m/s
U_m	$h_{\max}$가 일어날 때 공탑속도	m/s
U_{mb}	최소 기포에서 기체의 공탑속도	m/s
U_{mf}	최소 유동화에서 기체의 공탑속도	m/s
U_{ms}	최소 슬러깅 속도	m/s
U_p	실제 입자 또는 고체 속도	m/s
U_{pH}	수평관에서 실제 고체 속도	m/s
U_{ps}	입자의 공탑속도	m/s
U_{pv}	수직관에서 고체의 실제속도	m/s
U_r	반경방향 기체속도	m/s
U_R	사이클론 벽에서 반경방향 기체속도	m/s
U	상대속도 ($= U_{slip} = U_f - U_p$)	m/s
$\mid U_{rel} \mid$	U_{rel}의 크기	m/s
$U_{rel\ T}$	종말 자유 낙하에서 상대속도	m/s
U_{salt}	도약속도(공탑)	m/s
U_{slip}	미끄럼 속도 ($U_f - U_p$)	m/s
U_T	단일입자 종말속도	m/s
$U_{T2.7}$	평균 크기의 2.7배 입자에 대한 단일입자 종말속도	m/s
U_{Ti}	입도 x_i에 대한 단일입자 종말속도	m/s
U_θ	반경 r에서 입자의 접선속도	m/s
$U_{\theta R}$	사이클론 벽에서 입자의 접선속도	m/s
U_∞	무한 유체에서 속도	m/s
v	D에 근거한 기체의 특성속도	m/s
v	과립 부피	m^3
v_s	분무지대에서 분체속도	m/s
V	입자제조기 부피	m^3
V	연료－공기 혼합물 요소의 부피	m^3
V	통과된 여액의 부피	m^3
V	농축기로부터 나오는 상부흐름 현탁액의 부피 유량	m^3/s
V_{app}	과립의 접근속도	m/s
V_d	액적 부피	m^3
V_{eq}	케이크 두께 H_{eq}를 생성하기 위하여 통과해야 할 여액의 부피	m^3
w	식 (13.13)으로 정의된 평균 과립 부피	m^3
w	건조 질량 기준에 의한 액체 함량	$g_{\text{liquid}}/g_{\text{dry powder}}$
w_s	분무 폭	m
w^*	합체를 위한 임계 평균 과립 부피	m^3
x	과립 또는 입자 지름	m

$\bar{x}$	평균 입자 지름	m
x^*	합체를 위한 임계 평균 과립 지름	m
$\bar{x}_a$	산술 평균 지름 (표 1.4)	m
$\bar{x}_{aN}$	수 분포의 산술 평균	m
$\bar{x}_{aS}$	표면적 분포의 산술 평균	m
$\bar{x}_c$	입방 평균 지름 (표 1.4)	m
x_{crit}	분리를 위한 임계 입도 (식 (9.20))	m
$\bar{x}_g$	기하 평균 지름 (표 1.4)	m
$\bar{x}_h$	조화 평균 지름 (표 1.4)	m
$\bar{x}_{hV}$	부피 분포의 조화 평균	m
$\bar{x}_{NL}$	수-길이 평균	m
$\bar{x}_{NS}$	수-표면적 평균	m
$\bar{x}_p$	분체의 평균 체 크기	m
x_p	체 크기	m
$\bar{x}_q$	2차 평균 지름 (표 1.4)	m
$\bar{x}_{qN}$	수 분포의 2차 평균	m
x_s	상당 표면 구 지름	m
x_{SV}	표면-부피 지름 (입자와 같은 표면적/부피 비를 갖는 구의 지름)	m
x_v	부피 지름 (입자와 같은 부피를 갖는 구의 지름)	m
x_{50}	분리 크기 (등확률 크기)	m
y	구와 평면 사이 거리 (식 (13.1))	m
Y	식 (7.30)의 계수	–
Y_d	과립의 역학적 항복응력	–
y_i	시료 수 i 의 조성	–
z	$\log x$	–
z	분체 집단으로 액체의 침투 깊이	m
Z	Arrhenius 식(식 (15.2))의 지수 앞 상수	s^{-1}
Z'	Arrhenius 식(식 (15.5))의 지수 앞 상수	mol fuel/(m^2 fuel s)
α	유의 수준	–
α_s	입자의 선형차원과 표면적 사이 관계를 나타내는 계수	–
α_v	입자의 선형차원과 부피 사이 관계를 나타내는 계수	–
β	합체 핵 또는 속도상수	s^{-1}
β	$(U-U_{mf})/U$	–
β_0	합체 속도 상수 (식 (13.12))	–
$\beta_1(u,v)$	합체 속도 상수 (식 (13.12))	–
$\beta(u, v-u, t)$	시간 t에서 부피가 u와 $(v-u)$인 과립의 합체속도상수	s^{-1}
γ	표면 장력	N/m
$\gamma\cos\theta$	부착장력	mN/m

δ	유효 마찰각	(degrees)
Δp	정압 강하	Pa
$(-\Delta p)$	층/케이크에서 압력 강하	Pa
$(-\Delta p_c)$	케이크에서 압력 강하	Pa
ϵ	현탁액 공극률	–
ϵ_b	기포가 차지한 층의 부피 분율	–
$\epsilon_{\min}$	입자 제조에서 최소과립 공극률	–
θ	액체와 분체의 동적 접촉각	–
μ	액체 점도	Pa s
ρ_g	과립 밀도	kg/m^3
ρ_l	액체 밀도	kg/m^3
ρ_s	고체 밀도	kg/m^3
Ψ_a	무차원 분무 플럭스	–

참고문헌

Abrahamsen, A. R. and Geldart, D. (1980) Behaviour of gas fluidized beds of fine powder. Part 1. Homogenous Expansion, *Powder Technol.*, **26**, 35.

Adetayo, A. A. and Ennis, B. J. (1997) 'Unifying approach to modelling granule coalescence mechanisms', *AIChE J*, **43** (4), 927–934.

Allen, T. (1990) *Particle Size Measurement*, 4th Edition, Chapman & Hall, London.

Arena U., Cammmarota, A. and Mastellone, M.L. (1998) 'The influence of operating parameters on the behaviour of a small diameter L-valve' in *Fluidization IX, Proceedings of the Ninth Foundation Conference on Fluidization*, eds L.S. Fan and T.M. Knowlton, Engineering Foundation, New York, pp. 365–372.

Baeyens, J. and Geldart, D. (1974) 'An investigation into slugging fluidized beds', *Chem. Eng. Sci*, **29**, 255.

Barnes, H. A., Hutton, J. F. and Walters, K. (1989) An Introduction to Rheology, Elsevier, Amsterdam.

Baskakov, A. P. and Suprun, V. M. (1972) 'The determination of the convective component of the coefficient of heat transfer to a gas in a fluidized bed', *Int. Chem. Eng.*, **12**, 53.

Batchelor, G. K. (1977) 'The effect of Brownian motion on the bulk stress in a suspension of spherical particles, *J. Fluid Mech.*, **83**, 97–117.

Beverloo, W. A., Leniger, H. A. and Van de Velde, J. (1961) The Flow of Granual Solids Through Onfices', *Chem. Eng. Sci.*, **15**, issues 3-4, September 1961, 260–269.

Bodner, S. (1982) *Proceedings of International Conference on Pneumatic Transport Technology*, Powder Advisory Centre, London.

Bond, F. C. (1952) 'The third theory of comminution', *Mining Eng. Trans. AIME*, **193**, 484–494.

Botterill, J. S. M. (1975) *Fluid Bed Heat Transfer*, Academic Press, London.

Botterill, J. S. M. (1986) 'Fluid bed heat transfer' in *Gas Fluidization Technology*, ed. D. Geldart, John Wiley & Sons, Ltd, Chichester, Chapter 9.

Brown, G.G, Katz, D., Foust, A.S. and Schneidewind, R. (1950) *Unit Operations*, John Wiley & Sons, Ltd, New York, Chapman & Hall, London.

Capes, C. E. (1980) *Particle Size Enlargement*, Vol. 1, *Handbook of Powder Technology*, Elsevier, Amsterdam.

Introduction to Particle Technology - 2nd Edition Martin Rhodes

Carman, P. C. (1937) Fluid flow through granular beds, *Trans. Inst. Chem. Eng.*, **15**, 150–166.

Chhabra, R. P. (1993) *Bubbles, Drops and Particles in Non-Newtonian Fluids*, CRC Press, Boca Raton, FL.

Clift, R., Grace, J. R. and Weber, M. E. (1978) *Bubbles, Drops and Particles*, Academic Press, London.

Coelho, M. C. and Harnby, N. (1978) 'The effect of humidity on the form of water retention in a powder', *Powder Technol.*, **20**, 197.

Cooke, W., Warr, S., Huntley, J. M. and Ball, R. C. (1996) 'Particle size segregation in a two-dimensional bed undergoing vertical vibration', *Phys. Rev. E*, **53**(3), 2812–2822.

Coulson, J. M. and Richardson, J. F. (1991) *Chemical Engineering, Volume 2: Particle Technology and Separation Processes*, 4th Edition, Pergamon, Oxford.

Dalby, R.N., Tiano, S.L. and Hickey, A.J. (1996) 'Medical devices for the delivery of therapeutic aerosol to the lungs' in *Inhalation Aerosols*, ed. A. J. Hickey, Vol. 94, *Lung Biology in Health and Disease*, ed. C. Lenfant, Marcel Dekker, New York, pp. 441–473.

Danckwerts, P. V. ''Definition and Measurement of some characteristics of Mixtures'', Applied Scientific Research, VA3, N5, 1952, p385–390.

Darcy, H. P. G. (1856) Les fontaines publiques de la ville de Dijon. *Exposition et applications à suivre et des formules à employer dans les questions de distribution d'eau.* Victor Dalamont.

Darton, R. C., La Nauze, R. D., Davidson, J. F. and Harrison, D. (1977) 'Bubble growth due to coalescence in fluidised beds', *Trans. Inst. Chem. Eng.*, **55**, 274.

Davidson, J. F. and Harrison, D. (1971) *Fluidization*, Academic Press, London.

Davies, R., Boxman, A. and Ennis, B.J. (1995), Conference Summary Paper: Control of Particulate Processes III, *Powder Technol.* **82**, 3–12.

Dixon, G. (1979) 'The impact of powder properties on dense phase flow, in *Proceedings of International Conference on Pneumatic Transport*, London.

Dodge, D.W. and Metzner, A.B. (1959) 'Turbulent flow of non-Newtonian systems', *AIChE J.*, **5**, 89.

Duran, J., Rajchenbach, J. and Clement, E. (1993) 'Arching effect model for particle size segregation', *Phys. Rev. Lett.*, **70**(16), 2431–2434.

Durand, R. and Condolios, E. (1954) 'The hydraulic transport of coal' in *Proceedings of Colloquim on Hydraulic Transport of Coal*, National Coal Board, London.

Einstein, A. (1906) 'Eine neue Bestimmung der Molekuldimension', *Ann. Physik*, **19**, 289–306.

Einstein, A. (1956) *Investigations in the Theory of the Brownian Movement*, Dover, New York.

Ennis, B. J. and Litster, J. D. (1997) 'Section 20: size enlargement' in *Perry's Chemical Engineers' Handbook*, 7th Edition, McGraw-Hill, New York, pp. 20–77.

Ergun, S. (1952) 'Fluid flow through packed columns', *Chem. Eng. Prog.*, **48**, 89–94.

Evans, I., Pomeroy C. D. and Berenbaum, R. (1961) The compressive strength of coal, *Colliery Eng.*, 75–81, 123–127, 173–178.

Flain, R. J. (1972) 'Pneumatic conveying: how the system is matched to the materials', *Process Eng.*, Nov, p 88–90.

Francis, A. W. (1933) 'Wall effects in falling ball method for viscosity', *Physics*, **4**, 403.

Franks, G. V. and Lange, F. F. (1996) 'Plastic-to-brittle transition of saturated, alumina powder compacts', *J. Am. Ceram. Soc.*, **79** (12), 3161–3168.

Franks, G. V., Zhou, Z., Duin, N. J. and Boger, D. V. (2000) 'Effect of interparticle forces on shear thickening of oxide suspensions', *J. Rheol.*, **44** (4), 759–779.

Fryer, C. and Uhlherr, P. H. T. (1980) *Proceedings of CHEMECA '80, the 8th Australian Chemical Engineering Conference*, Melbourne, Australia.

Geldart, D. (1973) 'Types of gas fluidisation', *Powder Technol.*, **7**, 285–292.

Geldart, D. (ed.) (1986) *Gas Fluidization Technology*, John Wiley & Sons, Ltd, Chichester.

Geldart, D. (1990) 'Estimation of basic particle properties for use in fluid–particle process calculations', *Powder Technol.*, **60**, 1.

Geldart, D. (1992) *Gas Fluidization Short Course*, University of Bradford, Bradford.

Geldart, D. and Abrahamsen, A. R. (1981) 'Fluidization of fine porous powders', *Chem. Eng. Prog. Symp. Ser.*, **77**(205), 160.

Geldart, D. and Jones, P. (1991) 'Behaviour of L-valves with granular powders', *Powder Technol.*, **67**, 163–174.

Geldart, D., Cullinan, J., Gilvray, D., Georghiades, S. and Pope, D. J. (1979) 'The effects of fines on entrainment from gas fluidised beds', *Trans. Inst. Chem. Eng.*, **57**, 269.

Gillies, R.G., Schaan, J., Sumner, R.J., McKibben, M.J. and Shook, C.A. (2000) 'Deposition velocities for Newtonian slurries in turbulent flow', *Can. J. Chem. Eng.*, **78**, 704.

Gilvary, J. J. (1961) 'Fracture of brittle solids. I. Distribution function for fragment size in single fracture', *J. Appl. Phys.*, **32**, 391–399.

Grace, J. R., Avidan A. A. and Knowlton T. M. (eds) (1997) *Circulating Fluidized Beds*, Blackie Academic and Professional, London.

Gregory, J. (2006) *Particles in Water, Properties and Processes*, CRC Press, Taylor & Francis, Boca Raton, FL.

Griffith, A. A. (1921) ''The phenomena of Rupture and Flow in Solids'', Philosophical Transactions of the Royal Society of London, V221, 21 Oct. 1920, p. 163–198. *Phil. Trans. R. Soc.*, **221**,163.

Haider, A. and Levenspiel, O. (1989) 'Drag coefficient and terminal velocity of spherical and no-spherical particles', *Powder Technol.*, **58**, 63 – 70.

Hamaker, H. C. (1937) 'The London–van der Waals attraction between spherical particles', *Physica*, **4**, 1058.

Hanks, RW. and Ricks, B.L. (1974) ''Laminar-turbulent transition in flow of pseudoplastic fluids with yield stress'', *J. Hydronautics*, **8**, 163.

Hapgood, K.P., Litster, J.D. and Smith, R. (2003) 'Nucleation regime map for liquid bound granules', *AIChE J.*, **49**(2), 350–361.

Hapgood, K.P., Litster, J.D. White, E.T. *et al.* (2004) 'Dimensionless spray flux in wet granulation: Monte-Carlo simulations and experimental validation', *Powder Technol.*, **141** (1–2), 20–30.

Hapgood, K.P., Iveson, S.M., Litster, J.D. and Liu, L. (2007) 'Granule rate processes' in *Granulation, Handbook of Powder Technology, Vol. 11*, eds A.D. Salman, M.J. Hounslow and J.P.K. Seville, Elsevier, London, p. 933.

Harnby, N., Edwards, M. F. and Nienow, A. W. (1992) *Mixing in the Process Industries*, 2nd Edition, Butterworth-Heinemann, London.

Hawkins, A. E. (1993) *The Shape of Powder Particle Outlines*, Research Studies Press, John Wiley & Sons, Ltd, Chichester.

Hiemenz, P. C. and Rajagopalan, R. (1997) *Principles of Colloid and Surface Chemistry*, 3rd Edition, Marcel Dekker, New York.

Hinkle, B. L. (1953) *PhD Thesis*, Georgia Institute of Technology.

Holmes, J. A. (1957) 'Contribution to the study of comminution – modified form of Kick's law', *Trans. Inst. Chem. Eng.*, **35**, (2), 125–141.

Horio, M., Taki, A., Hsieh, Y. S. and Muchi, I. (1980) 'Elutriation and particle transport through the freeboard of a gas–solid fluidized bed', in *Fluidization*, eds J. R. Grace and J. M. Matsen, Engineering Foundation, New York, p. 509.

Hukki, R. T. (1961) 'Proposal for Solomonic settlement between the theories of von Rittinger, Kick and Bond', *Trans. AIME*, **220**, 403–408.

Hunter, R. J. (2001) *Foundations of Colloid Science*, 2nd Edition, Oxford University Press, Oxford.

Inglis, C. E. (1913) 'Stress in a plate due to the presence of cracks and sharp corners', *Proc. Inst. Nab. Arch.*

Israelachvili, J. N. (1992) *Intermolecular and Surface Forces*, 2nd Edition, Academic Press, London.

Iveson, S.M., Litster, J.D., Hapgood, K.P. and Ennis, B.J. (2001) 'Nucleation, growth and breakage phenomena in agitated wet granulation processes: a review', *Powder Technol.*, **117**(1–2), 3–39.

Janssen, H. A. (1895) 'Tests on grain pressure silos', *Z. Ver. Deutsch Ing.*, **39**(35), 1045–1049.

Jenike, A. W. (1964) 'Storage and flow of solids', *Bull. Utah Eng. Exp. Station*, **53**(123), 26.

Johnson, S.B., Franks, G. V., Scales, P. J. and Healy, T. W. (1999) 'The binding of monovalent electrolyte ions on alpha-alumina. II. The shear yield stress of concentrated suspensions', *Langmuir*, **15**, 2844–2853.

Johnson, S. B., Franks, G. V., Scales, P. J., Boger, D. V. and Healy, T. W. (2000) 'Surface chemistry–rheology relationships in concentrated mineral suspensions', *Int. J. Mineral Process.*, **58**, 267–304.

Jones, D. A. R., Leary, B. and Boger, D. V. (1991) 'The rheology of a concentrated colloidal suspension of hard spheres', *J. Colloid Interface Sci.*, **147**, 479–495.

Jullien, R. and Meakin, P. (1992) 'Three-dimensional model for particle size segregation by shaking', *Phys. Rev. Lett.*, **69**, 640–643.

Karra, V. K. and Fuerstenau, D. W. (1977) 'The effect of humidity on the trace mixing kinetic in fine powders', *Powder Technol.*, **16**, 97.

Kendal, K. (1978) 'The impossibility of comminuting small particles by compression', *Nature*, **272**, 710.

Khan, A. R and Richardson, J. F. (1989) 'Fluid–particle interactions and flow characteristics of fluidised beds and settling suspensions of spherical particles', *Chem. Eng. Commun.*, **78**, 111.

Khan, A. R., Richardson, J. F. and Shakiri, K. J. (1978) in *Fluidization, Proceedings of the Second Engineering Foundation Conference*, eds J. F. Davidson and D. L. Keairns, Cambridge University Press, p. 375.

Kick, F. (1885) *Das Gasetz der proportionalen Widerstände und seine Anwendung*, Leipzig.

Klintworth, J. and Marcus, R. D. (1985) 'A review of low-velocity pneumatic conveying systems', *Bulk Solids Handling*, **5**,(4), 747–753.

Knight, J. B., Jaeger, H. M. and Nagel, S. R. (1993) 'Vibration-induced separation in granular media: the convection connection', *Phys. Rev. Lett.*, **70**, 3728–3731.

Knight, J. B., Ehrichs, E. E., Kuperman, V. Y., Flint, J. K., Jaeger, H. M. and Nagel, S. R. (1996) 'Experimental study of granular convection', *Phys. Rev. E*, **54**, 5726–5738.

Knowlton, T. M. (1986) 'Solids transfer in fluidized systems', in *Gas Fluidization Technology*, ed. D. Geldart, John Wiley & Sons, Ltd, Chichester, Chapter 12.

Knowlton, T. M. (1997) 'Standpipes and non-mechanical valves', notes for the continuing education course *Gas Fluidized Beds: Design and Operation*, Department of Chemical Engineering, Monash University.

Knowlton, T.M. and Hirsan, I. (1978) 'L-valves characterized for solids flow', *Hydrocarbon Process.*, **57**, 149–156.

Konno, H. and Saito, S. J. (1969) 'Pneumatic conveying of solids through straight pipes', *Chem. Eng. Jpn*, **2**, 211–217.

Konrad, K. (1986) 'Dense phase conveying: a review', *Powder Technol.*, **49**, 1–35.

Kozeny, J. (1927) "Capillary Motion of Water in Soils", Sitzungsberichte der Akactemie der Wissenschaften in Wien, Mathematisch-Naturwissenschaftliche Klasse, V136, N 5-6, p 271–306. *Sitzb. Akad. Wiss.*, **136**, 271–306.

Kozeny, J. (1933) *Z. Pfl.-Ernahr. Dung. Bodenk*, **28A**, 54–56.

Krieger, I. M. and Dougherty, T. J. (1959) 'A mechanism for non-Newtonian flow in suspensions of rigid spheres', *Trans. Soc. Rheol.*, **3**, 137–152.

Kunii, D. and Levenspiel, O. (1969) *Fluidization Engineering*, John Wiley & Sons, Ltd, Chichester.

Kunii, D. and Levenspiel, O. (1990) *Fluidization Engineering*, 2nd Edition, John Wiley & Sons, Ltd, Chichester.

Lacey, P. M. C. (1954) 'Developments in the theory of particulate mixing', *J. Appl. Chem.*, **4**, 257.

Leung, L. S. and Jones, P. J. (1978) in *Proceedings of Pneumotransport 4 Conference*, BHRA Fluid Engineering, Paper Dl.

Liffman, K., Muniandy, K., Rhodes, M. J., Gutteridge, D. and Metcalfe, G. A. (2001) 'A general segregation mechanism in a vertically shaken bed', *Granular Matter*, **3**(4), 205–214.

Litster, J.D., Hapgood, K.P., Michaels, J.N. *et al.* (2001) 'Liquid distribution in wet granulation: dimensionless spray flux', *Powder Technol.*, **114**(1–3), 32–39.

Litster, J.D. and Ennis, B.J. (2004) *The Science and Engineering and Granulation Processes*, Kluwer Academic Publishers, Dordrecht.

Liu, L. X. and Litster, J. (1993) 'Coating mass distribution from a spouted bed seed coater: experimental and modelling studies', *Powder Technol.*, **74**, 259.

Lunn, G. (1992) *Guide to Dust Explosion, Prevention and Protection, Part I, Venting*, Institution of Chemical Engineers, Rugby.

Mainwaring, N. J. and Reed, A. R. (1987) 'An appraisal of Dixon's slugging diagram for assessing the dense phase transport potential of bulk solid materials', in *Proceedings of Pneumatech 3*, pp. 221–234.

Mills, D. (1990) *Pneumatic Transport Design Guide*, Butterworth, London.

Mobius, E., Lauderdale, B. E., Nagel, S. R. and Jaeger, H. M. (2001) 'Size separation of granular particles', *Nature*, **414**, 270.

Newitt, D. M. and Conway-Jones J. M. (1958) 'A contribution to the theory and practice of granulation', *Trans. Inst. Chem. Eng.*, **36**, 422–442.

Niven, R. W., 'Atomization and Nebulizers' in Inhalation Aerosols, Anthony J. Hickey, Marcel Dekker, New York, 1996–Vol. 94 of Lung Biology in Health and Disease, Ed. Claude Lenfant, pp. 273–312.

Orcutt, J. C., Davidson J. F. and Pigford, R. L. (1962) "Reaction Time Distributions in Fluidized Catalytic Reactors". *CEP Symp. Ser.*, **58**(38), 1.

Palmer, K. N. (1990) 'Explosion and fire hazards of powders', in *Principles of Powder Technology*, ed. M. J. Rhodes, John Wiley & Sons, Ltd, Chichester, pp. 299–334.

Pan, R. and Wypych, P.W. (1992) 'Scale-up procedures for pneumatic conveying design', *Powder Handling Process.*, **4**(2), 167–172.

Perrin, J. (1990) *Les Atomes 1913* (in French), *Atoms* (English translation), Ox Bow Press, Woodbridge, CT.

Perry, R. H. and Green, D. (eds) (1984) *Perry's Chemical Engineers' Handbook*, 6th Edition, McGraw-Hill, New York.

Poole, K. R., Taylor, R. F. and Wall, G. P. (1964) 'Mixing powders to fine-scale homogeneity: studies of batch mixing', *Trans. Inst. Chem. Eng.*, **42**, T305.

Punwani, D. V., Modi, M. V. and Tarman, P. B. (1976) Paper presented at the *International Powder and Bulk Solids Handling and Processing Conference*, Chicago.

Quemada, D. (1982) *Lecture Notes in Physics: Stability of Thermodynamic Systems*, eds J. Cases-Vasquez and J. Lebon, Springer, Berlin, p. 210.

Randolph, A. D. and Larson M. A. (1971) *Theory of Particulate Processes*, Academic Press, London.

Rhodes, M., Takeuchi, S., Liffman, K. and Muniandy, K. (2003) 'Role of interstitial gas in the Brazil Nut Effect', *Granular Matter*, **5**, 107–114.

Richardson, J. F. and Zaki, W. N. (1954) 'Sedimentation and fluidization', *Trans. Inst. Chem. Eng.*, **32**, 35.

Rittinger, R. P. von (1867) *Textbook of Mineral Dressing*, Ernst and Korn, Berlin.

Rizk, F. (1973) *Dr-Ing. Dissertation*, Technische Hochschule Karlsruhe.

Rosato, A. D., Strandburg, K. J., Prinz, F. and Swendsen, R. H. (1987) 'Why the Brazil nuts are on top: size segregation of particulate matter by shaking', *Phys. Rev. Lett.*, **58**, 1038–1040.

Rosato, A. D., Blackmore, D. L., Ninghua Zhang and Yidan Lan. (2002) 'A perspective on vibration-induced size segregation of granular materials', *Chem. Eng. Sci.*, **57**, 265–275.

Rumpf, H. (1962) in *Agglomeration*, ed. W. A. Krepper, John Wiley & Sons, Ltd, New York, p. 379.

Sastry, K. V. S. (1975) 'Similarity of size distribution of agglomerates during their growth by coalescence in granulation of green pelletization', *Int. J. Min. Process.*, **2**, 187.

Sastry, K. V. S. and Fuerstenau D. W. (1970) 'Size distribution of agglomerates in coalescing disperse systems', *Ind. Eng. Chem. Fundam.*, **9**, (1), 145.

Sastry, K. V. S. and Fuerstenau, D. W. (1977) in *Agglomeration 77*, ed. K. V. S. Sastry, AIME, New York, p. 381.

Sastry, K. V. S. and Loftus K. D. (1989) 'A unified approach to the modeling of agglomeration processes', *Proceedings of the 5th International Symposium on Agglomeration*, I. Chem. E., Rugby, p. 623.

Schiller, L. and Naumann, A. (1993) 'Über die grundlegenden Berechnungen der Schwerkraftaufbereitung', *Z. Ver. Deutsch Ing.*, **77**, 318.

Schofield, C. (1985) *Guide to Dust Explosion, Prevention and Protection, Part I, Venting*, I. Chem. E., Rugby.

Schofield, C. and Abbott, J. A. (1988) *Guide to Dust Explosion, Prevention and Protection, Part II, Ignition Prevention, Containment, Suppression and Isolation*, I. Chem. E., Rugby.

Shinbrot, T. and Muzzio, F. (1998) 'Reverse buoyancy in shaken granular beds', *Phys. Rev. Lett.*, **81**, 4365–4368.

Smith, S.J. and Bernstein, J.A. (1996) 'Therapeutic use of lung aerosols' in *Inhalation Aerosols* ed. A. J. Hickey, Vol. 94, *Lung Biology in Health and Disease*, ed. C. Lenfant, Dekker, New York, pp. 233–269.

Stokes, G. G. (1851) 'On the effect of the internal friction of fluids on the motion of Pendulums', *Trans. Cam. Phil. Soc.*, **9**, 8.

Svarovsky, L. (1981) *Solid–Gas Separation*, Elsevier, Amsterdam.

Svarovsky, L. (1986) 'Solid–gas separation', in *Gas Fluidization Technology*, ed. D. Geldart, John Wiley & Sons, Ltd, Chichester, pp. 197–217.

Svarovsky, L. (1990) 'Solid–gas separation', in *Principles of Powder Technology*, ed. M. J. Rhodes, John Wiley & Sons, Ltd, Chichester, pp. 171–192.

Tardos, G.I., Khan, M.I. and Mort, P.R. (1997) 'Critical parameters and limiting conditions in binder granulation of fine powders', *Powder Technol.*, **94**, 245–258.

Toomey, R. D. and Johnstone, H. F. (1952) 'Gas fluidization of solid particles', *Chem. Eng. Prog.*, **48**, 220–226.

Tsuji, Y. (1983) Recent Studies of Pneumatic Conveying in Japan *Bulk Solids Handling*, **3**, 589–595.

Waldie, B. (1991) 'Growth mechanism and the dependence of granule size on drop size in fluidised bed granulation', *Chem. Eng. Sci.* **46**(11), 2781–2785.

Wasp, E.J., Kenny, J.P. and Gandhi, R.L. (1977) 'Solid–liquid flow – slurry pipeline transportation', in *Series on Bulk Materials Handling*, Trans Tech Publications, Clausthal, Germany Vol. 1 (1975/77), No. 4.

Weibel, E.R. (1963) *Morphometry of the Human Lung*, Springer-Verlag, Berlin.

Wen, C. Y. and Yu, Y. H. (1966) 'A generalised method for predicting minimum fluidization velocity', *AIChE J.*, **12**, 610.

Werther, J. (1983) 'Hydrodynamics and mass transfer between the bubble and emulsion phases in fluidized beds of sand and cracking catalyst', in *Fluidization*, eds D. Kunii and R. Toei, Engineering Foundation, New York, p. 93.

Williams, J. C. (1976) 'The segregation of particulate materials: a review', *Powder Technol.*, **15**, 245–251.

Williams, J. C. (1990) 'Mixing and segregation in powders' in *Principles of Powder Technology*, ed. M. J. Rhodes, John Wiley & Sons, Ltd, Chichester, Chapter 4.

Wilson, K. C. (1981) 'Analysis of slip of particulate mass in a horizontal pipe', *Bulk Solids Handling*, **1**, 295–299.

Wilson, K.C. and Judge, D.G. (1976) 'New techniques for the scale-up of pilot plant results to coal slurry pipelines', in *Proceedings of the International Symposium on Freight Pipelines*, University of Pennsylvania, pp. 1–29.

Woodcock, C. R. and Mason, J. S. (1987) *Bulk Solids Handling*, Chapman and Hall, London.

Wypych, P.W. (1995) 'Latest developments in the pneumatic pipeline transport of bulk solids, in Proceedings of the *5th International Conference on Bulk Materials Storage, Handling and Transportation*, IEAust, Newcastle, Vol. 1, pp. 47–56.

Wypych, P.W., Kennedy, O.C. and Arnold, P.C. (1990) 'The future potential of pneumatically conveying coal through pipelines', *Bulk Solids Handling* **10**(4), 421–427.

Yagi, S. and Muchi, I. (1952) *Chem. Eng., (Jpn)*, **16**, 307.

Zabrodsky, S.S. (1966) *Hydrodynamics and Heat Transfer in Fluidized Beds*, MIT Press, Cambridge, MA.

Zeng, X. M., Martin, G. and Marriott, C. (2001) *Particulate Interactions in Dry Powder Formulations of Inhalation', Taylor & Francis, London.*

Zenz, F. A. (1964) 'Conveyability of materials of mixed particle size', *Ind. Eng. Fund.*, **3**(1), 65–75.

Zenz, F. A. (1983) 'Particulate solids – the third fluid phase in chemical engineering', *Chem. Eng*, **Nov**, 61–67.

Zenz, F. A. and Weil, N. A. (1958) 'A theoretical–empirical approach to the mechanism of particle entrainment from fluidized beds', *AIChE J*, **4**, 472.

Zhou, Y., Gan, Y., Wanless, E. J., Jameson, G. J. and Franks, G. V. (2008) 'Influence of bridging forces on aggregation and consolidation of silica suspensions', submitted.

Zhou, Z., Scales, P J. and Boger, D. V. (2001) 'Chemical and physical control of the rheology of concentrated metal oxide suspensions', *Chem. Eng. Sci.*, **56**, 2901–2920.

찾아보기

· **김진환** 전남대학교 응용화학공학부 교수

· **심철호** 상지대학교 응용과학군 정밀화학신소재학과 교수

Introduction to Particle Technology Second Edition

분체공학 정가 25,000원

인 쇄 2011년 9월 1일 초판 1쇄
발 행 2011년 9월 10일 초판 1쇄
저 자 Martin Rhodes
역 자 김진환·심철호
발행인 정우용
발행처 도서출판 동화기술
경기도 파주시 교하읍 문발리 파주출판도시 500-13
Tel (031)955-4211~6 donghwae@kornet.net
Fax (031)955-4217 www.donghwapub.co.kr
(등록) 1977년 12월 19일/9-16호

ISBN 978-89-425-1651-3